基于固件的 DSP 开发及虚拟实现

刘　杰　著

北京航空航天大学出版社

内 容 简 介

本书主要介绍Piccolo 2802x DSP固件库函数的变量定义、函数定义及其使用方法，包括与之相关的DSP各单元的运行机制、相关寄存器的意义及设置等。本书把多种新技术集于一身，包括：采用了基于固件库的DSP软件编程方法，以简化与加快软件的编写进度；介绍了新版CCS 5与controlSUITE的联合软件编程，以及CCS 5和controlSUITE的使用方法；为处于项目开发论证阶段与无DSP板卡的读者介绍了基于Proteus虚拟硬件平台的软件测试方法；引入LabVIEW工具，对软件在DSP板卡中的运行结果及过程进行评估和监控；采用真实硬件LaunchPad板卡与虚拟硬件Proteus，对所编程的C代码进行联合测试等。

本书是一本基于固件库的DSP软件设计的技术手册，供广大DSP开发者在从事项目开发时参考，同时也是高校电类各专业本科生与研究生学习基于固件开发DSP的教材。

图书在版编目(CIP)数据

基于固件的DSP开发及虚拟实现 / 刘杰著. --北京 ：北京航空航天大学出版社，2014.3

ISBN 978-7-5124-1425-9

Ⅰ. ①基… Ⅱ. ①刘… Ⅲ. ①数字信号处理 Ⅳ. ①TN911.72

中国版本图书馆CIP数据核字(2014)第060134号

基于固件的DSP开发及虚拟实现

刘 杰 著

责任编辑 卫晓娜

*

北京航空航天大学出版社出版发行

北京市海淀区学院路37号(邮编：100191) http://www.buaapress.com.cn

发行部电话：(010)82317024 传真：(010)82328026

读者信箱：emsbook@gmail.com 邮购电话：(010)82316524

涿州市新华印刷有限公司印装 各地书店经销

*

开本：710×1 000 1/16 印张：34.75 字数：741千字

2014年3月第1版 2014年3月第1次印刷 印数：4 000册

ISBN 978-7-5124-1425-9 定价：79.00元

前 言

近年来基于固件库的 ARM Cortex 开发模式已被广大科技人员所接受。使用芯片的固件库函数可以大大降低开发者学习嵌入式开发的门坎，且成倍提高开发效率。大家期盼的搭积木式的开发模式将得以实现（固件库类似于基于模型开发中的功能模块），这样开发者可以把主要精力放在项目的算法实现上，把编代码的主要工作留给芯片生产厂家去完成（构建芯片的固件库）。但这种开发模式在 DSP 中的运用还鲜有人进行，介绍这方面的技术书籍在国内还是空白。

为了适应这种新的开发模式，TI 公司推出了自己的 C2000 DSP 固件库函数，且在其官方文档中明确说明以后不再维护现行的寄存器开发模式。了解和掌握基于固件的 DSP 开发方法已势在必行。本书就是为了实现这些需求而编写的。

本书在编写过程中参考了一些 DSP 论坛中有关 C2000 DSP 运行机制的帖子和 TI 技术手册的中文翻译，且得到了 TI 公司大学部亚洲区总监沈洁、中国大学部经理黄争、潘亚涛以及谢胜祥工程师的大力支持，他们赠送了写书所用的所有软件和实验板。另外，Proteus 软件由 Labcenter Electronics 公司的代理商赠送，在此一并表示感谢。

由于国内还没有一本介绍如何利用 TI 提供的固件库开发 DSP 的书籍，为了承前启后，本书把传统方法（寄存器）和基于固件库的方法一并做了较为详细的介绍（翻译了相关内容的 TI 技术手册）。在遇到“混沌”的问题时参考了书后参考文献中所列出的部分文献内容。

为了给读者呈现一种新颖的 DSP 程序设计与测试方法，书中把多种新技术集于一身，以期这些技术能在 DSP 的程序设计中发扬光大，起到抛砖引玉的效果。

本书的主要特点：

◇ 对绝大部分的 Piccolo F28027 DSP 固件库进行了翻译及简单应用；

◇ 对多数 Piccolo F28027 DSP 外设的运行机制进行了翻译；

◇ 为那些没有板卡的读者介绍了基于 Proteus 8.0(Proteus 7.10)的虚拟测试方法；

◇ 将 LabVIEW 软件引入本书，对 DSP 输出结果进行辅助测试和监控；

◇ 采用目前最新版的 CCS 5.3 与 controlSUITE 软件相结合的方式来加快 DSP 程序编写，以及介绍了新版 CCS 5.3 controlSUITE 软件的使用方法；

◇ 采用真实硬件与虚拟硬件相结合且相辅相成的测试方法，较好的解决了

LaunchPad(LAUNCHXL - F28027)实验板资源少的问题，以及利用 Proteus 虚拟测试平台度过在项目开发前期论证时无板卡的空仓期与算法验证。

本书中没有介绍有关 LabVIEW 的知识，读者在阅读本书前需先行学习有关 LabVIEW 的知识，通过 LabVIEW 的串口可以直接读取 DSP 板卡 SCI 接口传输的信号，因此在实际开发中可以替代昂贵的频率计、频谱仪，示波器等设备。利用 LabVIEW 来辅助 DSP 测试是 DSP 开发的一个较好的手段，也是今后的发展方向。

本书的章节安排如下：

第 1 章：CCS v5.3 软件包的安装与使用入门；

第 2 章：Proteus 快速入门；

第 3 章：模数转换器(ADC)；

第 4 章：设备时钟；

第 5 章：振荡器与锁相环；

第 6 章：CPU 与定时器单元；

第 7 章：捕获(CAP)单元；

第 8 章：比较器单元；

第 9 章：闪存(Flash)；

第 10 章：通用输入/输出口(GPIO)；

第 11 章：外设中断扩展单元(PIE)；

第 12 章：脉宽调制单元(PWM)；

第 13 章：串行外设接口(SPI)；

第 14 章：串行通信接口(SCI)。

除封面作者外，程泳、郭丹、李晗、吴仪炳、陈添丁、杨元廷、史进、谢文福、杨叶腾、陈松雷、寿永勇、余延臻、林东灿、林亮亮、许惠敏、王爱忠、苏泓、史永祥、陈鸿霖、周楠、赵建欣、王丽琴、谭笑、林静、黄荣、高建鸿、杜程远、张志鸿、张伟敏、吴承清、林肖、李加滨、江丽珍、黄冠莉、陈阳、董晓芳、陈志成等同志也参加了本书的部分外文翻译、资料整理和部分 DSP 程序的测试工作。

由于书中 TI 技术资料的翻译与整理量较大、时间紧任务重、加之自己的水平有限，书中难免存在对 TI 技术文献的理解歧义，敬请读者批评指正。本书仅作为学习基于固件 DSP 开发入门之用。

刘　杰

2013 年 11 月于福大怡园

目　录

第 1 章

CCSv5.3 软件包的安装与使用入门

Code Composer Studio(CCS)是一种专用于 TI 微控制器家族的集成开发环境，包括编译器、源代码编辑器、工程生成环境、调试器、探查器、软件仿真器和一些附加功能。CCSv5 以 Eclipse3.7 以上版本的开源软件框架为基础，将 Eclipse 软件框架的优势和来自 TI 的高级嵌入式调试功能相结合，为开发者提供了一套友好的用户界面，可以指导用户完成应用程序开发流程的每一步骤。

本章的主要内容：

- CCS5.3 的下载与安装步骤；
- controlSUITE 的下载与安装方法；
- LAUNCHXL_F28027 板简介；
- LauchPad 例程在 Flash 中的运行与调试及 CCS 使用方法；
- 在 putty 与 LabVIEW 中显示 CPU 内部温度。

1.1 CCS v5 的安装

1.1.1 CCS v5 的下载

CCS v5 可在 TI 的官方网站（http://processors.wiki.ti.com/index.php/Download_CCS)直接下载。

1.1.2 CCS v5 在 WIN7 中的安装过程

(1) 以管理员身份进行安装，以减少出错的几率，如图 1.1 所示。

(2) 选中“I accept the terms of the licese agreement”单选项，单击“Next”按钮，如图 1.2 所示。

(3) 使用默认安装路径，如图 1.3 所示，并单击“Next”按钮。

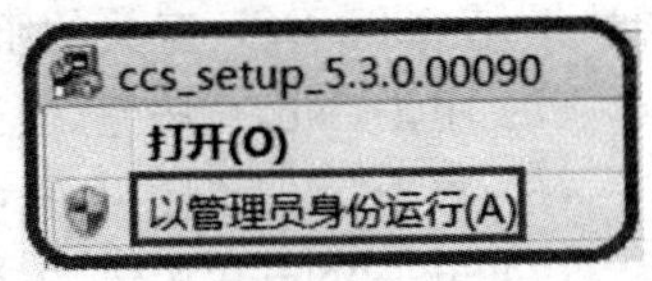

图 1.1 以管理员身份安装

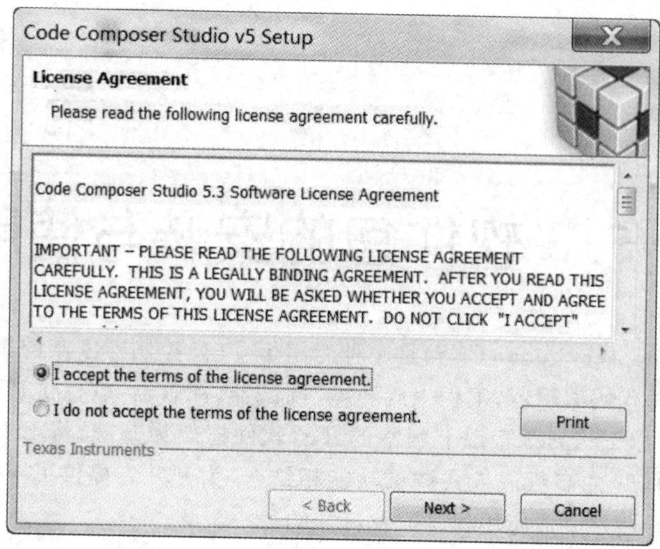

图 1.2　接受 license 条款

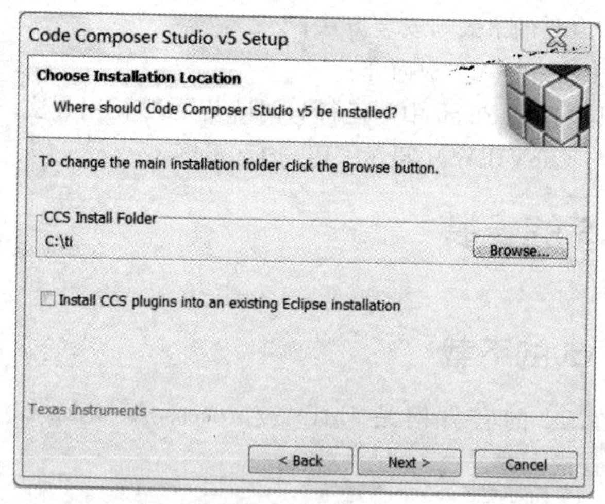

图 1.3　默认安装目录

(4) 如果仅开发 Piccolo DSP 或用 Proteus 7.10 软件进行模拟，在安装组件时只需选择与 C28x DSP 有关的组件即可，如图 1.4 所示，并单击“Next”按钮。

(5) 单击“Next”按钮，安装 C28x 编译与软仿真工具，如图 1.5 所示。

(6) 单击“Next”按钮，选择安装的仿真器类型，如图 1.6 所示。

(7) 单击“Next”按钮，安装 CCS v5.3 程序组件，如图 1.7 所示。

(8) 单击“Finish”按钮，CCSv5.3 安装成功，如图 1.8 所示。

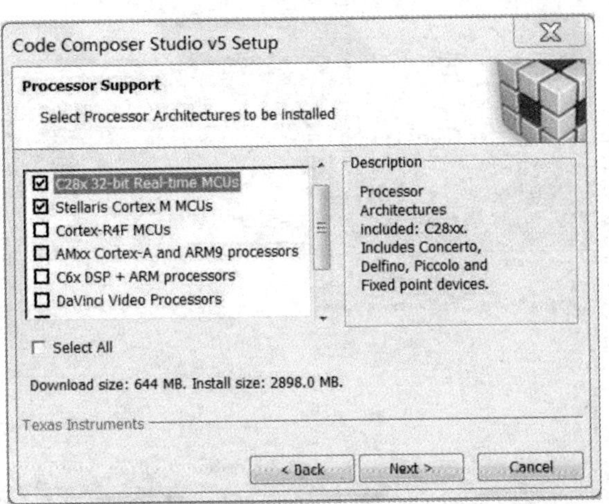

图 1.4　安装 C28x DSP 有关的组件

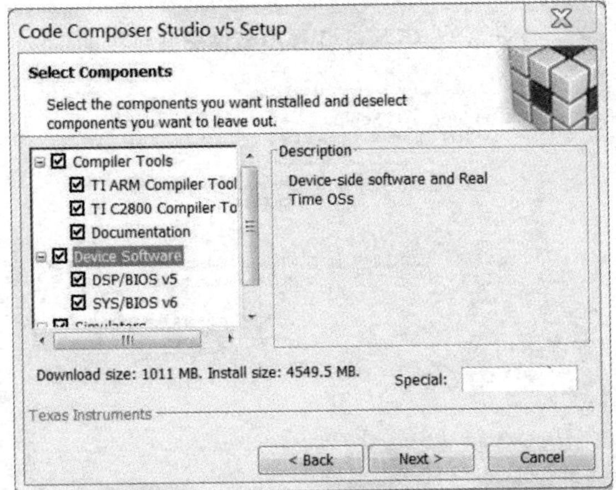

图 1.5　安装 C28x 编译与软仿真工具

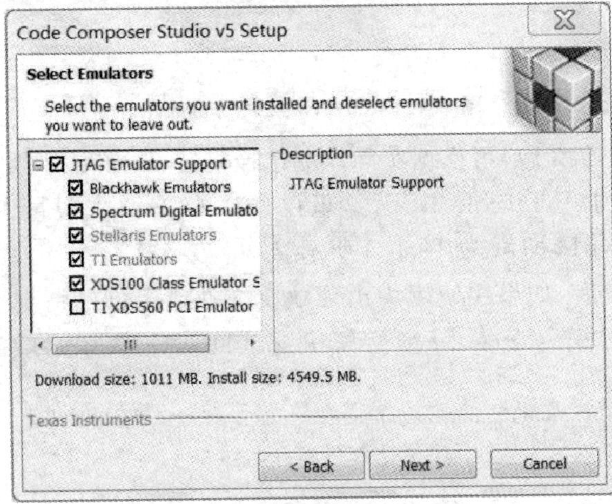

图 1.6　选择安装的仿真器类型

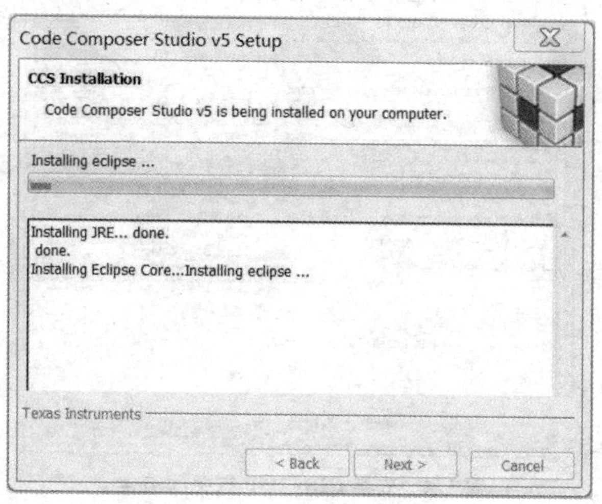

图 1.7 CCS v5.3 程序组件安装过程

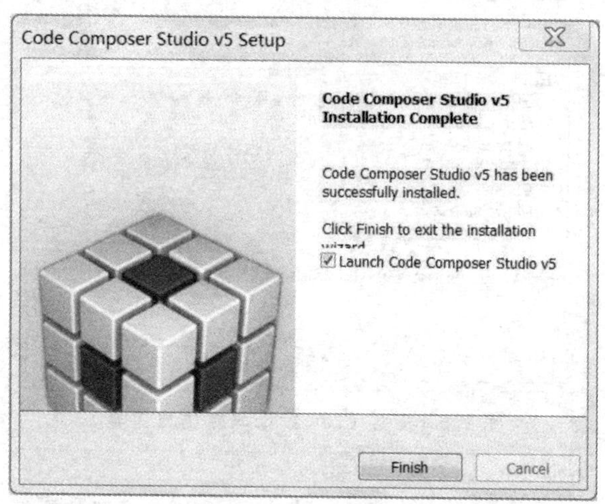

图 1.8 CCSv5.3 安装成功信息

(9) 激活 CCSv5.3 版，可根据实际情况选择安装 license，如果仅仅利用 Proteus 或 XDS100 仿真器学习 Piccolo DSP，这里仅选择 CCSv5.3 限量版选项(FREE LICENSE－for use with)即可，如图 1.9 所示。

(10) 安装完成后，如果在使用中出现缺少文件或组件的情况下，也可以考虑对 CCS v5 软件包进行完全安装，一般会解决这些问题。v5.3 的欢迎界面如图 1.10 所示：

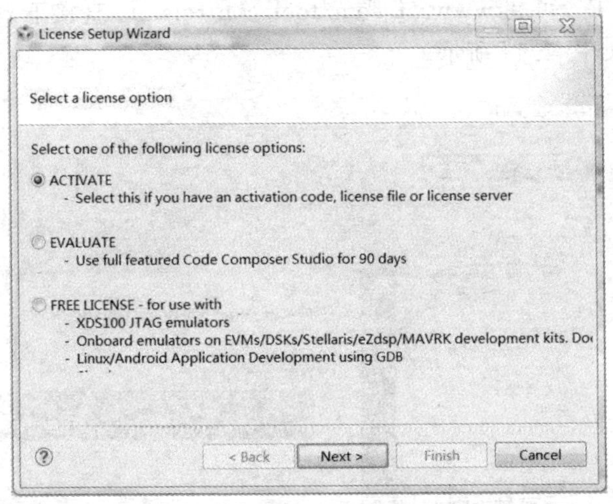

图 1.9　选择 FREE LICENSE 激活 CCSv5.3

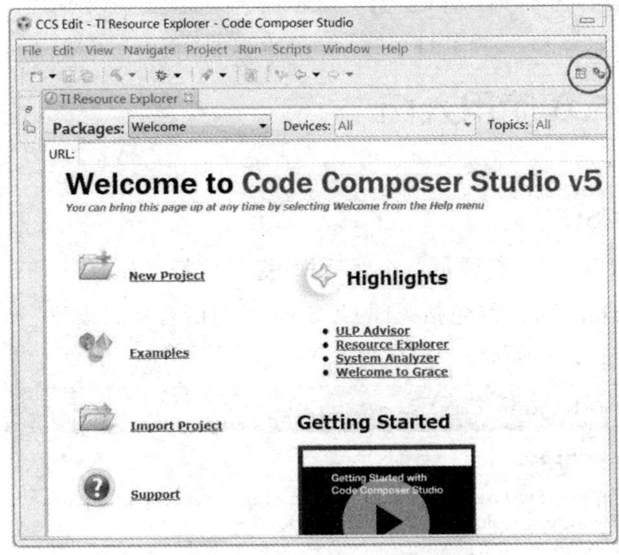

图 1.10　CCSv5.21 版欢迎界面

1.2　安装 C2000 DSP 开发助手(controlSUITE)

controlSUITE™的主要作用是为 C2000™微处理器提供一套全面的软件基础设施和软件工具集,“即 C2000™DSP 开发助手”,最大限度地缩短软件开发时间。controlSUITE 提供从特定器件的驱动程序与支持软件到复杂系统应用中的完整系统示例,并为每个开发和评估阶段都提供了程序库和示例。

controlSUITE™可在 www.ti.com/tool/controlsuite 直接下载，默认安装。安装完成后的样式如图 1.11 所示。

图 1.11　controlSUITE 界面及内容

1.3　CCSv5.3 使用入门

1. 启动 CCSv5

首次启动 CCSv5 时，会弹出一个对话框，提示选择工作区，用于保存个人计算机所有的 CCS v5 自定义设置(包括关闭 CCS v5 时的所有项目设置、宏和视图)。一般按默认设置，如图 1.12 所示。

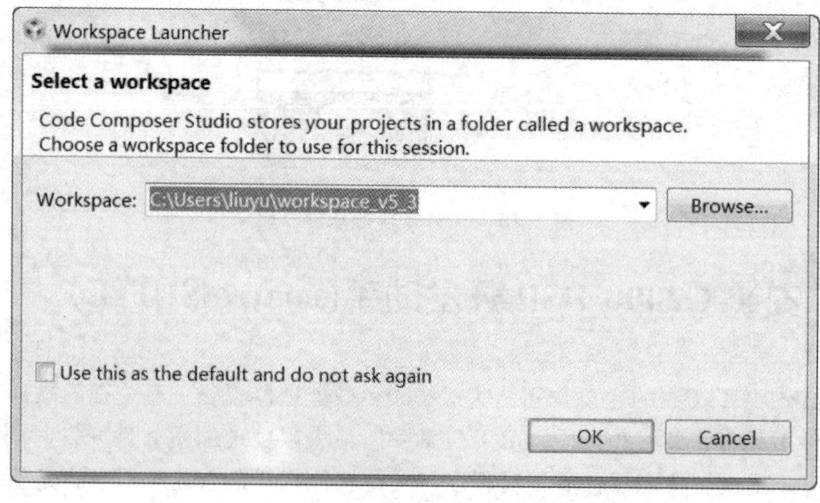

图 1.12　选择工作区

2. Eclipse 概念简介

(1) 资源管理器(TI Resource Explorer):首次使用一个工作区时,资源管理器将显示欢迎页面如图 1.13 所示。欢迎界面上提供的主要功能如下:

- 通过导向创建一个新的工程,或导入一个现有的工程到工作区;
- 提供开发参考示例;
- 访问 E2E 支持社区为 CCS 获得技术支持;
- 提供 TI 的多种资源;
- 系统分析器入门;
- CCS 使用入门视频;
- 提供直接在 IDE 中访问 Wiki 的便利。

图 1.13 资源管理器

(2) 工作台(workbench):工作台指 CCS v5 的图形界面窗口,包含所有用于开发和调试的视图与资源。CCS v5 可以打开多个工作台窗口,且每个工作台窗口存在视觉上的差异(如视图、工具条位置的排列等),它们对应于同一个 CCS 工程的工作区,并且从一个工作台打开的工程可以在所有的工作台窗口中看到,如图 1.14 所示。

(3) 工程(projects):

- 工程可映射到文件系统中的目录。
- 可以添加或链接文件到工程中:
  - ◇ 添加文件到工程中:直接复制文件到工程文件夹中;
  - ◇ 链接文件到工程中:在工程中引用文件,但该文件仍停留在原来的位置上。
- 工程必处于打开或关闭状态。

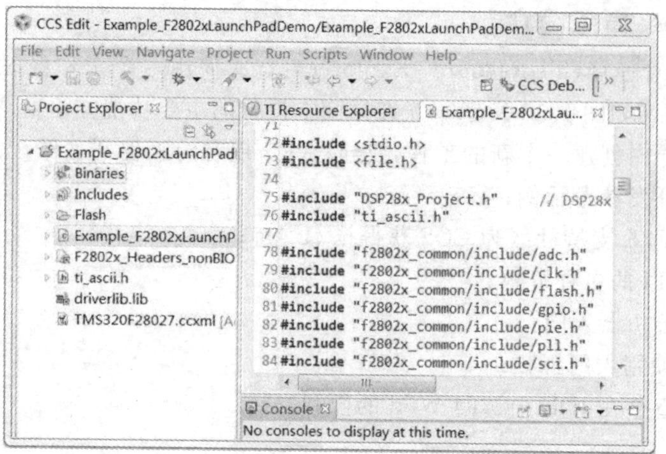

图1.14 工作台

关闭的工程：

◇ 仍在工作区中，但它不能由工作台修改；

◇ 关闭的工程资源不会出现在工作台上，但资源仍驻留在本地文件系统中；

◇ 关闭的工程仅需较少的内存，并不会被频繁的扫描。

● 工程必须被导入工作区后才能被打开：CCSv5，CCE和传统CCSv3的工程均可导入到工作区。

(4) 视图(View)：视图是工作台窗口内的窗口，提供信息的可视化。一般的视图可以在菜单"View"中访问，也可通过从组织标签来识别。

(5) 控制台(console)：用于显示构建(build)消息或调试消息(包括CIO)的视图。

(6) 透视图(perspectives)：定义工作台窗口内视图的初始设置和布局，每个透视图提供一套完成一个特定任务类型的功能，并且用户可以创建自定义的透视图。但在工作台上访问多个透视图时，只能展开其中的一个透视图。

(7) 焦点(Focus)：焦点(被激活)是指工作台的选中的部件(包括编辑器、工程、视图等，激活的)，并且这个概念在Eclipse中比较重要，因为如下的几个操作都与焦点有关，比如，工程编译的错误，控制台，菜单和工具栏选项等。

(8) 实时模式：目标通常需要为了调试器访问而暂停(读/写存储器/寄存器等)，实时模式是一种在CPU运行/执行代码中可以修改内存/外设/寄存器的内容，和服务中断的运作模式。用户不仅对于非时序关键(non-time critical)的代码可单步执行，而且可无干扰地服务时序关键中断；仅需硬件支持，可免去软件监控。

(9) 非实时模式：程序运行在非实时模式时，由于"表达式视图"无法更新连续刷新的值，目标必须停止来让CCS访问目标存储器。

3. 在 CCS v5 中运行第一个 C2000 工程

(1) LAUNCHXL_F28027 简介如下：

C2000™ Piccolo LaunchPad 是价格低廉的评估平台，旨在帮助读者跨入 C2000 Piccolo 微控制器实时控制编程领域如图 1.15 所示。LaunchPad 基于 Piccolo TMS320F28027，具有 64KB 板载闪存、8 个 PWM 通道、eCAP、12 位 ADC、I2C、SPI、UART 等大量独有特性。它包含许多板载硬件，例如，集成的隔离式 XDS100 JTAG 仿真器使编程和调试简单易行；采用 40 PCB 引脚，可以方便地连接 F28027 处理器的引脚；具有重置按钮和可编程按钮等。C2000 LaunchPad 不仅有开发所需的硬件，还使用户可以通过免费的 controlSUITE 访问示例代码、库、驱动程序以及大量其他资源。用户还可下载 Code Composer Studio 集成式开发环境(IDE)版本 5 的无限制版。

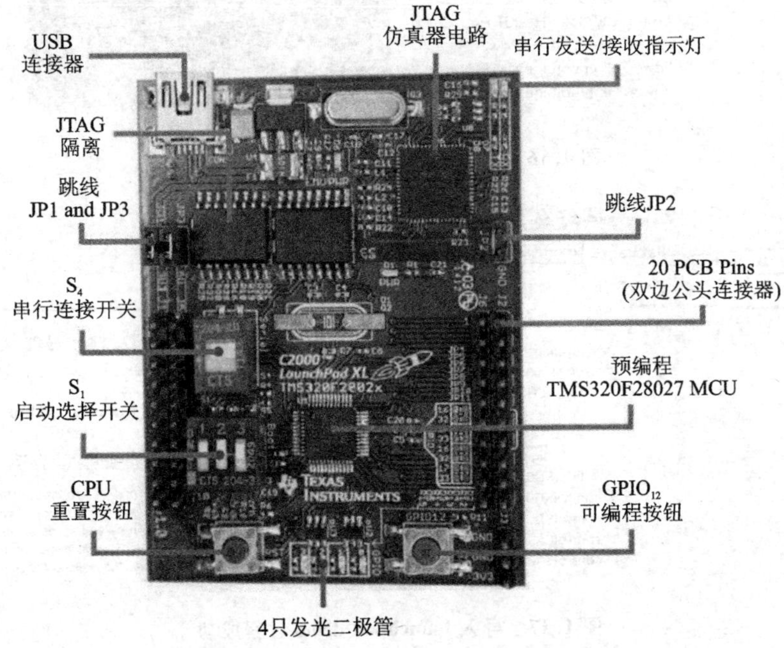

图 1.15 LAUNCHXL_F28027 板简介

(2) 从资源管理器(TI Resource Explorer)教程导入 launchpad demo 工程。

- 从 Development Tools 中选择 LAUNCHXH_F28027 板子，如图 1.16 所示。
- 单击图 1.17 中的“import the example project into CCS”导入 launchpad demo 教程，出现绿色对勾，说明导入的演示工程成功，如图 1.17 所示。

(3) 单击图 1.18 中的“Build the imported project”编译“launchpad demo”工程，在“Console”栏中可以看到.out 文件，并显示编译成功，如图 1.18 所示。

(4) 单击图 1.20 中的“Debugger Configuration”，弹出连接对话框(图 1.19)，在

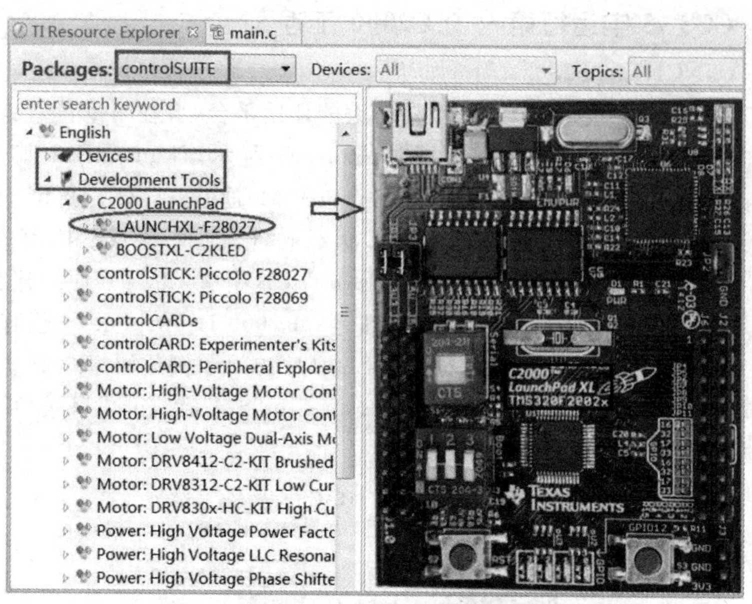

图 1.16　选中 LAUNCHXL_F28027 板子

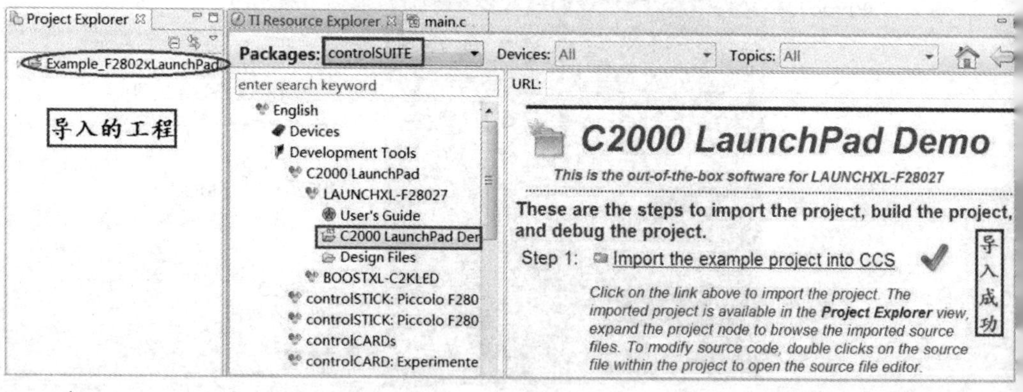

图 1.17　导入 launchpad demo 教程成功

下拉菜单中选择“Texas Instruments XDS100v2 USB Emulator”(launchpad 所带的仿真器为 XDS100v2 USB),然后单击“OK”按钮完成调试配置工作(右侧出现绿色对勾),如图 1.20 所示。

(5) 单击 Step4 的 Debug the imported project 启动调试。

- 擦除闪存的扇区,如图 1.21 所示。
- 自动加载.out 文件,如图 1.22 所示。
- 配置闪存加载程序属性视图,对于用户自己设计的开发板应根据板上的晶振频率、分频比和 PLL 控制寄存器的值设置参数,如图 1.23 所示。
- 启动的调试视图如图 1.24 所示。

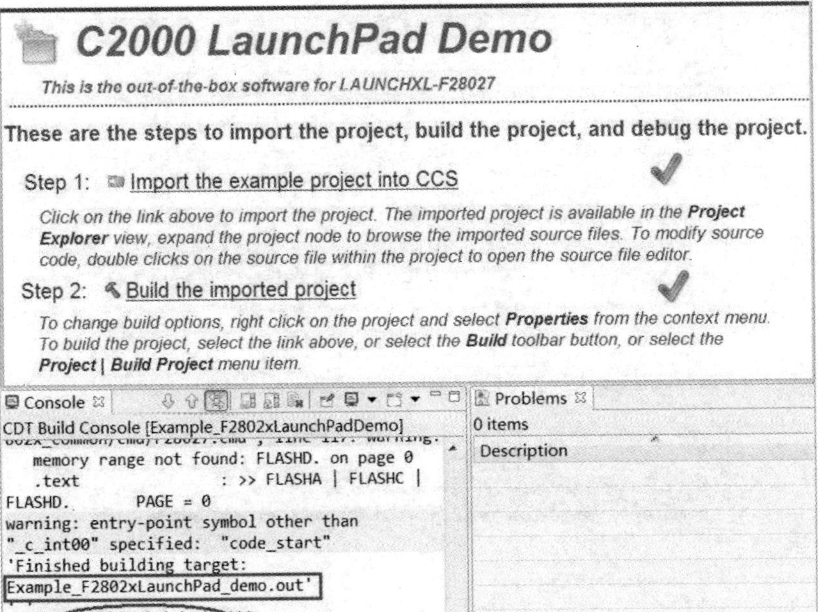

图 1.18 工程编译成功(右侧的绿色对勾)

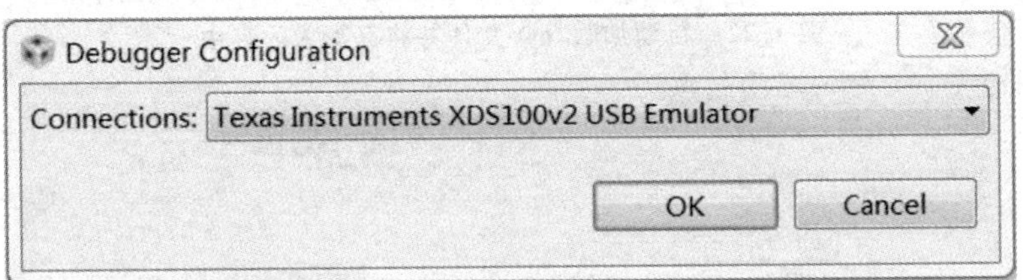

图 1.19 选择仿真器

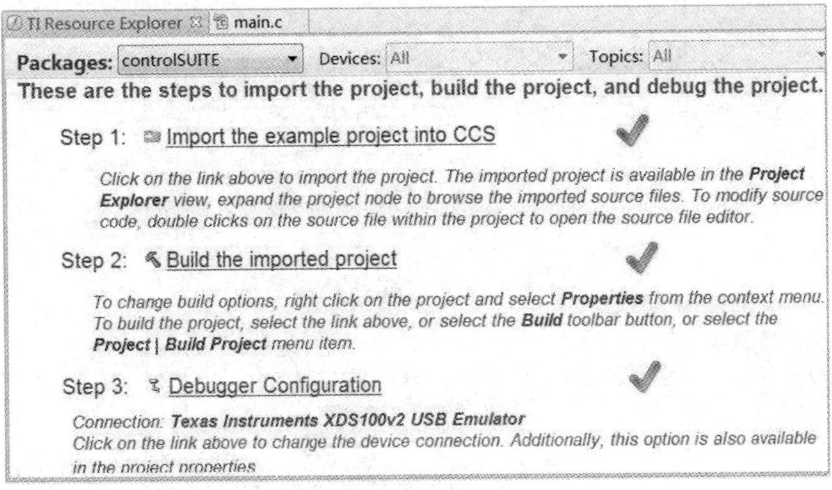

图 1.20 调试配置成功

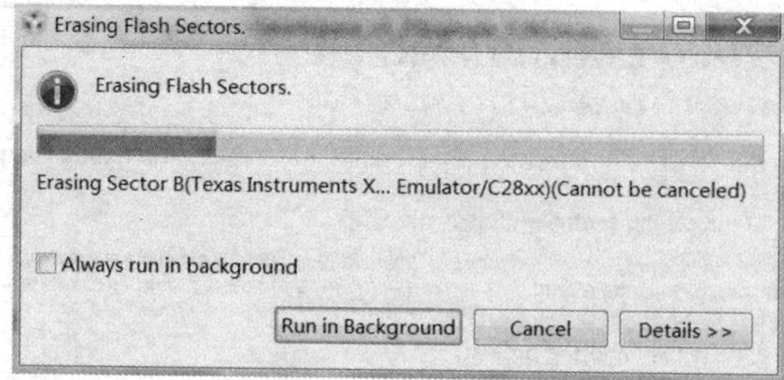

图 1.21　擦除闪存的扇区

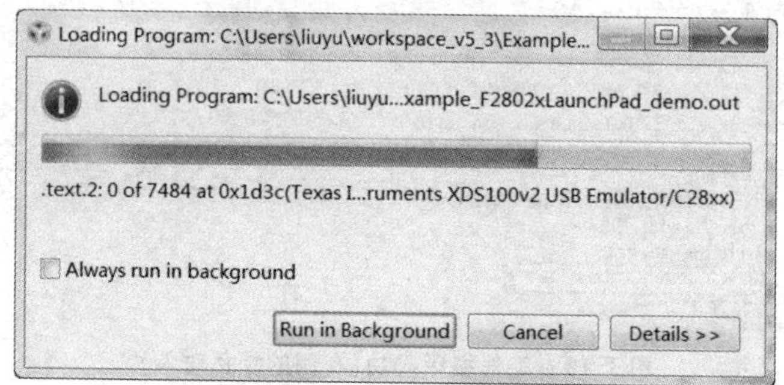

图 1.22　自动加载.out 文件并将其写入闪存中

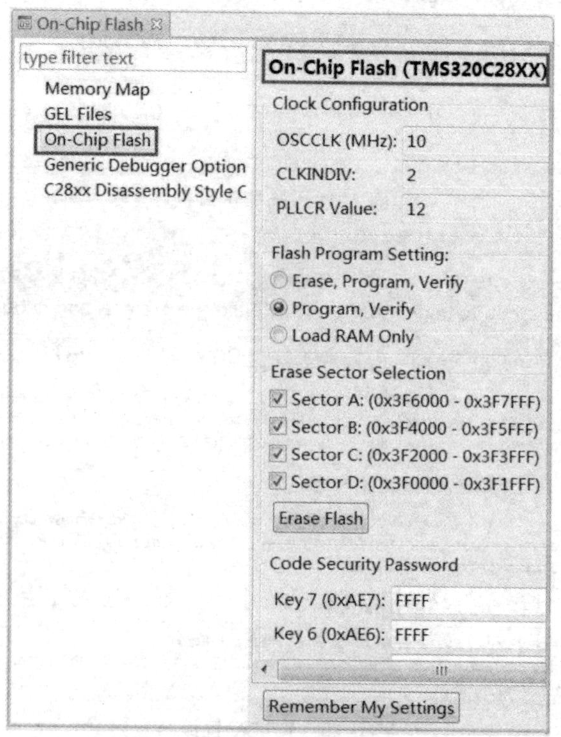

图 1.23　配置闪存加载程序属性视图

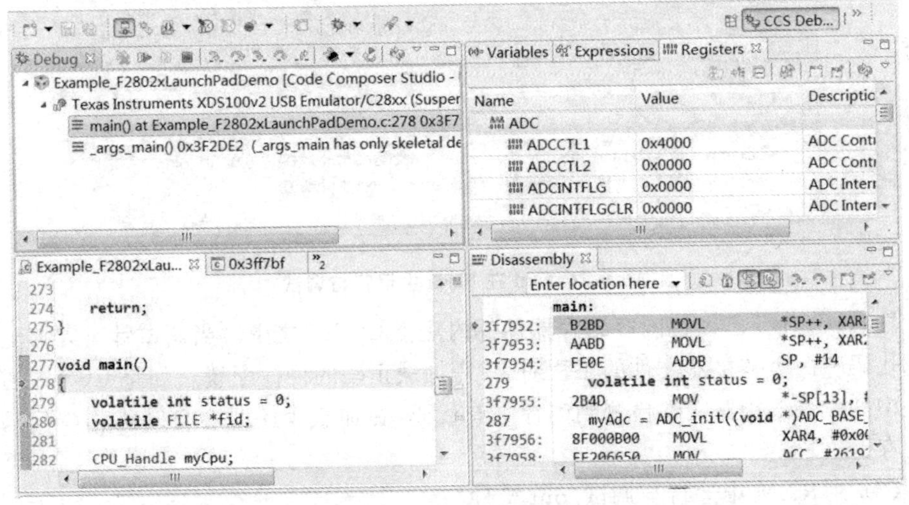

图 1.24　调试视图

◇ Debug(调试)视图包含每个芯片核的目标配置和调用堆栈。

◇ 源代码视图显示了在 main()处停止的程序。

◇ 基本调试功能(运行、停止、步入/步出、复位)位于"Debug(调试)"视图的顶部栏中。"Target(目标)"菜单还有其他几种调试功能。

注意:如果目标配置需要先运行脚本再加载代码,将打开"Console(控制台)"视图。这些脚本采用 GEL(通用扩展语言)编写而成,在对包含复杂外部内存时序和电源配置的设备进行配置时尤其需要此类脚本。

(6) 将.out 文件烧写到 Flash 中,单击工具栏上的图标或下拉菜单"Run"上的"Resume"子菜单将.out 文件烧写到 Flash 中,如图 1.25 所示。在 Flash 中运行与调试图如图 1.26 所示。

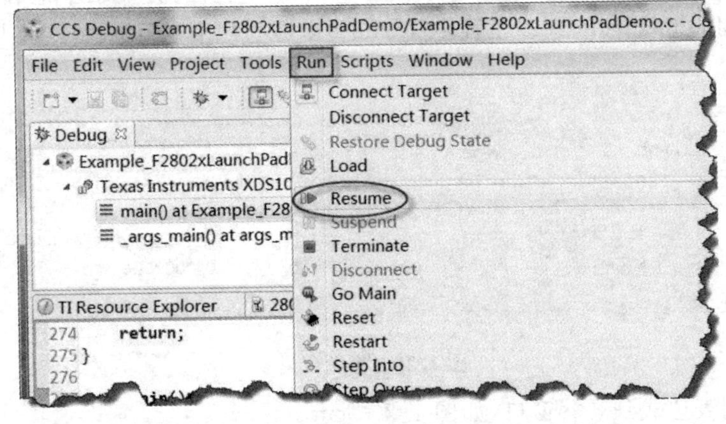

图 1.25　Flash 烧写子菜单

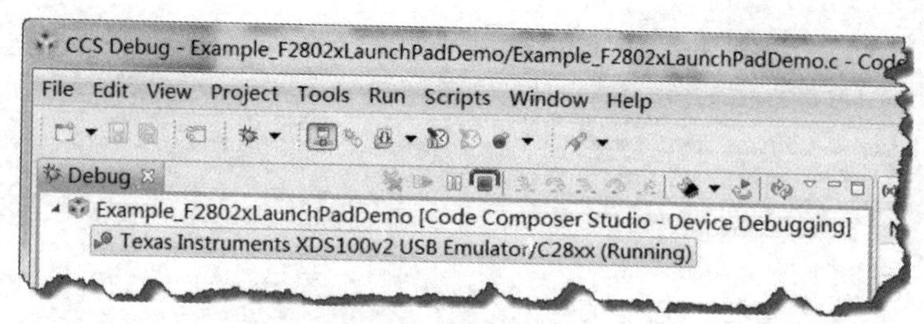

图 1.26 out 在 Flash 中运行与调试

注意:CCSv5 已经把闪存编程器插件内建于 CCSv5 之中。当调试针对闪存配置了源代码和命令链接器文件的工程时,只需加载正确的目标配置。如果 CCSv5 通过工程中的命令链接器文件检测到闪存中有代码,在加载程序时会自动将相应代码写入闪存。

(7) 在 RAM 中运行与调试.out 文件

可以通过工具栏上的图标下选项选择到底是在 ARM 还是 Flash 中运行与调试,如图 1.27 所示。

注意:本例只能在 Flash 中运行

(8) 调试视图与编辑视图间的切换

从调试(CCS Debug)视图切换到编辑(CCS Edit)视图,如图 1.28 所示。

图 1.27 在 RAM 中运行.out 文件

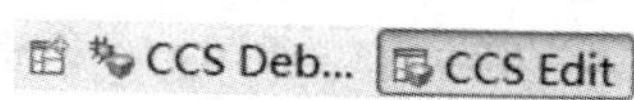

图 1.28 从 CCS Debug 视图切换到 CCS Edit 视图

(9) 查看变量、表达式及寄存器

- 查看变量:在程序加载时还会打开"Variable"视图,并显示本地和全局变量。例如 launchpad demo 工程中 ,main()函数的几个变量如图 1.29 所示。

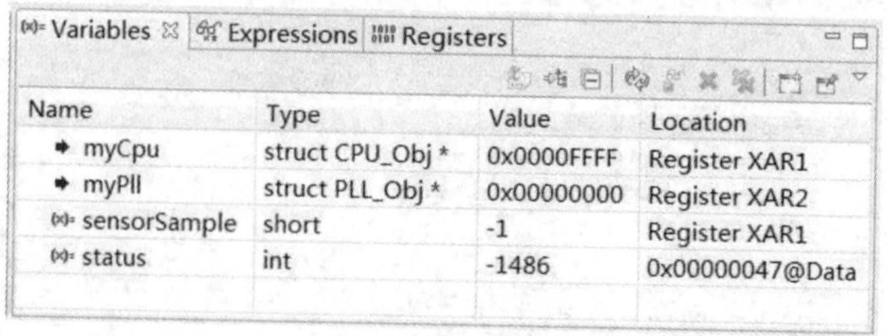

Name	Type	Value	Location
myCpu	struct CPU_Obj *	0x0000FFFF	Register XAR1
myPll	struct PLL_Obj *	0x00000000	Register XAR2
sensorSample	short	-1	Register XAR1
status	int	-1486	0x00000047@Data

图 1.29 查看变量

- 添加表达式到观察窗口,如图 1.30 所示。

添加 referenceTemp 变量的方法如图 1.31 所示。

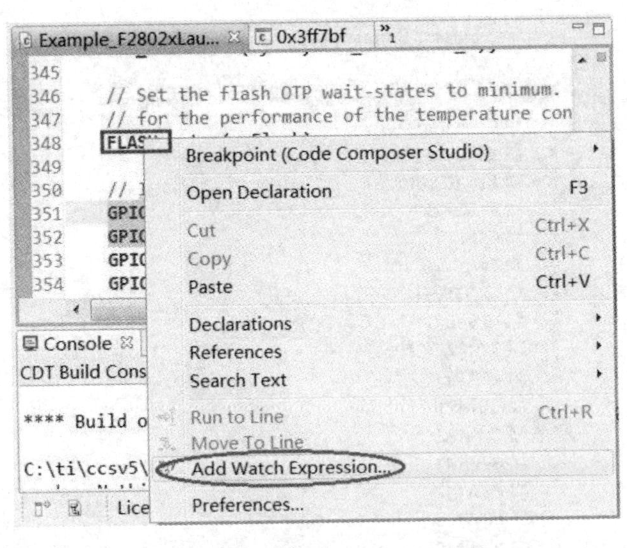

图 1.30　右键单击表达式将其添加到观察窗口

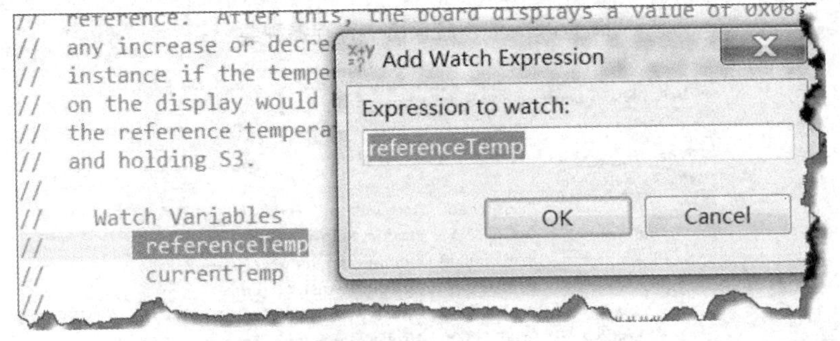

图 1.31　添加 referenceTemp 变量

添加的观察变量列表如图 1.32 所示。

Expression	Type	Value	Address
referenceTemp	short	-13635	0x00008961@Data
currentTemp	short	11521	0x00008963@Data
Add new expression			

图 1.32　在表达式视图中显示的表达式内容

● 寄存器视图中的寄存器列表如图 1.33 所示。Core Registers 寄存器中的变量如图 1.34 所示。

(10) 查看反汇编代码(包括源码)。默认情况下不会打开反汇编视图,但是可通过转到菜单"View→Disassembly(查看→反汇编)"查看。反汇编窗口中一个极其有用的功能是源代码与汇编代码混合模式查看器,如图 1.35 所示。要使用此功能,只

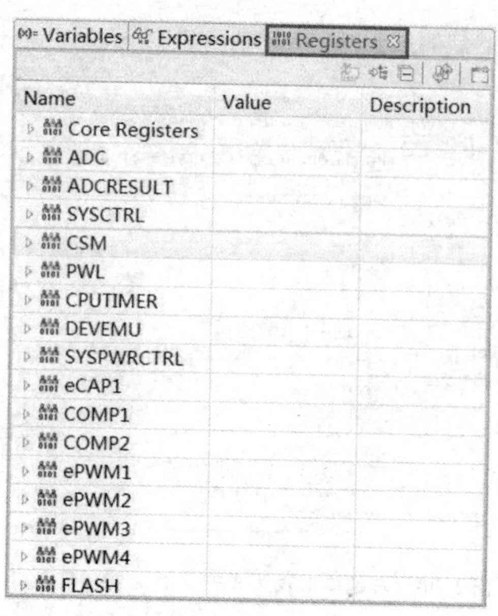

图 1.33 寄存器视图中寄存器种类

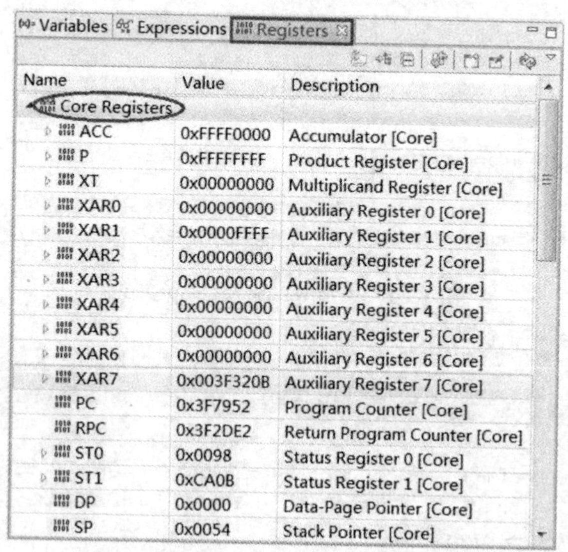

图 1.34 Core 寄存器中的内容

需在"Disassembly(反汇编)"视图中右击并选择"View Source(查看源代码)"选项。

(11) 内存查看器:默认情况下不会打开内存视图,但是可通过转到菜单"View→Memory(查看→内存)"查看。通过内存视图可访问一些有用的功能:内存可通过多种格式进行查看,可填充任意值,也可保存至 PC 的二进制文件或从中加载,此外还可以查看所有变量和函数,而且每个内存位置都有上下文相关的信息框,如图 1.

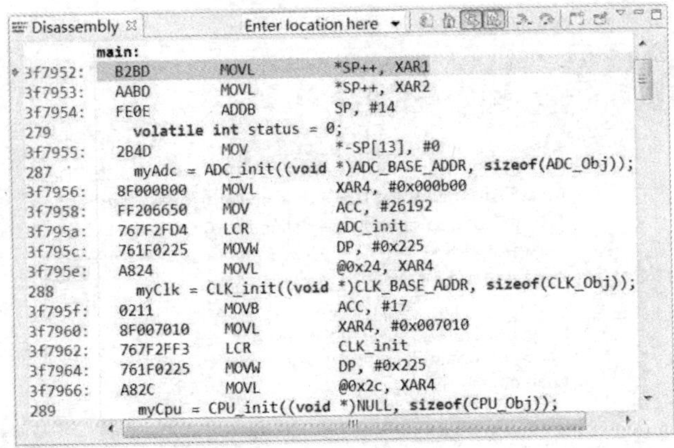

图 1.35 反汇编视图

36 所示。

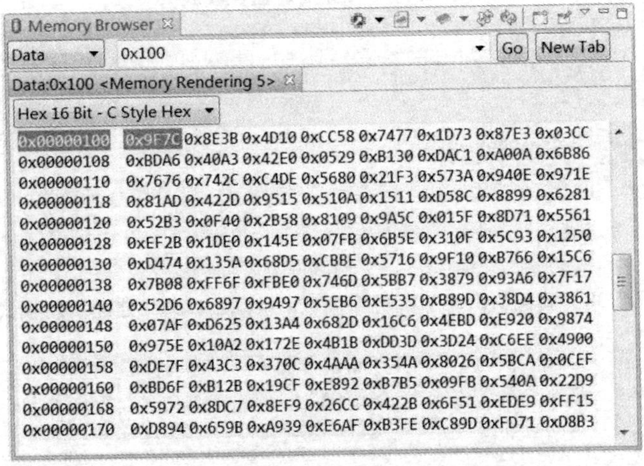

图 1.36 查看内存中的数据

(12) 打开实时监控模式

- 可用实时模式监视正在改变的观测变量，可直接在工具栏中切换到实时模式，这时会弹出一个对话框，确认是否允许实时切换，选择“Yes”，如图 1.37 所示。
- 在监控视图(图 1.37)的右上角，单击白色向下箭头，选择“Continuous Refresh Interval…”可以调整刷新率，默认刷新间隔为 500 ms，如图 1.38 所示。
- 单击黄色的循环双箭头图标，打开持续刷新模式，使观测的变量不断在程序运行时实时刷新，如图 1.39 所示。

单击在 Flash 中的运行按钮，实时监控模式的运行结果如图 1.40 所示。

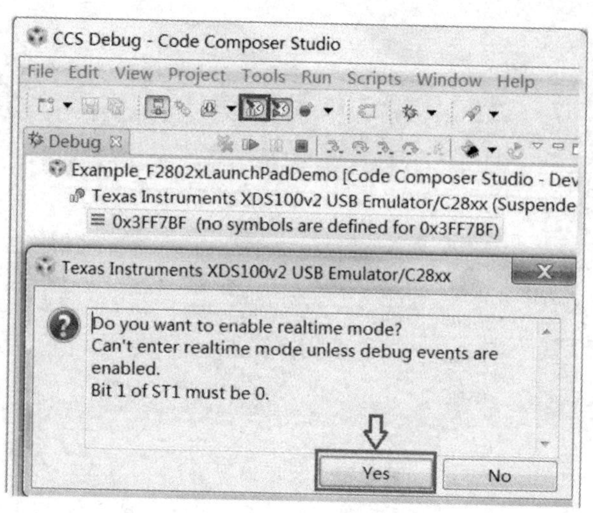

图 1.37　打开实时监控模式

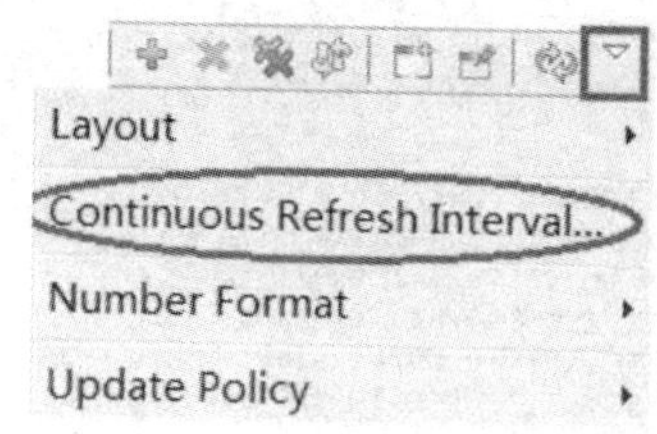

图 1.38　调整刷新率

图 1.39　连续刷新模式

图 1.40　实时模式运行结果

(13) 通过串口在 putty 中显示内部温度值

● putty 是一个绿色软件，读者可以在网上下载，其图标如图 1.41 所示；

● 保持 LAUNCHXH_F28027 板子与电脑间的连接，这时可在设备管理器看到该硬件(见图 1.42)，设置该串行设备的波特率为 115 200(见图 1.43)；

● 单击 putty 图标，打开 putty 配置对话框，选中串行

图 1.41　putty 图标

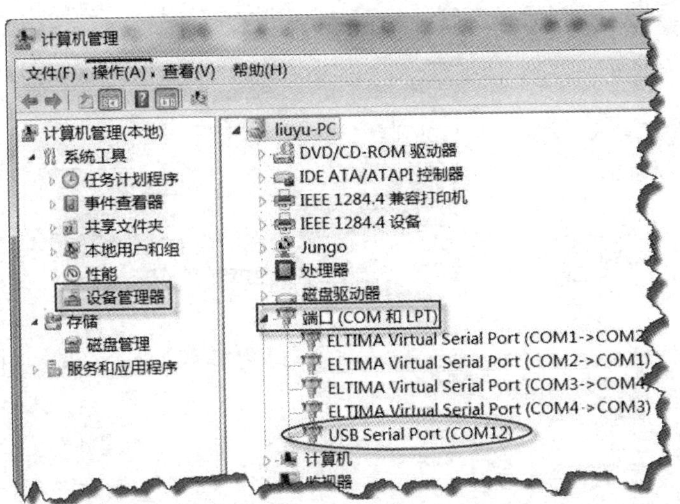

图 1.42　LAUNCHXH_F28027 板子的 USB 串口号

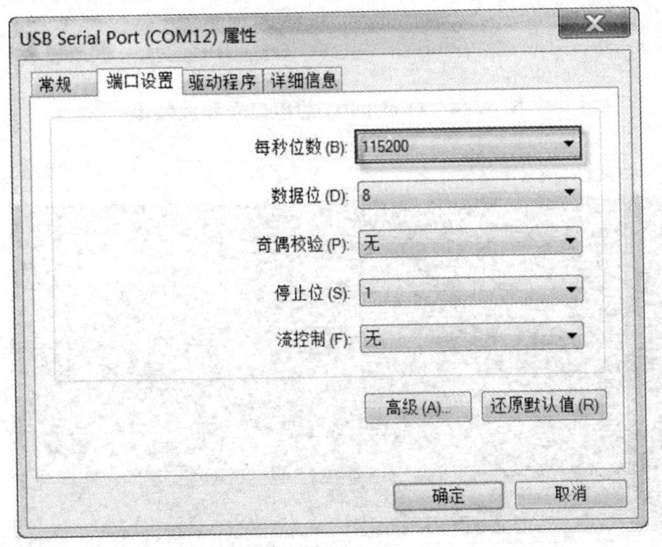

图 1.43　LAUNCHXH_F28027 板子发送波特率设置

通信,设置其串口号和波特率为 115 200(见图 1.44);

- 单击图 1.44 中的"open"按钮,打开接收 LAUNCHXH_F28027 信息的界面(见图 1.45);
- 单击 CPU 重置和可编程按钮,可以看到 LAUNCHXH_F28027 板子的串行口(Uart)发光和间歇闪动,这时可看到 PuTTY 上出现 TI 的 LOGO 和 CPU 的内部温度值,如图 1.46 所示。

从图 1.46 中可以看到,在 PuTTY 显示的温度和在观察窗口中看到的 CPU 内

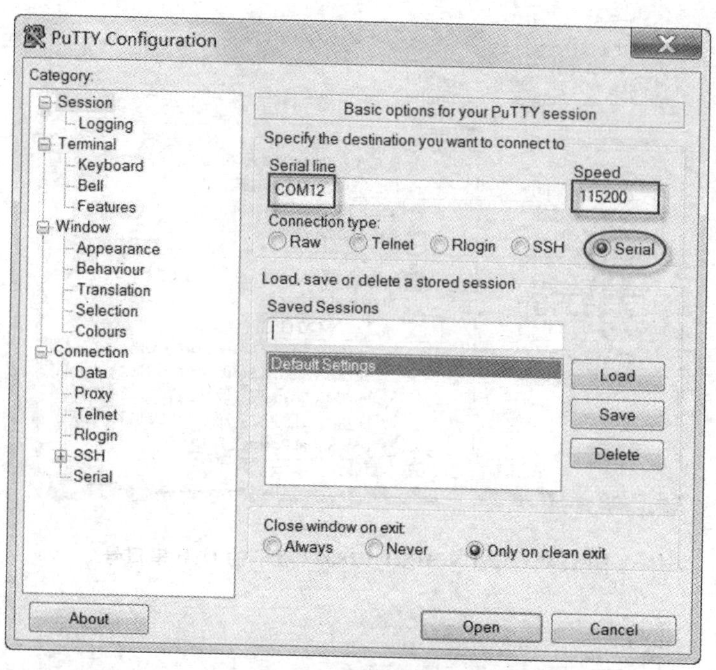

图 1.44 配置 putty 的串口号和波特率

图 1.45 打开 putty 接收串口信息界面

部温度值基本相同。

- 在 LabVIEW 虚拟仪器中显示的 CPU 内部温度如图 1.47 所示。

说明:LabVIEW 作为 DSP 的输出结果显示,将在后面的章节中详细介绍。

(14) 管理断点:作为任何调试器都会拥有的最基本功能,CCSv5 中的断点添加了一系列选项,帮助增加调试进程的灵活性,如图 1.48 所示。

◇ 硬件断点可从 IDE 直接进行设置;

◇ 软件断点仅受设备可用内存的限制;

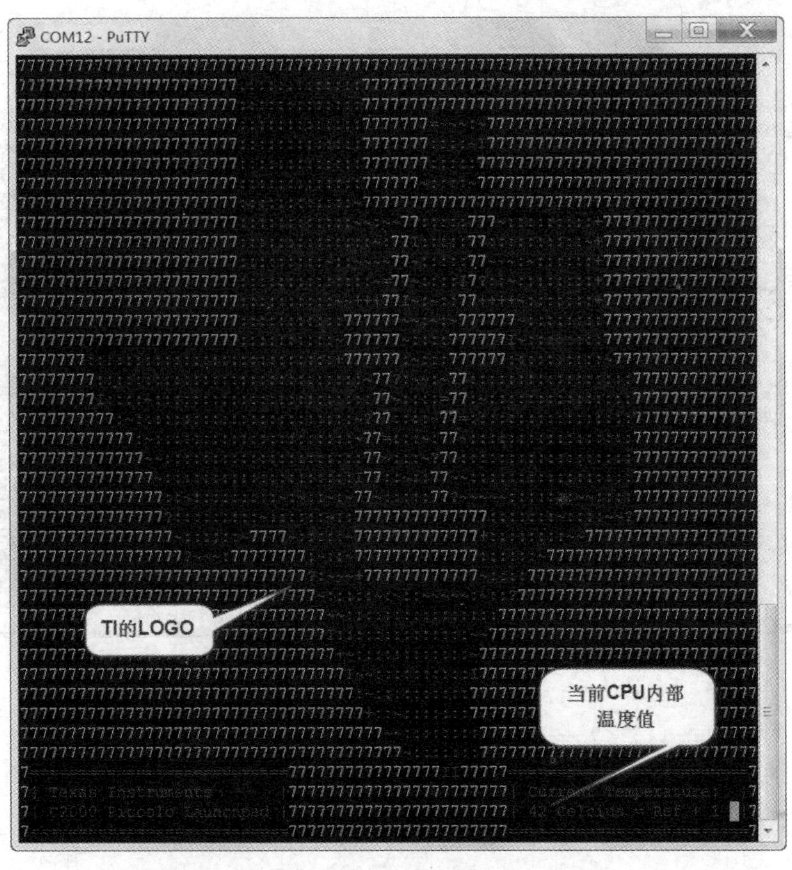

图 1.46 CPU 内部的温度值和 TI 公司 LOGO

◇ 软件断点可设置为无条件或有条件停止；

◇ 除了停止目标之外，软件断点还可执行其他功能：文件 I/O 传输、屏幕更新等。

注意：在优化代码中，有时无法将断点设置到 C 源代码中确切的某一行。这是因为优化器可能会将代码紧缩起来，从而影响汇编指令和 C 源代码之间的相关性。

(15) 断点查看器：所有断点（软件、硬件、已启用、已禁用）都可在其中看到，如图1.49 所示。

设置断点的方法：只需右击蓝点，或双击需要设置断点的地方选择断点属性，再对属性做以下操作。

◇ 利用“Action”标签，可以设置断点的行为。

◇ 利用“Skip Count”标签，可以设置执行断点操作之前通过的数目。

◇ 利用“Group”标签，可以对断点进行分组以进行高级控制。

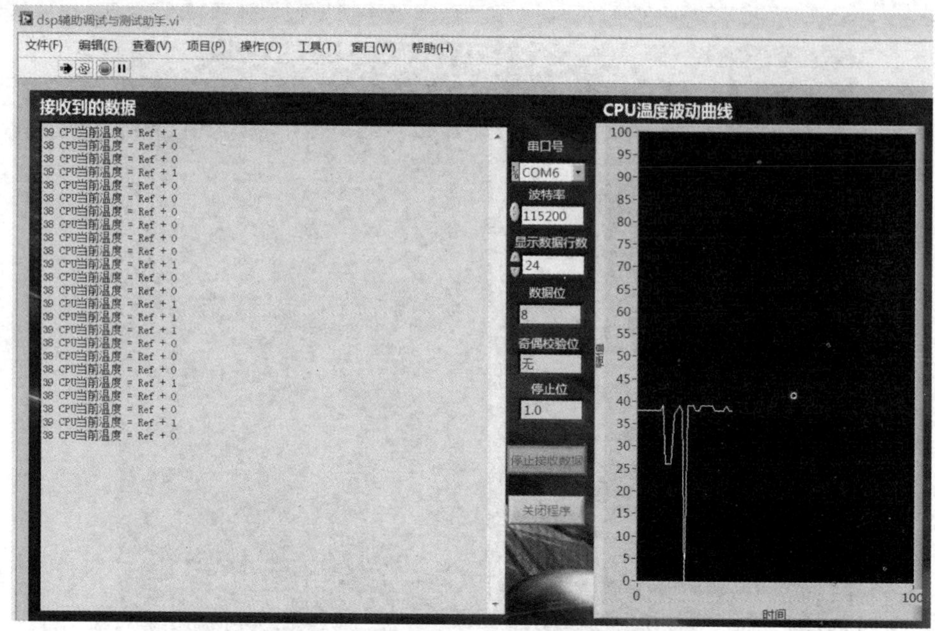

图1.47 在LabVIEW中显示的CPU内部温度

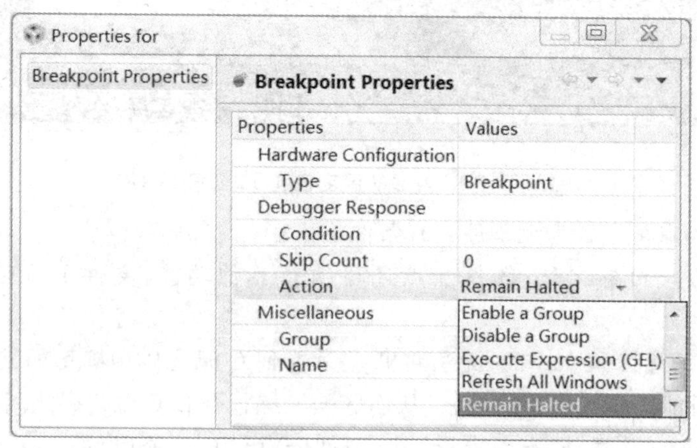

图1.48 断点设置

(16) 图形与图像可视化工具:在调试任务下,可从菜单Tools→Graph打开绘图工具。

◇ 时域图形:Single Time和Dual Time,采用Single Time时的波形如图1.50所示。

◇ 频域图形:4种基于FFT的图形,采用Complex FFT方式时的波形如图1.51所示。

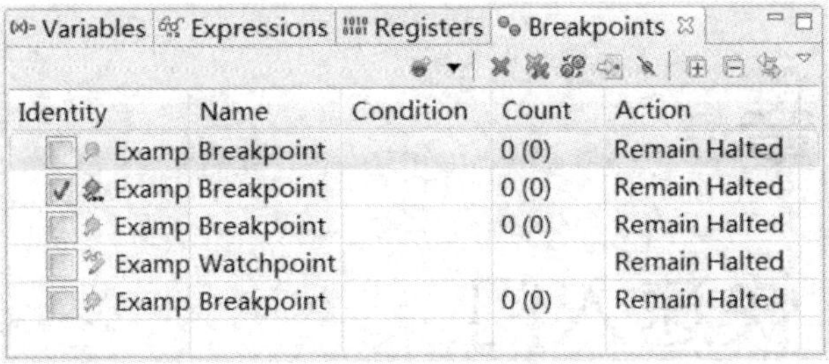

Variables | Expressions | Registers | Breakpoints

Identity	Name	Condition	Count	Action
☐	Examp Breakpoint		0 (0)	Remain Halted
✓	Examp Breakpoint		0 (0)	Remain Halted
☐	Examp Breakpoint		0 (0)	Remain Halted
☐	Examp Watchpoint			Remain Halted
☐	Examp Breakpoint		0 (0)	Remain Halted

图 1.49　断点查看器

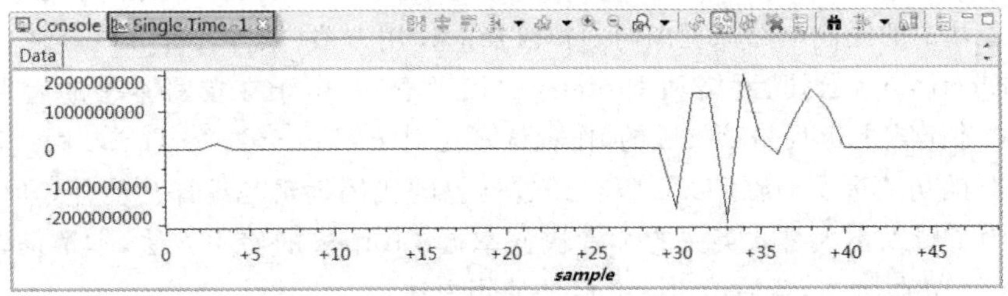

图 1.50　采用 Single Time 方式的波形

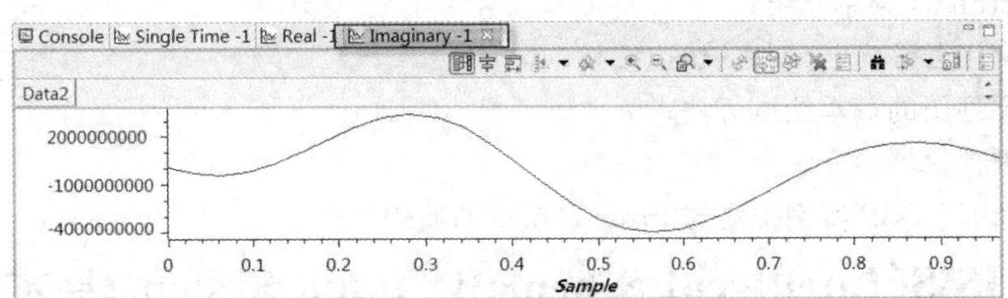

图 1.51　采用 Complex FFT 方式时的波形

第2章

Proteus 快速入门

本章仅为那些初次接触 Proteus 虚拟硬件平台的读者提供入门级参考，主要介绍一些最基本的绘制电路原理图与虚拟仪器的使用方法（软件及部分内容来自 Labcenter Electronics 公司、网络和 Proteus 的代理商）。由于在撰写本书的后期 Proteus 8.0 才正式上市且是英文版的，作者认真比对了 Proteus7.10 与 8.0 版针对 Piccolo DSP 的仿真差异，除了 8.0 版有经过打包的代码编辑与编译功能外，其他基本相同。为了帮助不太喜欢英文的读者快速掌握 Proteus 的使用方法，本章仍以介绍 Proteus 7.10 版为主，最后给出 8.0 版的使用方法。

本章的主要内容：

◇ Proteus 菜单介绍；

◇ 常用器件库与元件的快速查找；

◇ 原理图的基本绘制方法；

◇ 虚拟仪器简介；

◇ 28027 DSP 实例仿真与 Proteus 8.0 的使用。

2.1 ISIS(Intelligent Schematic Input System)基本概念与操作

2.1.1 Proteus 7.10 的编辑环境

(1) ISIS 的工作界面如图 2.1 所示。

(2) 模式工具栏：选择工具箱中的不同图标，系统将提供相应的操作对象。工具栏包含的具体内容，如表 2.1 所示。

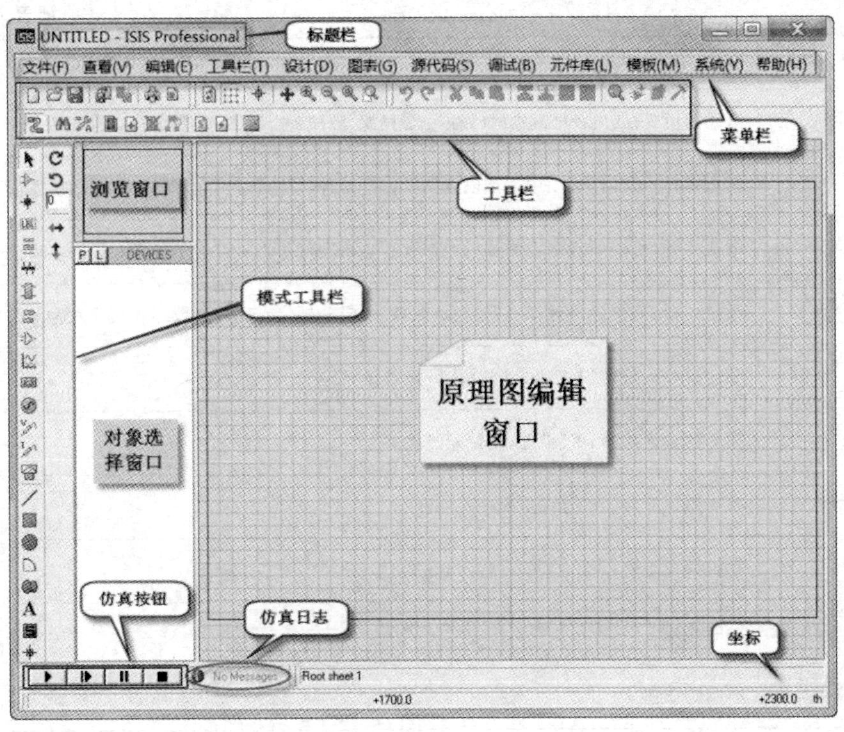

图 2.1　ISIS 的工作界面

表 2.1　模式工具栏

图　标	描　述
	选择模式
	选择元器件
	放置节点
LBL	标注线段或网络标号
	文本脚本模式：在电路中输入或编辑文本
	总线模式：在电路中绘制总线
	子电路模式：在电路中绘制子电路
	终端模式：在对象选择器中列出各种终端（输入、输出、电源和地等）
	设备引脚模式：列出各种引脚（如普通引脚、时钟引脚、反电压引脚和短接引脚等）
	图形模式：列出各种仿真分析所需的图表（如模拟图表、数字图表、混合图表和噪声图表等）
	分割模式：当对设计电路分割仿真时采用此模式

续表 2.1

图　标	描　述
	激励源模式:列出各种激励源(如正弦激励源、脉冲激励源、指数激励源和 FILE 激励源等)
	电压探针:可在原理图中添加电压探针。电路进行仿真时可显示各探针处的电压值
	电流探针:可在原理图中添加电流探针。电路进行仿真时可显示各探针处的电流值
	虚拟仪器:列出各种虚拟仪器(如示波器、逻辑分析仪、定时/计数器和模式发生器等)
	顺时针方向旋转按钮:90°步进,旋转元器件
	逆时针方向旋转:90°步进,旋转元器件
	水平镜像旋转:180°步进,旋转元器件
	垂直镜像旋转:180°步进,旋转元器件
	绘制直线
	绘制矩形框
	绘制圆盘
	绘制曲线
	绘制任意多边形
	编制文本信息
	添加元件符号
	图形标记模式

注意:对象选择器中的内容是与选中的工具栏上的图标一致的。例如选中“终端”和“元件”时,对象选择窗口中的内容,如图 2.2 所示。

(3) 菜单栏中的菜单项如图 2.3 所示。

(4) 选择图纸大小:在菜单栏的“系统”菜单中选择“设置图纸大小”选项,将出现如图 2.4 所示对话框。在该对话框中用户可指定或自定义图纸的大小。

(5) 确认字体的风格与大小

在“系统”菜单中选择“设置文本比较器”选项,在弹出对话框中确认文本的字体、风格、大小、效果和颜色等,如图 2.5 所示。

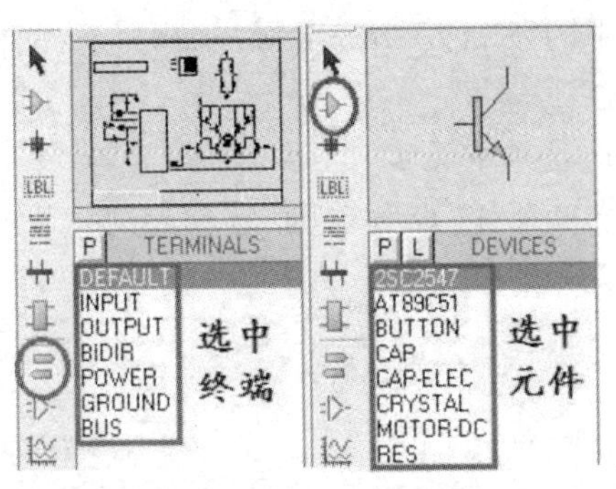

图 2.2　选中“终端”和“元件”时对象选择窗口中内容的变化

图 2.3　菜单与工具栏

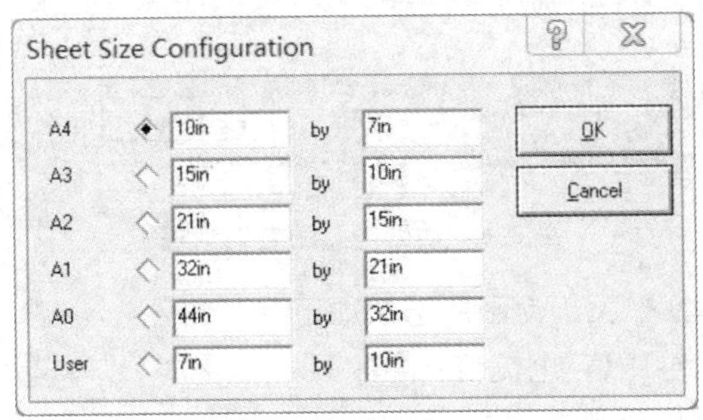

图 2.4　指定图纸的大小

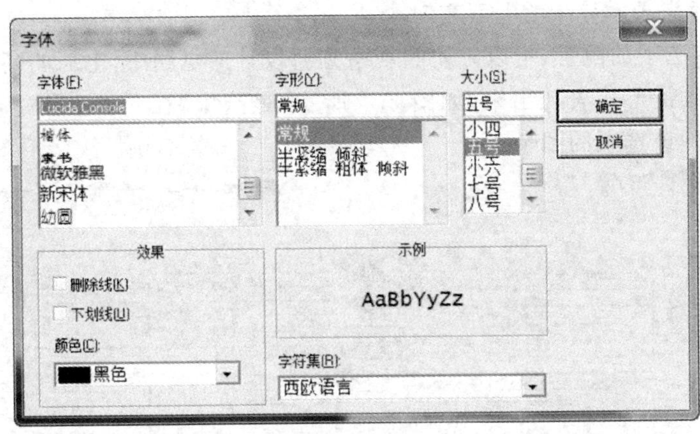

图 2.5　修改字体格式与大小

(6) 确定编辑窗口中网格的大小：

◇ 在“查看”菜单中选择“网格”选项，确定编辑窗口中的网格是否显示。

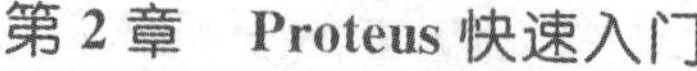

◇ 选择“查看”菜单中的“Snap xth(x=10、50、0.1、0.5)”选项，调整格点的大小（默认值为 0.1 in）。

(7) 动画(Animation)选项的设置：

在菜单栏的“系统”菜单选择“设置动画”选项，弹出“设置动画选项”对话框，如图2.6 所示。

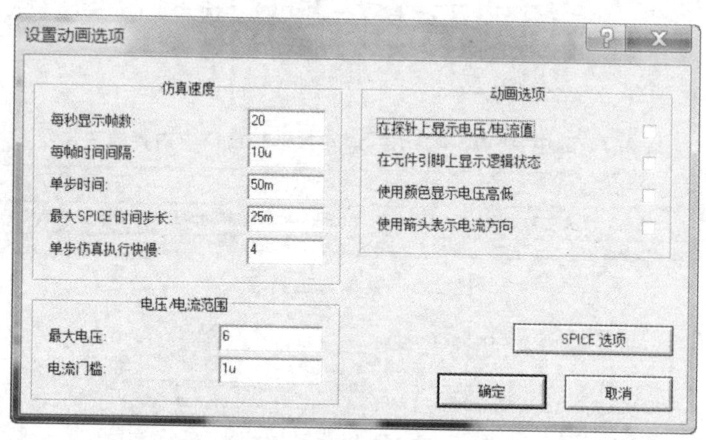

图 2.6 动画电路配置对话框

图 2.6 所示对话框中关于动画的选项如下：

◇ 在探测点显示电压值/电流值；

◇ 在元件引脚上显示逻辑状态；

◇ 使用不同颜色表示导线的电压；

◇ 使用箭头表示导线的电流方向。

通过这些选项的配置，可以方便的观察到所设计的电路中，电压的高低与电流的方向，并以动画的形式表现出来，如图 2.7 所示，是选中“在元件引脚上显示逻辑状态”与未选中的该选项的图示。

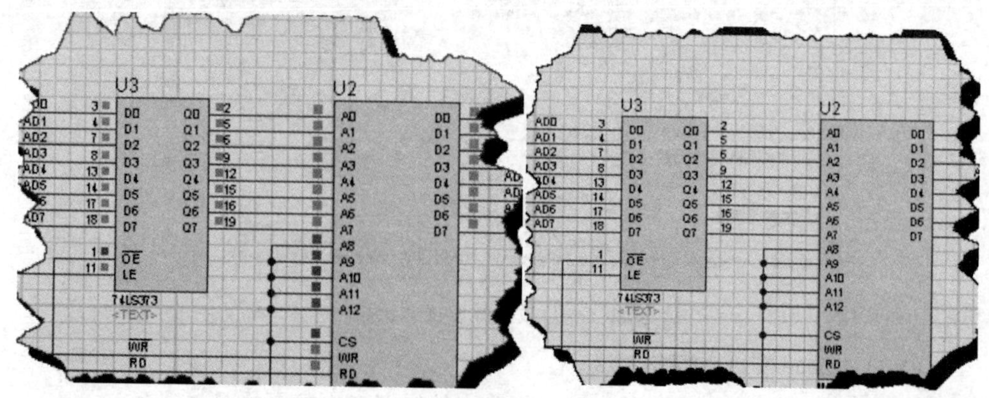

图 2.7 左图为选中“在元件引脚上显示逻辑状态”选项，右图为未选中此项的仿真结果

从图 2.7 中可以清晰地看出，选中此项对判断程序运行是否正确是有帮助的。

2.1.2　元器件的基本操作与库简介

迅速找到库中的元器件是绘图的关键，因此应尽量采用快捷键加关键字的方法查找元器件。并能熟练掌握对器件的属性、复制、删除、旋转等操作，以及它们之间的各种连接技巧（包括总线的画法及网络标号的放置等）。

1. 元件查找与库

◇ 快捷键加关键字查找元器件：电子线路不外乎是电阻、电容、电感、晶振、晶体三极管、二级管、显示器件、模拟与数字集成电路等的集合体，要想快速完成电路原理图的绘制，必须记住一些常用器件的英文单词。比如，电阻-res、电容（包括瓷片与涤纶电容-cap；电解电容器-cap-elec 与极性电容-cap-pol）、开关-switch、电感-inductor、晶振-crystal、按钮-button、三极管-transistor、发光二极管-led、7 段数码管-7seg 与微处理器-microprocessor 等。

查找元器件的步骤：首先在键盘上直接敲英文字母 P 进入 pick Devices 对话框，然后在“关键字”栏中输入要查找的器件，最后在“结果”栏中显示找到的元器件。例如，查询 TI 公司的 TMS320F28027 微处理器芯片，可在关键字栏直接输入“28027”，如图 2.8 所示。

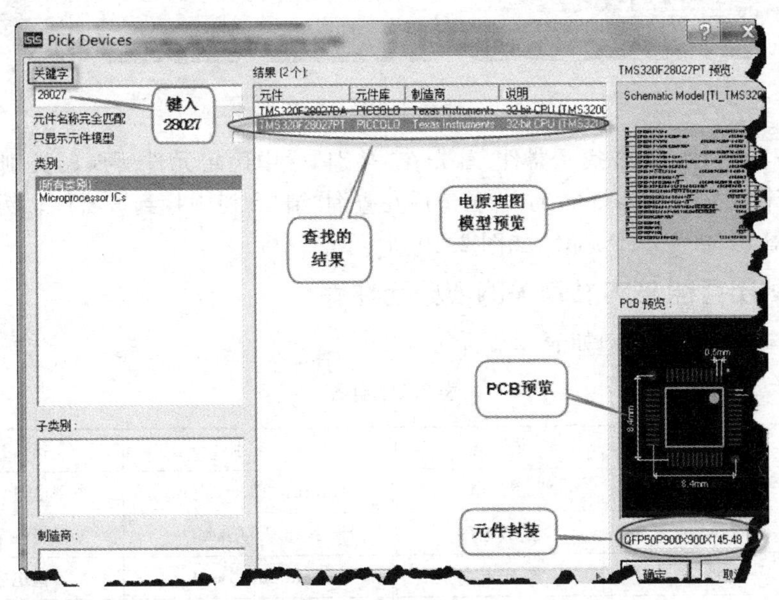

图 2.8　快速查找 TMS320F28027 微处理器

注意：这是较快查找器件的方法，不过，读者必须熟悉该器件才可行。

◇ 按器件分类查找元器件：首先在“类别”栏中确定元器件的类别，然后再在“子类别”栏中确定该元件的子类，最后在查询“结果”栏中找到该元器件。例如，同样查找 TI 公司的 TMS320F28027 微处理器芯片，首先在“类别”栏中确定 TMS320F28027 属于微处理器芯片类，然后在子类中确定该器件属于 TMS320 Piccolo 家族，最后在查询“结果”栏中找到 28027 芯片，如图 2.9 所示。

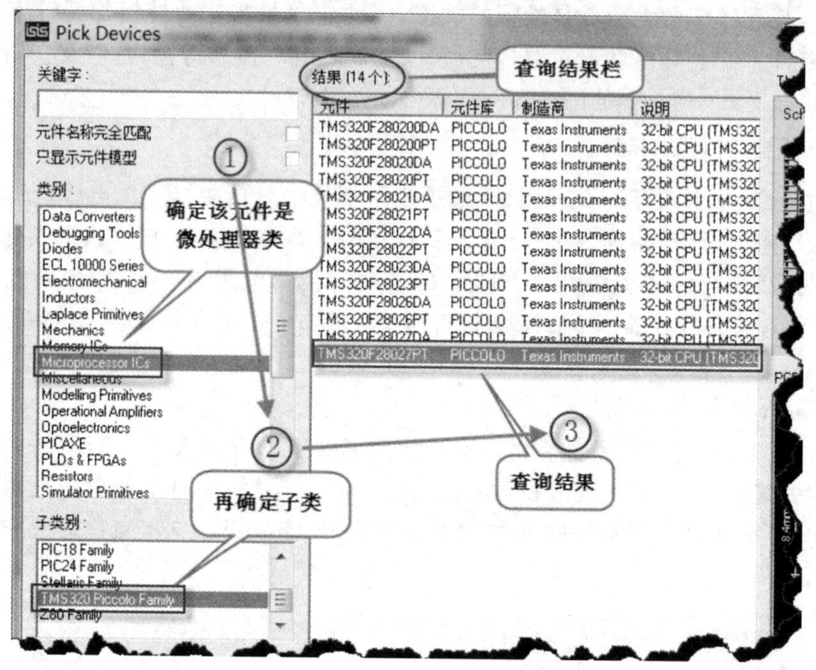

图 2.9 按器件分类查找元器件

◇ 按器件生产商查找元器件：首先在“类别”栏中确定元件所属的类别，然后在“制造商”栏中选择该器件的生产商，最后在查询“结果”栏中找到该器件。例如，同样查询 TMS F28027 DSP 芯片，如图 2.10 所示。

2. 列出可能与本书有关的部分元件库

◇ 电容(Capacitors)如表 2.2 所列。

表 2.2 电容

子类别	描　述	子类别	描　述
Ceramic Disc	陶瓷片电容	Miniture Electrolytic	小型电解电容器
Generic	普通电容	Non Polarised	无极性电容
Variable	可变电容	Tantalum Bead	钽电容
Metallised Polyester Film	金属聚丙烯电容	Radial Electrolytic	径向电解电容

◇ 光电器件(Optoelectronics)如表 2.3 所列。

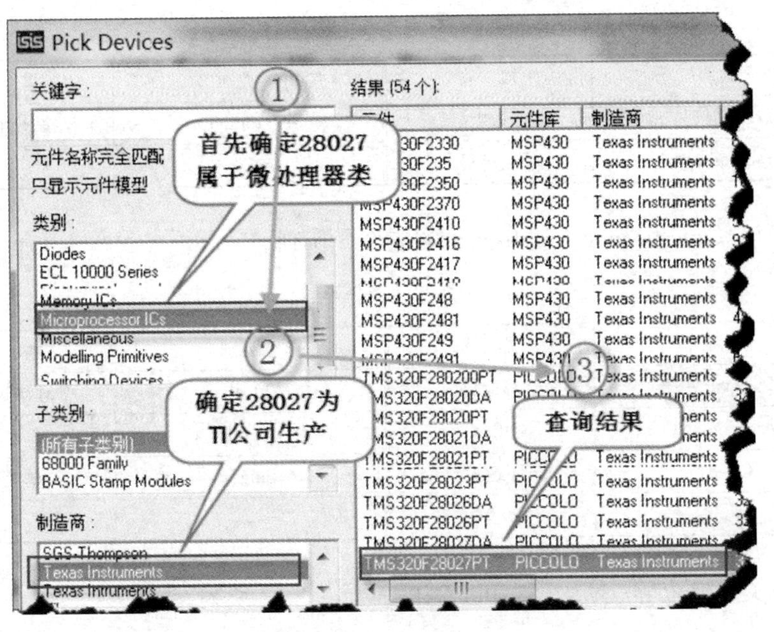

图 2.10　按生产商查找元器件

表 2.3　光电器件

子类别	描　述	子类别	描　述
7-Segment Displays	7 段显示	LCD Controllers	液晶控制器
Alphanumeric LCDs	液晶数码显示	LCD Panels Display	液晶面板显示
Bargraph Displays	条形显示	LEDs	发光二极管
Dot Matrix Displays	点阵显示	Optocouplers	光电耦合
Graphical LCDs	图形液晶显示	Serial LCDs	串行液晶显示
Lamps	灯		

◇ 电阻(Resistors)如表 2.4 所列。

表 2.4　电阻

子类别	描　述	子类别	描　述
Generic	普通电阻	0.6 W Metal Film	0.6 W 金属膜电阻
NTC	负温度系数热敏电阻	Resistor Packs	排阻
Variable	滑动变阻器	Varistors	可变电阻

◇ 电感(Inductors)如表 2.5 所列。

表 2.5　电感

子类别	描　述	子类别	描　述
Generic	普通电感	SMT Inductors	贴片电感
Transformers	变压器		

◇ 运放(Operational Amplifiers)如表 2.6 所列。

表 2.6　运放

子类别	描　述	子类别	描　述
Dual	算运放	Ideal	理想运放
Macromodel	常用运放	Octal	8 运放
Quad	4 运放	Single	单运放
Triple	3 运放		

◇ 开关和继电器(Switches and Relays)如表 2.7 所列。

表 2.7　开关和继电器

子类别	描　述	子类别	描　述
Keypads	键盘	Relay(Generic)	普通继电器
Relays(Specific)	专用继电器	Switches	开关

◇ 晶体管(Transistors)如表 2.8 所列。

表 2.8　晶体管

子类别	描　述	子类别	描　述
Generic	普通晶体管	Bipolar	双极型晶体管
IGBT	绝缘栅双极晶体管	JFET	结型场效应管
MOSFET	金属氧化物场效应管	RF Power LDMOS	射频功率 LDMOS
RF Power VDMOS	射频功率 VDMOS	Unijunction	单结晶体管

◇ 二极管 Diodes 子类如表 2.9 所列。

表 2.9　二极管

子类别	描　述	子类别	描　述
Zener	稳压二极管	Varicap	变容二极管
Tunel	隧道二极管	Swithching	开关二极管
Schottky	肖特基二极管	Rectifiers	整流二极管
Generic	普通二极管	Bridge Rectifiers	桥式整流器

◇ 存储器芯片(Memory ICs)如表 2.10 所列。

表 2.10 存储器芯片

子类别	描 述	子类别	描 述
Dynamic RAM	动态数据存储器	EEPROM	电可擦除程序存储器
EPROM	可擦除程序存储器	I2C Memories	I2C 总线存储器
Memory Cards	存储卡	SPI Memories	SPI 总线存储器
Static RAM	静态数据存储器		

◇ 模拟集成电路(Analog ICs)如表 2.11 所列。

表 2.11 模拟集成电路

子类别	描 述	子类别	描 述
Multiplexers	多路选择器	Amplifier	放大器
Comparators	比较器	Display Drivers	显示驱动器
Filters	滤波器	Miscellaneous	多种器件
Regulators	稳压器	Voltag References	参考电压

◇ 数模/模数转换器(Data Converters)如表 2.12 所列。

表 2.12 数模/模数转换器

子类别	描 述	子类别	描 述
A/D Converters	模数转换器	D / A Converters	数模转换器
Sample & Hold	采样保持器	Temperature Sensons	温度传感器

◇ 调试工具(Debugging Tools)如表 2.13 所列。

表 2.13 调试工具

子类别	描 述	子类别	描 述
Breakpoint Triggers	断点触发器	Logic Probes	逻辑输出探针
Logic Stimuli	逻辑激励源		

◇ 拉氏变换(Laplace Primitives)如表 2.14 所列。

表 2.14 拉普拉斯变化

子类别	描 述	子类别	描 述
1st Order	一阶变换	2nd Order	二阶变换
Controllers	控制器	Non-Linear	非线性变换

续表 2.14

子类别	描 述	子类别	描 述
Operators	算子	Poles/Zeros	极零点
Symbols	符号		

◇ 传感器(Transducers)如表 2.15 所列。

表 2.15 传感器

子类别	描 述	子类别	描 述
Pressure	压力传感器	Temperature	温度传感器

3. 器件操作、属性与画线

(1) 器件放置：按照上面介绍的快速选择元器件的方法，在对象选择窗口中放置如图 2.11(b)所示的器件。放置的方向，可以是右侧原理图编辑窗口中的实际方向，也可通过模式工具栏中的“顺时针”、“逆时针”、“水平镜像”、“垂直翻转”来调节，如图 2.11(a)～(c)所示。

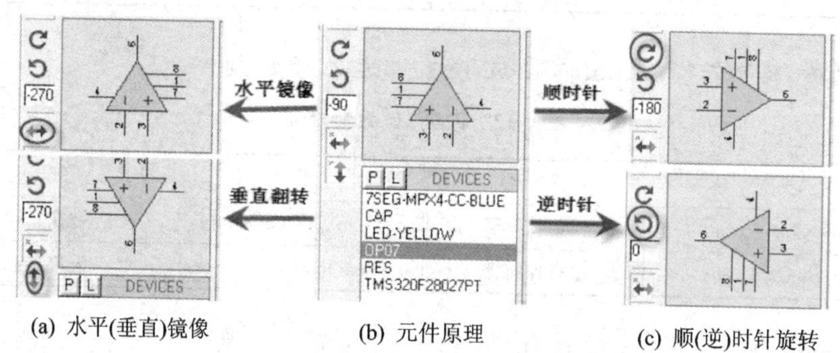

(a) 水平(垂直)镜像 (b) 元件原理 (c) 顺(逆)时针旋转

图 2.11 器件放置

(2) 块操作与属性设置：

欲绘制一个 8 流水灯电路，可只画一只灯，其他 7 只灯用块复制功能完成。其具体步骤为：

- 首先用鼠标左键选中对象选择窗口中的电阻，将其放置到原理图编辑窗口中，然后再选中对象选择器中的发光二极管，并根据原理图中的实际方向，通过模式工具栏中的旋转工具调整其方向，如图 2.12 所示。

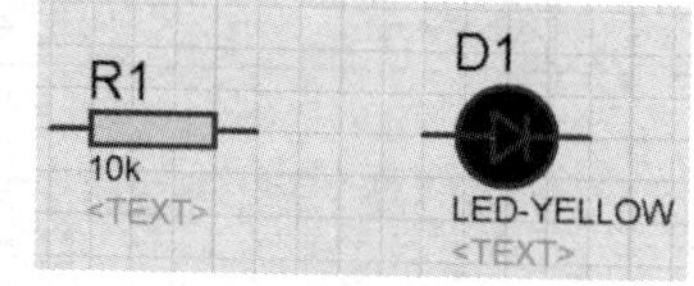

图 2.12 放置经调整后的元件

- 用鼠标左键选中原理图中的电阻和发光二极管，这时它们会被标记为红色，再按图标▣即可进行元件块复制。

(3) 绘制连线

Proteus 具有自动感知功能，当鼠标的指针靠近一个元器件的连接点时，跟着鼠标的指针(黑白铅笔)就会出现一个虚的矩形框，这时铅笔变成了绿色。单击确定连线的起始点，移动鼠标连接线变成了深绿色。如果选定走线“自动连线”功能(系统默认)，只需单击另一个连接点即可。“自动连线”可通过工具栏中的图标来关闭或打开，也可以在菜单栏的“查看”菜单中找到这个图标。手动决定走线路径时，只需在拐点处单击即可。

(4) 绘制总线

首先在模式工具栏中选中总线图标，在原理图编辑窗口中单击确定总线的起始点，然后移动鼠标到总线的终点双击即可完成总线的绘制。

注意：连接两条总线只需单击即可。

(5) 重复连线

Proteus 可以记住刚操作的连线动作，如果遇到相同的连线操作，只需双击即可完成。如图 2.13 所示，是一个重复连线的演示。只需手动操作 R1 与 D1 连接即可，其余器件可通过双击实现(阴影部分)。

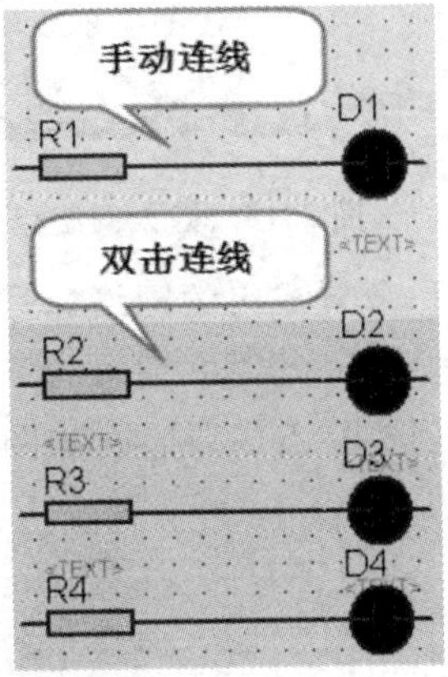

图 2.13 重复连线

(6) 画总线分支线

为了使原理图更加美观，器件与总线的连接一般成 45°角的折线形式。绘制总线分支的方法：仅手工绘制一条分支线(记住按住 Ctrl 键画分支线的折线)，其余的分支线可通过双击实现(图中阴影部分)。绘制总线分支线的示例如图 2.14 所示。

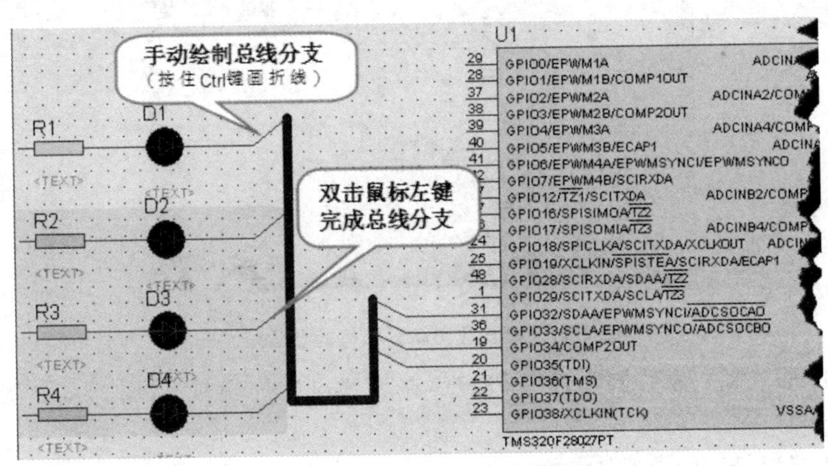

图 2.14 绘制总线分支线的方法

(7) 放置网络标号

放置单个网络标号，可以选中模式工具栏中的图标，在希望放置网络标号的地方(黑白铅笔会出现十字符号)单击在弹出的编辑网络标号的对话框中，键入名称为 IO1 的网络标号，如图 2.15 所示。

放置的名称为 IO1 的网络标号如图 2.16 所示。

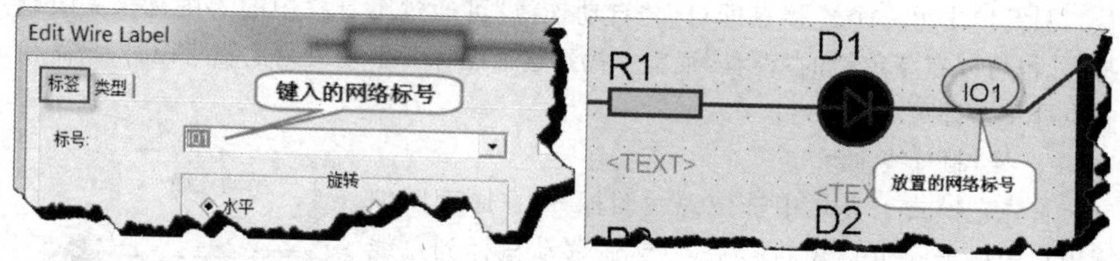

图 2.15 键入网络标号的名称:IO1

图 2.16 放置网络标号:IO1

放置成组的网络标号时，可单击工具栏中的图标，在弹出的属性分配对话框的“字符串”栏中键入“NET＝IO＃”；在“计数值”栏中输入“1”；在“应用到”选项卡中，选中“点击”选项，如图 2.17 所示。

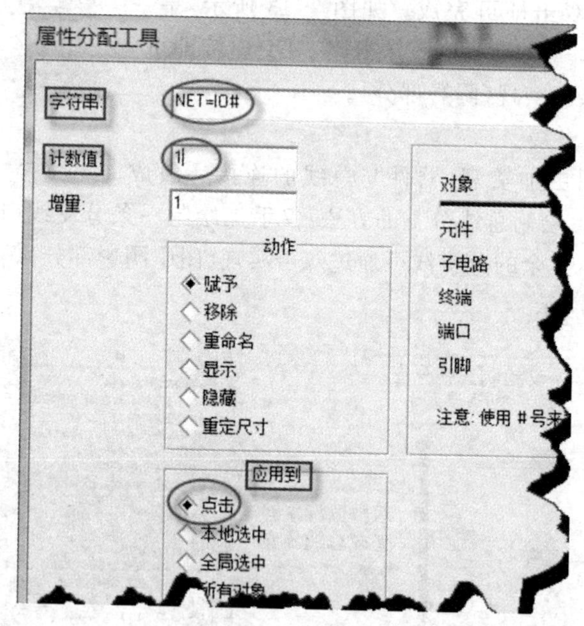

图 2.17 成组放置网络标号的参数配置

通过单击逐一放置网络标号(注意:在放置点时会出现图标)，如图 2.18 所示。

(8) 成组修改同类器件参数

前面绘制的流水灯的电阻值为 10 kΩ，显然该阻值将无法使发光管正常发光，那怎么修改呢？对于这类使用相同器件的参数修改，同样可以利用工具进行。步骤

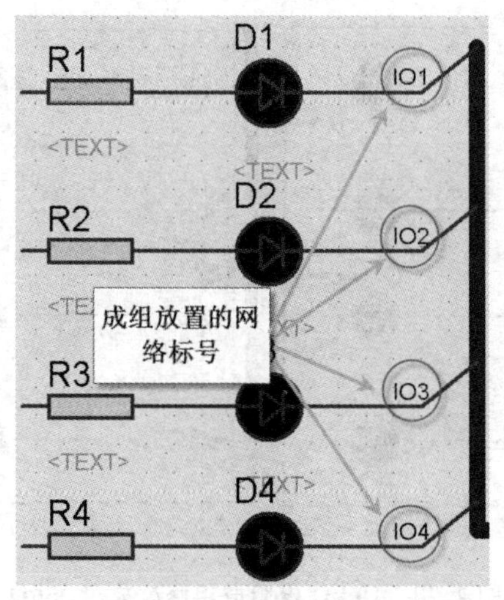

图 2.18 单击鼠标左键逐一放置网络标号

为：首先框选需要修改参数的器件，然后单击工具栏上的图标，在弹出的参数设置对话框中，重新配置器件的参数即可，如图 2.19 所示。上面的电路修改后如图 2.20 所示。

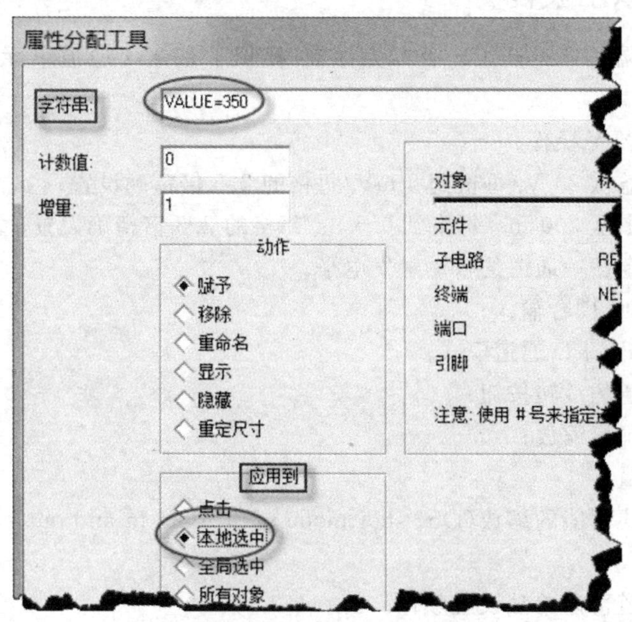

图 2.19 成组修改参数配置

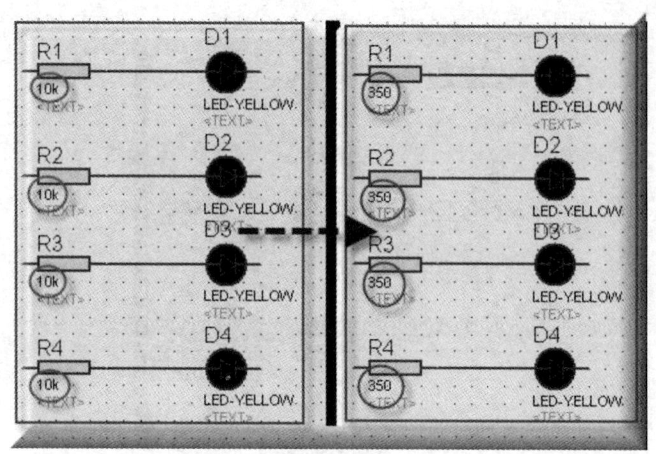

图 2.20　10 kΩ 电阻成组修改成了 350Ω

2.2　虚拟仪器的使用

2.2.1　虚拟示波器

VSM 示波器以 ProSPICE 版本为标准，模拟了基本 4 通道单元并且有以下的特性：

◇ 4 通道，X-Y 操作；

◇ 通道增益从 20 V/每格到 2 mV/每格的 2.5 倍精确设置；

◇ 时基范围从 200 ms/每格到 0.5 μs/每格的 2.5 倍精确设置；

◇ 可以锁定任一通道的自动触发电平；

◇ AC 或 DC 耦合输入；

◇ A＋B 与 C＋D 通道模式；

◇ 每个通道的反转按钮；

◇ 可通过鼠标缩放；

◇ 光标测量；

◇ 单次模式可能的缩放(One-shot mode with zoom in and out possibility)；

◇ 打印；

◇ 每个通道可以单独设置颜色。

1. 示波器的使用

单击"模式"工具栏中的图标，从对象选择窗口列出的所有虚拟仪器中选中虚拟示波器(OSCILLOSCOPE)，这时在预览窗口会显示虚拟示波器的图标，如图 2.21 所示。

在原理图编辑窗口中单击放置虚拟示波器到其中。将示波器输入端与被测信号的输出端相连。单击仿真“开始”按钮，进行交互式仿真，此时，会出现虚拟示波器窗口，并调节扫描频率旋钮到合适的位置。如果显示带直流偏移量的单通道，则选择 AC 模式。调整衰减旋钮和通道位置旋钮获得合适的波形大小和位置。当波形是具有直流电压偏移量的交流信号时，应添加一个隔直电容，调节电平触发旋钮直到显示屏能捕捉到待测的输入波形，如图 2.22 所示。

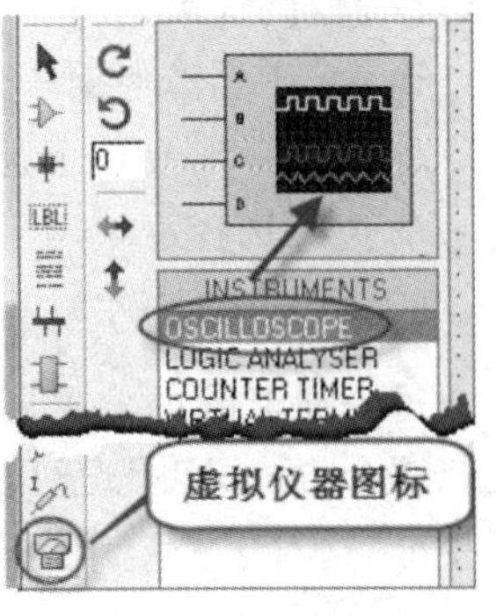

图 2.21　虚拟示波器

2. 操作模式

示波器有 3 种操作模式：

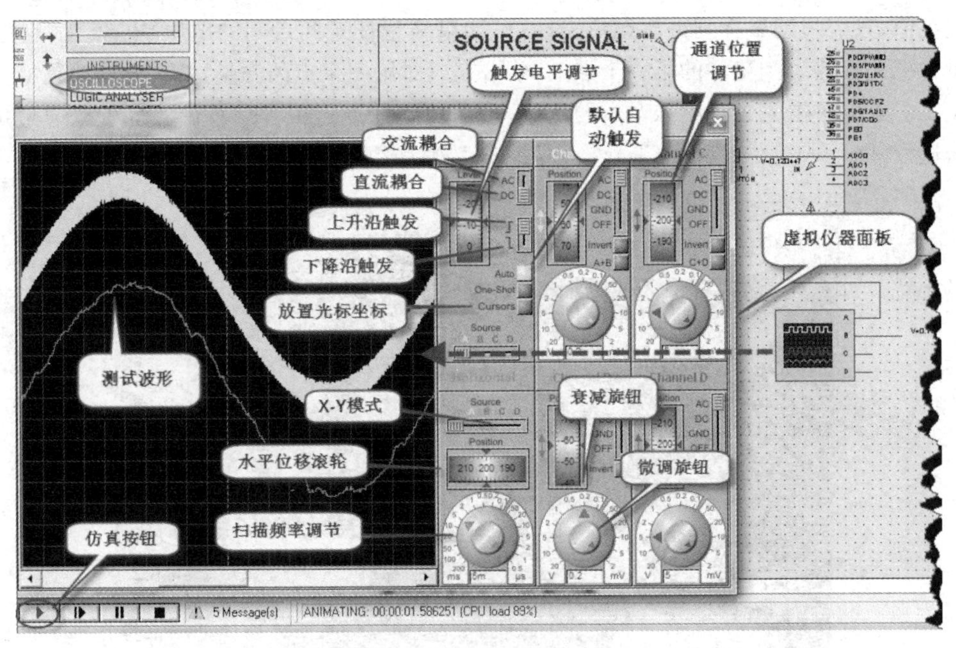

图 2.22　虚拟示波器测试波形示意图

◇ 自动：这种模式下自动按钮的指示灯点亮，该模式为系统默认模式。

◇ 单次：首先关闭自动触发灯。在该模式下单次灯在捕捉过程中被点亮，捕获结束后关闭。

◇ X-Y 模式：利用滑动条在水平区域选定哪个通道（A、B、C、D）作为 X 通道，输出李沙育图。

3. 示波器的触发

◇ 虚拟示波器具有自动触发功能。这一功能使得输入波形可以与时基同步。

◇ 通过源(A、B、C、D)滑块在触发区域选择输入通道用于触发。

◇ AC/DC 滑块用于绝对或链接通道的触发偏移量的选择。

◇ 电平触发旋钮用于触发偏移量的设置。

◇ 边缘选择滑块用于波形上升沿与下降沿的选择。

4. 输入耦合

每一通道既可采用直接耦合方式,也可通过仿真电容采用交流耦合方式。其中,交流耦合方式的测量适用于带有较高直流偏压的交流小信号。将输入端临时接地进行校准,这对于测量非常有用。

5. 光标测量

通过鼠标光标可以测量任意点的电压或任意两个点之间的电压差、电流差、时间差。其步骤为:首先要在触发区域选中光标按钮(cursors),如果欲测量任意点的电压/电流值,只需移动鼠标到待测点单击即可;如果测量任意两点间的电压/电流/时间差,可先把鼠标移动到待测的第一个点上,单击完成对第一个点的测量,然后再移动鼠标到第二个点上单击完成对第二个点的测量,它们之间的差值很容易算出。也可以通过单击选择“Delete Cursor” or “Clear All Cursors”删除这些测试点,如图 2.23 所示。

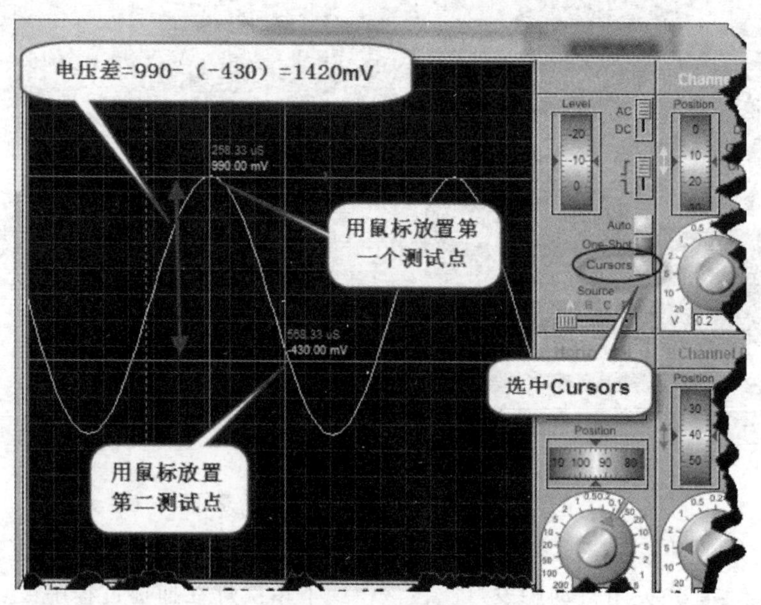

图 2.23　用鼠标光标测量两点间电压差

2.2.2　逻辑分析仪

逻辑分析仪连续地将输入的数字信息记录到一个大的捕获缓冲区,这是一个采样过程,因此有可调节的分辨率来定义可以被采样的最短脉冲。在触发期间,驱动数据捕捉处理暂停，并监测输入数据。触发前后的数据都可显示。因其具有非常大的捕捉缓冲器(可存放 40 000 个采样数据)，因此支持放大/缩小显示和全局显示。同时，用户还可移动测量标记，对脉冲宽度进行精确定时测量。

VSM 逻辑分析仪模拟基本的 24 通道单元的特性有：

◇ 8×1 位通道和 4×8 位总线通道；

◇ 40 000×52 位捕获缓冲器；

◇ 捕获分辨率从 0.5 ns/采样点～200 μs/采样点，相应的捕捉时间是为 4 s～10 ns；

◇ 显示的缩放范围为 1～1 000 个采样点/格；

◇ 输入信号的逻辑电平与/或边沿与总线值进行"与"操作后触发逻辑分析仪；

◇ 触发位置在捕获缓冲器的－50％～＋50％；

◇ 提供两个坐标用于精确测量时间。

捕获和显示数字数据步骤如下：

◇ 在 ISIS 中选中仪表按钮并在对象选择器中选中 LOGIC ANALYSER，放置到原理图编辑窗口中，连接到需要测试的地方。

◇ 单击"开始"按钮启动交互式仿真，逻辑分析仪界面将会出现。

◇ 根据需要调节分辨率旋钮到合适位置，分辨率表示了能记录的最小的脉冲宽度。分辨率越高，捕获数据的时间间隔就越短，如图 2.24 所示。

◇ 在仪器的左边找到复选框并设置满足要求的触发条件。例如，如果当连接到通道 0 的信号为高且连接到通道 2 的信号是上升沿信号时，想要驱动仪器，则需要设置第一位为高，第三位为"low - High"，如图 2.25 所示。

◇ 根据实际需要，确定是否查看触发发生前后的主要数据，并且调节位置旋钮到需要触发的位置，如图 2.26 所示。

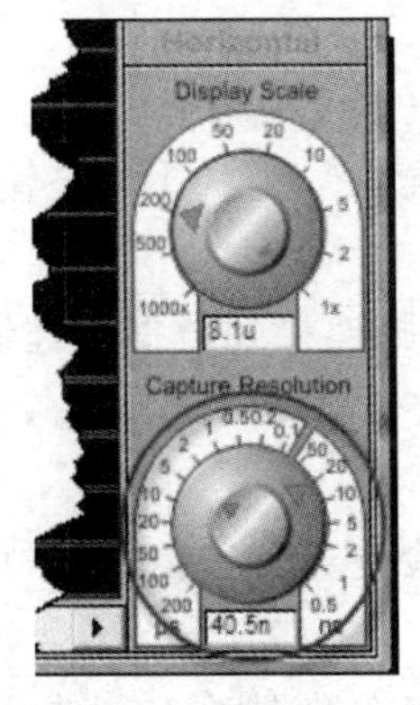

图 2.24　设置分辨率

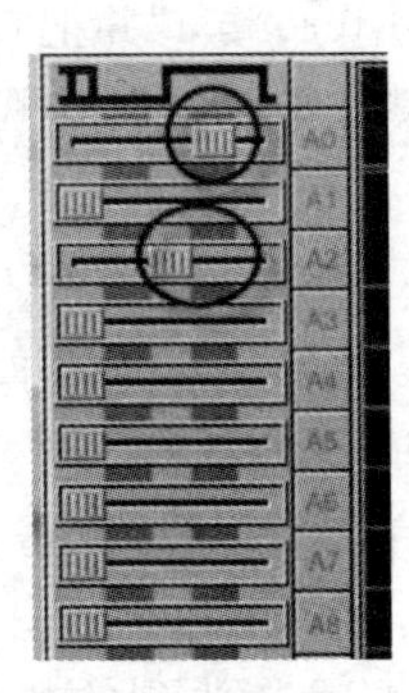

图 2.25　设置触发条件

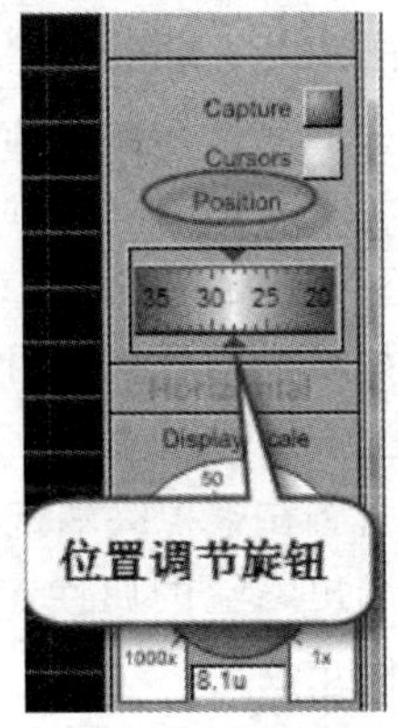

图 2.26　触发位置调节

◇ 设置完成后，单击捕获按钮使其变成品红色，逻辑分析仪将等待触发事件，并连续捕获输入数据，同时监控输入触发条件。当触发发生时，捕获灯将变成绿色。数据捕捉将一直进行，直至触发位置之后的捕捉缓冲器满为止。此时，捕捉按钮熄灭，捕获到的数据将出现在显示屏上。

因为捕捉缓冲器可以捕捉到 10 000 个采样点，但是显示屏仅能显示 400 个像素宽，因此需要捕捉缓冲器进行缩放和平移操作。ZOOM 拨盘决定每格采样点的数量，同时滚动条可以实现左右移动。

注意：在 ZOOM 拨盘设置下的每格以 s 为单位显示的是当前时间，而不是拨盘设置的实际值。每格的实际时间为缩放(ZOOM)设置值与分辨率(Resolution)设置值的乘积。

2.2.3 虚拟终端

VSM 虚拟终端允许用户通过 PC 的键盘和屏幕与仿真微处理器系统收发 RS-232 异步串行数据。在显示用户编写程序产生的调试/跟踪信息时非常有用。

虚拟终端有以下特性：

◇ 全双工以 ASCII 码方式显示接收的串行数据，同时以 ASCII 码码方式传输键盘信号。

◇ 简单的两线传输。RXD 用于接收数据，TXD 用于发送数据。

◇ 简单的两线握手信号：RTS 表示发送准备好，CTS 表示清除发送数据。

◇ 波特率范围：300～57 600。

◇ 7 或 8 位的数据位。

◇ 包含奇校验、偶校验和无校验。

◇ 0、1 或 2 的停止位。

◇ 除了硬件握手外，还提供了 XON/XOFF 软件握手。

◇ 可对 RS/TS 和 RTS/CTS 的逻辑极性进行转换。

虚拟终端的使用：

◇ 在对象选择器中选中“Virtual terminal”并把它放入原理图编辑窗口。

◇ 将 RX 和 TX 引脚分别接到测试电路的传送线和接收线。其中，RX 是输入，TX 是发送。

◇ 如果待测系统使用硬件握手，则须将 RTS 和 CTS 引脚连接到数据流控制线上。RTS 是输出，发送信号，表明虚拟终端准备接收数据。CTS 是输入，此引脚在虚拟终端进行发送之前必须为高。

◇ 调出终端的属性窗口，设置合适的波特率、字长、校验位、流控制和数据传输停止位。

◇ 启动交互式仿真。终端立即显示接收到的数据；当传送数据时，在光标置于虚拟终端窗口的前提下，使用键盘输入数据。

◇ 在仿真的过程中，在虚拟终端窗口单击右键，出现一系列可操作菜单。该菜单可以实现显示、复制和粘贴等操作。

2.2.4　电压表和电流表

Protues VSM 提供了 AC 和 DC 的电压表、电流表。它们可以像其他元器件一样在电路图中连线。仿真开始后，它们通过自带的终端或以易读的数字格式显示电压或电流值。

仪表的 FSD 可以现实 3 位有效数字，最多可显示两位小数。显示电压范围可通过元器件编辑窗口的 Display Range 属性进行设置。

电压表模型含内阻属性，默认值是 100 M，属性值可以通过属性编辑窗口进行设置。当内置电阻为空时，加载模型内阻选项无效。

交流电压表和交流电流表以用户可定义的时间常数显示有效值。如图 2.27 所示：

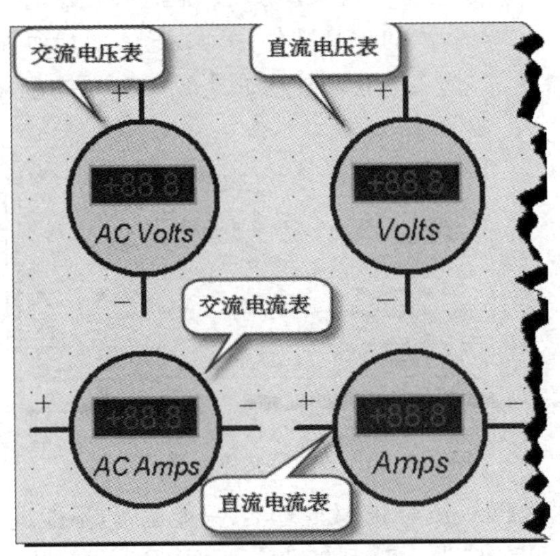

图 2.27　交/直流电压/电流表

2.3　微处理器仿真

Proteus VSM 支持常见的一些微处理器，为方便调试生成多种窗口。可通过调试菜单显示和隐藏这些窗口。主要的窗口有以下 4 种类型：

◇ 状态窗口；

◇ 寄存器窗口；

◇ 源代码窗口；

◇ 变量窗口。

当按 CTRL＋F12 启动仿真模式，或者当系统已经处于运行状态时，单击仿真进程控制按钮“Pause”会弹出上述窗口。

仿真窗口的位置和可见性将以PWI文件的格式，使用设计名称作为文件名自动保存。该PWI文件同样包含以前设置的断点的位置以及观察窗口的内容。

2.3.1 基于Proteus VSM源代码调试

Proteus VSM支持基于汇编程序和编译器的源代码调试，调试下载器的设置包含在LOADERS.DLL中。

如果已经使用了支持的汇编器和编译器，则Proteus VSM将会为工程中的每一个源文件生产一个源代码窗口。当仿真暂停时，这些窗口会出现在DEBUG菜单上。

1. 源代码窗口

源代码窗口是Proteus中用来仿真电路系统的最基本的工具。运行程序时允许用户单步仿真程序或同时运行整个嵌入式系统。程序可以通过两种方式加载到源代码窗口。第一、通过编译器输出的仿真文件；第二、通过源代码控制系统生成的SDI文件。当使用编译器时，仿真文件应该通过如图2.28所示的程序属性窗口载入到微处理器中。

图2.28 加载仿真文件到原理图中

加载HEX文件到Piccolo DSP微处理器，只能运行，不能进行源码级仿真调试，这是很多用户经常会犯的错误。对于C2802x DSP，Proteus只支持用.cof格式的仿真文件进行源码级调试。在仿真控制按钮中单击“PAUSE”启动仿真，在默认状态下会弹出源代码窗口，如图2.29所示。

在源代码窗口右击后选择合适的使能/禁止选项，用户便可以观测行号、代码和地址，如图2.30所示。

2. 单步执行

Proteus提供一系列用于单步执行的选项，全部功能都可以在代码窗口中执行或在Debug菜单操作，如图2.31所示。

◇ Step Over—单步执行程序。当遇到函数时，把函数当一条执行(即整个函数被当作一条语句执行)。

◇ Step Into—单步执行程序，当遇到函数将进入其内部单步执行。

◇ Step Out—从函数或子程序内部跳出。

```
TMS320F2802X Source Code - U1
gdi.c
---- void lcd_init()
8289  { char c, p;
828A    lcd_write(CTX_CMD, CMD_LCDON);
828E    lcd_write(CTX_CMD, CMD_LCDCOLADRINC);
8292    lcd_write(CTX_CMD, CMD_LCDDIRECTION + D
8296    for (p = 0; p < MAX_PAGES; p++)
829A     { lcd_set_page_address(p);
829C       lcd_set_column_address(0);
829F       for (c = 0; c < MAX_COLUMNS; c++)
82A3        { display_ram[p].data[c] = 0;
82AE          lcd_write(CTX_DATA, 0);
----        }
----     }
82B9  }
----
---- /*
---- void lcd_clearcolumn(int c)
```

图 2.29　弹出的源代码窗口

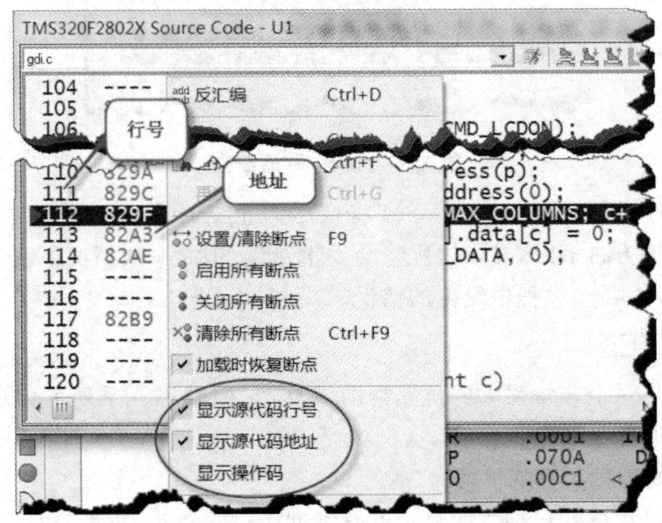

图 2.30　鼠标右键选定源码地址和行号

图 2.31　两种单步执行方式

◇ Step To—程序执行到光标处。

3. 使用断点

断点是研究软件问题和软硬交互性的一种非常有用的方法。一般情况下，在发生问题的子程序开端设置一个断点，启动仿真，然后与设计进行交互式仿真一直到程序运行到断点处。在断点处，仿真将被挂起。之后，利用单步执行观测寄存器值，存储单元和其他电路中涉及到的条件。打开"Show Logic State of Pins"对于调试会更有帮助。

在有效的源代码窗口里，可以按 F9 或右键菜单的选项对断点进行设置或清除。只能在有结果代码的程序行设置断点，如图 2.32 所示：

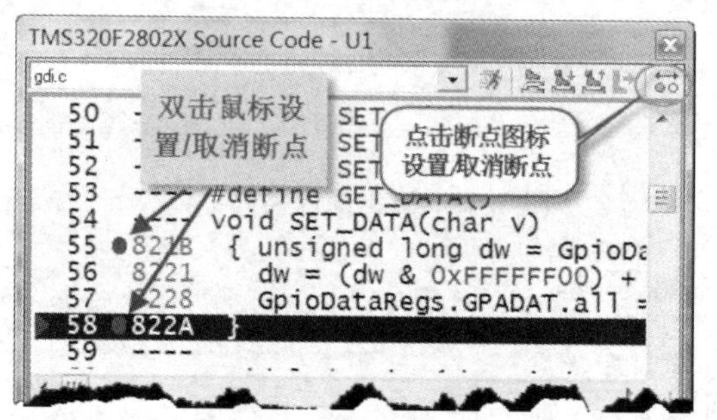

图 2.32　设置/取消断点

如果源程序被更改，Proteus VSM 将会尽力重新导入基于子程序地址的断点。源代码更改的地方过多时，导入过程将会发生错误，但是一般情况下程序仍能正常工作，用户不必考虑导入过程中发生的错误。

4. 变量窗口

变量窗口是一个非常强大的仿真帮助工具，它提供了一系列可自定义的特性以便能更容易获取和显示信息。

(1) 混合类型和指针的扩展

变量窗口以扩展的树型方式显示混合类型(结构，数组，枚举)和指针或相关的参考值，如图 2.33 所示。

载入变量窗口的信息由编译器生成的仿真文件，在这里推荐使用编译器生成的 COFF 格式。

(2) 更改信息和旧的数据值

当某变量值改变并且仿真暂停时，对应变量在变量窗口中以高亮显示。同样可以通过在变量窗口中右击选中"显示前一值"来查看旧的数据值。如果为混合类型，其任何元素发生变化时，相应元素将以高亮形式显示。

(3) 拖放到观察窗口

尽管程序运行时变量窗口是隐藏的，但观察窗口是可见的(在仿真过程中观察窗口一直可见)。因此用户可向观察窗口添加(拖放)变量，并且针对变量增设观测条

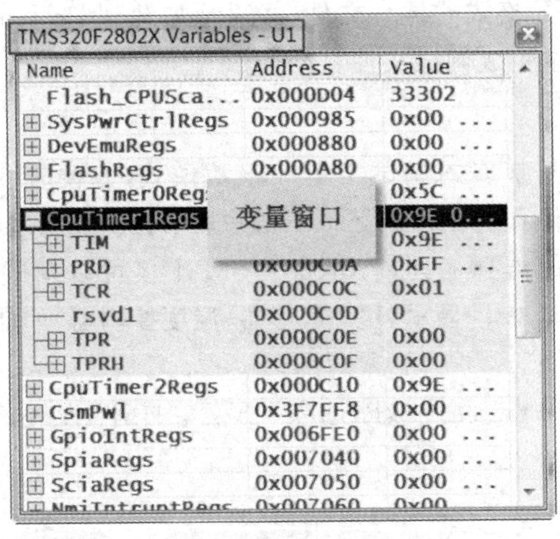

图 2.33　变量窗口

件，当条件匹配时暂停程序，跳出变量窗口，如图 2.34 所示。

(4) 隐藏和显示全局变量

有些设计可能存在许多全局变量，这时在变量窗口右击并从下拉菜单中选/取消"显示全局"选项，用于显示/隐藏全部局部变量。

(5) 颜色设置

在变量窗口右击，在弹出的下拉菜单中选中"设置颜色"选项后，会弹出一对话框允许用户为该窗口设置颜色，如图 2.35 所示。

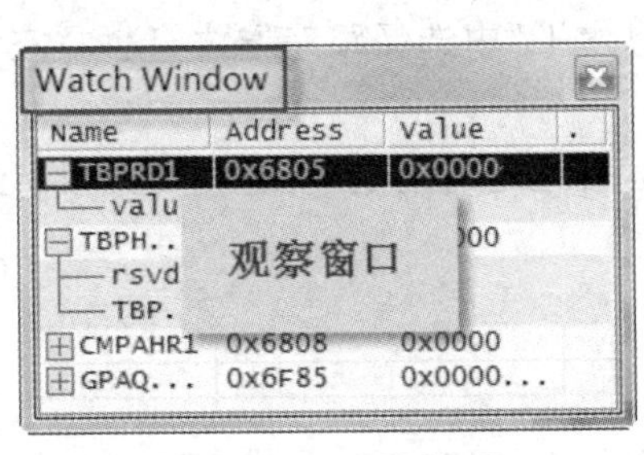

图 2.34　观察窗口

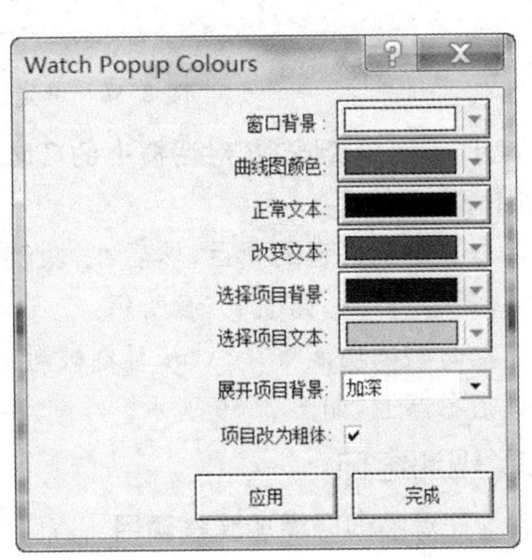

图 2.35　设置变量窗口颜色对话框

2.3.2　针对 Piccolo DSP 的源代码控制系统

目前 Proteus 还不支持其和 CCS4.22 以上版本的联调。用户只能通过采用

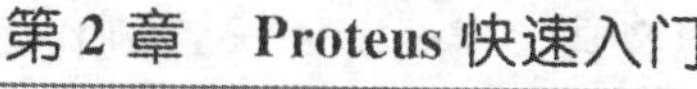

CCS 软件生成的 COFF 格式的仿真文件，并手动加载到 Proteus 中运行。这里推荐采用 CCS5.3 以上版本生成调试文件。

1. 调试工具

Proteus VSM 具有扩展的调试工具和跟踪模式，方便查找错误和验证系统运行，并且全部/局部的仿真过程将被记录下来并显示在仿真指示器上。

作为一个系统级的仿真工具，Proteus VSM 不仅可以调试微处理器，而且具备调试某些外围设备(如，LCD 显示、I2C 寄存器、温度控制器)的能力，这些跟踪模式可以通过调试对话框使能。

在“调试”菜单中单击“设置诊断选项”子菜单打开“设置诊断选项”对话框，如图2.36 所示。

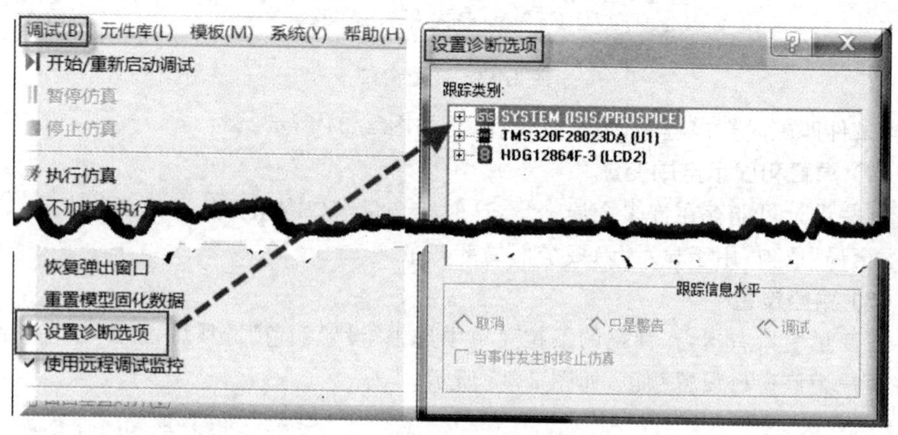

图 2.36 设置诊断选项对话框

展开“设置诊断选项”对话框中的 TMS320F28023 选项，从中找到欲使能的调试项，如图 2.37 所示。

单击选定感兴趣的项目，然后在“跟踪信息水平”中选择跟踪方式，比如“完全跟踪”、“只是警告”等，如图 2.38 所示。

仿真时调试功能将在 Arm 时刻被激活，运行指定的周期，所有调试结果将显示在仿真指示器上，如图 2.39 所示。

2. 观测窗口

(1) 在观测窗口增加观察项目

CPU、变量、存储器和寄存器等窗口只能在仿真暂停时显示，但观测窗口却始终存在(选中时)，实时更新显示内容。可同时给存储单元指定名称，易于观察项目的查找。

其添加步骤如下：

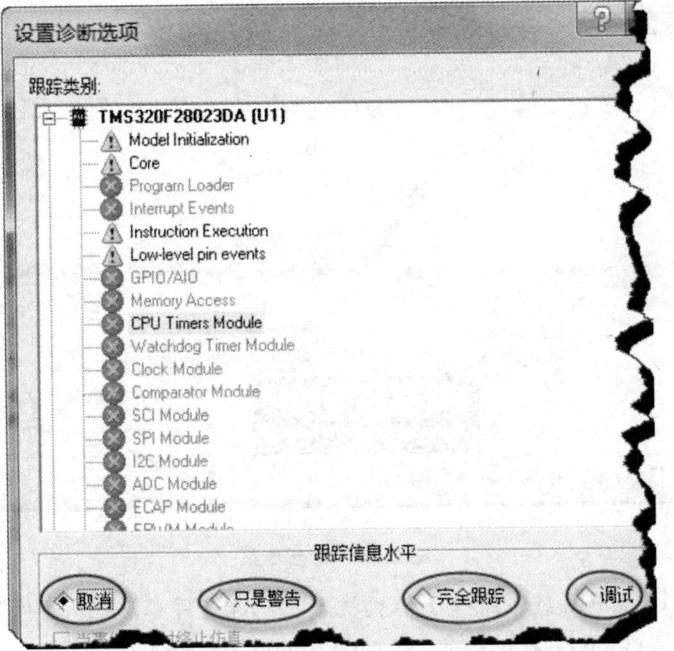

图 2.37　展开 TMS320F28023 选项内容

图 2.38　跟踪设置

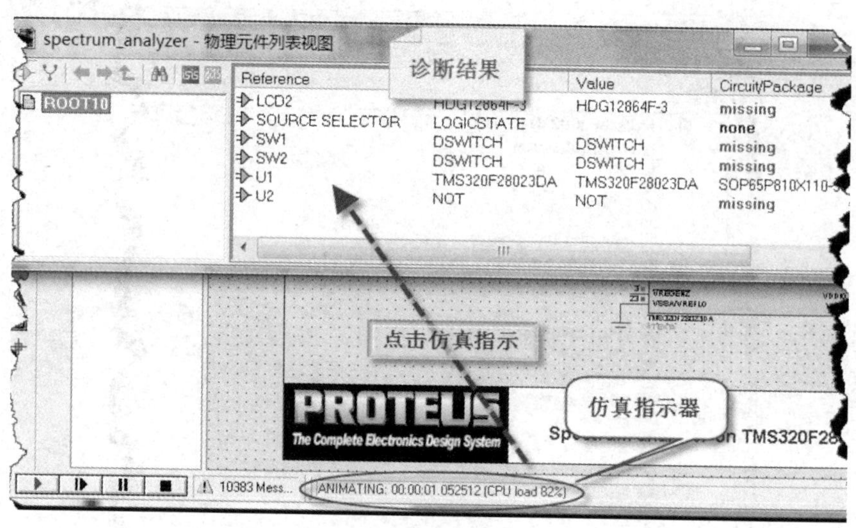

图 2.39 诊断结果

◇ 按 CTRL＋F12 或系统处于仿真状态时，单击"暂停"按钮，暂停仿真。

◇ 选中"调试"下拉菜单中的"Watch Window"选项(见图 2.40)。

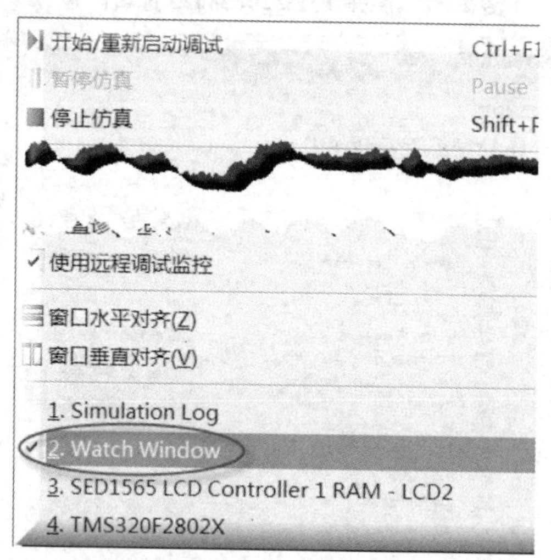

图 2.40 选中观察窗口

◇ 用鼠标左键定义存储单元的位置，所选中单元以反色显示。

◇ 从存储器窗口中拖动被选中的项目到观测窗口(见图 2.41)。或单击鼠标右键菜单中的"按名称添加项目"或"按地址添加项目"(见图 2.42)。

(2) 在观测窗口中修改观察项目

◇ 按 CTRL＋R 或 F2 键重命名项目；

◇ 利用右键菜单的选项改变观察内容，如图 2.43 所示。

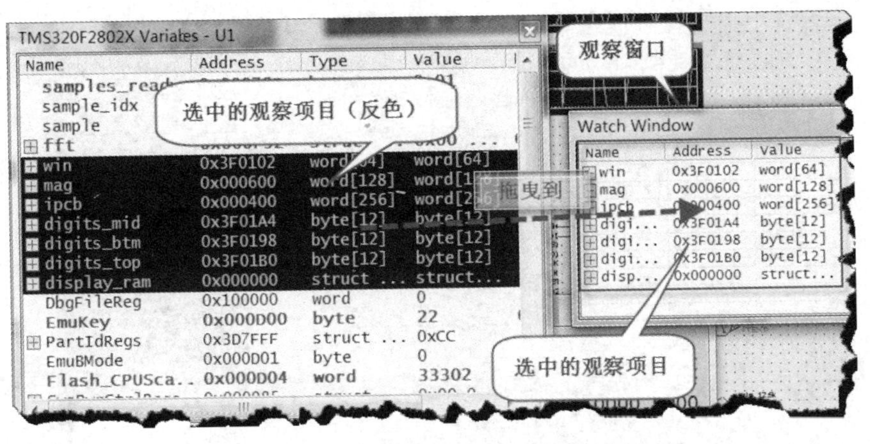

图 2.41　拖曳方式选中的观察项目

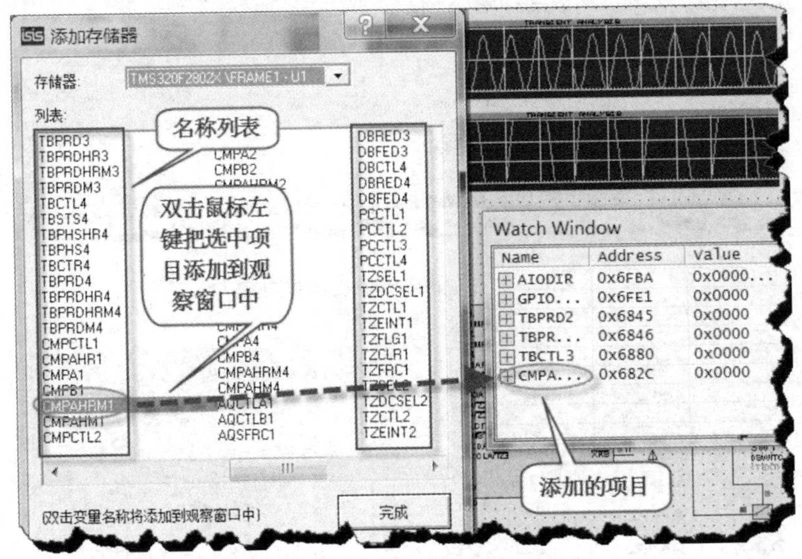

图 2.42　按名称选择观察项目

(3) 设置观测点状态

设定观测点条件的步骤为：

◇ 右击并选中“观察点状态”选项，弹出设置观察点状态选择对话框。

◇ 在对话框中选择观察的条件，如图 2.44 所示。

注意：尽管添加观测点状态会给仿真器带来一定的负荷，但对寻找那些不确定的设计漏洞时，该选项非常有用。

3. 断点触发

许多元器件都具有当电路满足某种条件时暂停系统仿真的能力。它与单步调试

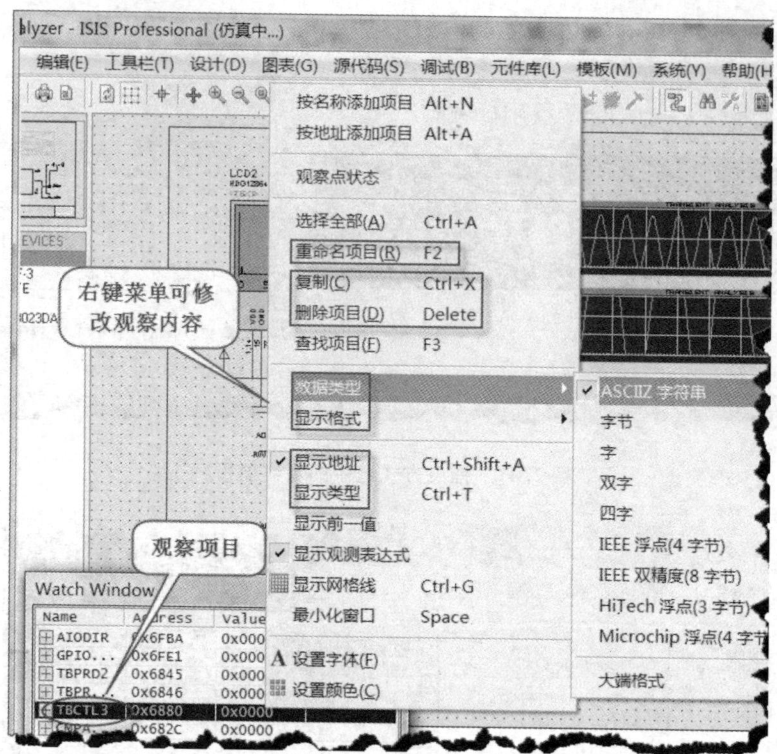

图 2.43　右键菜单修改观察内容

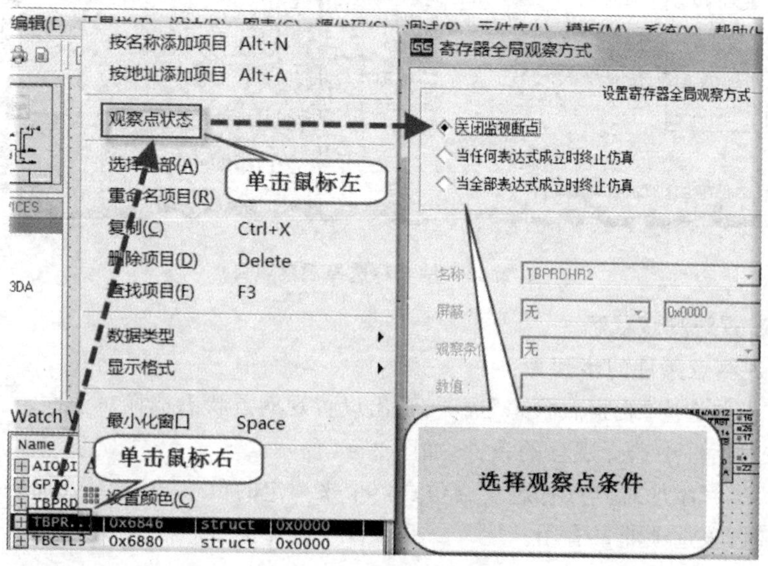

图 2.44　设置观察点条件

结合时，会加快 DSP 的调试过程。

(1) 设置实时断点

利用硬件断点可在满足所设置的硬件断点条件下暂停仿真。设置硬件断点的步骤：

◇ 在需触发断点的连线（总线）上放置电压探针；

◇ 在探针处右击并选择“编辑属性”选项；

◇ 在弹出的“编辑属性”对话框中，根据探针所在的网络，选择“数字”或者“模拟”并配置触发值的大小。对于数字网络和单连线，触发值 1 和 0 分别对应于电路中的高电平和低电平；而对于模拟网络，它是一个具体大小的数值。开始触发的时间可以任意设定，这样可以灵活设置断点的启动点，如图 2.45 所示。

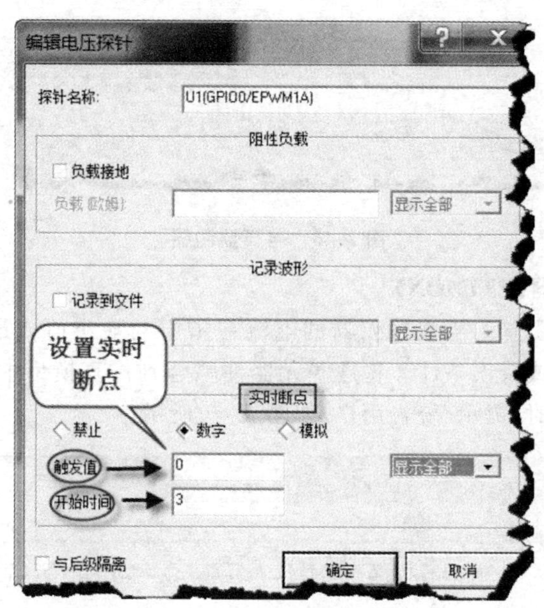

图 2.45　设置实时断点

◇ 单击“确定”按钮退出对话框，然后单击“开始”按钮（或组合键 CTRL＋F12）运行仿真。

(2) 电压断点触发(RTVBREAK)

电压断点触发有单引脚和双引脚两种方式，当单引脚上的电压值，或两个引脚间的电压值大于设定值时，触发断点。即使触发电压超过设定值，元器件也不会发生连续触发，需等到电压回落到触发门限以下，并再次到达设定值时才可以。

(3) 电流断点触发(RTIBREAK)

电流断点触发有两个引脚，当流过它的电流超出设定值时，触发断点。即使触发电流超过指定值，元器件也不会发生连续触发，需等到电流回落触发门限以下，并再次到达设定值时才可以。

(4) 数字断点触发(RTDBREAK)

数字断点触发的引脚有多种形式,可根据实际需求进行选择。当输入引脚的二进制值等于“触发值”时,触发断点。例如,指定 RTDBREAK_8 的值为 0xFF,只有当 D0～D7 全为高电平时,数字断点触发才会发生。

(5) 电压监测器(RTVMON)

该元器件有单引脚和双引脚两种形式,当输入电压在设定的最小值或最大值的范围之外时,触发断点、警告或错误条件。将这些元器件整合到仿真模型中,则当模型中的电压超出指定的极限时,提示/警告用户,如图 2.46 所示。

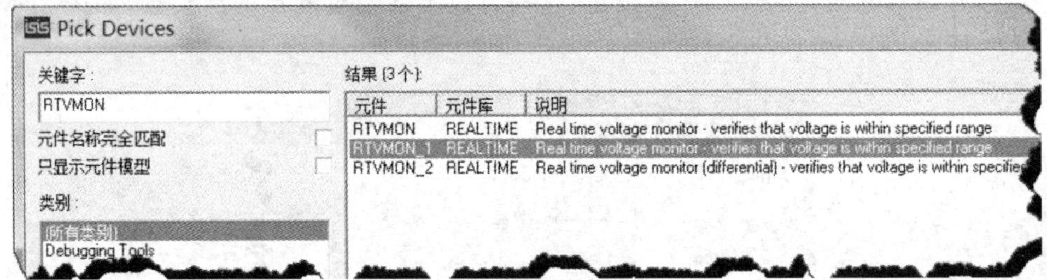

图 2.46 电压监测器

(6) 电流监测器(RTIMON)

该仪器有两个引脚。当流过仪器的电流在指定的最小值或最大值的范围之外时,触发断点、警告或错误条件。将这些元器件整合到仿真模型中,当模型中的电流超出设定的极限值时,提示/警告用户,如图 2.47 所示。

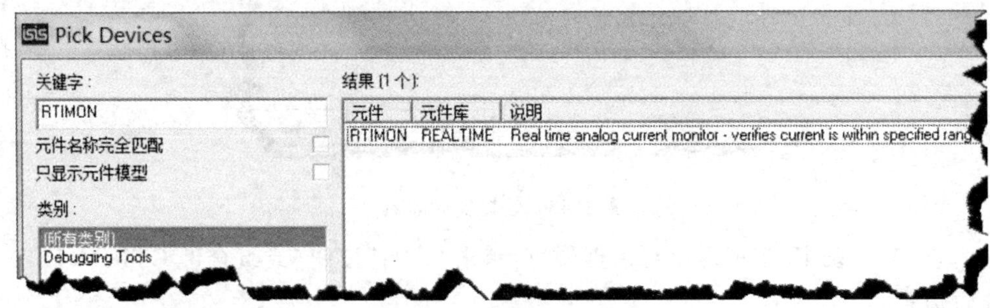

图 2.47 电流监测器

2.4 基于图表的仿真及分析

交互式仿真有很多优势,但在很多场合需要捕捉图表来进行细节分析。基于图表的仿真可以做很多的图形分析:比如小信号交流分析,噪声分析及扫描参数分析等。

基于图表的仿真过程建立有 5 个主要阶段：

◇ 绘制仿真原理图；

◇ 在监测点放置电压探针，或在被测支路放置电流探针；

◇ 放置需要的仿真分析图表；

◇ 在图表中添加激励源和探针；

◇ 设置仿真参数，进行仿真。

1. 绘制电路

在 ISIS 中输入需要仿真的电路，电路图的绘制技巧请参看本章前面的介绍。

2. 放置探针和发生器

图表仿真的第二步是在监测点添加激励源及检测探针，选择合适的对象按钮，选择信号发生器、探针类型，将它们添加到原理图编辑窗口中恰当的位置。添加激励源，如图 2.48 所示。

为了缩小测试的范围，可以在选择激励源时右击并在弹出的下拉菜单中选择“编辑属性”选项，在弹出的对话框中划定仿真范围，如图2.49 所示。

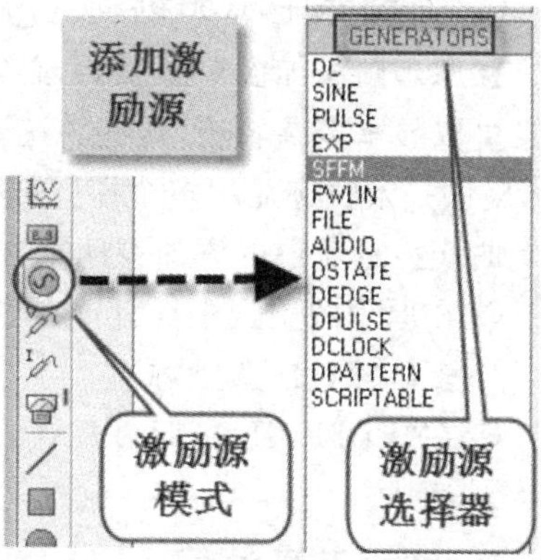

图 2.48　添加激励源

3. 放置图表

图表仿真的第三步为添加分析图表。选中所需的分析图表类型，用拖曳的方法放置到原理图编辑窗口中恰当的位置，如图 2.50 所示。

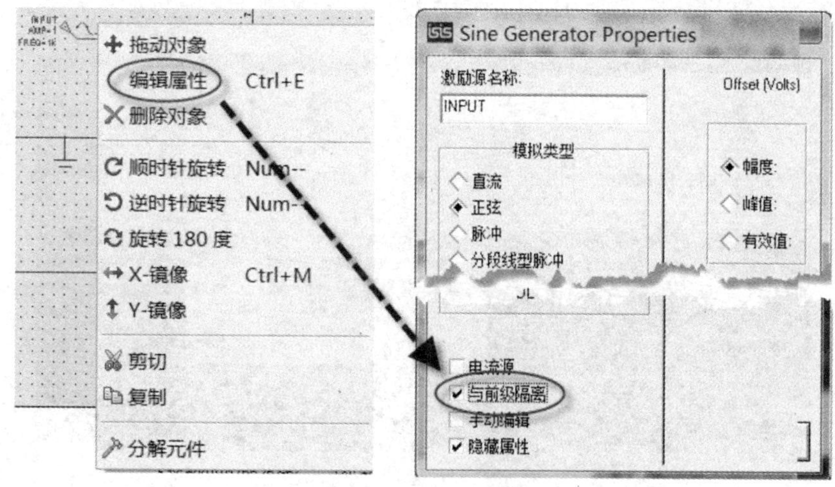

图 2.49　划定仿真范围

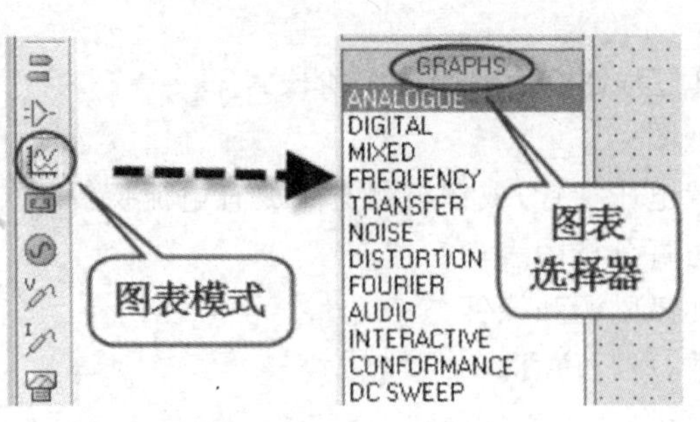

图 2.50　添加分析图表

4. 在图表中添加轨迹

在原理图添加多个图表后，必须指定每个图表对应的探针/信号发生器。每个图表也可以显示多条轨迹，这些轨迹数据来源一般是单个信号发生器或者探针，但是 ISIS 提供一条轨迹显示多个探针，这些探针通过数学表达式的方式混合。

曲线显示对象的添加有两种方式：

◇ 在原理图中选中探针或激励源拖入到图表当中（在同一个图表当中可以添加多个探针或激励源）；

◇ 在“EDIT GRAPH TRACE”对话框中选中探针，需要多个探针时添加运算表达式。

5. 图表仿真过程

基于图表的仿真是命令驱动的，在整个仿真过程通过由激励源，探针及图表构成的系统，配置待测量的参数，得到仿真图形，验证结果。其便捷的方法是在图表框中右击并在弹出的下拉菜单中选择 图标进行图表的仿真，如图 2.51 所示。

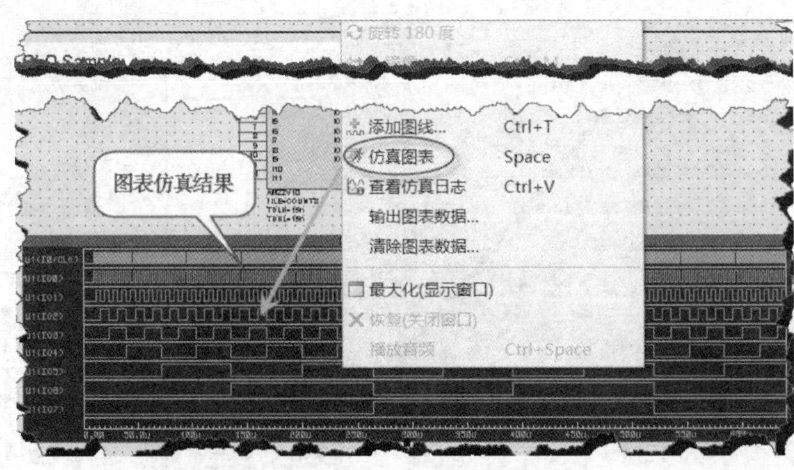

图 2.51　图表仿真过程

仿真过程会详细的记录在仿真日志中(见图 2.52)。警告不影响仿真曲线的生成,但会直接弹出仿真日志窗口报告存在致命错误,这时不会生成图表仿真曲线。

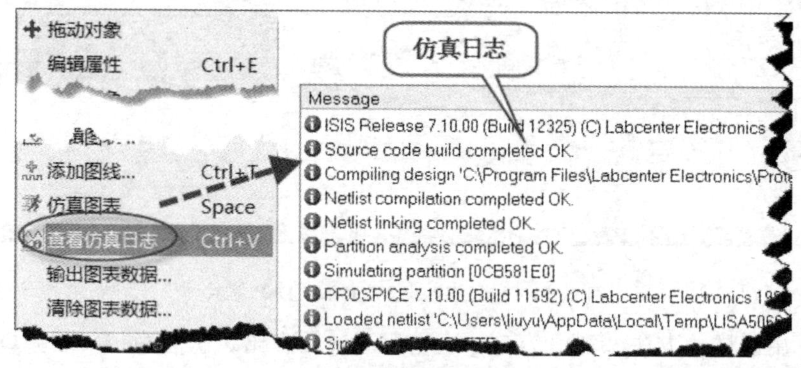

图 2.52 仿真日志

6. 总线描绘线

总线描绘线(在总线上放置电压探针)在交叉线的中间,显示了总线状态的十六进制值:当总线的一位或者多位在中间状态时,总线描绘线也将处于中间状态。另外,当两边的交叉线太接近,没有空间显示十六进制值时,将会省略掉十六进制值,这时可以通过把鼠标指向该位置来显示,如图 2.53 所示。

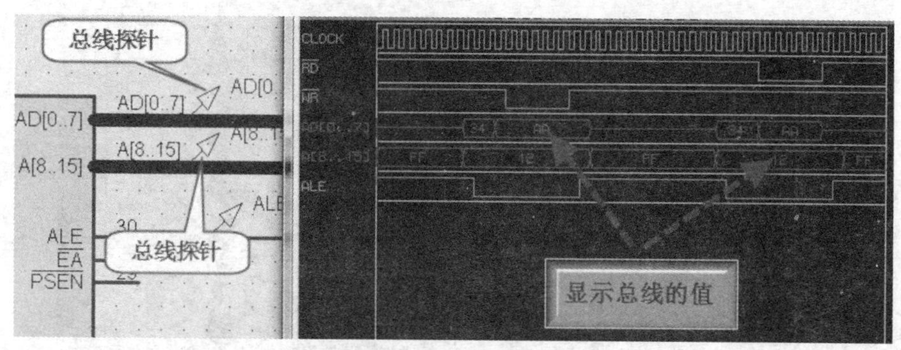

图 2.53 总线描述线

2.5 闪烁灯演示实验

2.5.1 绘制原理图

1. 快速选择元器件

(1) 在键盘上敲字母“P”进入元件选取对话框,在关键字栏中输入 28027,添加 TMS320F28027 DSP 芯片到对象选择窗口中,如图 2.54 所示。

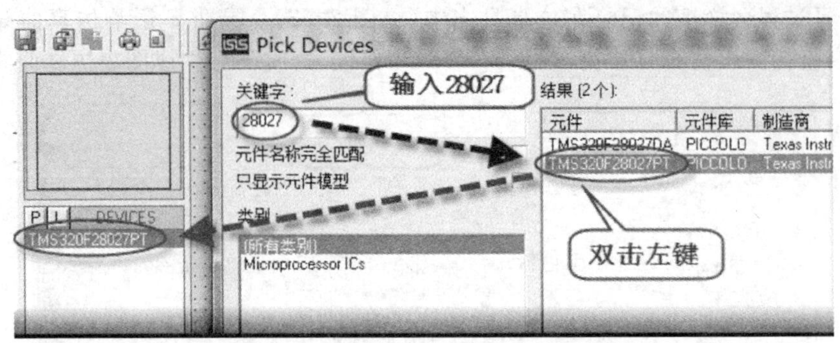

图 2.54　选取 TMS320F28027 DSP 芯片

（2）用同样的方法添加电容（cap）、电阻（res）、发给二极管（led）、晶振（crystal）到对象选择窗口中。注意元器件的放置方向，可用旋转按钮来控制元器件在编辑框中的放置方向。

2. 放置元器件

（1）在对象选择器中选择 28027 DSP 芯片；在原理图编辑窗口中单击使 28027 DSP 芯片的"虚影"出现在编辑窗口中；移动元件"虚影"到恰当位置，再次单击将元件放置到编辑窗口中，如图 2.55 所示。

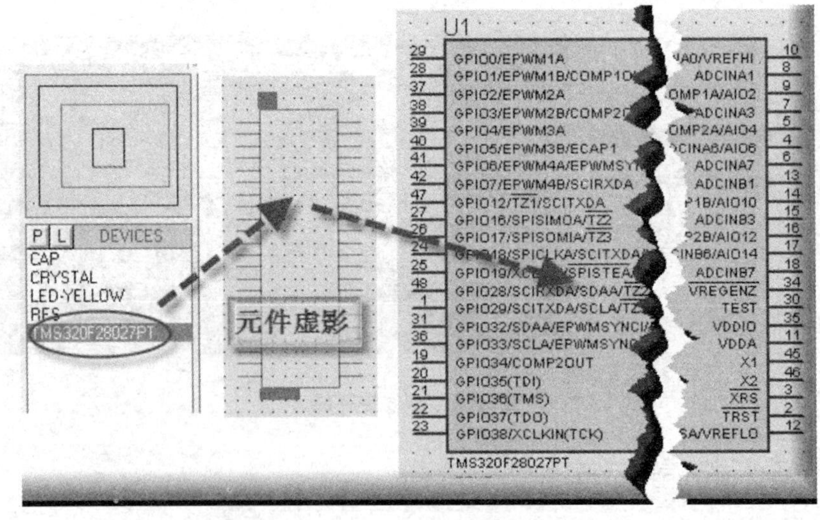

图 2.55　放置 TMS320F28027 DSP 芯片

（2）用同样的方法放置其他元件，在预览窗口中可以通过旋转按钮来控制这些元件的放置方向。不过，在编辑窗口中，也可以通过用鼠标左键首先选中器件，然后右击并在弹出的下拉菜单中选择"旋转按钮"来调节器件放置的方向。

3. 放置终端

在模式工具栏中单击终端模式图标，用同样的方法把对象选择窗口中的“POWER”和“GROUND”终端放置到编辑窗口，如图 2.56 所示。

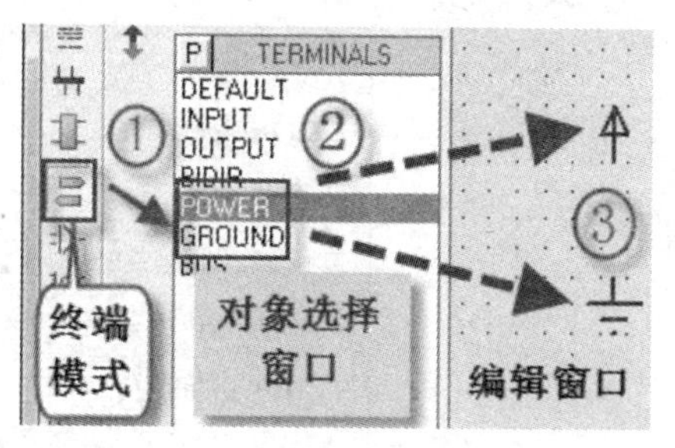

图 2.56　放置地/电源

4. 放置连线、属性、网络标号

完成的电路原理图如图 2.57 所示。

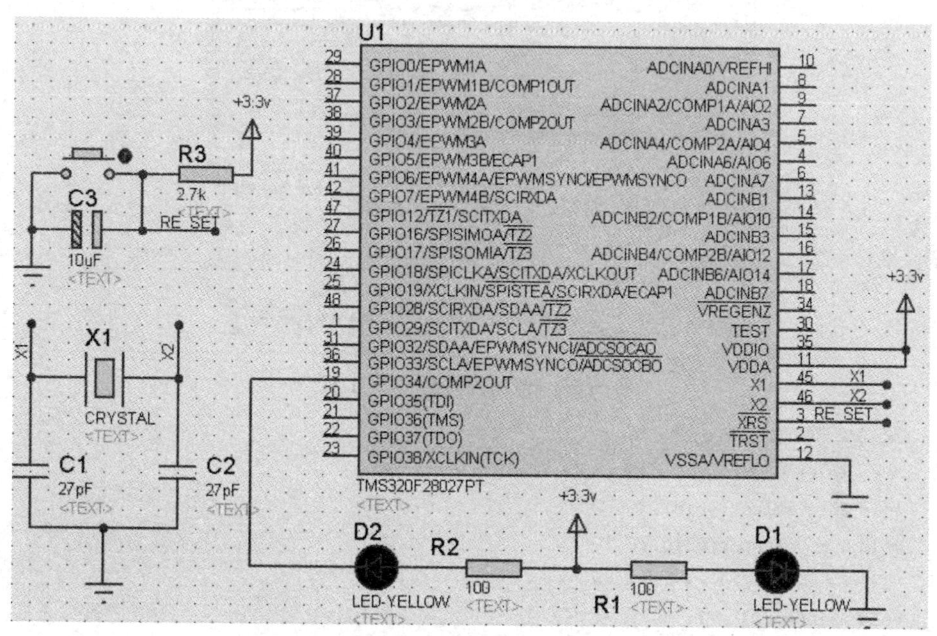

图 2.57　原理图

2.5.2　基于 Proteus 的闪烁灯 CCS 工程

1. 新建闪烁灯 CCS 工程，如图 2.58 所示

单击“Finish”按钮结束闪烁灯（Blink_led）工程的创建，进入闪烁灯 C 代码设计阶段。

2. 编写实现闪烁灯的 C 代码（Blink_led.c）

为了帮助读者快速掌握基于固件的 DSP 开发，这里举一个基于直接存储器开发的例子。

实现闪烁灯的 C 代码如下：

图 2.58　创建闪烁灯 CCS 工程

```
include "DSP28x_Project.h"
 ****************************
 void Gpio_select(void);
 void Gpio_example(void);
 ****************************
 void main(void)
 {
   //初始化系统控制
     InitSysCtrl();

   //初始化 GPIO
     Gpio_select();

   //清除所有和初始化 PIE 中断向量表
   //禁止 CPU 中断
      DINT;

     //初始化 PIE 控制寄存器
      InitPieCtrl();
```

```
  //禁止 CPU 中断与清除所有中断标志
    IER = 0x0000;
    IFR = 0x0000;

  // 初始化 PIE 中断向量表
    InitPieVectTable();

  //初始化所有外设

  //调用用户代码
    Gpio_example();

}
***************************
void Gpio_example(void)
{
  for(;;)
     {
               GpioDataRegs.GPBDAT.bit.GPIO34 = 0;
               DELAY_US(500000);
               GpioDataRegs.GPBDAT.bit.GPIO34 = 1;
               DELAY_US(500000);
      }
}
****************************************
void Gpio_select(void)
{
      EALLOW;
        GpioCtrlRegs.GPBMUX1.bit.GPIO34 = 0;   // GPIO34
      GpioCtrlRegs.GPBDIR.bit.GPIO34 = 1;    // 输出
      EDIS;
}
```

3. 导入与该例相关头文件和 TI 给出的固件库

右击工程名“Blink_led”,在弹出的菜单中,选择“属性(Propertis)”选项,按路径“Propertis→Build→C2000 Compiler→Include Options”添加头文件搜索路径,如图 2.59 所示。

说明:初学者一般宜采用绝对路径,采用相对路径若设置不正确会带来不必须的麻烦。添加的所有头文件如图 2.60 所示。

(1) 添加(目录)到库搜索路径

按路径 Propertis→Build→C2000 Compiler→Include Options

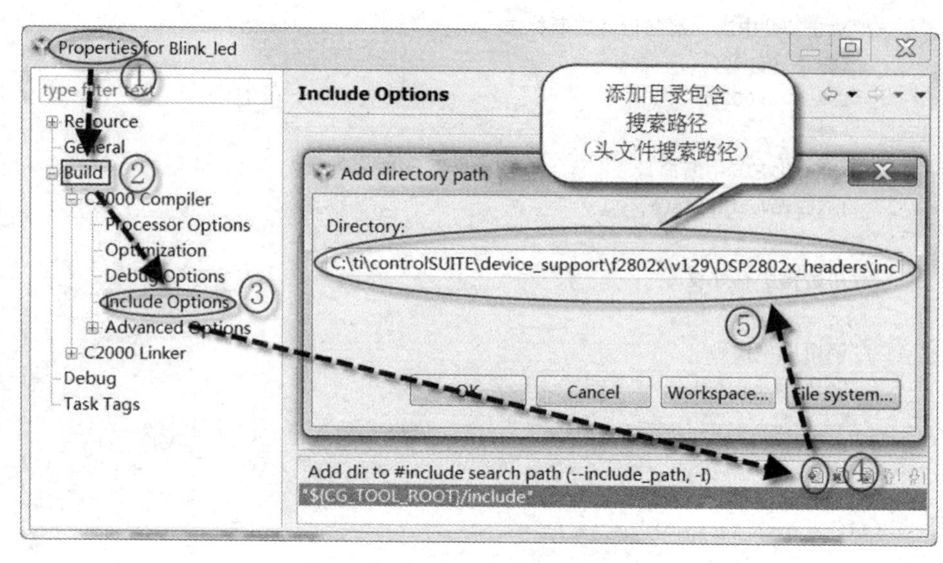

图 2.59 添加头文件搜索路径

图 2.60 添加的所有头文件搜索路径

添加.hex或.cof格式的仿真文件到原理图中，如图2.61所示。

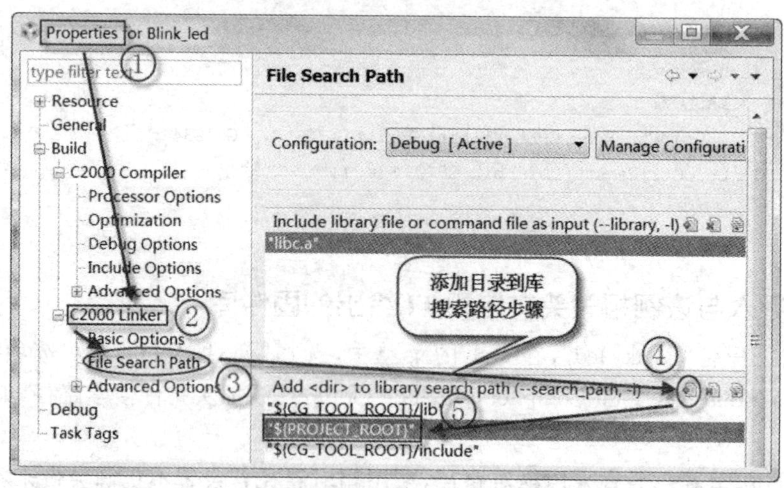

图 2.61 添加目录到库搜索路径

（2）添加文件到 Blink_led 工程中

右击工程名“Blink_led”，在弹出的菜单中，添加如图 2.62 所示的 C 代码（Blink_led→Add Files…添加文件）。

图 2.62　添加的 C 代码

（3）编译“Blink_led”工程，生成. out 文件，如图 2.63 所示。

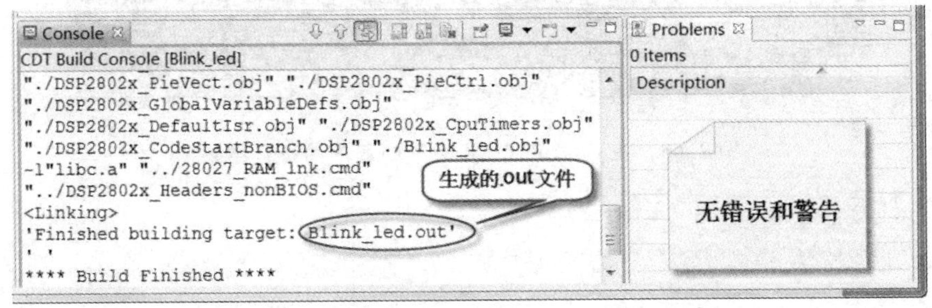

图 2.63　编译结果

（4）创建与硬件相关的. ccxml 文件，选择“File”菜单中“New”子菜单的“Target Configuration File”选项，弹出目标配置对话框，如图 2.64 所示。

根据工程的意义、芯片型号或板块的类型修改. ccxml 文件的名称，比如这里采用的板子是 controllSTICK，则可将. ccxml 文件命名为 controllSTICK. ccxml 或 28027stick. ccxml。

（5）下载到 controlSTICK 开发板中运行，如图 2.65 所示。

（6）修改 Blink_led. c 文件，将函数 DELAY_US(500 000)的延迟时钟从 500 000 改为 1 500。然后右击工程名“Blink_led”，打开属性对话框，将输出文件类型从. out 改变了. cof。Blink_led（右击）→Propertis→Basic Options→Specify output file 的 name(--output_file,-o)栏中的. out 类型输出文件改成 Proteus 可识别的. cof，如

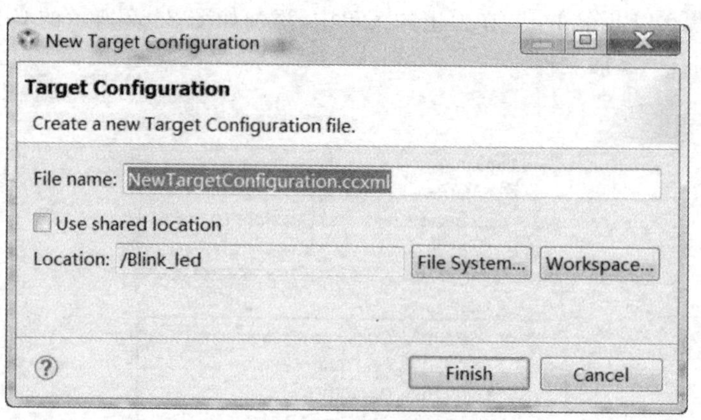

图 2.64　目标配置对话框

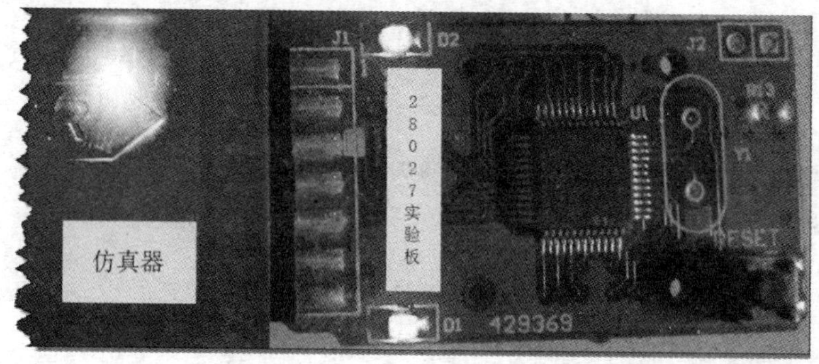

图 2.65　在 controlSTICK 板子中程序的运行结果

图2.66 所示。

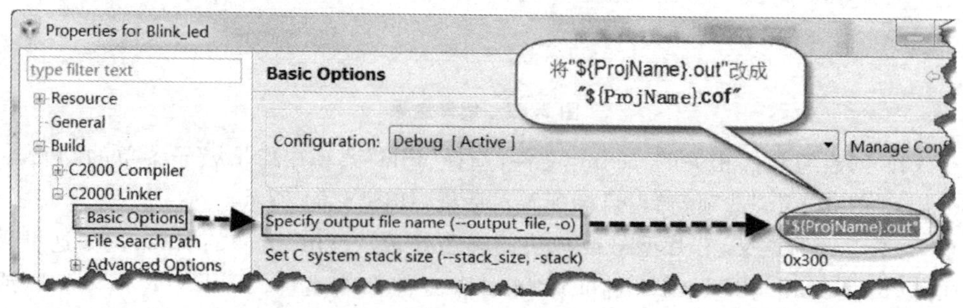

图 2.66　将.out 类型的输出文件修改成.cof 类型的输出文件

(7) 添加.cof 格式的仿真文件，如图 2.67 所示。

(8) 在 Proteus 中运行闪烁灯程序，如图 2.68 所示。

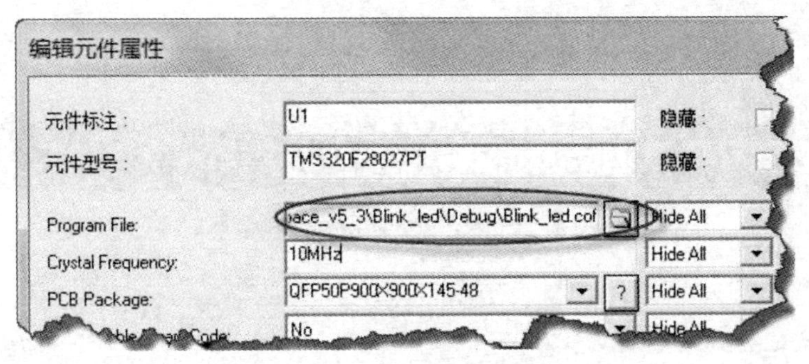

图 2.67 添加.cof 格式的仿真文件

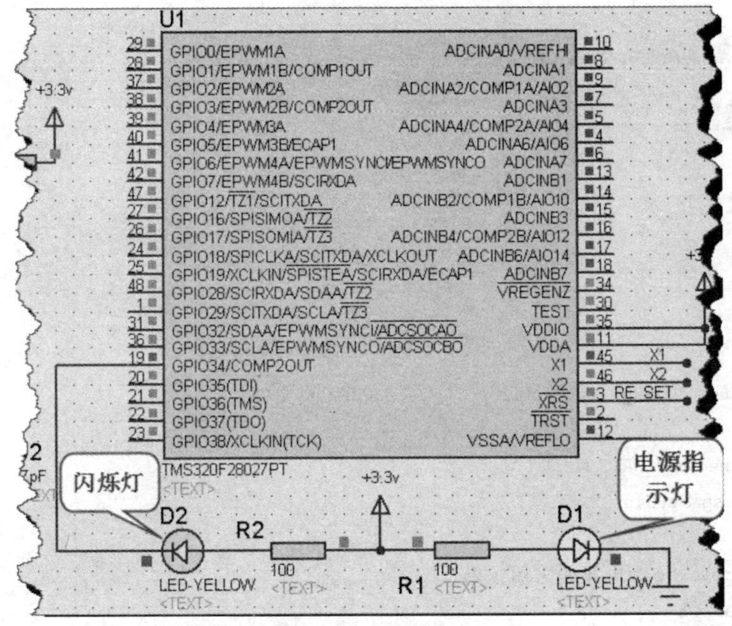

图 2.68 仿真结果

2.5.3 基于 Proteus 8.0 的 ADC 范例

1. Proteus 8.0 界面

Proteus 8.0 界面如图 2.69 所示。

2. 创建 ADC 的 CCS 工程

(1) 编写 A/D 转换代码 Adc.c 代码，如下所示：

```
//###########################################################
// Adc.c
//###########################################################
```

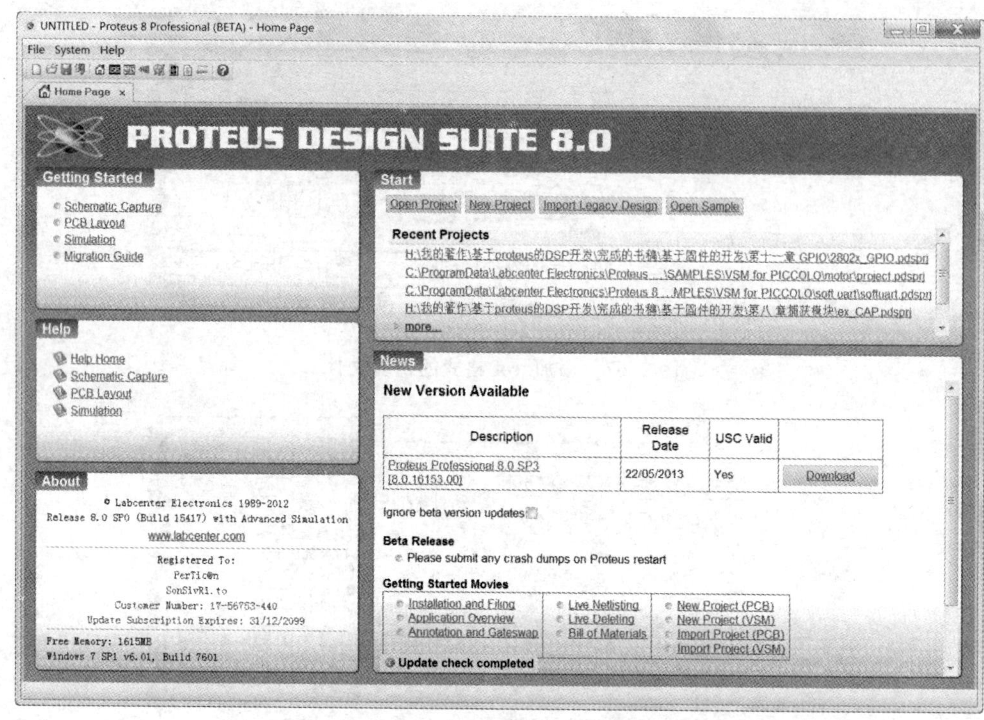

图 2.69 Proteus 界面

```
#include "DSP28x_Project.h"       // DSP28x 头文件

#define CONV_WAIT 1L
void display(Uint32 v);

int16 result; //电压的采用结果
void main()
{
    // Initialize System Control
       InitSysCtrl();

    //  Initalize GPIO:
    // Enable XCLOCKOUT to allow monitoring of oscillator 1
       EALLOW;

      GpioCtrlRegs.GPAMUX1.all = 0x0000;   // GPIO0 - GPIO15 为 GPIO 功能
      GpioCtrlRegs.GPAMUX2.all = 0x0000;   // GPIO16 - GPIO31 为 GPIO 功能
      GpioCtrlRegs.GPBMUX1.all = 0x0000;   // GPIO32 - GPIO34 为 GPIO 功能
      GpioCtrlRegs.AIOMUX1.all = 0x0000; // AIO2,4,6,10,12,14 为数字 IO 功能
      GpioCtrlRegs.GPADIR.all = 0xFFFFFFFF; // GPIO0 - GPIO7 are GP outputs,
```

```
// GPIO8 - GPIO31 are outputs
  GpioCtrlRegs.GPBDIR.all = 0xFFFFFFFF;  // GPIO32 - GPIO35 输出
  GpioCtrlRegs.AIODIR.all = 0x00000000;  // AIO2,4,6,19,12,14 数字输入

// Disable CPU interrupts
   DINT;

// Initialize PIE control registers to their default state.
    InitPieCtrl();

// Disable CPU interrupts and clear all CPU interrupt flags:
   IER = 0x0000;
   IFR = 0x0000;

// The shell ISR routines are found in DSP2802x_DefaultIsr.c.
       InitPieVectTable();

// Configure the ADC:
   InitAdc();

   EALLOW;
   AdcRegs.ADCSOC0CTL.bit.CHSEL   = 1; //将 SOC0 通道设置为 ADCINA5
   AdcRegs.ADCSOC1CTL.bit.CHSEL   = 1; //将 SOC1 通道设置为 ADCINA5
   AdcRegs.ADCSOC0CTL.bit.ACQPS   = 6; //设置 SOC0 采样周期为 7 个 ADCCLK
   AdcRegs.ADCSOC1CTL.bit.ACQPS   = 6; //设置 SOC1 采样周期为 7 个 ADCCLK
   AdcRegs.INTSEL1N2.bit.INT1SEL = 1; // ADCINT1 与 EOC1 相连
   AdcRegs.INTSEL1N2.bit.INT1E   =  1; //使能 ADCINT1
//连续采集数据
for(;;)
{
        //强制 SOC0 和 SOC1 开始转换
        AdcRegs.ADCSOCFRC1.all = 0x03;

        //等待转换结束
        while(AdcRegs.ADCINTFLG.bit.ADCINT1 = = 0){}  //等待 ADCINT1
        AdcRegs.ADCINTFLGCLR.bit.ADCINT1 = 1;         //清除 ADCINT1

        //得到电压的采样结果 SOC1
        result = AdcResult.ADCRESULT1;

        display((Uint32) result * 3300>>12);
        DELAY_US(3000);
```

```
    }
}

// 在数码管中显示得到的电压数据
void display(Uint32 v)
{ // 1 - 7,12,16,17,18 - GPA; 32,33,34,35 - GPB
  int ch = v % 10;
  v /= 10;
  if (ch & 0x01)
     GpioDataRegs.GPASET.bit.GPIO0 = 1;
  else
     GpioDataRegs.GPACLEAR.bit.GPIO0 = 1;
  if (ch & 0x02)
     GpioDataRegs.GPASET.bit.GPIO1 = 1;
  else
     GpioDataRegs.GPACLEAR.bit.GPIO1 = 1;
  if (ch & 0x04)
     GpioDataRegs.GPASET.bit.GPIO2 = 1;
  else
     GpioDataRegs.GPACLEAR.bit.GPIO2 = 1;
  if (ch & 0x08)
     GpioDataRegs.GPASET.bit.GPIO3 = 1;
  else
     GpioDataRegs.GPACLEAR.bit.GPIO3 = 1;

  ch = v % 10;
  v /= 10;
  if (ch & 0x01)
     GpioDataRegs.GPASET.bit.GPIO4 = 1;
  else
     GpioDataRegs.GPACLEAR.bit.GPIO4 = 1;
  if (ch & 0x02)
     GpioDataRegs.GPASET.bit.GPIO5 = 1;
  else
     GpioDataRegs.GPACLEAR.bit.GPIO5 = 1;
  if (ch & 0x04)
     GpioDataRegs.GPASET.bit.GPIO6 = 1;
  else
     GpioDataRegs.GPACLEAR.bit.GPIO6 = 1;
  if (ch & 0x08)
     GpioDataRegs.GPASET.bit.GPIO7 = 1;
  else
```

```
        GpioDataRegs.GPACLEAR.bit.GPIO7 = 1;

    ch = v % 10;
    v /= 10;
    if (ch & 0x01)
        GpioDataRegs.GPASET.bit.GPIO12 = 1;
    else
        GpioDataRegs.GPACLEAR.bit.GPIO12 = 1;
    if (ch & 0x02)
        GpioDataRegs.GPASET.bit.GPIO16 = 1;
    else
        GpioDataRegs.GPACLEAR.bit.GPIO16 = 1;
    if (ch & 0x04)
        GpioDataRegs.GPASET.bit.GPIO17 = 1;
    else
        GpioDataRegs.GPACLEAR.bit.GPIO17 = 1;
    if (ch & 0x08)
        GpioDataRegs.GPASET.bit.GPIO18 = 1;
    else
        GpioDataRegs.GPACLEAR.bit.GPIO18 = 1;

    ch = v % 10;
    if (ch & 0x1)
        GpioDataRegs.GPBSET.bit.GPIO32 = 1;
    else
        GpioDataRegs.GPBCLEAR.bit.GPIO32 = 1;
    if (ch & 0x2)
        GpioDataRegs.GPBSET.bit.GPIO33 = 1;
    else
        GpioDataRegs.GPBCLEAR.bit.GPIO33 = 1;
    if (ch & 0x4)
        GpioDataRegs.GPBSET.bit.GPIO34 = 1;
    else
        GpioDataRegs.GPBCLEAR.bit.GPIO34 = 1;
    if (ch & 0x8)
        GpioDataRegs.GPBSET.bit.GPIO35 = 1;
    else
        GpioDataRegs.GPBCLEAR.bit.GPIO35 = 1;
}
```

(2) 在Adc工程中添加如图2.70所示的函数。

(3) 将编译输出的可执行文件变更为.cof格式，如图2.71所示。

图 2.70 在 Adc 工程中添加的固件库函数

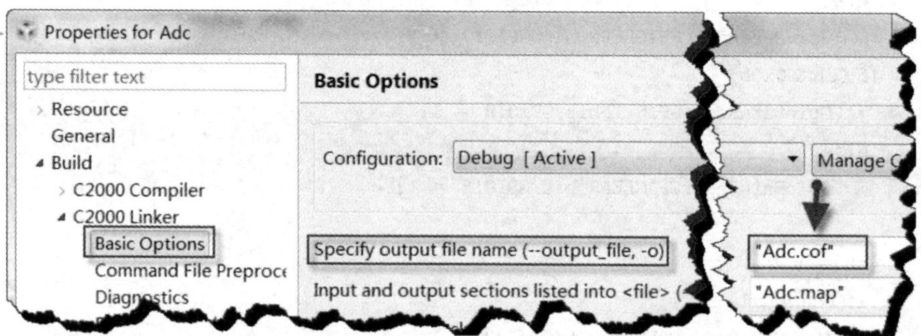

图 2.71 将编译输出格式改为.cof 格式

(4) 编译 Adc 工程生成可执行的.cof 文件,如图 2.72 所示。

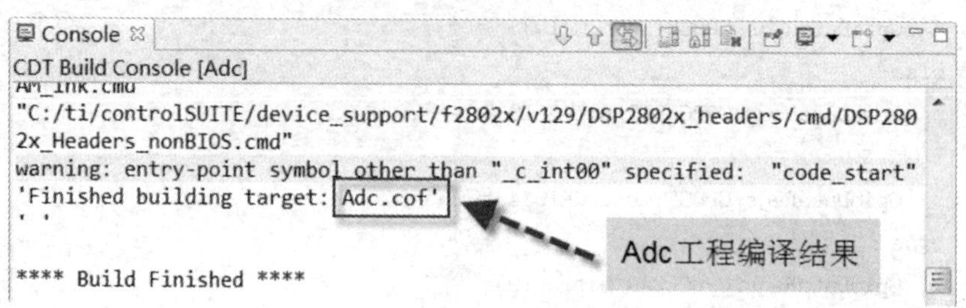

图 2.72 Adc 工程编译结果

(5) 搭建 Proteus 虚拟 ADC 硬件测试电路,如图 2.73 所示。

(6) 导入 Adc.cof 文件,启动 Proteus 仿真,通过调节电位器得到希望的输入电压值,输出电压值的测试结果如图 2.74 所示。

从图 2.74 中可以看到,输入模拟电压值等于 AD 转换后的电压值,说明此 ADC 的程序是正确的。

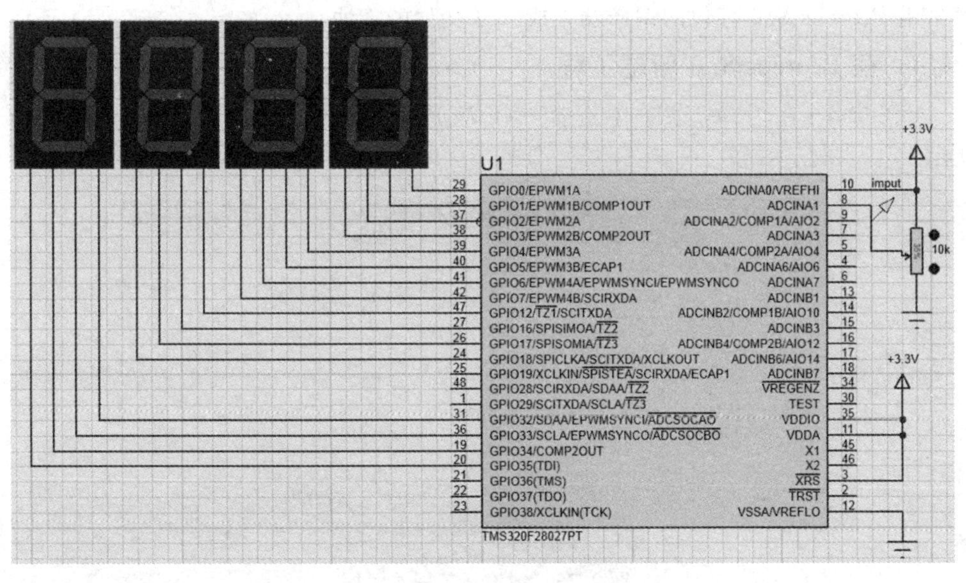

图 2.73　搭建 ADC 转换电路

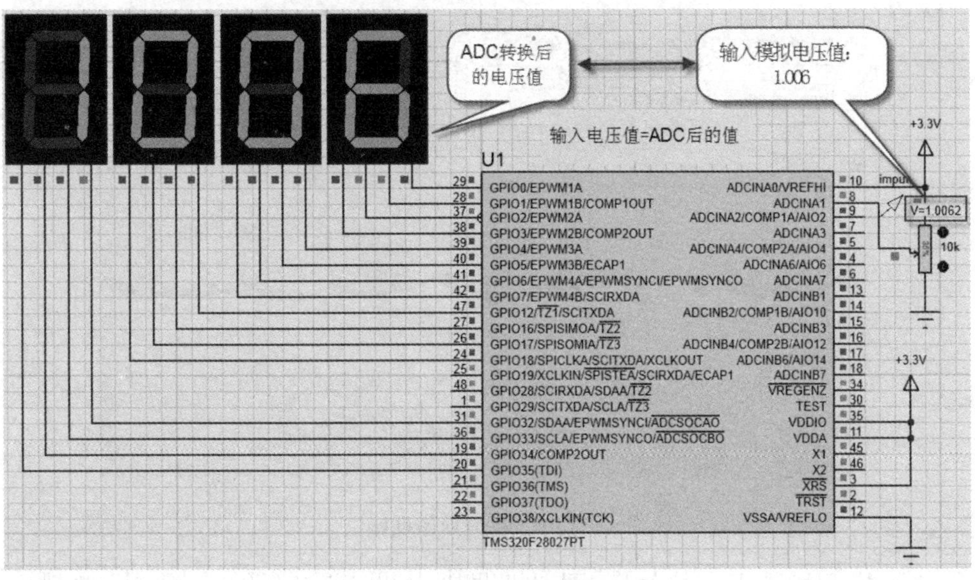

图 2.74　ADC 转换结果

2.5.4　在 Proteus 8.0 中编译与虚拟硬件测试

下面给出在 Proteus 8.0 软件中创建与编译 CCS 工程的一般步骤。在 Proteus 8.0 中指定头文件与库文件的搜索路径，以及一些相关文件的路径，与采用 CCS 5.3 作为编译器基本相同。为了减轻读者的负担和避免可能引起的一些困惑，本书不推荐采用 Proteus 8.0 打包的编译器生成.cof 文件的方法。

1. 在 Proteus 8.0 新建工程

(1) 操作:在“File”菜单中选择“NEW Porject”选项弹出对话框,如图 2.75 所示。

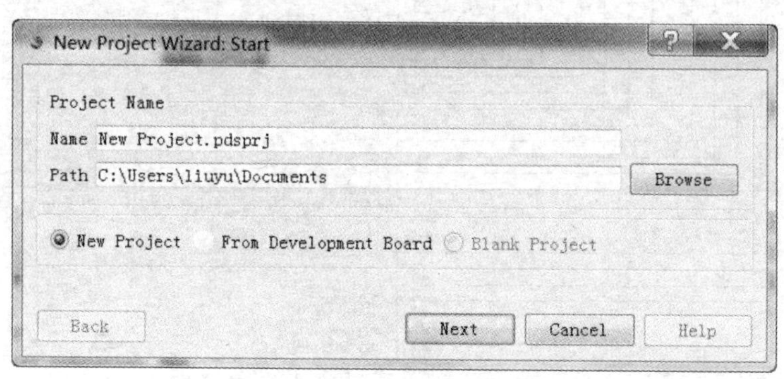

图 2.75 创建新工程对话框

(2) 在图 2.75 中给新工程命名,然后单击“Next”按钮,如图 2.76 所示。

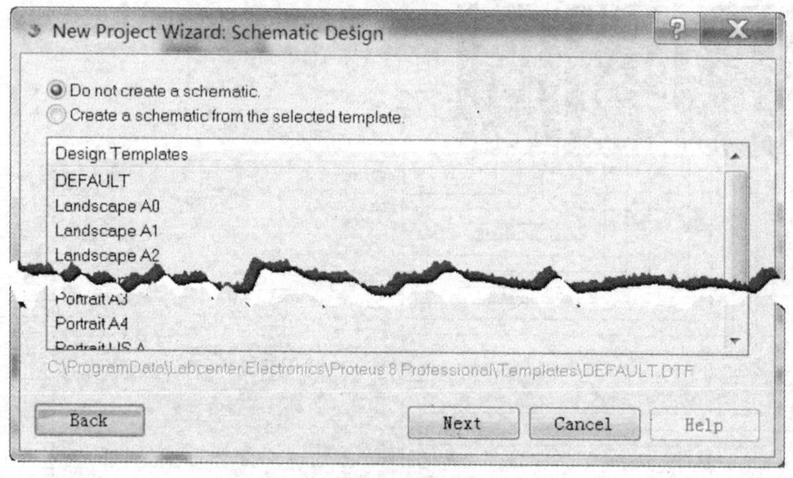

图 2.76 电原理图设计

(3) 在图 2.74 中选中“Create a schematic from the selected template”选项,选择所需电原理图模板,然后单击“Next”按钮,如图 2.77 所示(这里选中默认模板)。

(4) 仍然选择默认模板,然后单击“Next”按钮,如图 2.78 所示。

(5) 在图 2.78 中选中“Create Firmware Project“选项,然后在 Family 标签下选中“PICCOLO”微处理器,如图 2.79 所示。

(6) 单击“Next”按钮再在 PICCOLO 中选中“TMS320F28027PT”芯片,如图2.80 所示。

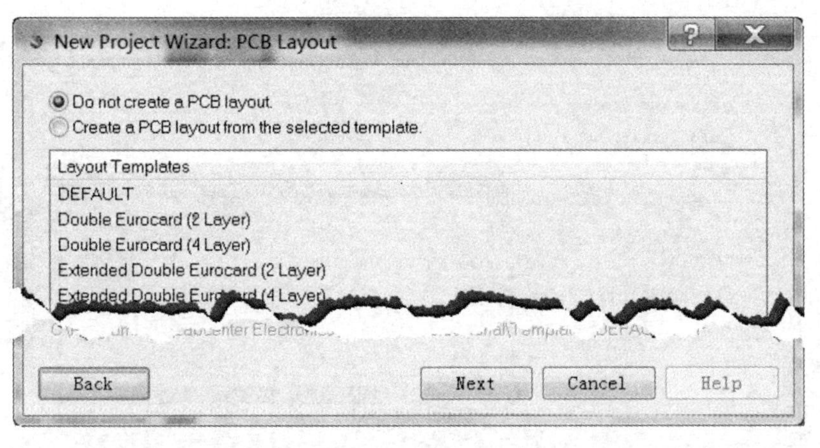

图 2.77　仅创建电原理图(即不生成相应的 PCB 板文件)

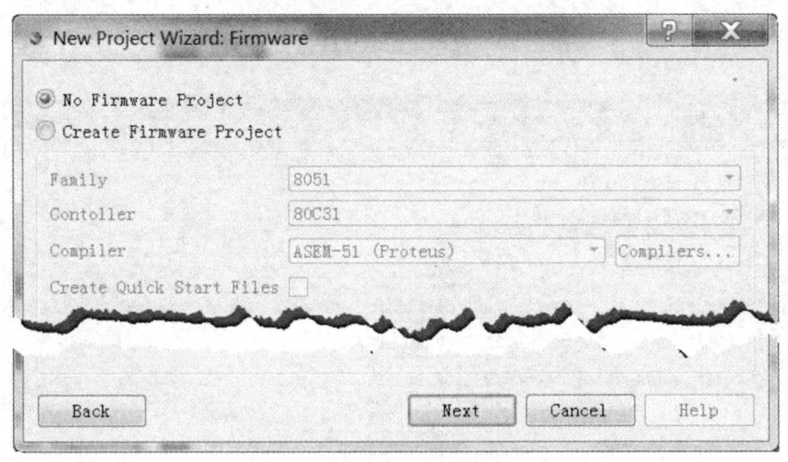

图 2.78　选择创建工程的类别

(7) 单击“Next”按钮，再单击“Finish”按钮，创建的新工程如图 2.81 所示。

2. 配置 CCS 编译器路径

在如图 2.82 所示的位置选中 CCS 编译器的安装路径即可。

3. 指定工程中包含文件与库文件的搜索路径

(1) 右击工程名，在弹出的菜单中选择“Project Settings”选项，如图 2.83 所示。

(2) 在弹出的“Project Options”对话框中选择“Compiler”标签，如图 2.84 所示。

(3) 在“Option”下拉菜单中选择包含文件搜索路径选项，如图 2.85 所示。

(4) 单击 Add 按钮，在“-include_path＝”标签中添加包含文件的搜索路径，如图2.86 所示。

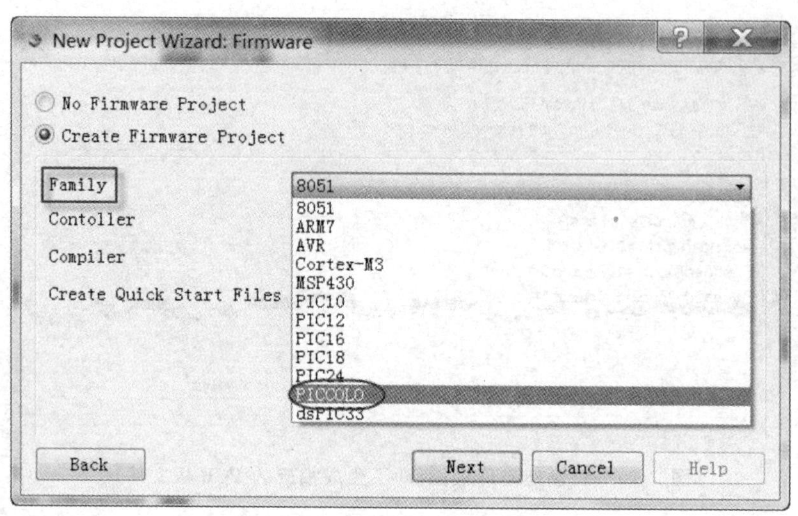

图 2.79　选中 PICCOLO 微处理器

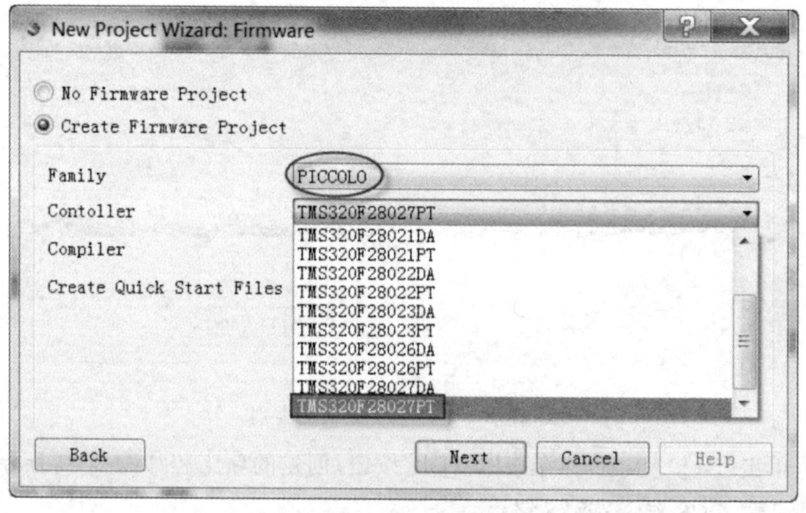

图 2.80　选中 28027PT 芯片

(5) 在“option”下拉菜单中选择库文件搜索路径选项，如图 2.87 所示。

(6) 单击图中的“Add”按钮，在“-i”标签中添加库文件的搜索路径，如图 2.88 所示。

4. 其他文件的添加

其他文件的添加方法和 CCS 编译器类似，最后编译工程生成.cof 格式可执行文件，然后导入.cof 文件到虚拟硬件电路即可进行 DSP 仿真。

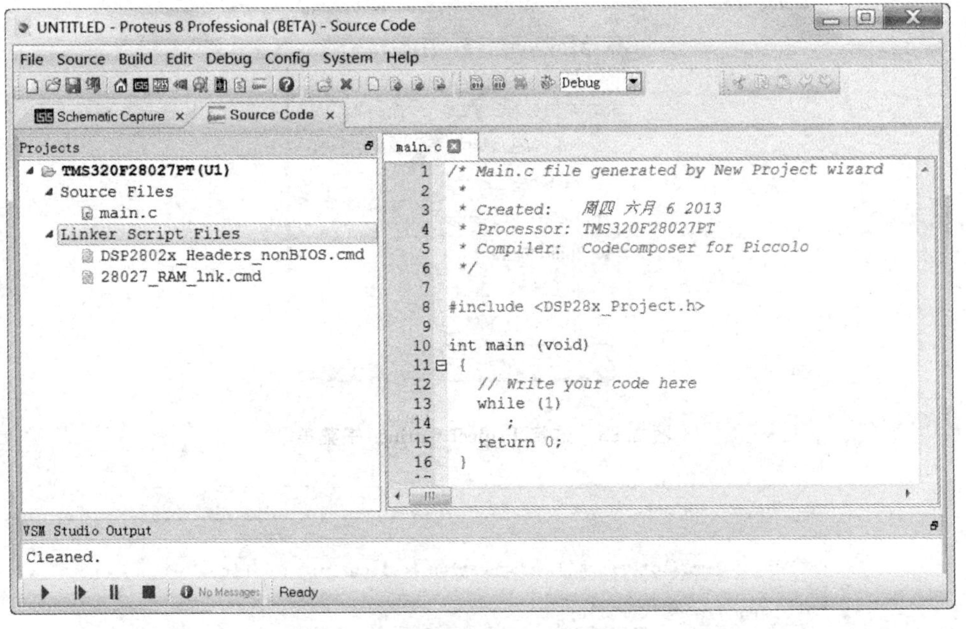

图 2.81　在 Proteus 8.0 中创建的工程

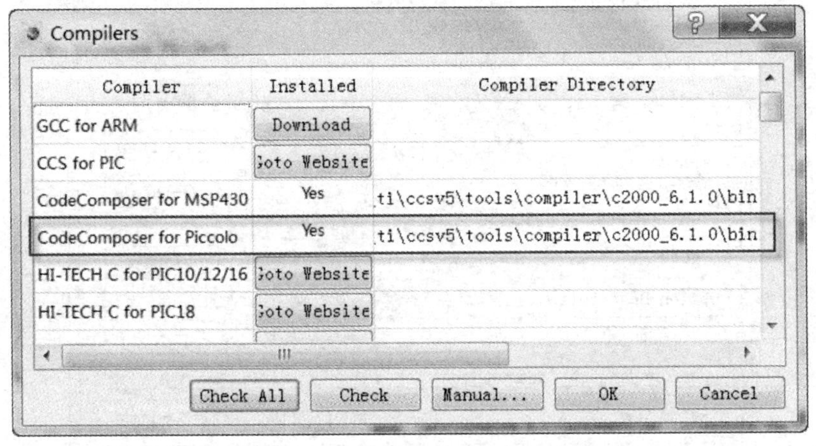

图 2.82　配置 CCS 编译器路径

说明:感兴趣的读者可按上述方法进行 DSP 程序设计与虚拟测试,不过作者觉得也许使用 CCS5.3 更加方便和快捷(仅作参考)。

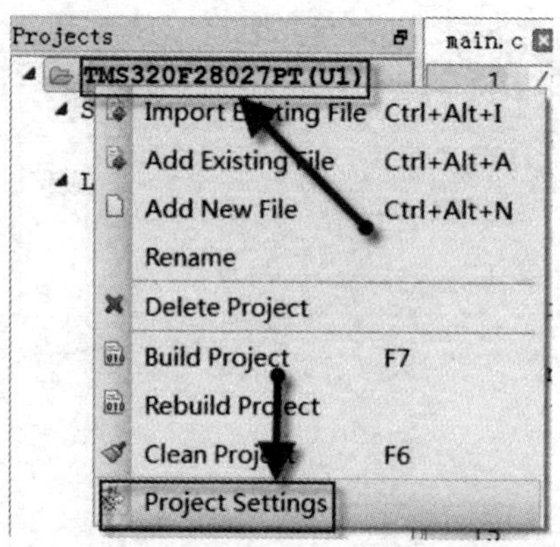

图 2.83 选择 Project Settings 子菜单

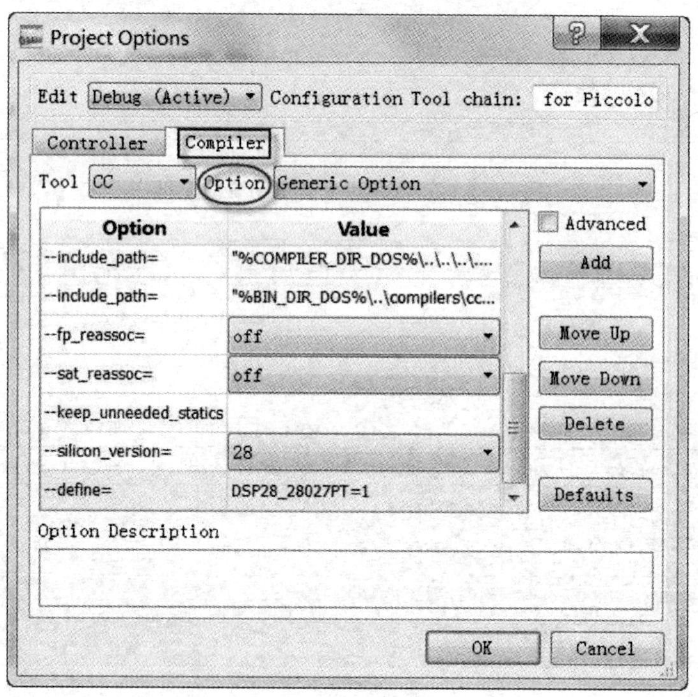

图 2.84 Project Options 对话框

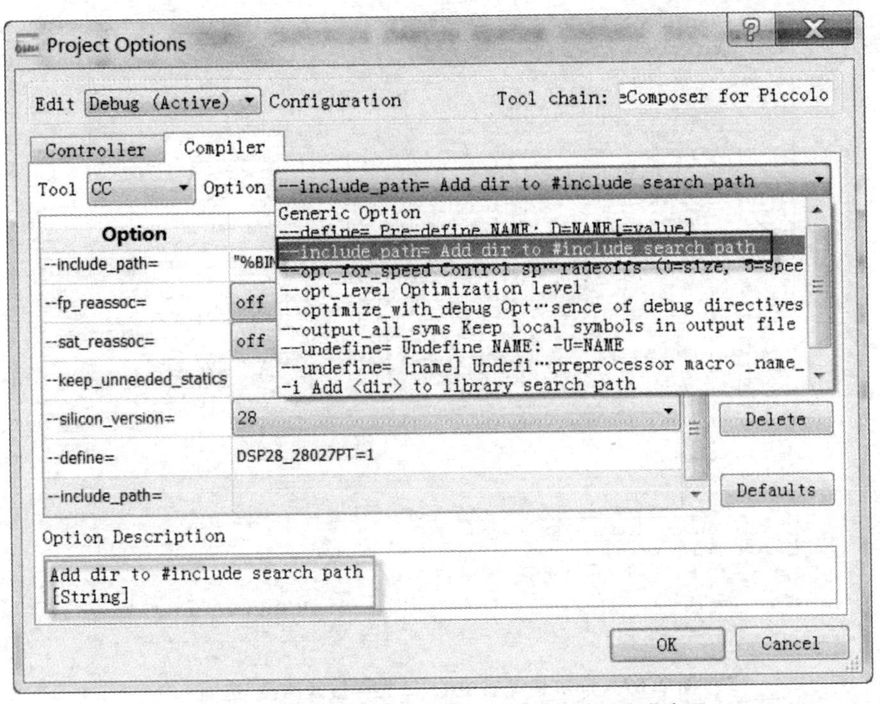

图 2.85　选中编译器中的“包含文件搜索路径”选项

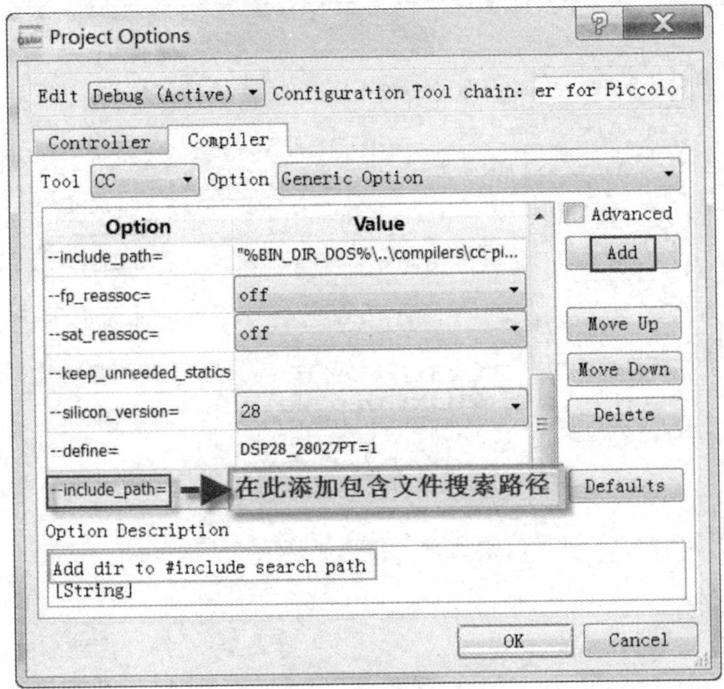

图 2.86　添加包含文件的搜索路径

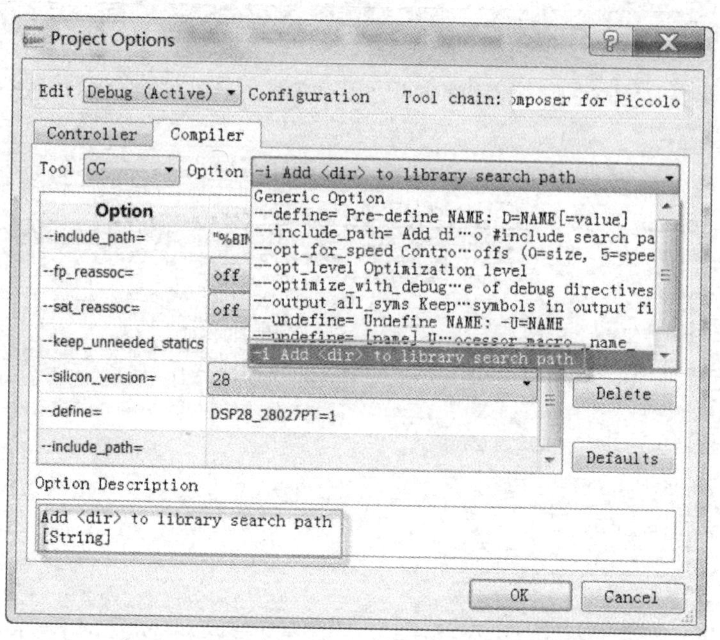

图 2.87　选中编译器中的“库文件搜索路径”选项

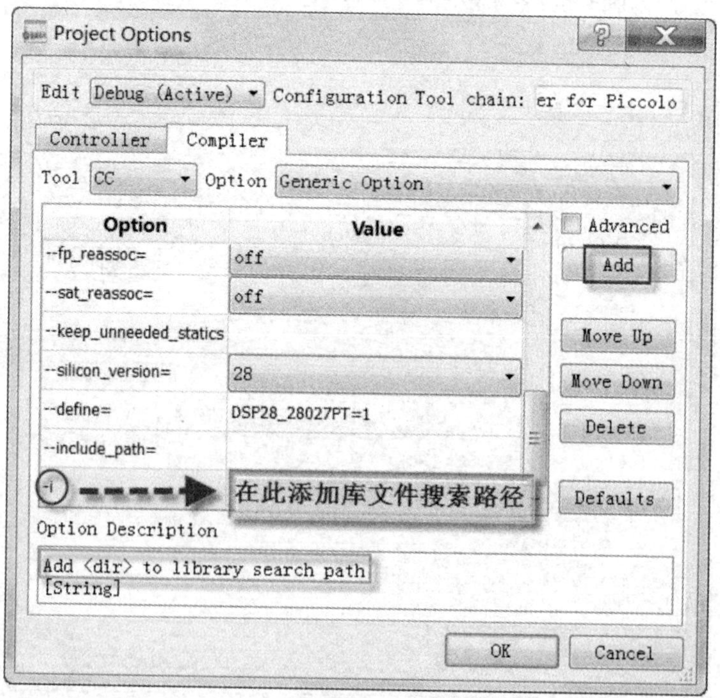

图 2.88　添加库文件的搜索路径

第3章

数模转换器(ADC)

模数转换器(ADC)API 提供了一组函数来访问 Piccolo F2802x ADC 模块组。此驱动程序包含在 f2802x_common/source/adc. c 中,同时 f2802x_common/include/adc. h 中包含应用程序使用的 API 定义。

本章的主要内容为:

- 2802x ADC 转换原理;
- ADC 固件库;
- ADC 应用范例。

3.1 数模转换器(ADC)

本章描述的 ADC 模块是一个 12 位循环配模数转换器,其中包含 SAR 和流水线两种结构。ADC 的模拟电路,被称为“内核”,包括前端模拟多路复用器(MUX),采样/保持(S / H)电路,转换内核,稳压器,以及其他模拟支持电路。数字电路,被称为“轮询电路”,包括可编程的转换序列发生器,结果寄存器,模拟电路接口,设备的外设总线接口和其他片上的模块接口。

3.1.1 数模转换器特点

ADC 的核心包含一个 12 位输入转换器,以及两个采样/保持电路。采样/保持电路支持同时或顺序采样。该 ADC 模块共有 16 个模拟输入通道,既可配置成 2 个独立的 8 通道模块,也可以级联成一个 16 通道的模块。通过配置该转换器,使用内部基准电压,实现 ADC 转换,或用一对外部基准电压(VREFHI/ LO),实现比例转换。

与旧的基于序列转换的 ADC 类型不同,该 ADC 模块的工作原理是基于 SOC 的,即以 SOCx 寄存器作为 ADC 转换前端的核心控制器,每一个 SOC 都与一个结果寄存器相对应。因此,每个 SOC 模块都是独立工作,即用户可以轻松地用单一的触发源创造了一系列转换。SOC(Start - Of - Conversions),即开始一转换。

ADC 模块的功能包括:

- 内置双采样保持(S / H)的 12 位 ADC 核心。

- 支持同步采样或顺序采样模式。
- 全范围模拟输入：固定 0～3.3 V，或比例 VREFHI/ VREFLO。
- 在全系统时钟运行，无需预分频。
- 16 个多路复用输入通道。
- 可配置为 SOC 触发源，采样窗口和通道。
- 16 个结果寄存器(可分别单独寻址)存储转换值。
- 多个触发源：
  — S / W －软件立即启动；
  — ePWM 1－8；
  — GPIO XINT2；
  — CPU 定时器 0/1/2；
  — ADCINT1/2。
- 9 个灵活的 PIE 中断可以在进行任何转换后配置中断请求。

3.1.2　数模转换器结构框图

ADC 单元的结构框图，如图 3.1 所示。

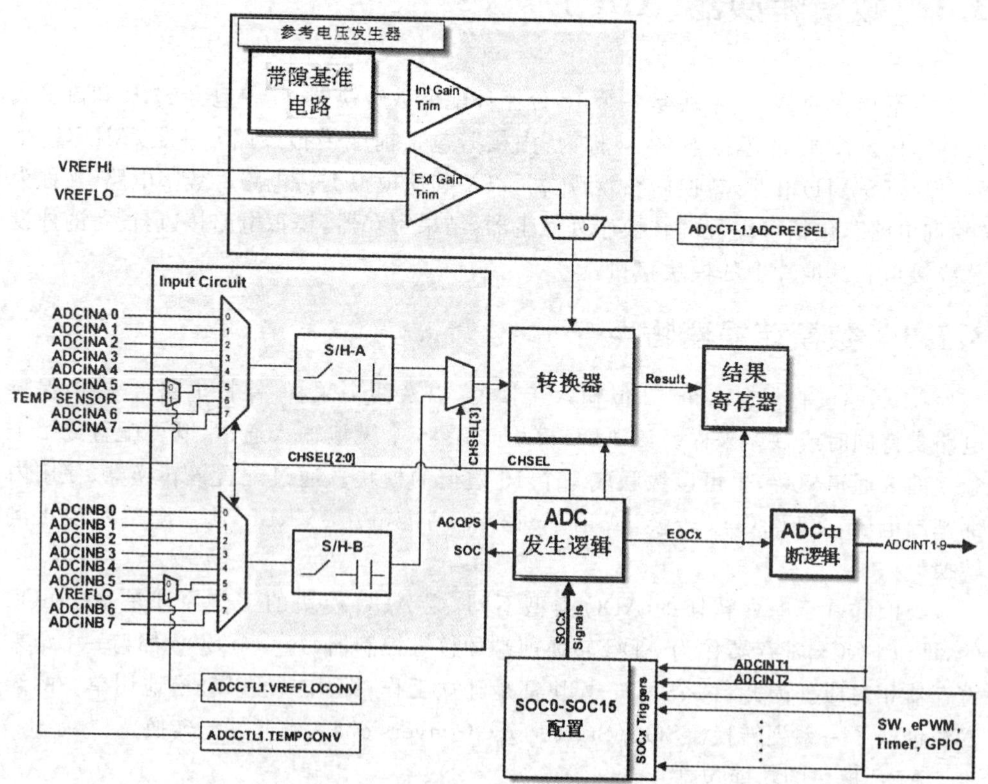

图 3.1　ADC 结构框图

3.1.3　SOC 的工作原理

与以前基于定序器的 ADC 类型相反，现在的 ADC 基于 SOC。术语 SOC 指默认配置单一信道单次转换。在 SOC 中，有三种配置：启动转换的触发源；转换通道；采集窗口的大小。每个 SOC 可独立地配置，可以是任何触发源，通道，可用的采样窗口大小的组合。多个 SOC 可以配置为相同的触发，通道和/或所需的采集窗口。这提供了一种非常灵活的配置转换方法，通过不同的触发器对不同的通道进行采样，使用单触发对相同的通道进行过采样，从单触发创建自主的一系列不同通道的转换。SOCx 触发源配置依据 TRIGSEL 域的 ADCSOCxCTL 寄存器中相应位 ADCINTSOCSEL1 或 ADCINTSOCSEL2 的组合。软件也可以通过 ADCSOCFRC1 寄存器强制产生 SOC 事件。SOCx 的通道和采样窗口大小配置依据 ADCSOCxCTL 寄存器的 CHSEL 和 ACQPS 域。图 3.2 为 SOC 结构框图。

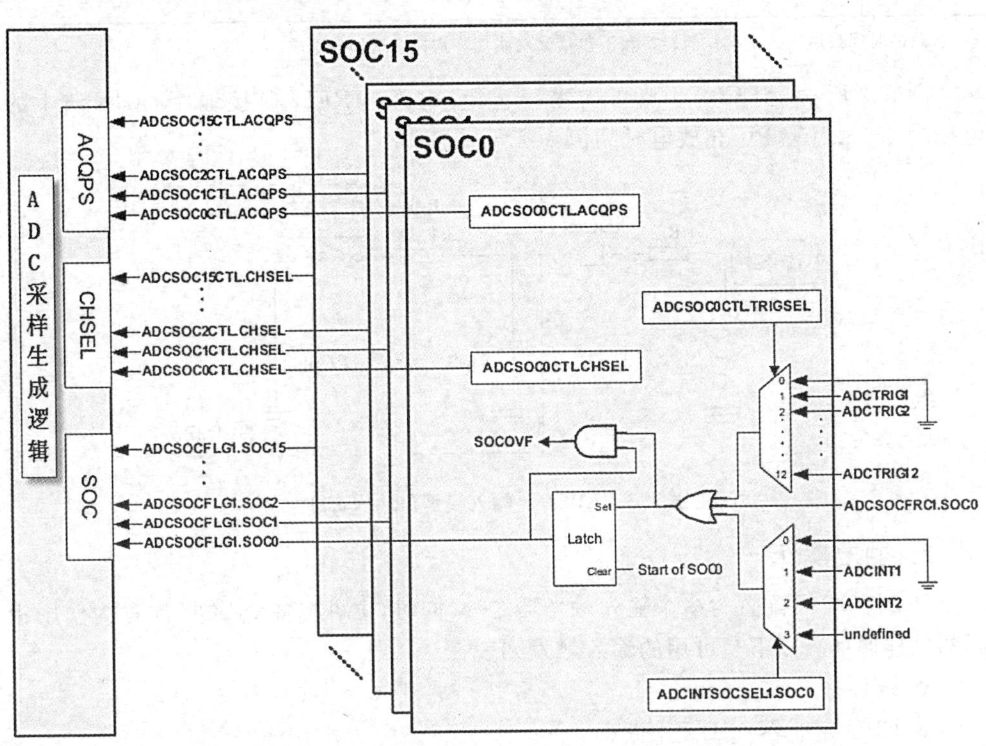

图 3.2　SOC 结构框图

1. ADC 采集(采样和保持)窗口

为了功能各异的外部驱动器迅速而有效的驱动模拟信号，就需要一些电路具有更长时间对 ADC 的采样电容进行充电。为了解决这个问题，ADC 支持对每个 SOC 采样窗口大小进行控制。每个 ADCSOCxCTL 寄存器中有一个 6 位字段的 AC-

QPS,其值决定采样/保持(S / H)窗口的大小。写入该字段的值比SOC采样窗口所需的周期数少1。因此,如果在此字段中的值为15时,将得到16个时钟周期的采样时间。所允许的采样周期的最小数目是7(即ACQPS=6)。其总时间等于采样时间加上ADC的转换时间,总共13个ADC时钟。表3.1中示出了各种采样时间的例子。

表3.1　对应ACQPS不同值的采样时间

ADC时钟	ACQPS	采样窗口	转换时间(13个周期)	处理模拟电压总的时间[①]
40MHz	6	175 ns	325ns	500.00ns
40MHz	25	625 ns	325ns	950.00ns
60MHz	6	116.67ns	216.67ns	333.33ns
60MHz	25	433.67ns	216.67ns	650ns

[①] 总的时间是用于一个单一的转换和不包括流水线使平均速度增加的影响。

图3.3所示,ADCIN引脚可构建一个RC电路,VREFLO接地,ADCIN脚上的电压为0～3.3 V,RC充放电时间恒为2 ns。

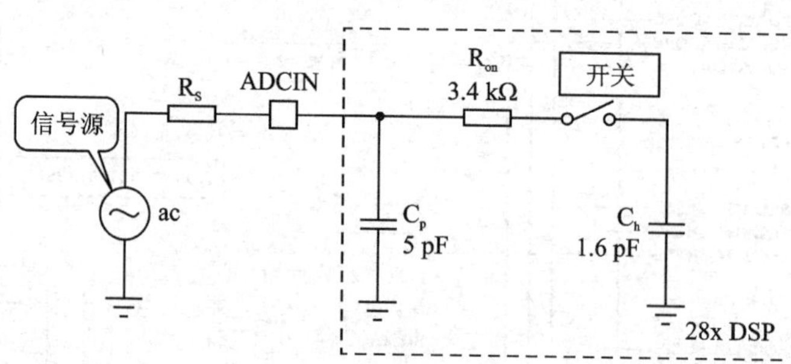

图3.3　ADCINx输入模型(R_S=50Ω)

2. 触发操作

每个SOC可配置为多个输入触发器之一,同时,也可将多个SOC配置为使用相同的采样通道。以下是可用的输入触发列表:

- 软件;
- CPU定时器0/1/2中断;
- XINT2 SOC;
- ePWM1-8 SOCA和SOCB。

这些触发器的详细配置信息,请参阅ADCSOCxCTL寄存器位定义。此外ADCINT1和ADCINT2可以反馈回来触发另一次转换,这种配置通过ADCINT-SOCSEL1/ 2寄存器控制。

3. 通道选择

每个 SOC 可配置任何可用的 ADCIN 输入通道的 ADC 转换。当 SOC 配置为轮询(顺序)采样模式,4 位 CHSEL 字段的 ADCSOCxCTL 寄存器定义转换通道。当 SOC 配置为同步采样模式时,CHSEL 字段的最高位无效,由低三位确定转换通道。ADCINA0 与 VREFHI 复用,因此在使用外部参考电压模式时,该引脚不能被用于采集信号。

4. ONESHOT 单次转换支持

该模式允许用户执行单次转换触发的 SOC 循环(round robin)方案。单次模式只适用于循环通道。未配置成触发 SOC 循环方案的通道将根据 SOCPRIORITY 域 ADCSOCPRIORITYCTL 寄存器的内容得到优先权,如图 3.4 所示。

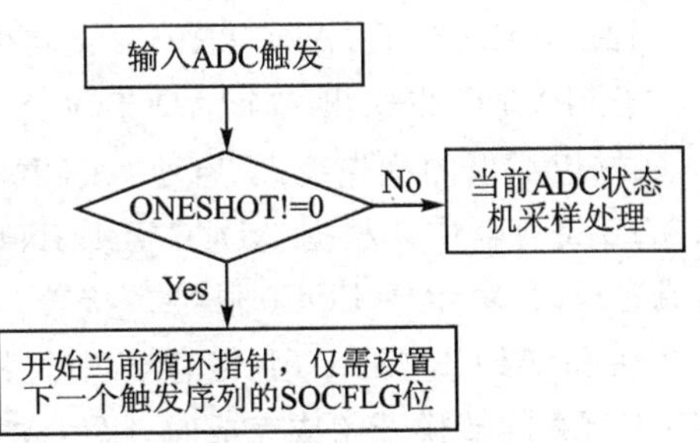

图 3.4　ONESHOT 单次转换框图

单次顺序模式和同步模式的模式影响如下:

顺序模式:只有在 RR(Round Robin)模式的下一个工作(激活的)SOC(从当前的 RR 指针)才允许产生 SOC;其他 SOC 触发器将忽略。

同步模式:如果当前 RR 指针为同步启用的 SOC,当前 RR 指针下的工作 SOC 将递增 2。这是因为同步模式将创建 SOCx 和 SOCx+1 的结果,而用户将无法触发 SOCx+1。

3.1.4　ADC 转换优先级

当多个 SOC 的标志被配置成相同的时间,其中两种优先级模式的决定它们转换的顺序。默认的优先级模式是轮询(循环模式)。在这种方案中,SOC 处于同一优先级。优先级取决于循环指针(RRPOINTER)。RRPOINTER 表示在 ADCSOCPRIORITYCTL 寄存器中指向最后转换的 SOC。最高优先级的 SOC 赋予下一个大于 RRPOINTER 的值,从 SOC0 到 SOC15 进行轮询。在复位时 RRPOINTER 的值是 32,因为 0 表示转换已经发生。当 RRPOINTER 等于 32,最高的优先级将给予 SOC0。当 ADCCTL1. RESET 位被置位时,或当寄存器 SOCPRICTL 写入时,RRPOINTER 因器件的复位而复位。

3.1.5　同步采样模式

在某些应用中,重要的是要保持采样的两个信号之间的延迟最小。该 ADC 包含两个采样/保持电路,允许两个不同通道同时进行采样。同步采样模式由带 ADCSAMPLEMODE 寄存器的一对 SOCx 配置。偶数编号的 SOCx 和其后的奇数 SOCx

(即,SOC0 和 SOC1)与一个使能位(如 SIMULEN0)搭配,其描述如下。

- 任何一个 SOCx 都可以触发一对转换;
- 两个通道同时进行采样,转换的双通道将包括的 A 通道和 B 通道对应于触发 SOCx CHSEL 字段的值(0~7);
- A 通道优先转换;
- A 通道转换后将生成偶数编号的 EOCx 脉冲。B 通道转换后将生成奇数编号的 EOCx 脉冲;
- A 通道转换的结果存放于偶数编号的 ADCRESULTx 寄存器中 B 通道转换的结果存放于奇数编号的 ADCRESULTx 寄存器中。

例如,当 ADCSAMPLEMODE. SIMULEN0 位被置位时,SOC0 如下配置:

CHSEL = 2 (ADCINA2/ADCINB2)

TRIGSEL = 5 (ADCTRIG5 = ePWM1. ADCSOCA)

当 ePWM1 发送出一个 ADCSOCA 触发时,ADCINA2 和 ADCINB2 将同时进行采样(以假设的优先级)。启动 ADCINA2 通道进行转换,将结果存储在 ADCRESULT0 寄存器中。根据 ADCCTL1. INTPULSEPOS 设置,当 ADCINA2 的转换开始或完成时,将生成 EOC0 脉冲。接着,ADCINB2 通道将被转换,并且它的值将被存储在和 ADCRESULT1 寄存器中。根据 ADCCTL1. INTPULSEPOS 设置,当 ADCINA2 的转换开始或完成时,将生成 EOC1 脉冲。通常在应用程式中,我们期望只使用一对中偶数编号的 SOCx。但是,也可能使用奇数编号的 SOCx 或者两者都是用。不过,当使用两个 SOCx 触发器同时转换。需注意当两个 SOCx 将转换结果送到相同的 ADCRESULTx 寄存器时,可能相互覆盖。

SOC 优先级的规则与顺序采样模式相同。

3.1.6 EOC 和中断操作

正如有 16 个独立的 SOCx 配置一样,对应 16 EOCx 个脉冲。在顺序采样模式下,EOCx 直接与 SOCx 关联。在同步采样模式下,偶数编号和其后奇数编号的 EOCx 对与偶数编号和其后奇数编号的 SOCx 对相关。根据 ADCCTL1. INTPULSEPOS 设置,EOCx 脉冲将在转换的开始或结束时生成。ADC 包含有 9 个可以标记和/或忽略的 PIE 中断。每个中断可配置成将任何可用信号作为其中断源。INTSELxNy 寄存器配置这些中断与 EOCx 的对应关系。此外,ADCINT1 和 ADCINT2 信号可以配置成产生 SOCx 触发,这有利于建立一个连续数据流的转换,如图 3.5 所示。

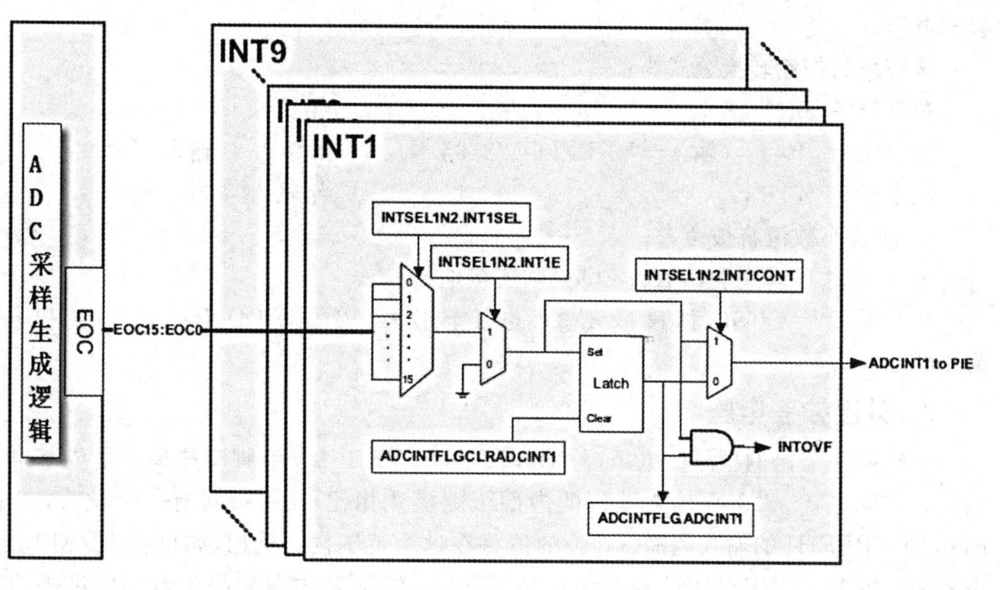

图 3.5　中断结构

3.1.7　上电顺序

先将 ADC 复位到 ADC 关闭状态，在配置 ADC 寄存器之前，必须优先配置 PCLKCR0 寄存器的 ADCENCLK 位。

ADC 的上电顺序如下：

(1) 若需要外部基准电压，配置(ADCREFSEL)在 ADCCTL1 寄存器第 3 位，以使能该模式。

(2) 置位 ADCCTL1 寄存器中的 7～5 位(ADCPWDN，ADCBGPWD，ADCREFPWD)对基准、带隙和模拟电路进行上电。

(3) 通过设置 ADCCTL1 寄存器的第 14 位(ADCENABLE)使能的 ADC。

(4) 在执行第一次转换之前，需要在步骤(2)后设置 1 毫秒的延迟。

步骤(1)至(3)可以同时进行。对 ADC 掉电时，在步骤(2)中的所有 3 个位将同时清零。ADC 的功率电平必须通过软件控制，并且与器件的电源模式的状态无关。

注：这种类型的 ADC 需要在全部上电后设置 1 ms 的延迟。这不同于以往的 ADC 类型。

3.1.8　内部/外部参考电压选择

1. 内部参考电压

ADC 可以通过 ADCCTL1 字段的 ADCREFSEL 位选择两种不同的工作参考模式。默认情况下选择内部带隙(bandgap)为 ADC 的基准电压。可转换 0～3.3V 的模拟电压。

该模式的控制转换公式为：

数字值 = 0　　当 输入 ≤0 V

数字值 = 4096 [(输入－VREFLO)/3.3V]　　当0 V＜ 输入＜ 3.3V

数字值 = 4095，　　当 输入 ≥3.3 V

＊ 所有小数值将被舍去；

＊＊ 在这种模式下，VREFLO 必须连接地；

＊＊＊ 2^{12} = 4096，即模拟 3.3V 电压转换成 12 位 ADC 器件的数字电压为 4096。

2. 外部参考电压

为转换一个比例型号的电压，外部 VREFHI/VREFLO 引脚应选择为生成基准电压。与固定 0～3.3 V 输入范围的内部带隙模式相比，比例模式有一个从 VREFLO 到 VREFHI 的输入范围。转换的值将在这个范围内。例如，如果将 VREFLO 设置为 0.5 V，VREFHI 设置为 3.0 V，那么 1.75 V 的电压转换为数字的结果为 2048。注意在一些设备上 VREFLO 接内部地，为 0V。

该模式的控制转换公式为：

数字值 = 0　　当 输入 ≤ VREFLO

数字值 = 4096 [(输入－VREFLO)/(VREFHI - VREFLO)]　当 VREFLO ＜输入＜ VREFHI

数字值 = 4095，　　当 输入 ≥ VREFHI

＊所有小数值将被舍去

3.1.9 ADC 寄存器

本节包含 ADC 寄存器和按功能分组的寄存器位的定义。除了 ADCRESULTx 寄存器在外设帧 0 外，所有 ADC 寄存器位于外设帧 2，如表 3.2 所列。

表 3.2 ADC 的配置与控制的寄存器(ADCRegs 和 ADCRESULT)

寄存器名	地址偏移	大小(×16)	描　述
ADCCTL1	0x00	1	控制寄存器 1(1)
ADCCTL2	0x01	1	控制寄存器 2(1)
ADCINTFLG	0x04	1	中断标志寄存器
ADCINTFLGCLR	0x05	1	中断标志清除寄存器
ADCINTOVF	0x06	1	中断溢出寄存器
ADCINTOVFCLR	0x07	1	中断溢出清除寄存器
INTSEL1N2	0x08	1	中断选择寄存器 1 和 2(1)

续表 3.2

寄存器名	地址偏移	大小(×16)	描 述
INTSEL3N4	0x09	1	中断选择寄存器 3 和 4(1)
INTSEL5N6	0x0A	1	中断选择寄存器 5 和 6(1)
INTSEL7N8	0x0B	1	中断选择寄存器 7 和 8(1)
INTSEL9N10	0x0C	1	中断选择寄存器 9(保留中断 10 选择)(1)
SOCPRICTL	0x10	1	SOC 优先级控制寄存器(1)
ADCSAMPLEMODE	0x12	1	采样模式寄存器(1)
ADCINTSOCSEL1	0x14	1	中断 SOC 选择寄存器 1(8 通道)(1)
ADCINTSOCSEL2	0x15	1	中断 SOC 选择寄存器 2(8 通道)(1)
ADCSOCFLG1	0x18	1	SOC 标志寄存器 1(16 通道)
ADCSOCFRC1	0x1A	1	SOC 强制寄存器 1(16 通道)
ADCSOCOVF1	0x1C	1	SOC 溢出寄存器 1(16 通道)
ADCSOCOVFCLR1	0x1E	1	SOC 溢出清零寄存器 1(16 通道)
ADCSOC0CTL －ADCSOC15CTL	0x20 －0x2F	1	SOC0 到 SOC15 的控制寄存器(1)
ADCREFTRIM	0x40	1	参考电压微调寄存器(1)
ADCOFFTRIM	0x41	1	偏移微调寄存器(1)
COMPHYSTCTL	0x4C	1	比较器迟滞控制寄存器(1)
ADCREV - 保留	0x4F	1	调整寄存器
ADCRESULT0 －ADCRESULT15	0x00 －0x0F(2)	1	ADC 结果结存期 0 到 15

(1) 该寄存器受 EALLOW 保护。

(2) ADCRESULT 寄存器的基地址与其他 ADC 寄存器不同。在头文件中,ADCRESULT 寄存器位于 AdcResult 寄存器文件中,而非 AdcReg。

3.2 ADC 固件库

3.2.1 数据结构文档

_ADC_Obj_

定义:

```
typedef struct
  {
    uint16_t ADCRESULT[16];
    uint16_t resvd_1[26096];
    uint16_t ADCCTL1;
    uint16_t rsvd_2[3];
```

```
    uint16_t ADCINTFLG;
    uint16_t ADCINTFLGCLR;
    uint16_t ADCINTOVF;
    uint16_t ADCINTOVFCLR;
    uint16_t INTSELxNy[5];
    uint16_t rsvd_3[3];
    uint16_t SOCPRICTRL;
    uint16_t rsvd_4;
    uint16_t ADCSAMPLEMODE;
    uint16_t rsvd_5;
    uint16_t ADCINTSOCSEL1;
    uint16_t ADCINTSOCSEL2;
    uint16_t rsvd_6[2];
    uint16_t ADCSOCFLG1;
    uint16_t rsvd_7;
    uint16_t ADCSOCFRC1;
    uint16_t rsvd_8;
    uint16_t ADCSOCOVF1;
    uint16_t rsvd_9;
    uint16_t ADCSOCOVFCLR1;
    uint16_t rsvd_10;
    uint16_t ADCSOCxCTL[16];
    uint16_t rsvd_11[16];
    uint16_t ADCREFTRIM;
    uint16_t ADCOFFTRIM;
    uint16_t resvd_12[13];
    uint16_t ADCREV;
  }
_ADC_Obj_
```

表 3.3　成　员

名　称	描　述
ADCRESULT	ADC 结果寄存器
resvd_1	保留
ADCCTL1	ADC 控制寄存器 1
rsvd_2	保留
ADCINTFLG	ADC 中断标志寄存器
ADCINTFLGCLR	ADC 中断标志清除寄存器
ADCINTOVF	ADC 中断溢出寄存器

续表 3.3

名　称	描　述
ADCINTOVFCLR	ADC 中断溢出清除寄存器
INTSELxNy	ADC 中断选择寄存器 x 和 y
rsvd_3	保留
SOCPRICTRL	ADC SOC 优先级控制寄存器(1)
rsvd_4	保留
ADCSAMPLEMODE	ADC 采样模式寄存器
rsvd_5	保留
ADCINTSOCSEL1	ADC 中断触发 SOC 选择 1 寄存器
ADCINTSOCSEL2	ADC 中断触发 SOC 选择 2 寄存器
rsvd_6	保留
ADCSOCFLG1	ADC SOC1 标志寄存器
rsvd_7	保留
ADCSOCFRC1	ADC SOC1 强制寄存器
rsvd_8	保留
ADCSOCOVF1	ADC SOC1 溢出寄存器.
rsvd_9	保留
ADCSOCOVFCLR1	ADC SOC1 溢出清除寄存器
rsvd_10	保留
ADCSOCxCTL	ADC SOCx 控制寄存器
rsvd_11	保留
ADCREFTRIM	ADC 参考电压/增益微调寄存器
ADCOFFTRIM	ADC 便宜微调寄存器
resvd_12	保留
ADCREV	ADC 调整寄存器

功能:定义 ADC 对象。

3.2.2　定义文档

表 3.4　定义文档

定　义	描　述
ADC_ADCCTL1_ADCBGPWD_BITS	定义 ADCTL1 寄存器中的 ADCBGPWD 位
ADC_ADCCTL1_ADCBSY_BITS	定义 ADCTL1 寄存器中的 ADCBSY 位
ADC_ADCCTL1_ADCBSYCHAN_BITS	定义 ADCTL1 寄存器中的 ADCBSYCHAN 位

续表 3.4

定 义	描 述
ADC_ADCCTL1_ADCENABLE_BITS	定义 ADCTL1 寄存器中的 ADCENABLE 位
ADC_ADCCTL1_ADCPWDN_BITS	定义 ADCTL1 寄存器中的 ADCPWDN 位
ADC_ADCCTL1_ADCREFPWD_BITS	定义 ADCTL1 寄存器中的 ADCREFPWD 位
ADC_ADCCTL1_ADCREFSEL_BITS	定义 ADCTL1 寄存器中的 ADCREFSEL 位
ADC_ADCCTL1_INTPULSEPOS_BITS	定义 ADCTL1 寄存器中的 INTPULSEPOS 位
ADC_ADCCTL1_RESET_BITS	定义 ADCTL1 寄存器中的 RESET 位
ADC_ADCCTL1_TEMPCONV_BITS	定义 ADCTL1 寄存器中的 TEMPCONV 位
DC_ADCCTL1_VREFLOCONV_BITS	定义 ADCTL1 寄存器中的 VREFLOCONV 位
ADC_ADCSAMPLEMODE_SEPARATE_FLAG	定义 ADCSAMPLEMODE 中的 SEPARATE 标志
ADC_ADCSAMPLEMODE_SIMULEN0_BITS	定义 ADCSAMPLEMODE 中的 SIMULEN0 位
ADC_ADCSAMPLEMODE_SIMULEN10_BITS	定义 ADCSAMPLEMODE 中 SIMULEN10 位
ADC_ADCSAMPLEMODE_SIMULEN12_BITS	定义 ADCSAMPLEMODE 中 SIMULEN12 位
ADC_ADCSAMPLEMODE_SIMULEN14_BITS	定义 ADCSAMPLEMODE 中 SIMULEN14 位
ADC_ADCSAMPLEMODE_SIMULEN2_BITS	定义 ADCSAMPLEMODE 中 SIMULEN2 位
DC_ADCSAMPLEMODE_SIMULEN4_BITS	定义 ADCSAMPLEMODE 中的 SIMULEN4 位
ADC_ADCSAMPLEMODE_SIMULEN6_BITS	定义 ADCSAMPLEMODE 中的 SIMULEN6 位
ADC_ADCSAMPLEMODE_SIMULEN8_BITS	定义 ADCSAMPLEMODE 中的 SIMULEN8 位
ADC_ADCSOCxCTL_ACQPS_BITS	定义 ADCSOCxCTL 寄存器中的 ACQPS 位
ADC_ADCSOCxCTL_CHSEL_BITS	定义 ADCSOCxCTL 寄存器中的 CHSEL 位
ADC_ADCSOCxCTL_TRIGSEL_BITS	定义 ADCSOCxCTL 寄存器中的 TRIGSEL 位
ADC_BASE_ADDR	定义模数转换(ADC)寄存器的基地址
ADC_dataBias	3.3 V,12 位 ADC 上的输入数据对应电压为 1.65 V 的整型偏置值
ADC_DELAY_usec	定义 ADC 初始化段的 ADC 延迟
ADC_INTSELxNy_INTCONT_BITS	定义 INTSELxNy 寄存器中的 INTCONT 位
ADC_INTSELxNy_INTE_BITS	定义 INTSELxNy 寄存器中的 INTE 位
ADC_INTSELxNy_INTSEL_BITS	定义 INTSELxNy 寄存器中的 INTSEL 位
ADC_INTSELxNy_LOG2_NUMBITS_PER_REG	定义每个 INTSELxNy 寄存器中 log2()位数
ADC_INTSELxNy_NUMBITS_PER_REG	定义每个 INTSELxNy 寄存器的位数

3.2.3　类型定义文档

表 3.5　类型定义文档

类型定义	描　述
ADC_Handle typedef struct ADC_Obj ＊ADC_Handle	定义模数转换器(ADC)句柄
ADC_Obj typedef struct _ADC_Obj_ ADC_Obj	定义模数转换器(ADC)对象

3.2.4　枚举文档

表 3.6　ADC_IntMode_e

功　能	用于定义模数转换器(ADC)中断模式的枚举
枚举成员	描述
ADC_IntMode_ClearFlag ADC_IntMode_EOC	表示只有中断标志被清除后才会产生新的中断。 表示下一个转换结束(EOC)将产生一个新的中断

表 3.7　ADC_IntNumber_e

功　能	用于定义模数转换器(ADC)中断号的枚举
枚举成员	描述
ADC_IntNumber_1～ADC_IntNumber_9	表示 ADCINT1～ADCINT9

表 3.8　ADC_IntPulseGenMode_e

功　能	用于定义模数转换器(ADC)中断脉冲生成模式的枚举
枚举成员	描述
ADC_IntPulseGenMode_During ADC_IntPulseGenMode_Prior	表示 ADC 开始转换时中断脉冲产生 表示中断脉冲在 ADC 结果封锁前 1 个周期产生

表 3.9　ADC_IntSrc_e

功　能	用于定义模数转换器(ADC)中断源的枚举
枚举成员	描述
ADC_IntSrc_EOC0～ADC_IntSrc_EOC15	表示该中断源是对于 SOC0～SOC15 转换结束

表 3.10 ADC_ResultNumber_e

功 能	用于定义模数转换器(ADC)结果数字的枚举
枚举成员	描述
ADC_ResultNumber_0～ ADC_ResultNumber_14	表示 ADCRESULT0～ ADCRESULT14

表 3.11 ADC_SampleMode_e

功 能	用于定义模数转换器(ADC)样本模式的枚举
枚举成员	描述
ADC_SampleMode_SOC0_and_SOC1_Separate	表示 SOC0 和 SOC1 分别进行采样
ADC_SampleMode_SOC2_and_SOC3_Separate	表示 SOC2 和 SOC3 分别进行采样
ADC_SampleMode_SOC4_and_SOC5_Separate	表示 SOC4 和 SOC5 分别进行采样
ADC_SampleMode_SOC6_and_SOC7_Separate	表示 SOC6 和 SOC7 分别进行采样
ADC_SampleMode_SOC8_and_SOC9_Separate	表示 SOC8 和 SOC9 分别进行采样
ADC_SampleMode_SOC10_and_SOC11_Separate	表示 SOC10 和 SOC11 分别进行采样
ADC_SampleMode_SOC12_and_SOC13_Separate	表示 SOC12 和 SOC13 分别进行采样
ADC_SampleMode_SOC14_and_SOC15_Separate	表示 SOC14 和 SOC15 分别进行采样
ADC_SampleMode_SOC0_and_SOC1_Together	表示 SOC0 和 SOC1 同时进行采样
ADC_SampleMode_SOC2_and_SOC3_Together	表示 SOC2 和 SOC3 同时进行采样
ADC_SampleMode_SOC4_and_SOC5_Together	表示 SOC4 和 SOC5 同时进行采样
ADC_SampleMode_SOC6_and_SOC7_Together	表示 SOC6 和 SOC7 同时进行采样
ADC_SampleMode_SOC8_and_SOC9_Together	表示 SOC8 和 SOC9 同时进行采样
ADC_SampleMode_SOC10_and_SOC11_Together	表示 SOC10 和 SOC11 同时进行采样
ADC_SampleMode_SOC12_and_SOC13_Together	表示 SOC12 和 SOC13 同时进行采样
ADC_SampleMode_SOC14_and_SOC15_Together	表示 SOC14 和 SOC15 同时进行采样

表 3.12 ADC_SocChanNumber_e

功 能	用于定义启动转换(SOC)信道号的枚举
枚举成员	描述
ADC_SocChanNumber_A1～	
ADC_SocChanNumber_A7	表示 SOC 信道号 A1～A7
ADC_SocChanNumber_B1～	表示 SOC 信道号 B1～B7
ADC_SocChanNumber_B7	表示 SOC 信道号 A0 和 B0 一同
ADC_SocChanNumber_A0_and_B0_Together	表示 SOC 信道号 A1 和 B1 一同
ADC_SocChanNumber_A1_and_B1_Together	表示 SOC 信道号 A2 和 B2 一同
ADC_SocChanNumber_A2_and_B2_Together	表示 SOC 信道号 A3 和 B3 一同
ADC_SocChanNumber_A3_and_B3_Together	

续表 3.12

ADC_SocChanNumber_A4_and_B4_Together	表示 SOC 信道号 A4 和 B4 一同
ADC_SocChanNumber_A5_and_B5_Together	表示 SOC 信道号 A5 和 B5 一同
ADC_SocChanNumber_A6_and_B6_Together	表示 SOC 信道号 A6 和 B6 一同
ADC_SocChanNumber_A7_and_B7_Together	表示 SOC 信道号 A7 和 B7 一同

表 3.13　ADC_SocNumber_e

功　能	用于定义启动转换(SOC)编号的枚举
枚举成员	描述
ADC_SocNumber_0～ ADC_SocNumber_15	表示 SOC0～SOC15

表 3.14　ADC_SocSampleWindow_e

功　能	用于定义启动转换(SOC)的采样延迟的枚举
枚举成员	描述
ADC_SocSampleWindow_7_cycles～ ADC_SocSampleWindow_64_cycles	表示对应的一个 7～64 次循环的 SOC 采样窗口

表 3.15　ADC_SocTrigSrc_e

功　能	用于定义的启动转换(SOC)触发源的枚举
枚举成员	描述
ADC_SocTrigSrc_Sw	表示 SOC 标志的软件触发源
ADC_SocTrigSrc_CpuTimer_0	表示 SOC 标志的 CPUTIMER0 触发源
ADC_SocTrigSrc_CpuTimer_1	表示 SOC 标志的 CPUTIMER1 触发源
ADC_SocTrigSrc_CpuTimer_2	表示 SOC 标志的 CPUTIMER2 触发源
ADC_SocTrigSrc_XINT2_XINT2SOC	表示 SOC 标志的 XINT2,XINT2SOC 触发源
ADC_SocTrigSrc_EPWM1_ADCSOCA	表示 SOC 标志的 EPWM1,ADCSOCA 触发源
ADC_SocTrigSrc_EPWM1_ADCSOCB	表示 SOC 标志的 EPWM1,ADCSOCB 触发源
ADC_SocTrigSrc_EPWM2_ADCSOCA	表示 SOC 标志的 EPWM2,ADCSOCA 触发源
ADC_SocTrigSrc_EPWM2_ADCSOCB	表示 SOC 标志的 EPWM2,ADCSOCB 触发源
ADC_SocTrigSrc_EPWM3_ADCSOCA	表示 SOC 标志的 EPWM3,ADCSOCA 触发源
ADC_SocTrigSrc_EPWM3_ADCSOCB	表示 SOC 标志的 EPWM3,ADCSOCB 触发源
ADC_SocTrigSrc_EPWM4_ADCSOCA	表示 SOC 标志的 EPWM4,ADCSOCA 触发源
ADC_SocTrigSrc_EPWM4_ADCSOCB	表示 SOC 标志的 EPWM4,ADCSOCB 触发源

续表 3.15

ADC_SocTrigSrc_EPWM5_ADCSOCA	表示 SOC 标志的 EPWM5,ADCSOCA 触发源
ADC_SocTrigSrc_EPWM5_ADCSOCB	表示 SOC 标志的 EPWM5,ADCSOCB 触发源
ADC_SocTrigSrc_EPWM6_ADCSOCA	表示 SOC 标志的 EPWM6,ADCSOCA 触发源
ADC_SocTrigSrc_EPWM6_ADCSOCB	表示 SOC 标志的 EPWM6,ADCSOCB 触发源
ADC_SocTrigSrc_EPWM7_ADCSOCA	表示 SOC 标志的 EPWM7,ADCSOCA 触发源
ADC_SocTrigSrc_EPWM7_ADCSOCB	表示 SOC 标志的 EPWM7,ADCSOCB 触发源

表 3.16 ADC_VoltageRefSrc_e

功 能	用于定义参考电压源的枚举
枚举成员	描述
ADC_VoltageRefSrc_Int	表示内部参考电压源
ADC_VoltageRefSrc_Ext	表示外部参考电压源

3.2.5 函数文档

表 3.17 ADC_clearIntFlag

功 能	清除模数转换器(ADC)的中断标志
函数原型	void ADC_clearIntFlag(ADC_Handle adcHandle, const ADC_IntNumber_e intNumber) [inline]
输入参数	描述
adcHandle	模数转换器(ADC)对象句柄
intNumber	ADC 中断号
返回参数	无

表 3.18 ADC_disable

功 能	禁用模数转换器(ADC)
函数原型	void ADC_disable (ADC_Handle adcHandle)
输入参数	描述
adcHandle	模数转换器(ADC)对象句柄
返回参数	无

表 3.19　ADC_disableBandGap

功　能	禁用模数转换器(ADC)带隙电路
函数原型	void ADC_disableBandGap (ADC_Handle adcHandle)
输入参数	描述
adcHandle	模数转换器(ADC)对象句柄
返回参数	无

表 3.20　ADC_disableInt

功　能	禁用模数转换器(ADC)中断
函数原型	void ADC_disableInt (ADC_Handle adcHandle, const ADC_IntNumber_e intNumber)
输入参数	描述
adcHandle intNumber	模数转换器(ADC)对象句柄 中断号
返回参数	无

表 3.21　ADC_disableRefBuffers

功　能	禁用模数转换器(ADC)参考缓冲电路
函数原型	void ADC_disableRefBuffers (ADC_Handle adcHandle)
输入参数	描述
adcHandle	模数转换器(ADC)对象句柄
返回参数	无

表 3.22　ADC_disableTempSensor

功　能	禁用 ADC 转换的温度传感器
函数原型	void ADC_disableTempSensor (ADC_Handle adcHandle)
输入参数	描述
adcHandle	模数转换器(ADC)对象句柄
返回参数	无

表 3.23　ADC_enable

功　能	使能模数转换器(ADC
函数原型	void ADC_enable (ADC_Handle adcHandle)

续表 3.23

输入参数	描述
adcHandle	模数转换器(ADC)对象句柄
返回参数	无

表 3.24 ADC_enableBandGap

功　能	使能模数转换器(ADC)带隙电路
函数原型	void ADC_enableBandGap (ADC_Handle adcHandle)
输入参数	描述
adcHandle	模数转换器(ADC)对象句柄
返回参数	无

表 3.25 ADC_enableInt

功　能	使能模数转换器(ADC)中断
函数原型	void ADC_enableInt (ADC_Handle adcHandle, const ADC_IntNumber_e intNumber)
输入参数	描述
adcHandle intNumber	模数转换器(ADC)对象句柄 中断号
返回参数	无

表 3.26 ADC_enableRefBuffers

功　能	使能模数转换器(ADC)参考缓冲电路
函数原型	void ADC_enableRefBuffers (ADC_Handle adcHandle)
输入参数	描述
adcHandle	模数转换器(ADC)对象句柄
返回参数	无

表 3.27 ADC_enableTempSensor

功　能	使能 ADC 转换的温度传感器
函数原型	void ADC_enableTempSensor (ADC_Handle adcHandle)
输入参数	描述
adcHandle	模数转换器(ADC)对象句柄
返回参数	无

表 3.28　ADC_forceConversion

功　能	读取指定的 ADC 结果(即值)
函数原型	void ADC_forceConversion (ADC_Handle adcHandle, const ADC_SocNumber_e socNumber) [inline]

输入参数	描述
adcHandle resultNumber	模数转换器(ADC)对象句柄 寄存器结果值
返回参数	ADC 结果

表 3.29　ADC_getIntStatus

功　能	读取指定的 ADC 结果(即值)
函数原型	bool_t ADC_getIntStatus (ADC_Handle adcHandle, const ADC_IntNumber_e intNumber) [inline]

输入参数	描述
adcHandle intNumber	模数转换器(ADC)对象句柄 中断号
返回参数	所选 ADC 中断的中断状态

表 3.30　ADC_getSocSampleWindow

功　能	读取指定的 ADC 结果(即值)
函数原型	ADC_SocSampleWindow_e ADC_getSocSampleWindow (ADC_Handle adcHandle, const ADC_SocNumber_e socNumber) [inline]

输入参数	描述
adcHandle socNumber	模数转换器(ADC)对象句柄 SOC 值
返回参数	ADC 样本延迟值

表 3.31　ADC_getTemperatureC

功　能	温度传感器样品转换成摄氏温度
函数原型	int16_t ADC_getTemperatureC (ADC_Handle adcHandle, int16_t sensorSample) [inline]

输入参数	描述
adcHandle	模数转换器(ADC)对象句柄
返回参数	摄氏温度

表 3.32 ADC_getTemperatureK

功 能	温度传感器样品转换成开尔文温度
函数原型	int16_t ADC_getTemperatureK (ADC_Handle adcHandle, int16_t sensorSample) [inline]
输入参数	描述
adcHandle	模数转换器(ADC)对象句柄
返回参数	开尔文温度

表 3.33 ADC_init

功 能	初始化模数转换器(ADC)对象句柄
函数原型	ADC_Handle ADC_init (void _ pMemory, const size_t numBytes)
输入参数	描述
pMemory numBytes	ADC 寄存器基地址指针 分配给 ADC 对象、字节的字节数
返回参数	模数转换器(ADC)对象句柄

表 3.34 ADC_powerDown

功 能	模数转换器(ADC)下电
函数原型	void ADC_powerDown (ADC_Handle adcHandle)
输入参数	描述
adcHandle	模数转换器(ADC)对象句柄
返回参数	无

表 3.35 ADC_powerUp

功 能	模数转换器(ADC)上电
函数原型	void ADC_powerDown (ADC_Handle adcHandle)
输入参数	描述
adcHandle	模数转换器(ADC)对象句柄
返回参数	无

表 3.36 ADC_readResult

功 能	读取指定的 ADC 结果(即值)
函数原型	uint_least16_t ADC_readResult (ADC_Handle adcHandle, const ADC_ResultNumber_e resultNumber) [inline]

续表 3.36

输入参数	描述
adcHandle resultNumber	模数转换器(ADC)对象句柄 ADCRESULT 寄存器结果值
返回参数	ADC 结果

表 3.37 ADC_reset

功 能	重置模数转换器(ADC)
函数原型	void ADC_reset (ADC_Handle adcHandle)
输入参数	描述
adcHandle resultNumber	模数转换器(ADC)对象句柄 ADCRESULT 寄存器结果值
返回参数	无

表 3.38 ADC_setIntMode

功 能	设置中断模式
函数原型	void ADC_setIntMode (ADC_Handle adcHandle, const ADC_IntNumber_e intNumber, const ADC_IntMode_e intMode)
输入参数	描述
adcHandle intNumber intMode	模数转换器(ADC)对象句柄 中断号 中断模式
返回参数	无

表 3.39 ADC_setIntPulseGenMode

功 能	设置中断脉冲生成模式
函数原型	void ADC_setIntPulseGenMode (ADC_Handle adcHandle, const ADC_IntPulseGenMode_e pulseMode)
输入参数	描述
adcHandle pulseMode	模数转换器(ADC)对象句柄 脉冲生成模式
返回参数	无

表 3.40 ADC_setIntSrc

功　能	设置中断源
函数原型	void ADC_setIntSrc (ADC_Handle adcHandle, const ADC_IntNumber_e intNumber, const ADC_IntSrc_e intSrc)
输入参数	描述
adcHandle intNumber intSrc	模数转换器(ADC)对象句柄 中断号 中断源
返回参数	无

表 3.41 ADC_setSampleMode

功　能	设置样本模式
函数原型	void ADC_setSampleMode (ADC_Handle adcHandle, const ADC_SampleMode_e sampleMode)
输入参数	描述
adcHandle sampleMode	模数转换器(ADC)对象句柄 样本模式
返回参数	无

表 3.42 ADC_setSocChanNumber

功　能	设置启动转换(SOC)信道号
函数原型	void ADC_setSocChanNumber (ADC_Handle adcHandle, const ADC_SocNumber_e socNumber, const ADC_SocChanNumber_e chanNumber)
输入参数	描述
adcHandle socNumber chanNumber	模数转换器(ADC)对象句柄 SOC 号 信道号
返回参数	无

表 3.43 ADC_setSocSampleWindow

功　能	设置启动转换(SOC)采样延迟
函数原型	void ADC_setSocSampleWindow (ADC_Handle adcHandle, const ADC_SocNumber_e socNumber, const ADC_SocSampleWindow_e sampleWindow)

续表 3.43

输入参数	描述
adcHandle socNumber sampleDelay	模数转换器(ADC)对象句柄 SOC号 采样延迟
返回参数	无

表 3.44　ADC_setSocTrigSrc

功　能	设置启动转换(SOC)触发源
函数原型	void ADC_setSocTrigSrc (ADC_Handle adcHandle, const ADC_SocNumber_e socNumber, const ADC_SocTrigSrc_e trigSrc)
输入参数	描述
adcHandle socNumber trigSrc	模数转换器(ADC)对象句柄 SOC号 触发延迟
返回参数	无

表 3.45　ADC_setVoltRefSrc

功　能	设置电压参考源
函数原型	void ADC_setVoltRefSrc (ADC_Handle adcHandle, const ADC_VoltageRefSrc_e voltRef)
输入参数	描述
adcHandle voltRef	模数转换器(ADC)对象句柄 电压参考源
返回参数	无

3.3　基于固件的ADC范例

(1) 编写Adc.c文件。

```
//###########################################################################
// 将第二章的基于存储器的Adc工程修改为基于固件的Adc工程
// 其中对数码管显示的输出稍有改动
// 文件名:Adc.c
//###########################################################################

#include "DSP28x_Project.h"      //设备头文件与例程包含文件
```

```
#include "f2802x_common/include/adc.h"
#include "f2802x_common/include/clk.h"
#include "f2802x_common/include/flash.h"
#include "f2802x_common/include/gpio.h"
#include "f2802x_common/include/pie.h"
#include "f2802x_common/include/pll.h"
#include "f2802x_common/include/wdog.h"
// 全局变量
ADC_Handle myAdc;
CLK_Handle myClk;
FLASH_Handle myFlash;
GPIO_Handle myGpio;
PIE_Handle myPie;
PWM_Handle myPwm1;
unsigned adc_result;
void SMG_display(int32_t v);
void main()
{
    CPU_Handle myCpu;
    PLL_Handle myPll;
    WDOG_Handle myWDog;
   //初始化工程中所需的所有句柄
    myAdc = ADC_init((void *)ADC_BASE_ADDR, sizeof(ADC_Obj));
    myClk = CLK_init((void *)CLK_BASE_ADDR, sizeof(CLK_Obj));
    myCpu = CPU_init((void *)NULL, sizeof(CPU_Obj));
    myFlash = FLASH_init((void *)FLASH_BASE_ADDR, sizeof(FLASH_Obj));
    myGpio = GPIO_init((void *)GPIO_BASE_ADDR, sizeof(GPIO_Obj));
    myPie = PIE_init((void *)PIE_BASE_ADDR, sizeof(PIE_Obj));
    myPll = PLL_init((void *)PLL_BASE_ADDR, sizeof(PLL_Obj));
    myPwm1 = PWM_init((void *)PWM_ePWM1_BASE_ADDR, sizeof(PWM_Obj));
    myWDog = WDOG_init((void *)WDOG_BASE_ADDR, sizeof(WDOG_Obj));
   // 系统初始化
    WDOG_disable(myWDog);
    CLK_enableAdcClock(myClk);
    (*Device_cal)();
   // 选择内部振荡器 1 作为时钟源
    CLK_setOscSrc(myClk, CLK_OscSrc_Internal);
   // 配置 PLL 为 x12/2 使 60Mhz = 10MHz x 12/2
    PLL_setup(myPll, PLL_Multiplier_12, PLL_DivideSelect_ClkIn_by_2);
// 禁止 PIE 和所有中断
PIE_disable(myPie);
```

```
    PIE_disableAllInts(myPie);
    CPU_disableGlobalInts(myCpu);
    CPU_clearIntFlags(myCpu);
// 如果从闪存运行需将程序搬移(拷贝)到 RAM 中运行
#ifdef _FLASH
    memcpy(&RamfuncsRunStart, &RamfuncsLoadStart, (size_t)&RamfuncsLoadSize);
#endif
    //配置调试向量表与使能 PIE
PIE_setDebugIntVectorTable(myPie);
    PIE_enable(myPie);
    //初始化 GPIO
    GPIO_setMode(myGpio, GPIO_Number_0, GPIO_0_Mode_GeneralPurpose);
    GPIO_setMode(myGpio, GPIO_Number_1, GPIO_0_Mode_GeneralPurpose);
    GPIO_setMode(myGpio, GPIO_Number_2, GPIO_0_Mode_GeneralPurpose);
    GPIO_setMode(myGpio, GPIO_Number_3, GPIO_0_Mode_GeneralPurpose);
    GPIO_setMode(myGpio, GPIO_Number_4, GPIO_0_Mode_GeneralPurpose);
    GPIO_setMode(myGpio, GPIO_Number_5, GPIO_0_Mode_GeneralPurpose);
    GPIO_setMode(myGpio, GPIO_Number_6, GPIO_0_Mode_GeneralPurpose);
    GPIO_setMode(myGpio, GPIO_Number_7, GPIO_0_Mode_GeneralPurpose);
    GPIO_setMode(myGpio, GPIO_Number_16, GPIO_0_Mode_GeneralPurpose);
    GPIO_setMode(myGpio, GPIO_Number_17, GPIO_0_Mode_GeneralPurpose);
    GPIO_setMode(myGpio, GPIO_Number_12, GPIO_0_Mode_GeneralPurpose);
    GPIO_setMode(myGpio, GPIO_Number_38, GPIO_0_Mode_GeneralPurpose);
    GPIO_setMode(myGpio, GPIO_Number_32, GPIO_0_Mode_GeneralPurpose);
    GPIO_setMode(myGpio, GPIO_Number_33, GPIO_0_Mode_GeneralPurpose);
    GPIO_setMode(myGpio, GPIO_Number_34, GPIO_0_Mode_GeneralPurpose);
    GPIO_setMode(myGpio, GPIO_Number_35, GPIO_0_Mode_GeneralPurpose);
    GPIO_setDirection(myGpio, GPIO_Number_0, GPIO_Direction_Output);
    GPIO_setDirection(myGpio, GPIO_Number_1, GPIO_Direction_Output);
    GPIO_setDirection(myGpio, GPIO_Number_2, GPIO_Direction_Output);
    GPIO_setDirection(myGpio, GPIO_Number_3, GPIO_Direction_Output);
    GPIO_setDirection(myGpio, GPIO_Number_4, GPIO_Direction_Output);
    GPIO_setDirection(myGpio, GPIO_Number_5, GPIO_Direction_Output);
    GPIO_setDirection(myGpio, GPIO_Number_6, GPIO_Direction_Output);
    GPIO_setDirection(myGpio, GPIO_Number_7, GPIO_Direction_Output);
    GPIO_setDirection(myGpio, GPIO_Number_16, GPIO_Direction_Output);
    GPIO_setDirection(myGpio, GPIO_Number_17, GPIO_Direction_Output);
    GPIO_setDirection(myGpio, GPIO_Number_12, GPIO_Direction_Output);
    GPIO_setDirection(myGpio, GPIO_Number_38, GPIO_Direction_Output);
    GPIO_setDirection(myGpio, GPIO_Number_32, GPIO_Direction_Output);
    GPIO_setDirection(myGpio, GPIO_Number_33, GPIO_Direction_Output);
    GPIO_setDirection(myGpio, GPIO_Number_34, GPIO_Direction_Output);
```

```
    GPIO_setDirection(myGpio, GPIO_Number_35, GPIO_Direction_Output);
  // 初始化 ADC
    //初始化 ADC: ADC 上电与配置步骤 1
     ADC_enableBandGap(myAdc);
     ADC_enableRefBuffers(myAdc);
     ADC_powerUp(myAdc);
     ADC_enable(myAdc);
     ADC_setVoltRefSrc(myAdc, ADC_VoltageRefSrc_Int);
    //步骤 2 配置 SOC0:触发源,转换通道,窗口大小
//      配置 EOC0:中断源使能中断
//将 ADCINA5 设置为 SOC0 通道
ADC_setSocChanNumber (myAdc, ADC_SocNumber_0, ADC_SocChanNumber_A1);
//将 ADCINA5 设置为 SOC1 通道
ADC_setSocChanNumber (myAdc, ADC_SocNumber_1, ADC_SocChanNumber_A1);
//设置 SOC0 采集周期为 7 个 ADCCLK
ADC_setSocSampleWindow(myAdc,ADC_SocNumber_0,
ADC_SocSampleWindow_7_cycles);
//设置 SOC1 采集周期为 7 个 ADCCLK
ADC_setSocSampleWindow(myAdc, ADC_SocNumber_1,ADC_SocSampleWindow_7_cycles);
//ADCINT1 与 EOC1 相连
ADC_setIntSrc(myAdc, ADC_IntNumber_1, ADC_IntSrc_EOC1);
//使能 ADCINT1
ADC_enableInt(myAdc, ADC_IntNumber_1);
for(;;)
    {
        ADC_forceConversion(myAdc, ADC_SocNumber_0);
        ADC_forceConversion(myAdc, ADC_SocNumber_1);
        while(ADC_getIntStatus(myAdc, ADC_IntNumber_1) = = 0) {}
        ADC_clearIntFlag(myAdc, ADC_IntNumber_1);
        adc_result = ADC_readResult(myAdc,ADC_ResultNumber_1);
        adc_result = (adc_result * 3300)>>12;
        SMG_display(adc_result);
        DELAY_US(3000);
    }
}
// 在数码管中显示 ADC 转换结果
void SMG_display(int32_t v)
 {
   int ch = v % 10;
   v /= 10;
   if (ch & 0x01)
      GPIO_setHigh(myGpio, GPIO_Number_0);
```

```
else
    GPIO_setLow(myGpio, GPIO_Number_0);
if (ch & 0x02)
    GPIO_setHigh(myGpio, GPIO_Number_1);
else
    GPIO_setLow(myGpio, GPIO_Number_1);
if (ch & 0x04)
    GPIO_setHigh(myGpio, GPIO_Number_2);
else
    GPIO_setLow(myGpio, GPIO_Number_2);
if (ch & 0x08)
    GPIO_setHigh(myGpio, GPIO_Number_3);
else
    GPIO_setLow(myGpio, GPIO_Number_3);
ch = v % 10;
v /= 10;
if (ch & 0x01)
    GPIO_setHigh(myGpio, GPIO_Number_4);
else
    GPIO_setLow(myGpio, GPIO_Number_4);
if (ch & 0x02)
    GPIO_setHigh(myGpio, GPIO_Number_5);
else
    GPIO_setLow(myGpio, GPIO_Number_5);
if (ch & 0x04)
    GPIO_setHigh(myGpio, GPIO_Number_6);
else
    GPIO_setLow(myGpio, GPIO_Number_6);
if (ch & 0x08)
    GPIO_setHigh(myGpio, GPIO_Number_7);
else
    GPIO_setLow(myGpio, GPIO_Number_7);
ch = v % 10;
v /= 10;
if (ch & 0x01)
    GPIO_setHigh(myGpio, GPIO_Number_16);
else
    GPIO_setLow(myGpio, GPIO_Number_16);
if (ch & 0x02)
    GPIO_setHigh(myGpio, GPIO_Number_17);
else
    GPIO_setLow(myGpio, GPIO_Number_17);
```

```
    if (ch & 0x04)
        GPIO_setHigh(myGpio, GPIO_Number_12);
     else
        GPIO_setLow(myGpio, GPIO_Number_12);
    if (ch & 0x08)
        GPIO_setHigh(myGpio, GPIO_Number_38);
     else
        GPIO_setLow(myGpio, GPIO_Number_38);

     ch = v % 10;
     if (ch & 0x1)
        GPIO_setHigh(myGpio, GPIO_Number_32);
     else
        GPIO_setLow(myGpio, GPIO_Number_32);
     if (ch & 0x2)
        GPIO_setHigh(myGpio, GPIO_Number_33);
     else
        GPIO_setLow(myGpio, GPIO_Number_33);
    if (ch & 0x4)
        GPIO_setHigh(myGpio, GPIO_Number_34);
     else
        GPIO_setLow(myGpio, GPIO_Number_34);
    if (ch & 0x8)
        GPIO_setHigh(myGpio, GPIO_Number_35);
     else
        GPIO_setLow(myGpio, GPIO_Number_35);
}
```

(2) 创建 ADC_Firm 工程,如图 3.6 所示。

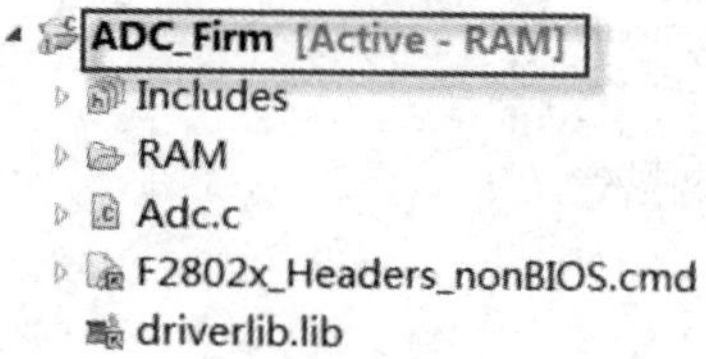

ADC_Firm [Active - RAM]
Includes
RAM
Adc.c
F2802x_Headers_nonBIOS.cmd
driverlib.lib

图 3.6　创建的 ADC_Firm 工程

(3) 将输出可执行文件由.out 变更为.cof 格式,如图 3.7 所示。

(4) 编译 ADC_Fire 工程得到.cof 文件,如图 3.8 所示。

(5) 在 Proteus8.0 中搭建 ADC_Firm 工程测试的虚拟硬件电路,如图 3.9 所示。

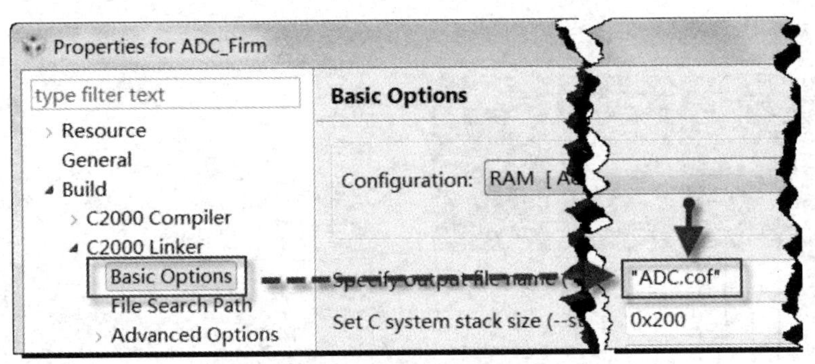

图3.7　变更输出的可执行文件格式

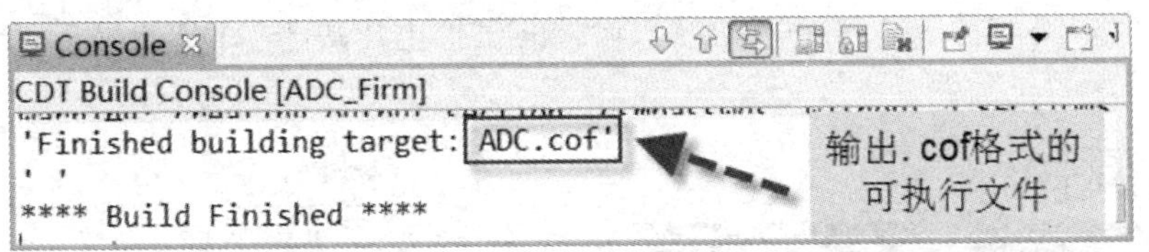

图3.8　ADC_Firm工程的编译结果生成.cof格式的可执行文件

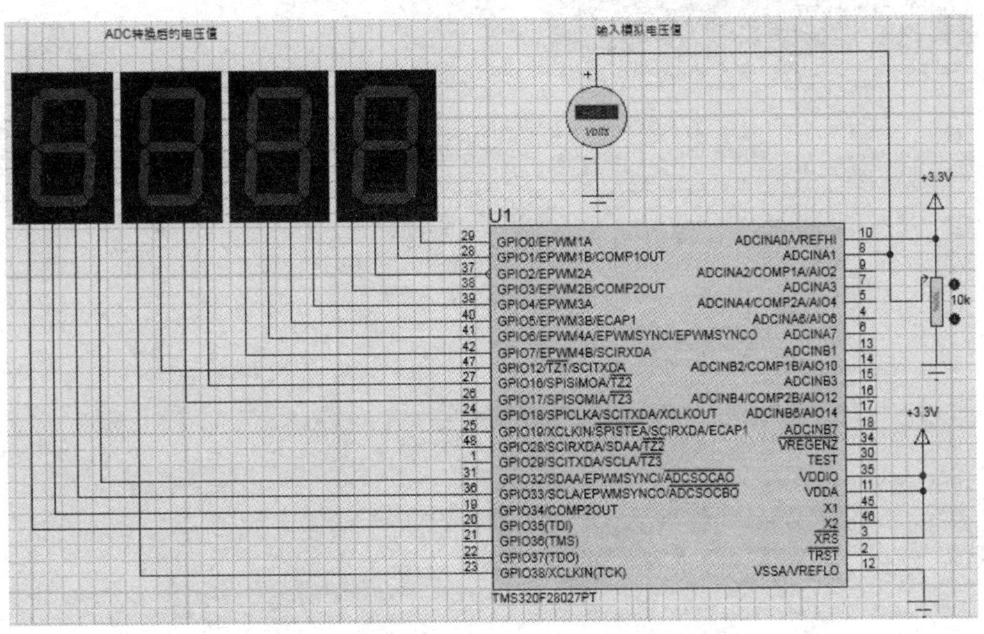

图3.9　ADC_Firm工程测试的虚拟硬件电路

(6) 在图3.9中导入编译生成的ADC.cof文件，启动Proteus8.0仿真，其测试如图3.10、图3.11所示，这时可以调节图中的可变电位器得到需要的输入模拟电压值。

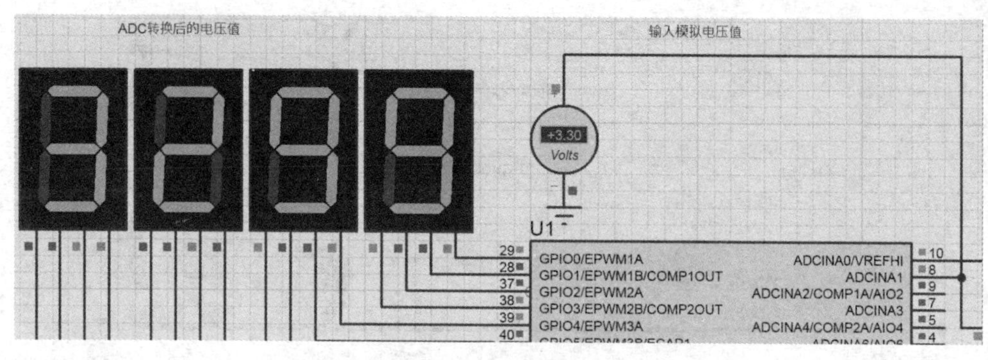

图 3.10 ADC 程序的虚拟硬件测试结果 1

从图 3.10 和图 3.11 中可以看到,输入的模拟电压等于 ADC 转换后的结果,验证了该程序的正确性。

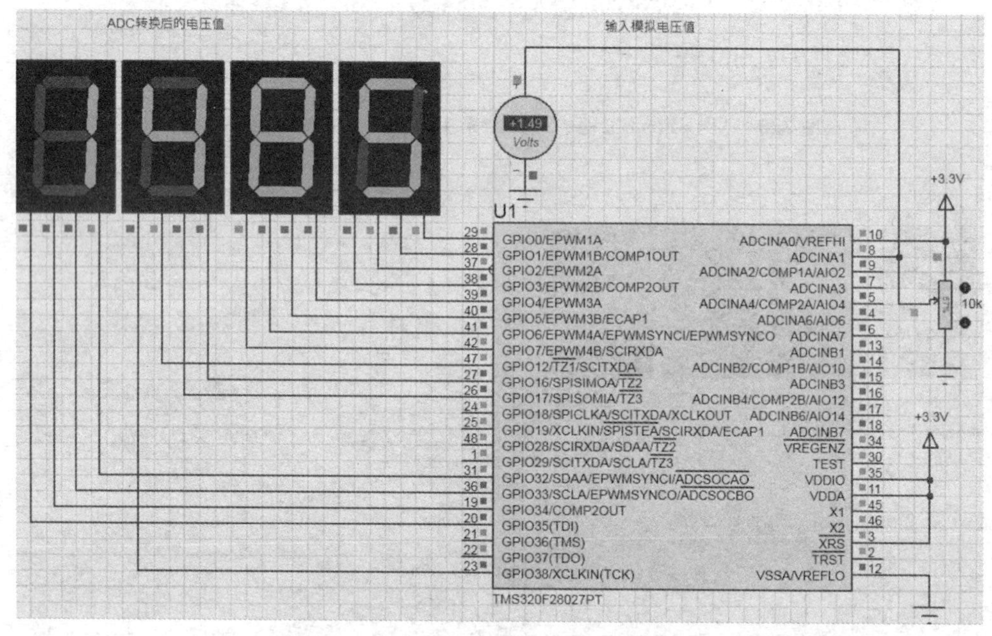

图 3.11 ADC 程序的虚拟硬件测试结果 2

第 4 章

设备时钟

CLK API 给出的函数库用于设备子系统的时钟控制，时钟分频器和预分频器以及外设时钟均可通过该 API 函数库设置或启用。此驱动程序包含在 f2802x_common/source/clk.c 文件中，2802x_common/include/clk.h 包含了 API 函数的定义。

本章主要内容：

◇ 设备时钟简介；

◇ 时钟固件库介绍。

注意：本章介绍的 CLK 固件库不止适用于 2802x Piccolo DSP，也适用于其他的 Piccolo 系列。

4.1 设备时钟简介

多时钟及复位域如图 4.1 所示。

注释：图 4.1 中 CLKIN = SYSCLKOUT。

PLL、时钟、看门狗和低功率模式由表 4.1 列出的寄存器来控制。

表 4.1 时钟、看门狗和低功率模式寄存器

名 称	地 址	大小(× 16)	说明[1]
XCLK	0x0000－7010	1	XCLKOUT/XCLKINl 控制
CLKCTL	0x0000－7012	1	时钟控制寄存器
PLLLOCKPRD	0x0000－7013	1	时钟周期寄存器
LOSPCP	0x0000－701B	1	低速外设时钟预分频寄存器
PCLKCR0	0x0000－701C	1	外设时钟控制寄存器 0
PCLKCR1	0x0000－701D	1	外设时钟控制寄存器 1
LPMCR0	0x0000－701E	1	低功率模式控制寄存器 0
PCLKCR3	0x0000 7020	1	外设时钟控制寄存器 3
SCSR	0x0000－7022	1	系统控制与状态寄存器
WDCNTR	0x0000－7023	1	看门狗计数器寄存器
WDKEY	0x0000－7025	1	看门狗复位密钥寄存器

续表 4.1

名 称	地 址	大小(×16)	说明[1]
WDCR	0x0000－7029	1	看门狗控制寄存器

[1] 表中列出的所有寄存器受 EALLOW 保护。

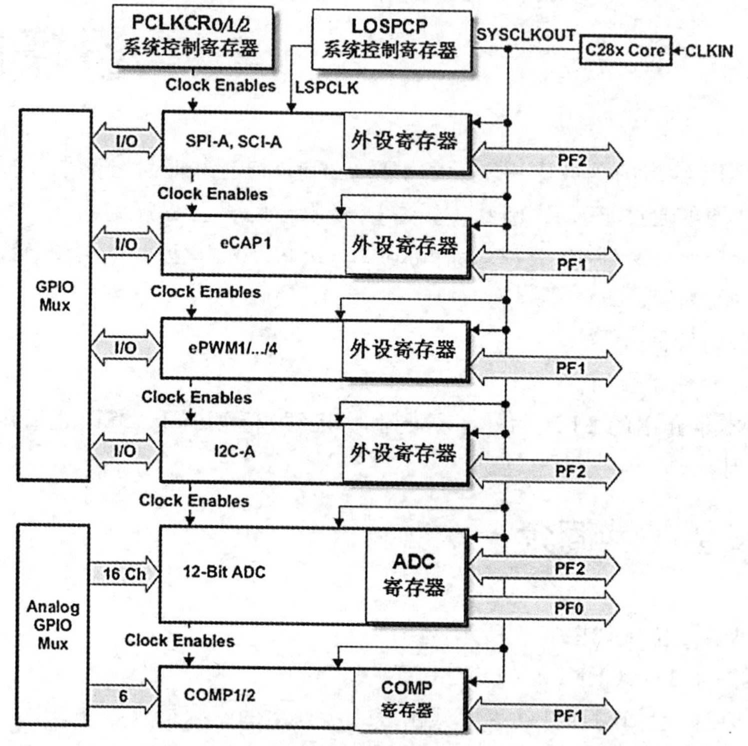

图 4.1 时钟与复位域

4.1.1 使能/禁止外设单元的时钟

可用 PCLKCR0/1/3 寄存器使能/禁止各种外设单元的时钟。由于复用的原因，所有外设不能同时使用，并且使能所有外设时钟也会增加电源的消耗，应尽量避免这种情况的发生，只可开启那些需要外设的时钟。外设时钟控制 0 寄存器，如图 4.2 所示。其各字段的描述如表 4.2 所列。

15～11	10	9	8
保留	SCIAENCLK	保留	SPIAENCLK
R-0	R/W-0	R-0	R/W-0

7～5	4	3	2	1	0
保留	I2CAENCLK	ADCENCLK	TBCLKSYNC	保留	HRPWMENCLK
R-0	R/W-0	R/W-0	R/W-0	R-0	R/W-0

说明：R/W=读/写；R=只读；-n=复位后的值

图 4.2 外设时钟控制 0 寄存器(PCLKCR0)

表 4.2 外设时钟控制 0 寄存器(PCLKCR0)的字段描述

位	字段	值	描述[1]
15－11	保留		
10	SCIAENCLK	 0 1	使能 SCI－A 时钟 关闭 SCI－A 模块时钟(默认)[1] 使能 SCI－A 模块的低速时钟(LSPCLK)
9	保留		
8	SPIAENCLK	 0 1	使能 SPI－A 时钟 关闭 SPI－A 模块时钟(默认)[1] 使能 SPI－A 模块的低速时钟(LSPCLK)
7－5	保留		
4	I2CAENCLK	 0 1	使能 I2C 时钟 关闭 I2C 模块时钟(默认)[1] 使能 I2C 模块时钟
3	ADCENCLK	 0 1	使能 ADC 时钟 关闭 ADC 模块时钟(默认)[1] 使能 ADC 模块时钟
2	TBCLKSYNC	 0 1	ePWM 模块时基时钟(TBCLK)同步:允许用户将所有已使能的 ePWM 模块同步到时基时钟(TBCLK)上 关闭每个已使能 ePWM 模块内的 TBCLK(默认)。如果 ePWM 的时钟使能位在 PCLKCR1 寄存器中被置位,即使 TBCLKSYNC 为 0,ePWM 模块的时钟仍然是 SYSCLKOUT 所有使能的 ePWM 模块在时钟第一个上升沿须与 TBCLK 时基对齐。为了更好地与 TBCLK 同步,每个 ePWM 模块 TBCTL 寄存器的预分频位的设置必须相同。使能 ePWM 时钟配置如下: (1) 在 PCLKCR1 寄存器中使能 ePWM 模块时钟 (2) 将 TBCLKSYNC 配置为 0 (3) 设置预分频器的值及 ePWM 模式 (4) 将 TBCLKSYNC 配置为 1
1	保留		保留
0	HRPWMENCLK	 0 1	使能 HRPWM 时钟 禁止 HRPWM 时钟 使能 HRPWM 时钟

[1] 禁止不使用的外设时钟以降低功耗。

外设时钟控制 1 寄存器,如图 4.3 所示。其字段简介如表 4.3 所列。

15–9	8
保留	ECAP1ENCLK
R-0	R/W-0

7–4	3	2	1	0
保留	EPWM4ENCLK	EPWM3ENCLK	EPWM2ENCLK	EPWM1ENCLK
R-0	R/W-0	R/W-0	R/W-0	R/W-0

图 4.3 外设时钟控制 1 寄存器(PCLKCR1)

表 4.3 外设时钟控制 1 寄存器(PCLKCR1)的字段描述

位	字 段	值	描 述[1]
15—9	保留		
8	ECAP1ENCLK		使能 eCAP1 时钟
		0	关闭 The eCAP1 模块时钟(默认)[2]
		1	使能 eCAP1 模块时钟(SYSCLKOUT)
7—4	保留		
3	EPWM4ENCLK		使能 ePWM4 时钟[3]
		0	关闭 PWM4 模块时钟(默认)[2]
		1	使能 ePWM4 模块时钟(SYSCLKOUT)
2	EPWM3ENCLK		使能 ePWM3 时钟[3]
		0	关闭 PWM3 模块时钟 (默认)[2]
		1	使能 ePWM3 模块时钟 (SYSCLKOUT)
1	EPWM2ENCLK		使能 ePWM2 时钟[3]
		0	关闭 PWM2 模块时钟 (默认)[2]
		1	使能 ePWM2 模块时钟 (SYSCLKOUT)
0	EPWM1ENCLK		使能 ePWM1 时钟[3]
		0	关闭 PWM1 模块时钟 (默认)[2]
		1	使能 ePWM1 模块时钟 (SYSCLKOUT)

[1] 寄存器受 EALLOW 保护。

[2] 禁止不使用的外设时钟以降低功耗。

[3] 要启动 ePWM 模块的时基时钟,PCLKCR0 寄存器中的 TBCLKSYNC 位必须置位。

外设时钟控制 3 寄存器,如图 4.4 所示。其字段介绍见表 4.4。

15	14	13–12	11–10	9	8
保留	GPIOINENCLK	保留	CPUTIMER2ENCLK	CPUTIMER1ENCLK	CPUTIMER0ENCLK
R-0	R/W-1	R-0	R/W-1	R/W-1	R/W-1

7–2	1	0
保留	COMP2ENCLK	COMP1ENCLK
R-0		

图 4.4 外设时钟控制 3 寄存器(PCLKCR3)

表 4.4　外设时钟控制 3 寄存器(PCLKCR3)字段描述

位	字段	值	描述
15—14	保留		保留
13	GPIOINENCLK	 0 1	使能 GPIO 输入时钟 关闭 GPIO 模块时钟 使能 GPIO 模块时钟
12—11	保留		保留
10	CPUTIMER2ENCLK	 0 1	使能 CPU 定时器 2 时钟 禁止 CPU 定时器 2 时钟 开启 CPU 定时器 2 时钟
9	CPUTIMER1ENCLK	 0 1	使能 CPU 定时器 1 时钟 禁止 CPU 定时器 1 时钟 开启 CPU 定时器 1 时钟
8	CPUTIMER0ENCLK	 0 1	使能 CPU 定时器 0 时钟 禁止 CPU 定时器 0 时钟 开启 CPU 定时器 0 时钟
7:2	保留		保留
1	COMP2ENCLK	 0 1	使能比较器 2 时钟 禁止比较器 2 时钟 开启比较器 2 时钟
0	COMP1ENCLK	 0 1	使能比较器 1 时钟 禁止比较器 1 时钟 开启比较器 1 时钟

4.1.2　配置低速外设时钟预分频器

低速外设时钟分频寄存器(LOSPCP)用于配置低速外设时钟，如图 4.5 所示。其字段简介如表 4.5 所列。

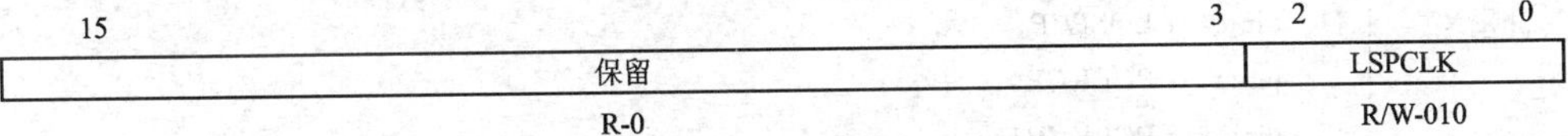

图 4.5　低速外设时钟预分频器寄存器(LOSPCP)

表 4.5 低速外设时钟预分频器寄存器(LOSPCP)的字段描述

位	字 段	值	描 述[1]
15—3	保留		保留
2—0	LSPCLK	 000 001 010 011 100 101 110 111	这 3 位用于配置低速外设时钟(LSPCLK)相对于 SYSCLKOUT 的速率：如果 LOSPCP[2] ≠ 0，则 LSPCLK = SYSCLKOUT/(LOSPCP X 2) 如果 LOSPCP = 0,那么 LSPCLK = SYSCLKOUT 低速时钟= SYSCLKOUT/1 低速时钟= SYSCLKOUT/2 低速时钟= SYSCLKOUT/4 (复位时的默认值) 低速时钟= SYSCLKOUT/6 低速时钟= SYSCLKOUT/8 低速时钟= SYSCLKOUT/10 低速时钟= SYSCLKOUT/12 低速时钟= SYSCLKOUT/14

[1] 表中寄存器受 EALLOW 保护。

[2] LOSPCP 是指 LOSPCP 寄存器中位 2:0 的值。

4.2 CLK 固件库

4.2.1 数据结构文档

CLK 固件库中的数据结构文档如表 4.6 所列。

表 4.6 _CLK_Obj_

定义	typedef struct
	{
	uint16_t XCLK;
	uint16_t rsvd_1;
	uint16_t CLKCTL;
	uint16_t rsvd_2[8];
	uint16_t LOSPCP;
	uint16_t PCLKCR0;
	uint16_t PCLKCR1;
	uint16_t rsvd_3[2];
	uint16_t PCLKCR3;
	}
	_CLK_Obj_

续表 4.6

功能	定义的时钟(CLK)对象
成员	XCLK:用于 XCLKOUT/ XCLKIN 控制的 rsvd_1:保留 CLKCTL:时钟控制寄存器 rsvd_2:保留 LOSPCP:低速外设时钟预分频寄存器 PCLKCR0:外设时钟控制寄存器 0 PCLKCR1:外设时钟控制寄存器 1 rsvd_3:保留 PCLKCR3:外设时钟控制寄存器 3

4.2.2 定义文档

CLK 固件库的定义文档如表 4.7 所列。

表 4.7 定义文档

定 义	描 述
CLK_BASE_ADDR	定义的时钟(CLK)的基地址寄存器
CLK_CLKCTL_INTOSC1HALTI_BITS	定义 CLKCTL 寄存器中的 INTOSC1HALTI 位
CLK_CLKCTL_INTOSC1OFF_BITS	定义 CLKCTL 寄存器中的 INTOSC1OFF 位
CLK_CLKCTL_INTOSC2HALTI_BITS	定义 CLKCTL 寄存器中的 INTOSC2HALTI 位
CLK_CLKCTL_INTOSC2OFF_BITS	定义 CLKCTL 寄存器中的 INTOSC2OFF 位
CLK_CLKCTL_NMIRESETSEL_BITS	定义 CLKCTL 寄存器中的 NMIRESETSEL 位
CLK_CLKCTL_OSCCLKSRC2SEL_BITS	定义 CLKCTL 寄存器中的 OSCCLKSRC2SEL 位
CLK_CLKCTL_OSCCLKSRCSEL_BITS	定义 CLKCTL 寄存器中的 OSCCLKSRCSEL 位
CLK_CLKCTL_TMR2CLKPRESCALE_BITS	定义 CLKCTL 寄存器中的 TMR2CLKPRESCALE 位
CLK_CLKCTL_TMR2CLKSRCSEL_BITS	定义 CLKCTL 寄存器中的 TMR2CLKSRCSEL 位
CLK_CLKCTL_WDCLKSRCSEL_BITS	定义 CLKCTL 寄存器中 WDCLKSRCSEL 位
CLK_CLKCTL_WDHALTI_BITS	定义 CLKCTL 寄存器中的 WDHALTI 位
CLK_CLKCTL_XCLKINOFF_BITS	定义 CLKCTL 寄存器中的 XCLKINOFF 位
CLK_CLKCTL_XTALOSCOFF_BITS	定义 CLKCTL 寄存器中的 XTALOSCOFF 位
CLK_LOSPCP_LSPCLK_BITS	定义 LOSPCP 寄存器中的 LSPNCLK 位
CLK_PCLKCR0_ADCENCLK_BITS	定义 PCLKCR0 寄存器中的 ADCENCLK 位
CLK_PCLKCR0_ECANAENCLK_BITS	定义 PCLKCR0 寄存器中 ECANAENCLK 位
CLK_PCLKCR0_HRPWMENCLK_BITS	定义 PCLKCR0 寄存器中 HRPWMENCLK 位
CLK_PCLKCR0_I2CAENCLK_BITS	定义 PCLKCR0 寄存器中的 I2CAENCLK 位

续表 4.7

定 义	描 述
CLK_PCLKCR0_LINAENCLK_BITS	定义 PCLKCR0 寄存器中的 LINAENCLK 位
CLK_PCLKCR0_SCIAENCLK_BITS	定义 PCLKCR0 寄存器中 SCIAENCLK 在位
CLK_PCLKCR0_SPIAENCLK_BITS	定义 PCLKCR0 寄存器中的 SPIAENCLK 位
CLK_PCLKCR0_SPIBENCLK_BITS	定义 PCLKCR0 寄存器中的 SPIBENCLK 位
CLK_PCLKCR0_TBCLKSYNC_BITS	定义 PCLKCR0 寄存器中的 TBCLKSYNC 位
CLK_PCLKCR1_ECAP1ENCLK_BITS	定义 PCLKCR1 寄存器中 ECAP1ENCLK 位
CLK_PCLKCR1_EPWM1ENCLK_BITS	定义 PCLKCR1 寄存器中 EPWM1ENCLK 位
CLK_PCLKCR1_EPWM2ENCLK_BITS	定义 PCLKCR1 寄存器中 EPWM2ENCLK 位
CLK_PCLKCR1_EPWM3ENCLK_BITS	定义 PCLKCR1 寄存器中 EPWM3ENCLK 位
CLK_PCLKCR1_EPWM4ENCLK_BITS	定义 PCLKCR1 寄存器中 EPWM4ENCLK 位
CLK_PCLKCR1_EPWM5ENCLK_BITS	定义 PCLKCR1 寄存器中 EPWM5ENCLK 位
CLK_PCLKCR1_EPWM6ENCLK_BITS	定义 PCLKCR1 寄存器中 EPWM6ENCLK 位
CLK_PCLKCR1_EPWM7ENCLK_BITS	定义 PCLKCR1 寄存器中 EPWM7ENCLK 位
CLK_PCLKCR1_EQEP1ENCLK_BITS	定义 PCLKCR1 寄存器中 EQEP1ENCLK 位
CLK_PCLKCR3_CLA1ENCLK_BITS	定义 PCLKCR3 寄存器中的 CLA1ENCLK 位
CLK_PCLKCR3_COMP1ENCLK_BITS	定义 PCLKCR3 寄存器中 COMP1ENCLK 位
CLK_PCLKCR3_COMP2ENCLK_BITS	定义 PCLKCR3 寄存器中 COMP2ENCLK 位
CLK_PCLKCR3_COMP3ENCLK_BITS	定义 PCLKCR3 寄存器中 COMP3ENCLK 位
CLK_PCLKCR3_CPUTIMER0ENCLK_BITS	定义 PCLKCR3 寄存器中的 CPUTIMER0ENCLK 位
CLK_PCLKCR3_CPUTIMER1ENCLK_BITS	定义 PCLKCR3 寄存器中的 CPUTIMER1ENCLK 位
CLK_PCLKCR3_CPUTIMER2ENCLK_BITS	定义 PCLKCR3 寄存器中的 CPUTIMER2ENCLK 位
CLK_PCLKCR3_GPIOINENCLK_BITS	定义位置的 GPIOINENCLK 位在 PCLKCR3 寄存器
CLK_XCLK_XCLKINSEL_BITS	定义 XCLK 寄存器中的 XCLKINSEL 位
CLK_XCLK_XCLKOUTDIV_BITS	定义 XCLK 寄存器中的 XCLKOUTDIV 位

4.2.3 类型定义文件

CLK 固件库中的类型定义文件如表 4.8 和表 4.9 所列。

表 4.8 CLK_Handle

定 义	描 述
typedef struct CLK_Obj *CLK_Handle	定义时钟(CLK)句柄

表 4.9　CLK_Obj

定　义	描　述
typedef struct _CLK_Obj_ CLK_Obj	定义时钟(CLK)对象

4.2.4　枚举文档

CLK 固件库的枚举文档如表 4.10～表 4.18 所列。

CLK_ClkInSrc_e:枚举定义的时钟源。

表 4.10　CLK_ClkOutPreScaler_e

功　能	枚举定义的外部时钟输出频率
枚举成员	描述
CLK_ClkOutPreScaler_SysClkOut_by_4	表示 XCLKOUT= SYSCLKOUT /4
CLK_ClkOutPreScaler_SysClkOut_by_2	表示 XCLKOUT= SYSCLKOUT /2
CLK_ClkOutPreScaler_SysClkOut_by_1	表示 XCLKOUT= SYSCLKOUT /1
CLK_ClkOutPreScaler_Off	特指 XCLKOUT=关闭

表 4.11　CLK_CompNumber_e

功　能	枚举定义比较器号
枚举成员	描述
CLK_CompNumber_1	表示比较器 1
CLK_CompNumber_2	表示比较器 2
CLK_CompNumber_3	表示比较器 3

表 4.12　CLK_CpuTimerNumber_e

功　能	枚举定义 CPU 定时器号码
枚举成员	描述
CLK_CpuTimerNumber_0	表示 CPU 定时器 0
CLK_CpuTimerNumber_1	表示 CPU 定时器 1
CLK_CpuTimerNumber_2	表示 CPU 定时器 2

表 4.13　CLK_LowSpdPreScaler_e

功　能	枚举定义的低速时钟预分频器设置的时钟频率

续表 4.13

枚举成员	描述
CLK_LowSpdPreScaler_SysClkOut_by_1	表示低速时钟＝ SYSCLKOUT /1
CLK_LowSpdPreScaler_SysClkOut_by_2	表示低速时钟＝ SYSCLKOUT /2
CLK_LowSpdPreScaler_SysClkOut_by_4	表示低速时钟＝ SYSCLKOUT /4
CLK_LowSpdPreScaler_SysClkOut_by_6	表示低速时钟＝ SYSCLKOUT /6
CLK_LowSpdPreScaler_SysClkOut_by_8	表示低速时钟＝ SYSCLKOUT /8
CLK_LowSpdPreScaler_SysClkOut_by_10	表示低速时钟＝ SYSCLKOUT/10
CLK_LowSpdPreScaler_SysClkOut_by_12	表示低速时钟＝ SYSCLKOUT/12
CLK_LowSpdPreScaler_SysClkOut_by_14	表示低速时钟＝ SYSCLKOUT/14

表 4.14　CLK_Osc2Src_e

功　能	枚举定义时钟振荡器源
枚举成员	描述
CLK_Osc2Src_Internal	表示内部振荡器源
CLK_Osc2Src_External	表示外部振荡器源

表 4.15　CLK_OscSrc_e

功　能	枚举定义的时钟振荡源
枚举成员	描述
CLK_OscSrc_Internal	表示内部振荡器源
CLK_OscSrc_External	表示外部振荡器源

表 4.16　CLK_Timer2PreScaler_e

功　能	枚举定义的定时器 2 预分频器的频率设置
枚举成员	描述
CLK_Timer2PreScaler_by_1	表示 CPU 定时器 2 的时钟预分频器的分频值为 1
CLK_Timer2PreScaler_by_2	表示 CPU 定时器 2 的时钟预分频器的分频值为 2
CLK_Timer2PreScaler_by_4	表示 CPU 定时器 2 的时钟预分频器的分频值为 4
CLK_Timer2PreScaler_by_8	表示 CPU 定时器 2 的时钟预分频器的分频值为 8
CLK_Timer2PreScaler_by_16	特指 CPU 定时器 2 的时钟预分频器的分频值为 16

表 4.17　CLK_Timer2Src_e

功　能	枚举定义定时器 2 的时钟源
枚举成员	描述
CLK_Timer2Src_SysClk CLK_Timer2Src_ExtOsc CLK_Timer2Src_IntOsc1 CLK_Timer2Src_IntOsc2	表示 CPU 定时器 2 的时钟源是 SYSCLKOUT 表示 CPU 定时器 2 的时钟源是外部振荡器 表示 CPU 定时器 2 的时钟源是内部振荡器 1 表示 CPU 定时器 2 的时钟源是内部振荡器 2

表 4.18　CLK_WdClkSrc_e

功　能	枚举定义看门狗的时钟源
枚举成员	描述
CLK_WdClkSrc_IntOsc1CLK_WdClkSrc_ExtOscOrIntOsc2	表示看门狗定时器的时钟源是内部振荡器 1 表示看门狗定时器的时钟源是外部振荡器或内部振荡器 2

4.2.5　函数文档

CLK 固件库的函数文档如表 4.19～表 4.72 所列。

表 4.19　CLK_disableAdcClock

功　能	禁止 ADC 时钟
函数原型	Void CLK_disableAdcClock(CLK_Handle　clkHandle)
参数	描述
clkHandle	时钟(CLK)对象的句柄
返回参数	无

表 4.20　CLK_disableClaClock

功　能	禁止 CLA 时钟
函数原型	void CLK_disableClaClock (CLK_Handle clkHandle)
参数	描述
clkHandle	时钟(CLK)对象的句柄
返回参数	无

表 4.21 CLK_disableClkIn

功 能	禁止 XCLKIN 振荡器输入
函数原型	void CLK_disableClkIn (CLK_Handle clkHandle)
参数	描述
clkHandle	时钟(CLK)对象的句柄
返回参数	无

表 4.22 CLK_disableCompClock

功 能	禁止比较器时钟
函数原型	void CLK_disableCompClock (CLK_Handle clkHandle, const CLK_CompNumber_e compNumber)
参数	描述
clkHandle compNumber	时钟(CLK)对象的句柄 比较器数目
返回参数	无

表 4.23 CLK_disableCpuTimerClock

功 能	禁用 CPU 定时器的时钟
函数原型	void CLK_disableCpuTimerClock (CLK_Handle clkHandle, const CLK_CpuTimerNumber_e cpuTimerNumber)
参数	描述
clkHandle cpuTimerNumber	时钟(CLK)对象的句柄 CPU 定时器号
返回参数	无

表 4.24 CLK_disableCrystalOsc

功 能	禁止晶体振荡器
函数原型	void CLK_disableCrystalOsc (CLK_Handle clkHandle)
参数	描述
clkHandle	时钟(CLK)对象的句柄
返回参数	无

表 4.25 CLK_disableEcanaClock

功　能	禁用 ECANA 的时钟
函数原型	void CLK_disableEcanaClock
参数	描述
clkHandle	时钟(CLK)对象的句柄
返回参数	无

表 4.26 CLK_disableEcap1Clock

功　能	禁用 eCAP1 时钟
函数原型	void CLK_disableEcanaClock (CLK_Handle clkHandle)
参数	描述
clkHandle	时钟(CLK)对象的句柄
返回参数	无

表 4.27 CLK_disableEqep1Clock

功　能	禁止 EQEP1 时钟
函数原型	void CLK_disableEqep1Clock (CLK_Handle clkHandle)
参数	描述
clkHandle	时钟(CLK)对象的句柄
返回参数	无

表 4.28 CLK_disableGpioInputClock

功　能	禁止 GPIO 输入时钟
函数原型	void CLK_disableGpioInputClock (CLK_Handle clkHandle)
参数	描述
clkHandle	时钟(CLK)对象的句柄
返回参数	无

表 4.29 CLK_disableHrPwmClock

功　能	禁用 I2C 时钟
函数原型	void CLK_disableHrPwmClock (CLK_Handle clkHandle)
参数	描述
clkHandle	时钟(CLK)对象的句柄
返回参数	无

表 4.30　CLK_disableHrPwmClock

功　能	禁用 HRPWM 时钟
函数原型	void CLK_disableI2cClock (CLK_Handle clkHandle)
参数	描述
clkHandle	时钟(CLK)对象的句柄
返回参数	无

表 4.31　CLK_disableLinAClock

功　能	禁止 LIN－A 时钟
函数原型	void CLK_disableLinAClock (CLK_Handle clkHandle)
参数	描述
clkHandle	时钟(CLK)对象的句柄
返回参数	无

表 4.32　CLK_disableOsc1

功　能	禁用内部振荡器 1
函数原型	void CLK_disableOsc1 (CLK_Handle clkHandle)
参数	描述
clkHandle	时钟(CLK)对象的句柄
返回参数	无

表 4.33　CLK_disableOsc1HaltMode

功　能	禁止内部振荡器停止模式忽略
函数原型	void CLK_disableOsc1HaltMode (CLK_Handle clkHandle)
参数	描述
clkHandle	时钟(CLK)对象的句柄
返回参数	无

表 4.34　CLK_disableOsc2

功　能	禁用内部振荡器 2
函数原型	void CLK_disableOsc2 (CLK_Handle clkHandle)
参数	描述
clkHandle	时钟(CLK)对象的句柄
返回参数	无

表 4.35　CLK_disableOsc2HaltMode

功　能	禁止内部振荡器停止模式忽略
函数原型	void CLK_disableOsc2HaltMode (CLK_Handle clkHandle)
参数	描述
clkHandle	时钟(CLK)对象的句柄
返回参数	无

表 4.36　CLK_disablePwmClock

功　能	禁用 PWM 时钟
函数原型	void CLK_disablePwmClock (CLK_Handle clkHandle, const PWM_Number_e pwmNumber)
参数	描述
clkHandle pwmNumber	时钟(CLK)对象的句柄 PWM 号
返回参数	无

表 4.37　CLK_disableSciaClock

功　能	禁止 SCI - A 时钟
函数原型	void CLK_disableSciaClock (CLK_Handle clkHandle)
参数	描述
clkHandle	时钟(CLK)对象的句柄
返回参数	无

表 4.38　CLK_disableSpiaClock

功　能	禁止 SPI - A 时钟
函数原型	void CLK_disableSpiaClock (CLK_Handle clkHandle)
参数	描述
clkHandle	时钟(CLK)对象的句柄
返回参数	无

表 4.39　CLK_disableSpibClock

功　能	禁止 SPI - B 时钟
函数原型	void CLK_disableSpibClock (CLK_Handle clkHandle)

续表 4.39

参数	描述
clkHandle	时钟(CLK)对象的句柄
返回参数	无

表 4.40　CLK_disableTbClockSync

功　能	禁止 ePWM 模块时基时钟同步信号
函数原型	void CLK_disableTbClockSync (CLK_Handle clkHandle)
参数	描述
clkHandle	时钟(CLK)对象的句柄
返回参数	无

表 4.41　CLK_disableWatchDogHaltMode

功　能	禁用看门狗停止模式忽略不计
函数原型	void CLK_disableWatchDogHaltMode (CLK_Handle clkHandle)
参数	描述
clkHandle	时钟(CLK)对象的句柄
返回参数	无

表 4.42　CLK_enableAdcClock

功　能	启用 ADC 时钟
函数原型	void CLK_enableAdcClock (CLK_Handle clkHandle)
参数	描述
clkHandle	时钟(CLK)对象的句柄
返回参数	无

表 4.43　CLK_enableClaClock

功　能	启用 CLA 时钟
函数原型	void CLK_enableClaClock (CLK_Handle clkHandle)
参数	描述
clkHandle	时钟(CLK)对象的句柄
返回参数	无

表 4.44　CLK_enableClkIn

功　能	启用 XCLKIN 振荡器输入
函数原型	void CLK_enableClkIn (CLK_Handle clkHandle)
参数	描述
clkHandle	时钟(CLK)对象的句柄
返回参数	无

表 4.45　CLK_enableCompClock

功　能	使能比较器时钟
函数原型	void CLK_enableCompClock (CLK_Handle clkHandle, const CLK_CompNumber_e compNumber)
参数	描述
clkHandle compNumber	时钟(CLK)对象的句柄 比较器号
返回参数	无

表 4.46　CLK_enableCpuTimerClock

功　能	启用 CPU 定时器时钟
函数原型	void CLK_enableCpuTimerClock (CLK_Handle clkHandle, const CLK_CpuTimerNumber_e cpuTimerNumber)
参数	描述
clkHandle cpuTimerNumbe	时钟(CLK)对象的句柄 CPU 定时器号
返回参数	无

表 4.47　CLK_enableCrystalOsc

功　能	启用晶体振荡器
函数原型	void CLK_enableCrystalOsc (CLK_Handle clkHandle)
参数	描述
clkHandle	时钟(CLK)对象的句柄
返回参数	无

表 4.48　CLK_enableEcanaClock

功　能	启用 ECANA 时钟
函数原型	void CLK_enableEcanaClock (CLK_Handle clkHandle)
参数	描述
clkHandle	时钟(CLK)对象的句柄
返回参数	无

表 4.49　CLK_enableEcap1Clock

功　能	启用 eCAP1 时钟
函数原型	void CLK_enableEcap1Clock (CLK_Handle clkHandle)
参数	描述
clkHandle	时钟(CLK)对象的句柄
返回参数	无

表 4.50　CLK_enableEqep1Clock

功　能	启用 EQEP1 时钟
函数原型	void CLK_enableEqep1Clock (CLK_Handle clkHandle)
参数	描述
clkHandle	时钟(CLK)对象的句柄
返回参数	无

表 4.51　CLK_enableGpioInputClock

功　能	启用 GPIO 输入时钟
函数原型	void CLK_enableGpioInputClock (CLK_Handle clkHandle)
参数	描述
clkHandle	时钟(CLK)对象的句柄
返回参数	无

表 4.52　CLK_enableHrPwmClock

功　能	启用 HRPWM 时钟
函数原型	void CLK_enableHrPwmClock (CLK_Handle clkHandle)
参数	描述
clkHandle	时钟(CLK)对象的句柄
返回参数	无

表 4.53 CLK_enableI2cClock

功 能	使能 I2C 时钟
函数原型	void CLK_enableI2cClock (CLK_Handle clkHandle)
参数	描述
clkHandle	时钟(CLK)对象的句柄
返回参数	无

表 4.54 CLK_enableLinAClock

功 能	启用 LIN－A 时钟
函数原型	void CLK_enableLinAClock (CLK_Handle clkHandle)
参数	描述
clkHandle	时钟(CLK)对象的句柄
返回参数	无

表 4.55 CLK_enableOsc1k

功 能	启用内部振荡器 1
函数原型	void CLK_enableOsc1 (CLK_Handle clkHandle)
参数	描述
clkHandle	时钟(CLK)对象的句柄
返回参数	无

表 4.56 CLK_enableOsc1HaltMode

功 能	启用内部振荡器停止模式忽视
函数原型	void CLK_enableOsc1HaltMode (CLK_Handle clkHandle)
参数	描述
clkHandle	时钟(CLK)对象的句柄
返回参数	无

表 4.57 CLK_enableOsc2

功 能	启用内部振荡器 2
函数原型	void CLK_enableOsc2 (CLK_Handle clkHandle)
参数	描述
clkHandle	时钟(CLK)对象的句柄
返回参数	无

表 4.58 CLK_enableOsc2HaltMode

功　能	使能内部振荡器停止模式忽略
函数原型	void CLK_enableOsc2HaltMode (CLK_Handle clkHandle)
参数	描述
clkHandle	时钟(CLK)对象的句柄
返回参数	无

表 4.59 CLK_enablePwmClock

功　能	启用 PWM 时钟
函数原型	void CLK_enablePwmClock (CLK_Handle clkHandle, const PWM_Number_e pwmNumber)
参数	描述
clkHandle pwmNumber	时钟(CLK)对象的句柄 PWM 号
返回参数	无

表 4.60 CLK_enableSciaClock

功　能	启用 SCI－A 时钟
函数原型	void CLK_enableSciaClock (CLK_Handle clkHandle)
参数	描述
clkHandle	时钟(CLK)对象的句柄
返回参数	无

表 4.61 CLK_enableSpiaClock

功　能	启用 SPI－A 时钟
函数原型	void CLK_enableSpiaClock (CLK_Handle clkHandle)
参数	描述
clkHandle	时钟(CLK)对象的句柄
返回参数	无

表 4.62 CLK_enableSpibClock

功　能	启用 SPI－B 时钟
函数原型	void CLK_enableSpibClock (CLK_Handle clkHandle)

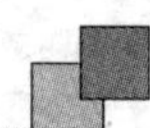

续表 4.62

参数	描述
clkHandle	时钟(CLK)对象的句柄
返回参数	无

表 4.63　CLK_enableTbClockSync

功　能	启用 ePWM 模块的时基时钟同步信号
函数原型	void CLK_enableTbClockSync (CLK_Handle clkHandle)
参数	描述
clkHandle	时钟(CLK)对象的句柄
返回参数	无

表 4.64　CLK_enableWatchDogHaltMode

功　能	允许看门狗停止模式忽略
函数原型	void CLK_enableWatchDogHaltMode (CLK_Handle clkHandle)
参数	描述
clkHandle	时钟(CLK)对象的句柄
返回参数	无

表 4.65　CLK_Handle CLK_init

功　能	初始化时钟(CLK)对象的句柄
函数原型	CLK_Handle CLK_init (void _ pMemory, const size_t numBytes)
参数	描述
pMemory numBytes	CLK 寄存器基地址的指针 为 CLK 的对象分配的字节数,字节
返回参数	时钟(CLK)对象的句柄

表 4.66　CLK_setClkOutPreScaler

功　能	设置预分频器外部时钟输出
函数原型	void CLK_setClkOutPreScaler (CLK_Handle clkHandle, const CLK_ClkOutPreScaler_e preScaler)
参数	描述
clkHandle preScaler	时钟(CLK)对象的句柄 clThe 预分频值
返回参数	无

表 4.67 CLK_setLowSpdPreScaler

功　能	设置低速外设时钟预分频器
函数原型	void CLK_setLowSpdPreScaler (CLK_Handle clkHandle, const CLK_LowSpdPreScaler_e preScaler)
参数	描述
clkHandle preScaler	时钟(CLK)对象的句柄 预分频值
返回参数	无

表 4.68 CLK_setOsc2Src

功　能	设置振荡器的时钟源
函数原型	void CLK_setOsc2Src (CLK_Handle clkHandle, const CLK_Osc2Src_e src)
参数	描述
clkHandle src	时钟(CLK)对象的句柄 振荡器的时钟源
返回参数	无

表 4.69 CLK_setOscSrc

功　能	设置振荡器的时钟源
函数原型	void CLK_setOscSrc (CLK_Handle clkHandle, const CLK_OscSrc_e src)
参数	描述
clkHandle src	时钟(CLK)对象的句柄 振荡器的时钟源
返回参数	无

表 4.70 CLK_setTimer2PreScaler

功　能	设置定时器 2 的时钟预分频器
函数原型	void CLK_setTimer2PreScaler (CLK_Handle clkHandle, const CLK_Timer2PreScaler_e preScaler)
参数	描述
clkHandle preScaler	时钟(CLK)对象的句柄 预分频值
返回参数	无

表 4.71　CLK_setTimer2Src

功　能	设置定时器 2 的时钟源
函数原型	void CLK_setTimer2Src (CLK_Handle clkHandle, const CLK_Timer2Src_e src)
参数	描述
clkHandle SRC	时钟(CLK)对象的句柄 定时器 2 的时钟源
返回参数	无

表 4.72　CLK_setWatchDogSrc

功　能	设置看门狗定时器的时钟源
函数原型	void CLK_setWatchDogSrc (CLK_Handle clkHandle, const CLK_WdClkSrc_e src)
参数	描述
clkHandle SRC	时钟(CLK)对象的句柄 看门狗定时器的时钟源
返回参数	无

第 5 章

振荡器与锁相环

振荡器(OSC)API 提供了用于配置外部或内部振荡器以及补偿用于温度漂移的内部振荡器函数。此驱动程序包含在 f2802x_common/source/osc.c 中，同时 f2802x_common/include/osc.h 中含应用程序使用的 API 定义。

锁相环路(PLL)API 提供了用于配置设备的 PLL 函数以及其他各种时钟函数。此程序包含在 f2802x_common/source/pll.c，同时 f2802x_common/include/pll.h 中包含应用程序使用的 API 定义。

本章的主要内容如下：

◇ 振荡器与锁相环介绍；

◇ 振荡器固件库介绍；

◇ 锁相环固件库介绍；

◇ 振荡器与锁相环例程。

5.1 振荡器与锁相环模块

片内振荡器和 PLL 为设备提供时钟信号并用于控制低功耗模式(LPM)。

5.1.1 输入时钟选项

2802x 器件有两个不需要外部元件的内部振荡器(INTOSC1 和 INTOSC2)。默认情况下，两个振荡器在加电时全都打开，此时，内部振荡器 1 是默认时钟源。为了节能，用户可将不使用的振荡器断电。这些振荡器的中心频率由它们各自的振荡器修正寄存器决定，此寄存器在校准例程中被作为引导 ROM 的一部分执行。时钟选项如图 5.1 所示：

PLL 时钟模块提供以下 4 种运行方式：

◇ INTOSC1 (内部零引脚振荡器 1)：它可以为看门狗模块，核和 CPU 定时器 2 提供时钟。

◇ INTOSC2 (内部零引脚振荡器 2)：它可以为看门狗模块，核和 CPU 定时器 2 提供时钟，并且 INTOSC1 和 INTOSC2 可单独为看门狗模块，核和 CPU 定时器 2 提供时钟。

◇ 晶体/谐振器操作：片载振荡器（晶振）允许使用外部晶振/谐振器为该设备提供时基。这时，晶体/谐振器被连接到 X1/X2 引脚。

◇ 外部时钟源操作：如果不使用片载时钟源，器件时钟可从 XCLKIN 引脚输入外部时钟源。

注意：XCLKIN 与 GPIO19 或 GPIO38 复用。通过 XCLK 寄存器的 XCLKINSEL 位选择 XCLKIN 与 GPIO19 或 GPIO38 复用。CLKCTL[XCLKINOFF]位禁止时钟输入（强制低）。如果时钟源不使用或相应的引脚作为 GPIO 时，启动时用户应禁止这些功能。

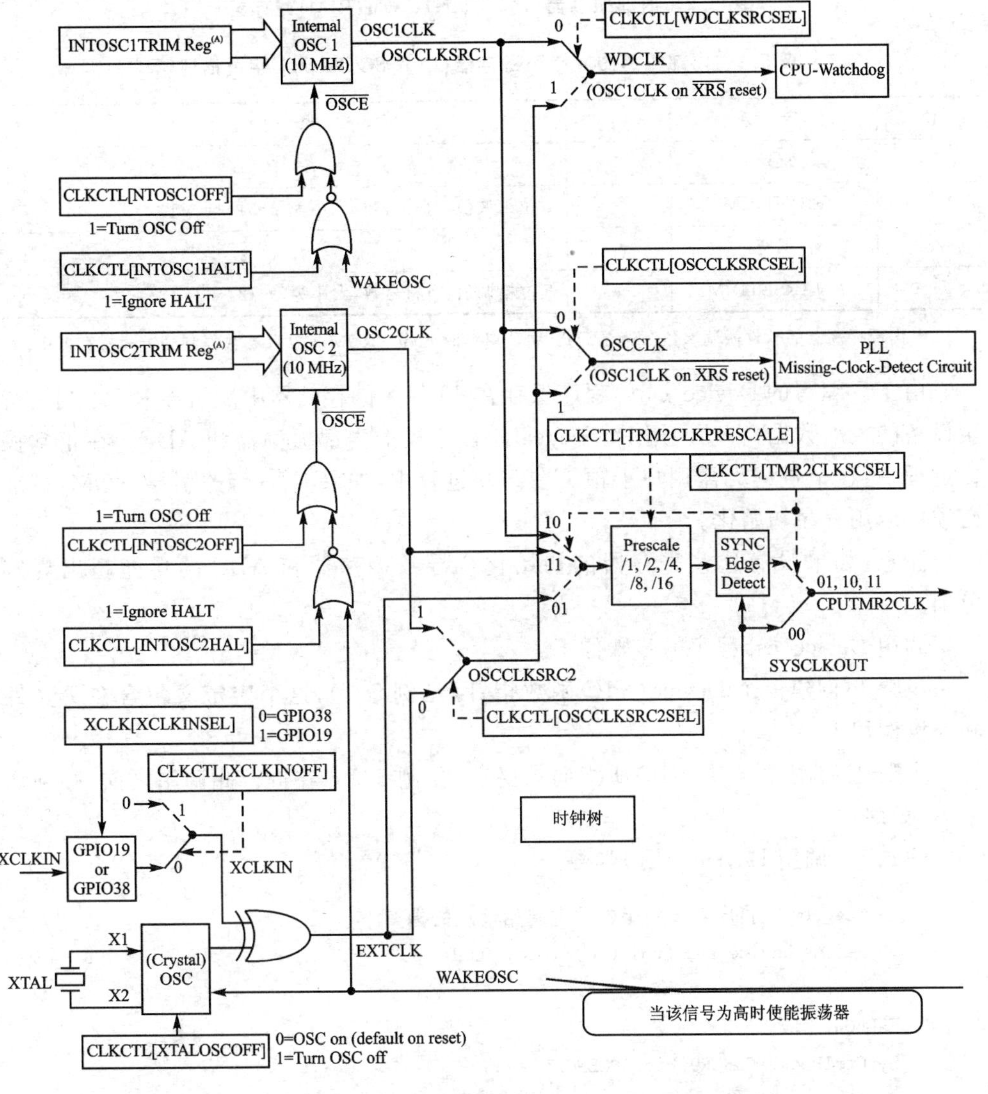

图 5.1 时钟选项

注释:A. TI基于OTP的校准功能载入的寄存器。

振荡频率修正(Trimming INTOSCn,n=1,2):INTOSC1和INTOSC2的标称频率都是10 MHz。每个振荡器在制造阶段,可利用两个16位寄存器对其振荡频率进行修正(称为粗调),同时也为用户提供了使用软件来修正振荡器频率的方法(称为细调),修正寄存器如图5.2所示。其字段描述如表5.1所列。

15	14–9	8	7–0
保留	FINETRIM	保留	COARSETRIM
R-0	R/W-0	R-0	R/W-0

图5.2 内部振荡器n修正(INTOSCnTRIM)寄存器

表5.1 内部振荡器n修正寄存器(INTOSCnTRIM)字段描述

位	字 段	值	描 述[1]
15	保留		
14−9	FINETRIM		6位细调值:有符号数,大小为(−31～+31)
8	保留		
7−0	COARSETRIM		8位粗调值:有符号数,大小为(−127～+127)

[1] 内部振荡器的软件微调参数存储在OTP中。启动时boot-ROM把这些参数复制到上述寄存器中。

由工厂编写的Device_cal()程序保存在TI保留的存储器中。引导ROM利用特定设备的校准数据,自动调用Device_cal()程序校准内部振荡器和ADC。在正常操作过程中,这个过程无需用户干预。在开发过程中,如果CCS旁路引导ROM,校准必须由应用程序初始化。

注意:如果没有这些寄存器的初始化会导致振荡器和ADC的功能超出规定范围。

调用Device_cal程序的步骤如下:

步骤1:创建一个Device_cal()函数指针(见例5.1),这个宏定义包含在头文件和外设例程中。

步骤2:调用Device_cal()所指向的函数(见例5.1),在进行此调用之前,必须启用ADC时钟。

例5.1 调用Device_cal()函数

```
// Device_cal是指向例1中函数给定起始地址的指针
  # define Device_cal (void( * )(void))0x3D7C80
  ... ...
  EALLOW;
  SysCtrlRegs.PCLKCR0.bit.ADCENCLK = 1;
  ( * Device_cal)();
  SysCtrlRegs.PCLKCR0.bit.ADCENCLK = 0;
```

```
EDIS;
...
```

5.1.2 配置输入时钟源和 XCLKOUT 选项

XCLK 寄存器用于选择 XCLKIN 输入的 GPIO 引脚和配置的 XCLKOUT 频率，如图 5.3 所示。其字段描述见表 5.2。

15~8			
保留			
R-0			
7	**6**	**5~2**	**1~0**
保留	XCLKINSEL	保留	XCLKOUTDIV
R-0	R/W-1	R-0	R/W-0

图 5.3　时钟寄存器(XCLK)

表 5.2　时钟寄存器(XCLK)字段描述

位	字　段	值	描　述[(1)]
15～7	保留		保留
6	XCLKINSEL	 0 1	XCLKIN 源选择位： GPIO38 是 XCLKIN 源输入引脚(或 JTAG 的 TCK 信号) GPIO19 是 XCLKIN 源输入引脚
5～2	保留		保留
1、0	XCLKOUTDIV[(2)]	 00 01 10 11	XCLKOUT 相当于 SYSCLKOUT 的分频比例位： XCLKOUT = SYSCLKOUT/4 XCLKOUT = SYSCLKOUT/2 XCLKOUT = SYSCLKOUT XCLKOUT = Off

[(1)] XCLK 寄存器中的 XCLKINSEL 位由 XRS 输入信号复位。

[(2)] 允许的最大 XCLKOUT 频率，请参考器件的数据手册。

5.1.3 配置设备的时钟域

CLKCTL 寄存器用于选择有效的时钟源，时钟故障时还可以配置设备的行为，如图 5.4 所示。该寄存器各字段的简介如表 5.3 所列。

15	14	13	12	11	10	9	8
NMIRESETSEL	XTALOSCOFF	XCLKINOFF	WDHALTI	INTOSC2HALTI	INTOSC2OFF	INTOSC1HALTI	INTOSC1OFF
R/W-0	R/W-0	R/W-0	R/W-0	R/W-0	R/W-0	R/W-0	R/W-0

7~5	4~3	2	1	0
TMR2CLKPRESCALE	TMR2CLKSRCSEL	WDCLKSRCSEL	OSCCLKSRC2SEL	OSCCLKSRCSEL
R/W-0	R/W-0	R/W-0	R/W-0	R/W-0

图 5.4　时钟的控制寄存器(CLKCTL)

表 5.3 时钟的控制寄存器(CLKCTL)字段描述

位	字 段	值	描 述
15	NMIRESETSEL	 0 1	NMI 复位选择位: MCLKRS 驱动,没有任何延迟,上电复位(默认) NMI Watcdog 复位(NMIRS),启动 MCLKRS
14	XTALOSCOFF	 0 1	晶体振荡器关闭位: 晶体振荡器(默认情况下,上电复位)开启 晶体振荡器关闭
13	XCLKINOFF	 0 1	XCLKIN 位:该位将外部 XCLKIN 振荡器输入关闭: XCLKIN 振荡器输入(默认上电复位)开启 XCLKIN 振荡器输入关闭
12	WDHALTI	 0 1	看门狗 HALT 模式忽略位: 看门狗自动开启/关闭 HALT(默认情况下,上电复位) 看门狗忽略 HALT 模式
11	INTOSC2HALTI	 0 1	内部振荡器 HALT 模式忽略位: 在 HALT 下,内部振荡器 2 自动开启/关闭(默认上电复位) 内部振荡器 2 忽略 HALT 模式
10	INTOSC2OFF	 0 1	内部振荡器 2 关闭位,该位将振荡器 2 关闭: 内部振荡器 2(默认情况下,上电复位)开启 内部振荡器 2 关闭
9	INTOSC1HALTI	 0 1	内部振荡器 1 HALT 模式忽略位: 在 HALT 模式下,该位选择内部振荡器 1 自动开启/关闭(默认上电复位) 内部振荡器忽略 HALT 模式
8	INTOSC1OFF	 0 1	内部振荡器关闭位,该位将振荡器 1 关闭: 内部振荡器 1 开启(默认情况下,上电复位) 内部振荡器 1 关闭
7—5	TMR2CLKPRESCALE	 000 001 010 011 100 101 110 111	CPU 定时器 2 时钟预分频值: /1(默认情况下,上电复位) /2 /4 /8 /16 保留 保留 保留

续表 5.3

位	字　段	值	描　述
4－3	TMR2CLKSRCSEL	 00 01 10 11	CPU 定时器 2 的时钟源选择位： 选择 SYSCLKOUT(上电复位默认情况下，预分频器被旁路) 外部振荡器(XOR 输出) 选择内部振荡器 选择内部振荡器 2
2	WDCLKSRCSEL	 0 1	看门狗时钟源选择位： 选择内部振荡器 1(默认情况下，上电复位) 选择外部振荡器或内部振荡器 2
1	OSCCLKSRC2SEL	 0 1	振荡器 2 时钟源选择位： 选择外部振荡器(默认情况下，上电复位) 选择内部振荡器 2
0	OSCCLKSRCSEL	 0 1	振荡器的时钟源选择位： 选择内部振荡器 1(默认情况下，上电复位) 外部振荡器或内部振荡器 2

5.1.4　基于 PPL 的时钟模块

PLL 的时钟模块为器件提供所有需要的时钟信号，以及对低功耗模式的控制。PLL 用一个 4 位倍频器控制寄存器 PLLCR[DIV]来选择不同的 CPU 时钟速率。在写入 PLLCR 寄存器之前，看门狗模块应被禁用。PLL 模式稳定后，方可重新启用(如果需要的话)，重启的时间为 1 ms。输入时钟和 PLLCR[DIV] 位应该在 PLL (VCOCLK) 的输出频率至少为 50 MHz 时再作选择。振荡器与 PLL 模块的框图如图 5.5 所示，可能的 PLL 配置模式如表 5.4 所列。

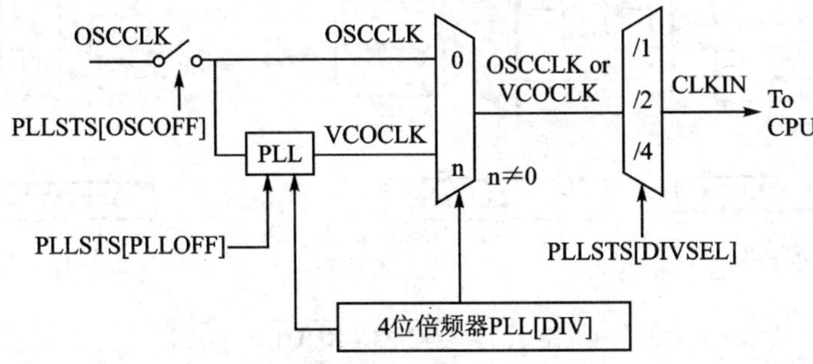

图 5.5　振荡器与 PLL 模块

表 5.4 可能的 PLL 配置模式

PLL 模式	PLLSTS[DIVSEL]	SYSCLKOUT	描 述
PLL 禁止	0，1 2 3	OSCCLK/4 OSCCLK/2 OSCCLK/1	用户可在 PLLSTS 寄存器中设置 PLLOFF 位(此时,PLL 模块被禁用),这对降低系统噪声和低功率操作非常有用。在进入此模式之前，首先须将 PLLCR 寄存器设置为 0x0000(PLL 旁路)。CPU 时钟(CLKIN) 直接从 X1/X2,X1 或者 XCLKIN 中任意一个时钟输入
PLL 旁路	0，1 2 3	OSCCLK/4 OSCCLK/2 OSCCLK/1	PLL 旁路是加电或外部复位(XRS)时默认的 PLL 设置。当 PLLCR 寄存器设置为 0x0000 时或在 PLLCR 寄存器被修改之后 PLL 锁定至新频率时,选择此模式。在此模式中,PLL 本身被旁路,但未关闭
PLL 使能	0，1 2 3	OSCCLK * n/4 OSCCLK * n/2 OSCCLK * n/1	通过将非零值 n 写入 PLLCR 寄存器实现。在写入 PLLCR 时,此器件将切换至 PLL 旁路模式,直至 PLL 锁定

5.1.5 生成 XCLKOUT

XCLKOUT 信号直接来自于系统时钟 SYSCLKOUT,如图 5.6 所示。XCLKOUT 可以等于 1 的一半,或 1/4 的 SYSCLKOUT。默认情况下,上电时,XCLKOUT= SYSCLKOUT/ 4 或 XCLKOUT= OSCCLK/16。

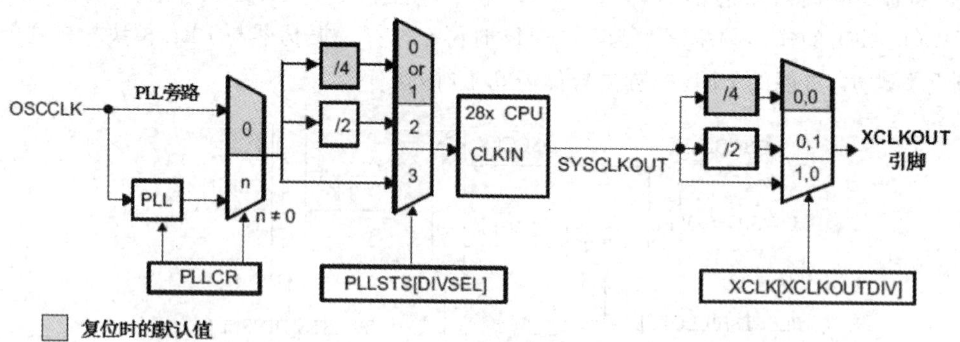

图 5.6 生成 XCLKOUT

不使用 XCLKOUT 时,可将 XCLK 寄存器中的 XCLKOUTDIV 位设置为 3 使其关闭。

5.1.6　PLL 控制、状态和 XCLKOUT 寄存器描述

PLLCR 寄存器的 DIV 字段控制是否 PLL 被旁路(若不设置 PLL 时钟比率时，它将不会被旁路)。PLL 旁路是复位后的默认模式。如果 PLLSTS [DIVSEL]位为 10 或 11,或如果 PLL 在跛行模式下操作的 PLLSTS[MCLKSTS]位被置位,不要写到 DIV 字段。

(1) PLL 控制寄存器(PLLCR)如图 5.7 所示。其 DIV 字段如表 5.5 所列。

15–4	3–0
保留	DIV
R-0	R/W-0

图 5.7　PLL 控制寄存器(PLLCR)

表 5.5　PLL 控制寄存器(PLLCR)[1]

PLLCR[DIV] Value [3]	SYSCLKOUT (CLKIN) [2]		
	PLLSTS[DIVSEL] = 0 or 1	PLLSTS[DIVSEL] = 2	PLLSTS[DIVSEL] = 3
0000 (PLL 旁路)	OSCCLK/4 (默认)	OSCCLK/2	OSCCLK/1
0001	(OSCCLK * 1)/4	(OSCCLK * 1)/2	(OSCCLK * 1)/1
0010	(OSCCLK * 2)/4	(OSCCLK * 2)/2	(OSCCLK * 2)/1
0011	(OSCCLK * 3)/4	(OSCCLK * 3)/2	(OSCCLK * 3)/1
0100	(OSCCLK * 4)/4	(OSCCLK * 4)/2	(OSCCLK * 4)/1
0101	(OSCCLK * 5)/4	(OSCCLK * 5)/2	(OSCCLK * 5)/1
0110	(OSCCLK * 6)/4	(OSCCLK * 6)/2	(OSCCLK * 6)/1
0111	(OSCCLK * 7)/4	(OSCCLK * 7)/2	(OSCCLK * 7)/1
1000	(OSCCLK * 8)/4	(OSCCLK * 8)/2	(OSCCLK * 8)/1
1001	(OSCCLK * 9)/4	(OSCCLK * 9)/2	(OSCCLK * 9)/1
1010	(OSCCLK * 10)/4	(OSCCLK * 10)/2	(OSCCLK * 10)/1
1011	(OSCCLK * 11)/4	(OSCCLK * 11)/2	(OSCCLK * 11)/1
1100	(OSCCLK * 12)/4	(OSCCLK * 12)/2	(OSCCLK * 12)/1
1101—1111	保留	保留	保留

(1) 表中寄存器受 EALLOW 保护。

(2) 在写入 PLLCR 之前,PLLSTS [DIVSEL]位必须为 0 或 1;仅当 PLLSTS[PLLLOCKS] = 1 时,PLLSTS[DIVSEL]位方可变更。

(3) 只可通过 XRS 信号或看门狗复位把 PLL 控制寄存器(PLLCR) 和 PLL 状态寄存器(PLLSTS)复位到其默认值。调试器发出的复位或者丢失时钟检测逻辑对其没有影响。

(2) PLL 状态寄存器(PLLSTS),如图 5.8 所示。其字段描述如表 5.6 所列。

15	14					9	8
NORMRDYE	保留						DIVSEL
	R-0						R/W-0

7	6	5	4	3	2	1	0
DIVSEL	MCLKOFF	OSCOFF	MCLKCLR	MCLKSTS	PLLOFF	保留	PLLLOCKS
R/W-0	R/W-0	R/W-0	R/W-0	R-0	R/W-0	R-0	R-1

图 5.8 PLL 状态寄存器(PLLSTS)

表 5.6 PLL 状态寄存器(PLLSTS)字段描述

位	字 段	值	描 述[(1)(2)]
15	NORMRDYE		NORMRDY 使能位:
			VREG 中的 NORMRDY 信号对 PLL 无效
		0	若 VREG 超出范围,则 VREG 中的 NORMRDY 信号为低
		1	若 VREG 在调节范围内,则 NORMRDY 信号将变成高电平
14—9	Reserved		保留
8—7	DIVSEL		分频选择:
		00, 01	选择 4 分频 CLKIN
		10	选择 2 分频 CLKIN
		11	选择不分频(此模式仅用于当 PLL 处于关闭状态或旁路)
6	MCLKOFF		缺少时钟检测位:
		0	主振荡器失败检测逻辑已开启(默认)
		1	禁用主振荡器失败检测逻辑并且 PLL 不会发出保护模式时钟
5	OSCOFF		振荡器的时钟关闭位:
		0	来自 X1,X1/X2 或 XCLKIN 的 OSCCLK 信号被馈送到 PLL 块(默认)
		1	来自 X1,X1/X2 或 XCLKIN 的 OSCCLK 的信号未被馈送到 PLL 块
4	MCLKCLR		缺少时钟清除位:
		0	写 0 没影响,该位始终为 0
		1	强制缺少时钟检测电路被清除和复位
3	MCLKSTS		缺少时钟状态位:
		0	表示工作正常,未检测到时钟丢失条件
		1	表示检测到缺少 OSCCLK
2	PLLOFF		PLL 关闭位:
		0	PLL 开启(默认)
		1	PLL 关闭。虽然 PLLOFF 位被设置,PLL 模块将保持断电

续表 5.6

位	字 段	值	描 述[1][2]
1	保留		保留
0	PLLLOCKS	 0 1	PLL 锁定状态位： 指示 PLLCR 寄存器已被写入，且 PLL 目前正在锁定。 表示 PLL 已完成锁定并且现在是稳定的。

[1] 只能由 XRS 信号或看门狗复位寄存器复位到其默认状态。它不会复位时钟丢失或调试复位。

[2] 此寄存器受 EALLOW 保护。

[3] PLL 周期锁定寄存器(PLLLOCKPRD)。

(3) 锁定 PLL 周期寄存器(PLLLOCKPRD)如图 5.9 所示。

15 … 0
PLLLOCKPRD
R/W-FFFFh

图 5.9 锁定 PLL 周期寄存器(PLLLOCKPRD)

表 5.7 锁定 PLL 周期寄存器(PLLLOCKPRD)字段描述

位	字 段	值	描 述[1][2]
15:0	PLLLOCKPRD	 FFFFh FFFEh 0001h 0000h	PLL 锁定计数器周期值： PLL 锁定周期 65 535 OSCLK 周期(默认上电复位) 65 534 OSCLK 周期 …… … 1 OSCCLK 周期 0 的 OSCCLK 循环(无 PLL 的锁定期)

[1] PLLLOCKPRD 仅受 XRSn 信号的影响。

[2] 此寄存器受 EALLOW 保护。

5.2 OSC 固件库

5.2.1 数据结构文档

OSC 固件库的数据结构文档如表 5.8 所列。

表 5.8　_OSC_Obj_

定义	typedef struct { uint16_t INTOSC1TRIM; uint16_t rsvd_1; uint16_t INTOSC2TRIM; }_CLK_Obj_
功能	定义振荡器(OSC)对象
成员	INTOSC1TRIM　内部振荡器 1 TRIM(调整)寄存器 rsvd_1 保留 INTOSC2TRIM　内部振荡器 2 TRIM(调整)寄存器

5.2.2　定义文档

QSC 固件库的定义文档如表 5.9 所列。

表 5.9　定义文档

定　义	描　述
OSC_BASE_ADDR	定义振荡器 (OSC)寄存器的基地址
OSC_INTOSCnTRIM_COARSE_BITS	定义 INTOSCnTRIM(内部振荡器 n 调整寄存器)中的 COARSE 位
OSC_INTOSCnTRIM_FINE_BITS	定义 INTOSCnTRIM(内部振荡器 n 调整寄存器)中的 FINE 位
OSC_OTP_COURSE_TRIM1	定义 Course Trim 1 在 OTP 中的地址
OSC_OTP_COURSE_TRIM2	定义 Course Trim 2 在 OTP 中的地址
OSC_OTP_FINE_TRIM_OFFSET1	定义 微调 Offset 1 在 OTP 中的地址
OSC_OTP_FINE_TRIM_OFFSET2	定义 微调 Offset 2 在 OTP 中的地址
OSC_OTP_FINE_TRIM_SLOPE1	定义 微调 Slope 1 在 OTP 中的地址
OSC_OTP_FINE_TRIM_SLOPE2	定义 微调 Slope 2 在 OTP 中的地址
OSC_OTP_REF_TEMP_OFFSET	定义临时参考偏置在 OTP 中的地址

5.2.3　类型定义文档

QSC 固件库的类型定义文档如表 5.10 所列。

表 5.10 类型定义文档

类型定义	描 述
OSC_Handle typedef struct OSC_Obj * OSC_Handle	定义振荡器(OSC) 句柄
OSC_Obj typedef struct _OSC_Obj_ OSC_Obj	定义振荡器(OSC)对象

5.2.4 枚举文档

OSC 固件库的枚举文档如表 5.11～表 5.13 所列。

表 5.11 OSC_Number_e

功能	用枚举定义振荡器号
枚举成员	描述
OSC_Number_1	表示振荡器 1(OSC)
OSC_Number_2	表示振荡器 2(OSC)

表 5.12 OSC_Osc2Src_e

功能	用枚举定义振荡器 2 的源
枚举成员	描述
OSC_Osc2Src_Internal	表示振荡器 2 的内部振荡源
OSC_Osc2Src_External	表示振荡器 2 的外部振荡源

表 5.13 OSC_Src_e

功能	用枚举定义振荡器源
枚举成员	描述
OSC_Src_Internal	表示一个内部振荡器
OSC_Src_External	表示一个外部振荡器

5.2.5 函数文档

OSC 固件库的函数文档如表 5.14～表 6.23 所列。

表 5.14 OSC_getCourseTrim1

功能	取得振荡器 1 的微调偏移
函数原型	int16_t OSC_getCourseTrim1(OSC_Handle oscHandle) [inline]

续表 5.14

输入参数	描述
clkHandle	振荡器(OSC)对象句柄
返回参数	振荡器 1 的微调偏移

表 5.15 OSC_getCourseTrim2

功能	取得振荡器 2 的微调偏移
函数原型	int16_t OSC_getCourseTrim2(OSC_Handle oscHandle) [inline]

输入参数	描述
clkHandle	振荡器(OSC)对象句柄
返回参数	振荡器 2 的微调偏移

表 5.16 OSC_getFineTrimOffset1

功能	取得振荡器 1 的微调偏移
函数原型	int16_t OSC_getFineTrimOffset1 (OSC_Handle oscHandle) [inline]

输入参数	描述
clkHandle	振荡器(OSC)对象句柄
返回参数	振荡器 1 的微调偏移

表 5.17 OSC_getFineTrimOffset2

功能	取得振荡器 2 的微调偏移
函数原型	int16_t OSC_getFineTrimOffset2 (OSC_Handle oscHandle) [inline]

输入参数	描述
clkHandle	振荡器(OSC)对象句柄
返回参数	振荡器 2 的微调偏移

表 5.18 OSC_getFineTrimSlope1

功能	取得振荡器 1 的微调偏移
函数原型	int16_t OSC_getFineTrimSlope1 (OSC_Handle oscHandle) [inline]

输入参数	描述
clkHandle	振荡器(OSC)对象句柄
返回参数	振荡器 1 的微调偏移

表 5.19 OSC_getFineTrimSlope2

功能	取得振荡器 2 的微调偏移
函数原型	int16_t OSC_getFineTrimSlope2 (OSC_Handle oscHandle) [inline]
输入参数	描述
clkHandle	振荡器(OSC)对象句柄
返回参数	振荡器 2 的微调偏移

表 5.20 OSC_getRefTempOffset

功能	获取参考温度偏移量
函数原型	int16_t OSC_getRefTempOffset (OSC_Handle oscHandle) [inline]
输入参数	描述
clkHandle	振荡器(OSC)对象句柄
返回参数	参考温度偏移量

表 5.21 OSC_init

功能	初始化振荡器(OSC)句柄
函数原型	OSC_Handle OSC_init (void * pMemory, const size_t numBytes)
输入参数	描述
pMemory numBytes	OSC 寄存器基地址的指针 分配给 OSC 对象、字节的字节数
返回参数	振荡器(OSC)对象句柄

表 5.22 OSC_setCoarseTrim

功能	设置振荡器的粗调值
函数原型	void OSC_setCoarseTrim (OSC_Handle oscHandle, const OSC_Number_e oscNumber, const uint8_t trimValue)
输入参数	描述
oscHandle oscNumber trimValue	振荡器(OSC)对象句柄 振荡器号 粗调值
返回参数	无

表 5.23　OSC_setFineTrim

功能	设置振荡器的微调值
函数原型	Void OSC_setFineTrim (OSC_Handle oscHandle, const OSC_Number_e oscNumber, const uint8_t trimValue)
输入参数	描述
oscHandle oscNumber trimValue	振荡器(OSC)对象句柄 振荡器号 微调值
返回参数	无

5.3 PLL 固件库

5.3.1 数据结构文档

PLL 固件库的数据结构文档如表 5.24 所列。

表 5.24　_PLL_Obj_

定义	typedef struct { uint16_t PLLSTS; uint16_t rsvd_1; uint16_t PLLLOCKPRD; uint16_t rsvd_2[13]; uint16_t PLLCR; }_PLL_Obj_;
功能	定义锁相环(PLL)对象
成员	PLLSTS:PLL 状态寄存器 rsvd_1:保留 PLLLOCKPRD:PLL 锁定周期寄存器 rsvd_2:保留 PLLCR:PLL 控制寄存器

5.3.2 定义文档

PLL 固件库的定义文档如表 5.25 所列。

表 5.25　定义文档

定　义	描　述
PLL_BASE_ADDR	定义锁相环(PLL)寄存器的基地址
PLL_PLLCR_DIV_BITS	定义 PLLCR 寄存器中的 DIV 位
PLL_PLLSTS_DIVSEL_BITS	定义 PLLSTS 寄存器中的 DIVSEL 位
PLL_PLLSTS_MCLKCLR_BITS	定义 PLLSTS 寄存器中的 MCLKCLR 位
PLL_PLLSTS_MCLKOFF_BITS	定义 PLLSTS 寄存器中的 MCLKOFF 位
PLL_PLLSTS_MCLKSTS_BITS	定义 PLLSTS 寄存器中的 MCLKSTS 位
PLL_PLLSTS_NORMRDYE_BITS	定义 PLLSTS 寄存器中的 NORMRDYE 位
PLL_PLLSTS_OSCOFF_BITS	定义 PLLSTS 寄存器中的 OSCOFF 位
PLL_PLLSTS_PLLLOCKS_BITS	定义 PLLSTS 寄存器中的 PLLLOCKS 位
PLL_PLLSTS_PLLOFF_BITS	定义 PLLSTS 寄存器中的 PLLOFF 位

5.3.3　类型定义文档

PLL 固件库的类型定义文档如表 5.26 所列。

表 5.26　类型定义文档

类型定义	描　述
PLL_Handle typedef struct　PLL_Obj　　* PLL_Handle	定义锁相环(PLL)的句柄
PLL_Obj typedef struct　_PLL_Obj_　PLL_Obj	定义模数转换(ADC) 对象

5.3.4　枚举文档

PLL 固件库的枚举文档如表 5.27～表 5.30 所列。

表 5.27　PLL_ClkStatus_e

功能	用枚举定义锁相环(PLL)的时钟状态
枚举成员	描述
PLL_ClkStatus_Normal	表示一个正常时钟
PLL_ClkStatus_Missing	表示一个时钟丢失

表 5.28 PLL_DivideSelect_e

功能	用枚举定义锁相环(PLL)的分频选择
枚举成员	描述
PLL_DivideSelect_ClkIn_by_4 PLL_DivideSelect_ClkIn_by_2 PLL_DivideSelect_ClkIn_by_1	表示 CLKIN /4 分频选择 表示 CLKIN /2 分频选择 表示 CLKIN /1 分频选择

表 5.29 PLL_LockStatus_e

功能	用枚举定义锁相环(PLL)的时钟锁定状态
枚举成员	描述
PLL_LockStatus_Locking PLL_LockStatus_Done	表示该系统正在锁定时钟 表示该系统已经锁定到时钟

表 5.30 PLL_Multiplier_e

功能	用枚举定义锁相环(PLL)的时钟频率
枚举成员	描述
PLL_Multiplier_1～PLL_Multiplier_12	表示×1～表示×12

5.3.5 函数文档

PLL 固件库的函数文档如表 5.31～表 5.48 所列。

表 5.31 PLL_disable

功能	禁用锁相环(PLL)
函数原型	void PLL_disable(PLL_Handle pllHandle)
输入参数	描述
pllHandle	锁相环 (PLL)对象句柄
返回参数	无

表 5.32 PLL_disableClkDetect

功能	禁用时钟检测逻辑
函数原型	Void PLL_disable(PLL_Handle pllHandle)
输入参数	描述
pllHandle	锁相环(PLL)对象句柄
返回参数	无

表 5.33　**PLL_disableNormRdy**

功能	禁用 NORMRDY 信号
函数原型	Void　PLL_disableNormRdy (PLL_Handle pllHandle)
输入参数	描述
pllHandle	锁相环(PLL)对象句柄
返回参数	无

表 5.34　**PLL_disableOsc**

功能	禁用振荡器
函数原型	void　PLL_disableOsc (PLL_Handle pllHandle)
输入参数	描述
pllHandle	锁相环(PLL)对象句柄
返回参数	无

表 5.35　**PLL_enable**

功能	使能锁相环 (PLL)
函数原型	void PLL_enable (PLL_Handle pllHandle)
输入参数	描述
pllHandle	锁相环(PLL)对象句柄
返回参数	无

表 5.36　**PLL_enableClkDetect**

功能	使能时钟检测逻辑
函数原型	void　PLL_enableClkDetect (PLL_Handle pllHandle)
输入参数	描述
pllHandle	锁相环(PLL)对象句柄
返回参数	无

表 5.37　**PLL_enableNormRdy**

功能	使能 NORMRDY 信号
函数原型	void　PLL_enableNormRdy (PLL_Handle pllHandle)
输入参数	描述
pllHandle	锁相环(PLL)对象句柄
返回参数	无

表 5.38　**PLL_enableOsc**

功能	使能振荡器
函数原型	void　PLL_enableOsc (PLL_Handle pllHandle)
输入参数	描述
pllHandle	锁相环(PLL)对象句柄
返回参数	无

表 5.39　**PLL_getClkStatus**

功能	取得锁相环 (PLL)时钟状态
函数原型	PLL_ClkStatus_e　PLL_getClkStatus (PLL_Handle pllHandle)
输入参数	描述
pllHandle	锁相环(PLL)对象句柄
返回参数	时钟状态

表 5.40　**PLL_getDivider**

功能	取得锁相环 (PLL)分选择值
函数原型	PLL_DivideSelect_e　PLL_getDivider (PLL_Handle pllHandle)
输入参数	描述
pllHandle	锁相环(PLL)对象句柄
返回参数	分选择值

表 5.41　**PLL_getLockStatus**

功能	取得锁相环 (PLL)锁状态
函数原型	PLL_LockStatus_e　PLL_getLockStatus (PLL_Handle pllHandle)
输入参数	描述
pllHandle	锁相环(PLL)对象句柄
返回参数	锁状态

表 5.42　**PLL_getMultiplier**

功能	取得锁相环 (PLL)时钟频率
函数原型	PLL_Multiplier_e　PLL_getMultiplier (PLL_Handle pllHandle)
输入参数	描述
pllHandle	锁相环(PLL)对象句柄
返回参数	时钟频率

表 5.43　PLL_init

功能	初始化锁相环(PLL)对象句柄
函数原型	PLL_Handle　PLL_init (void * pMemory, const size_t numBytes)
输入参数	**描述**
pMemory numBytes	PLL 寄存器基地址的指针 分配给 PLL 对象、字节的字节数
返回参数	锁相环(PLL)对象句柄

表 5.44　PLL_resetClkDetect

功能	重置 (PLL)时钟检测逻辑
函数原型	Void　PLL_resetClkDetect (PLL_Handle pllHandle)
输入参数	**描述**
pllHandle	锁相环(PLL)对象句柄
返回参数	无

表 5.45　PLL_setDivider

功能	设置锁相环(PLL)的分选择值
函数原型	void PLL_setDivider (PLL_Handle pllHandle, const PLL_DivideSelect_e divSelect)
输入参数	**描述**
pllHandle divSelect	锁相环(PLL)对象句柄 分选择值
返回参数	无

表 5.46　PLL_setLockPeriod

功能	设置锁相环(PLL)的锁定时间
函数原型	void PLL_setLockPeriod (PLL_Handle pllHandle, const uint16_t lockPeriod)
输入参数	**描述**
pllHandle lockPeriod	锁相环(PLL)对象句柄 锁期,周期
返回参数	无

表 5.47　PLL_setMultiplier

功能	设置锁相环(PLL)的时钟频率
函数原型	void PLL_setMultiplier (PLL_Handle pllHandle, const PLL_Multiplier_e freq)
输入参数	描述
pllHandle freq	锁相环(PLL)对象句柄 时钟频率
返回参数	无

表 5.48　PLL_setup

功能	设置锁相环(PLL)的分频器和乘法器
函数原型	void PLL_setup (PLL_Handle pllHandle, const PLL_Multiplier_e clkMult, const PLL_DivideSelect_e divSelect)
输入参数	描述
pllHandle clkMult divSelect	锁相环(PLL)对象句柄 时钟乘法器的值 分频选择的值
返回参数	无

5.4　振荡器与锁相环例程

本小节将以 TI 提供的 Example_F2802xOscComp 工程为蓝本，介绍振荡器与锁相环的编程与测试方法。

(1) osc.c 功能说明。

```
//###########################################################################
//! 该程序演示了如何使用 osc.c 或 F2802x_OscComp.c 文件中的内部振荡器补偿函数。
//!     温度传感器采集的原始温度数据被传递到振荡器的补偿函数，
//!     使用这个参数可弥补内部振荡器，在整个温度范围内的频率漂移。
//!     观察变量：
//!     - temp
//!     - SysCtrlRegs.INTOSC1TRIM
//!     - SysCtrlRegs.INTOSC2TRIM
//###########################################################################
#include "DSP28x_Project.h"      // DSP28x 头文件
#include "f2802x_common/include/adc.h"
#include "f2802x_common/include/clk.h"
#include "f2802x_common/include/flash.h"
#include "f2802x_common/include/gpio.h"
```

```
#include "f2802x_common/include/osc.h"
#include "f2802x_common/include/pie.h"
#include "f2802x_common/include/pll.h"
#include "f2802x_common/include/wdog.h"
int16_t temp;   //温度传感器读数
ADC_Handle myAdc;
CLK_Handle myClk;
FLASH_Handle myFlash;
GPIO_Handle myGpio;
PIE_Handle myPie;
void main(void)
{
    CPU_Handle myCpu;
    OSC_Handle myOsc;
    PLL_Handle myPll;
    WDOG_Handle myWDog;
    //初始化该工程所需的所有句柄
    myAdc = ADC_init((void  *)ADC_BASE_ADDR, sizeof(ADC_Obj));
    myClk = CLK_init((void  *)CLK_BASE_ADDR, sizeof(CLK_Obj));
    myCpu = CPU_init((void  *)NULL, sizeof(CPU_Obj));
    myFlash = FLASH_init((void  *)FLASH_BASE_ADDR, sizeof(FLASH_Obj));
    myGpio = GPIO_init((void  *)GPIO_BASE_ADDR, sizeof(GPIO_Obj));
    myOsc = OSC_init((void  *)OSC_BASE_ADDR, sizeof(OSC_Obj));
    myPie = PIE_init((void  *)PIE_BASE_ADDR, sizeof(PIE_Obj));
    myPll = PLL_init((void  *)PLL_BASE_ADDR, sizeof(PLL_Obj));
    myWDog = WDOG_init((void  *)WDOG_BASE_ADDR, sizeof(WDOG_Obj));
    //系统初始化
    WDOG_disable(myWDog);
    CLK_enableAdcClock(myClk);
    (*Device_cal)();
    //选择内部振荡器1作为时钟源
    CLK_setOscSrc(myClk, CLK_OscSrc_Internal);
    // 设置PLL为 x12 /2 产生 60 MHz = 10 MHz * 12 / 2
    PLL_setup(myPll, PLL_Multiplier_12, PLL_DivideSelect_ClkIn_by_2);
//禁止PIE和所有中断
PIE_disable(myPie);
    PIE_disableAllInts(myPie);
    CPU_disableGlobalInts(myCpu);
    CPU_clearIntFlags(myCpu);
    //把函数从闪存复制到RAM中运行
#ifdef  _FLASH
    memcpy(&RamfuncsRunStart,&RamfuncsLoadStart,(size_t)&RamfuncsLoadSize);
    //设置闪存OTP的最小等待状态,这对于执行补偿函数是很重要的
```

```
    FLASH_setup(myFlash);
#endif
    // 初始化 GPIO
    // 使能 XCLOCKOUT,允许监测振荡器 1
    GPIO_setMode(myGpio, GPIO_Number_18, GPIO_18_Mode_XCLKOUT);
    CLK_setClkOutPreScaler(myClk, CLK_ClkOutPreScaler_SysClkOut_by_1);
    //设置调试向量表与使能 PIE
    PIE_setDebugIntVectorTable(myPie);
    PIE_enable(myPie);
    // 初始化 ADC
    ADC_enableBandGap(myAdc);
    ADC_enableRefBuffers(myAdc);
    ADC_powerUp(myAdc);
    ADC_enable(myAdc);
    ADC_setVoltRefSrc(myAdc, ADC_VoltageRefSrc_Int);
    ADC_enableTempSensor(myAdc);
//连接通道 A5 到内部温度传感器
    ADC_setSocChanNumber (myAdc, ADC_SocNumber_0, ADC_SocChanNumber_A5);
/ 设置 SOC0 通道到 ADCINA5
    ADC_setSocChanNumber (myAdc, ADC_SocNumber_1, ADC_SocChanNumber_A5);
//设置 SOC1 通道到 ADCINA5
ADC_setSocSampleWindow(myAdc,ADC_SocNumber_0,ADC_SocSampleWindow_7_cycles);
//设置 SOC0 采样周期为 7 个 ADCCLK
ADC_setSocSampleWindow(myAdc,ADC_SocNumber_1,ADC_SocSampleWindow_7_cycles);
//设置 SOC1 采样周期为 7 个 ADCCLK
    ADC_setIntSrc(myAdc, ADC_IntNumber_1, ADC_IntSrc_EOC1);
//连接 ADCINT1 与 EOC1
ADC_enableInt(myAdc, ADC_IntNumber_1);  //使能 ADCINT1
for(;;) {
        //强制 SOC0 和 SOC1 转换开始
        ADC_forceConversion(myAdc, ADC_SocNumber_0);
        ADC_forceConversion(myAdc, ADC_SocNumber_1);
        //等待转换结束
        while(ADC_getIntStatus(myAdc, ADC_IntNumber_1) = = 0) {
        }
        //清除 ADCINT1
        ADC_clearIntFlag(myAdc, ADC_IntNumber_1);
        //从 SOC1 中得到温度传感器的采样结果
        temp = ADC_readResult(myAdc, ADC_ResultNumber_1);
        //使用温度传感器测量振荡器补偿温度变化
        OSC_runCompensation(myOsc, OSC_Number_1, temp);
        OSC_runCompensation(myOsc, OSC_Number_2, temp);
        //...其他任务...
```

```
    }
}
```

(2) 导入 Example_F2802xOscComp 工程，如图 5.10 所示。

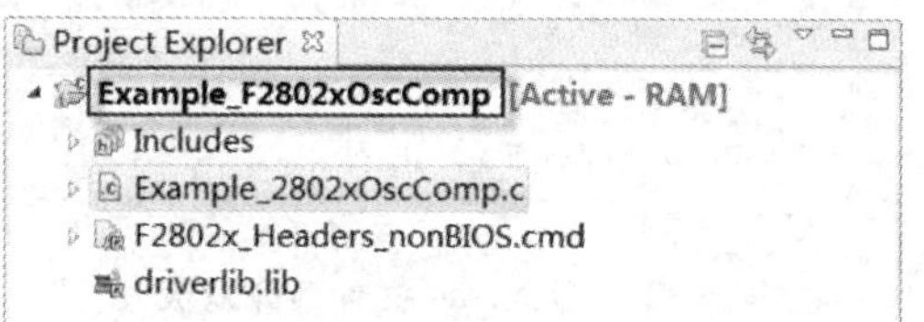

图 5.10　Example_F2802xOscComp 工程

(3) 编译 Example_F2802xOscComp 得到.out 文件，如图 5.11 所示。

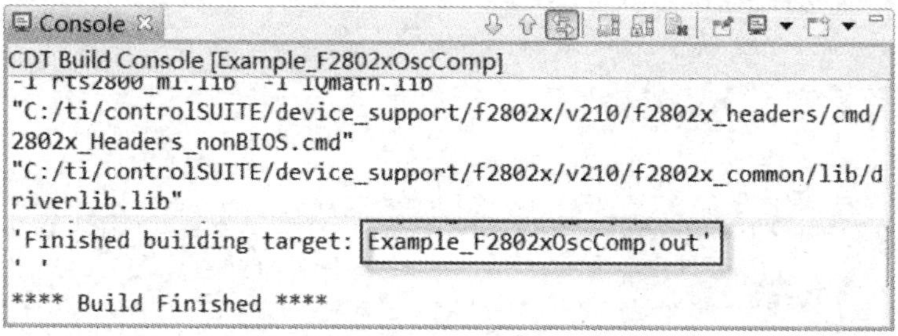

```
Console
CDT Build Console [Example_F2802xOscComp]
-l rts2800_ml.lib  -l IQmath.lib
"C:/ti/controlSUITE/device_support/f2802x/v210/f2802x_headers/cmd/
2802x_Headers_nonBIOS.cmd"
"C:/ti/controlSUITE/device_support/f2802x/v210/f2802x_common/lib/d
riverlib.lib"
'Finished building target: Example_F2802xOscComp.out'
' '
**** Build Finished ****
```

图 5.11　Example_F2802xOscComp 工程的编译结果生成.out 文件

(4) 在开发板 LaunchPad 中导入.out 文件，选中实时模式与连续运行模式，如图 5.12 和图 5.13 所示。

图 5.12　测试 Example_F2802xOscComp 工程的 LaunchPad 开发板

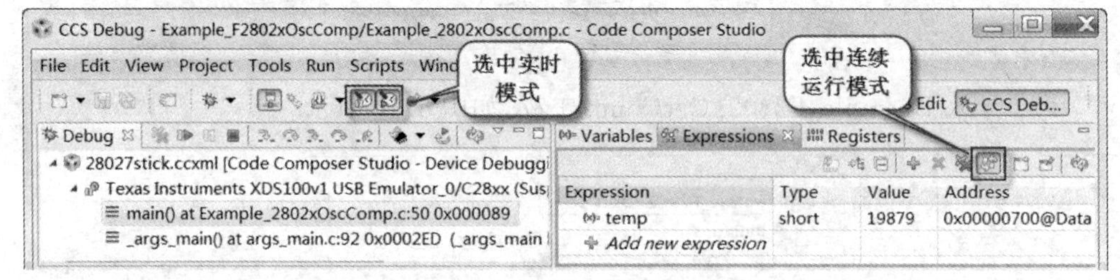

图 5.13　导入.out 文件到开发板

(5) 启动运行按钮,观察 temp、INTOSC1TRIM 与 INTOSC2TRIM 的运行结果,如图 5.13 和图 5.14 所示。

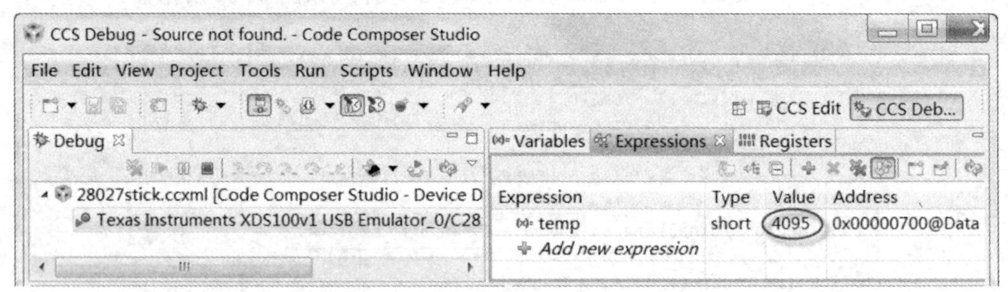

图 5.14　程序的测试结果及 temp 变量的值

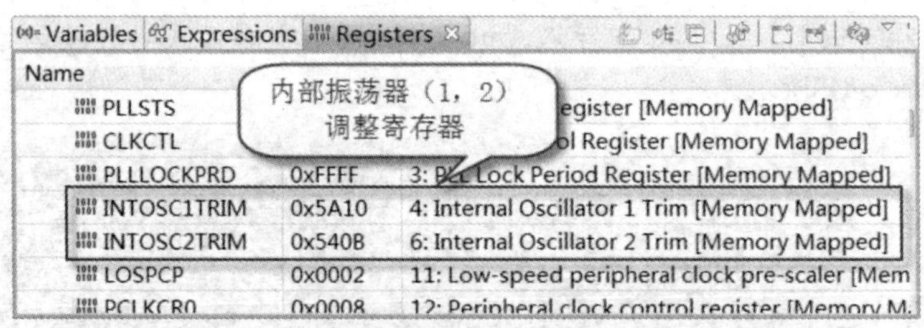

图 5.15　内部振荡器(1,2)的调整寄存器的值

第6章

CPU与定时器

本章将介绍CPU、定时器、看门狗模块的基本运行机制，及其API函数的功能和使用方法。

CPU的API提供了一组用于控制Piccolo器件中央处理单元的固件函数，此驱动程序包含在f2802x_common/source/cpu.c文件中，f2802x_common/include/cpu.h中包含该程序使用的API定义。

定时器API提供了一组用于配置/启动/停止和读取CPU定时器的函数，此驱动程序包含在f2802x_common/source/timer.c文件中，f2802x_common/include/timer.h中包含该程序所使用的API定义。

看门狗定时器提供了一组用于看门狗模块的函数，此驱动程序包含在f2802x_common/source/watchdog.c文件中，f2802x_common/include/watchdog.h中包含该程序所使用的API定义。

本章主要内容：

◇ CPU模块介绍；

◇ CPU固件库介绍；

◇ 定时器固件库介绍；

◇ 看门狗定时器固件库介绍；

◇ CPU与定时器固件库例程。

6.1 中央处理器(CPU)模块

中央处理单元(CPU)是负责程序的流程控制和指令处理。它执行算术、布尔逻辑、乘和移位操作。当执行有符号数学运算时，CPU使用2的补码表示。本节将简要介绍CPU的体系结构、寄存器和一些基本功能。

6.1.1 CPU结构

所有C28x器件都包含中央处理单元(CPU)、仿真逻辑、存储器和外设接口等信号。这些信号包括地址总线和3个数据总线，图6.1显示了C28x CPU的主要模块和数据路径。

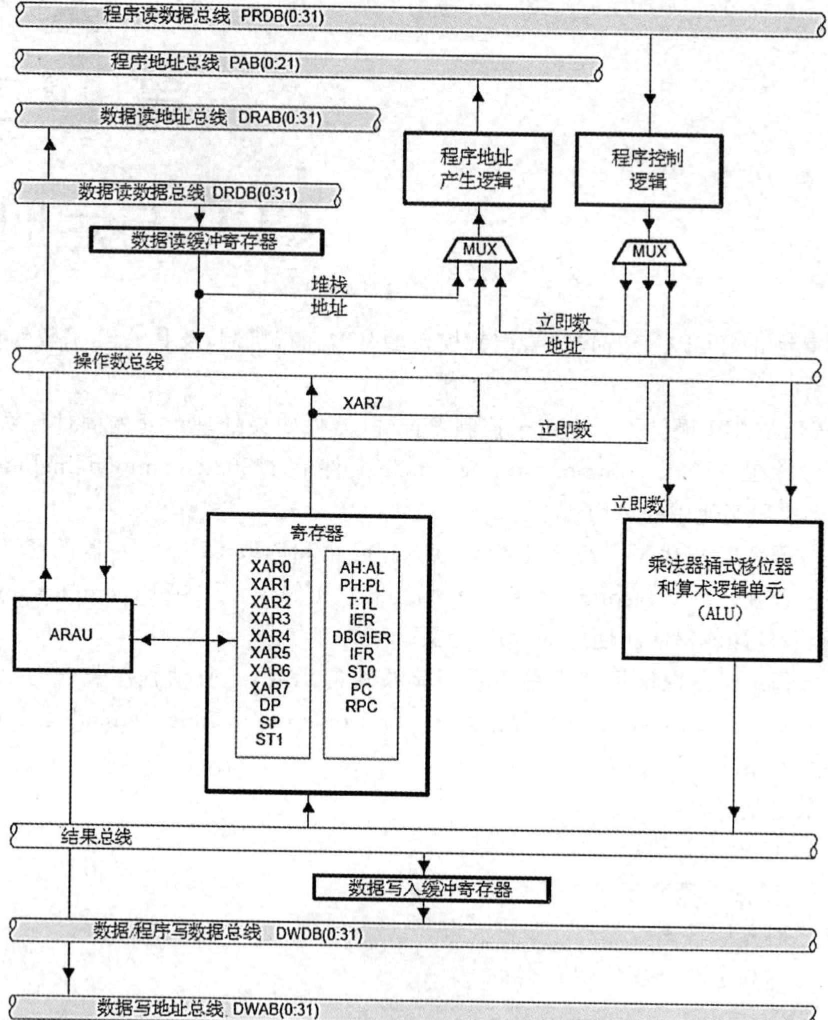

图 6.1　CPU 系统框图

CPU 模块的主要功能有：

(1) 程序和数据控制逻辑；

(2) 实时仿真和可视性；

(3) 地址寄存器算术单元(ARAU)；

(4) 原子算术逻辑单元(ALU)；

(5) 预取队列和指令解码；

(6) 程序和数据地址产生器；

(7) 定点 MPY/ ALU；

(8)中断处理。

6.1.2　CPU 寄存器

表 6.1 列出了 CPU 寄存器以及它们复位后的值。C28X 寄存器如图 6.2 所示。

表 6.1　CPU 寄存器

寄存器	大　小	描　述	复位后的值
ACC	32 bits	累加器	0x0000 0000
AH	16 bits	累加器高 8 位	0x0000
AL	16 bits	累加器低 8 位	0x0000
XAR0	16 bits	辅助寄存器 0	0x0000 0000
XAR1	32 bits	辅助寄存器 1	0x0000 0000
XAR2	32 bits	辅助寄存器 2	0x0000 0000
XAR3	32 bits	辅助寄存器 3	0x0000 0000
XAR4	32 bits	辅助寄存器 4	0x0000 0000
XAR5	32 bits	辅助寄存器 5	0x0000 0000
XAR6	32 bits	辅助寄存器 6	0x0000 0000
XAR7	32 bits	辅助寄存器 7	0x0000 0000
AR0	16 bits	辅助寄存器 0 的低 8 位	0x0000
AR1	16 bits	辅助寄存器 1 的低 8 位	0x0000
AR2	16 bits	辅助寄存器 2 的低 8 位	0x0000
AR3	16 bits	辅助寄存器 3 的低 8 位	0x0000
AR4	16 bits	辅助寄存器 4 的低 8 位	0x0000
AR5	16 bits	辅助寄存器 5 的低 8 位	0x0000
AR6	16 bits	辅助寄存器 6 的低 8 位	0x0000
AR7	16 bits	辅助寄存器 7 的低 8 位	0x0000
DP	16 bits	Data－page pointer	0x0000
IFR	16 bits	中断标志寄存器	0x0000
IER	16 bits	中断使能寄存器	0x0000（INT1～INT14，DLOGINT，RTOSINT 禁止）
DBGIER	16 bits	调试中断使能寄存器	0x0000（INT1～INT14，DLOGINT，RTOSINT 禁止）
P	32 bits	32 位乘积寄存器	0x0000 0000
PH	16 bits	32 位乘积寄存器高 16 位	0x0000
PL	16 bits	32 位乘积寄存器低 16 位	0x0000
PC	22 bits	程序计数器	0x3F_FFC0
RPC	22 bits	程序计数器返回值	0x0000 0000
SP	16 bits	堆栈指针	0x0400

续表 6.1

寄存器	大　小	描　述	复位后的值
ST0	16 bits	状态寄存器 0	0x0000
ST1	16 bits	状态寄存器 1	0x080B+
XT	32 bits	被乘数寄存器	0x0000 0000
T	16 bits	被乘数寄存器高 8 位	0x0000
TL	16 bits	被乘数寄存器低 8 位	0x0000

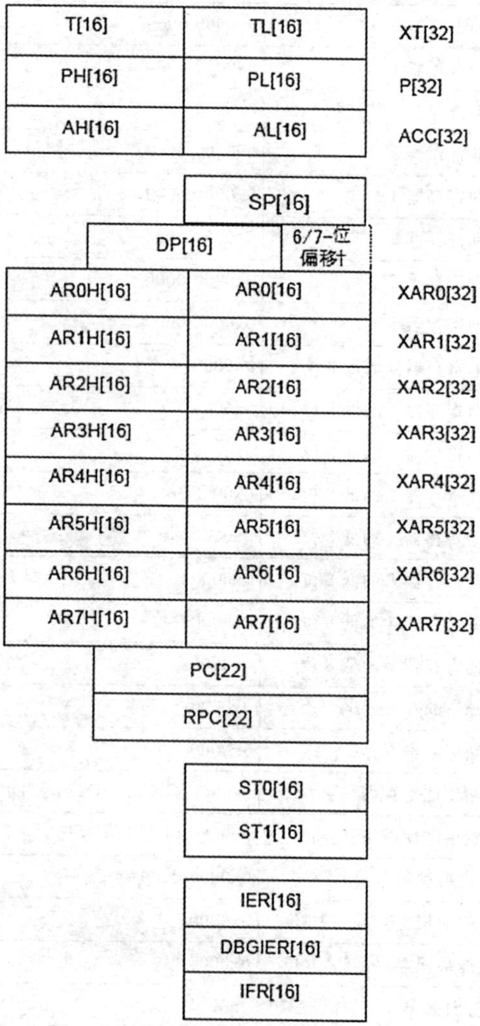

图 6.2　C28x 寄存器

注意:6位偏移量在C28x或C27x目标兼容模式时使用,7位偏移量在C2xLP源兼容模式时使用。

6.1.3　累加器(ACC,AH,AL)

累加器(ACC)是主要的工作寄存器。它是所有ALU运算的目标,除了那些直接存储器或寄存器操作外。ACC支持单周期数据传送、加、减及对数据存储器中的32位数据进行比较运算。它也能够接收32位乘法运算的结果(见图6.3)。

ACC可以分为两个独立的16位寄存器:AH(高16位)和AL(低16位),AH和AL内的字节也可以单独访问。利用特殊的字节传送指令加载与存储AH/AL的最高/最低字节,使之能有效地对字节进行打包或拆分。

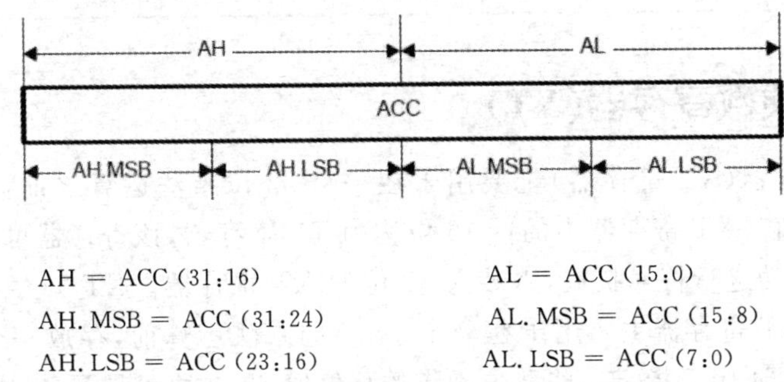

AH = ACC (31:16)　　AL = ACC (15:0)

AH. MSB = ACC (31:24)　　AL. MSB = ACC (15:8)

AH. LSB = ACC (23:16)　　AL. LSB = ACC (7:0)

图6.3　累加器中可单独访问的部分

累加器中的状态位如下:

◇ 溢出模式位(OVM);

◇ 符号扩展模式位(SXM);

◇ 测试/控制标志位(TC);

◇ 进位(C);

◇ 零标志位(Z);

◇ 负标志位(N);

◇ 锁定溢出标志位(V);

◇ 溢出计数器位(OVC)。

注意:这些位的详细信息请参考状态寄存器ST0。

AH、AL与ACC的移位方式,如表6.2所列。

表 6.2 累加器中可用的移位操作

寄存器	移位方向	移位类型	指 令
ACC	左	逻辑移位	LSL 或者 LSLL
		循环移位	ROL
	右	算术移位	SFR（SXM =1）或者 ASRL
		逻辑移位	SFR（SXM =0）或者 LSRL
		循环移位	ROR
AH 或者 AL	左	逻辑移位	LSL
	右	算术移位	ASR
		逻辑移位	LSR

6.1.4 被乘数寄存器(XT)

被乘数寄存器(XT 寄存器)主要用于在一个 32 位乘法运算之前,存放一个 32 位带符号整数值。XT 寄存器中的低 16 位称为 TL 寄存器,该寄存器可装载 16 位有符号数,它会自动进行符号扩展,以装入 32 位的 XT 寄存器。XT 寄存器的高 16 位称为 T 寄存器,T 寄存器主要用于在一个 16 位的乘法运算前,存放一个 16 位的整数值。T 寄存器还用于指定一些移位操作的移位值,在这种情况下,根据指令只能使用 T 寄存器的部分位,如图 6.4 所示。

例如:

```
ASR AX, T   ;   根据[T:T(3:0) = 0…15]的 4 个最低有效位执行算术右移
ASRL ACC, T  ;   根据[T:T(4:0) = 0…31]的 5 个最低有效位执行算术右移
```

这种操作时忽略 T 寄存器的最高位。

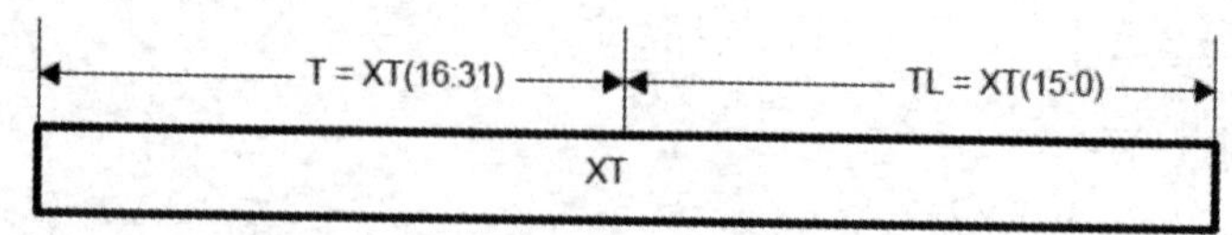

图 6.4 可单独访问的半 XT 寄存器

6.1.5 乘积寄存器(P、PH、PL)

乘积寄存器(P 寄存器)通常用于存储一个 32 位乘法运算的结果。它也可以直接从一个 16 位或者 32 位数据存储器、一个 16 位的常数、32 位的 ACC,或一个 16 位或 32 位可寻址 CPU 寄存器中加载。P 寄存器可以被视为一个 32 位的寄存器,或两个独立的 16 位寄存器:PH(高 16 位)和 PL(低 16 位),如图 6.5 所示。

当一些指令访问 P、PH 或 PL 时,所有 32 位被复制到 ALU 移位器中模块中,在

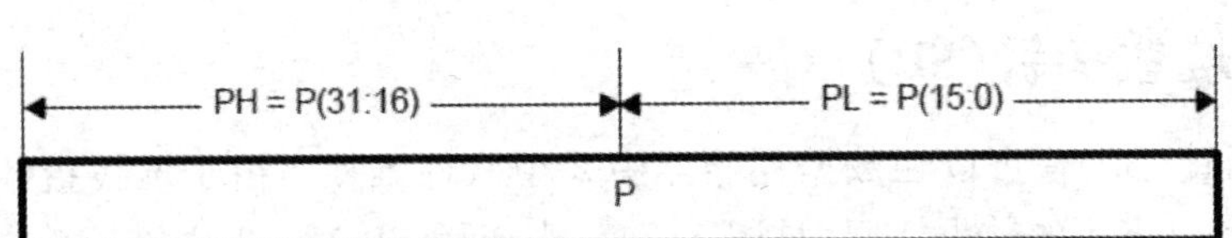

图 6.5　可单独访问的半 P 寄存器

此桶形移位器中可执行左移位、右移位，或未做移位操作。这些移位器指令的移位操作取决于状态寄存器(ST0)中的乘积移位模式(PM)位。当桶形移位器执行左移时，低位补零。当移位器执行右移时，P 寄存器的值被符号扩展，使用 PH 或 PL 作为操作数的指令，忽略乘积移位模式。

6.1.6　数据页指针(DP)

在直接寻址模式中，数据存储器寻址块中的 64 个字，称为数据页。低 4 M 字的数据存储器由 65536 个数据页组成，标记为 0～65535，如图 6.6 所示。在 DP 直接寻址模式中，16 位的数据页指针(DP)持有当前数据的页号，可通过改变 DP 的值来变更数据的页号。

数据页	偏移量	数据存储
00 0000 0000 0000 00 ⋮ 00 0000 0000 0000 00	00 0000 ⋮ 11 1111	Page 0:　0000 0000-0000 003F
00 0000 0000 0000 01 ⋮ 00 0000 0000 0000 01	00 0000 ⋮ 11 1111	Page 1:　0000 0040-0000 007F
00 0000 0000 0000 10 ⋮ 00 0000 0000 0000 10	00 0000 ⋮ 11 1111	Page 2:　0000 0080-0000 00BF
⋮	⋮	⋮　⋮
11 1111 1111 1111 11 ⋮ 11 1111 1111 1111 11	00 0000 ⋮ 11 1111	Page 65 535: 003F FFC0-003F FFFF

图 6.6　数据存储器页

使用 DP 指针无法访问 4 M 字以上的数据存储器。当工作在 C2xLP 源兼容模式时，将使用 7 位偏移量，同时忽略 DP 寄存器的最低位。

6.1.7　堆栈指针(SP)

堆栈指针(SP)使可以在数据存储器中采用软件堆栈。由于堆栈指针仅 16 位，只可寻址低 64 KB 的数据空间(见图 6.7)。当使用 SP 时，32 位的高 6 位地址被强制为 0。

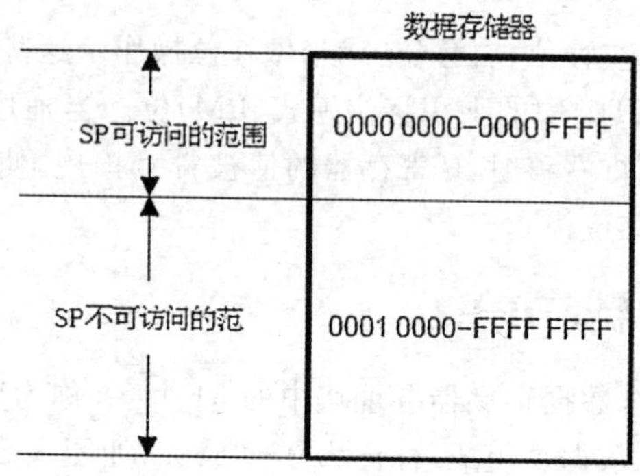

图 6.7　堆栈指针可访问的地址范围

堆栈的操作如下：

◇ 堆栈从低存储器向高存储器增长；

◇ SP 总是指向堆栈中的下一个空位；

◇ 在复位时，SP 被初始化，它指向地址 0000040016；

◇ 当 32 位数保存到堆栈时，低 16 位首先被保存，高 16 位数值将保存到下一个更高的地址中（小端模式）。

◇ 当读/写一个 32 位数值时，C28x CPU 使存储器和外设接口逻辑把读/写操作地址按偶数排列。例如，如果 SP 包含奇数地址 0x00000083，那么对于一个 32 位的读操作，用户将从 0x00000082 与 0x00000083 地址中读取。
当 SP 的值超过 FFFF 或低于 0000 时，SP 将发生溢出。当 SP 超过 FFFF 时就会从 0000 重新开始计数。例如，当 SP ＝ FFFE，执行 SP＋4 指令时，会导致 SP＝0002。当 SP 小于 0000 时就会从 FFFF 重新开始计数。例如，当 SP＝0001，执行 SP－5 指令时，会导致 SP 从 FFFF 重新开始计数，其结果为 FFFC(注：所述为 16 进制数)。

◇ 当值被保存在堆栈时，SP 并没有强制奇地址或偶地址对齐，其强制地址对齐由存储器或外设接口逻辑实现。

6.1.8　辅助寄存器(XAR0～XAR7，AR0～AR7)

CPU 提供 8 个 32 位的辅助寄存器，可作为指向存储器的指针或通用寄存器。辅助寄存器包括：XAR0，XAR1，XAR2，XAR3，XAR4，XAR5，XAR6 和 XAR7。许多指令允许用户访问 XAR0～XAR7 中的低 16 位，如图 6.8 所示。辅助寄存器的低

16 位称为 AR0～AR7，它可作为通用寄存器闭环控制和高效的 16 位比较。当访问 AR0～AR7 时，高 16 位的寄存器(AR0H～AR7H)可能会或不会被修改，这取决于所用的指令。AR0H～AR7H 只能作为 XAR0～XAR7 的一部分来访问，不能单独访问。

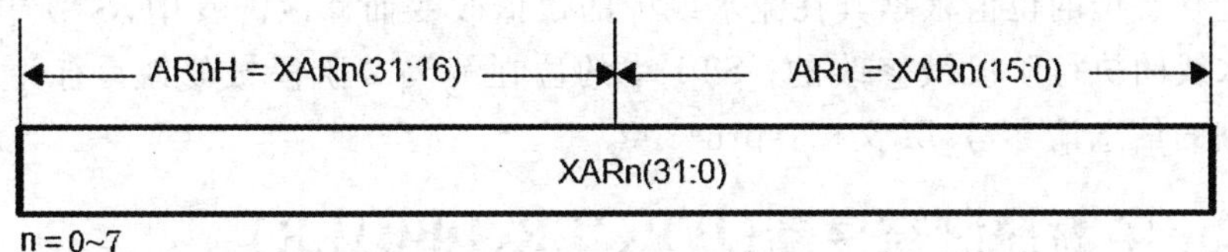

图 6.8　寄存器 XAR0～XAR7

对于 ACC 操作，所有 32 位都是有效的(@ XARn)。16 位操作使用低 16 位，而高 16 位被忽略(@ARn)。也可以使用 XAR0～XAR7，一些指令指向程序存储器中的任何值。

许多指令允许用户访问 XAR0～XAR7 的低 16 位(LSB)。如图 6.9 所示，16 个 LSBs 的 XAR0～XAR7 被称为一个辅助寄存器 AR0～AR7。

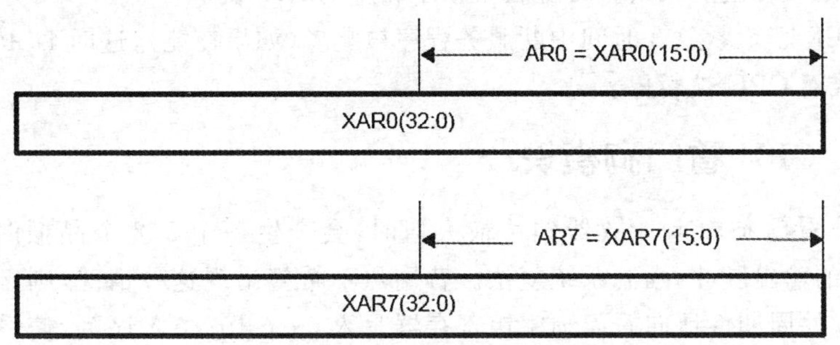

图 6.9　XAR0～XAR7

6.1.9　程序计数器(PC)

当流水线满时，22 位程序计数器(PC)总是指向当前正在处理的指令——刚刚到达的流水线第二阶段的指令，即解码阶段的指令。一旦指令到达流水线的这个阶段，它就不能通过中断从流水线中清除，而是在执行完成之后才能响应中断。

6.1.10　返回程序计数器(RPC)

当使用 LCR 指令执行调用操作时，返回的地址被保存在 RPC 寄存器中，而 RPC 中的旧值保存在堆栈中(2 个 16 位操作)。使用 LRETR 指令执行返回操作时，返回地址可从 RPC 寄存器中读出，堆栈中的值被重新写回 RPC 寄存器(两个 16 位操作)，而其他调用指令不使用 RPC 寄存器。

6.1.11　状态寄存器(ST0,ST1)

C28x有两个状态寄存器ST0和ST1,其中包含各种标志位和控制位。这些寄存器可以从数据存储器中存储/加载数据,使子程序保存和恢复机器状态。

这些状态位的位值根据其在流水线中的位值改变而修改。其中,ST0中的位都是在流水线的执行阶段被修改的;ST1中的位在解码2阶段被修改。有关ST0和ST1详细的信息请参考TI文档:spru430e。

6.1.12　中断控制寄存器(IFR、IER、DBGIER)

C28x的CPU有3个专门的中断控制寄存器:

◇ 中断标志寄存器(IFR);

◇ 中断使能寄存器(IER);

◇ 调试中断使能寄存器(DBGIER)。

这些寄存器在CPU级处理中断。IFR包含可屏蔽中断的标志位(可使用软件使能和禁止的位)。当其中一个标志位由硬件或软件置位时,相应的中断服务程序将得到响应,且用户可使能或禁止可屏蔽中断中相应的IER位。

DBGIER表示紧急一时间中断服务程序被响应(如果使能),这时DSP工作在实时仿真模式而CPU被暂停。

6.1.13　CPU看门狗模块

当8位看门狗向上计数器到达最大值时,会产生一个512个晶振时钟(OSCCLK)宽度的输出脉冲,强制系统复位。若用户不希望出现这种情况,则必须禁用看门狗或用软件周期性地向看门狗密钥寄存器写入0x55+0xAA序列,使看门狗计数器复位。图6.10展示了看门狗模块中的各种功能模块。

注意:当看门狗复位时,$\overline{\text{WDRST}}$和$\overline{\text{XRS}}$信号会持续512个时钟周期的低电平。类似的,如果看门狗中断处于使能状态,且发生中断,$\overline{\text{WDINT}}$信号会持续512个时钟周期的低电平。

6.1.14　看门狗定时器

在看门狗计数器溢出之前,如果向WDKEY寄存器中写入规定的序列,则WDCNTR将会被复位。当向WDKEY寄存器内写入0x55后,WDCNTR复位处于使能状态,如果接下来向WDKEY寄存器写入0xAA,则WDCNTR将会被复位。除0x55和0xAA外,向WDKEY中写入任何其他值都是无效的;只有依次向WDKEY中写入0x55和0xAA时才能复位WDCNTR,如表6.3所列。

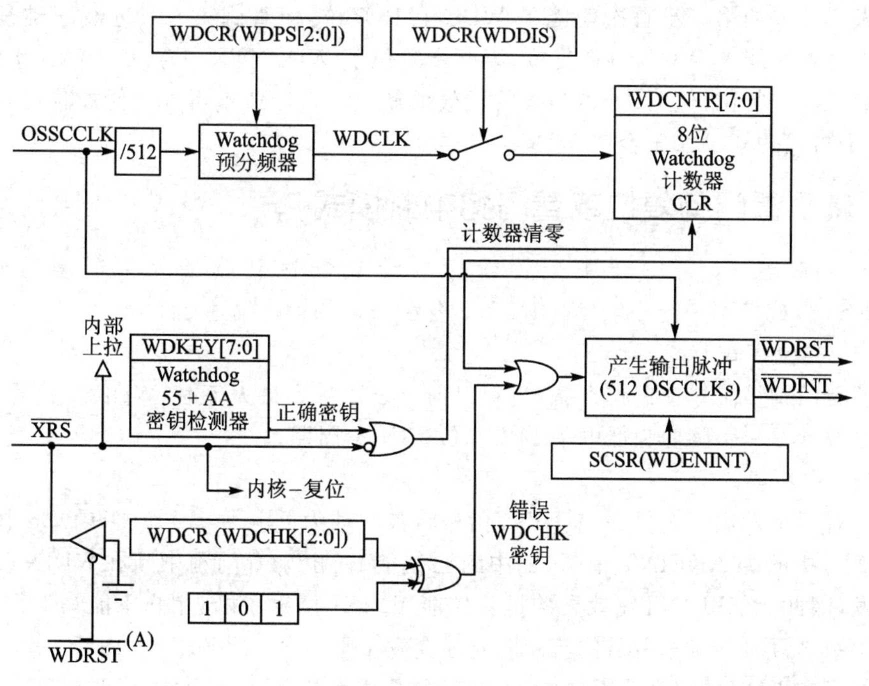

图 6.10 看门狗模块

表 6.3 看门狗密钥操作示例

次 序	写入 WDKEY 寄存器的值	作 用
1	0xAA	无动作
2	0xAA	无动作
3	0x55	WDCNTR 复位使能,写入 0xAA 后将复位
4	0x55	WDCNTR 复位使能,写入 0xAA 后将复位
5	0x55	WDCNTR 复位使能,写入 0xAA 后将复位
6	0xAA	WDCNTR 复位
7	0xAA	无动作
8	0x55	WDCNTR 复位使能,写入 0xAA 后将复位
9	0xAA	WDCNTR 复位
10	0x55	WDCNTR 复位使能,写入 0xAA 后将复位
11	0x32	无效值
12	0xAA	无动作
13	0x55	WDCNTR 复位使能,写入 0xAA 后将复位
14	0xAA	WDCNTR 复位

表6.3中的第3步首次使能了WDCNTR复位，但直到第6步才真正被复位。第8步再次使能了WDCNTR复位，第9步复位了WDCNTR。第10步第3次使能了WDCNTR复位，但第11步写入的无效值使WDCNTR不再处于使能状态，因此第12步写入的0xAA不会使WDCNTR复位。

6.1.15 看门狗复位或看门狗中断模式

可以在SCSR寄存器中配置看门狗计数器达到其最大值时复位设备($\overline{\text{WDRST}}$)，或发出一个中断($\overline{\text{WDINT}}$)。各种条件的操作描述如下：

(1) 复位模式

若看门狗被配置成复位设备，当看门狗计数器达到最大值时，$\overline{\text{WDRST}}$信号将使器件复位($\overline{\text{XRS}}$)引脚变为低电平512个OSCCLK周期。

(2) 中断模式

若看门狗发出一个中断，$\overline{\text{WDINT}}$信号将被驱动为低电平512个OSCCLK周期，唤醒PIE中的WAKEINT中断(如中断已使能)。由于看门狗中断在$\overline{\text{WDINT}}$下降沿触发，因此，在$\overline{\text{WDINT}}$无效之前重新使能WAKEINT中断，用户不能马上得到另一个中断。只有当未来的看门狗超时时才会发生下一个WAKEINT中断。

如果在$\overline{\text{WDINT}}$仍然为低电平时，看门狗从中断模式重新配置成复位模式，则设备会立即复位。在把看门狗重新配置成复位模式前，在SCSR寄存器中可读出$\overline{\text{WDINT}}$位信号的当前状态。

6.1.16 看门狗寄存器

系统控制和状态寄存器(SCSR)，包含看门狗改写位(override bit)和看门狗中断使能/禁止位。图6.11描述SCSR寄存器的位功能。表6.4给出了SCSR各字段介绍。

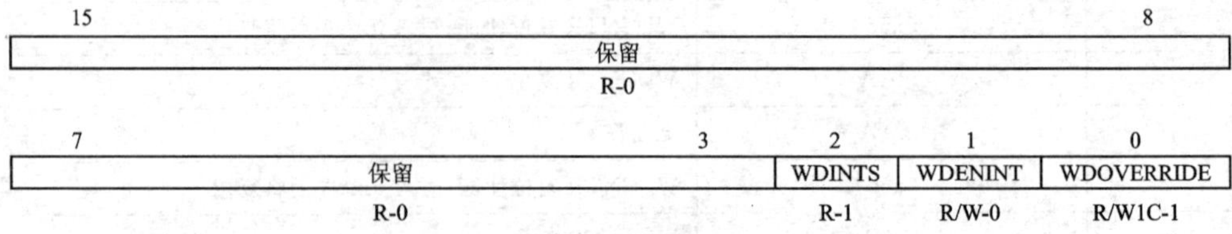

图6.11 系统控制和状态寄存器(SCSR)

表6.4 系统控制和状态寄存器(SCSR)字段描述

位	字段	值	描述[1]
15～3	保留		保留

续表 6.4

位	字　段	值	描　述[1]
2	WDINTS	 0 1	看门狗中断状态位： 看门狗中断信号$\overline{\text{WDINT}}$有效 看门狗中断信号$\overline{\text{WDINT}}$无效
1	WDENINT	 0 1	看门狗中断使能位： 看门狗复位($\overline{\text{WDRST}}$)的输出信号使能 看门狗复位($\overline{\text{WDRST}}$)的输出信号禁止
0	WDOVERRIDE	 0 1	看门狗改写位： 无影响 用户可以更改看门狗控制(WDCR)寄存器中的看门狗禁止位(WDDIS)的状态

[1]此寄存器受 EALLOW 保护。

看门狗计数寄存器(WDCNTR)如图 6.12 所示，其各字段介绍见表 6.5。

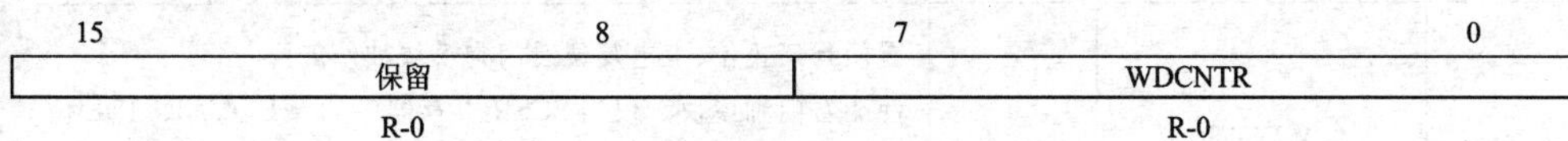

图 6.12　看门狗计数器寄存器(WDCNTR)

表 6.5　看门狗计数器寄存器(WDCNTR)字段描述

位	字　段	值	描　述
15－8	保留		保留
7－0	WDCNTR		看门狗计数器的当前值

看门狗复位密钥寄存器如图 6.13 所示，其各字段介绍见表 6.6。

15　　　8	7　　　0
保留	WDKEY
R-0	R/W-0

图 6.13　看门狗复位密钥寄存器(WDKEY)

表 6.6　看门狗复位密钥寄存器(WDKEY)字段说明

位	字　段	值	描　述[1]
15－8	保留		保留
7－0	WDKEY	 0x55 ＋ 0xAA 其他值	写 WDKEY 不同序列的例子，请参考表 6.3 先将数值 0x55，其次把 0xAA 均写入到 WDKEY 中清除 WDCNTR 位 写入除了 0x55 或 0xAA 之外任何值对看门狗无效。如果写入 0x55 之后，接着写入的不是 0xAA，则该序列必须由 0x55 重新开始

[1]此寄存器受 EALLOW 保护。

看门狗控制寄存器如图 6.14 所示，其各字段介绍如表 6.7 所示。

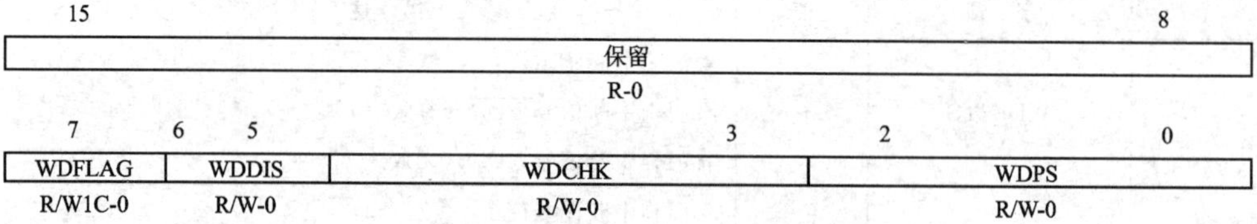

15–8			
保留 R-0			
7	**6**	**5–3**	**2–0**
WDFLAG R/W1C-0	WDDIS R/W-0	WDCHK R/W-0	WDPS R/W-0

图 6.14 看门狗控制寄存器(WDCR)

表 6.7 看门狗控制寄存器(WDCR)

位	字 段	值	描 述[1]
15－8	保留		保留
7	WDFLAG		看门狗复位标志位：
		0	由$\overline{XRS}$引脚或者上电引起复位。该位保持锁定，直到写 1 来清除状态，忽略 0 的写入
		1	指示看门狗复位($\overline{WDRST}$)生成的复位状态
6	WDDIS		看门狗禁止位：上电复位看门狗模块被使能
		0	使能看门狗模块。仅当 SCSR 寄存器中的 WDOVERRIDE 位被置位时，WDDIS 位方可被修改(默认)
		1	禁止看门狗模块
5－3	WDCHK		看门狗检查位：
		0,0,0	若需写入该寄存器，用户必须始终写入 1,0,1 到这些位，除非想通过软件复位
		其他	如果看门狗被启用，写任何其他值会立即引起器件复位或看门狗中断。这 3 个位始终读回零(0,0,0)。此功能可用于产生一个 DSP 的软件复位
2－0	WDPS		看门狗预分频位：
		000	WDCLK ＝ OSCCLK/512/1 (默认)
		001	WDCLK ＝ OSCCLK/512/1
		010	WDCLK ＝ OSCCLK/512/2
		011	WDCLK ＝ OSCCLK/512/4
		100	WDCLK ＝ OSCCLK/512/8
		101	WDCLK ＝ OSCCLK/512/16
		110	WDCLK ＝ OSCCLK/512/32
		111	WDCLK ＝ OSCCLK/512/64

[1] 此寄存器受 EALLOW 保护。

6.1.17 32 位 CPU 定时器 0/1/2

本节介绍了 3 个 32 位 CPU 定时器(TIMER0/1/2)，如图 6.15 所示。CPU 定时器 0 和 CPU 定时器 1 可使用在用户的应用程序中，而 DSP/ BIOS 使用的定时器 2

被保留。如果用户的程序中不使用DSP/BIOS,则定时器2也可在应用程序中使用。CPU定时器中断信号(TINT0,TINT1,TINT2)的连接,如图6.16所示。

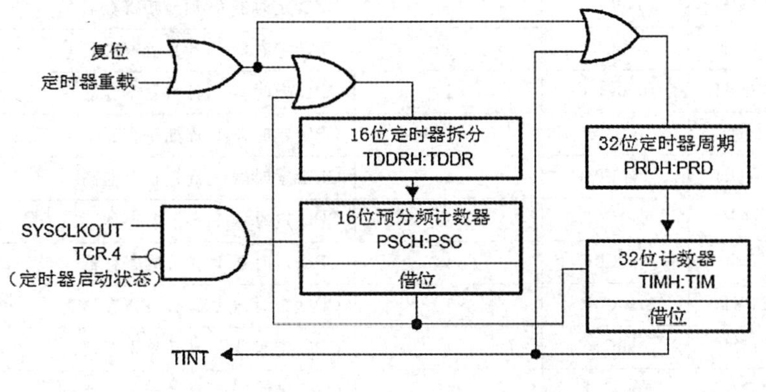

图6.15 CPU定时器

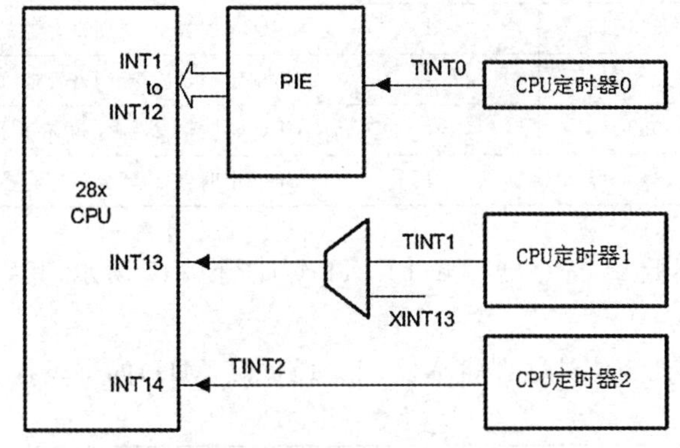

图6.16 CPU定时器中断信号和输出信号

CPU定时器的操作:32位计数器寄存器TIMH:TIM装载周期寄存器PRDH:PRD的值。计数寄存器以C28x设备的SYSCLKOUT速率递减。当计数器达到0时,定时器中断输出信号将产生一个中断脉冲,如表6.8所列。

表6.8 CPU定时器0、1、2配置和控制寄存器

名 称	地 址	大小(x16)	描 述
TIMER0TIM	0x0C00	1	CPU定时器0,计数器寄存器
TIMER0TIMH	0x0C01	1	CPU定时器0,计数器寄存器高
TIMER0PRD	0x0C02	1	CPU定时器0,周期寄存器
TIMER0PRDH	0x0C03	1	CPU定时器0,周期寄存器高
TIMER0TCR	0x0C04	1	CPU定时器0,控制寄存器
TIMER0TPR	0x0C06	1	CPU定时器0,预分频寄存器

续表 6.8

名 称	地 址	大小(x16)	描 述
TIMER0TPRH	0x0C07	1	CPU 定时器 0,预分频寄存器高
TIMER1TIM	0x0C08	1	CPU 定时器 1,计数器寄存器
TIMER1TIMII	0x0C09	1	CPU 定时器 1,计数器寄存器高
TIMER1PRD	0x0C0A	1	CPU 定时器 1,周期寄存器
TIMER1PRDH	0x0C0B	1	CPU 定时器 1,周期寄存器高
TIMER1TCR	0x0C0C	1	CPU 定时器 1,控制寄存器
TIMER1TPR	0x0C0E	1	CPU 定时器 1,预分频寄存器
TIMER1TPRH	0x0C0F	1	CPU 定时器 1,预分频寄存器高
TIMER2TIM	0x0C10	1	CPU 定时器 2,计数器寄存器
TIMER2TIMH	0x0C11	1	CPU 定时器 2,计数器寄存器高
TIMER2PRD	0x0C12	1	CPU 定时器 2,周期寄存器
TIMER2PRDH	0x0C13	1	CPU 定时器 2,周期寄存器的高
TIMER2TCR	0x0C14	1	CPU 定时器 2,控制寄存器
TIMER2TPR	0x0C16	1	CPU 定时器 2,预分频寄存器
TIMER2TPRH	0x0C17	1	CPU 定时器 2,预分频寄存器高

CPU 定时数器低 16 寄存器(TIMERxTIM)如图 6.17 所示,其字段描述如表 6.9 所列。

CPU 定时器高 16 位计数器寄存器(TIMERxTIMH)的字段描述见表 6.10。

15 — 0
TIMH
R/W-0

图 6.17 CPU 定时计数器低 16 位寄存器(TIMERxTIM)(x = 1,2,3)

表 6.9 CPU 定时器低 16 位计数器寄存器(TIMERxTIM)字段描述

位	字 段	描 述
15—0	TIM	CPU 定时器计数器寄存器(TIMH:TIM)

表 6.10 CPU 定时器高 16 位计数器寄存器(TIMERxTIMH)字段描述

位	字 段	描 述
15—0	TIMH	见表 6.9 中对 TIMERxTIM 的描述

定时器低 16 位周期寄存器(TIMERxPRD)如图 6.18 所示,其字段描述见表 6.11。

15–0
PRD
R/W-0

图 6.18 定时器低 16 位周期寄存器(TIMERxPRD)(x = 1, 2, 3)

表 6.11 定时器低 16 位周期寄存器(TIMERxPRD)字段描述

位	字 段	描 述
15—0	PRD	CPU 定时器周期寄存器(PRDH:PRD)

定时器高 16 位周期寄存器如图 6.19 所示,其字段描述见表 6.12。

15–0
PRDH
R/W-0

图 6.19 定时器高 16 位周期寄存器(TIMERxPRD)

表 6.12 定时器高 16 位周期寄存器(TIMERxPRD)字段描述

位	字 段	描 述
15—0	PRDH	见表 6.11 中对 TIMERxPRD 寄存器的描述

TIMERxTCR 寄存器如图 6.20 所示,其字段描述见表 6.13。

15	14	13–12	11	10	9–8
TIF	TIE	保留	FREE	SOFT	保留
R/W-0	R/W-0	R-0	R/W-0	R/W-0	R-0

7–6	5	4	3–0
保留	TRB	TSS	保留
R-0	R/W-0	R/W-0	R-0

图 6.20 TIMERxTCR 寄存器(x = 1 时,2,3)

表 6.13 TIMERxTCR 寄存器字段描述

位	字 段	值	描 述
15	TIF		CPU 定时器中断标志位:
		0	CPU 定时器还没有递减到零 忽略 0 的写入
		1	CPU 定时器递减到零时该标志位被置位
14	TIE		CPU 定时器中断使能位:
		0	CPU 定时器中断被禁用
		1	CPU 定时器中断使能,如果定时器递减到零时,并且 TIE 被置位,则定时器发出中断请求

续表 6.13

位	字 段	值	描 述
13－12	保留		保留
11－10	FREE SOFT	FREE SOFT 0 0 0 1 1 0 1 1	CPU 定时器仿真模式位： CPU 定时器仿真模式 在下一个 TIMH：TIM 递减后停止(硬停止) 在 TIMH：TIM 递减到 0 之后停止(软停止) 自由运行自由运行 在软件停止模式，定时器在关闭前将产生一个中断(因为到达 0 是中断产生的条件)
9－6	保留		保留
5	TRB	0 1	CPU 定时器重载位： TRB 位读出时总是 0，忽略 0 的写入 当写 1 到 TRB 时，TIMH：TIM 将装载 PRDH：PRD 的值，同时预分频计数器(PSCH：PSC)也将装载定时器(TDDRH：TDDR)寄存器中的值
4	TSS	0 1	CPU 定时器停止状态位： 读出 0 表明 CPU 定时器正在运行 读出 1 时表明 CPU 定时器停止运行
3－0	保留		保留

TIMERxTPR 寄存器及其字段介绍分别如图 6.21 和表 6.14 所列。

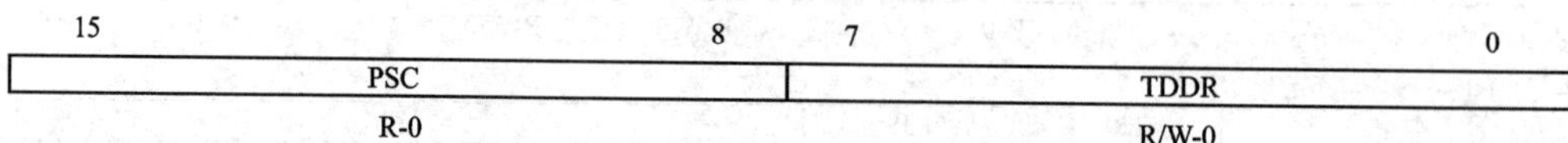

图 6.21 TIMERxTPR 寄存器(x = 1,2,3)

表 6.14 TIMERxTPR 寄存器字段描述

位	字 段	值	描 述
15－8	PSC		CPU 定时器预分频计数器
7－0	TDDR		CPU 定时器分频

TIMERxTPRH 寄存器及其字段描述分别如图 6.22 和表 6.15 所列。

15 … 8	7 … 0
PSCH	TDDRH
R-0	R/W-0

图 6.22 TIMERxTPRH 寄存器(x = 1,2,3)

表 6.15　TIMERxTPRH 寄存器字段描述

位	字　段	值	描　述
15－8	PSCH		请参阅说明 TIMERxTPR
7－0	TDDRH		请参阅说明 TIMERxTPR

6.2　CPU 固件库

6.2.1　数据结构文档

CPU 固件库的数据结构文档如表 6.16 所列。

表 6.16　_CLK_Obj_

定义	typedef struct { 　　HASH(0x24b1838) argsstring; }_CPU_Obj_
功能	定义 CPU 对象
成员	argsstring

6.2.2　定义文档

CPU 固件库的定义文档如表 6.17 所列。

表 6.17　定义文档

定　义	描　述
CPU_DBGIER_DLOGINT_BITS	定义 DLOGINT 位在寄存器 DBGIER 中的位置
CPU_DBGIER_INT10_BITS	定义 INT10 位在寄存器 DBGIER 中的位置
CPU_DBGIER_INT11_BITS	定义 INT11 位在寄存器 DBGIER 中的位置
CPU_DBGIER_INT12_BITS	定义 INT12 位在寄存器 DBGIER 中的位置
CPU_DBGIER_INT13_BITS	定义 INT13 位在寄存器 DBGIER 中的位置
CPU_DBGIER_INT14_BITS	定义 INT14 位在寄存器 DBGIER 中的位置
CPU_DBGIER_INT1_BITS	定义 INT1 位在寄存器 DBGIER 中的位置
CPU_DBGIER_INT2_BITS	定义 INT2 位在寄存器 DBGIER 中的位置
CPU_DBGIER_INT3_BITS	定义 INT3 位在寄存器 DBGIER 中的位置

续表 6.17

定　义	描　述
CPU_DBGIER_INT4_BITS	定义 INT4 位在寄存器 DBGIER 中的位置
CPU_DBGIER_INT5_BITS	定义 INT5 位在寄存器 DBGIER 中的位置
CPU_DBGIER_INT6_BITS	定义 INT6 位在寄存器 DBGIER 中的位置
CPU_DBGIER_INT7_BITS	定义 INT7 位在寄存器 DBGIER 中的位置
CPU_DBGIER_INT8_BITS	定义 INT8 位在寄存器 DBGIER 中的位置
CPU_DBGIER_INT9_BITS	定义 INT9 位在寄存器 DBGIER 中的位置
CPU_DBGIER_RTOSINT_BITS	定义 RTOSINT 位在寄存器 DBGIER 中的位置
CPU_IER_DLOGINT_BITS	定义 DLOGINT 位在寄存器 IER 中的位置
CPU_IER_INT10_BITS	定义 INT10 位在寄存器 IER 中的位置
CPU_IER_INT11_BITS	定义 INT11 位在寄存器 IER 中的位置
CPU_IER_INT12_BITS	定义 INT12 位在寄存器 IER 中的位置
CPU_IER_INT13_BITS	定义 INT13 位在寄存器 IER 中的位置
CPU_IER_INT14_BITS	定义 INT14 位在寄存器 IER 中的位置
CPU_IER_INT1_BITS	定义 INT1 位在寄存器 IER 中的位置
CPU_IER_INT2_BITS	定义 INT2 位在寄存器 IER 中的位置
CPU_IER_INT3_BITS	定义 INT3 位在寄存器 IER 中的位置
CPU_IER_INT4_BITS	定义 INT4 位在寄存器 IER 中的位置
CPU_IER_INT5_BITS	定义 INT5 位在寄存器 IER 中的位置
CPU_IER_INT6_BITS	定义 INT6 位在寄存器 IER 中的位置
CPU_IER_INT7_BITS	定义 INT7 位在寄存器 IER 中的位置
CPU_IER_INT8_BITS	定义 INT8 位在寄存器 IER 中的位置
CPU_IER_INT9_BITS	定义 INT9 位在寄存器 IER 中的位置
CPU_IER_RTOSINT_BITS	定义 RTOSINT 位在寄存器 IER 中的位置
CPU_IFR_DLOGINT_BITS	定义 DLOGINT 位在寄存器 IFR 中的位置
CPU_IFR_INT10_BITS	定义 INT10 位在寄存器 IFR 中的位置
CPU_IFR_INT11_BITS	定义 INT11 位在寄存器 IFR 中的位置
CPU_IFR_INT12_BITS	定义 INT12 位在寄存器 IFR 中的位置
CPU_IFR_INT13_BITS	定义 INT13 位在寄存器 IFR 中的位置
CPU_IFR_INT14_BITS	定义 INT14 位在寄存器 IFR 中的位置
CPU_IFR_INT1_BITS	定义 INT1 位在寄存器 IFR 中的位置
CPU_IFR_INT2_BITS	定义 INT2 位在寄存器 IFR 中的位置
CPU_IFR_INT3_BITS	定义 INT3 位在寄存器 IFR 中的位置

续表 6.17

定 义	描 述
CPU_IFR_INT4_BITS	定义 INT4 位在寄存器 IFR 中的位置
CPU_IFR_INT5_BITS	定义 INT5 位在寄存器 IFR 中的位置
CPU_IFR_INT6_BITS	定义 INT6 位在寄存器 IFR 中的位置
CPU_IFR_INT7_BITS	定义 INT7 位在寄存器 IFR 中的位置
CPU_IFR_INT8_BITS	定义 INT8 位在寄存器 IFR 中的位置
CPU_IFR_INT9_BITS	定义 INT9 位在寄存器 IFR 中的位置
CPU_IFR_RTOSINT_BITS	定义 RTOSINT 位在寄存器 IFR 中的位置
CPU_ST0_C_BITS	定义 C 位在寄存器 ST0 中的位置
CPU_ST0_N_BITS	定义 N 位在寄存器 ST0 中的位置
CPU_ST0_OVCOVCU_BITS	定义 OVCOVCU 位在寄存器 ST0 中的位置
CPU_ST0_OVM_BITS	定义 OVM 位在寄存器 ST0 中的位置
CPU_ST0_PW_BITS	定义 PW 位在寄存器 ST0 中的位置
CPU_ST0_SXM_BITS	定义 SXM 位在寄存器 ST0 中的位置
CPU_ST0_TC_BITS	定义 TC 位在寄存器 ST0 中的位置
CPU_ST0_V_BITS	定义 V 位在寄存器 ST0 中的位置
CPU_ST0_Z_BITS	定义 Z 位在寄存器 ST0 中的位置
CPU_ST1_AMODE_BITS	定义 AMODE 位在寄存器 ST1 中的位置
CPU_ST1_ARP_BITS	定义 ARP 位在寄存器 ST1 中的位置
CPU_ST1_DBGM_BITS	定义 DBGM 位在寄存器 ST1 中的位置
CPU_ST1_EALLOW_BITS	定义 EALLOW 位在寄存器 ST1 中的位置
CPU_ST1_IDLESTAT_BITS	定义 IDLESTAT 位在寄存器 ST1 中的位置
CPU_ST1_INTM_BITS	定义 INTM 位在寄存器 ST1 中的位置
CPU_ST1_LOOP_BITS	定义 LOOP 位在寄存器 ST1 中的位置
CPU_ST1_MOM1MAP_BITS	定义 MOM1MAP 位在寄存器 ST1 中的位置
CPU_ST1_OBJMODE_BITS	定义 OBJMODE 位在寄存器 ST1 中的位置
CPU_ST1_PAGE0_BITS	定义 PAGE0 位在寄存器 ST1 中的位置
CPU_ST1_SPA_BITS	定义 SPA 位在寄存器 ST1 中的位置
CPU_ST1_VMAP_BITS	定义 VMAP 位在寄存器 ST1 中的位置
CPU_ST1_XF_BITS	定义 XF 位在寄存器 ST1 中的位置
DINT	定义中断禁止(传统)
DISABLE_INTERRUPTS	定义中断禁止
DISABLE_PROTECTED_REGISTER_WRITE_MODE	定义禁用保护寄存器写操作

续表 6.17

定　义	描　述
DRTM	定义禁用调试事件
EALLOW	定义允许保护寄存器写操作(传统)
EDIS	定义禁用保护寄存器写操作(传统)
EINT	定义启用中断(传统)
ENABLE_INTERRUPTS	定义启用中断
ENABLE_PROTECTED_REGISTER_WRITE_MODE	定义允许保护寄存器写操作
ERTM	定义启用调试事件
ESTOP0	定义仿真在 0 停止
IDLE	定义进入空闲(IDLE)模式

6.2.3　自定义类型文件

CPU 固件库的自定义类型文件如表 6.18 所列。

表 6.18　类型定义文档

类型定义	描　述
CPU_Handle typedef struct CPU_Obj ＊CPU_Handle	定义中央处理单元(CPU) 的句柄
CPU_Obj typedef struct _CPU_Obj_ CPU_Obj	定义中央处理单元(CPU) 的对象

6.2.4　枚举文档

CPU 固件库的枚举文档如表 6.19 和表 6.20 所列。

表 6.19　CPU_ExtIntNumber_e

功能	枚举定义的外部中断号
枚举成员	描述
CPU_ExtIntNumber_1 CPU_ExtIntNumber_2 CPU_ExtIntNumber_3	表示外部中断号为 1 表示外部中断号为 2 表示外部中断号为 3

表 6.20　CPU_ExtIntNumber_e

功能	枚举定义的中断号
枚举成员	描述
CPU_IntNumber_1	表示中断号为 1
CPU_IntNumber_2	表示中断号为 2
CPU_IntNumber_3	表示中断号为 3
CPU_IntNumber_4	表示中断号为 4
CPU_IntNumber_5	表示中断号为 5
CPU_IntNumber_6	表示中断号为 6
CPU_IntNumber_7	表示中断号为 7
CPU_IntNumber_8	表示中断号为 8
CPU_IntNumber_9	表示中断号为 9
CPU_IntNumber_10	表示中断号为 10
CPU_IntNumber_11	表示中断号为 11
CPU_IntNumber_12	表示中断号为 12
CPU_IntNumber_13	表示中断号为 13
CPU_IntNumber_14	表示中断号为 14

6.2.5　函数文档

CPU 固件库的函数文档如表 6.21～表 6.31 所列。

表 6.21　CPU_clearIntFlags

功　能	清除所有中断标志
函数原型	void CPU_clearIntFlags(CPU_Handle cpuHandle)
输入参数	描述
cpuHandle	中央处理单元(CPU)的对象句柄
返回参数	无

表 6.22　CPU_disableDebugInt

功　能	禁用调试中断
函数原型	void CPU_disableDebugInt (CPU_Handle cpuHandle)
输入参数	描述
cpuHandle	中央处理单元(CPU)的对象句柄
返回参数	无

表 6.23　CPU_disableGlobalInts

功　能	禁用全局中断
函数原型	void CPU_disableGlobalInts (CPU_Handle cpuHandle)
输入参数	描述
cpuHandle	CPU 的句柄
返回参数	无

表 6.24　CPU_disableInt

功　能	禁用指定的中断号
函数原型	void CPU_disableDebugInt (CPU_Handle cpuHandle)
输入参数	描述
cpuHandle intNumber	中央处理单元(CPU)的对象句柄 中断号
返回参数	无

表 6.25　CPU_disableInts

功　能	禁用所有中断
函数原型	void CPU_disableInts (CPU_Handle cpuHandle)
输入参数	描述
cpuHandle	中央处理单元(CPU)的对象句柄
返回参数	无

表 6.26　CPU_disableProtectedRegisterWrite

功　能	禁用保护寄存器写操作
函数原型	void CPU_disableProtectedRegisterWrite (CPU_Handle cpuHandle)
输入参数	描述
cpuHandle	中央处理单元(CPU)的对象句柄
返回参数	无

表 6.27　CPU_enableDebugInt

功　能	启用调试中断
函数原型	void CPU_enableDebugInt (CPU_Handle cpuHandle)
输入参数	描述
cpuHandle	CPU 的句柄
返回参数	无

表 6.28　CPU_enableGlobalInts

功　能	启用全局中断
函数原型	void CPU_enableGlobalInts (CPU_Handle cpuHandle)
输入参数	描述
cpuHandle	CPU 的句柄
返回参数	无

表 6.29　CPU_enableInt

功　能	启用指定的中断号
函数原型	void CPU_enableInt (CPU_Handle cpuHandle, const CPU_IntNumber_e intNumber)
输入参数	描述
cpuHandle intNumber	中断处理单元(CPU)的对象句柄 中断号
返回参数	无

表 6.30　CPU_enableProtectedRegisterWrite

功　能	启用保护寄存器写操作
函数原型	void CPU_enableProtectedRegisterWrite (CPU_Handle cpuHandle)
输入参数	描述
cpuHandle	中断处理单元(CPU)的对象句柄
返回参数	无

表 6.31 CPU_Handle CPU_init

功 能	初始化中央处理单元(CPU) 的句柄对象
函数原型	void CPU_Handle CPU_init (void _ pMemory, const size_t numBytes)
输入参数	描述
pMemory numBytes	CPU 内存对象的指针 分配给 CPU 的字节,对象的字节数
返回参数	中断处理单元(CPU)的对象句柄

6.2.6 变量文档

CPU 固件库的变量文档如表 6.23 所列。

表 6.32 变量文档

名 称	功 能
CPU_Obj cpu	定义 CPU 的对象
cregister volatile unsigned int IER	外部中断使能寄存器(IER) 寄存器
cregister volatile unsigned int IFR	外部中断标志寄存器(IFR) 寄存器

6.3 定时器固件库

6.3.1 数据结构文档

定时器固件库的数据结构文档如表 6.33 所列。

表 6.33 _TIMER_Obj_

定义	Definition: typedef struct { uint32_t TIM; uint32_t PRD; uint32_t TCR; uint32_t TPR; }_TIMER_Obj_
功能	定义定时器(TIMER)对象

续表 6.33

成员	TIM:定时器计数器寄存器 PRD:周期寄存器 TCR:定时器控制寄存器 TPR:定时器预分频寄存器

6.3.2　定义文档

定时器固件库的定义文档如表 6.34 所列。

表 6.34　定义文档

定　义	描　述
TIMER0_BASE_ADDR	定义定时器(TIMER)寄存器 0 的基地址
TIMER1_BASE_ADDR	定义定时器(TIMER)寄存器 1 的基地址
TIMER2_BASE_ADDR	定义定时器(TIMER)寄存器 2 的基地址
TIMER_TCR_FREESOFT_BITS	定义 FREESOFT 位在 TCR 寄存器中的位置
TIMER_TCR_TIE_BITS	定义 TIE 位在 TCR 寄存器中的位置
TIMER_TCR_TIF_BITS	定义 TIF 位在 TCR 寄存器中的位置
TIMER_TCR_TRB_BITS	定义 TRB 位在 TCR 寄存器中的位置
TIMER_TCR_TSS_BITS	定义 TSS 位在 TCR 寄存器中的位置

6.3.3　类型定义文档

定时器固件库的类型定义文档如表 6.35 所列。

表 6.35　类型定义文档

类型定义	描　述
TIMER_Handle typedef struct TIMER_Obj *TIMER_Handle	定义定时器(TIMER) 的句柄
TIMER_Obj Typedef struct _TIMER_Obj_ TIMER_Obj	定义定时器(TIMER) 的对象

6.3.4　枚举文档

定时器固件库的枚举文档如表 6.36 和表 6.37 所列。

表 6.36 TIMER_EmulationMode_e

功能	枚举定义定时器(TIMER) 的仿真模式
枚举成员	描述
TIMER_EmulationMode_StopAfterNextDecrement	表示该定时器将在下一个减量到来之后停止
TIMER_EmulationMode_StopAtZero	表示当定时器达到0时停止
TIMER_EmulationMode_RunFree	表示该定时器自由运行

表 6.37 TIMER_Status_e

功能	枚举定义定时器(TIMER)的状态
枚举成员	描述
TIMER_Status_CntIsNotZero	表示该计数器非0
TIMER_Status_CntIsZero	表示该计数器为0

6.3.5 函数文档

定时器固件库的函数文档如表6.38～表6.50所列。

表 6.38 TIMER_clearFlag

功 能	清除定时器(TIMER) 标志
函数原型	void TIMER_clearFlag (TIMER_Handle timerHandle)
输入参数	描述
timerHandle	定时器(TIMER) 对象的句柄
返回参数	无

表 6.39 TIMER_disableInt

功 能	禁止定时器(TIMER) 中断
函数原型	void TIMER_disableInt (TIMER_Handle timerHandle)
输入参数	描述
timerHandle	定时器(TIMER) 对象的句柄
返回参数	无

表 6.40 TIMER_enableInt

功 能	启用定时器(TIMER) 中断
函数原型	void TIMER_enableInt (TIMER_Handle timerHandle)

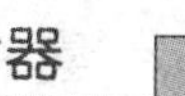

续表 6.40

输入参数	描述
timerHandle	定时器(TIMER) 对象的句柄
返回参数	无

表 6.41　TIMER_getCount

功　能	获取定时器(TIMER) 计数
函数原型	uint32_t TIMER_getCount (TIMER_Handle timerHandle) [inline]
输入参数	描述
timerHandle	定时器(TIMER) 对象的句柄
返回参数	The timer (TIMER) count

表 6.42　TIMER_Status_e TIMER_getStatus

功　能	获取定时器(TIMER) 状态
函数原型	TIMER_Status_e TIMER_getStatus (TIMER_Handle timerHandle)
输入参数	描述
timerHandle	定时器(TIMER) 对象的句柄
返回参数	定时器(TIMER) 的状态

表 6.43　TIMER_Handle TIMER_init

功　能	初始化定时器(TIMER) 的对象句柄
函数原型	TIMER_Handle TIMER_init (void _ pMemory, const size_t numBytes)
输入参数	描述
pMemory numBytes	定时器寄存器的基地址指针 分配给定时器字节,对象的字节数
返回参数	定时器对象的句柄(CLK)

表 6.44　TIMER_reload

功　能	重新加载定时器(TIMER) 值
函数原型	void TIMER_reload (TIMER_Handle timerHandle)
输入参数	描述
timerHandle	定时器(TIMER) 对象的句柄
返回参数	无

表 6.45 TIMER_setDecimationFactor

功 能	设置定时器(TIMER) 抽样系数
函数原型	void TIMER_setDecimationFactor (TIMER_Handle timerHandle, const uint16_t decFactor)
输入参数	描述
timerHandle decFactor	定时器(TIMER) 对象的句柄 定时器的抽样系数
返回参数	无

表 6.46 TIMER_setEmulationMode

功 能	设置定时器(TIMER) 的仿真模式
函数原型	void TIMER_setEmulationMode (TIMER_Handle timerHandle, const TIMER_EmulationMode_e mode)
输入参数	描述
timerHandle mode	定时器(TIMER) 对象的句柄 仿真模式
返回参数	无

表 6.47 TIMER_setPeriod

功 能	设置定时器(TIMER) 的周期
函数原型	void TIMER_setPeriod (TIMER_Handle timerHandle, const uint32_t period)
输入参数	描述
timerHandle period	定时器(TIMER) 对象的句柄 周期值
返回参数	无

表 6.48 TIMER_setPreScaler

功 能	设置定时器(TIMER) 预分频器
函数原型	void TIMER_setPreScaler (TIMER_Handle timerHandle, const uint16_t preScaler)
输入参数	描述
timerHandle preScaler	定时器(TIMER) 对象的句柄 预分频器的值
返回参数	无

表 6.49 TIMER_start

功　能	启动定时器(TIMER)
函数原型	void TIMER_start (TIMER_Handle timerHandle)
输入参数	描述
timerHandle	定时器(TIMER) 对象的句柄
返回参数	无

表 6.50 TIMER_stop

功　能	停止定时器(TIMER)
函数原型	void TIMER_stop (TIMER_Handle timerHandle)
输入参数	描述
timerHandle	定时器(TIMER) 对象的句柄
返回参数	无

6.4 看门狗定时器固件库

6.4.1 数据结构文档

看门狗定时器固件库的数据结构文档如表 6.51 所列。

表 6.51 _CLK_Obj_

定义	typedef struct
	{
	　　uint16_t SCSR;
	　　uint16_t WDCNTR;
	　　uint16_t rsvd_1;
	　　uint16_t WDKEY;
	　　uint16_t rsvd_2[3];
	　　uint16_t WDCR;
	}
	_WDOG_Obj_

功能	定义的时钟(CLK)对象

续表 6.51

成员	SCSR:系统控制状态寄存器 WDCNTR:看门狗计数器寄存器 rsvd_1:保留 WDKEY:看门狗复位密匙寄存器 rsvd_2:保留 WDCR:看门狗控制寄存器

6.4.2 定义文档

看门狗定时器固件库的定义文档如表 6.51 所列。

表 6.52 定义文档

定 义	描 述
WDOG_BASE_ADDR	定义看门狗(WDOG)的基地址寄存器
WDOG_SCSR_WDENINT_BITS	定义 WDENINT 位在 SCSR 寄存器中的位置
WDOG_SCSR_WDINTS_BITS	定义 WDINTS 位在 SCSR 寄存器中的位置
WDOG_SCSR_WDOVERRIDE_BITS	定义 WDOVERRIDE 位在 SCSR 寄存器中的位置
WDOG_WDCNTR_BITS	定义 WDCNTR 位在 SCSR 寄存器中的位置
WDOG_WDCR_WDCHK_BITS	定义 WDCHK 位在 WDCR 寄存器中的位置
WDOG_WDCR_WDDIS_BITS	定义 WDDIS 位在 WDCR 寄存器中的位置
WDOG_WDCR_WDFLAG_BITS	定义 WDFLAG 位在 WDCR 寄存器中的位置
WDOG_WDCR_WDPS_BITS	定义 WDPS 位在 WDCR 寄存器中的位置
WDOG_WDCR_WRITE_ENABLE	定义看门狗使能模式
WDOG_WDKEY_BITS	定义 WDKEY 位在 WDKEY 寄存器中的位置

6.4.3 类型定义文档

看门狗定时器固件库的类型定义文档如表 6.53 所列。

表 6.53 类型定义文档

类型定义	描 述
struct WDOG_Obj * WDOG_Handle	定义看门狗 (WDOG) 的句柄
struct _WDOG_Obj_ WDOG_Obj	定义看门狗 (WDOG) 的对象

6.4.4　枚举文档

看门狗定时器固件库的枚举文档如表 6.54 和表 6.55 所列。

表 6.54　WDOG_IntStatus_e

功　能	枚举定义看门狗(WDOG) 的中断状态
枚举成员	描述
无	

表 6.55　WDOG_PreScaler_e

功　能	枚举定义看门狗定时器(WDOG)的时钟预分频器,时钟频率设置的位置
枚举成员	描述
WDOG_PreScaler_OscClk_by_512_by_1	表示 WDCLK = OSCCLK/512/1
WDOG_PreScaler_OscClk_by_512_by_2	表示 WDCLK = OSCCLK/512/2
WDOG_PreScaler_OscClk_by_512_by_4	表示 WDCLK = OSCCLK/512/4
WDOG_PreScaler_OscClk_by_512_by_8	表示 WDCLK = OSCCLK/512/8
WDOG_PreScaler_OscClk_by_512_by_16	表示 WDCLK = OSCCLK/512/16
WDOG_PreScaler_OscClk_by_512_by_32	表示 WDCLK = OSCCLK/512/32
WDOG_PreScaler_OscClk_by_512_by_64	表示 WDCLK = OSCCLK/512/64

6.4.5　函数文档

看门狗定时器的函数文档如表 6.56～表 6.66 所列。

表 6.56　WDOG_clearCounter

功　能	清除看门狗 (WDOG)计数器
函数原型	void　WDOG_clearCounter(WDOG_Handle　wdogHandle)
参数	描述
wdogHandle	看门狗定时器(WDOG)对象的句柄
返回参数	无

表 6.57　WDOG_disable

功　能	禁用看门狗 (WDOG)定时器
函数原型	void　WDOG_disable (WDOG_Handle wdogHandle)
参数	描述
wdogHandle	看门狗定时器(WDOG)对象的句柄
返回参数	无

表 6.58　WDOG_disableInt

功　能	禁用看门狗（WDOG)定时器中断
函数原型	void　WDOG_disableInt（WDOG_Handle wdogHandle)
参数	描述
wdogHandle	看门狗定时器(WDOG)对象的句柄
返回参数	无

表 6.59　WDOG_disableOverRide

功　能	禁用计时器重载
函数原型	void　WDOG_disableOverRide（WDOG_Handle wdogHandle)
参数	描述
wdogHandle	看门狗定时器(WDOG)对象的句柄
返回参数	无

表 6.60　WDOG_enable

功　能	启动看门狗(WDOG)定时器
函数原型	Void WDOG_enable（WDOG_Handle wdogHandle)
参数	描述
wdogHandle	看门狗定时器(WDOG)对象的句柄
返回参数	无

表 6.61　WDOG_enable Int

功　能	启动看门狗（WDOG)定时器中断
函数原型	Void WDOG_enableInt（WDOG_Handle wdogHandle)
参数	描述
wdogHandle	看门狗定时器(WDOG)对象的句柄
返回参数	无

表 6.62　WDOG_enableOverRide

功　能	启动看门狗（WDOG)定时器重载
函数原型	void　WDOG_enableOverRide（WDOG_Handle wdogHandle)
参数	描述
wdogHandle	看门狗定时器(WDOG)对象的句柄
返回参数	无

表 6.63　WDOG_getIntStatus

功　能	获取看门狗（WDOG)状态
函数原型	WDOG_IntStatus_e WDOG_getIntStatus (WDOG_Handle wdogHandle)
参数	描述
wdogHandle	看门狗定时器(WDOG)对象的句柄
返回参数	The interrupt status

表 6.64　WDOG_init

功　能	初始化看门狗(WDOG)对象的句柄
函数原型	WDOG_Handle WDOG_init (void _ pMemory, const size_t numBytes)
参数	描述
pMemory numBytes	看门狗寄存器的基地址指针 分配给看门狗的字节,对象的字节数
返回参数	看门狗定时器(WDOG)对象的句柄

表 6.65　WDOG_setCount

功　能	设置看门狗(WDOG)计数器
函数原型	void　WDOG_setCount (WDOG_Handle wdogHandle, const uint8_t count)
参数	描述
wdogHandle count	看门狗定时器(WDOG)对象的句柄 该计数的值
返回参数	无

表 6.66　WDOG_setPreScaler

功　能	设置看门狗(WDOG)计时器的预分频时钟
函数原型	void WDOG_setPreScaler (WDOG_Handle wdogHandle, const WDOG_PreScaler_e preScaler)
参数	描述
wdogHandle preScaler	看门狗定时器(WDOG)对象的句柄 The prescaler
返回参数	无

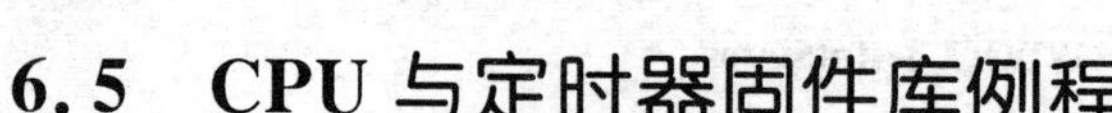

6.5 CPU与定时器固件库例程

6.5.1 CPU定时器例程

本小节以TI公司提供的F2802x CPU Timer Example为例，介绍CPU定时器的编程与验证方法。

(1) Example_F2802xCpuTimer.c功能说明。

```
//###################################################################
// File:   Example_F2802xCpuTimer.c
// Title:  F2802x CPU Timer Example
//!    配置CPU定时器0、1和2，以满足定时器每产生一次中断计数器加1。
//!    观察变量：
//!     - timer0IntCount
//!     - timer1IntCount
//!     - timer2IntCount
//###################################################################
#include "DSP28x_Project.h"     //设备头文件与例程包含文件

#include "f2802x_common/include/clk.h"
#include "f2802x_common/include/flash.h"
#include "f2802x_common/include/gpio.h"
#include "f2802x_common/include/pie.h"
#include "f2802x_common/include/pll.h"
#include "f2802x_common/include/timer.h"
#include "f2802x_common/include/wdog.h"

//原型函数声明
interrupt void cpu_timer0_isr(void);
interrupt void cpu_timer1_isr(void);
interrupt void cpu_timer2_isr(void);

unsigned long timer0IntCount;
unsigned long timer1IntCount;
unsigned long timer2IntCount;

CLK_Handle myClk;
FLASH_Handle myFlash;
GPIO_Handle myGpio;
PIE_Handle myPie;
```

```
TIMER_Handle myTimer0, myTimer1, myTimer2;

void main(void)
{
    CPU_Handle myCpu;
    PLL_Handle myPll;
    WDOG_Handle myWDog;

    //初始化工程中所需的所有句柄
    myClk = CLK_init((void  *)CLK_BASE_ADDR, sizeof(CLK_Obj));
    myCpu = CPU_init((void  *)NULL, sizeof(CPU_Obj));
    myFlash = FLASH_init((void  *)FLASH_BASE_ADDR, sizeof(FLASH_Obj));
    myGpio = GPIO_init((void  *)GPIO_BASE_ADDR, sizeof(GPIO_Obj));
    myPie = PIE_init((void  *)PIE_BASE_ADDR, sizeof(PIE_Obj));
    myPll = PLL_init((void  *)PLL_BASE_ADDR, sizeof(PLL_Obj));
    myTimer0 = TIMER_init((void  *)TIMER0_BASE_ADDR, sizeof(TIMER_Obj));
    myTimer1 = TIMER_init((void  *)TIMER1_BASE_ADDR, sizeof(TIMER_Obj));
    myTimer2 = TIMER_init((void  *)TIMER2_BASE_ADDR, sizeof(TIMER_Obj));
    myWDog = WDOG_init((void  *)WDOG_BASE_ADDR, sizeof(WDOG_Obj));

    timer0IntCount = 0;
    timer1IntCount = 0;
    timer2IntCount = 0;

    //系统初始化
    WDOG_disable(myWDog);
    CLK_enableAdcClock(myClk);
    ( * Device_cal)();

//选择内部振荡器 1 作为时钟源
CLK_setOscSrc(myClk, CLK_OscSrc_Internal);

    //配置 PLL 为 x12/2 使 60 MHz = 10 MHz x 12/2
    PLL_setup(myPll, PLL_Multiplier_12, PLL_DivideSelect_ClkIn_by_2);

    //禁止 PIE 和所有中断
    PIE_disable(myPie);
    PIE_disableAllInts(myPie);
    CPU_disableGlobalInts(myCpu);
    CPU_clearIntFlags(myCpu);

//配置调试向量表与使能 PIE
```

```
        PIE_setDebugIntVectorTable(myPie);
        PIE_enable(myPie);

    //在此示例中使用的中断被重新映射到 ISR 函数中
    EALLOW;  //这需要写入受 EALLOW 保护的寄存器中
    //    ((PIE_Obj *)myPie)->TINT0 = &cpu_timer0_isr;
    //    ((PIE_Obj *)myPie)->TINT1 = &cpu_timer1_isr;
    //    ((PIE_Obj *)myPie)->TINT2 = &cpu_timer2_isr;
           EDIS;
        PIE_registerPieIntHandler(myPie, PIE_GroupNumber_1, PIE_SubGroupNumber_7, (in-
tVec_t)&cpu_timer0_isr);
        PIE_registerSystemIntHandler(myPie, PIE_SystemInterrupts_TINT1, (intVec_t)&cpu
_timer1_isr);
        PIE_registerSystemIntHandler(myPie, PIE_SystemInterrupts_TINT2, (intVec_t)&cpu
_timer2_isr);
```



```
    //    PieVectTable.TINT0 = &cpu_timer0_isr;
    //    PieVectTable.TINT1 = &cpu_timer1_isr;
    //    PieVectTable.TINT2 = &cpu_timer2_isr;
        EDIS;    //禁用写入受 EALLOW 保护的寄存器

    //  初始化 CPU 定时器
        TIMER_stop(myTimer0);
        TIMER_stop(myTimer1);
        TIMER_stop(myTimer2);

    #if (CPU_FRQ_50MHz)
    //配置 CPU 定时器 0,1,和 2 使之每秒中断一次：
    // 50 MHz 的 CPU 频率，周期为 1 s (μs)

    //    ConfigCpuTimer(&CpuTimer0, 50, 1000000);//传统方法
        TIMER_setPeriod(myTimer0, 50 * 1000000);//基于固件的方法
    //    ConfigCpuTimer(&CpuTimer1, 50, 1000000);
        TIMER_setPeriod(myTimer1, 50 * 1000000);
    //    ConfigCpuTimer(&CpuTimer2, 50, 1000000);
        TIMER_setPeriod(myTimer2, 50 * 1000000);
    #endif
    #if (CPU_FRQ_40MHZ)
    //配置 CPU 定时器 0,1,和 2 使之每秒中断一次：
    // 40 MHz 的 CPU 频率，周期为 1 s(μs)
    //    ConfigCpuTimer(&CpuTimer0, 40, 1000000);
        TIMER_setPeriod(myTimer0, 40 * 1000000);
```

```
//    ConfigCpuTimer(&CpuTimer1, 40, 1000000);
    TIMER_setPeriod(myTimer1, 40 * 1000000);
//    ConfigCpuTimer(&CpuTimer2, 40, 1000000);
    TIMER_setPeriod(myTimer2, 40 * 1000000);
#endif

    TIMER_setPreScaler(myTimer0, 0);
    TIMER_reload(myTimer0);
    TIMER_setEmulationMode(myTimer0, TIMER_EmulationMode_StopAfterNextDecrement);
    TIMER_enableInt(myTimer0);

    TIMER_setPreScaler(myTimer1, 0);
    TIMER_reload(myTimer1);
    TIMER_setEmulationMode(myTimer1, TIMER_EmulationMode_StopAfterNextDecrement);
    TIMER_enableInt(myTimer1);

    TIMER_setPreScaler(myTimer2, 0);
    TIMER_reload(myTimer2);
    TIMER_setEmulationMode(myTimer2, TIMER_EmulationMode_StopAfterNextDecrement);
    TIMER_enableInt(myTimer2);
```

//为了确保精确的定时,使用只写指令写整个寄存器

//因此,如果改变 ConfigCpuTimer 和 InitCpuTimers 寄存器中(F2802x_CpuTimers.h)的任何配置位,则下面的设置也必须进行更新

```
//    CpuTimer0Regs.TCR.all = 0x4001; //使用只写指令设置 TSS 位 = 0    TIMER_start(myTimer0);
//    CpuTimer1Regs.TCR.all = 0x4001; //使用只写指令设置 TSS 位 = 0    TIMER_start(myTimer1);
//    CpuTimer2Regs.TCR.all = 0x4001; //使用只写指令设置 TSS 位 = 0    TIMER_start(myTimer2);

//  用户特定的代码,使中断:
//使能连接到 CPU 定时器 0 的 CPU INT1;连接到 CPU 定时器 1 的 CPU INT13;连接到 CPU 定时
//器 2 的 CPU int  14CPU int13:
//    IER |= M_INT1; //传统方法
    CPU_enableInt(myCpu, CPU_IntNumber_1); //基于固件的方法
//    IER |= M_INT13;
    CPU_enableInt(myCpu, CPU_IntNumber_13);
//    IER |= M_INT14;
    CPU_enableInt(myCpu, CPU_IntNumber_14);

//使能 PIE 中的 TINT0:第 1 组中断 7
```

```
//    PieCtrlRegs.PIEIER1.bit.INTx7 = 1; //传统方法
      PIE_enableTimer0Int(myPie); //基于固件的方法

// 使能全局中断和高优先级的实时调试事件:
//    EINT;    // 使能全局中断 INTM(传统方法)
    CPU_enableGlobalInts(myCpu); //基于固件的方法
//    ERTM;
CPU_enableDebugInt(myCpu);

//  空闲循环(可选):
    for(;;);

}

// 中断服务程序
interrupt void cpu_timer0_isr(void)
{
    timer0IntCount++;

//  应答此中断从组 1 中接收更多的中断
//  PieCtrlRegs.PIEACK.all = PIEACK_GROUP1; //传统方法
    PIE_clearInt(myPie, PIE_GroupNumber_1); //基于固件的方法
}

interrupt void cpu_timer1_isr(void)
{
    timer1IntCount++;
}

interrupt void cpu_timer2_isr(void)
{
    timer2IntCount++;
}

//===========================================================================
// 结束
//===========================================================================
```

(2) 导入 Example_2802xCpuTimer 工程，如图 6.23 所示。

(3) 编译 Example_2802xCpuTimer 工程得到.out 文件，如图 6.24 所示。

(4) 将.out 文件导入到 LaunchPad 开发板，然后添加观察变量 timer0INTCount、timer1INTCount、timer2INTCount 到观察窗口，如图 6.25 所示。

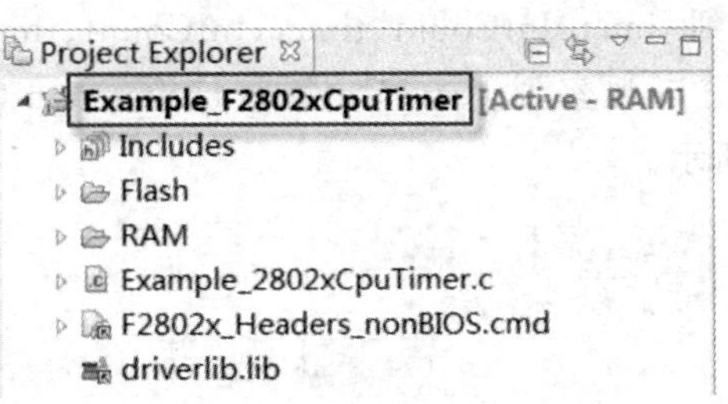

图 6.23 Example_2802xCpuTimer 工程

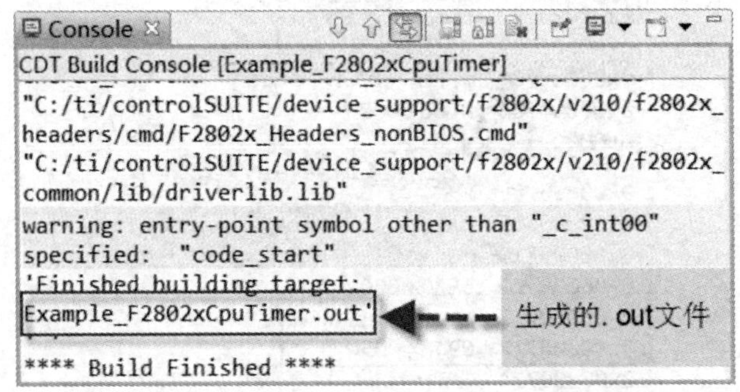

图 6.24 Example_2802xCpuTimer 工程的编译结果

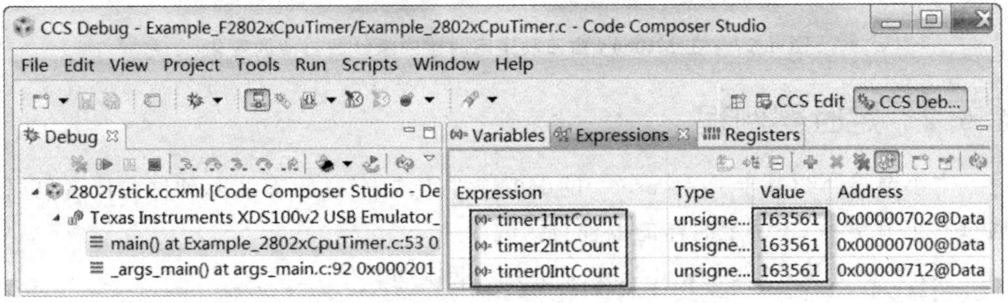

图 6.25 导入.out 文件到 LaunchPad 开发板,定时器中断计数器的值

(5) 选中工具栏中的实时运行模式和连续运行模式,启动.out 文件在 LaunchPad 开发板中运行,其结果如图 6.26 所示。

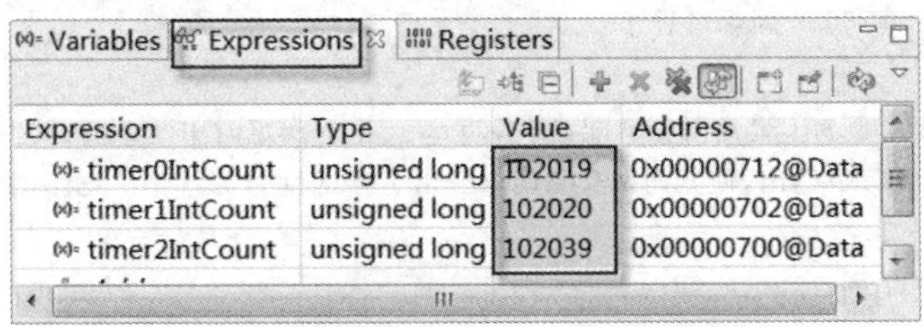

图 6.26 程序在 LaunchPad 开发板的运行结果

从图 6.26 中可看到 timer0IntCount、timer1IntCount、timer2IntCount 在连续变化。也可在 Memory 窗口观察到 timer0IntCount、timer1IntCount、timer2IntCount 值的变化，如图 6.27 所示。

图 6.27 在 Memory 窗口观察定时器中断计数器值的变化

6.5.2 定时器例程

本小节将介绍基于 Proteus8.0 的虚拟硬件实现方法，没有实际硬件的读者可以通过本小节学习 CPU 定时器的编程与测试。

(1) Example_F2802xLedBlink.c 函数功能说明。

```
//###########################################################################
//
// 文件:    f2802x_examples/timed_led_blink/Example_F2802xLedBlink.c
//
// 名称:  F2802x 闪烁灯程序
//!
//!   这个示例将 CPU 定时器 0 配置成 500 ms 产生一次定时中断，中断发生时反转 GPIO0～
//!    GPIO4LED 输出，使其两两交替闪烁。出于测试目的，每产生一次中断计数器加 1 。
//!
//!   观察变量:
//!     - interruptCount
//###########################################################################
```

```
#include "DSP28x_Project.h"      //设备头文件与例程包含文件

#include "f2802x_common/include/adc.h"
#include "f2802x_common/include/clk.h"
#include "f2802x_common/include/flash.h"
#include "f2802x_common/include/gpio.h"
#include "f2802x_common/include/pie.h"
#include "f2802x_common/include/pll.h"
#include "f2802x_common/include/timer.h"
#include "f2802x_common/include/wdog.h"

//原型函数声明
interrupt void cpu_timer0_isr(void);

uint16_t interruptCount = 0;//定义中断计数器

ADC_Handle myAdc;
CLK_Handle myClk;
FLASH_Handle myFlash;
GPIO_Handle myGpio;
PIE_Handle myPie;
TIMER_Handle myTimer;

void main(void)
{
    CPU_Handle myCpu;
    PLL_Handle myPll;
    WDOG_Handle myWDog;

    //初始化工程中所需的所有句柄
    myAdc = ADC_init((void *)ADC_BASE_ADDR, sizeof(ADC_Obj));
    myClk = CLK_init((void *)CLK_BASE_ADDR, sizeof(CLK_Obj));
    myCpu = CPU_init((void *)NULL, sizeof(CPU_Obj));
    myFlash = FLASH_init((void *)FLASH_BASE_ADDR, sizeof(FLASH_Obj));
    myGpio = GPIO_init((void *)GPIO_BASE_ADDR, sizeof(GPIO_Obj));
    myPie = PIE_init((void *)PIE_BASE_ADDR, sizeof(PIE_Obj));
    myPll = PLL_init((void *)PLL_BASE_ADDR, sizeof(PLL_Obj));
    myTimer = TIMER_init((void *)TIMER0_BASE_ADDR, sizeof(TIMER_Obj));
    myWDog = WDOG_init((void *)WDOG_BASE_ADDR, sizeof(WDOG_Obj));

    //系统初始化
    WDOG_disable(myWDog);
```

```
        CLK_enableAdcClock(myClk);
        ( * Device_cal)();

        //选择内部振荡器 1 作为时钟源
        CLK_setOscSrc(myClk, CLK_OscSrc_Internal);

        //配置 PLL 为 x12/2 使 60 MHz = 10 MHz x 12/2
        PLL_setup(myPll, PLL_Multiplier_12, PLL_DivideSelect_ClkIn_by_2);

        //禁止 PIE 和所有中断
        PIE_disable(myPie);
        PIE_disableAllInts(myPie);
        CPU_disableGlobalInts(myCpu);
        CPU_clearIntFlags(myCpu);

    // 如果在闪存中运行需将函数搬移(复制)到 ARM 中运行
    #ifdef  _FLASH
        memcpy(&RamfuncsRunStart, &RamfuncsLoadStart, (size_t)&RamfuncsLoadSize);
    #endif

        //配置调试向量表与使能 PIE
        PIE_setDebugIntVectorTable(myPie);
        PIE_enable(myPie);

    // PIE 向量表中的寄存器中断服务程序
    PIE_registerPieIntHandler(myPie, PIE_GroupNumber_1, PIE_SubGroupNumber_7, (intVec_
t)&cpu_timer0_isr);


    //配置 CPU 定时器 0 使之每 500 ms 中断一次:
    // 60 MHz 的 CPU 频率,周期为 50 ms(μs)

        // ConfigCpuTimer(&CpuTimer0, 60, 500000);//传统方法
        TIMER_stop(myTimer);//基于固件的方法
        TIMER_setPeriod(myTimer, 50 * 1500);//为了便于在 Proteus8.0 中运行这里将定时
        // 时间缩短
        TIMER_setPreScaler(myTimer, 0);
        TIMER_reload(myTimer);
        TIMER_setEmulationMode(myTimer, TIMER_EmulationMode_StopAfterNextDecrement);
        TIMER_enableInt(myTimer);

        TIMER_start(myTimer);
```

```
    // 将 GPIO 0～GPIO3 配置为输出
    GPIO_setMode(myGpio, GPIO_Number_0, GPIO_0_Mode_GeneralPurpose);
    GPIO_setMode(myGpio, GPIO_Number_1, GPIO_0_Mode_GeneralPurpose);
    GPIO_setMode(myGpio, GPIO_Number_2, GPIO_0_Mode_GeneralPurpose);
    GPIO_setMode(myGpio, GPIO_Number_3, GPIO_0_Mode_GeneralPurpose);

    GPIO_setDirection(myGpio, GPIO_Number_0, GPIO_Direction_Output);
    GPIO_setDirection(myGpio, GPIO_Number_1, GPIO_Direction_Output);
    GPIO_setDirection(myGpio, GPIO_Number_2, GPIO_Direction_Output);
    GPIO_setDirection(myGpio, GPIO_Number_3, GPIO_Direction_Output);

    GPIO_setLow(myGpio, GPIO_Number_0);
    GPIO_setHigh(myGpio, GPIO_Number_1);
    GPIO_setLow(myGpio, GPIO_Number_2);
    GPIO_setHigh(myGpio, GPIO_Number_3);

    // 使能连接到 CPU - Timer 0 的 CPU INT1:
    CPU_enableInt(myCpu, CPU_IntNumber_1);

    // 使能 PIE 中的 TINT0 :第一组中的中断 7
    PIE_enableTimer0Int(myPie);

    // 使能全局中断和高优先级的实时调试事件
    CPU_enableGlobalInts(myCpu);
    CPU_enableDebugInt(myCpu);

    for(;;){
        asm(" NOP");
    }

}

interrupt void cpu_timer0_isr(void)
{
    interruptCount++;

    // 反转 GPIOs
    GPIO_toggle(myGpio, GPIO_Number_0);
    GPIO_toggle(myGpio, GPIO_Number_1);
    GPIO_toggle(myGpio, GPIO_Number_2);
    GPIO_toggle(myGpio, GPIO_Number_3);
```

```
    // 应答该中断从第一组中接收更多的中断
    PIE_clearInt(myPie, PIE_GroupNumber_1);
}

//===============================================================
// 结束
//===============================================================
```

(2) 导入 Example_F2802xLedBlink 工程，对定时器周期按(1)所述进行修改，如图 6.28 所示。

Example_F2802xLEDBlink [Active - RAM]
Includes
RAM
Example_2802xLEDBlink.c
F2802x_Headers_nonBIOS.cmd
driverlib.lib

图 6.28 Example_F2802xLedBlink 工程

(3) 把可执行文件变更为.cof 文件格式，如图 2.29 所示。

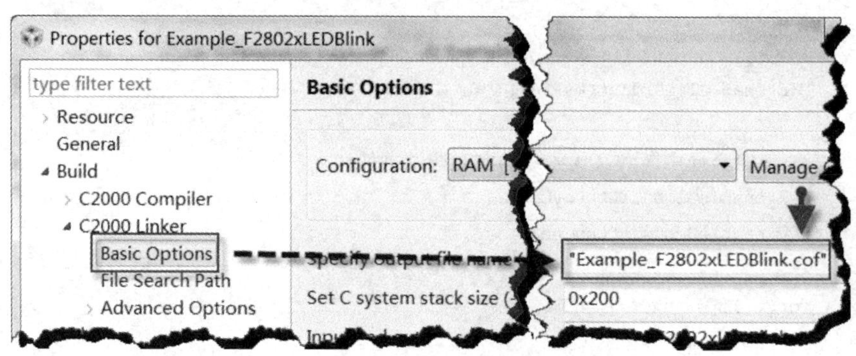

图 6.29 变更输出的可执行文件格式

(4) 编译 Example_F2802xLedBlink 工程，得到.cof 格式的可执行文件，如图 6.30 所示。

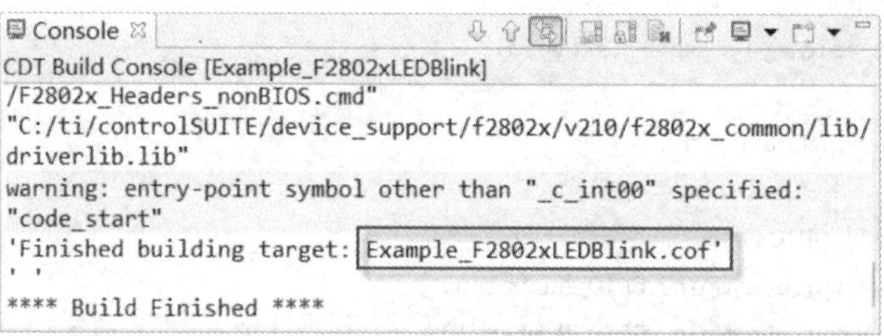

图 6.30 编译 Example_F2802xLedBlink 工程，生成.cof 文件

(5) 搭建定时器测试的虚拟硬件电路，如图 6.31 所示。

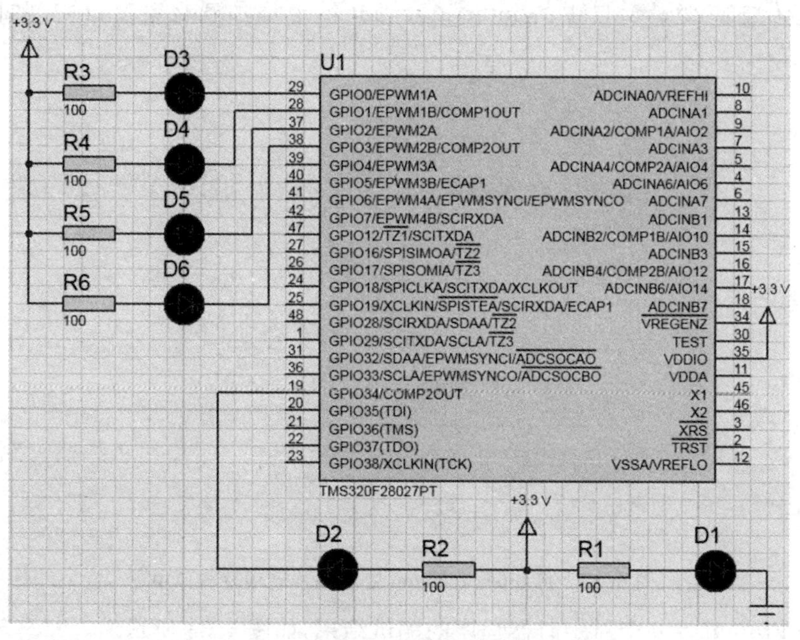

图 6.31 测试定时器程序的虚拟硬件电路

(6) 在图 6.31 中导入.cof 文件,启动 Proteus 仿真,然后单击“暂停”按钮弹出多种调试窗口,如图 6.32 所示。

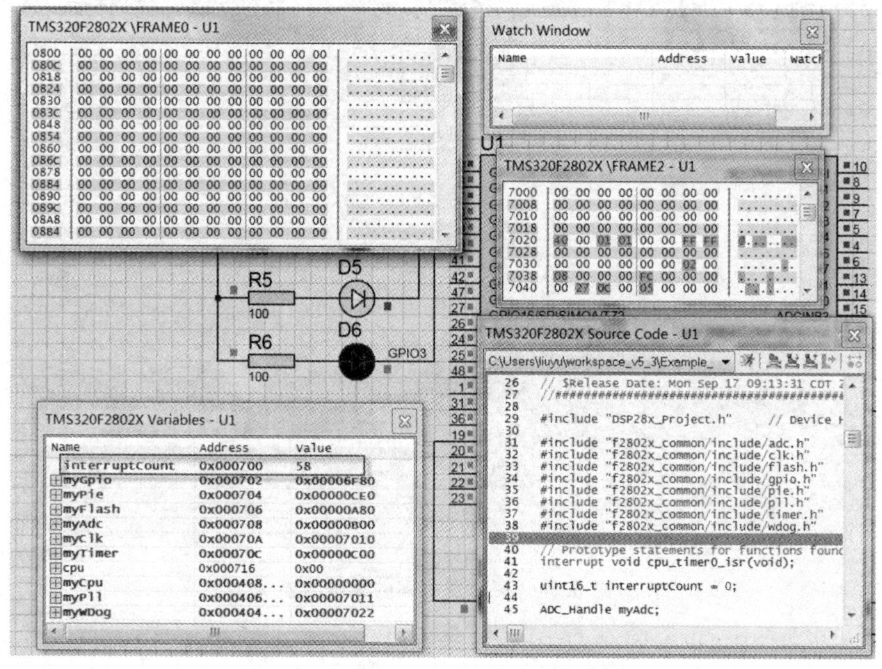

图 6.32 Proteus 8.0 中的多种调试窗口

(7) 右击将变量窗口中的 interruptcount 变量添加到观察窗口中，如图 6.33 所示。

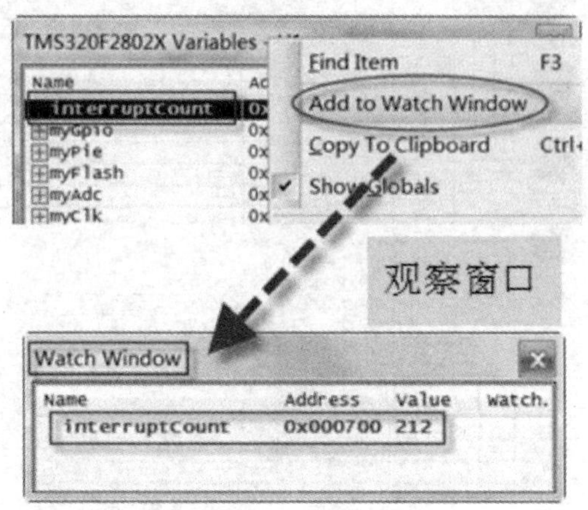

图 6.33 将 interruptcount 变量添加到观察窗口中

(8) Proteus 8.0 中对定时器程序的测试结果，如图 6.34 所示。

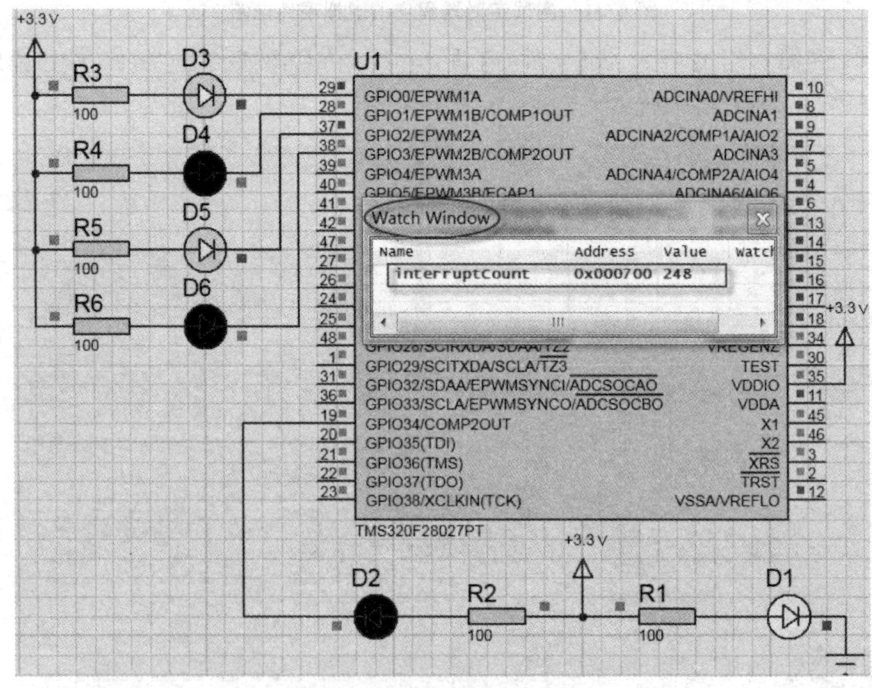

图 6.34 定时器程序的测试结果

从图 6.34 中可以看到，4 只 LED 发光管两两交替闪烁(即定时时间长度)，实现了对定时器的设计要求，同时观察窗口中的 interruptcount 变量连续循环的变化。

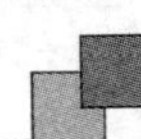

读者还可以在虚拟硬件电路中添加一台虚拟示波器观察 GPIO0～GPIO3 的波形变化情况。

6.5.3　看门狗定时器例程

本小节以 TI 公司提供的 Example_F2802xWatchdog 工程为蓝本简单介绍 Watchdog 的编程与测试方法。

(1) Example_F2802xWatchdog.c 程序的功能说明。

```
//###########################################################################
// 文件:   f2802x_examples/watchdog/Example_F2802xWatchdog.c
// 名称:  F2802x Watchdog 中断测试程序.
//!    看门狗练习
//!    首先将看门狗连接到 PIE 模块的 WAKEINT 中断,然后将代码放入一个无限循环
//!    程序中。用户可以选择喂看门狗密钥寄存器或注释掉无限循环中的该行代码。
//!  如果通过 WDOG_clearCounter 函数喂看门狗密钥寄存器,WAKEINT 中断将不会发生。
//!    如果没有通过 WDOG_clearCounter 函数喂看门狗密钥寄存器,将产生 WAKEINT 中断。
//!    观察变量:
//!     - LoopCount :无限循环次数
//!     - WakeCount :WAKEINT 中断次数
//###########################################################################
#include "DSP28x_Project.h"       //设备头文件与例程包含文件
#include "f2802x_common/include/clk.h"
#include "f2802x_common/include/flash.h"
#include "f2802x_common/include/pie.h"
#include "f2802x_common/include/pll.h"
#include "f2802x_common/include/wdog.h"
//原型函数声明
interrupt void wakeint_isr(void);
//定义全局变量
uint32_t WakeCount;
uint32_t LoopCount;
CLK_Handle myClk;
FLASH_Handle myFlash;
PIE_Handle myPie;
void main(void)
{
    CPU_Handle myCpu;
    PLL_Handle myPll;
    WDOG_Handle myWDog;
    //初始化工程中所需的所有句柄
    myClk = CLK_init((void  *)CLK_BASE_ADDR, sizeof(CLK_Obj));
```

```
    myCpu = CPU_init((void  * )NULL, sizeof(CPU_Obj));
    myFlash = FLASH_init((void  * )FLASH_BASE_ADDR, sizeof(FLASH_Obj));
    myPie = PIE_init((void  * )PIE_BASE_ADDR, sizeof(PIE_Obj));
    myPll = PLL_init((void  * )PLL_BASE_ADDR, sizeof(PLL_Obj));
    myWDog = WDOG_init((void  * )WDOG_BASE_ADDR, sizeof(WDOG_Obj));
    //系统初始化
    WDOG_disable(myWDog);
    CLK_enableAdcClock(myClk);
    ( * Device_cal)();
    //选择内部振荡器 1 作为时钟源
    CLK_setOscSrc(myClk, CLK_OscSrc_Internal);
    //配置 PLL 为 x12/2 使 60 MHz = 10 MHz x 12/2
    PLL_setup(myPll, PLL_Multiplier_12, PLL_DivideSelect_ClkIn_by_2);
    //禁止 PIE 和所有中断
    PIE_disable(myPie);
    PIE_disableAllInts(myPie);
    CPU_disableGlobalInts(myCpu);
    CPU_clearIntFlags(myCpu);
//如果在闪存中运行,需将函数搬移(复制)到 ARM 中运行
#ifdef  _FLASH
    memcpy(&RamfuncsRunStart, &RamfuncsLoadStart, (size_t)&RamfuncsLoadSize);
#endif
//配置调试向量表与使能 PIE
PIE_setDebugIntVectorTable(myPie);
    PIE_enable(myPie);
    // Register interrupt handlers in the PIE vector table
    PIE_registerPieIntHandler(myPie, PIE_GroupNumber_1, PIE_SubGroupNumber_8, (in-
tVec_t)&wakeint_isr);
    // 计数器清零
    WakeCount = 0; // 计数中断次数
    LoopCount = 0; // 计数空循环次数
    WDOG_enableInt(myWDog);
    // 在 PIE 中使能 WAKEINT 中断:第一组中断 8
    // 使能连接到 WAKEINT INT1 中断
    PIE_enableInt(myPie, PIE_GroupNumber_1, PIE_InterruptSource_WAKE);
    CPU_enableInt(myCpu, CPU_IntNumber_1);
    CPU_enableGlobalInts(myCpu);
    // 复位 watchdog 计数器
    WDOG_clearCounter(myWDog);
    // 使能 watchdog
    WDOG_enable(myWDog);
    for(;;) {
```

```
        LoopCount + + ;
        //仅使用循环就不注释 WDOG_clearCounter 函数。
        //采用 WAKEINT 中断需注释掉 WDOG_clearCounter 函数
        WDOG_clearCounter(myWDog);
    }
}

interrupt void wakeint_isr(void)
{
    WakeCount + + ;
    // 应答该中断以从组 1 中响应更多的中断
    PIE_clearInt(myPie, PIE_GroupNumber_1);
}
//=============================================================
// 结束
//=============================================================
```


(2) 导入 Example_F2802xWatchdog 工程,如图 6.35 所示。

图 6.35　Example_F2802xWatchdog 工程

(3) 编译 Example_F2802xWatchdog 工程生成.out 文件,如图 6.36 所示。

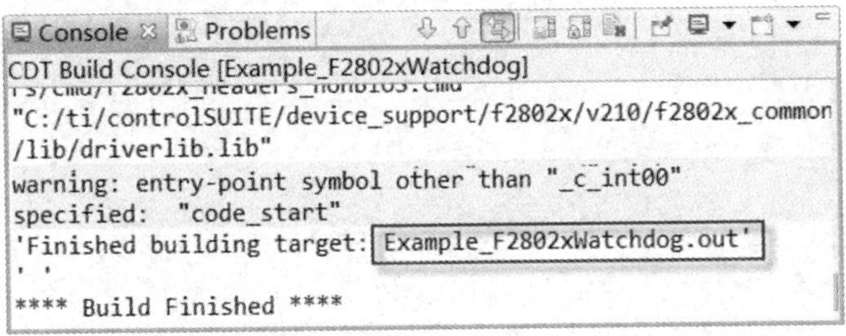

图 6.36　Example_F2802xWatchdog 工程的编译结果

(4) 导入.out 文件到 LaunchPad 开发板中,添加变量 WakeCount 和 LoopCount 到观察窗口,然后选中实时运行模式与连续运行模式,如图 6.37 所示。

(5) 启动.out 文件在 LaunchPad 开发板中运行,其测试结果如图 6.38 所示。

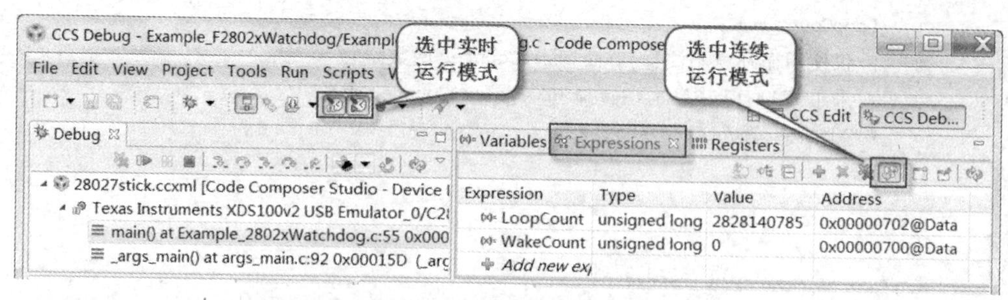

图6.37 导入.out文件到LaunchPad开发板中

从图6.38可以看到,LoopCount的值在不断的刷新,而WakeCount始终为零说明看门狗并未复位。程序不存在跑飞的情况(短时间测试结果,可能结论并不一定正确)。

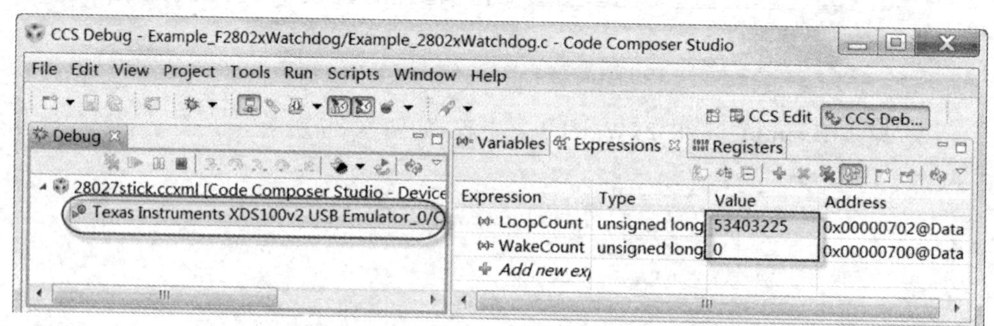

图6.38 看门狗程序在LaunchPad中的测试结果

第7章

捕获(CAP)单元

在对外部事件精确计时的系统中，需要一个能捕获输入引脚电平跳变的时间戳单元——eCAP捕获单元，来完成这些工作，如图7.1所示。

1. eCAP的应用范围

eCAP的应用范围如下：

(1) 旋转机械系统的测速。

(2) 测量位置传感器脉冲间的时间间隔。

(3) 测量脉冲信号的周期与占空比。

(4) 将传感器的电流/电压占空比编码转换为电压/电流幅度。

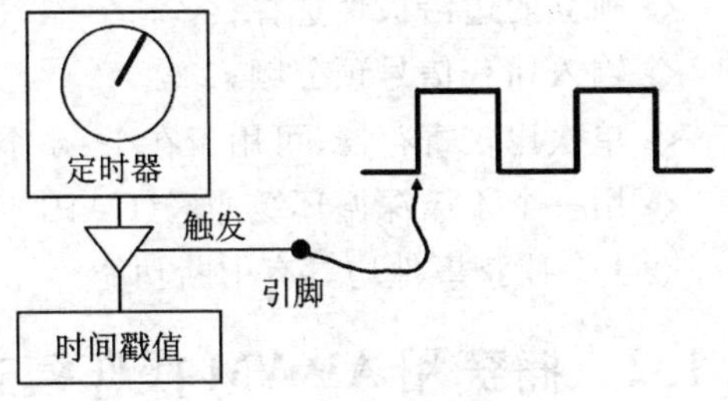

图7.1 eCAP模块功能示意图

2. eCAP单元的主要特点

eCAP单元的主要特点如下：

(1) 32位TB(Time Base)，分辨率可达6.67 ns，系统时钟为60 MHz；

(2) 4事件时间戳寄存器(每个寄存器都为32位)；

(3) 边沿极性最多有4序列时间戳捕捉事件可供选择；

(4) 4个事件中任意一个均可产生中断；

(5) 可在4深度循环缓冲器中捕获连续模式的时间戳；

(6) 绝对时间戳捕获；

(7) Delta模式时间戳捕获；

(8) 以上所有资源全部集成到一个单一输入引脚；

(9) 不在捕获模式下工作时，eCAP模块可被配置为单通道PWM输出。

本章的主要内容：

◇ eCAP模块概述；

◇ eCAP固件库；

◇ eCAP模块例程。

7.1　eCAP 概述

eCAP 单元是一个完整的捕获通道，可依据目标器件被多次实例化。且通道具有如下独立的关键资源：

◇ 专用输入捕获引脚；
◇ 32 位时基(计时器)；
◇ 单次最多可捕获 4 时间时间戳；
◇ 4×32 位时间戳捕获寄存器(CAP1～CAP4)；
◇ 与外部事件同步的 4 级排序器和 eCAP 引脚的上升/下降沿；
◇ 独立的边沿极性选择；
◇ 输入捕获信号预分频；
◇ 单次比较寄存器，可用于在 1～4 个时间戳事件后停止捕获；
◇ 用一个 4 级深循环缓冲区(CAP1～CAP4)方案控制连续时间戳的捕获；
◇ 4 个捕获事件均具有中断功能。

7.1.2　捕获和 APWM 操作模式

当 eCAP 未工作在输入捕获时，利用其可实现一个单通道 PWM 发生器。计数器为向上计数状态，为异步脉冲编码调制波形提供时基(TB)。CAP1、CAP2 寄存器分别作为工作周期寄存器和工作比较寄存器，CAP3 和 CAP4 寄存器分别作为影子周期寄存器和影子捕获寄存器。图 7.2 为捕获与辅助脉冲编码调制(Auxiliary Pulse-Width Modulator，APWM)的工作模式。

7.1.3　eCAP 捕获模式描述

实现 eCAP 功能所需的各种模块及其结构如图 7.3 所示。

注意：图中 active 为立即执行，即工作寄存器；shadow 为影子寄存器，即临时寄存器。

1. 事件预分频

输入的捕获信号(脉冲信号)可以由 N(N=2～62，2 的倍数)进行预分频处理，当然也可以跳过预分频。预分频功能在处理甚高频信号时非常重要。预分频模块功能图如图 7.4 所示，波形图如图 7.5 所示。

2. 边沿极性选择与限定

◇ 每个捕获事件都有一个独立的边沿极性选择复用器；
◇ 每个边沿(最多为 4)都是模 4 排序器决定的事件；
◇ 模 4 计数器将边沿事件存入各自的 CAPx 寄存器。CAPx 寄存器将会在下降

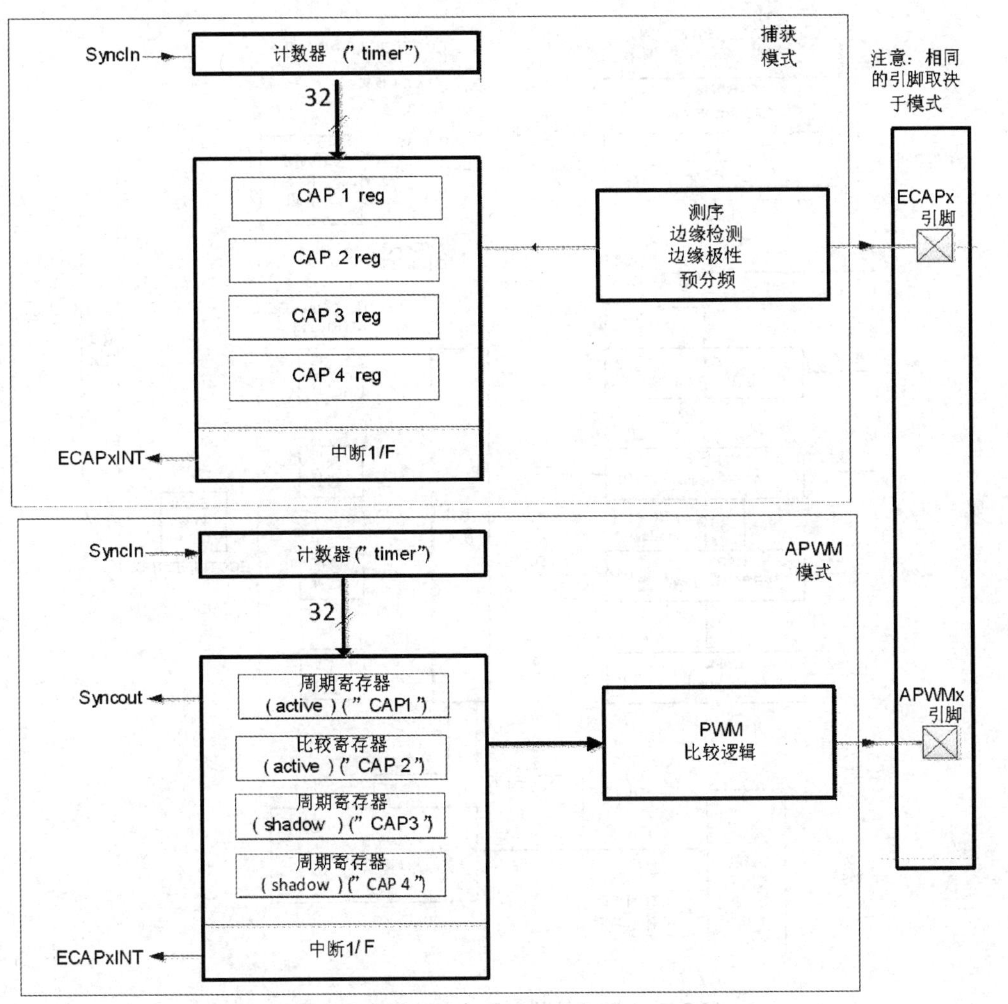

图 7.2 捕获与辅助脉冲编码调制的工作模式

沿被装载。

3. 连续/单次控制

◇ 模 4 计数器向上计数有效边沿事件个数(CEVT1～CEVT4)；

◇ 模 4 计数器不断的连续计数(0－>1－>2－>3－>0)，直到计数器停止计数为止；

◇ 在单次模式下，两位的停止寄存器会与模 4 计数器的输出进行比较，相等时，停止模 4 计数器并禁止装载 CAP1～CAP4 寄存器。

4. 32 位计数器与相位控制

此计数器为事件捕获提供了 TB，且由系统时钟控制其计数速度。通过相位寄

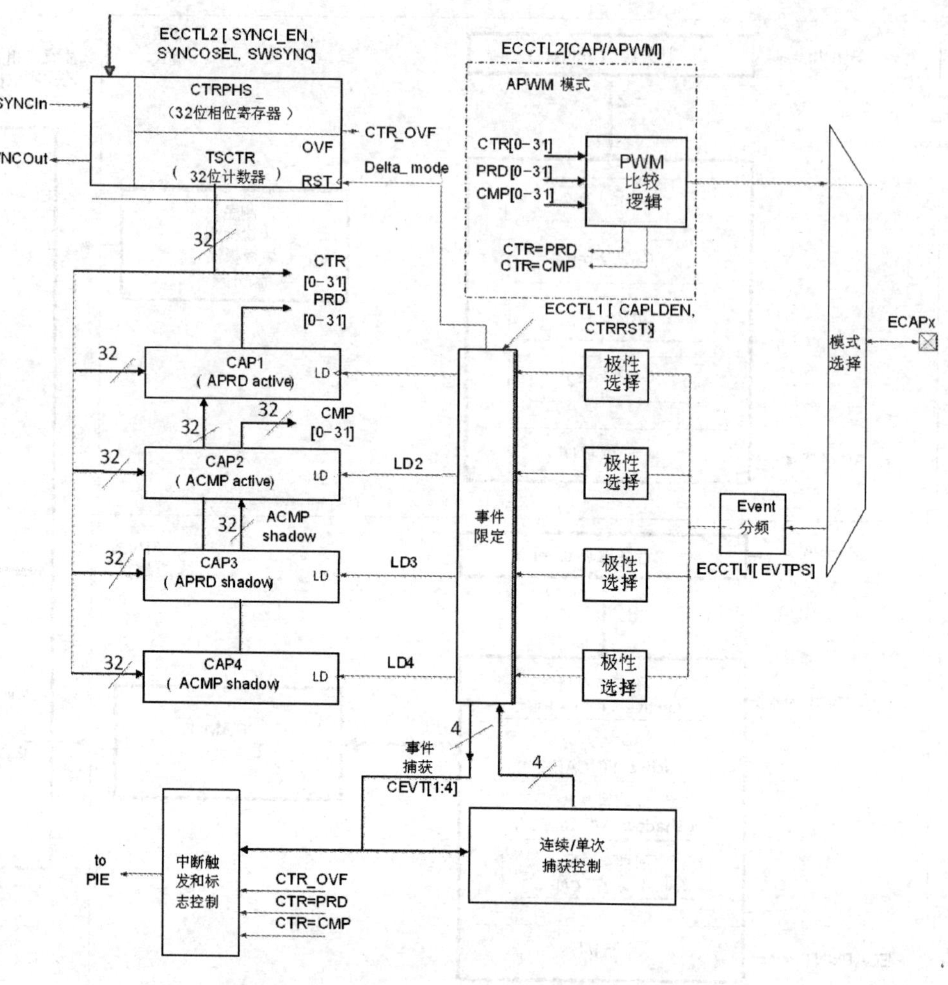

图 7.3 eCAP 功能所需的各种模块及其结构

存器，可用软/硬件方式强制与其他计数器进行同步。这对于处理 APWM 模式下模块之间需要相位偏置的情况非常有效。

4 捕获事件中的任意一个装载时，32 位计数器都会复位。32 位计数器的值首先被捕获，然后被 LD1～LD4 中的任意信号复位到 0，这在时间差捕获中非常有效，如图 7.6 所示。

5. CAP1～CAP4 寄存器

32 位寄存器与 32 位的计数器总线相连，当其各自的输入被选通时，CTR[0～31]才会被装载。

通过控制位 CAPLDEN 可以禁止装载捕获寄存器的值。在单次模式下，当出现停滞条件时，此位会被自动清零，例如 StopValue = Mod4。

在 APWM 模式下，CAP1 和 CAP2 寄存器分别变成活跃期间和比较寄存器，且

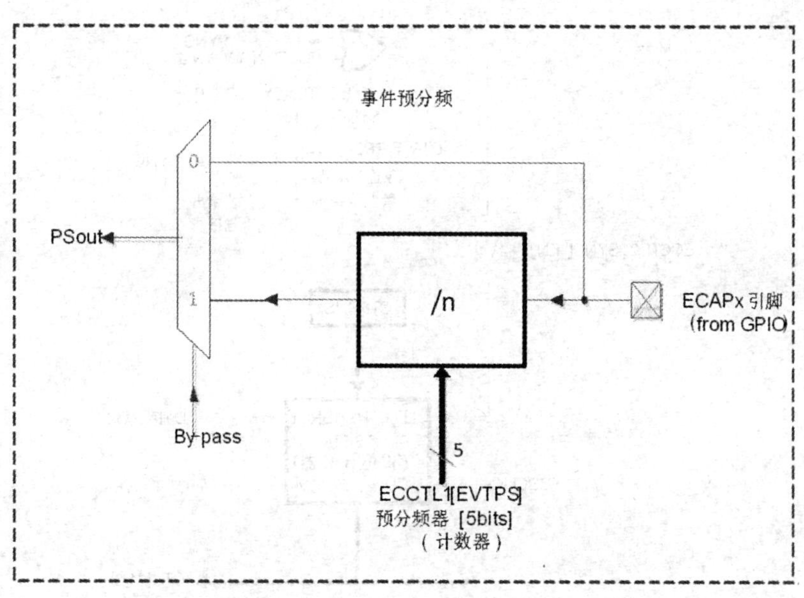

图 7.4　预分频模块功能图

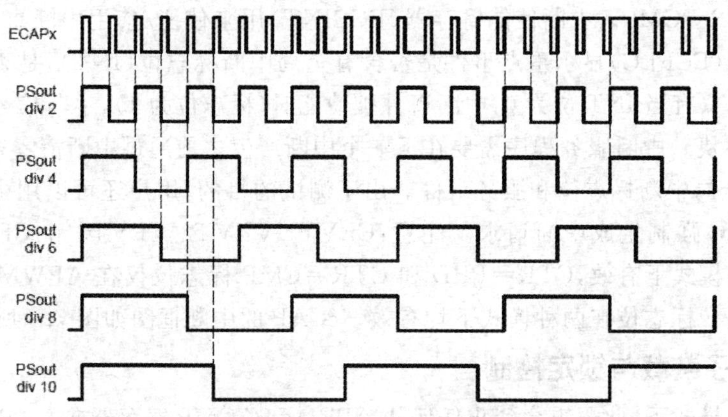

图 7.5　预分频功能波形

CAP3 和 CAP4 寄存器在 APWM 操作中分别成为 CAP1 和 CAP2 的影子寄存器(即 APRD 和 ACMP)。

6. 中断控制

捕获事件(CEVT1～CEVT4,CTROVF)或 APWM 事件(CTR ＝ PRD,CTR ＝ CMP)均能产生中断请求,计数器溢出事件(FFFFFFFF－＞00000000)也可作为一个中断源(CTROVF)。捕获事件的边沿和排序分别是由极性选择和模 4 选通判定的。这些事件中的任意一个都可以作为中断源向 PIE 发送中断请求。

这里共有 7 个中断事件：CEVT1、CEVT2、CEVT3、CEVT4、CNTOVF、CTR＝

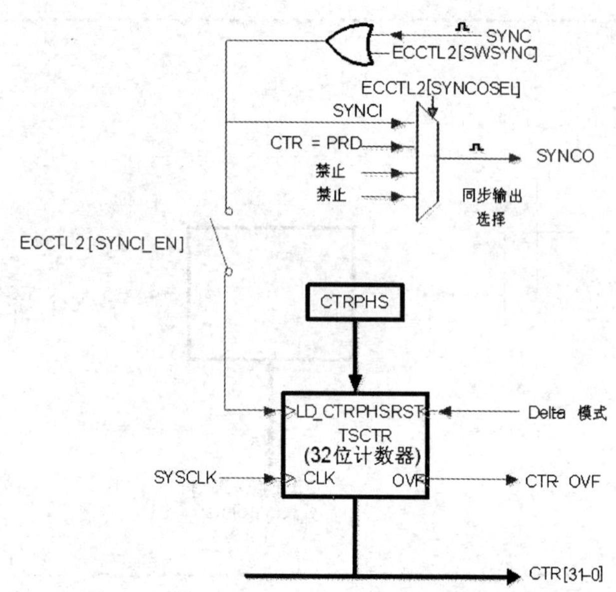

图 7.6 32 位计数器与相位控制

PRD 和 CTR＝CMP。中断使能寄存器(ECEINT)用来使能/禁用中断事件源；中断标志寄存器(ECFLG)显示重点事件是否含有全局中断标志位(INT)，是否有中断事件被锁存。只有当 INT 位为 0，中断事件被使能时(标志位为 1)，中断信号才会被发送到 PIE 模块。中断服务程序需要在下一个中断产生之前通过中断清零寄存器 ECCLR 清零全局中断标志位和服务事件。出于测试的目的，用户还可以用中断强制寄存器 ECFRC 强制生成中断请求。注意：CEVT1、CEVT2、CEVT3 和 CEVT4 标志位仅在捕获模式下有效，CTR＝PRD 和 CTR＝CMP 标志位仅在 APWM 模式下有效，CNTOVF 标志位在两种模式下均有效。eCAP 的中断框图如图 7.7 所示：

7. 影子装载与锁定控制

在捕获模式下，此逻辑会禁止任何从 APRD 和 ACMP 寄存器向 CAP1 和 CAP2 的影子装载。在 APWM 模式下，影子装载有效，且有如下两个选项：

◇ 立即：APRD 和 ACMP 写入新值时，会立即将其传送到 CAP1 和 CAP2；

◇ 周期相等：例如，CTR[31:0] = PRD[31:0]。

8. APWM 模式

◇ 时间戳计数器总线可通过两个数字比较器实现比较功能。

◇ 当 CAP1/2 寄存器未工作在捕捉模式时，其值可用于 APWM 模式下的周期与比较值。

◇ 影子寄存器 APRD 和 ACMP (CAP3/4)可实现双缓存器功能。影子寄存器的值既可以在写入新值时立即传送到 CAP1/2 寄存器，也可在 CTR = PRD

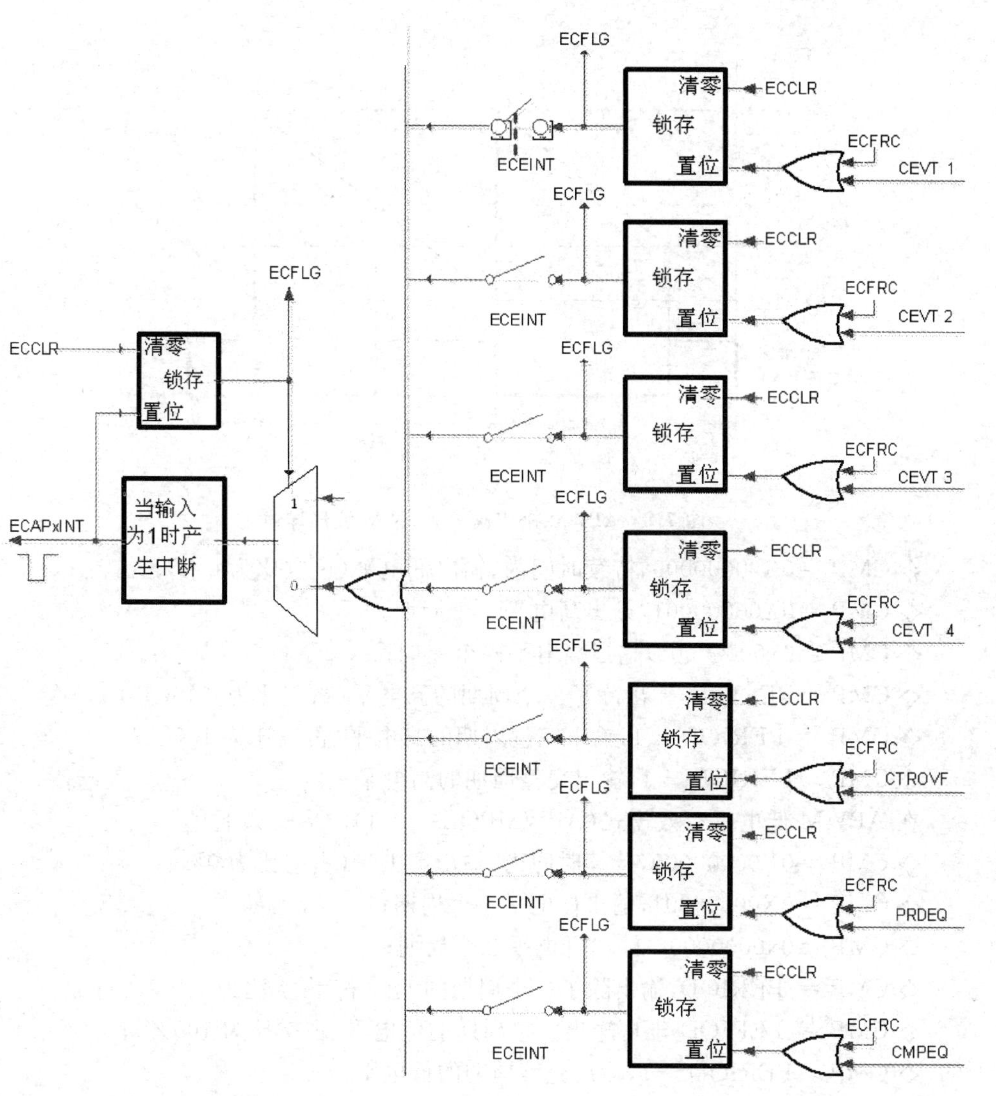

图7.7　eCAP的中断模块框图

trigger触发时再传送。

◇ APWM模式下写CAP1/CAP2工作寄存器时，与其相关的影子寄存器CAP3/CAP4会被写入相同的值。写影子寄存器CAP3/CAP4会调用影子模式。

◇ 初始化过程中，用户需要写周期与比较有效寄存器，以自动将初始值复制到影子值。

APWM模式下的波形如图7.8所示：

APWM高电平有效模式(APWMPOL＝＝0)的形式如下：

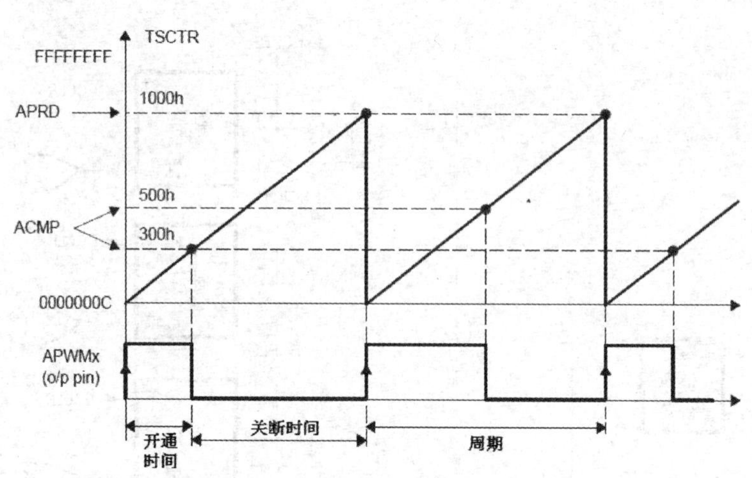

图 7.8　APWM 操作模式下 PWM 波形详述

◇ CMP =0X00000000,持续时间内,输出低电平(占空比为 0%);

◇ CMP =0X00000001,输出高电平一个周期;

◇ CMP =0x00000002,输出高电平两个周期;

◇ CMP =PERIOD,输出除了一个周期的高电平(占空比为<100%);

◇ CMP = PERIOD +1,输出完整周期的高电平(占空比为 100%);

◇ CMP> PERIOD +1,输出完整周期的高电平。

在 APWM 低电平有效模式(APWMPOL== 1)的形式如下:

◇ CMP =0X00000000,持续时间内,输出高电平(占空比为 0%);

◇ CMP =0X00000001,输出低电平一个周期;

◇ CMP =0x00000002,输出低电平二个周期;

◇ CMP = PERIOD,输出除了一个周期的低电平(占空比为<100%);

◇ CMP = PERIOD +1,输出完整周期的低电平(占空比为 100%);

◇ CMP> PERIOD +1,输出完整周期的低电平。

例 8.1　上升沿触发的绝对时间戳操作。

图 7.9 给出了一个连续捕捉操作(Mod4 计数器循环)的示例。在此图中,TSCTR 工作在向上计数模式(未复位),捕获事件仅在上升沿发生,这里仅讨论周期(频率)信息。

在一个事件中,TSCTR 的内容(即,时间戳)首先被捕获,然后 Mod4 计数器被递增到下一个状态。当 TSCTR 达到 FFFFFFFF(即最大值)时,跳变为 00000000(图 7.9 中未予显示),如果发生这种情况,CTROVF(计数器溢出)标志被置位,从而产生中断(如果使能)。则捕获的时间戳在图 7.9 中的点是有效的,即第四事件后。因此事件 CEVT4 可以方便地用来触发一个中断,并且 CPU 可以从 CAPx 寄存器读取数据。

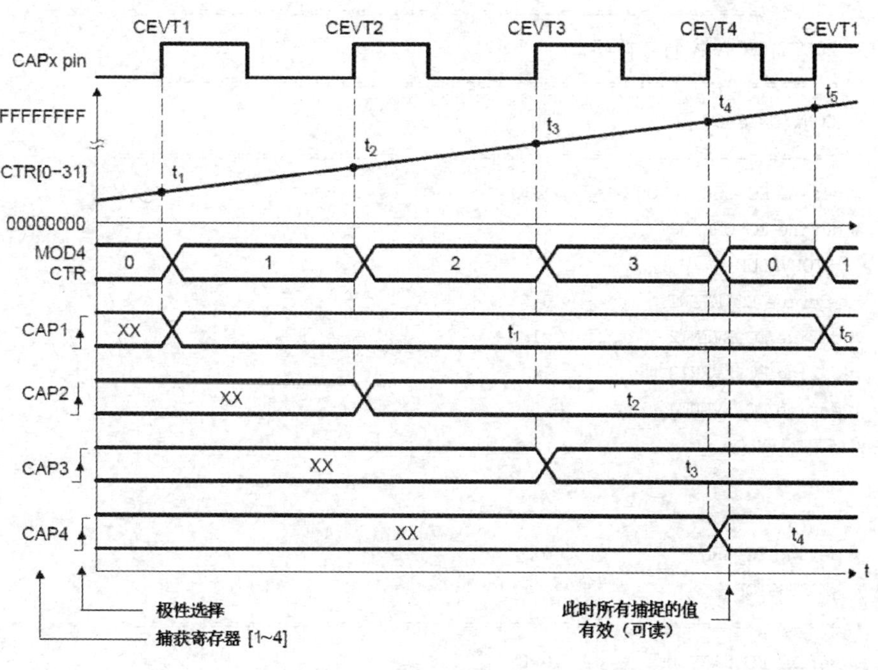

图 7.9　绝对时间戳的捕获序列和上升沿检测


```
*****eCAP.h*****
//===========================================
// ECCTL1(ECAP控制寄存器1)
//===========================================
// CAPxPOL位
//===========================================
#define EC_RISING          0x0
#define EC_FALLING         0x1
// CTRRSTx位
//===========================================
#define EC_ABS_MODE        0x0
#define EC_DELTA_MODE      0x1
//预分频位
//===========================================
#define EC_BYPASS          0x0
#define EC_DIV1            0x0
#define EC_DIV2            0x1
#define EC_DIV4            0x2
#define EC_DIV6            0x3
#define EC_DIV8            0x4
#define EC_DIV10           0x5
```

```
//=================================================
// ECCTL2(ECAP 控制寄存器 2)
//=================================================
// CONT/ONESHOT 位
//=================================================
#define EC_CONTINUOUS        0x0
#define EC_ONESHOT           0x1
// STOPVALUE 位
#define EC_EVENT1            0x0
#define EC_EVENT2            0x1
#define EC_EVENT3            0x2
#define EC_EVENT4            0x3
// RE-ARM 位
//=================================================

#define EC_ARM               0x1
// TSCTRSTOP 位
//=================================================
#define EC_FREEZE            0x0
#define EC_RUN               0x1
// SYNCO_SEL 位
#define EC_SYNCIN            0x0
#define EC_CTR_PRD           0x1
#define EC_SYNCO_DIS         0x2
// CAP/ APWM 模式位
//=================================================
#define EC_CAP_MODE          0x0
#define EC_APWM_MODE         0x1
// APWMPOL 位
//=================================================
#define EC_ACTV_HI           0x0
#define EC_ACTV_LO           0x1
//通用
//=================================================
#define EC_DISABLE           0x0
#define EC_ENABLE            0x1
#define EC_FORCE             0x1
```

描述 CAP 模式绝对时间操作,上升沿触发的 C 代码片段如下:

```
//=================================================
// CAP 模式的绝对时间,上升沿触发的代码片段
// 初始化时间
```

```
//==========================================================

// eCAP 模块配置
ECap1Regs.ECCTL1.bit.CAP1POL = EC_RISING;//上升沿触发
ECap1Regs.ECCTL1.bit.CAP2POL = EC_RISING;
ECap1Regs.ECCTL1.bit.CAP3POL = EC_RISING;
ECap1Regs.ECCTL1.bit.CAP4POL = EC_RISING;
ECap1Regs.ECCTL1.bit.CTRRST1 = EC_ABS_MODE;//绝对模式
ECap1Regs.ECCTL1.bit.CTRRST2 = EC_ABS_MODE;
ECap1Regs.ECCTL1.bit.CTRRST3 = EC_ABS_MODE;
ECap1Regs.ECCTL1.bit.CTRRST4 = EC_ABS_MODE;
ECap1Regs.ECCTL1.bit.CAPLDEN = EC_ENABLE;
ECap1Regs.ECCTL1.bit.PRESCALE = EC_DIV1;   // 不分频
ECap1Regs.ECCTL2.bit.CAP_APWM = EC_CAP_MODE;//CAP 模式
ECap1Regs.ECCTL2.bit.CONT_ONESHT = EC_CONTINUOUS;
ECap1Regs.ECCTL2.bit.SYNCO_SEL = EC_SYNCO_DIS;
ECap1Regs.ECCTL2.bit.SYNCI_EN = EC_DISABLE;
ECap1Regs.ECCTL2.bit.TSCTRSTOP = EC_RUN; //允许 TSCTR 运行
//运行时间(例如 CEVT4 触发 ISR 通话)
//==========================================================
TSt1 = ECap1Regs.CAP1; //在 t1 获取时间戳
TSt2 = ECap1Regs.CAP2; //在 t2 获取时间戳
TSt3 = ECap1Regs.CAP3; //在 t3 获取时间戳
TSt4 = ECap1Regs.CAP4; //在 t4 获取时间戳
Period1 = TSt2 - TSt1; //计算第 1 周期
Period2 = TSt3 - TSt2; //计算第 2 周期
Period3 = TSt4 - TSt3; //计算第 3 周期
```

例 8.2 绝对时间戳操作的上升沿和下降沿触发。

除了在上升沿或下降沿捕获事件外,图 7.10 所示的 eCAP 操作模式几乎和例 8.1 所述一样。这里给出了周期和占空比的信息,即:PERIOD1= T3～T1,PERIOD2= T5～T3,...。

占空比 1(Duty Cycle1)计数如下:

(开启时间%)=(T2 － T1)/ PERIOD1×100%

(关断时间%)=(T3 － T2)/ PERIOD1×100%

描述 CAP 模式绝对时间操作,上升沿及下降沿触发的 C 代码片段如下:

```
//==========================================================
// CAP 模式绝对时间的代码片段,上升和下降沿
//边沿触发
//初始化时间
//==========================================================
```

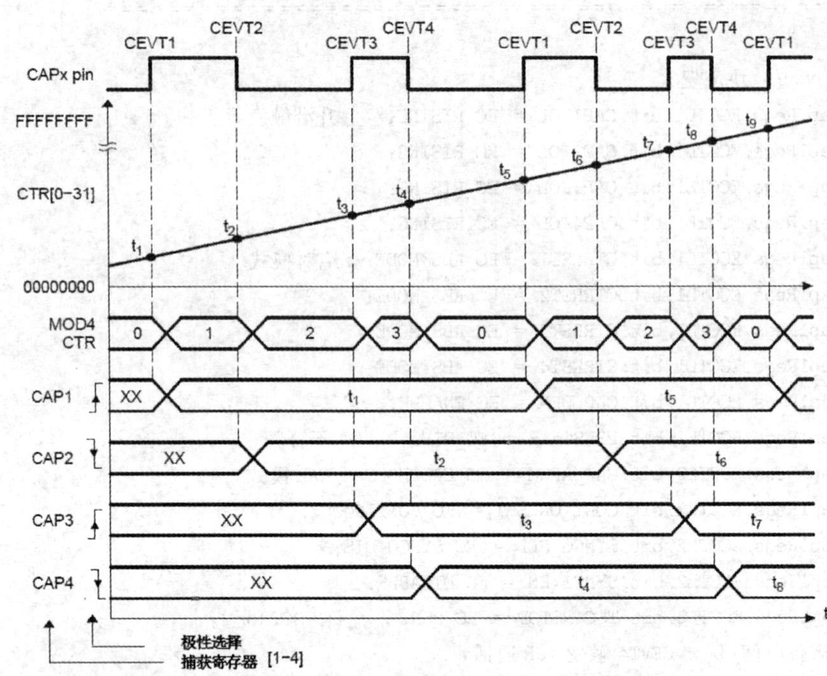

图 7.10　检测上升沿和下降沿的绝对时间捕获序列

```
// ECAP 模块 1 配置
//==================================================
ECap1Regs.ECCTL1.bit.CAP1POL = EC_RISING;          //上升沿触发
ECap1Regs.ECCTL1.bit.CAP2POL = EC_FALLING;         //下降沿触发
ECap1Regs.ECCTL1.bit.CAP3POL = EC_RISING;
ECap1Regs.ECCTL1.bit.CAP4POL = EC_FALLING;
ECap1Regs.ECCTL1.bit.CTRRST1 = EC_ABS_MODE;         //绝对模式
ECap1Regs.ECCTL1.bit.CTRRST2 = EC_ABS_MODE;
ECap1Regs.ECCTL1.bit.CTRRST3 = EC_ABS_MODE;
ECap1Regs.ECCTL1.bit.CTRRST4 = EC_ABS_MODE;
ECap1Regs.ECCTL1.bit.CAPLDEN = EC_ENABLE;
ECap1Regs.ECCTL1.bit.PRESCALE = EC_DIV1;          //不分频
ECap1Regs.ECCTL2.bit.CAP_APWM = EC_CAP_MODE;       //CAP 模式
ECap1Regs.ECCTL2.bit.CONT_ONESHT = EC_CONTINUOUS; //连续模式
ECap1Regs.ECCTL2.bit.SYNCO_SEL = EC_SYNCO_DIS;
ECap1Regs.ECCTL2.bit.SYNCI_EN = EC_DISABLE;
ECap1Regs.ECCTL2.bit.TSCTRSTOP = EC_RUN; //允许 TSCTR 运行
//运行时间(例如 CEVT4 触发 ISR 通话)
//==================================================
TSt1 = ECap1Regs.CAP1;    //在 t1 捕获时间戳
TSt2 = ECap1Regs.CAP2;    //在 t2 捕获时间戳
```

```
TSt3 = ECap1Regs.CAP3;    //在 t3 捕获时间戳
TSt4 = ECap1Regs.CAP4;    //在 t4 捕获时间戳
Period1 = TSt3 - TSt1;        //计算第 1 个周期
DutyOnTime1 = TSt2 - TSt1; //计算开启时间
DutyOffTime1 = TSt3 - TSt2; //计算关断时间
```

7.1.4 捕获模块—控制和状态寄存器

时间戳计数寄存器及其字段描述分别如图 7.11 和表 7.1 所示。

31	0
TSCTR	
R/W-0	

图 7.11 时间戳计数寄存器(TSCTR)

表 7.1 时间戳计数寄存器(TSCTR)字段描述

位	字 段	描 述
31～0	TSCTR	用作捕获时基的立即执行(工作),32 位计数寄存器

计数器位控制寄存器如图 7.12 所示,其字段描述见表 7.2。

31	0
CTRPHS	
R/W-0	

图 7.12 计数器位控制寄存器(CTRPHS)

表 7.2 计数器相位控制寄存器(CTRPHS)字段描述

位	字 段	描 述
31～0	CTRPHS	可编程计数器相位值寄存器用于相位的滞后/超前,为 TSCTR 的影子寄存器。当 SYNCI 事件或通过控制位软件强制事件时,装入 TSCTR 寄存器,用于与其他 eCAP 和 ePWM 时基同步。

捕获寄存器 1～捕获寄存器 4 分别如图 7.13～图 7.16 所示,相应字段分别如表 7.3～表 7.6 所列。

31	0
CAP1	
R/W-0	

图 7.13 捕获寄存器 1(CAP1)

表 7.3 捕获寄存器 1(CAP1)字段描述

位	字 段	描 述
31～0	CAP1	在捕获事件期间该寄存器可加载(写入)时间戳(计数器的值 TSCTR);软件模式用于测试目的/初始化;对于 APWM 模式,可作为 APRD 的影子寄存器(即,CAP3)

31 … 0
CAP2
R/W-0

图 7.14 捕获寄存器 2(CAP2)

表 7.4 捕获寄存器 2(CAP2)字段描述

位	字 段	描 述
31:0	CAP2	该寄存器由如下事件装载(写): ● 捕获事件中的时间戳; ● 软件:可用于测试目的; ● APWM 模式,作为 APRD 的影子寄存器(即,CAP4)

31 … 0
CAP3
R/W-0

图 7.15 捕获寄存器 3(CAP3)

表 7.5 捕获寄存器 3(CAP3)字段描述

位	字 段	描 述
31:0	CAP3	在比较模式中,作为时间戳捕获寄存器;在 APWM 模式中,作为周期(APRD)影子寄存器。通过该寄存器可更新 PWM 周期值。在这种模式下,CAP3(APRD)作为 CAP1 的影子寄存器

31 … 0
CAP4
R/W-0

图 7.16 捕获寄存器 4(CAP4)

表 7.6　捕获寄存器 4(CAP4)

位	字　段	描　述
31:0	CAP4	在比较模式中，用作时间戳捕获寄存器；在 APWM 模式中，作为比较(ACMP)的影子寄存器，用户可通过这个寄存器更新 PWM 周期值。在这种模式下，CAP4(ACMP)是 CAP2 的影子寄存器

eCAP 控制寄存器如图 7.17 所示，其字段定义见表 7.7。

15–14	13–9	8
FREE/SOFT	PRESCALE	CAPLDEN
R/W-0	R/W-0	R/W-0

7	6	5	4	3	2	1	0
CTRRST4	CAP4POL	CTRRST3	CAP3POL	CTRRST2	CAP2POL	CTRRST1	CAP1POL
R/W-0	R/W-0	R/W-0	R/W-0	R/W-0	R/W-0	R/W-0	R/W-0

图 7.17　eCAP 控制寄存器(ECCTL1)

表 7.7　eCAP 控制寄存器(ECCTL1)字段描述

位	字　段	值	描　述
15－14	FREE/SOFT		仿真控制
		00	仿真挂起时，TSCTR 计数器立即停止
		01	TSCTR 计数器计数到 0
		1x	仿真挂起时，TSCTR 计数器无影响
13－9	PRESCALE		事件过滤器的预分频选择：
		00000	1 分频(不分频)
		00001	2 分频
		00010	4 分频
		00011	6 分频
		00100	8 分频
		00101	10 分频
		...	...
		11110	60 分频
		11111	62 分频
8	CAPLDEN		使能在捕获事件时装载 CAP1～CAP4 寄存器：
		0	禁用
		1	使能
7	CTRRST4		捕获事件 4 复位计数器：
		0	捕获事件 4 不复位计数器
		1	捕获事件 4 复位计数器

续表 7.7

位	字 段	值	描 述
6	CAP4POL	 0 1	捕获事件4极性选择： 上升沿时触发捕获事件4 下降沿时触发捕获事件4
5	CTRRST3	 0 1	捕获事件3复位计数器： 捕获事件3不复位计数器 捕获事件3复位计数器
4	CAP3POL	 0 1	捕获事件3极性选择： 上升沿时触发捕获事件3 下降沿时触发捕获事件3
3	CTRRST2	 0 1	捕获事件2复位计数器： 捕获事件2不复位计数器 捕获事件2复位计数器
2	CAP2POL	 0 1	捕获事件2极性选择： 上升沿时触发捕获事件2 下降沿时触发捕获事件2
1	CTRRST1	 0 1	捕获事件1复位计数器： 捕获事件1不复位计数器 捕获事件1复位计数器
0	CAP1POL	 0 1	捕获事件1极性选择： 上升沿时触发捕获事件1 下降沿时触发捕获事件1

eCAP 控制寄存器如图 7.18 所示，其字段描述如表 7.8 所示。

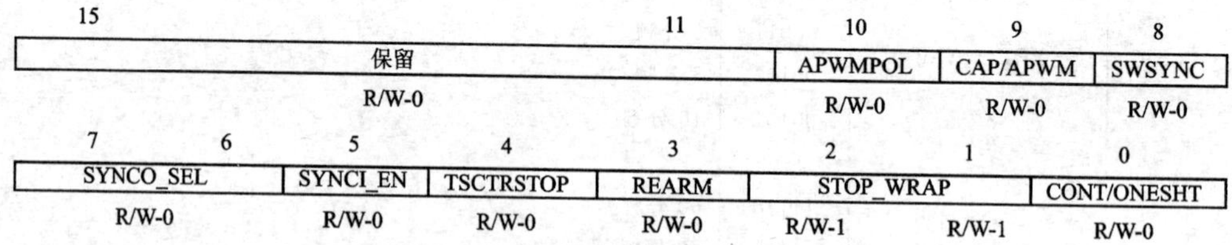

图 7.18 eCAP 控制寄存器(ECCTL2)

表 7.8 eCAP 控制寄存器 2(ECCTL2)字段描述

位	字 段	值	描 述
15～11	保留		保留

续表 7.8

位	字　段	值	描　述
10	APWMPOL	 0 1	APWM 极性选择： 输出为高有效 输出为低有效
9	CAP/APWM	 0 1	CAP/APWM 操作模式选择： 工作于 CAP 模式 工作于 APWM 模式
8	SWSYNC	 0 1	软件强制计数器同步： 无效 强制影子装载 TSCTR，且任何 eCAP 模块提供的 SYNCO_SEL 位为 0,0
7－6	SYNCO_SEL	 00 01 10 11	同步输出选择： 同步输入事件作为同步输出 CTR = PRD 事件作为同步输出 禁用同步输出 禁用同步输出
5	SYNCI_EN	 0 1	计数器(TSCTR)同步输入模式选择： 禁用同步输入 使能计数器(TSCTR)在 SYNCI 信号或 S/W 强制事件时装载 CTRPHS 寄存器
4	TSCTRSTOP	 0 1	时间戳计数器停止控制： TSCTR 停止 TSCTR 自由计数
3	REARM	 0 1	单次重载控制： 无效 装载单次序列
2－1	STOP_WRAP	 00 01 10 11	单次的停止值： 捕获事件 1 后停止 捕获事件 2 后停止 捕获事件 3 后停止 捕获事件 4 后停止
0	CONT/ONESHT	 0 1	连续模式与单次模式选择： 连续模式 单次模式

eCAP 中断使能寄存器如图 7.19 所示，其字段描述如表 7.9 所示。

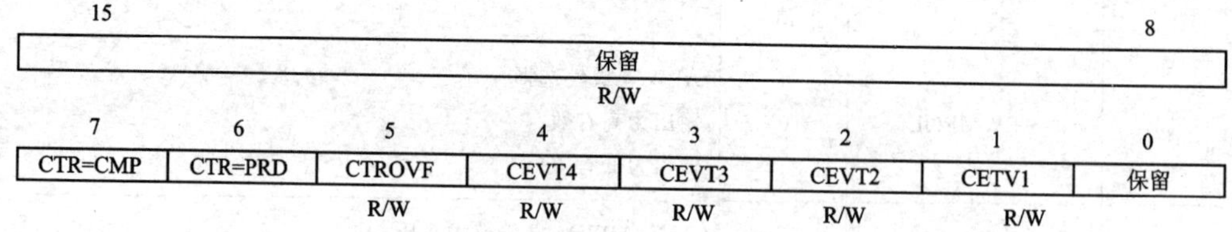

图 7.19　eCAP 中断使能寄存器(ECEINT)

表 7.9　eCAP 中断使能寄存器(ECEINT)字段描述

位	字　段	值	描　述
15－8	保留		保留
7	CTR＝CMP	 0 1	使能 CTR＝CMP 中断： 禁用 使能
6	CTR＝PRD	 0 1	使能 CTR＝PRD 中断： 禁用 使能
5	CTROVF	 0 1	使能计数器溢出中断： 禁用 使能
4	CEVT4	 0 1	使能捕获事件 4 中断： 禁用 使能
3	CEVT3	 0 1	使能捕获事件 3 中断： 禁用 使能
2	CEVT2	 0 1	使能捕获事件 2 中断： 禁用 使能
1	CEVT1	 0 1	使能捕获事件 1 中断： 禁用 使能
0	保留		保留

中断使能位(CEVT1,...)阻止任何选定的事件产生中断。事件仍将被锁存到标志位(ECFLG 寄存器)，并且可以通过 ECFRC/ECCLR 寄存器强制置位/清零。

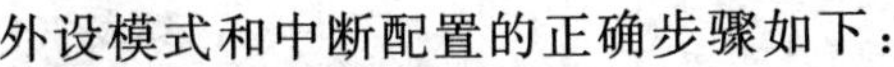

外设模式和中断配置的正确步骤如下：

◇ 禁用全局中断；

◇ 停止 eCAP 计数器；

◇ 禁用 eCAP 中断；

◇ 配置外设寄存器；

◇ 清除伪(spurious)的 eCAP 中断标志；

◇ 启用 eCAP 中断；

◇ 开始 eCAP 计数器；

◇ 启用全局中断。

eCAP 中断标志寄存器如图 7.20 所示，其字段描述见表 7.10。

15–8
保留
R-0

7	6	5	4	3	2	1	0
CTR=CMP	CTR=PRD	CTROVF	CEVT4	CETV3	CEVT2	CETV1	INT
R-0	R-0	R-0	R-0	R-0	R-0	R-0	R-0

图 7.20　eCAP 中断标志寄存器(ECFLG)

表 7.10　eCAP 中断标志寄存器(ECFLG)字段描述

位	字　段	值	描　述
15－8	保留		保留
7	CTR＝CMP	 0 1	计数器相等比较状态标志，此标志仅在 APWM 模式下有效： 表示没有发生任何事件 表示计数器(TSCTR)到达比较寄存器的值(ACMP)
6	CTR＝PRD	 0 1	计数器等于周期的状态标志，该标志仅在 APWM 模式下有效： 表示没有发生任何事件 表示计数器(TSCTR)达到周期寄存器的值(APRD)时复位
5	CTROVF	 0 1	计数器溢出状态标志，这个标志仅在 CAP 和 APWM 模式下有效。 表示没有发生任何事件 表示计数器(TSCTR)从 FFFFFFFF 跳变为 00000000
4	CEVT4	 0 1	捕捉事件 4 状态标志，该标志仅在 CAP 模式有效： 表示没有发生任何事件 表示第四个事件发生在 ECAPx 引脚
3	CEVT3	 0 1	捕捉事件 3 状态标志，该标志仅在 CAP 模式下有效： 表示没有发生任何事件 表示第三个事件发生在 ECAPx 引脚

续表 7.10

位	字 段	值	描 述
2	CEVT2	 0 1	捕捉事件 2 状态标志,该标志仅在 CAP 模式有效: 表示没有发生任何事件 表示第二个事件发生在 ECAPx 引脚
1	CEVT1	 0 1	捕捉事件 1 状态标志,该标志仅在 CAP 模式有效: 表示没有发生任何事件 表示第一个事件发生在 ECAPx 引脚
0	INT	 0 1	全局中断状态标志: 表示没有中断产生 表示产生中断

eCAP 中断清零寄存器如图 7.21 所示,其字段描述如表 7.11 所列。

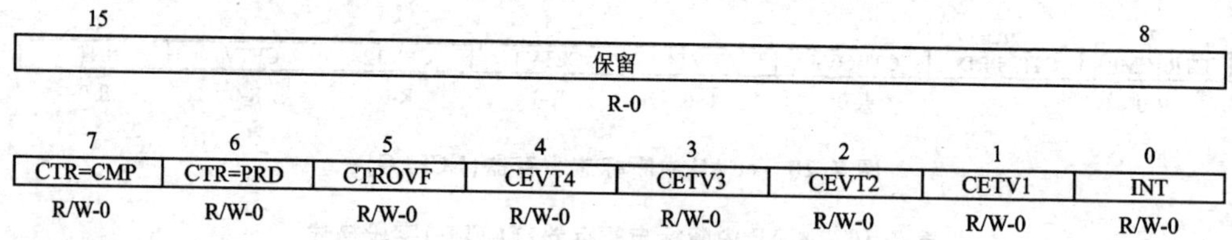

图 7.21　eCAP 中断清零寄存器(ECCLR)

表 7.11　eCAP 中断清零寄存器(ECCLR)字段描述

位	字 段	值	描 述
15－8	保留		保留
7	CTR＝CMP	 0 1	计数器等于比较状态标志: 没有效果,始终读为 0 清零 CTR＝CMP 标志的条件
6	CTR＝PRD	 0 1	计数器等于周期的状态标志: 没有效果,始终读为 0 清零 CTR＝PRD 标志的条件
5	CTROVF	 0 1	计数器溢出状态标志: 没有效果,始终读为 0 清零 CTROVF 标志的条件
4	CEVT4	 0 1	捕捉事件 4 状态标志: 没有效果,始终读为 0 清零 CEVT4 标志的条件

续表 7.11

位	字 段	值	描 述
3	CEVT3	 0 1	捕捉事件 3 状态标志： 没有效果，始终读为 0 清零 CEVT3 标志的条件
2	CEVT2	 0 1	捕捉事件 2 状态标志： 没有效果，始终读为 0 清零 CEVT2 标志的条件
1	CEVT1	 0 1	捕捉事件 1 状态标志： 没有效果。始终读为 0 清零 CEVT1 标志的条件
0	INT	 0 1	全局中断清除标志： 没有效果，始终读为 0 INT 标志清零，使进一步的中断产生，如果没有事件标志被设置为 1

eCAP 强制中断寄存器如图 7.22 所示，其字段描述见表 7.12。

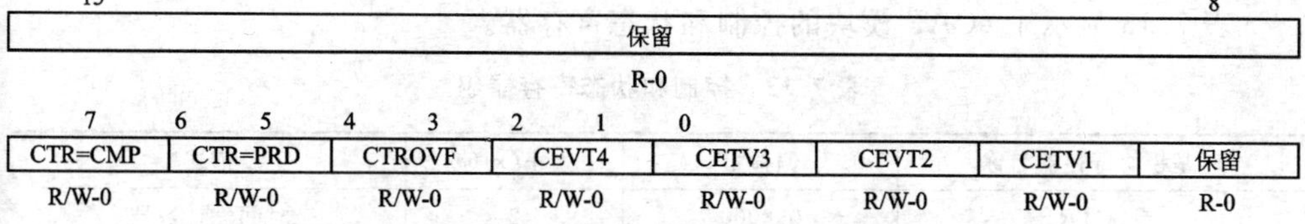

图 7.22 eCAP 强制中断寄存器(ECFRC)

表 7.12 eCAP 强制中断寄存器(ECFRC)字段描述

位	字 段	值	描 述
15～8	保留		保留
7	CTR＝CMP	 0 1	强制 CTR＝CMP： 无效 置位该标志位
6	CTR＝PRD	 0 1	强制 CTR＝PRD： 无效 置位该标志位
5	CTROVF	 0 1	强制计数器溢出： 无效 置位该标志位

续表 7.12

位	字 段	值	描 述
4	CEVT4	 0 1	强制捕获事件4： 无效 置位该标志位
3	CEVT3	 0 1	强制捕获事件3： 无效 置位该标志位
2	CEVT2	 0 1	强制捕获事件2： 无效 置位该标志位
1	CEVT1	 0 1	强制捕获事件1： 无效 置位该标志位
0	保留		保留

7.1.5 寄存器映射

表7.13显示了eCAP模块的控制和状态寄存器。

表 7.13 控制和状态寄存器组

时基模块寄存器名称	偏移量	大小(x16)	描述
TSCTR	0x0000	2	时间戳计数器
CTRPHS	0x0002	2	反相位偏移值寄存器
CAP1	0x0004	2	捕获寄存器1
CAP2	0x0006	2	捕获寄存器2
CAP3	0x0008	2	捕获寄存器3
CAP4	0x000A	2	捕获寄存器4
保留	0x000C －0x0013	8	
ECCTL1	0x0014	1	捕获控制寄存器1
ECCTL2	0x0015	1	捕获控制寄存器2
ECEINT	0x0016	1	捕获中断使能寄存器
ECFLG	0x0017	1	捕获中断标志寄存器
ECCLR	0x0018	1	捕获中断清除寄存器
ECFRC	0x0019	1	捕获中断强制寄存器
保留	0x001A － 0x001F	6	

7.2　Capture(CAP)固件库

7.2.1　数据结构文档

CAP 固件库的数据结构文档如表 7.14 所列。

表 7.14　_CAP_Obj_

<table>
<tr><td>定义</td><td>typedef struct
{
    uint32_t TSCTR;
    uint32_t CTRPHS;
    uint32_t CAP1;
    uint32_t CAP2;
    uint32_t CAP3;
    uint32_t CAP4;
    uint16_t Rsvd_1[8];
    uint16_t ECCTL1;
    uint16_t ECCTL2;
    uint16_t ECEINT;
    uint16_t ECEFLG;
    uint16_t ECECLR;
    uint16_t ECEFRC;
}_CAP_Obj_</td></tr>
<tr><td>功能</td><td>定义捕获(CAP)对象</td></tr>
<tr><td>成员</td><td>TSCTR:时间戳计数器
CTRPHS:计数器相位偏移值寄存器
CAP1:捕获寄存器 1
CAP2:捕获寄存器 2
CAP3:捕获寄存器 3
CAP4:捕获寄存器 4
Rsvd_1:保留
ECCTL1:捕获控制寄存器 1
ECCTL2:捕获控制寄存器 2
ECEINT:捕捉中断使能寄存器
ECEFLG:捕获中断标志寄存器
ECECLR:捕获中断清除寄存器
ECEFRC:捕获中断强制寄存器</td></tr>
</table>

7.2.2 定义文档

CAP 固件库的定义文档如表 7.15 所列。

表 7.15 定义文档

定 义	描 述
CAP_ECCTL1_CAP1POL_BITS	定义 ECCTL1 寄存器中的 CAP1POL 位
CAP_ECCTL1_CAP2POL_BITS	定义 ECCTL1 寄存器中的 CAP2POL 位
CAP_ECCTL1_CAP3POL_BITS	定义 ECCTL1 寄存器中的 CAP3POL 位
CAP_ECCTL1_CAP4POL_BITS	定义 ECCTL1 寄存器中的 CAP4POL 位
CAP_ECCTL1_CAPLDEN_BITS	定义 ECCTL1 寄存器中的 CAPLDEN 位
CAP_ECCTL1_CTRRST1_BITS	定义 ECCTL1 寄存器中的 CTRRST1 位
CAP_ECCTL1_CTRRST2_BITS	定义 ECCTL1 寄存器中的 CTRRST2 位
CAP_ECCTL1_CTRRST3_BITS	定义 ECCTL1 寄存器中的 CTRRST3 位
CAP_ECCTL1_CTRRST4_BITS	定义 ECCTL1 寄存器中的 CTRRST4 位
CAP_ECCTL1_FREESOFT_BITS	定义 ECCTL1 寄存器中 FREE/SOFT 位
CAP_ECCTL1_PRESCALE_BITS	定义 ECCTL1 寄存器中 PRESCALE 位
CAP_ECCTL2_APWMPOL_BITS	定义 ECCTL2 寄存器中 APWMPOL 位
CAP_ECCTL2_CAPAPWM_BITS	定义 ECCTL2 寄存器中 CAP/ APWM 位
CAP_ECCTL2_CONTONESHOT_BITS	定义 ECCTL2 寄存器中 CONT/ONESHOT 位
CAP_ECCTL2_REARM_BITS	定义 ECCTL2 寄存器中的 REARM 位
CAP_ECCTL2_STOP_WRAP_BITS	定义 ECCTL2 寄存器中的 STOP_WRAP 位
CAP_ECCTL2_SWSYNC_BITS	定义 ECCTL2 寄存器中的 SWSYNC 位
CAP_ECCTL2_SYNCIEN_BITS	定义 ECCTL2 寄存器中的 SYNCI_EN 位
CAP_ECCTL2_SYNCOSEL_BITS	定义 ECCTL2 寄存器中的 SYNCO_SEL 位
CAP_ECCTL2_TSCTRSTOP_BITS	定义 ECCTL2 寄存器中的 TSCTRSTOP 位
CAP_ECCxxx_CEVT1_BITS	定义 ECCxxx 寄存器中的 CEVT1 位
CAP_ECCxxx_CEVT2_BITS	定义 ECCxxx 寄存器中的 CEVT2 位
CAP_ECCxxx_CEVT3_BITS	定义 ECCxxx 寄存器中的 CEVT3 位
CAP_ECCxxx_CEVT4_BIT	定义 ECCxxx 寄存器中的 CEVT4 位
CAP_ECCxxx_CTRCOMP_BITS	定义 ECCxxx 寄存器中的 CTR=COMP 位
CAP_ECCxxx_CTROVF_BITS	定 ECCxxx 寄存器中的 CTROVF 位
CAP_ECCxxx_CTRPRD_BITS	定义 ECCxxx 寄存器中的 CTR=PRD 位
CAP_ECCxxx_INT_BITS	定义 ECCxxx 寄存器中的 INT 位
CAPA_BASE_ADDR	定义 CAPA 寄存器的基地址

7.2.3　类型定义文档

CAP 固件库的类型定义文档如表 7.16 和表 7.17 所列。

表 7.16　CAP_Handle

定　义	描　述
typedef struct CAP_Obj　* CAP_Handle	定义捕捉(CAP)的句柄

表 7.17　CAP_Obj

定　义	描　述
typedef struct _CAP_Obj_　CAP_Obj	定义捕获(CAP)的对象

7.2.4　枚举文档

CAP 固件库枚举文档的定义如表 7.18～表 7.25 所列。

表 7.18　CAP_Event_e

功　能	用枚举来定义捕捉(CAP)事件
枚举成员	描述
CAP_Event_1	捕获事件 1
CAP_Event_2	捕获事件 2
CAP_Event_3	捕获事件 3
CAP_Event_4	捕获事件 4

表 7.19　CAP_Int_Type_e

功　能	用枚举来定义捕获(CAP)中断
枚举成员	描述
CAP_Int_Type_CTR_CMP	表示 CTR ＝ CMP 中断
CAP_Int_Type_CTR_PRD	表示 CTR ＝ PRD 中断
CAP_Int_Type_CTR_OVF	表示 CTROVF 中断
CAP_Int_Type_CEVT4	表示 CEVT4 中断
CAP_Int_Type_CEVT3	表示 CEVT3 中断
CAP_Int_Type_CEVT2	表示 CEVT2 中断
CAP_Int_Type_CEVT1	表示 CEVT1 中断
CAP_Int_Type_Global	表示捕获全局中断
CAP_Int_Type_All	表示所有中断

表 7.20 CAP_Polarity_e

功 能	用枚举来定义捕捉(CAP)事件的极性
枚举成员	描述
CAP_Polarity_Rising	上升沿触发
CAP_Polarity_Falling	下降沿触发

表 7.21 CAP_Prescale_e

功能	用枚举定义捕获(CAP)的预分频值
枚举成员	描述
CAP_Prescale_By_1	1 分频
CAP_Prescale_By_2	2 分频
CAP_Prescale_By_4	4 分频
CAP_Prescale_By_6	6 分频
CAP_Prescale_By_8	8 分频
CAP_Prescale_By_10	10 分频
CAP_Prescale_By_12	12 分频
CAP_Prescale_By_14	14 分频
CAP_Prescale_By_16	16 分频
CAP_Prescale_By_18	18 分频
CAP_Prescale_By_20	20 分频
CAP_Prescale_By_22	22 分频
CAP_Prescale_By_24	24 分频
CAP_Prescale_By_26	26 分频
CAP_Prescale_By_28	28 分频
CAP_Prescale_By_30	30 分频
CAP_Prescale_By_32	32 分频
CAP_Prescale_By_34	34 分频
CAP_Prescale_By_36	36 分频
CAP_Prescale_By_38	38 分频
CAP_Prescale_By_40	40 分频
CAP_Prescale_By_42	42 分频
CAP_Prescale_By_44	44 分频
CAP_Prescale_By_46	46 分频
CAP_Prescale_By_48	48 分频

续表 7.21

枚举成员	描述
CAP_Prescale_By_50	50 分频
CAP_Prescale_By_52	52 分频
CAP_Prescale_By_54	54 分频
CAP_Prescale_By_56	56 分频
CAP_Prescale_By_56	58 分频
CAP_Prescale_By_60	60 分频
CAP_Prescale_By_62	62 分频

表 7.22　CAP_Reset_e

功　能	用枚举来定义捕捉(CAP)复位事件
枚举成员	描述
CAP_Reset_Disable	在捕捉事件中,禁止使用计数器复位
CAP_Reset_Enable	在捕捉事件中,使能计数器复位

表 7.23　CAP_RunMode_e

功能	用枚举来定义的脉冲宽度调制(PWM)的运行模式

表 7.24　enum CAP_Stop_Wrap_e

功　能	枚举来定义捕捉(CAP)停止/循环模式
枚举成员	描述
CAP_Stop_Wrap_CEVT1	捕获事件 1 后停止/循环
CAP_Stop_Wrap_CEVT2	捕获事件 2 后停止/循环
CAP_Stop_Wrap_CEVT3	捕获事件 3 后停止/循环
CAP_Stop_Wrap_CEVT4	捕获事件 4 后停止/循环

表 7.25　CAP_SyncOut_e

功　能	用枚举来定义同步输出的选项
枚举成员	描述
CAP_SyncOut_SyncIn	同步输入用于同步输出
CAP_SyncOut_CTRPRD	CTR = PRD 用于同步输出
CAP_SyncOut_Disable	禁用同步输出

7.2.5　函数文档

表 7.26　CAP_clearInt

功　能	清除捕获(CAP) 中断标志
函数原型	void CAP_clearInt(CAP_Handle capHandle, const CAP_Int_Type_e intType) [inline]
输入参数	描述
capHandle intType	捕获(CAP)对象的句柄 清除捕获中断
返回参数	无

表 7.27　CAP_disableCaptureLoad

功　能	在捕捉事件中禁止加载 CAP1～CAP4
函数原型	void CAP_disableCaptureLoad (CAP_Handle capHandle)
输入参数	描述
capHandle	捕获(CAP)对象的句柄
返回参数	无

表 7.28　CAP_disableInt

功　能	禁止捕获(CAP)中断源
函数原型	void CAP_disableInt(CAP_HandlecapHandle, const CAP_Int_Type_e intType)
输入参数	描述
capHandle intType	捕获(CAP)对象的句柄 禁止使用捕获中断的类型
返回参数	无

表 7.29　CAP_disableSyncIn

功　能	禁止计数器同步
函数原型	void CAP_disableSyncIn (CAP_Handle capHandle)
输入参数	描述
capHandle	捕获(CAP)对象的句柄
返回参数	无

表 7.30 CAP_ disableTimestampCounter

功 能	禁用运行时间戳计数器
函数原型	void CAP_disableTimestampCounter (CAP_Handle capHandle)
输入参数	描述
capHandle	捕获(CAP)对象的句柄
返回参数	无

表 7.31 CAP_enableCaptureLoad

功 能	在捕捉事件中允许加载 CAP1～CAP4
函数原型	void CAP_disableCaptureLoad (CAP_Handle capHandle)
输入参数	描述
capHandle	捕获(CAP)对象的句柄
返回参数	无

表 7.32 CAP_enableInt

功 能	可以捕获(CAP)中断源
函数原型	void CAP_enableInt (CAP_Handle capHandle, const CAP_Int_Type_e intType)
输入参数	描述
capHandle intType	捕获(CAP)对象的句柄 启用捕捉中断类型
返回参数	无

表 7.33 CAP_enableSyncIn

功 能	允许计数器同步
函数原型	void CAP_enableSyncIn (CAP_Handle capHandle)
输入参数	描述
capHandle	捕获(CAP)对象的句柄
返回参数	无

表 7.34 函数 CAP_enableTimestampCounter

功 能	使能时间戳计数器的运行
函数原型	void CAP_enableTimestampCounter (CAP_Handle capHandle)

续表 7.34

输入参数	描述
capHandle	捕获(CAP)对象的句柄
返回参数	无

表 7.35 CAP_getCap1

功 能	获得 CAP1 寄存器的值
函数原型	uint32_t CAP_getCap1 (CAP_Handle capHandle) [inline]
输入参数	描述
capHandle	捕获(CAP)对象的句柄
返回参数	无

表 7.36 CAP_getCap3

功 能	获得 CAP2 寄存器的值
函数原型	uint32_t CAP_getCap2 (CAP_Handle capHandle) [inline]
输入参数	描述
capHandle	捕获(CAP)对象的句柄
返回参数	无

表 7.37 CAP_getCap3

功 能	获得 CAP3 寄存器的值
函数原型	uint32_t CAP_getCap3 (CAP_Handle capHandle) [inline]
输入参数	描述
capHandle	捕获(CAP)对象的句柄
返回参数	无

表 7.38 CAP_getCap4

功 能	获得 CAP4 寄存器的值
函数原型	uint32_t CAP_getCap4 (CAP_Handle capHandle) [inline]
输入参数	描述
capHandle	捕获(CAP)对象的句柄
返回参数	无

表 7.39　CAP_init

功　能	初始化捕获(CAP)对象的句柄
函数原型	CAP_Handle CAP_init (void * pMemory, const size_t numBytes)
输入参数	描述
capHandle numBytes	捕获(CAP)对象的句柄 字节数目,分配给 CAP 的对象的字节数
返回参数	捕获 (CAP) 对象的句柄

表 7.40　函数 CAP_rearm

功　能	(Re-)Arm 的捕获模块
函数原型	void CAP_rearm (CAP_Handle capHandle) [inline]
输入参数	描述
capHandle	捕获(CAP)对象的句柄
返回参数	无

表 7.41　函数 CAP_setApwmCompare

功　能	设置 APWM 的比较值
函数原型	void CAP_setApwmCompare(CAP_Handle capHandle,const uint32_t compare) [inline]
输入参数	描述
capHandle compare	捕获(CAP)对象的句柄 APWM 的比较值
返回参数	无

表 7.42　函数 CAP_setApwmPeriod

功　能	设置 APWM 周期
函数原型	void CAP_setApwmPeriod (CAP_Handle capHandle, const uint32_t period) [inline]
输入参数	描述
capHandle period	捕获(CAP)对象的句柄 APWM 周期
返回参数	无

表 7.43　函数 CAP_setCapContinuous

功　能	设置连续捕获
函数原型	void CAP_setCapContinuous (CAP_Handle capHandle)
输入参数	描述
capHandle	捕获(CAP)对象的句柄
返回参数	无

表 7.44　函数 CAP_setCapEvtPolarity

功　能	TSets 捕获事件的极性
函数原型	void CAP_setCapEvtPolarity (CAP_Handle capHandle，const CAP_Event_e event，const CAP_Polarity_e polarity)
输入参数	描述
capHandle event polarity	捕获(CAP)对象的句柄 事件的配置 配置极性事件
返回参数	无

表 7.45　函数 CAP_setCapEvtReset

功　能	设置捕获事件的计数器复位配置
函数原型	void CAP_setCapEvtReset (CAP_Handle capHandle，const CAP_Event_e event，const CAP_Reset_e reset)
输入参数	描述
capHandle event reset	捕获(CAP)对象的句柄 事件的配置 事件是否需从新设置计数器
返回参数	无

表 7.46　函数 CAP_setCapOneShot

功　能	设置单次触发捕获
函数原型	void CAP_setCapOneShot (CAP_Handle capHandle)
输入参数	描述
capHandle	捕获(CAP)对象的句柄
返回参数	无

表 7.47　函数 CAP_setModeApwm

功　能	设置捕获外设的 APWM 模式
函数原型	void CAP_setModeApwm (CAP_Handle capHandle)
输入参数	描述
capHandle	捕获(CAP)对象的句柄
返回参数	无

表 7.48　函数 CAP_setModeCap

功　能	设置外设的捕获模式
函数原型	void CAP_setModeCap (CAP_Handle capHandle)
输入参数	描述
capHandle	捕获(CAP)对象的句柄
返回参数	无

表 7.49　函数 CAP_setStopWrap

功　能	设置停止/循环模式
函数原型	void CAP_setStopWrap (CAP_Handle capHandle, const CAP_Stop_Wrap_e stopWrap)
输入参数	描述
capHandle stopWrap	捕获(CAP)对象的句柄 设置停止/循环模式
返回参数	无

表 7.50　函数 CAP_setSyncOut

功　能	设置同步输出模式
函数原型	void CAP_setSyncOut (CAP_Handle capHandle, const CAP_SyncOut_e syncOut)
输入参数	描述
capHandle syncOut	捕获(CAP)对象的句柄 设置同步输出模式
返回参数	无

7.3　CAP 固件库程序

(1) Example_F2802xECap_apwm.c 文件中程序如下：

```
//###########################################################################
// 文件名：   Example_F2802xECap_apwm.c
//
// 工程名称： F2802x ECAP APWM Example
//!
//!     此程序将 eCAP 配置成 APWM 模式。
//!     程序运行在 50 MHz 或 40 MHz 的 SYSCLKOUT,假设特定设备所允许的最大 OSCCLK 频率
//!     为 10 MHz。
//!     eCAP1 将在 GPIO5 引脚输出。
//!     此引脚配置为从 3～6 Hz 之间变化(在 50 MHz SYSCLKOUT),或从 2～4 Hz 之间变
//!     化(在 SYSCLKOUT40 MHz),使用影子寄存器加载下一个周期/比较值。
//!
//!     用示波器监视 ECAP1( GPIO5)引脚上的 PWM 频率。
//###########################################################################

#include "DSP28x_Project.h"      //设备头文件与例程包含文件

#include "f2802x_common/include/clk.h"
#include "f2802x_common/include/flash.h"
#include "f2802x_common/include/gpio.h"
#include "f2802x_common/include/pie.h"
#include "f2802x_common/include/pll.h"
#include "f2802x_common/include/cap.h"
#include "f2802x_common/include/wdog.h"

// 全局变量
uint16_t direction = 0;

CLK_Handle myClk;
FLASH_Handle myFlash;
GPIO_Handle myGpio;
PIE_Handle myPie;

void main(void)
{
    CAP_Handle myCap;
    CPU_Handle myCpu;
    PLL_Handle myPll;
    WDOG_Handle myWDog;

    //初始化工程中所需的所有句柄
    myClk = CLK_init((void  *)CLK_BASE_ADDR, sizeof(CLK_Obj));
```

```
    myCpu = CPU_init((void  *)NULL, sizeof(CPU_Obj));
    myFlash = FLASH_init((void  *)FLASH_BASE_ADDR, sizeof(FLASH_Obj));
    myGpio = GPIO_init((void  *)GPIO_BASE_ADDR, sizeof(GPIO_Obj));
    myPie = PIE_init((void  *)PIE_BASE_ADDR, sizeof(PIE_Obj));
    myPll = PLL_init((void  *)PLL_BASE_ADDR, sizeof(PLL_Obj));
    myCap = CAP_init((void  *)CAPA_BASE_ADDR, sizeof(CAP_Obj));
    myWDog = WDOG_init((void  *)WDOG_BASE_ADDR, sizeof(WDOG_Obj));

    // 系统初始化
    WDOG_disable(myWDog);
    CLK_enableAdcClock(myClk);
    ( * Device_cal)();
    CLK_disableAdcClock(myClk);

    // 选择内部振荡器 1 作为时钟源
    CLK_setOscSrc(myClk, CLK_OscSrc_Internal);

    // 配置 PLL 为 x12/2 使 60 MHz = 10 MHz x 12/2
    PLL_setup(myPll, PLL_Multiplier_12, PLL_DivideSelect_ClkIn_by_2);

    // 禁止 PIE 和所有中断
    PIE_disable(myPie);
    PIE_disableAllInts(myPie);
    CPU_disableGlobalInts(myCpu);
    CPU_clearIntFlags(myCpu);

// 如果从闪存运行,需将程序搬移(复制)到 RAM 中
#ifdef  _FLASH
    memcpy(&RamfuncsRunStart, &RamfuncsLoadStart, (size_t)&RamfuncsLoadSize);
#endif

    // 初始化 GPIO:
    GPIO_setPullUp(myGpio, GPIO_Number_5, GPIO_PullUp_Enable);
    GPIO_setQualification(myGpio, GPIO_Number_5, GPIO_Qual_Sync);
    GPIO_setMode(myGpio, GPIO_Number_5, GPIO_5_Mode_ECAP1);//选中 ECAP1

//配置调试向量表与使能 PIE
PIE_setDebugIntVectorTable(myPie);
    PIE_enable(myPie);

// 将 CAP1 配置成 APWM 模式,以及配置周期与比较寄存器
CLK_enableEcap1Clock(myClk);
```

```
    CAP_setModeApwm(myCap);                         // 使能 APWM 模式
    CAP_setApwmPeriod(myCap, 0x01312D00);          // 设置周期值
    CAP_setApwmCompare(myCap, 0x00989680);         // 设置比较器值
    CAP_clearInt(myCap, CAP_Int_Type_All);         //清除挂起中断
    CAP_enableInt(myCap, CAP_Int_Type_CTR_CMP); // 使能比较匹配中断

    // 开始计数
    CAP_enableTimestampCounter(myCap);
    for(;;)
    {
        // 改变频率
        if(CAP_getCap1(myCap) >= 0x01312D00){
            direction = 0;
        }
        else if(CAP_getCap1(myCap) <= 0x00989680){
            direction = 1;
        }

    }

}

//===========================================================================
// 结束
//===========================================================================
```

(2) 在 C:\ti\controlSUITE\device_support\f2802x\v210\f2802x_examples 中导入 ecap_apwm 工程，如图 7.23 所示。

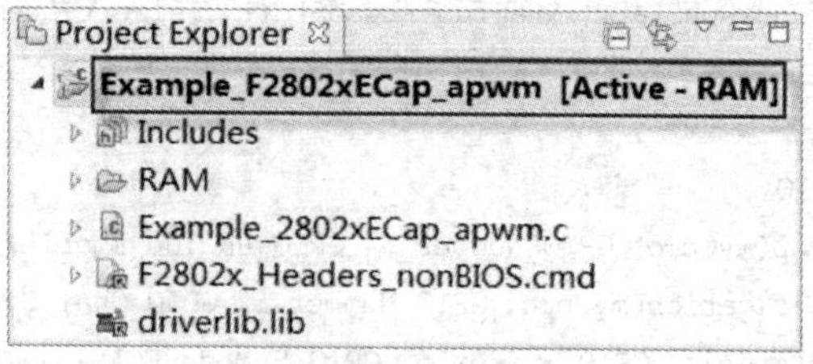

图 7.23　导入 ecap_apwm 工程

(3) 如果程序在 Proteus 中测试，需将编译输出文件变更为.cof 格式，如图 7.24 和图 7.25 所示。

(4) 编译 Example_F2802xECap_apwm 工程，生成 Example_F2802xECap_apwm.cof 可执行文件。

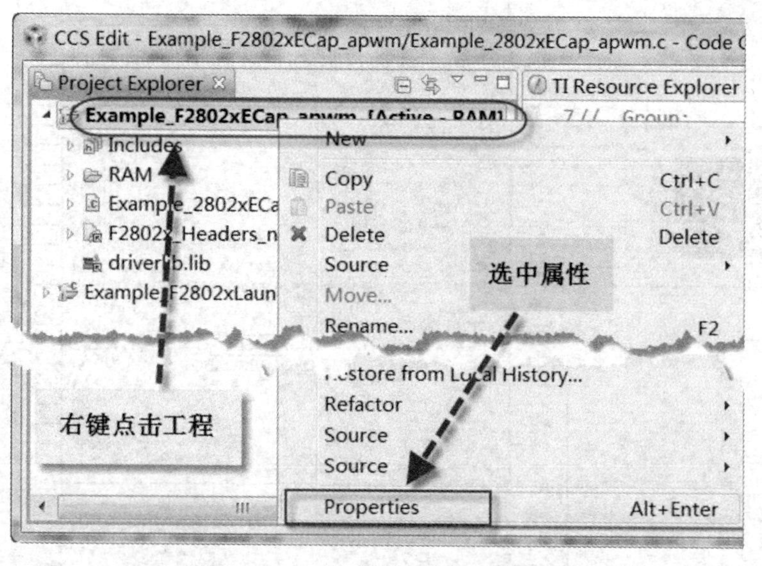

图 7.24 选中及打开 ecap_apwm 工程的属性

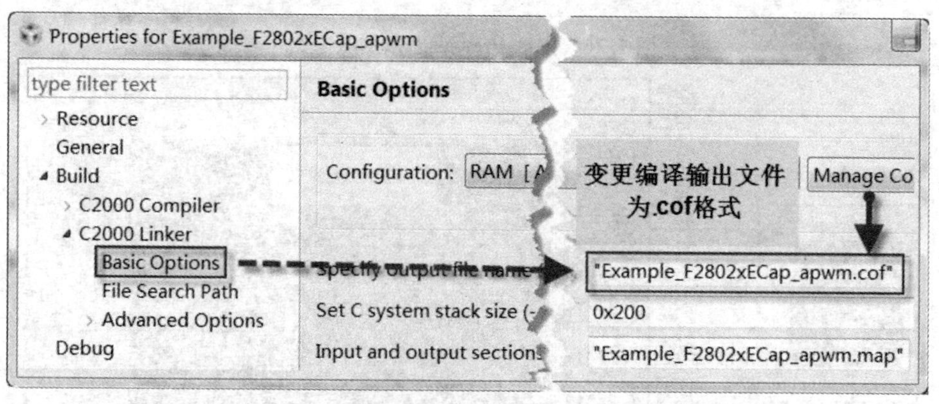

图 7.25 将编译输出的可执行文件从 .out 变更为 .cof 格式

(5) 在 Proteus 虚拟硬件电路中对 Example_F2802xECap_apwm. cof 文件的功能进行测试。搭建 Proteus 虚拟测试电路,如图 7.26 所示。

将. cof 导入 Proteus,并启动 Proteus 仿真测试,其结果如图 7.27 所示。

从图 7.27 中水平扫描为 50 ms/格,总共 20 格,所以总时间为:

总时间=20 格×50 ms/格=1 000 ms=1 s

而在这 1 s 时间内有 3 个完整的波,则其频率为 3 Hz 符合程序功能要求。

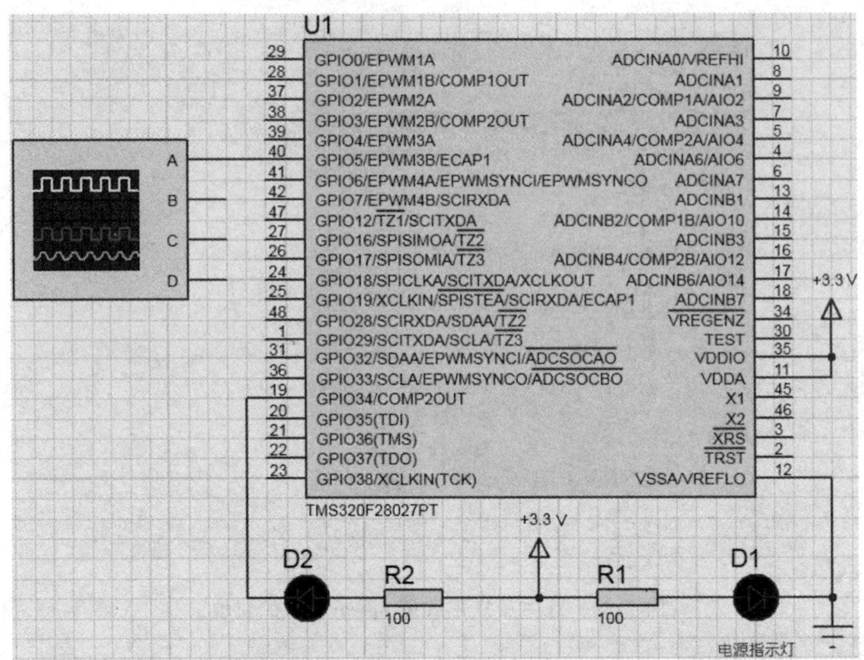

图 7.26 搭建 Proteus 虚拟测试电路

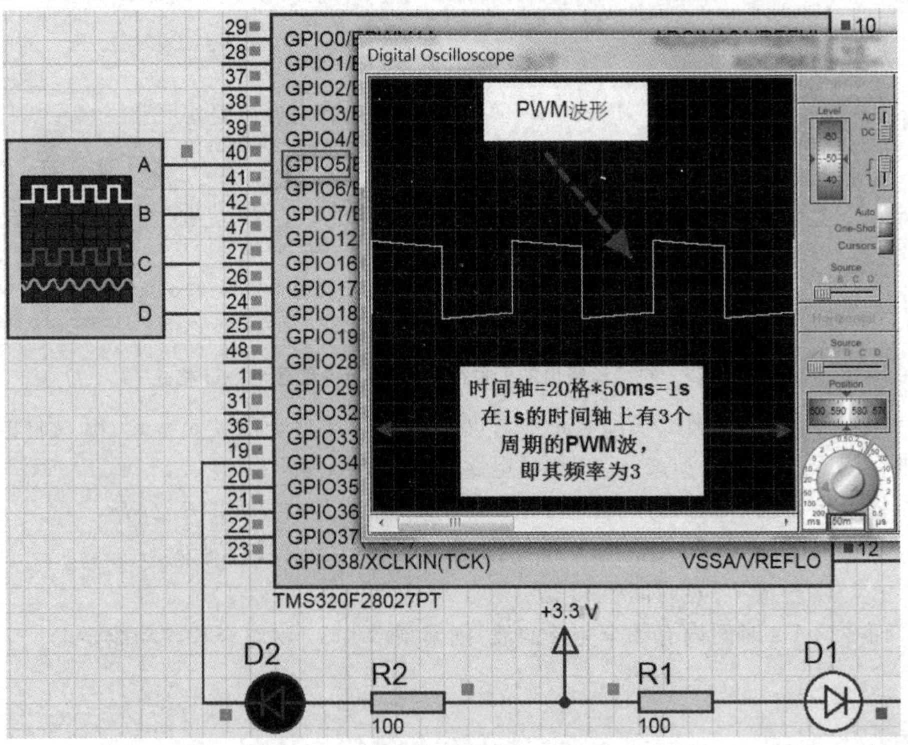

图 7.27 .cof 文件在 Proteus 的虚拟测试结果

第 8 章

比较器单元

本章介绍的比较器单元是 VDDA 域上的真实模拟电压比较器。该单元的模拟部分包括比较器、单元的输入输出以及内部 DAC 基准。数字电路，即文中的“wrapper”(所谓的轮询程序)，包括 DAC 控制、其他片载逻辑接口、输出限定模块与控制信号。

比较器(COMP)API 提供了一套函数来配置此设备上的模拟比较器。此驱动程序包含在 f280x0_common/source/comp.c 文件中，同时 f280x0_common/include/comp.h 头文件包含了该 API 应用程序中使用的定义。

本章主要内容：

◇ 比较器单元；

◇ 比较器固件库；

◇ 基于固件库的例程。

8.1 比较器单元

8.1.1 特 征

比较器单元可容纳两个外部模拟输入，或一个外部模拟输入与一个作为 DAC 内部基准的输入。比较器的输出可以通过异步传送，也可以限制到与系统时钟周期同步。比较器的输出可发送到 EPWM 的错误触发区模块和 GPIO 多路复用器中，如图 8.1 所示。

8.1.2 比较器功能

每个比较器单元中的比较器均为模拟比较器模块(见图 8.2)，因此其输出与系统时钟异步。比较器的真值表如表 8.1 所列。

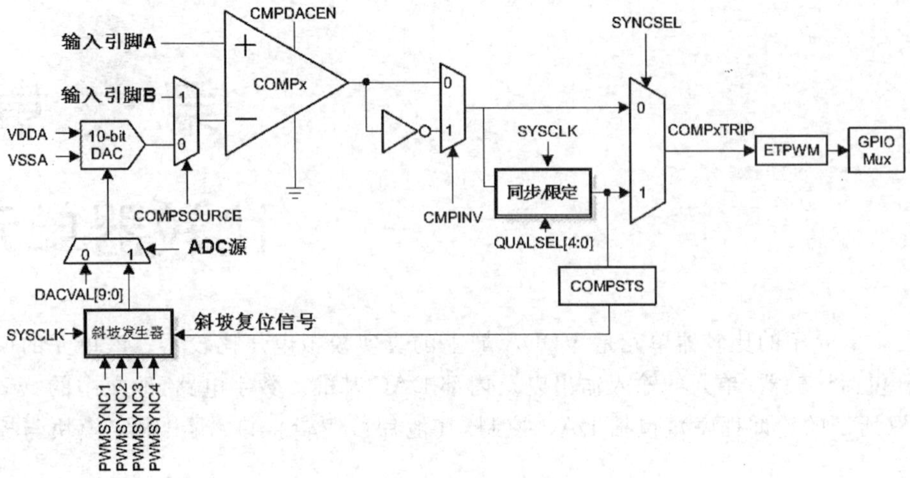

图 8.1　比较器结构框图

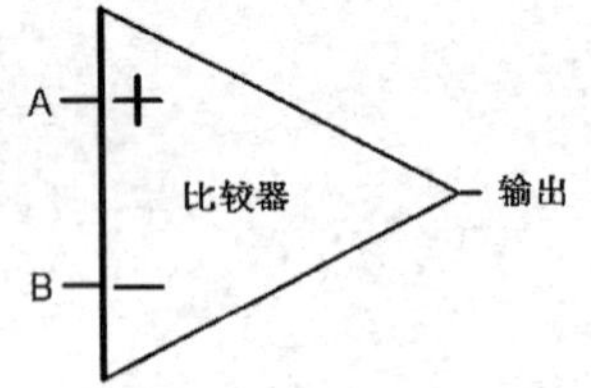

图 8.2　比较器

表 8.1　比较器的真值表

电　压	输　出
电压 A > 电压 B	1
电压 B > 电压 A	0

注释：这里未对电压 A=B 进行定义，因为在比较器输出响应中有迟滞。关于迟滞的数值请参考设备数据手册。这也限制了比较器输出对输入电压的噪声灵敏度。

限定后比较器的输出状态由 COMPSTS 寄存器中的 COMPSTS 位决定。由于该位是“wrapper”的一部分，所以必须使能比较器单元的时钟，让 COMPSTS 位有效地显示比较器状态。

8.1.3 DAC 的基准电压

每个比较器单元都包含一个 10 位的 DAC 电压基准，以提供该比较器的反相输入电压（B 侧输入）。DAC 的输出电压由 DACVAL 寄存器或一个斜坡发生器控制。

DAC 属于模拟域，并不需要时钟信号来保持其电压的输出。但是，仍然需要一个时钟信号来控制 DAC 的数字输入。

(1) DACVAL 输入

当选择 DACVAL 寄存器为 DAC 输入时，DAC 输出由下式给出：

$$V = \frac{\text{DACVAL} \times (\text{VDDA} - \text{VSSA})}{1\,023}$$

(2) 斜坡发生器输入

当选择斜波发生器时，可以产生下降斜坡的 DAC 输出信号(见图 8.3)。在这种模式下，DAC 使用 16 位 RAMPSTS 向下计数寄存器的高 10 位作为其输入。

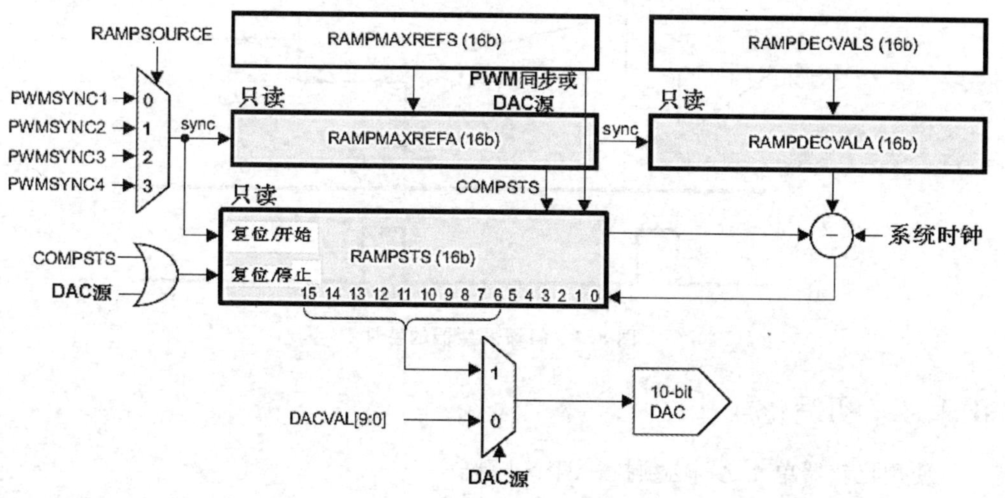

图 8.3 斜坡发生器结构框图

如图 8.3 所示，当接收到选定的 PWMSYNC 信号时，RAMPST 寄存器被配置成 RAMPMAXREF_SHDW 值，并且在之后的每个 SYSCLK 周期 RAMPSTS 减去 RAMPDECVAL_ACTIVE 的值。当斜坡发生器第一次通过置 DACSOURCE = 1 被使能时，将从 RAMPMAXREF_SHDW 加载 RAMPSTS 的值，并且该寄存器保持不变直到接收到第一个 PWMSYNC 信号为止。

当斜坡发生器被激活时，如果比较器置 COMPSTS 位为 1，RAMPSTS 寄存器将复位 RAMPMAXREF_

ACTIVE 的值并保持静态(不变)直到接收到下一个 PWMSYNC 信号。如果 RAMPSTS 的值到达 0，则 RAMPSTS 寄存器将保持 0 不变，直到接收到下一个 PWMSYNC 信号为止。

为了减少更新斜坡发生器 RAMPMAXREFA 和 RAMPDECVALA 值时竞争条件的可能性，只有影子寄存器 RAMPMAXREF_SHDW 和 RAMPDECVAL_SHDW 可被写入。影子寄存器的值复制到下一个 PWMSYNC 信号的工作寄存器中。用户软件应采取进一步措施以避免 PWMSYNC 信号在同一周期写入影子寄存器，否则可能会丢失之前影子寄存器的值。

PWMSYNC 信号的宽度必须大于系统时钟，以确保斜坡发生器能够检测 PW-MSYNC 信号。更多斜坡发生器的特性如图 8.4 所示。

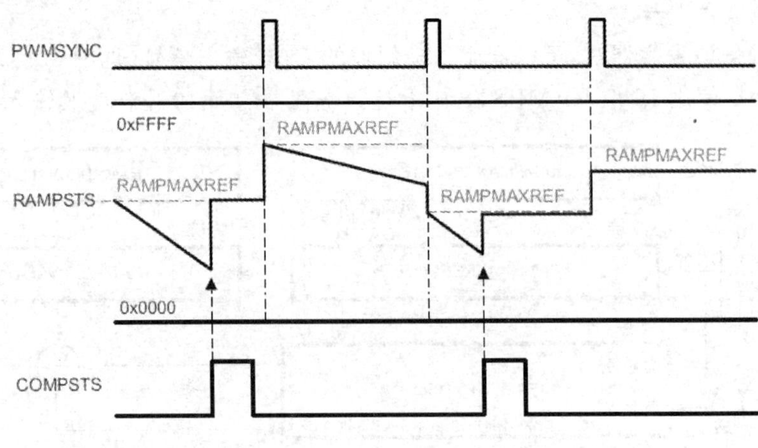

图 8.4　斜坡发生器的特性

8.1.4　初始化

使用比较器单元之前必须执行两个步骤：

(1) 通过写 1 到 ADCTRL1 的 ADCBGPWD 位，使能 ADC 内的带隙。

(2) 通过写 1 到 COMPCTL 寄存器的 COMPDACE 位，使能比较器模块。

8.1.5　数字域操作

比较器的输出部分有两个功能模块可被用来改变比较器的输出特性。它们是：

(1) 反转电路：由 COMPCTL 寄存器的 CMPINV 位控制；将施加逻辑非到比较器的输出。此功能是异步的，而它的控制需要一个当前时钟，以改变它的值。

(2) 限定模块：控制根据 COMPCTL 寄存器的 QUALSEL 位，由 COMPCTL 寄存器中的 SYNCSEL 位选通。该模块可以用作一个简单的过滤器，当被同步到系统时钟时，仅允许比较器的输出通过。该模块受 QUALSEL 位定义的系统时钟个数限制。

8.1.6　比较器寄存器

比较器寄存器如表 8.2 所列，比较器单元的寄存器如表 8.3 所列。

表 8.2　比较器寄存器

名　称	地址范围	大小(×16)	描　述
COMP1	6400h－641Fh	1	比较器
COMP2	6420h－643Fh	1	比较器
COMP3	6440h－645Fh	1	比较器

表 8.3 比较器单元的寄存器

名称	地址范围(基本)	大小(×16)	描述
COMPCTL	0x00	1	比较器控制[1]
保留	0x01	1	保留
COMPSTS	0x02	1	比较器输出状态
保留	0x03	1	保留
DACCTL	0x04	1	DAC 控制 1[1]
保留	0x05	1	保留
DACVAL	0x06	1	10 位 DAC 值
保留	0x07	1	保留
RAMPMAXREF_ACTIVE	0x08	1	斜坡发生器最大值基准(工作)
保留	0x09	1	保留
RAMPMAXREF_SHDW	0x0A	1	斜坡发生器最大值基准(影子)
保留	0x0B	1	保留
RAMPDECVAL_ACTIVE	0x0C	1	斜坡发生器递减值(工作)
保留	0x0D	1	保留
RAMPDECVAL_SHDW	0x0E	1	斜坡发生器递减值(影子)
保留	0x0F	1	保留
RAMPSTS	0x10	1	斜坡发生器状态
保留	0x11	15	保留
	0x1F		

[1] 该寄存器受 EALLOW 保护。

(1) 比较器控制寄存器(COMPCTL)

比较器控制寄存器如图 8.5 所示，其字段说明如表 8.4 所列。

15–9	8
保留	SYNCSEL
R-0	R/W-0

7–3	2	1	0
QUALSEL	CMPINV	CECOMPSOUR	COMPDACE
R/W-0	R/W-0	R/W-0	R/W-0

图 8.5 比较器控制寄存器(COMPCTL)

表 8.4 COMPCTL 寄存器字段说明

位	字 段	值	描 述
15—9	保留		读为 0，写无效

续表 8.4

位	字 段	值	描 述
8	SYNCSEL	 0 1	传递给 ETPWM/GPIO 模块前比较器输出的同步选择： 异步传输比较器输出 同步传输比较器输出
7－3	QUALSEL	 0h 1h 2h … Fh	比较器同步输出的限定周期： 比较器的值被同步后输出 在限定模块的输出改变之前，输入到该模块的信号必须保持两个连续的时钟周期 在限定模块的输出改变之前，输入到该模块的信号必须保持3个连续的时钟周期 … 在限定模块的输出改变之前，输入到该模块的信号必须保持16个连续的时钟周期
2	CMPINV	 0 1	比较器的反相选择： 通过比较器的输出 通过比较器的反相输出
1	COMPSOURCE	 0 1	选择比较器反相输入源： 比较器反相输入连接至内部 DAC 比较器反相输入外部引脚
0	COMPDACE	 0 1	比较器/DAC 使能： 比较器/DAC 逻辑断电 比较器/DAC 逻辑通电

(2) 比较输出状态寄存器(COMPSTS)

比较输出状态寄存器如图 8.6 所示，其字段说明见表 8.5。

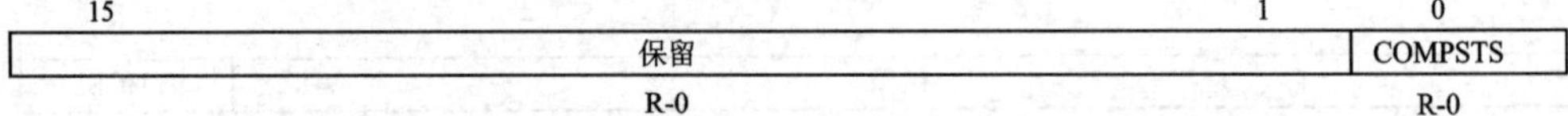

图 8.6 比较输出状态寄存器(COMPSTS)

表 8.5 比较输出状态寄存器(COMPSTS)字段描述

位	字 段	值	描 述
15－1	保留		读为 0，写无效
0	COMPSTS		比较器的逻辑锁存值

(3) DAC 控制寄存器(DACCTL)

DAC 控制寄存器如图 8.7 所示，其字段说明见表 8.6。

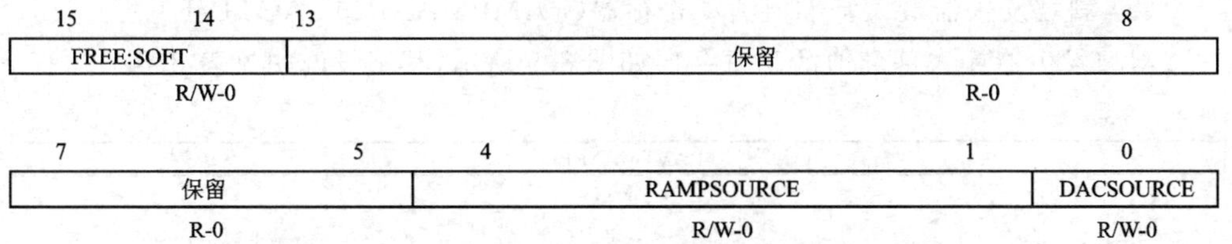

图 8.7　DAC 控制寄存器(DACCTL)

表 8.6　DACCTL 寄存器字段描述

位	字　段	值	描　述
15－14	FREE:SOFT	0h 1h 2h－3h	仿真模式的行为，选择仿真挂起期间斜波发生器的行为： 立即停止 完成电流斜坡，并在下一个 PWMSYNC 信号时停止 自由运行
13－5	保留		读为 0，写无效
4－1	RAMPSOURCE	0h 1h 2h 3h 4h－Fh	斜坡发生器的源同步选择： PWMSYNC1 为同步源 PWMSYNC2 为同步源 PWMSYNC3 为同步源 PWMSYNC4 为同步源 保留
0	DACSOURCE	0 1	DAC 源控制，选择 DACVAL 或斜波发生器控制 DAC DACVAL 控制 DAC 斜波发生器控制 DAC

(4) DAC 值寄存器(DACVAL)

DAC 值寄存器如图 8.8 所示，其字段说明见表 8.7。

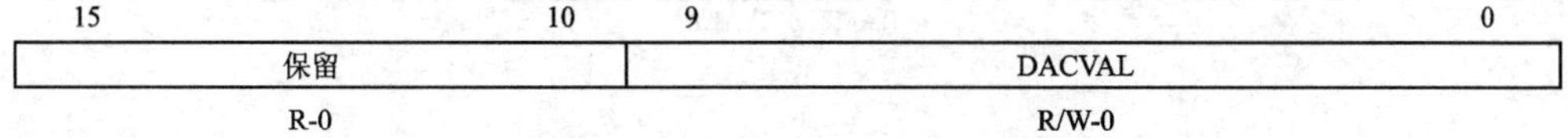

图 8.8　DAC 值寄存器(DACVAL)

表 8.7　DAC 值寄存器(DACVAL)字段描述

位	字　段	值	描　述
15－10	保留		读为 0，写无效
9－0	DACVAL	0－3FFh	DAC 值，DAC 输出的范围为 0～1 023

(5) 斜坡发生器最大基准值活动寄存器(RAMPMAXREF_ACTIVE)

斜坡发生器最大基准值活动寄存器如图 8.9 所示,其字段说明见表 8.8。

15 ... 0
RAMPMAXREFA
R-0

图 8.9 斜坡发生器最大基准值活动寄存器(RAMPMAXREF_ACTIVE)

表 8.8 斜坡发生器最大基准值活动寄存器(RAMPMAXREF_ACTIVE)字段描述

位	字 段	值	描 述
15—0	RAMPMAXREFA	0—FFFFh	斜坡发生器的 16 位最大基准有效值 当接收到 PWMSYNC 信号时,从 RAMPMAXREF_SHDW 加载该值

(6) 斜坡发生器的最大基准影子寄存器(RAMPMAXREF_SHDW)

斜坡发生器的最大基准影子寄存器如图 8.10 所示,其字段描述见表 8.9。

15 ... 0
RAMPMAXREFS
R/W-0

图 8.10 斜坡发生器的最大基准影子寄存器(RAMPMAXREF_SHDW)

表 8.9 斜坡发生器的最大基准影子寄存器(RAMPMAXREF_SHDW)字段描述

位	字 段	值	描 述
15—0	RAMPMAXREFS	0—FFFFh	斜坡发生器的 16 位最大影子值

(7) 斜坡发生器值递减活动寄存器(RAMPDECVAL_ACTIVE)

斜坡发生器值递减活动寄存器如图 8.11 所示,其字段说明见表 8.10。

15 ... 0
RAMPDECVALA
R-0

图 8.11 斜坡发生器值递减活动寄存器(RAMPDECVAL_ACTIVE)

表 8.10 斜坡发生器值递减活动寄存器(RAMPDECVAL_ACTIVE)字段描述

位	字 段	值	描 述
15—0	RAMPDECVALA	0—FFFFh	斜坡发生器的 16 位递减有效值 当接收到 PWMSYNC 信号时,从 RAMPDECVAL_SHDW 加载该值

(8) 斜坡发生器值递减影子寄存器(RAMPDECVAL_SHDW)

斜坡发生器值递减影子寄存器见图 8.12,其字段说明如表 8.11 所示。

15 — 0
RAMPDECVALS
R/W-0

图 8.12　斜坡发生器值递减影子寄存器(RAMPDECVAL_SHDW)

表 8.11　斜坡发生器值递减影子寄存器(RAMPDECVAL_SHDW)字段描述

位	字　段	值	描　述
15—0	RAMPDECVALS	0—FFFFh	下降斜坡发生器的 16 位递减影子值

(9) 斜坡发生器的状态寄存器(RAMPSTS)

斜坡发生器的状态寄存器如图 8.13 所示,其字段说明见表 8.12。

15 — 0
RAMPVALUE
R-0

图 8.13　斜坡发生器的状态寄存器(RAMPSTS)

表 8.12　斜坡发生器的状态寄存器(RAMPSTS)字段描述

位	字　段	值	描　述
15—0	RAMPVALUE	0—FFFFh	下降斜坡发生器的 16 位值

8.2　Comparater(COMP)固件库

8.2.1　数据结构文档

COMP 固件库的数据结构文档如表 8.13 所列。

表 8.13　_COMP_Obj_

定义	typedef struct { uint16_t COMPCTL; uint16_t rsvd_1; uint16_t COMPSTS; uint16_t rsvd_2; uint16_t DACCTL; uint16_t rsvd_3;

续表 8.13

定义	uint16_t DACVAL; uint16_t rsvd_4; uint16_t RAMPMAXREF_ACTIVE; uint16_t rsvd_5; uint16_t RAMPMAXREF_SHADOW; uint16_t rsvd_6; uint16_t RAMPDECVAL_ACTIVE; uint16_t rsvd_7; uint16_t RAMPDECVAL_SHADOW; uint16_t rsvd_8; uint16_t RAMPSTS; }_COMP_Obj_
功能	定义比较器(COMP)的对象
成员	COMPCTL:COMP 控制寄存器 rsvd_1:保留 COMPSTS:COMP 状态寄存器 rsvd_2:保留 DACCTL:DAC 控制寄存器 rsvd_3:保留 DACVAL:DAC 值寄存器 rsvd_4:保留 RAMPMAXREF_ACTIVE:斜坡发生器最大基准电平 (工作) rsvd_5:保留 RAMPMAXREF_SHADOW:斜坡发生器最大基准电平(影子) rsvd_6:保留 RAMPDECVAL_ACTIVE:斜坡发生器递减值(工作) rsvd_7:保留 RAMPDECVAL_SHADOW:斜坡发生器递减值(影子) rsvd_8:保留 RAMPSTS:斜坡发生器状态

8.2.2 定义文档

COMP 固件库的定义文档如表 8.14 所列。

表 8.14 定义文档

定　义	描　述
COMP1_BASE_ADDR	定义比较器 1(COMP)寄存器的基地址
COMP2_BASE_ADDR	定义比较器 1(COMP)寄存器的基地址

续表 8.14

定　义	描　述
COMP_COMPCTL_CMPINV_BITS	定义 COMPCTL 寄存器中的 CMPINV 位
COMP_COMPCTL_COMPDACE_BITS	定义 COMPCTL 寄存器中的 COMPDACE 位
COMP_COMPCTL_COMPSOURCE_BITS	定义 COMPCTL 寄存器中的 COMPSOURCE 位
COMP_COMPCTL_QUALSEL_BITS	定义 COMPCTL 寄存器中的 QUALSEL 位
COMP_COMPCTL_SYNCSEL_BITS	定义 COMPCTL 寄存器中的 SYNCSEL 位
COMP_COMPSTS_COMPSTS_BITS	定义 COMPSTS 寄存器中的 COMPSTS 位
COMP_DACCTL_DACSOURCE_BITS	定义 DACCTL 寄存器中的 DACSOURCE 位
COMP_DACCTL_FREESOFT_BITS	定义 DACCTL 寄存器中的 FREESOFT 位
COMP_DACCTL_RAMPSOURCE_BITS	定义 DACCTL 寄存器中的 RAMPSOURCE 位

8.2.3　类型定义文档

COMP 固件库的类型定义文档如表 8.15 所列。

表 8.15　类型定义文档

类型定义	描　述
COMP_Handle typedef struct　COMP_Obj　* COMP_Handle	定义比较器(COMP)句柄
COMP_Obj typedef struct　_COMP_Obj_ COMP_Obj	定义比较器(COMP)对象

8.2.4　枚举文档

COMP 固件库的枚举文档如表 8.16 和表 8.17 所列。

表 8.16　COMP_QualSel_e

功能	用枚举定义比较器(COMP)的输出限定
枚举成员	描述
COMP_QualSel_Sync	同步比较器输出
COMP_QualSel_Qual_2	限制比较器输出 2 个周期
COMP_QualSel_Qual_3	限制比较器输出 3 个周期
COMP_QualSel_Qual_4	限制比较器输出 4 个周期
COMP_QualSel_Qual_5	限制比较器输出 5 个周期
COMP_QualSel_Qual_6	限制比较器输出 6 个周期
COMP_QualSel_Qual_7	限制比较器输出 7 个周期

续表 8.16

枚举成员	描述
COMP_QualSel_Qual_8	限制比较器输出 8 个周期
COMP_QualSel_Qual_9	限制比较器输出 9 个周期
COMP_QualSel_Qual_10	限制比较器输出 10 个周期
COMP_QualSel_Qual_11	限制比较器输出 11 个周期
COMP_QualSel_Qual_12	限制比较器输出 12 个周期
COMP_QualSel_Qual_13	限制比较器输出 13 个周期
COMP_QualSel_Qual_14	限制比较器输出 14 个周期
COMP_QualSel_Qual_15	限制比较器输出 15 个周期
COMP_QualSel_Qual_16	限制比较器输出 16 个周期
COMP_QualSel_Qual_17	限制比较器输出 17 个周期
COMP_QualSel_Qual_18	限制比较器输出 18 个周期
COMP_QualSel_Qual_19	限制比较器输出 19 个周期
COMP_QualSel_Qual_20	限制比较器输出 20 个周期
COMP_QualSel_Qual_21	限制比较器输出 21 个周期
COMP_QualSel_Qual_22	限制比较器输出 22 个周期
COMP_QualSel_Qual_23	限制比较器输出 23 个周期
COMP_QualSel_Qual_24	限制比较器输出 24 个周期
COMP_QualSel_Qual_25	限制比较器输出 25 个周期
COMP_QualSel_Qual_26	限制比较器输出 26 个周期
COMP_QualSel_Qual_27	限制比较器输出 27 个周期
COMP_QualSel_Qual_28	限制比较器输出 28 个周期
COMP_QualSel_Qual_29	限制比较器输出 29 个周期
COMP_QualSel_Qual_30	限制比较器输出 30 个周期
COMP_QualSel_Qual_31	限制比较器输出 31 个周期
COMP_QualSel_Qual_32	限制比较器输出 32 个周期
COMP_QualSel_Qual_33	限制比较器输出 33 个周期

表 8.17 COMP_RampSyncSrc_e

功能	用枚举定义比较器(COMP)斜波发生器的同步源
枚举成员	描述
COMP_RampSyncSrc_PWMSYNC1	PWMSync1 作为斜坡同步
COMP_RampSyncSrc_PWMSYNC2	PWMSync2 作为斜坡同步
COMP_RampSyncSrc_PWMSYNC3	PWMSync3 作为斜坡同步
COMP_RampSyncSrc_PWMSYNC4	PWMSync4 作为斜坡同步

8.2.5　函数文档

COMP 固件库的函数文档如表 8.18～表 8.23 所列。

表 8.18　COMP_disable

功能	禁止比较器(COMP)
函数原型	void COMP_disable(COMP_Handle compHandle)
输入参数	描述
compHandle	比较器(COMP) 对象句柄
返回参数	无

表 8.19　COMP_disableDac

功能	禁止 DAC
函数原型	void COMP_disableDac (COMP_Handle compHandle)
输入参数	描述
compHandle	比较器(COMP) 对象句柄
返回参数	无

表 8.20　COMP_enable

功能	使能比较器(COMP)
函数原型	void COMP_enable (COMP_Handle compHandle)
输入参数	描述
compHandle	比较器(COMP) 对象句柄
返回参数	无

表 8.21　COMP_enableDac

功能	使能 DAC
函数原型	COMP_enableDac (COMP_Handle compHandle)
输入参数	描述
compHandle	比较器(COMP) 对象句柄
返回参数	无

表 8.22　COMP_init

功能	初始化比较器(COMP)对象句柄
函数原型	COMP_Handle COMP_init (void * pMemory, const size_t numBytes)
输入参数	描述
pMemory numBytes	COMP 寄存器基地址的指针 分配字节数给 COMP 对象、字节
返回参数	比较器(COMP) 对象句柄

表 8.23　COMP_setDacValue

功能	设 DAC 的值
函数原型	void COMP_setDacValue (COMP_Handle compHandle, uint16_t dacValue)[inline]
输入参数	描述
compHandle dacValue	比较器(COMP)对象句柄 DAC 的值
返回参数	无

8.3　固件库例程

本小节将以 TI 公司提供的例程为范本,介绍基于比较器编程的基本方法。

(1) 使用比较器输入的 PWM 触发区测试程序

```
//###########################################################################
//!   例程的功能说明
//###########################################################################
//!     标题: 使用比较器输入的 PWM 触发区测试
//!     此例配置成 ePWM1 和其相关联的触发区。
//!         双引脚输入比较器的情况:COMP1A 输入电平 > COMP1B 输入电平,
//!         单引脚输入比较器的情况:内部 DAC 的输出电压 < COMP1A 的输入电压。
//!     在 Proteus 的虚拟示波器上观察 ePWM1 的输出波形。
//!     增加比较器反相输入端的电平(通过 COMP1B 引脚或内部 DAC 设置),以触发
//!     DCAEVT1 和 DCBEVT1 事件。
//!        将 GPIO0 引脚配置成 EPWM1A 功能
//!        将 GPIO1 引脚配置成 EPWM1B 功能
//!     在 COMP1OUT 比较器输出为低时,定义 DCAEVT1, DCBEVT1 均为真。
//!   触发 DCAEVT1 和 DCBEVT1 事件将发生:
//!        DCAEVT1 将拉高 EPWM1A
//!        DCBEVT1 将拉低 EPWM1B
```

```
#include "DSP28x_Project.h"  //设备头文件与例程包含文件
#include "f2802x_common/include/adc.h"
#include "f2802x_common/include/clk.h"
#include "f2802x_common/include/comp.h"
#include "f2802x_common/include/flash.h"
#include "f2802x_common/include/gpio.h"
#include "f2802x_common/include/pie.h"
#include "f2802x_common/include/pll.h"
#include "f2802x_common/include/pwm.h"
#include "f2802x_common/include/wdog.h"
//原型函数声明
void InitEPwm1Example(void);
interrupt void epwm1_tzint_isr(void);
//全局变量定义
uint32_t  EPwm1TZIntCount;
uint32_t  EPwm2TZIntCount;
CLK_Handle    myClk;
COMP_Handle myComp;
FLASH_Handle myFlash;
GPIO_Handle myGpio;
PIE_Handle    myPie;
PWM_Handle    myPwm1;
void main(void)
{
    ADC_Handle myAdc;
    CPU_Handle   myCpu;
    PLL_Handle   myPll;
    WDOG_Handle  myWDog;
    //初始化工程中所需的所有句柄
    myAdc = ADC_init((void *)ADC_BASE_ADDR, sizeof(ADC_Obj));
    myClk = CLK_init((void *)CLK_BASE_ADDR, sizeof(CLK_Obj));
    myComp = COMP_init((void *)COMP1_BASE_ADDR, sizeof(COMP_Obj));
    myCpu = CPU_init((void *)NULL, sizeof(CPU_Obj));
    myFlash = FLASH_init((void *)FLASH_BASE_ADDR, sizeof(FLASH_Obj));
    myGpio = GPIO_init((void *)GPIO_BASE_ADDR, sizeof(GPIO_Obj));
    myPie = PIE_init((void *)PIE_BASE_ADDR, sizeof(PIE_Obj));
    myPll = PLL_init((void *)PLL_BASE_ADDR, sizeof(PLL_Obj));
    myPwm1 = PWM_init((void *)PWM_ePWM1_BASE_ADDR, sizeof(PWM_Obj));
    myWDog = WDOG_init((void *)WDOG_BASE_ADDR, sizeof(WDOG_Obj));
    //系统初始化
    WDOG_disable(myWDog);
    CLK_enableAdcClock(myClk);
```

```
    (*Device_cal)();
    CLK_disableAdcClock(myClk);
    // 选择内部振荡器1为时钟源
    CLK_setOscSrc(myClk, CLK_OscSrc_Internal);
    //配置PLL为x12/2使60 MHz = 10 MHz x 12/2
    PLL_setup(myPll, PLL_Multiplier_12, PLL_DivideSelect_ClkIn_by_2);
    //禁止PIE和所有中断
    PIE_disable(myPie);
    PIE_disableAllInts(myPie);
    CPU_disableGlobalInts(myCpu);
    CPU_clearIntFlags(myCpu);
    // 将函数从flash中搬移(复制)到RAM中运行
#ifdef _FLASH
    memcpy(&RamfuncsRunStart, &RamfuncsLoadStart, (size_t)&RamfuncsLoadSize);
#endif
    // 将GPIO引脚配置为ePWM1功能
    GPIO_setPullUp(myGpio, GPIO_Number_0, GPIO_PullUp_Disable);
    GPIO_setPullUp(myGpio, GPIO_Number_1, GPIO_PullUp_Disable);
    GPIO_setMode(myGpio, GPIO_Number_0, GPIO_0_Mode_EPWM1A);
    GPIO_setMode(myGpio, GPIO_Number_1, GPIO_1_Mode_EPWM1B);
    // 设置调试向量表并使能PIE
    PIE_setDebugIntVectorTable(myPie);
    PIE_enable(myPie);
    // PIE向量表中的寄存器中断处理程序
    PIE_registerPieIntHandler(myPie, PIE_GroupNumber_2,
            PIE_SubGroupNumber_1, (intVec_t)&epwm1_tzint_isr);
    // 使能ADC时钟
    CLK_enableAdcClock(myClk);
    // 比较器共享ADC的内部带隙基准,即使不使用ADC模块也必须给其上电。
    ADC_enableBandGap(myAdc);
    // 延迟带隙基准
 DELAY_US(1000L);
    // 使能比较器1阻塞
    CLK_enableCompClock(myClk, CLK_CompNumber_1);
    // 给比较器1上电
    COMP_enable(myComp);
    // 将反相输入端连接至COMP1B引脚
    COMP_disableDac(myComp);
////如果使用内部DAC输出替代COMP1B的引脚输入,需取消以下4行代码的注释/////
//    // 将反相输入端连接至内部DAC输出
//    COMP_enableDac(myComp);
//    // 设置DAC为中点输出(内部DAC为10位输出)
```

```
//    COMP_setDacValue(myComp, 512);
////////////////////////////////////////////////////////////////////////////
    CLK_disableTbClockSync(myClk);
    InitEPwm1Example();
    CLK_enableTbClockSync(myClk);
    // 初始化计数器
    EPwm1TZIntCount = 0;
    // 使能 CPU 中断 3,该中断与 EPWM1～EPWM3 中断相连
    CPU_enableInt(myCpu, CPU_IntNumber_2);
    // 使能 PIE 中的 EPWM INTn:第二组中断 1～3
    PIE_enablePwmTzInt(myPie, PWM_Number_1);
    // 使能全局中断和更高优先级的实时调试事件
    CPU_enableGlobalInts(myCpu);
    CPU_enableDebugInt(myCpu);
    for(;;) {
        asm(" NOP");
    }
}
interrupt void epwm1_tzint_isr(void)
{
    EPwm1TZIntCount++;
    // 由于不使用 PWM 标志设置,所以这里仅能中断一次
// 确认从第二组中接收的多个中断
    PIE_clearInt(myPie, PIE_GroupNumber_2);
}
void InitEPwm1Example()
{
    CLK_enablePwmClock(myClk, PWM_Number_1);
    PWM_setPeriod(myPwm1, 6000);                          // 设置定时器的周期
    PWM_setPhase(myPwm1, 0x0000);                         // 0 相位
    PWM_setCount(myPwm1, 0x0000);
    // 设置 TBCLK
    PWM_setCounterMode(myPwm1, PWM_CounterMode_UpDown); // 增\减计数器
    PWM_disableCounterLoad(myPwm1);                         // 禁止加载相位
PWM_setHighSpeedClkDiv(myPwm1, PWM_HspClkDiv_by_4);// 设置 SYSCLKOUT 分频比
    PWM_setClkDiv(myPwm1, PWM_ClkDiv_by_4);
PWM_setShadowMode_CmpA(myPwm1, PWM_ShadowMode_Shadow); //设置 CMPA 的影子模式
    PWM_setShadowMode_CmpB(myPwm1, PWM_ShadowMode_Shadow);
    PWM_setLoadMode_CmpA(myPwm1, PWM_LoadMode_Zero);        //设置 CMPA 的加载模式
    PWM_setLoadMode_CmpB(myPwm1, PWM_LoadMode_Zero);
    // 设置比较器
    PWM_setCmpA(myPwm1, 3000);
```

```
    // 设置动作限定
    PWM_setActionQual_CntUp_CmpA_PwmA(myPwm1, PWM_ActionQual_Set);
    PWM_setActionQual_CntDown_CmpA_PwmA(myPwm1, PWM_ActionQual_Clear);
    PWM_setActionQual_CntUp_CmpA_PwmB(myPwm1, PWM_ActionQual_Clear);
    PWM_setActionQual_CntDown_CmpA_PwmB(myPwm1, PWM_ActionQual_Set);
    // 根据 TZ1 和 TZ2 定义一个事件(DCAEVT1)
    PWM_setDigitalCompareInput(myPwm1, PWM_DigitalCompare_A_High,
          PWM_DigitalCompare_InputSel_COMP1OUT);        // DCAH = 比较器 1 输出
    PWM_setDigitalCompareInput(myPwm1, PWM_DigitalCompare_A_Low,
          PWM_DigitalCompare_InputSel_TZ2);             // DCAL = TZ2
    // DCAEVT1 = DCAH 低(当比较器输出为低时,变为激活状态)
    PWM_setTripZoneDCEventSelect_DCAEVT1(myPwm1, PWM_TripZoneDCEventSel_DCxHL_DCxLX);
    // DCAEVT1 = DCAEVT1 (无滤波), 异步路径
    PWM_setDigitalCompareAEvent1(myPwm1, false, true, false, false);
    // 根据 TZ1 和 TZ2 定义一个事件(DCBEVT1)
    PWM_setDigitalCompareInput(myPwm1, PWM_DigitalCompare_B_High,
    PWM_DigitalCompare_InputSel_COMP1OUT);              // DCBH = 比较器 1 输出
    PWM_setDigitalCompareInput(myPwm1, PWM_DigitalCompare_B_Low,
    PWM_DigitalCompare_InputSel_TZ2);                   // DCAL = TZ2
    // DCBEVT1 =  (当比较器输出为低时,变为激活状态)
    PWM_setTripZoneDCEventSelect_DCBEVT1(myPwm1, PWM_TripZoneDCEventSel_DCxHL_DCxLX);
    // DCBEVT1 = DCBEVT1 (无滤波), 异步路径
    PWM_setDigitalCompareBEvent1(myPwm1, false, true, false, false);
    // 使能 DCAEVT1 和 DCBEVT1 为单次触发源
    // 注意:DCxEVT1 事件可定义为单次
    //       DCxEVT2 事件可定义为逐周期
    PWM_enableTripZoneSrc(myPwm1, PWM_TripZoneSrc_OneShot_CmpA);
    PWM_enableTripZoneSrc(myPwm1, PWM_TripZoneSrc_OneShot_CmpB);
    // DCAEVT1 和 DCBEVT1 事件能做什么呢?
    // DCAEVTx 事件可强制 EPWMxA 电平发生变化
    // DCBEVTx 事件可强制 EPWMxB 电平发生变化
    //拉高 EPWM1A
    PWM_setTripZoneState_TZA(myPwm1, PWM_TripZoneState_EPWM_High);
    // 拉低 EPWM1B
    PWM_setTripZoneState_TZB(myPwm1, PWM_TripZoneState_EPWM_Low);
    // 使能 TZ 中断
    PWM_enableTripZoneInt(myPwm1, PWM_TripZoneFlag_OST);

}
//=====================================================================
// 结束
//=====================================================================
```

(2) 导入 Example_F2802xEPwmDCEventTripComp 工程。

从 root\controlSUITE\device_support\f2802x\v210\f2802x_examples 中加载 EventTripComp 工程，如图 8.14 所示。

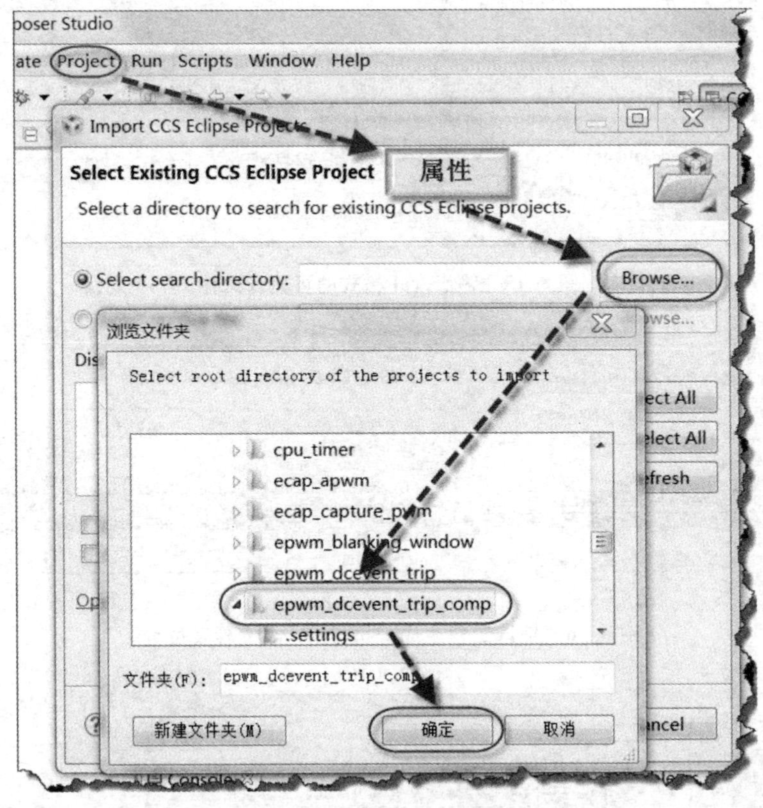

图 8.14　导入 Example_F2802xEPwmDCEventTripComp 工程

(3) 修改可执行的输出文件为.cof 格式，如图 8.15 所示。

(4) 编译工程生成 Example_F2802xEPwmDCEventTripComp.cof 文件，如图9.16 所示。

(5) 导入.cof 文件，并在 Proteus 的虚拟示波器上观察 ePWM1 的输出波形。建立如图 8.17 所示的虚拟实验电路。

导入.cof 文件，采用双输入并且同相输入电压(COMP1A)＞反相输入电压(COMP1B)，在 Proteus 的虚拟示波器上观察到的 ePWM1 输出波形，如图 8.18 所示。

通过电位器增加 COMP1B 端口的输入电压并减小 COMP1A 端口的输入电压，以触发 DCAEVT1 和 DCBEVT1 事件，测试结果如图 8.19 所示。

从图 8.19 中可以看到，当触发 DCAEVT1 和 DCBEVT1 事件后，EPWM1A 被拉高，而 EPWM1B 被拉低，实现了程序的功能。

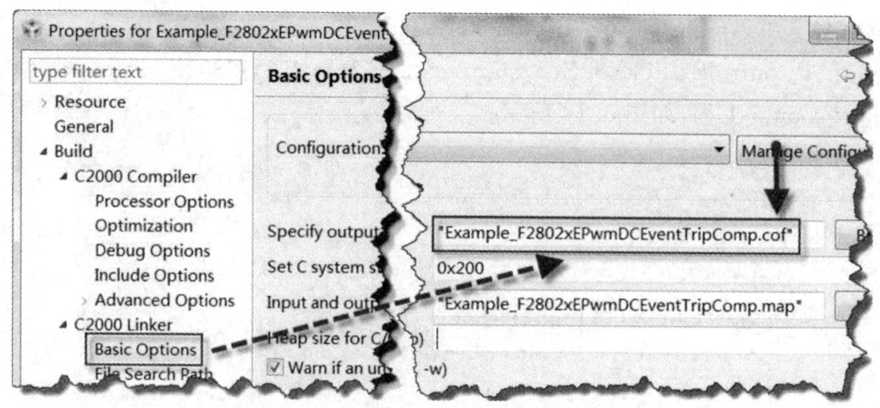

图 8.15　输出.cof 格式的可执行文件

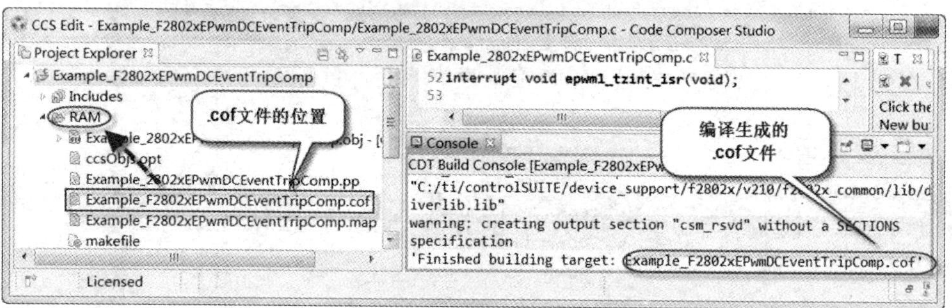

图 8.16　编译工程生成可执行的.cof 文件及位置

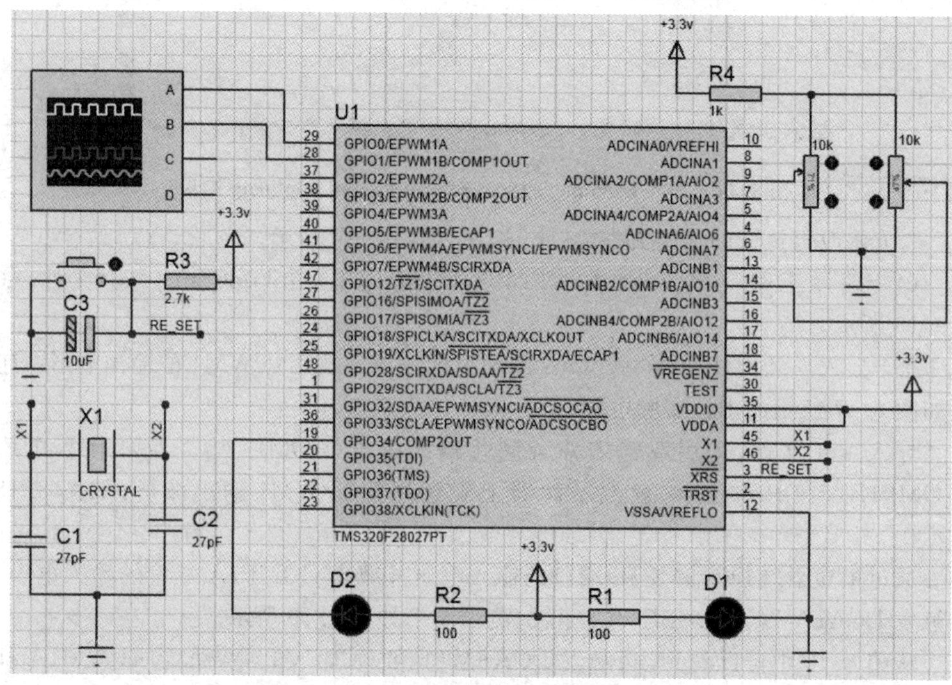

图 8.17　ePWM1 的输出波形的虚拟测试电路

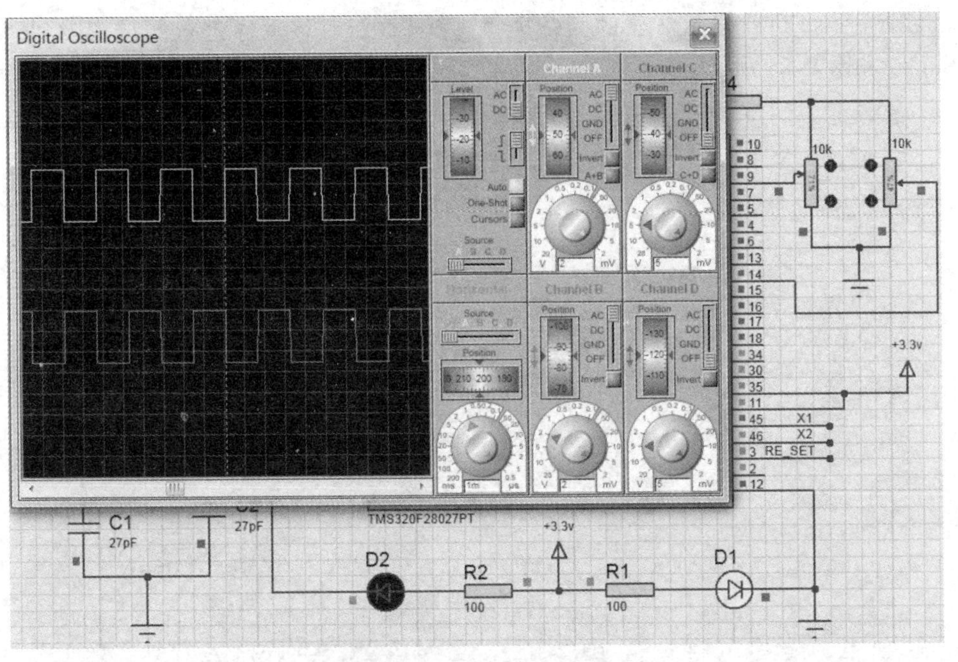

图 8.18 ePWM1 的输出波形

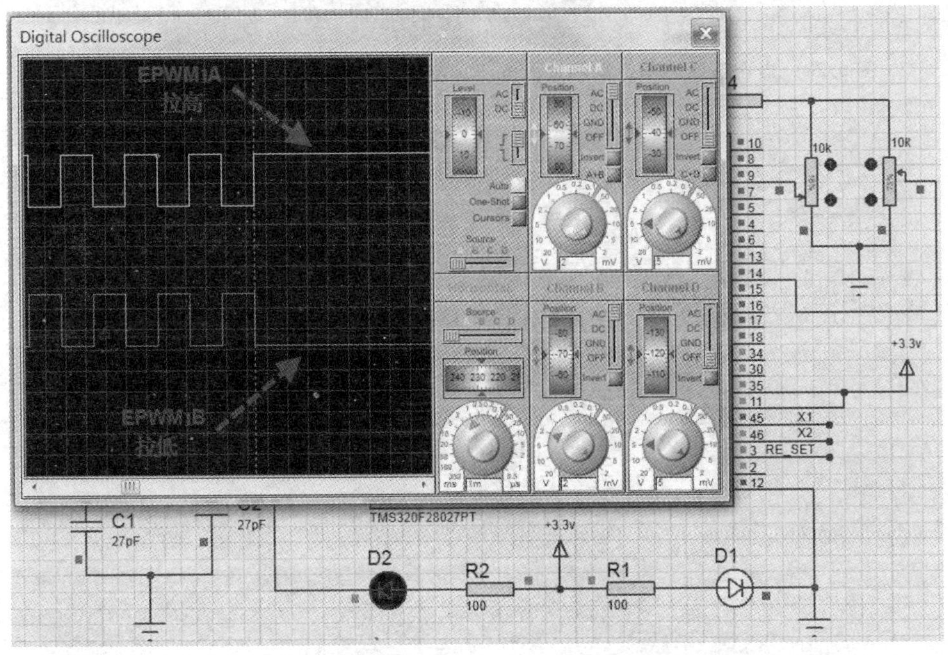

图 8.19 触发 DCAEVT1 和 DCBEVT1 事件的测试结果

单引脚输入比较器的情况：内部 DAC 的输出电压 $<$ COMP1A 的输入电压的测试请读者自己完成，实现该任务的代码已在上述程序中给出（请参考注释的部分）。

用两个LED代替示波器的两个虚拟探头，重新对该程序进行测试，其结果如图9.20和图8.21所示。

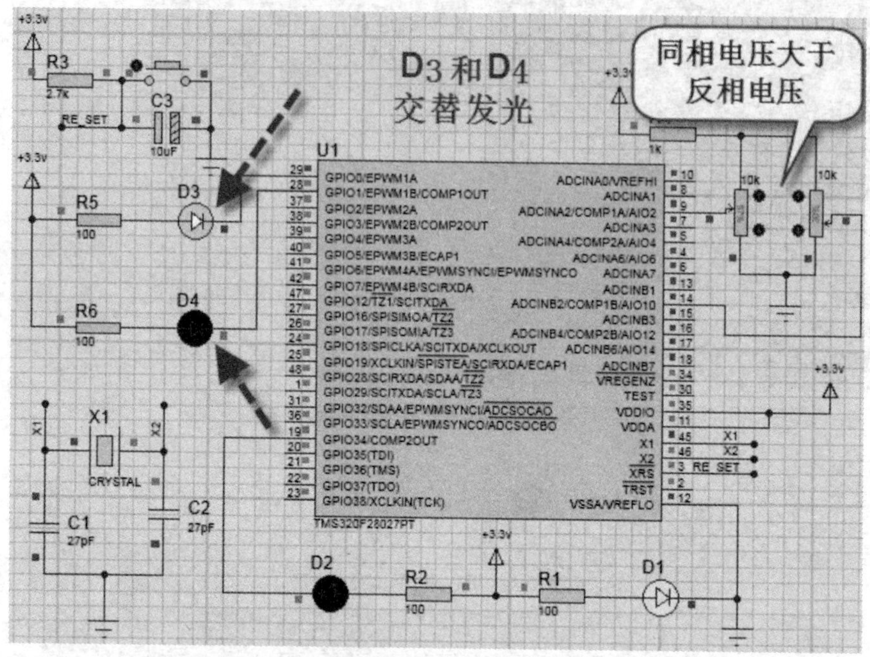

图8.20 当调节电位器使同相输入电压＞反相输入电压时，两只LED交替发光

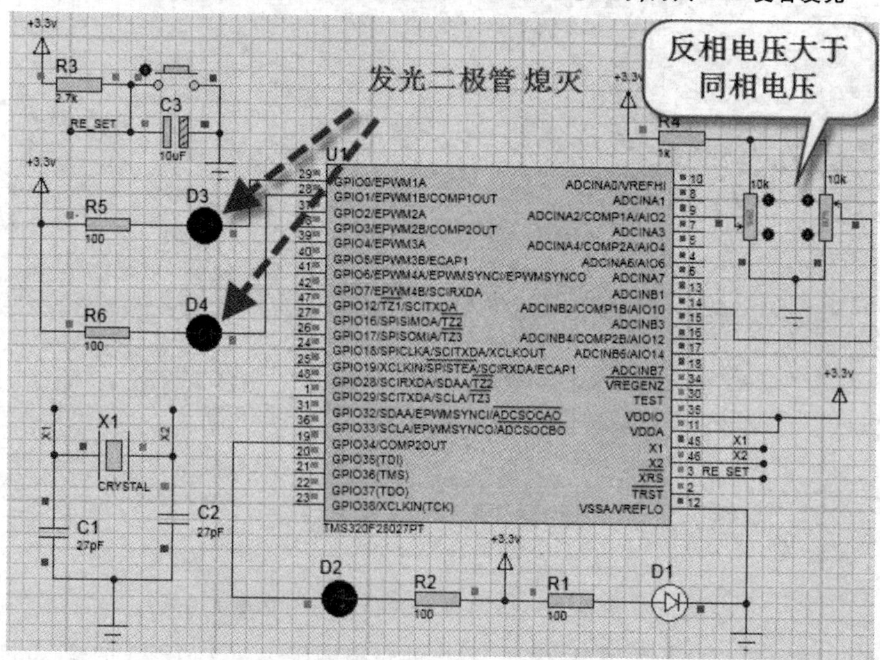

图8.21 调节电位器使同相输入电压＜反相输入电压时，触发DCAEVT1和DCBEVT1事件，使发光二级管熄灭

第 9 章

闪存(Flash)

本章介绍配置 28x DSP 器件上的闪存(Flash)和一次性可编程(OTP) 存储器的等待状态和操作模式的正确顺序,以及闪存和 OTP 功率模式,包括如何通过使能闪存管道模式提高闪存性能。

Piccolo 系列 DSP 都有 8～256 Kb 的片载闪存,非易失是其特点,闪存主要用于代码和固定数表的存取。CCS 为用户提供了便捷的闪存擦除、编程等操作,同时也为闪存提供了 128 位密钥的保护机制,防止其内容被随意修改或读出,有利于知识产权的保护。

Flash API 包含配置等待状态的函数,以及设备运行与闪存的休眠模式等。

注意:闪存函数只能从 RAM 中运行。首先使用运行时支持库中的 memcpy 函数把需要运行的函数复制到 RAM。此驱动程序包含在 f2802x_common/source/flash. c 文件中,同时

f2802x_common/include/flash. h 头文件包含了应用程序中使用的 API 定义。

本章主要内容:

◇ 闪存与 OTP 介绍;

◇ 闪存固件库;

◇ 基于固件的闪存例程。

9.1 Flash 单元

9.1.1 闪存和 OTP 存储器

本节介绍如何配置闪存和一次性可编程(OTP)存储器。

1. 闪　存

片上闪存统一地映射到程序和数据存储空间,且此闪存存储器始终处于使能状态,其特点如下:

(1) 多扇区:可擦除闪存的最小空间是一个扇区。多个扇区提供了这样的选项:让其中某些扇区留下继续编程,而仅擦除一些特定的扇区。

(2) 代码安全:闪存受代码安全模块(CSM)保护。用户可将密码编程到闪存中,

以防止未经授权的人访问闪存。

(3) 低功率模式:为了节省电能,在不使用闪存时,可选择两个级别的低功耗模式。

(4) 配置等待状态:根据CPU的工作频率,通过调节可配置等待状态,使给定的执行速度获得最佳的性能。

(5) 增强的性能:提供的闪存管道模式可提高线性代码的执行性能。

2. OTP存储器

1 K×16位的一次性可编程(OTP)存储器块统一地映射到了程序和数据存储空间,因此,OTP可以用于存储程序的数据或代码。此存储器块与闪存不同,仅可编程一次而不能被擦除。

9.1.2 闪存和OTP功率模式

闪存和OTP存储器的操作状态如下:

(1) 复位或休眠状态:这是设备复位后的状态。在这种状态下,"bank and pump"(库和泵)处于休眠状态(最低功率)。当闪存处于睡眠状态时,CPU将从闪存或OTP存储器映射区中读取数据或提取操作代码,并使功耗模式从睡眠状态变成待机状态,然后到激活状态。在激活状态的转换期间,CPU将自动处于停滞状态。一旦激活完成,CPU将正常访问。

(2) 待机状态:在这种状态下,"bank and pump"(库和泵)处于待机功率模式状态。该状态的功耗比休眠状态大,但过渡到激活或读状态所需花的时间更短。当闪存处于待机状态时,CPU将从闪存或OTP存储器映射区中读取数据或提取操作代码,并使功耗模式从待机状态变成激活状态。在激活状态的转换期间,CPU将自动处于停滞状态。一旦激活完成,CPU将正常访问。

(3) 激活或读取状态:在这种状态下,"bank and pump"(库和泵)处于激活功率模式状态(最高功率)。CPU将从闪存或OTP存储器映射区中读或提取访问的等待状态,由FBANKWAIT和FOTPWAIT寄存器控制。使能称为闪存管道的预取机制,以提高线性代码执行的取指性能。

Flash/ OTP "bank and pump"(库和泵)总是处于相同的功耗模式(见图9.1)。变更当前Flash / OTP存储器功率状态的方法如下:

(1) 变更到低功耗状态:将PWR模式位从较高的功率模式更改为较低的功率模式。这种更改瞬间将闪存/ OTP槽更改为较低的功率状态。应只用闪存/ OTP存储器之外运行的代码存取此寄存器。更改PWR模式位使其从较高的功耗模式到低功耗模式。这种更改在瞬间将使闪存/ OTP变成低功耗状态。该寄存器仅能由运行在闪存/ OTP存储器之外的代码来访问。

(2) 变更到较高的功率状态:从低功耗状态变更到较高的功耗状态,有以下两种选择:

● FPWR 寄存器从较低的功耗状态变更到更高的功耗状态。这种访问使闪存/OTP 存储器变更到更高的功耗状态。

● 通过读或取程序操作码来访问闪存或 OTP 存储器。这种访问将自动使闪存/OTP 从低功耗状态变更到较高的功耗状态，将会有一个延迟(见图 9.1)。这种延迟是必需的，以利于闪存在较高功耗模式的稳定性。如果对闪存/ OTP 存储器的访问发生在延迟期间，将使 CPU 自动暂停，直到延迟结束。

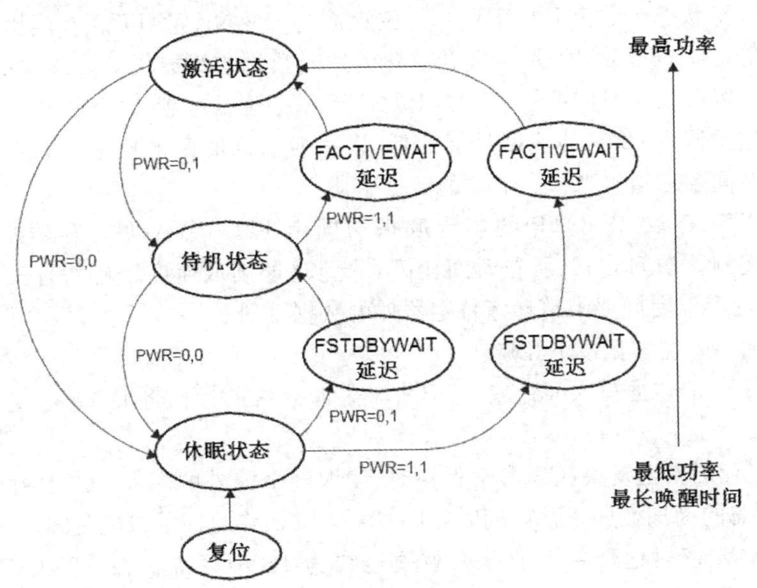

图 9.1　闪存功率模式状态图

从图 9.1 中可以看到，延迟的持续时间由 FSTDBYWAIT 和 FACTIVEWAIT 寄存器决定。从睡眠状态变更到待机状态的延迟大小由 FSTDBYWAIT 寄存器决定。从待机状态变更到激活状态的延迟时间由 FACTIVEWAIT 寄存器决定。从睡眠模式(最低功耗)变更到激活模式(最高功耗)的延迟量由 FSTDBYWAIT+ FACTIVEWAIT 决定。

1. 闪存和 OTP 性能

CPU 对闪存/ OTP 进行的读或提数据操作可采用如下形式之一：

◇ 32 位取指令；

◇ 16 位或 32 位的数据空间读；

◇ 16 位的程序空间读。

一旦闪存处于活动功率状态，则对存储器“bank”(库)映射区的读取或提取存取可以分为闪存存取或 OTP 存取两类。

一旦闪存进入激活功率状态，对存储器“bank”(库)映射区的读或提取访问，可分成闪存访问或 OTP 访问两类。

主闪存阵列由行和列组成。行包含 2 048 位信息。对闪存和 OTP 访问,可采用以下 3 种类型之一:

(1) 闪存随机存取:对 2 048 位行的第一次访问被认为是一种随机存取。

(2) 闪存分页存取:对行的第一次访问可被认为是一个随机访问,而对随后在同一行的访问视为分页访问。随机存取和分页存取的等待状态的个数可通过配置 FBANKWAIT 寄存器得到。随机存取的等待状态个数由 RANDWAIT 位控制,分页存取的等待状态个数由 PAGEWAIT 位控制。FBANKWAIT 寄存器默认为最坏情况下的等待状态个数,因此,需要初始化为适当数目的等待状态,以提高基于 CPU 时钟速率和闪存访问时间的性能。当 PAGEWAIT 位被配置为零时,闪存支持 0 等待访问。这里假定 CPU 的速度足够的低,以适应访问时间的要求。确定的随机和分页访问时间要求请参考特定器件的数据手册。

(3) OTP 存取:对 OTP 的读或取指访问由 FOTPWAIT 寄存器中的 OTPWAIT 位控制。访问 OTP 所花时间比闪存更长(即读取速度较慢),且没有分页模式。OTP 的存取时间要求请参考特定器件的数据手册。

使用闪存时需牢记以下几点:

(1) CPU 把数据写入闪存或 OTP 存储器映射区的操作将被忽略。它们在一个周期内完成。

(2) 当代码安全模块(CSM)被保护时,读取安全区外的闪存/ OTP 存储器映射区,虽然所需的周期数和正常访问时相同,但是,读操作返回的只能是零。

(3) CSM 密码地址单元的读取被硬连线为 16 个等待状态。PAGEWAIT 和 RANDOMWAIT 位不影响这些地址单元。

2. C28x 闪存管道模式

闪存通常用于存放应用程序的代码。在代码执行期间,指令将从连续的存储器地址取出,除非存在不连续的地址。一般驻留在连续地址的代码构成了应用程序代码的主要部分,被称为线性代码。采用闪存的管道模式可以提高线性代码的执行效率。但闪存管道功能在默认情况下是禁用的,可通过配置 FOPT 寄存器中的 ENPIPE 位来使能管道模式,且闪存管道模式独立于 CPU 的流水线。

从闪存或 OTP 中取指令每次都读出 64 位。从闪存中访问的起始地址会自动与 64 位边界对齐,以使指令地址区域位于提取的 64 位以内。使能闪存管道模式(见图 9.2)时,取指令读出的 64 位被保存到一个 64 位宽、2 级深度的指令预取缓冲器中。这个预取缓冲器的内容被发送到 CPU,根据需要进行处理。

单一的 64 位访问可驻留最多两条 32 位指令或 4 条 16 位指令。由于大多数 C28x 指令是 16 位的,所以对闪存库中的每一条 64 位取指令进行操作时,很可能在指令预取缓冲器中有多达 4 条指令准备通过 CPU 处理。在处理这些指令期间,闪存管道将自动启动另一个闪存库访问以预取下一个 64 位。在这种方式下,闪存管道模式将在后台运行,使指令预取缓冲器尽可能装满。采用这种技术,使闪存或 OTP 顺序代码的整体执行效率显著提高。

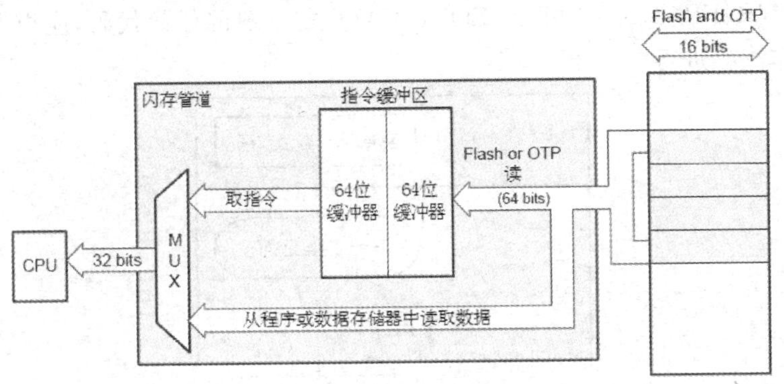

图 9.2　闪存管道

只有当执行诸如分支(跳转),BANZ,调用或循环等使 CPU 不连续的指令时,闪存管道预取指命才被中止。发生这种情况时预取指令中止和预取指令缓冲器的内容将被刷新。发生这种情况时会出现如下两种可能性:

(1) 如果目标地址在闪存或 OTP 内,预取中止,然后在目标地址处恢复(即重新执行)。

(2) 如果目标地址在闪存和 OTP 之外,预取中止,仅当分支回到闪存或 OTP 时才重新开始。闪存管道预取机制仅适用于从程序空间取指令。从数据存储器和程序存储器进行数据读取将不会使用预取缓冲器功能,从而旁路预取缓冲器。例如,MAC、DMAC 和 PREAD 等从程序存储器中读取数据值的指令。当发生读预取缓冲器旁路时,不会刷新该缓冲区。当启动数据读操作时,如果一个预取指令已在进行中,那么数据读取将被终止,直到预取完成。

3. 在闪存和 OTP 中保留的地址

把代码和数据保存到 Flash 和 OTP 存储器时,请注意以下几点:

(1) 地址单元 0x3F7FF6 和 0x3F7FF7 是留给闪存跳转指令的入口地址。当 DSP 从闪存引导时,引导 ROM 将跳转到地址 0x3F7FF6。如果在这里写入一条跳转指令,将重定向代码到应用程序的入口点执行。

(2) 为了进行代码安全操作,位于 0X3F7F80～0X3F7FF5 之间的所有地址不能用于存放用户的程序代码或数据,但是,当设置代码的安全密钥之后,这些地址区域必须被设置为 0x0000。如果不关心代码的安全问题,那么从 0x3F7F80～0x3F7FF5 这段地址区间仍可用于存放用户代码或数据。

(3) 0x3F7FF0～0x3F7FF5 这段地址被保留用于存放数据变量,但不能包含程序代码。

4. 更改闪存配置寄存器的步骤

在 Flash 配置工程中,不可对 Flash 或 OTP 进行任何访问,包括仍在 CPU 管道中的指令、数据读和指令预取操作。为确保配置变更期间不发生任何访问，对于修改FOPT、FPWR、FBANKWAIT或FOTPWAIT寄存器的任何代码，应根据如图9.3所示的工作流程进行。

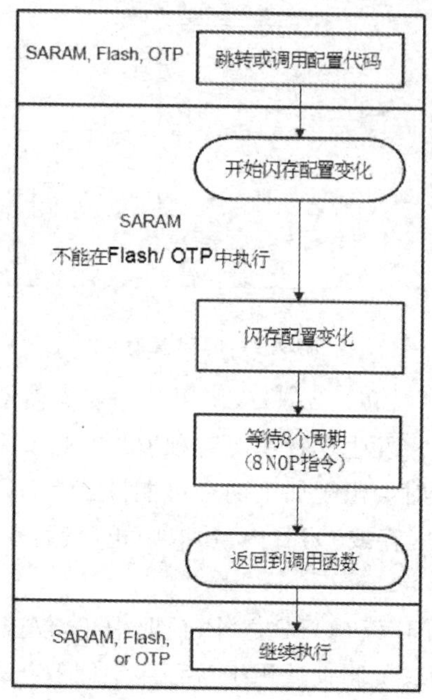

图9.3　闪存配置访问流程图

9.1.3　闪存和OTP寄存器

可配置Flash和OTP存储器的寄存器如表9.1所列。

表9.1　Flash/ OTP配置寄存器

名称 (1) (2)	地　址	大小(x16)	描　述
FOPT	0x0A80	1	闪存选项寄存器
Reserved	0x0A81	1	保留
FPWR	0x0A82	1	闪存功率模式寄存器
FSTATUS	0x0A83	1	状态寄存器
FSTDBYWAIT (3)	0x0A84	1	从闪存睡眠到待机等待寄存器
FACTIVEWAIT (3)	0x0A85	1	从闪存待机到激活等待寄存器
FBANKWAIT	0x0A86	1	闪存读访问等待状态寄存器
FOTPWAIT	0x0A87	1	OTP读访问等待状态寄存器

(1) 这些寄存器受EALLOW保护。

(2) 这些寄存器受代码安全模块(CSM)保护。

(3) 这些寄存器应保持其默认状态。

9.2 Flash 固件库

9.2.1 数据结构文档

Flash 固件库的数据结构文档如表 9.2 所列。

表 9.2　_FLASH_Obj_

定义	typedef struct { uint16_t FOPT； uint16_t rsvd_1； uint16_t FPWR； uint16_t FSTATUS； uint16_t FSTDBYWAIT； uint16_t FACTIVEWAIT； uint16_t FBANKWAIT； uint16_t FOTPWAIT； }_FLASH_Obj_
功能	定义的闪存(Flash)对象
成员	FOPT:闪存选项寄存器 rsvd_1:保留 FPWR:闪存电源模式寄存器 FSTATUS:状态寄存器 FSTDBYWAIT:闪存从睡眠～待机模式等待寄存器 FACTIVEWAIT:闪存从待机～唤醒等待寄存器 FBANKWAIT:闪存读等待状态寄存器 FOTPWAIT:OTP 读等待状态寄存器

9.2.2 定义文档

Flash 固件库的定义文档如表 9.3 所列。

表 9.3　定义文档

定　义	描　述
FLASH_ACTIVE_WAIT_COUNT_DEFAULT	定义闪存默认激活模式状态的等待个数
FLASH_BASE_ADDR	定义闪存(Flash)寄存器的基地址
FLASH_FACTIVEWAIT_ACTIVEWAIT_BITS	定义 FACTIVEWAIT 寄存器中 ACTIVEWAIT 位
FLASH_FBANKWAIT_PAGEWAIT_BITS	定义 FACTIVEWAIT 寄存器中 PAGEWAIT 位

续表 9.3

定 义	描 述
FLASH_FBANKWAIT_RANDWAIT_BITS	定义 FACTIVEWAIT 寄存器中 RANDWAIT 位
FLASH_FOPT_ENPIPE_BITS	定义 FOPT 寄存器在的 ENPIPE 位
FLASH_FOTPWAIT_OTPWAIT_BITS	定义 FOTPWAIT 寄存器中的 OTPWAIT 位
FLASH_FPWR_PWR_BITS	定义 FPWR 寄存器中的 PWR 位
FLASH_FSTATUS_3VSTAT_BITS	定义 FSTATUS 寄存器中的 3VSTAT 位
FLASH_FSTATUS_ACTIVEWAITS_BITS	定义 FSTATUS 寄存器中的 ACTIVEWAITS 位
FLASH_FSTATUS_PWRS_BITS	定义 FSTATUS 寄存器中的 PWRS 位
FLASH_FSTATUS_STDBYWAITS_BITS	定义 FSTATUS 寄存器中的 STDBYWAITS 位
FLASH_FSTDBYWAIT_STDBYWAIT_BITS	定义 FSTDBYWAIT 寄存器中 STDBYWAIT 位
FLASH_STANDBY_WAIT_COUNT_DEFAULT	定义闪存默认待机模式状态的等待个数

9.2.3 类型定义文档

Flash 固件库的类型定义文档如表 9.4 所列。

表 9.4 类型定义文档

类型定义	描 述
typedef struct FLASH_Obj *FLASH_Handle	定义闪存(COMP)句柄
typedef struct _FLASH_Obj_ FLASH_Obj	定义闪存(COMP)对象

9.2.4 枚举文档

Flash 固件库的枚举文档如表 9.5～表 9.10 所列。

表 9.5 FLASH_3VStatus_e

功能	用枚举定义 3 V 状态
枚举成员	描述
FLASH_3VStatus_InRange FLASH_3VStatus_OutOfRange	表示 3 V 闪存电压在范围内 表示 3 V 闪存电压超出范围

表 9.6 FLASH_CounterStatus_e

功能	用枚举定义计数器的状态
枚举成员	描述
FLASH_CounterStatus_NotCounting FLASH_CounterStatus_Counting	表示闪存计数器没在计数 表示闪存计数器正在计数

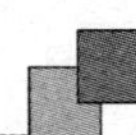

表 9.7　FLASH_NumOtpWaitStates_e

功能	用枚举定义一次性可编程等待的状态
枚举成员	描述
FLASH_NumOtpWaitStates_1	表示一次性可编程(OTP)等待状态的数量为 1
FLASH_NumOtpWaitStates_2	表示一次性可编程(OTP)等待状态的数量为 2
FLASH_NumOtpWaitStates_3	表示一次性可编程(OTP)等待状态的数量为 3
FLASH_NumOtpWaitStates_4	表示一次性可编程(OTP)等待状态的数量为 4
FLASH_NumOtpWaitStates_5	表示一次性可编程(OTP)等待状态的数量为 5
FLASH_NumOtpWaitStates_6	表示一次性可编程(OTP)等待状态的数量为 6
FLASH_NumOtpWaitStates_7	表示一次性可编程(OTP)等待状态的数量为 7
FLASH_NumOtpWaitStates_8	表示一次性可编程(OTP)等待状态的数量为 8
FLASH_NumOtpWaitStates_9	表示一次性可编程(OTP)等待状态的数量为 9
FLASH_NumOtpWaitStates_10	表示一次性可编程(OTP)等待状态的数量为 10
FLASH_NumOtpWaitStates_11	表示一次性可编程(OTP)等待状态的数量为 11
FLASH_NumOtpWaitStates_12	表示一次性可编程(OTP)等待状态的数量为 12
FLASH_NumOtpWaitStates_13	表示一次性可编程(OTP)等待状态的数量为 13
FLASH_NumOtpWaitStates_14	表示一次性可编程(OTP)等待状态的数量为 14
FLASH_NumOtpWaitStates_15	表示一次性可编程(OTP)等待状态的数量为 15

表 9.8　FLASH_NumPagedWaitStates_e

功能	用枚举定义分页等待状态的数量
枚举成员	描述
FLASH_NumPagedWaitStates_0	表示分页读取等待状态数量为 0
FLASH_NumPagedWaitStates_1	表示分页读取等待状态数量为 1
FLASH_NumPagedWaitStates_2	表示分页读取等待状态数量为 2
FLASH_NumPagedWaitStates_3	表示分页读取等待状态数量为 3
FLASH_NumPagedWaitStates_4	表示分页读取等待状态数量为 4
FLASH_NumPagedWaitStates_5	表示分页读取等待状态数量为 5
FLASH_NumPagedWaitStates_6	表示分页读取等待状态数量为 6
FLASH_NumPagedWaitStates_7	表示分页读取等待状态数量为 7
FLASH_NumPagedWaitStates_8	表示分页读取等待状态数量为 8
FLASH_NumPagedWaitStates_9	表示分页读取等待状态数量为 9
FLASH_NumPagedWaitStates_10	表示分页读取等待状态数量为 10
FLASH_NumPagedWaitStates_11	表示分页读取等待状态数量为 11
FLASH_NumPagedWaitStates_12	表示分页读取等待状态数量为 12
FLASH_NumPagedWaitStates_13	表示分页读取等待状态数量为 13
FLASH_NumPagedWaitStates_14	表示分页读取等待状态数量为 14
FLASH_NumPagedWaitStates_15	表示分页读取等待状态数量为 15.

表 9.9　FLASH_NumRandomWaitStates_e

功能	用枚举定义随机等待状态的数量
枚举成员	描述
FLASH_NumRandomWaitStates_1	表示随机读取等待状态数量为 1
FLASH_NumRandomWaitStates_2	表示随机读取等待状态数量为 2
FLASH_NumRandomWaitStates_3	表示随机读取等待状态数量为 3
FLASH_NumRandomWaitStates_4	表示随机读取等待状态数量为 4
FLASH_NumRandomWaitStates_5	表示随机读取等待状态数量为 5
FLASH_NumRandomWaitStates_6	表示随机读取等待状态数量为 6
FLASH_NumRandomWaitStates_7	表示随机读取等待状态数量为 7
FLASH_NumRandomWaitStates_8	表示随机读取等待状态数量为 8
FLASH_NumRandomWaitStates_9	表示随机读取等待状态数量为 9
FLASH_NumRandomWaitStates_10	表示随机读取等待状态数量为 10
FLASH_NumRandomWaitStates_11	表示随机读取等待状态数量为 11
FLASH_NumRandomWaitStates_12	表示随机读取等待状态数量为 12
FLASH_NumRandomWaitStates_13	表示随机读取等待状态数量为 13
FLASH_NumRandomWaitStates_14	表示随机读取等待状态数量为 14
FLASH_NumRandomWaitStates_15	表示随机读取等待状态数量为 15

表 9.10　FLASH_PowerMode_e

功能	用枚举定义电源的模式
枚举成员	描述
FLASH_PowerMode_PumpAndBankSleep	表示“泵和库(存储)”睡眠功耗模式
FLASH_PowerMode_PumpAndBankStandby	表示“泵和库(存储)”待机功耗模式
FLASH_PowerMode_PumpAndBankActive	表示“泵和库(存储)”激活功耗模式

9.2.5　函数文档

Flash 固件库的函数文档如表 9.11～表 9.21 所列。

表 9.11　FLASH_clear3VStatus

功能	清除 3 V 状态
函数原型	void FLASH_clear3VStatus(FLASH_Handle　flashHandle)
输入参数	描述
flashHandle	闪存(Flash)对象句柄
返回参数	无

表 9.12 FLASH_disablePipelineMode

功能	禁用管道模式
函数原型	void FLASH_disablePipelineMode (FLASH_Handle flashHandle)
输入参数	描述
flashHandle	闪存(Flash)对象句柄
返回参数	无

表 9.13 FLASH_enablePipelineMode

功能	使能管道模式
函数原型	void FLASH_enablePipelineMode (FLASH_Handle flashHandle)
输入参数	描述
flashHandle	闪存(Flash)对象句柄
返回参数	无

表 9.14 FLASH_get3VStatus

功能	获取 3 V 状态
函数原型	FLASH_3VStatus_e FLASH_get3VStatus (FLASH_Handle flashHandle)
输入参数	描述
flashHandle	闪存(Flash)对象句柄
返回参数	3 V 状态

表 9.15 FLASH_getActiveWaitCount

功能	获取活动等待数
函数原型	uint16_t FLASH_getActiveWaitCount (FLASH_Handle flashHandle)
输入参数	描述
flashHandle	闪存(Flash)对象句柄
返回参数	活动等待数

表 9.16 FLASH_getActiveWaitStatus

功能	获取活动等待计数器状态
函数原型	FLASH_CounterStatus_e FLASH_getActiveWaitStatus (FLASH_Handle flashHandle)
输入参数	描述
flashHandle	闪存(FLASH)对象句柄
返回参数	活动等待计数器状态

表 9.17 FLASH_getPowerMode

功能	获取电源模式
函数原型	FLASH_PowerMode_e FLASH_getPowerMode (FLASH_Handle flashHandle)
输入参数	描述
flashHandle	闪存(Flash)对象句柄
返回参数	电源模式

表 9.18 FLASH_getStandbyWaitCount

功能	获取待机等待数
函数原型	uint16_t FLASH_getStandbyWaitCount (FLASH_Handle flashHandle)
输入参数	描述
flashHandle	闪存(Flash)对象句柄
返回参数	待机等待数

表 9.19 FLASH_getStandbyWaitStatus

功能	获取待机等待计数器状态
函数原型	FLASH_CounterStatus_e FLASH_getStandbyWaitStatus (FLASH_Handle flashHandle)
输入参数	描述
flashHandle	闪存(Flash)对象句柄
返回参数	待机等待计数器状态

表 9.20 FLASH_init

功能	初始化闪存(Flash)句柄
函数原型	FLASH_Handle FLASH_init (void * pMemory, const size_t numBytes)
输入参数	描述
pMemory numBytes	Flash 寄存器基地址的指针 分配给 Flash 对象、字节的字节数
返回参数	闪存(Flash)对象句柄

表 9.21 FLASH_setActiveWaitCount

功能	设置活动等待数
函数原型	void FLASH_setActiveWaitCount (FLASH_Handle flashHandle, const uint16_t count)

续表 9.21

输入参数	描述
flashHandle count	闪存(Flash)对象句柄 活动等待数
返回参数	无

9.3 固件闪存例程

本小节将以 TI 公司提供的例程为范本,介绍基于闪存编程的基本方法。

(1) 创建 EPwm 定时器工程,下面给出 EPwm 定时器主程序。

```
//###########################################################################
// 文件名:   f2802x_examples/flash_f28027/Example_F2802xFlash.c
// 标题: F2802x EPwm Timer Interrupt From Flash Example.
//!       ********************************
//!      * EPwm 例程从 RAM～Flash 中运行的步骤:*
//!       *********************************
//!(1) 改变链接命令文件(cmd);
//!(2) 确保任何初始化段被映射到 Flash 中;
//!(3)确保有一个跳转指令从闪存入口(0x3F7FF6)开始执行代码,这里用
//!        DSP0x_CodeStartBranch.asm 汇编程序完成此功能;
//!(4) 设置引导模式跳线为"从 Flash 启动";
//!(5) 为了从闪存中获得最佳的执行效率需修改等待状态和使能闪存中的流水线(见本例)。
//!        注意:任何操控闪存的等待状态和流水线控制都必须从 RAM 中运行,因此,这些
//!        位于存储器中的函数叫 ramfuncs。
//!       EPwm1 中断在 RAM 中运行并使 Flash 进入休眠模式。
//!       EPwm2 中断在 RAM 中运行并使 Flash 进入待机模式。
//!       EPwm3 中断在 RAM 中运行
//!         观察变量:
//!       - EPwm1TimerIntCount
//!       - EPwm2TimerIntCount
//!       - EPwm3TimerIntCount
#include "DSP28x_Project.h"      // 设备头文件与例程包含文件
#include "f2802x_common/include/clk.h"
#include "f2802x_common/include/flash.h"
#include "f2802x_common/include/gpio.h"
#include "f2802x_common/include/pie.h"
#include "f2802x_common/include/pll.h"
#include "f2802x_common/include/pwm.h"
#include "f2802x_common/include/wdog.h"
```

```
// 使能 EPwm 定时器中断：
// 1:使能，  0:禁止
#define PWM1_INT_ENABLE  1
#define PWM2_INT_ENABLE  1
#define PWM3_INT_ENABLE  1
// 配置每个定时器的周期
#define PWM1_TIMER_TBPRD   0x1FFF
#define PWM2_TIMER_TBPRD   0x1FFF
#define PWM3_TIMER_TBPRD   0x1FFF
// 可观察到 LED 的反转。
#define DELAY 1000000L
######################################################################
// 从 RAM 中运行的函数将要分配不同的段，且这些段将使用连接命令文件(cmd)进行映射
#pragma CODE_SECTION(EPwm1_timer_isr, "ramfuncs");
#pragma CODE_SECTION(EPwm2_timer_isr, "ramfuncs");
######################################################################
// 函数声明
interrupt void EPwm1_timer_isr(void);
interrupt void EPwm2_timer_isr(void);
interrupt void EPwm3_timer_isr(void);
void InitEPwmTimer(void);
// 定义全局变量
Uint32  EPwm1TimerIntCount;
Uint32  EPwm2TimerIntCount;
Uint32  EPwm3TimerIntCount;
Uint32  LoopCount;
######################################################################
// 被链接命令文件定义的外部变量 (见 F28027.cmd)
extern Uint16  RamfuncsLoadStart;
extern Uint16  RamfuncsLoadSize;
extern Uint16  RamfuncsRunStart;
######################################################################
CLK_Handle myClk;
FLASH_Handle myFlash;
GPIO_Handle myGpio;
PIE_Handle myPie;
PWM_Handle myPwm1, myPwm2, myPwm3;
void main(void)
{
    CPU_Handle myCpu;
    PLL_Handle myPll;
    WDOG_Handle myWDog;
```

```
    //初始化工程中所需的所有句柄
    myClk = CLK_init((void *)CLK_BASE_ADDR, sizeof(CLK_Obj));
    myCpu = CPU_init((void *)NULL, sizeof(CPU_Obj));
    myFlash = FLASH_init((void *)FLASH_BASE_ADDR, sizeof(FLASH_Obj));
    myGpio = GPIO_init((void *)GPIO_BASE_ADDR, sizeof(GPIO_Obj));
    myPie = PIE_init((void *)PIE_BASE_ADDR, sizeof(PIE_Obj));
    myPll = PLL_init((void *)PLL_BASE_ADDR, sizeof(PLL_Obj));
    myPwm1 = PWM_init((void *)PWM_ePWM1_BASE_ADDR, sizeof(PWM_Obj));
    myPwm2 = PWM_init((void *)PWM_ePWM2_BASE_ADDR, sizeof(PWM_Obj));
    myPwm3 = PWM_init((void *)PWM_ePWM3_BASE_ADDR, sizeof(PWM_Obj));
    myWDog = WDOG_init((void *)WDOG_BASE_ADDR, sizeof(WDOG_Obj));
  //系统初始化
  WDOG_disable(myWDog);
    CLK_enableAdcClock(myClk);
    (*Device_cal)();
    CLK_disableAdcClock(myClk);
    //选择内部振荡器 1 作为时钟源
    CLK_setOscSrc(myClk, CLK_OscSrc_Internal);
    // 配置 PLL 为 x12/2 使 60 MHz = 10 MHz x 12/2
    PLL_setup(myPll, PLL_Multiplier_12, PLL_DivideSelect_ClkIn_by_2);
    // 禁止 PIE 和所有中断
    PIE_disable(myPie);
    PIE_disableAllInts(myPie);
    CPU_disableGlobalInts(myCpu);
    CPU_clearIntFlags(myCpu);
    //配置调试向量表与使能 PIE
    PIE_setDebugIntVectorTable(myPie);
    PIE_enable(myPie);
  // PIE 向量表中的寄存器中断服务程序
  PIE_registerPieIntHandler(myPie, PIE_GroupNumber_3, PIE_SubGroupNumber_1, (intVec_
t)&EPwm1_timer_isr);
    PIE_registerPieIntHandler(myPie, PIE_GroupNumber_3, PIE_SubGroupNumber_2, (in-
tVec_t)&EPwm2_timer_isr);
    PIE_registerPieIntHandler(myPie, PIE_GroupNumber_3, PIE_SubGroupNumber_3, (in-
tVec_t)&EPwm3_timer_isr);
  // 初始化 EPwm 定时器
  InitEPwmTimer();
  #ifdef _FLASH //条件编译。注意:它和老版本搬移 Flash 中的代码到 ARM 的方法有所
差异。
    //把对时间敏感的代码和 Flash 的配置代码复制到 RAM 中,这包括下列中断服务程序,
    // EPwm1_timer_isr()、EPwm2_timer_isr()和闪存配置程序 FLASH_setup();
    // 在链接命令文件中创建 RamfuncsLoadStart、RamfuncsLoadSize 和
```

```
    // RamfuncsRunStart 符号。请参考 F2280270.cmd 文件。
    memcpy(&RamfuncsRunStart, &RamfuncsLoadStart,(size_t)&RamfuncsLoadSize);
    // 调用闪存中的初始化程序配置 Flash 的等待个数,此函数必须驻留在 RAM 中。
    FLASH_setup(myFlash);
#endif // 结束#ifdef _FLASH
    //初始化计数器:
    EPwm1TimerIntCount = 0;
    EPwm2TimerIntCount = 0;
    EPwm3TimerIntCount = 0;
    LoopCount = 0;
    // 使能连接 EPwm1～3 中断的 CPU INT3:
    CPU_enableInt(myCpu, CPU_IntNumber_3);
    // 使能 PIE 中的 EPwm INTn:第 3 组中断 1～3。
    PIE_enablePwmInt(myPie, PWM_Number_1);
    PIE_enablePwmInt(myPie, PWM_Number_2);
    PIE_enablePwmInt(myPie, PWM_Number_3);
    // 使能全局中断和高优先级的实时调试事件
    CPU_enableGlobalInts(myCpu);
    CPU_enableDebugInt(myCpu);
    // 配置 GPIO,使其在空闲循环时反转
    GPIO_setMode(myGpio, GPIO_Number_34, GPIO_34_Mode_GeneralPurpose);
    GPIO_setDirection(myGpio, GPIO_Number_34, GPIO_Direction_Output);
    for(;;)
    {
        // 延迟等待
        DELAY_US(DELAY);
        LoopCount++;
        // 反转 GPIO
        GPIO_toggle(myGpio, GPIO_Number_34);
    }
}
void InitEPwmTimer() //初始化 EPwm 定时器的函数定义
{
    CLK_disableTbClockSync(myClk);
    CLK_enablePwmClock(myClk, PWM_Number_1);
    CLK_enablePwmClock(myClk, PWM_Number_2);
    CLK_enablePwmClock(myClk, PWM_Number_3);
    //禁止电阻上拉与 ePWM 配对输出
    GPIO_setPullUp(myGpio, GPIO_Number_0, GPIO_PullUp_Disable);
    GPIO_setPullUp(myGpio, GPIO_Number_1, GPIO_PullUp_Disable);
    GPIO_setMode(myGpio, GPIO_Number_0, GPIO_0_Mode_EPWM1A);
    GPIO_setMode(myGpio, GPIO_Number_1, GPIO_1_Mode_EPWM1B);
```

```
GPIO_setPullUp(myGpio, GPIO_Number_2, GPIO_PullUp_Disable);
GPIO_setPullUp(myGpio, GPIO_Number_3, GPIO_PullUp_Disable);
GPIO_setMode(myGpio, GPIO_Number_2, GPIO_2_Mode_EPWM2A);
GPIO_setMode(myGpio, GPIO_Number_3, GPIO_3_Mode_EPWM2B);
GPIO_setPullUp(myGpio, GPIO_Number_4, GPIO_PullUp_Disable);
GPIO_setPullUp(myGpio, GPIO_Number_5, GPIO_PullUp_Disable);
GPIO_setMode(myGpio, GPIO_Number_4, GPIO_4_Mode_EPWM3A);
GPIO_setMode(myGpio, GPIO_Number_5, GPIO_5_Mode_EPWM3B);
// 设置同步
PWM_setSyncMode(myPwm1, PWM_SyncMode_EPWMxSYNC);
PWM_setSyncMode(myPwm2, PWM_SyncMode_EPWMxSYNC);
PWM_setSyncMode(myPwm3, PWM_SyncMode_EPWMxSYNC);
// 允许每个定时器 synced
PWM_enableCounterLoad(myPwm1);
PWM_enableCounterLoad(myPwm2);
PWM_enableCounterLoad(myPwm3);
// 设置相位
PWM_setPhase(myPwm1, 100);
PWM_setPhase(myPwm1, 200);
PWM_setPhase(myPwm1, 300);
PWM_setPeriod(myPwm1, PWM1_TIMER_TBPRD);
PWM_setCounterMode(myPwm1, PWM_CounterMode_Up);        //向上计数
PWM_setIntMode(myPwm1, PWM_IntMode_CounterEqualZero);//选择零事件中断
PWM_enableInt(myPwm1);                                 //使能中断
PWM_setIntPeriod(myPwm1, PWM_IntPeriod_FirstEvent);    //发生第一事件产生中断
PWM_setPeriod(myPwm2, PWM2_TIMER_TBPRD);
PWM_setCounterMode(myPwm2, PWM_CounterMode_Up);        //向上计数
PWM_setIntMode(myPwm2, PWM_IntMode_CounterEqualZero);//选择零事件中断
PWM_enableInt(myPwm2);                                 //使能中断
PWM_setIntPeriod(myPwm2,
PWM_IntPeriod_SecondEvent);                            //发生第二事件产生中断
PWM_setPeriod(myPwm3, PWM3_TIMER_TBPRD);
PWM_setCounterMode(myPwm3, PWM_CounterMode_Up);        //向上计数
PWM_setIntMode(myPwm3, PWM_IntMode_CounterEqualZero);//选择零事件中断
PWM_enableInt(myPwm3);                                 //使能中断
PWM_setIntPeriod(myPwm3, PWM_IntPeriod_ThirdEvent);    //发生第三事件产生中断
PWM_setCmpA(myPwm1, PWM1_TIMER_TBPRD / 2);
PWM_setActionQual_Period_PwmA(myPwm1, PWM_ActionQual_Set);
PWM_setActionQual_CntUp_CmpA_PwmA(myPwm1, PWM_ActionQual_Clear);
PWM_setActionQual_Period_PwmB(myPwm1, PWM_ActionQual_Set);
PWM_setActionQual_CntUp_CmpA_PwmB(myPwm1, PWM_ActionQual_Clear);
PWM_setCmpA(myPwm2, PWM2_TIMER_TBPRD / 2);
```

```
    PWM_setActionQual_Period_PwmA(myPwm2, PWM_ActionQual_Set);
    PWM_setActionQual_CntUp_CmpA_PwmA(myPwm2, PWM_ActionQual_Clear);
    PWM_setActionQual_Period_PwmB(myPwm2, PWM_ActionQual_Set);
    PWM_setActionQual_CntUp_CmpA_PwmB(myPwm2, PWM_ActionQual_Clear);
    PWM_setCmpA(myPwm3, PWM3_TIMER_TBPRD / 2);
    PWM_setActionQual_Period_PwmA(myPwm3, PWM_ActionQual_Set);
    PWM_setActionQual_CntUp_CmpA_PwmA(myPwm3, PWM_ActionQual_Clear);
    PWM_setActionQual_Period_PwmB(myPwm3, PWM_ActionQual_Set);
    PWM_setActionQual_CntUp_CmpA_PwmB(myPwm3, PWM_ActionQual_Clear);
    CLK_enableTbClockSync(myClk);
}
//中断服务程序必须从 RAM 中执行,同时使 Flash 进入休眠状态。
//中断服务程序:
interrupt void EPwm1_timer_isr(void)
{
    // 使 Flash 进入休眠模式
    FLASH_setPowerMode(myFlash, FLASH_PowerMode_PumpAndBankSleep);
    EPwm1TimerIntCount++;
    // 清除定时器的中断标志
    PWM_clearIntFlag(myPwm1);
// 清除该中断,从第 3 组中接收更多的中断
PIE_clearInt(myPie, PIE_GroupNumber_3);
}
//中断服务程序必须从 RAM 中执行,同时使 Flash 进入待机模式。
interrupt void EPwm2_timer_isr(void)
{
    EPwm2TimerIntCount++;
// 使 Flash 进入待机模式
FLASH_setPowerMode(myFlash, FLASH_PowerMode_PumpAndBankStandby);
    //清除定时器的中断标志
    PWM_clearIntFlag(myPwm2);
//清除该中断接从第 3 组中收更多的中断
    PIE_clearInt(myPie, PIE_GroupNumber_3);
}
interrupt void EPwm3_timer_isr(void)
{
    uint16_t i;
    EPwm3TimerIntCount++;
//缩短一些 ISR 代码的仿真延迟时间
for(i = 1; i < 0x01FF; i++) {}
    //清除定时器的中断标志
    PWM_clearIntFlag(myPwm3);
```

```
//清除该中断接从第 3 组中收更多的中断
    PIE_clearInt(myPie, PIE_GroupNumber_3);
}
//===========================================================
// No more.
//===========================================================
```

注意：此例程是针对 controlSTICK 开发板的，输出的 GPIO34 刚好连接 LED 发光管。如果用户用 LaunchPad 或其他 Piccolo 开发板，请根据自己的板子对该程序的输出稍作修改，以便能观察到 LED 闪烁的结果。

(2) F2802x_generic_flash.cmd 文件说明。

```
MEMORY
{
PAGE 0:     /* 程序存储器 */
   RAMM0      : origin = 0x000050, length = 0x0003B0  /* 片载 RAM 模块 M0 */
   OTP        : origin = 0x3D7800, length = 0x000400  /* 片载 OTP */
   FLASHA     : origin = 0x3F7000, length = 0x000F80  /* 片载 Flash */
   CSM_RSVD   : origin = 0x3F7F80, length = 0x000076  /* Flasha 中的部分。当 CSM 在
使用时，程序为 0x0000。 */
   BEGIN      : origin = 0x3F7FF6, length = 0x000002  /* 用于从"闪存引导"的 boot-
loader 模式。 */
   CSM_PWL_P0 : origin = 0x3F7FF8, length = 0x000008 /* CSM 密码在 Flasha 中的位置 */
   FLASHB     : origin = 0x3F6000, length = 0x001000     /* 片载 Flash */
  IQTABLES  : origin = 0x3FE000, length = 0x000B50 /* 在 Boot ROM 中的 IQMath 表 */
  IQTABLES2 : origin = 0x3FEB50, length = 0x00008C /* 在 Boot ROM 中的 IQMath 表 */
  IQTABLES3 : origin = 0x3FEBDC, length = 0x0000AA  /* 在 Boot ROM 中的 IQMath 表 */
   ROM    : origin = 0x3FF27C, length = 0x000D44    /* Boot ROM */
   RESET      : origin = 0x3FFFC0, length = 0x000002     /* boot ROM 中的部分 */
   VECTORS    : origin = 0x3FFFC2, length = 0x00003E     /* boot ROM 中的部分 */
 PAGE 1 :   /* 数据存储器 */
   BOOT_RSVD : origin = 0x000000, length = 0x000050  /* M0 中的部分，Boot ROM 使用
                                                     它创建堆栈 */
   RAMM1     : origin = 0x000400, length = 0x000400 /* 片载 RAM 中的 M1 模块 */
   RAML0     : origin = 0x008000, length = 0x000400 /* 片载 RAM 中的 L0 模块 */
 }

 /* 分配段到存储器模块
   注意：
      Codestart：用户在 DSP28_CodeStartBranch.asm 中定义的段用于当从闪存中启动
      时重定向代码的执行。
      Ramfuncs:用户定义的段存储从 Flash 复制到 RAM 中的函数  */
```

```
SECTIONS
{
    /* 分配编程区域：*/
    codestart           : > BEGIN       PAGE = 0
    ramfuncs            : LOAD = FLASHA,
                          RUN  = RAMM0,
                          LOAD_START(_RamfuncsLoadStart),
                          LOAD_SIZE(_RamfuncsLoadSize),
                          RUN_START(_RamfuncsRunStart),
                          PAGE = 0
    .cinit              : >  FLASHA | FLASHB,     PAGE = 0
    .pinit              : >  FLASHA | FLASHB,     PAGE = 0
    .text               : >> FLASHA | FLASHB,     PAGE = 0
    csmpasswds          : > CSM_PWL_P0,  PAGE = 0
    csm_rsvd            : > CSM_RSVD,    PAGE = 0
    /* 分配未初始化数据段：*/
    .stack              : >  RAMM1,               PAGE = 1
    .ebss               : >> RAMM1 | RAML0,       PAGE = 1
    .esysmem            : >> RAMM1 | RAML0,       PAGE = 1
    /* 已初始化的段放到闪存中 */
    .econst             : >> FLASHA | FLASHB,     PAGE = 0
    .switch             : >> FLASHA | FLASHB,     PAGE = 0
    /* 分配 IQmath 的区域：*/
    IQmath              : >> FLASHA | FLASHB,     PAGE = 0      /* Math代码 */
    IQmathTables        : >  IQTABLES,            PAGE = 0, TYPE = NOLOAD
    /* 如果从 IQMath.lib 库中调用 IQNexp()或 IQexp()函数,需取消下面段的注释,以便
利用相关的 IQMath 表引导 ROM(这样可以节省空间,引导 ROM 需 1 个等待状态)。如果此段没有被
注释,IQmathTables2 将被加载到其他存储器(SARAM、Flash 等)并占用空间,但 0 等待状态是可能
的。*/
    /*
    IQmathTables2       : > IQTABLES2, PAGE = 0, TYPE = NOLOAD
    {
                IQmath.lib<IQNexpTable.obj> (IQmathTablesRam)
    }
    */
    /* 如果从 IQMath.lib 库中调用 IQNexp()或 IQexp()函数,需取消下面段的注释,以便
利用相关的 IQMath 表引导 ROM(这样可以节省空间,引导 ROM 需 1 个等待状态)。如果此段没有被
注释,IQmathTables3 将被加载到其他存储器(SARAM、Flash 等)并占用空间,但 0 等待状态是可能
的。*/
    /*
    IQmathTables3       : > IQTABLES3, PAGE = 0, TYPE = NOLOAD
    {
```

```
            IQmath.lib<IQNasinTable.obj> (IQmathTablesRam)
    }
    */
    /* .reset 用于被编译器使用的标准化段,它包含 C 代码的起始地址“_c_int00”。 */
    /* 当在该段使用引导 ROM 时无需 CPU 向量表。 */
    /* 此处默认类型设置为 DSECT */
    .reset              : > RESET,      PAGE = 0, TYPE = DSECT
    vectors             : > VECTORS     PAGE = 0, TYPE = DSECT
}
/*
//=======================================================================
//文件结束.
//=======================================================================
 */
```

注意:在新版程序包中不必直接将连接命令文件(cmd)加到工程中,Example_28027_Flash 工程的文件结构如图 9.4 所示。

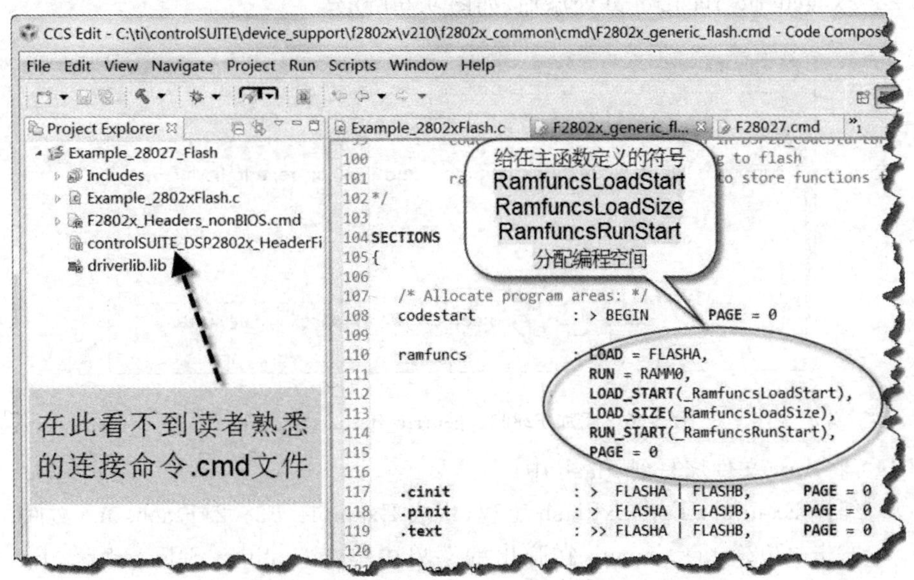

图 9.4 Example_28027_Flash 工程的文件结构

(3) 加载 F2802x_generic_flash.cmd 或 28027.cmd 文件。

● 创建 Flash 标签

Build→C2000 Linker→File Search Path→Manage Configuration,添加 Flash 标签,如图 9.15 所示。

● 添加 F2802x_generic_flash.cmd

Build→C2000 Linker→File Search Path,选择“Include library file or command

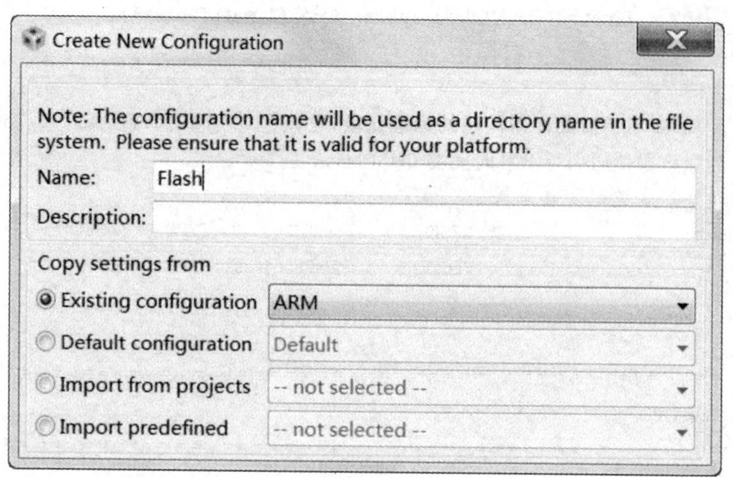

图 9.5 添加 Flash 标签

file as input"标签，单击"add"按钮，在弹出的对话框中，单击"File system"按钮，导航到 F2802x_generic_flash. cmd 处添加，如图 9.6 所示。

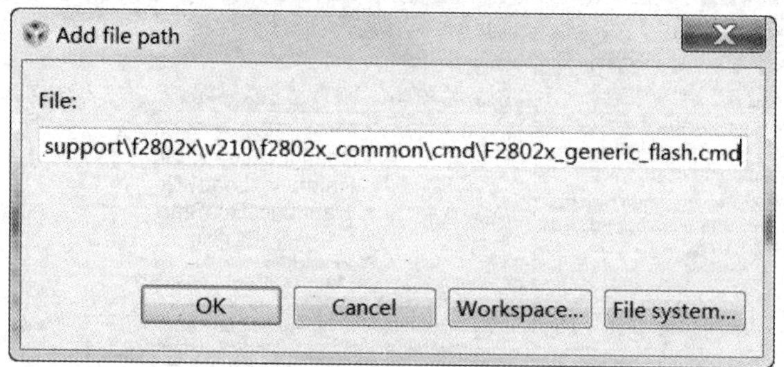

图 9.6 添加 F2802x_generic_flash. cmd 文件

(4) 将. out 文件烧写到 Flash 中。

● 编译 Example_F2802xFlash 工程，生成 Example_F2802xFlash. out 文件。

● 右击 28027stick. ccxml，在弹出的菜单中单击"Launch Selected Configuration"，试着自动将. out 文件烧写到 controlSTICK 开发板的 Flash 中。如果不能直接连上板子的话，再在调试视图中单击与图标手工将. out 文件烧写到 Flash 中。如图 9.7 和图 9.8 所示：

(5) 在 Flash 运行 EPwm 定时器程序。

首先拔出连接电脑的 USB 插头使开发板断电，然后重新将 USB 插头和电脑相连接通开发板电源，测试 EPwm 定时器程序是否能在 Flash 中正常运行。可观察与 GPIO34 相连 LED 是否闪烁发光，测试结果如图 9.9 闪烁。

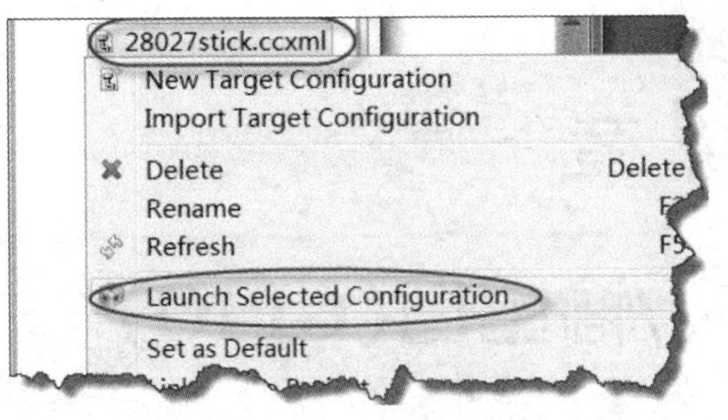

图 9.7 Launch Selected Configuration

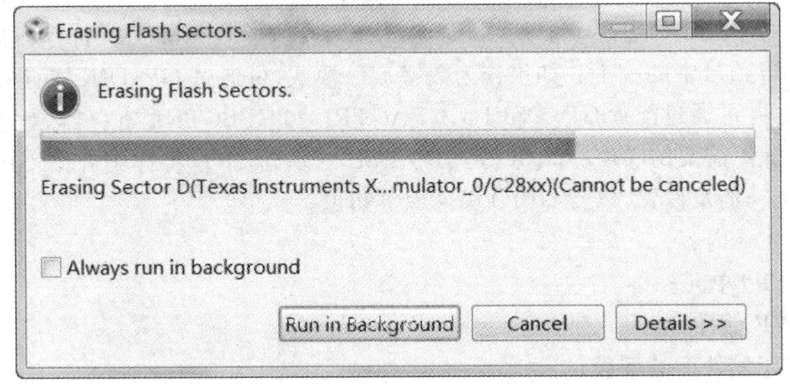

图 9.8 擦除 Flash 扇区

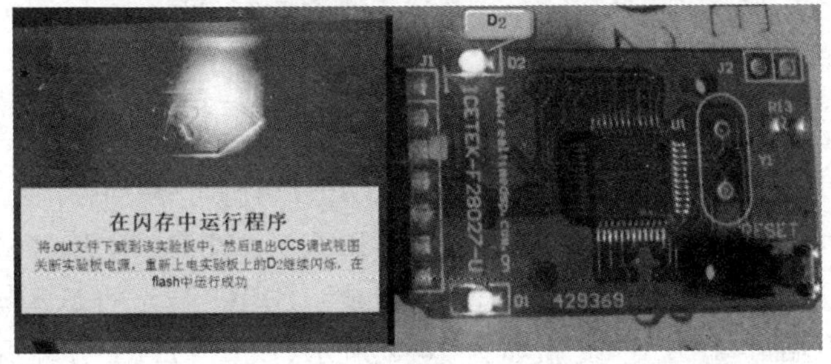

图 9.9 EPwm 定时器程序在 Flash 中的运行结果

从图 9.9 中的测试结果来看，EPwm 定时器程序在闪存中的独立运行结果正常。

第 10 章

通用输入/输出口(GPIO)

通用输入/输出(General-Purpose Input/Output,GPIO)多路复用(MUX)寄存器用于共享引脚的选择,这些引脚的名称以通用 I/O 口命名(即 GPIO0～GPIO38)。这些引脚可单独作为数字 I/O 使用,简称 GPIO,或通过 GPxMUXn 寄存器连接到 3 个外设 I/O 信号中的一个。如果作为数字 I/O 模式,可通过 GPxDIR 寄存器配置引脚的方向,并可通过配置 GPxQSELn、GPACTRL 和 GPBCTRL 寄存器,对输入信号采样来删除不需要的噪声。GPIO 是学习 DSP 的基础,本章将详细介绍 GPIO 的功能、寄存器功能及设置,以及 GPIO 固件库等知识。

本章主要内容:

◇ GPIO 单元;

◇ GPIO 固件库;

◇ 基于固件库的例程。

10.1 GPIO 单元

10.1.1 GPIO 单元概述

除了个别引脚的 bit-I/O 功能外,使能的 GPIO 引脚可多达 3 个独立的外设信号与之复用:包括 3 个 I/O 端口,即,端口 A 由 GPIO0～GPIO31 组成;B 口由 GPIO32～GPIO38 组成;模拟端口由 AIO0～AIO15 组成。GPIO 单元的基本操作模式如图 10.1 所示,模拟端口与 GPIO 复用如图 10.2 所示(注意 JTAG 引脚与 GPIO 复用,即不使用 JTAG 时,可以当 GPIO 使用,如图 10.3 所示)。

注释:

(1) x 表示端口号,比如 A 或 B。例:GPxDIR 表示 GPADIR 或 GPBDIR,这取决于所选择的特定 GPIO 引脚。

(2) GPxDAT latch 和 GPxDAT read 占用同一段内存。

(3) 本图只是一般 GPIO MUX 模块的框图,并不是所有 GPIO 引脚都有图中的这些功能。

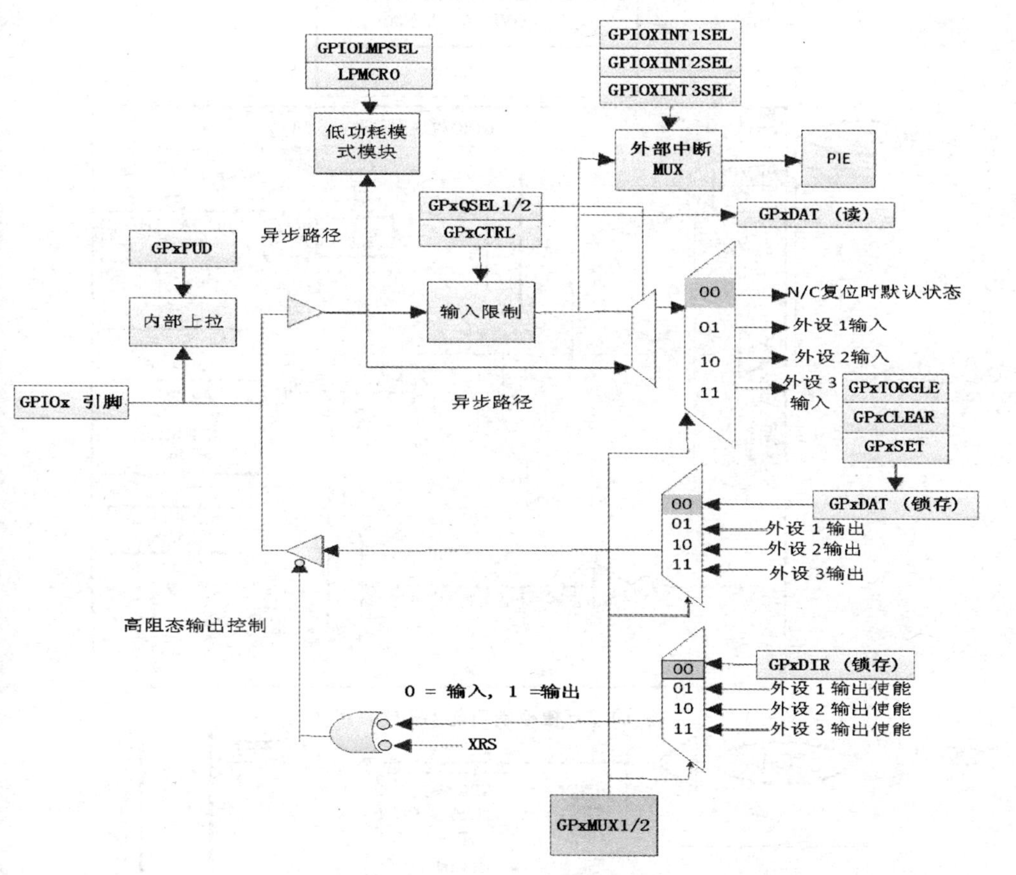

图 10.1　GPIO 复用模块框图

(4) 阴影部分为复位时的状态。

若需要完整的引脚功能图,可参考文献“SPRUFN3”。

模拟端口与 GPIO 复用框图如图 10.2 所示。

JATG 口与 GPIO 复用:在 2802x 器件上,JTAG 端口仅有 5 个引脚(TRST、TCK、TDI、TMS、TDO)。TCK、TDI、TMS 和 TDO 引脚同时也是 GPIO 引脚。TRST 信号在图 10.3 中为引脚选择 JTAG 或 GPIO 模式。在仿真/调试期间,这些引脚的 GPIO 功能不可使用。

注意:在 2802x 器件中,JTAG 引脚也可被用作 GPIO 引脚。在电路板设计时应该小心行事以确保连接到这些引脚的电路不会影响 JTAG 引脚的仿真能力,即任一连接到这些引脚的电路不应影响仿真器驱动 JTAG 引脚(反之亦然)进行成功的调试。

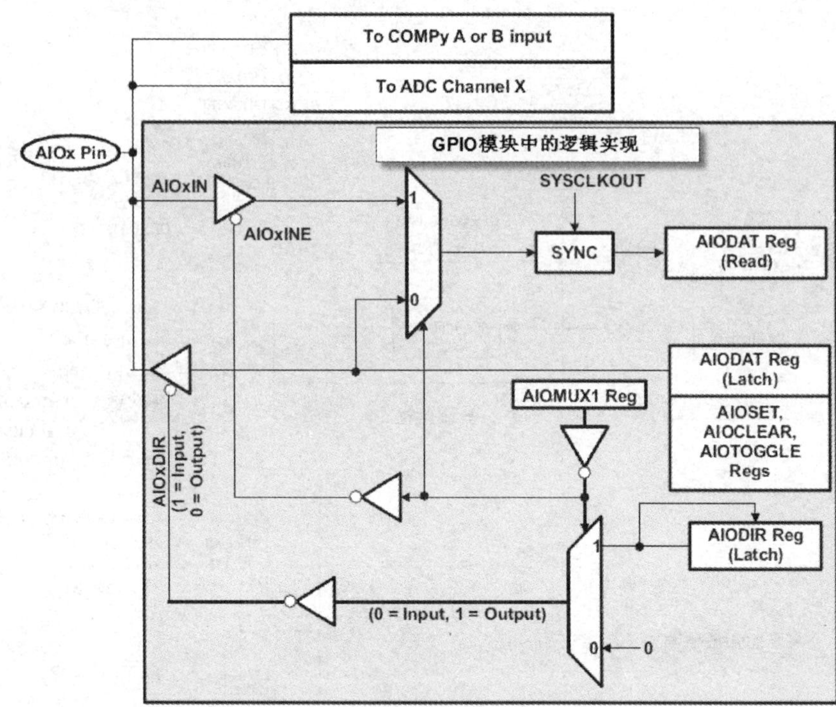

图 10.2　模拟端口与 GPIO 复用

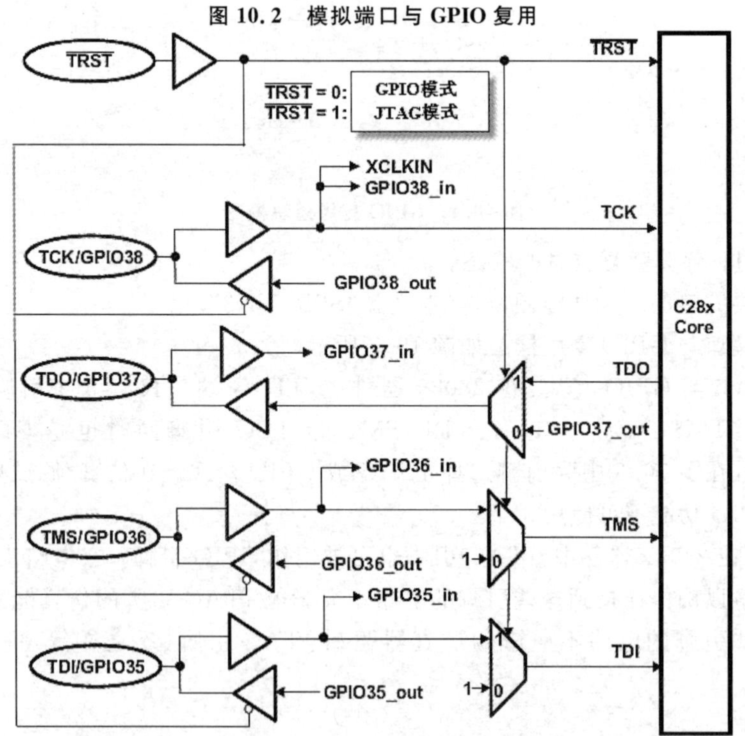

图 10.3　JATG 口与 GPIO 复用

10.1.2　配置方法

所有 GPIO 配置控制寄存器控制引脚的功能分配,输入限定和外部中断源。此外,还可以分配引脚来从停机(HALT)和待机(STANDBY)低功率模式唤醒器件和使能/禁止内部上拉电阻。表 10.1 和表 10.2 列出的寄存器用于配置 GPIO 引脚。

表 10.1　GPIO 控制寄存器(受 EALLOW 保护)

名　称	地　址	大小(x 16)	描　述
GPACTRL	0x6F80	2	GPIOA 控制寄存器 (GPIO0～GPIO31)
GPAQSEL1	0x6F82	2	GPIOA 限定器选择 1 寄存器 (GPIO0～GPIO15)
GPAQSEL2	0x6F84	2	GPIOA 限定器选择 2 寄存器 (GPIO16～GPIO31)
GPAMUX1	0x6F86	2	GPIOA MUX 1 寄存器(GPIO0～GPIO15)
GPAMUX2	0x6F88	2	GPIOA MUX 2 寄存器(GPIO16～GPIO31)
GPADIR	0x6F8A	2	GPIOA 方向寄存器 (GPIO0～GPIO31)
GPAPUD	0x6F8C	2	GPIOA 上拉电阻器禁用寄存器 (GPIO0～GPIO31)
GPBCTRL	0x6F90	2	GPIOB 控制寄存器 (GPIO32～GPIO38)
GPBQSEL1	0x6F92	2	GPIOB 限定器选择 1 寄存器 (GPIO32～GPIO38)
GPBMUX1	0x6F96	2	GPIOB MUX 1 寄存器 (GPIO32～GPIO38)
GPBDIR	0x6F9A	2	GPIOB 方向寄存器 (GPIO32～GPIO38)
GPBPUD	0x6F9C	2	GPIOB 上拉电阻器禁用寄存器 (GPIO38～GPIO38)
AIOMUX1	0x6FB6	2	模拟, I/O 复用 1 寄存器(AIO0～AIO15)
AIODIR	0x6FBA	2	模拟, I/O 方向寄存器(AIO0～AIO15)

表 10.2　GPIO 中断和低功耗模式选择寄存器(受 EALLOW 保护)

名　称	地　址	大小(x 16)	描　述
GPIOXINT1SEL	0x6FE0	1	XINT1 中断源选择寄存器(GPIO0～GPIO31)
GPIOXINT2SEL	0x6FE1	1	XINT2 中断源选择寄存器(GPIO0～GPIO31)
GPIOXINT3SEL	0x6FE2	1	XINT3 中断源选择寄存器(GPIO0～GPIO31)
GPIOLPMSEL	0x6FE8	2	LPM 唤醒模式选择寄存器 (GPIO0～GPIO31)

配置 GPIO 单元的步骤如下(仅供参考):

步骤 1,设置设备端口输出:通过引脚复用方式,可以灵活的配置引脚实现多种功能。开始前,查看各个引脚有哪些外围选项可以选择,然后为特定设备选择引脚输出。

步骤 2,启用或禁用内部上拉电阻:使能或禁用内部上拉电阻,向 GPIO 上拉/禁用寄存器(GPAPUD 和 GPBPUD)位写入相应的值(即 1 和 0)。可以作为 EPWM 输出的引脚默认上拉电阻为禁用;其他所有的 GPIO 引脚默认上拉电阻为使能; AIOx 引脚没有内部上拉电阻。

步骤 3,选择输入限定:如果某引脚作为输入,可指定该引脚具有输入限定功能。该功能由 GPACTRL、GPBCTRL、GPAQSEL1、GPAQSEL2、GPBQSEL1 与 GPBQSEL2 寄存器指定。默认情况下,所有的输入信号只有 SYSCLKOUT 同步。

步骤 4,选择引脚功能:配置 GPxMUXn 或 AIOMUXn 寄存器,以便端口作为 GPIO 口或者其他 3 种可实现的外设功能之一。默认情况下,所有 GPIO 口在复位时都配置为通用输入端口。

步骤 5,通用数字 I/O 引脚的方向选择:如果引脚配置为 GPIO,该引脚方向(输入或输出)由 GPADIR、GPBDIR,或 AIODIR 寄存器指定。默认情况下,所有 GPIO 引脚为输入。把引脚从输入改变到输出是通过向 GPxCLEAR、GPxSET,或 GPxTOGGLE(或 AIOCLEAR,AIOSET,或 AIOTOGGLE)寄存器写入适当的值,并加载到输出锁存器中来驱动的。一旦输出锁存器中装入,就可通过 GPxDIR 寄存器使引脚从输入状态变为到输出状态。所有引脚的输出锁存器复位时被清零。

第 6 步,选择低功耗模式唤醒源:在 GPIOLPMSEL 寄存器中,指定那些能够从停机(HALT)和待机(STANDBY)低功率模式唤醒设备的引脚。

第 7 步,选择外部中断源:指定 XINT1～XINT3 中断源。用户可以指定一个端口 A 信号源作为一个中断源。中断源在 GPIOXINTnSEL 寄存器指定;中断极性由 XINTnCR 寄存器指定。

注意:当写配置寄存器,如 GPxMUXn 和 GPxQSELn2,到行为有效时,会产生两个 SYSCLKOUT 周期的延迟。

10.1.3 数字通用 I/O 控制

用户可使用表 10.3 中的寄存器来改变 GPIO 引脚的值。

表 10.3 GPIO 数据寄存器(不受 EALLOW 保护)

名 称	地 址	大小(x 16)	描 述
GPADAT	0x6FC0	2	GPIO A 数据寄存器(GPIO0～GPIO31)
GPASET	0x6FC2	2	GPIO A 数据设定寄存器(GPIO0～GPIO31)
GPACLEAR	0x6FC4	2	GPIO A 数据清除寄存器(GPIO0～GPIO31)
GPATOGGLE	0x6FC6	2	GPIO A 数据反转寄存器(GPIO0～GPIO31)
GPBDAT	0x6FC8	2	GPIO B 数据寄存器 (GPIO32～GPIO38)
GPBSET	0x6FCA	2	GPIO B 数据设定寄存器(GPIO32～GPIO38
GPBCLEAR	0x6FCC	2	GPIO B 数据清除寄存器(GPIO32～GPIO38
GPBTOGGLE	0x6FCE	2	GPIO B 数据反转寄存器(GPIO32～GPIO38)
AIODAT	0x6FD8	2	模拟 I/O 数据寄存器(AIO0～GPIOAIO15)

续表 10.3

名 称	地 址	大小(x 16)	描 述
AIOSET	0x6FDA	2	模拟 I/O 数据设定寄存器(AIO0～GPIOAIO15)
AIOCLEAR	0x6FDC	2	模拟 I/O 数据清除寄存器(AIO0～GPIOAIO15)
AIOTOGGLE	0x6FDE	2	模拟 I/O 数据反转寄存器(AIO0～GPIOAIO15)

(1) GPxDAT 寄存器。

每个 I/O 口都有一个数据寄存器,无论该 I/O 口被配置为 GPIO 或外设信号,都可通过读取该寄存器的值了解引脚的当前状态。写该寄存器可以设定相应引脚的输出。写该寄存器时,应注意不要影响到其他引脚。

◇ GPxDAT. bit=0,且引脚定义为输出,则引脚置为低电平。

◇ GPxDAT. bit=1,且引脚定义为输出,则引脚置为高电平。

(2) GPxSET 寄存器。

每个 I/O 口都有一个置位寄存器,该寄存器为只写寄存器。置位寄存器可将制定位的引脚置为高电平,如果相应的引脚配置为输出模式,则对该寄存器写入 1 时,对应引脚为高电平,写入 0 时无影响。

◇ GPxSET. bit=0,则引脚电平无变化。

◇ GPxSET. bit=1,且引脚设置为输出,则引脚置为高电平。

(3) GPxCLEAR 寄存器。

每个 I/O 口都有一个清除寄存器,该寄存器为只写寄存器。清除寄存器可将制定位的引脚置为低电平,如果相应的引脚配置为输出模式,则对该寄存器写入 1 时,对应引脚为低电平,写入 0 时无影响。

◇ GPxCLEAR. bit=0,则引脚电平无变化。

◇ GPxCLEAR. bit=1,且引脚配置为输出状态,则引脚电平置为低电平。

(4) GPxTOGGLE 寄存器。

每个 I/O 口都有一个取反寄存器,该寄存器为只写寄存器。如果相应的引脚配置为输出模式,则对该寄存器写 1 时,对应引脚的信号将被取反,写入 0 时无影响。

◇ GPxTOGGLE. bit=0,则引脚电平无变化。

◇ GPxTOGGLE. bit=1,且引脚配置为输出状态,则引脚电平取反。

10.1.4 输入限定

利用 GPAQSEL1、GPAQSEL2、GPBQSEL1 和 GPBQSEL2 寄存器,可选择输入限定的方式。引脚配置为 GPIO 时,限定方式可指定为“只与 SYSCLKOUT 同步方式(Synchronization to SYSCLKOUT Only)”或“通过采样窗口限定方式(Qualification Using a Sampling Window)”;引脚配置为外设信号时,除了与 SYSCLKOUT 同步或使用一个采样窗口来限定之外,输入也可通过异步方式量化(No Synchronization)。

(1) 不同步(No Synchronization):此限定方式用于不需要输入同步的外设,例如通信接口 SCI,SPI,eCAN 和 I2C。此量化方式在 GPIO 模式下不可用。

(2) 只与系统时钟同步(Synchronization to SYSCLKOUT Only):引脚复位后,此限定方式为默认方式。在此方式下,输入信号只与系统时钟同步。

(3) 使用采样窗口:在此模式下,输入信号首先与系统时钟(SYSCLKOUT)同步,然后通过设定的周期数进行量化,图 10.4 和图 10.5 展示了输入量化去除噪声的过程。用户需要指定两个参数:①采样周期;②采样次数(6 次或 3 次)。

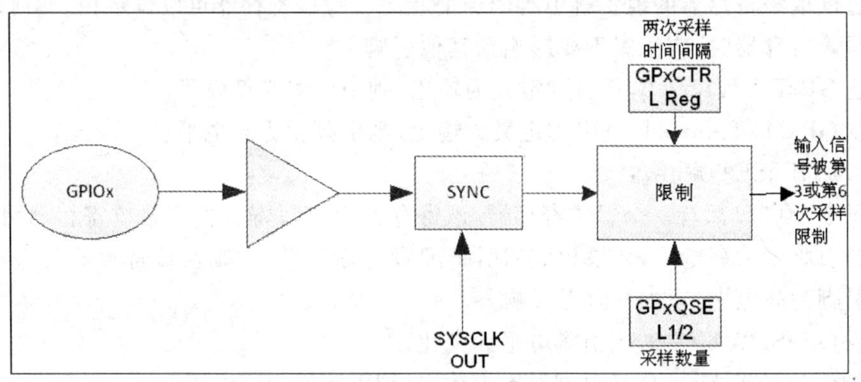

图 10.4　输入限定去噪

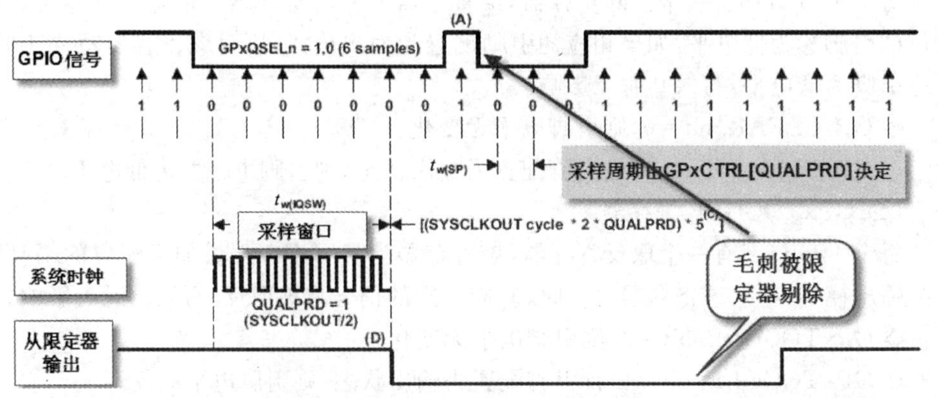

图 10.5　输入时钟周期限制

在如图 10.5 所示的示例中,由于干扰脉冲(毛刺 A)的宽度比量化窗窄,被限定器所剔除,去除了输入信号中的噪声干扰。

示例说明如下:

(1) QUALPRD 给出限定器的采样周期,其范围为 0x00～0xFF。如果 QUALPRD=00,则采样周期为 1 个系统时钟周期。如果采样周期为 n,那么限定采样周期

则为 2n 个系统时钟周期(即,在每 2n 个系统时钟周期处,GPIO 引脚被采样)。

(2) GPxCTRL 寄存器可配置以 8 个 GPIO 引脚为一组的限定量化周期。

(3) 限定单元可采用 6 次或 3 次两种采样方式,其采样方式由 GPxQSELn 寄存器配置。

(4) 在给出的示例中,为了限定器便于检测到信号的变化,输入信号应保持 10 个以上的系统时钟脉宽(注意,采样窗口宽度比采样周期宽度少 1。对于本例 6 次采样方式来说,采样窗口宽度应为 5 个采样周期)。即输入信号应在(5×QUALPRD×2)SYSCLKOUT 个周期内保持稳定。

注意:

(1) 限定仅能在端口 A 和 B(GPIO 0－38)上实现。

(2) 每个引脚可单独配置:

◇ 非同步输入(仅限外设,包括 SCI 、SPI、I2C 等);

◇ 同步至系统时钟(SYCLKOUT);

◇ 限定 3 个样本 (使用采样窗口);

◇ 限定 6 个样本 (使用采样窗口)。

(3) AIO 引脚被固定为“同步至系统时钟(SYCLKOUT)” 。

10.1.5　GPIO 与外设多路复用

每个引脚多达 3 个不同外设功能复用的通用输入/输出(GPIO)口。用户可挑选恰当的组合以实现特定的应用,如表 10.4～表 10.7 所列。

表 10.4　外设输入的默认状态

外设输入	描　述	默认输入[1]
TZ1～TZ3	错误触发 1～3	1
EPWMSYNCI	EPWM 同步输入	0
ECAP1	ECAP1 输入	1
SPICLKA	SPI－A 时钟	1
$\overline{\text{SPISTEA}}$	SPI－A 发送使能	0
SPISIMOA	SPI－A 从输入－主输出	1
SPISOMIA	SPI－A 从输出－主输入	1
SCIRXDA －SCIRXDB	SCI－A－SCI－B 接收	1
SDAA	I2C 数据	1
SCLA1	I2C 时钟	1

[1] 如果有多个引脚在 GPxMUX1/2 寄存器中被指定为外设功能,或无引脚分配给外设,该值将被分配给外围设备输入。

表 10.5 2802x GPIOA MUX

	复位时为默认状态基本的I/O功能	外设选择1	外设选择2	外设选择3
GPAMUX1寄存器位	(GPAMUX1位=00)	(GPAMUX1位=01)	(GPAMUX1位=10)	(GPAMUX1位=11)
1～0	GPIO0	EPWM1A (O)	保留(1)	保留(1)
3～2	GPIO1	EPWM1B(O)	保留	COMP1OUT(O)
5～4	GPIO2	EPWM2A(O)	保留	保留(1)
7～6	GPIO3	EPWM2B(O)	保留	COMP2OUT(O)
9～8	GPIO4	EPWM3A(O)	保留	保留(1)
11～10	GPIO5	EPWM3B(O)	保留	ECAP1(I/O)
13～12	GPIO6	EPWM4A(O)	EPWMSYNCI(I)	EPWMSYNCO(O)
15～14	GPIO7	EPWM4B(O)	SCIRXDA(I)	保留
17～16	保留	保留	保留	保留
19～18	保留	保留	保留	保留
21～20	保留	保留	保留	保留
23～22	保留	保留	保留	保留
25～24	GPIO12	$\overline{TZ1}$(1)	SCITXDA (O)	保留
27～26	保留	保留	保留	保留
29～28	保留	保留	保留	保留
31～30	保留	保留	保留	保留
GPAMUX2寄存器位	(GPAMUX2位=00)	(GPAMUX2为=01)	(GPAMUX2位=10)	(GPAMUX2位=11)
1～0	GPIO16	SPISIMOA (I/O)	保留	$\overline{TZ2}$(1)
3～2	GPIO17	SPISOMIA (I/O)	保留	$\overline{TZ3}$(1)
5～4	GPIO18	SPICLKA (I/O)	SCITXDA (O)	XCLKOUT (O)
7～6	GPIO19/XCLKIN	$\overline{SPISTEA}$(I/O)	SCIRXDA (I)	ECAP1(I/O)
9～8	保留	保留	保留	保留
11～10	保留	保留	保留	保留
13～12	保留	保留	保留	保留
15～14	保留	保留	保留	保留
17～16	保留	保留	保留	保留
19～18	保留	保留	保留	保留
21～20	保留	保留	保留	保留

续表 10.5

	复位时为默认状态基本的 I/O 功能	外设选择 1	外设选择 2	外设选择 3
23～22	保留	保留	保留	保留
25～24	GPIO28	SCIRXDA(I)	SDAA(I/OD)	$\overline{\text{TZ2}}$(O)
27～26	GPIO29	SCITXDA(O)	SCLA(I/OD)	$\overline{\text{TZ3}}$(O)
29～28	保留	保留	保留	保留
31～30	保留	保留	保留	保留

(1) 保留即没有外设与 GPxMUX1/2 寄存器关联。如果它被选中,那么引脚的状态将为未定义并且此引脚可被驱动。这个选择是为以后扩展的预留配置。

表 10.6　GPIOB MUX[(1)]

	复位时为默认状态基本的 I/O 功能	外设选择 1	外设选择 2	外设选择 3
GPAMUX1 寄存器位	(GPBMUX1 位＝00)	(GPBMUX1 位＝ 01)	(GPBMUX1 位＝ 10)	(GPBMUX1 位＝ 11)
1～0	GPIO32[(2)]	SDAA[(2)] (I/OD)	EPWMSYNCI[(2)] (I)	$\overline{\text{ADCSOCAO}}$[(2)] (O)
3～2	GPIO33[(2)]	SCLA[(2)] (I/OD)	EPWMSYNCO[(2)] (O)	$\overline{\text{ADCSOCBO}}$[(2)] (O)
5～4	GPIO34	COMP2OUT (O)	被保留	被保留
7～6	GPIO35 (TDI)	被保留	被保留	被保留
9～8	GPIO36 (TMS)	被保留	被保留	被保留
11～10	GPIO37 (TDO)	被保留	被保留	被保留
13～12	GPIO38/XCLKIN (TCK)	被保留	被保留	被保留
15～14	被保留	被保留	被保留	被保留
17～16	被保留	被保留	被保留	被保留
19～18	被保留	被保留	被保留	被保留
21～20	被保留	被保留	被保留	被保留
23～22	被保留	被保留	被保留	被保留
25～24	被保留	被保留	被保留	被保留
27～26	被保留	被保留	被保留	被保留
29～28	被保留	被保留	被保留	被保留
31～30	被保留	被保留	被保留	被保留

(1) I ＝ 输入,O ＝ 输出,OD ＝ 开漏。

(2) 这些引脚在 38 脚封装的器件中不可用。

表 10.7　模拟 MUX[1]

AIOMUX1 寄存器位	AIOx 和外设选择 1 AIOMUX1 位＝ 0,x	复位时默认状态,外设选择 2 和外设选择 3 AIOMUX1 位＝ 1,x
1～0	ADCINA0 (I)	ADCINA0 (I)
3～2	ADCINA1[2] (I)	ADCINA1[2] (I)
5～4	AIO2 (I/O)	ADCINA2 (I),COMP1A (I)
7～6	ADCINA3[2] (I)	ADCINA3[2] (I)
9～8	AIO4 (I/O)	ADCINA4 (I),COMP2A[3] (I)
11～10	ADCINA5(I)	ADCINA5 (I)
13～12	AIO6 (I/O)	ADCINA6 (I)
15～14	ADCINA7[2] (I)	ADCINA7[2] (I)
17～16	ADCINB0 (I)	ADCINB0 (I)
19～18	ADCINB1[2] (I)	ADCINB1[2] (I)
21～20	AIO10 (I/O)	ADCINB2 (I),COMP1B (I)
23～22	ADCINB3[2] (I)	ADCINB3[2] (I)
25～24	AIO12 (I/O)	ADCINB4 (I),COMP2B[3] (I)
27～26	ADCINB5(I)	ADCINB5 (I)
29～28	AIO14 (I/O)	ADCINB6 (I)
31～30	ADCINB7[2] (I)	ADCINB7[2] (I)

[1] I = 输入,O = 输出。

[2] 这些引脚在 38 引脚封装内不可用。

10.1.6　寄存器位定义

GPIO A 口 MUX1(GPAMUX1)寄存器如图 9.6 所示,其字段描述见表 10.8。

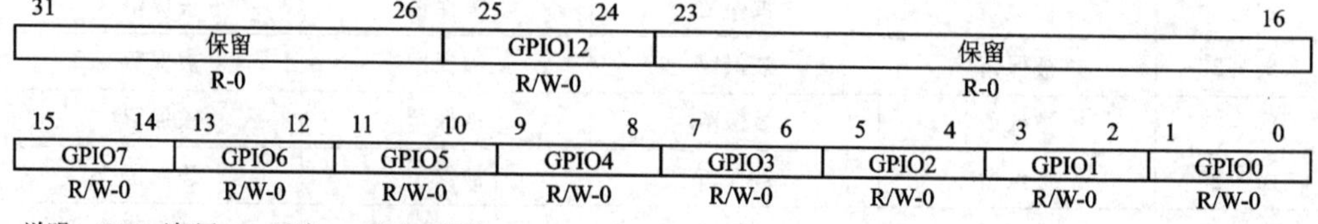

图 10.6　GPIO A 口 MUX1(GPAMUX1)寄存器

表 10.8 GPIO A 口 MUX1 寄存器(GPAMUX1)字段描述

位	字 段	值	描 述[1]
31～26	保留		保留
25～24	GPIO12	 00 01 10 11	GPIO12 引脚可配置为: GPIO12－通用 I/O 12(默认) TZ1 － 触发区 1(I) SCITXDA－SCI－A 发送(O) 保留
23～16	保留		
15～14	GPIO7	 00 01 10 11	GPIO7 引脚可配置为: GPIO7－通用 I/O 7(默认) EPWM4B－ePWM4 输出 B(O) SCIRXDA (I)－SCI－A 接收(I) 保留
13～12	GPIO6	 00 01 10 11	GPIO6 引脚可配置为: GPIO6－通用 I/O 6(默认) EPWM4A－ePWM4 输出 A(O) EPWMSYNCI－ePWM 同步输入(I) EPWMSYNCO－ePWM 同步输出(O)
11～10	GPIO5	 00 01 10 11	GPIO5 引脚可配置为: GPIO5－通用 I/O5(默认) EPWM3B－ePWM3 输出 B(O) 保留 ECAP1－eCAP1(I/O)
9～8	GPIO4	 00 01 10 11	GPIO4 引脚可配置为: GPIO4 －通用 I/O 4 (默认(I/O) 01 EPWM3A － ePWM3 输出 A(O) 10 保留[2] 11 保留[2]
7～6	GPIO3	 00 01 10 11	GPIO3 引脚可配置为: GPIO3－通用 I/O3(默认)(I/O) EPWM2B－ePWM2 输出 B(O) 保留 比较输出 2(COMP2OUT)(O)
5～4	GPIO2	 00 01 10 11	GPIO2 引脚为配置为: GPIO2－通用 I/O2(默认) EPWM2A－ePWM2 输出 A(O) 保留[2] 保留[2]

续表 10.8

位	字 段	值	描 述[1]
3～2	GPIO1	 00 01 10 11	GPIO1 引脚可配置为： GPIO1－通用 I/O1(默认) EPWM1B－ePWM1 输出 B(O) 保留。 比较输出 1(COMP1OUT)(O)
1～0	GPIO0	 00 01 10 11	GPIO0 引脚为配置为： GPIO0－通用 I/O0(默认) EPWM1A－ePWM1 输出 A(O) 保留[2]。 保留[2]。

[1] 这个寄存器受 EALLOW 保护。

[2] 如果选择了保留配置，则该引脚的状态将不确定可能被驱动。这些选择是为将来的扩展预留的，不可使用。

GPIO 端口 A 多路复用 2 寄存器(GPAMUX2)如图 10.7 所示，其字段描述见表11.9。

31～28	27～26	25～24	23～16
保留	GPIO29	GPIO28	保留
R/W-0 R/W-0	R/W-0	R/W-0	R/W-0 R/W-0 R/W-0 R/W-0

15～8	7～6	5～4	3～2	1～0
保留	GPIO19	GPIO18	GPIO17	GPIO16
R-0	R/W-0	R/W-0	R/W-0	R/W-0

说明：R/W =读/写；R = 只读；-n=复位后的值。

图 10.7 GPIO 端口 A 多路复用 2 寄存器(GPAMUX2)

表 10.9 GPIO 端口 A MUX2 寄存器(GPAMUX2)字段描述

位	字 段	值	描 述[1]
31～28	保留		保留
27～26	GPIO29	 00 01 10 11	GPIO29 引脚配置为： GPIO29－通用 I/O 29(默认)(I/O) SCITXDA－SCI－A 发送(O) SCLA(I/OC) $\overline{TZ3}$－触发区 3(I)
25～24	GPIO28	 00 01 10 11	GPIO28 引脚配置为： GPIO28(I/O)－通用 I/O 28(默认)(I/O) SCIRXDA－SCI－A 接收(I) SDAA(I/OC) $\overline{TZ2}$－ 触发区 2(I)

续表 10.9

位	字 段	值	描 述[1]
23～8	保留		保留
7～6	GPIO19/XCLKIN	 00 01 10 11	GPIO19 引脚配置为： GPIO19－通用 I/O 19(默认)(I/O) $\overline{\text{SPISTEA}}$－SPI－A 从机发送使能(I/O) SCIRXDA(I) eCAP1(I/O)
5～4	GPIO18	 00 01 10 11	GPIO18 引脚配置为： GPIO18－通用 I/O 18(默认)(I/O) SPICLKA－SPI－A 时钟(I/O) SCITXDA(O) XCLKOUT － 外部时钟输出(O)
3～2	GPIO17	 00 01 10 11	GPIO17 引脚配置为： GPIO17 － 通用 I/O 17(默认)(I/O) SPISOMIA － SPI－A 从输出－主输入(I/O) 保留的 $\overline{\text{TZ3}}$－触发区 3 (I)
1～0	GPIO16	 00 01 10 11	GPIO16 引脚配置为： GPIO16 －通用 I/O 16(默认)(I/O) SPISIMOA－SPI－A 从输入－主输出(I/O) 保留 $\overline{\text{TZ2}}$－ 触发区 2(I)

[1] 这些寄存器受 EALLOW 保护。

模拟量 I/O 多路复用寄存器如图 10.8 所示，其字段描述见表 10.10。

31　30	29　28	27　26	25　24	23　22	21　20	19　16
保留	AIO14	保留	AIO12	保留	AIO10	保留
R-0	R/W-1,x	R-0	R/W-1,x	R-0	R/W-1,x	R-0

15　14	13　12	11　10	9　8	7　6	5　4	3　0
保留	AIO6	保留	AIO4	保留	AIO2	保留
R-0	R/W-1,x	R-0	R/W-1,x	R-0	R/W-1,x	R-0

图 10.8　模拟量 I/O 多路复用寄存器(AIOMUX1)

表 10.10　模拟量 I/O MUX1 寄存器(AIOMUX1)字段描述

位	字 段	值	描 述
31～30	保留		任何写这些位其结果始终为 0
29～28	AIO14	0,x 1,x	AIO14 使能 AIO14 禁止(默认)

续表 10.10

位	字　段	值	描　述
27～26	保留		任何写这些位其结果始终为 0
25～24	AIO12	0,x 1,x	AIO12 使能 AIO12 禁止(默认)
23～22	保留		保留
21～20	AIO10	0,x 1,x	AIO10 使能 AIO10 禁止(默认)
19～14	保留		
13～12	AIO6	0,x 1,x	AIO6 使能 AIO6 禁止(默认)
11～10	保留		
9～8	AIO4	0,x 1,x	AIO4 使能 AIO4 禁止(默认)
7～6	保留		
5～4	AIO2	0,x 1,x	AIO2 使能 AIO2 禁止(默认
3～0	保留		

GPIO Port A 限定控制寄存器如图 10.9 所示，其字段描述见表 10.11。

31～24	23～16
QUALPRD3	QUALPRD2
R/W-0	R/W-0

15～8	7～0
QUALPRD1	QUALPRD0
R/W-0	R/W-0

图 10.9　GPIO Port A 限定控制(GPACTRL)寄存器

当配置使用一个窗口中的 3 次或 6 次采样作为输入限定时，GPxCTRL 寄存器指定输入引脚的采样周期。采样周期是限定采样相对于 SYSCLKOUT 周期之间的时间量，采样次数在 GPxQSELn 寄存器中给出。

表 10.11　GPIO Port A 限定控制寄存器(GPACTRL)字段描述

位	字　段	值	描　述[1]
31～24	QUALPRD3	 0x00 0x01 0x02 … 0xFF	指定 GPIO24～GPIO31 引脚的采样周期： 采样周期 = T SYSCLKOUT[2] 采样周期 = $2\times T_{SYSCLKOUT}$ 采样周期 = $4\times T_{SYSCLKOUT}$ … 采样周期 = $510\times T_{SYSCLKOUT}$

续表 10.11

位	字　段	值	描　述[1]
23～16	QUALPRD2		指定 GPIO16～GPIO23 引脚的采样周期:
		0x00	采样周期 = $T_{SYSCLKOUT}$[2]
		0x01	采样周期 = $2\times T_{SYSCLKOUT}$
		0x02	采样周期 = $4\times T_{SYSCLKOUT}$
		…	…
		0xFF	采样周期 = $510\times T_{SYSCLKOUT}$
15～8	QUALPRD1		指定 GPIO8～GPIO15 引脚的采样周期:
		0x00	采样周期 = $T_{SYSCLKOUT}$[2]
		0x01	采样周期 = $2\times T_{SYSCLKOUT}$
		0x02	采样周期 = $4\times T_{SYSCLKOUT}$
		…	…
		0xFF	采样周期 = $510\times T_{SYSCLKOUT}$
7～0	QUALPRD0		指定 GPIO0～GPIO7 引脚的采样周期:
		0x00	采样周期 = $T_{SYSCLKOUT}$[2]
		0x01	采样周期 = $2\times T_{SYSCLKOUT}$
		0x02	采样周期 = $4\times T_{SYSCLKOUT}$
		…	…
		0xFF	采样周期 = $510\times T_{SYSCLKOUT}$

[1] 该寄存器受 EALLOW 保护。

[2] TSYSCLKOUT=SYSCLKOUT。

GPIO 端口 A 限定选择 1 寄存器如图 10.10 所示,其字段描述如表 10.12 所示。

31　30	29　28	27　26	25　24	23　22	21　20	19　18	17　16
GPIO15	GPIO14	GPIO13	GPIO12	GPIO11	GPIO10	GPIO9	GPIO8
R/W-0	R/W-0	R/W-0	R/W-0	R/W-0	R/W-0	R/W-0	R/W-0

15　14	13　12	11　10	9　8	7　6	5　4	3　2	1　0
GPIO7	GPIO6	GPIO5	GPIO4	GPIO3	GPIO2	GPIO1	GPIO0
R/W-0	R/W-0	R/W-0	R/W-0	R/W-0	R/W-0	R/W-0	R/W-0

图 10.10　GPIO 端口 A 限定选择 1 寄存器(GPAQSEL1)

表 10.12　GPIO 端口 A 限定选择 1 寄存器(GPAQSEL1)字段描述

位	字　段	值	描　述[1]
31～0	GPIO15～GPIO0		选择 GPIO0～GPIO15 的输入限定类型:
		00	只与 SYSCLKOUT 同步,对外设和 GPIO 引脚均有效
		01	限定使用 3 次采样,在 GPACTRL 寄存器中指定采样之间的时间,引脚配置为 GPIO 或外设功能有效
		10	限定使用 6 次采样,在 GPACTRL 寄存器中指定采样之间的时间,引脚配置为 GPIO 或外设功能有效
		11	异步(无同步或限定),此选项仅适用于配置成外备的引脚

[1] 该寄存器受 EALLOW 保护。

方向寄存器 GPADIR 和 GPBDIR 控制 GPIO 引脚的方向，该寄存器对外设功能的引脚配置没有影响，分别如图 10.11 和图 10.12 所示。其字段描述分别如表 10.13 和表 10.14 所示。

31	30	29	28	27	26	25	24
GPIO31	GPIO30	GPIO29	GPIO28	GPIO27	GPIO26	GPIO25	GPIO24
R/W-0	R/W-0	R/W-0	R/W-0	R/W-0	R/W-0	R/W-0	R/W-0

23	22	21	20	19	18	17	16
GPIO23	GPIO22	GPIO21	GPIO20	GPIO19	GPIO18	GPIO17	GPIO16
R/W-0	R/W-0	R/W-0	R/W-0	R/W-0	R/W-0	R/W-0	R/W-0

15	14	13	12	11	10	9	8
GPIO15	GPIO14	GPIO13	GPIO12	GPIO11	GPIO10	GPIO9	GPIO8
R/W-0	R/W-0	R/W-0	R/W-0	R/W-0	R/W-0	R/W-0	R/W-0

7	6	5	4	3	2	1	0
GPIO7	GPIO6	GPIO5	GPIO4	GPIO3	GPIO2	GPIO1	GPIO0
R/W-0	R/W-0	R/W-0	R/W-0	R/W-0	R/W-0	R/W-0	R/W-0

图 10.11　GPIO 端口 A 的方向寄存器(GPADIR)

表 10.13　GPIO 端口 A 的方向寄存器(GPADIR)字段描述

位	字　段	值	描　述[1]
31～0	GPIO31～GPIO0		GPIO 引脚的方向控制：
		0	脚配置为输入(默认)
		1	GPIO 引脚配置为输出

[1] 该寄存器受 EALLOW 保护。

31～8
保留
R-0

7	6	5	4	3	2	1	0
	GPIO38	GPIO37	GPIO36	GPIO35	GPIO34	GPIO33	GPIO32
R-0	R/W-0	R/W-0	R/W-0	R/W-0	R/W-0	R/W-0	R/W-0

图 10.12　GPIO 端口 B 的方向寄存器(GPBDIR)

表 10.14　GPIO 端口 B 的方向寄存器(GPBDIR)字段描述

位	字　段	值	描　述[1]
31～7	保留		保留
6～0	GPIO38～GPIO32		GPIO 引脚的方向控制：
		0	脚配置为输入(默认)
		1	GPIO 引脚配置为输出

[1] 该寄存器受 EALLOW 保护。

模拟 I/O 方向寄存器如图 10.13 所示，其字段描述见表 10.15。

31	8
保留	
R-0	

15	14	13	12	11	10	9　8
保留	AIO14	保留	AIO12	保留	AIO10	保留
R-0	R/W-x	R-0	R/W-x	R-0	R/W-x	R-0

7	6	5	4	3	2	1　0
保留	AIO6	保留	AIO4	保留	AIO2	保留
R-0	R/W-x	R-0	R/W-x	R-0	R/W-x	R-0

图 10.13　模拟 I/O 方向寄存器(AIODIR)

表 10.15　模拟 I/O 方向寄存器(AIODIR)字段描述

位	字　段	值	描　述
31—15	保留		保留
14—0	AIOn	 0 1	AIOn 引脚的方向控制： 配置 AIO 引脚为输入(默认) 配置 AIO 引脚为输出

上拉禁用(GPxPUD)寄存器允许用户指定哪个引脚应该有一个内部上拉电阻使能或禁止。默认状态,可配置用于 ePWM 输出引脚(GPIO0～GPIO11)的内部上拉电阻被禁用,而其他引脚的内部上拉电阻被使能。

上拉配置对 I /O 引脚和外设功能的引脚都适用,如图 10.14 所示,其字段描述见表 10.16。

31	30	29	28	27	26	25	24
GPIO31	GPIO30	GPIO29	GPIO28	GPIO27	GPIO26	GPIO25	GPIO24
R/W-0	R/W-0	R/W-0	R/W-0	R/W-0	R/W-0	R/W-0	R/W-0
23	**22**	**21**	**20**	**19**	**18**	**17**	**16**
GPIO23	GPIO22	GPIO21	GPIO20	GPIO19	GPIO18	GPIO17	GPIO16
R/W-0	R/W-0	R/W-0	R/W-0	R/W-0	R/W-0	R/W-0	R/W-0
15	**14**	**13**	**12**	**11**	**10**	**9**	**8**
GPIO15	GPIO14	GPIO13	GPIO12	GPIO11	GPIO10	GPIO9	GPIO8
R/W-0	R/W-0	R/W-0	R/W-0	R/W-1	R/W-1	R/W-1	R/W-1
7	**6**	**5**	**4**	**3**	**2**	**1**	**0**
GPIO7	GPIO6	GPIO5	GPIO4	GPIO3	GPIO2	GPIO1	GPIO0
R/W-1	R/W-1	R/W-1	R/W-1	R/W-1	R/W-1	R/W-1	R/W-1

图 10.14　GPIO 端口 A 上拉禁止寄存器(GPAPUD)

表 10.16　GPIO 端口 A 上拉禁止寄存器(GPAPUD)字段描述

位	字　段	值	描　述[(1)]
31～0	GPIO31～GPIO0	 0 1	配置选定的 GPIO 端口 A 引脚上的内部上拉电阻： 使能指定引脚上的内部上拉电阻(GPIO12～GPIO31 的默认值) 禁止指定引脚上的内部上拉电阻(GPIO0～GPIO11 的默认值)

(1) 该寄存器受 EALLOW 保护。

GPIO 数据寄存器给出了当前 GPIO 引脚的状态，不论引脚处于哪种模式，如果使能引脚为 GPIO 输出，写该寄存器将使相应的 GPIO 引脚变为高电平或低电平；否则写入值被锁存，但被忽略。输出寄存器锁存当前的状态，直到下一次写操作。复位将清除所有位并使锁存值为零。从 GPxDAT 寄存器中读出的值反映引脚的状态(限定后)，而不是 GPxDAT 寄存器输出的锁存状态。

通常情况下，使用 DAT 寄存器可读出引脚的当前状态，并可轻松地修改引脚的输出电平。参考 SET、CLEAR 和 TOGGLE 寄存器，如图 10.17 所示。GPIO 端口 A 数据寄存器如图 10.15 所示，其字段描述见表 10.17。

31	30	29	28	27	26	25	24
GPIO31	GPIO30	GPIO29	GPIO28	GPIO27	GPIO26	GPIO25	GPIO24
R/W-x	R/W-x	R/W-x	R/W-x	R/W-x	R/W-x	R/W-x	R/W-x
23	22	21	20	19	18	17	16
GPIO23	GPIO22	GPIO21	GPIO20	GPIO19	GPIO18	GPIO17	GPIO16
R/W-x	R/W-x	R/W-x	R/W-x	R/W-x	R/W-x	R/W-x	R/W-x
15	14	13	12	11	10	9	8
GPIO15	GPIO14	GPIO13	GPIO12	GPIO11	GPIO10	GPIO9	GPIO8
R/W-x	R/W-x	R/W-x	R/W-x	R/W-x	R/W-x	R/W-x	R/W-x
7	6	5	4	3	2	1	0
GPIO7	GPIO6	GPIO5	GPIO4	GPIO3	GPIO2	GPIO1	GPIO0
R/W-x	R/W-x	R/W-x	R/W-x	R/W-x	R/W-x	R/W-x	R/W-x

图 10.15　GPIO 端口 A 数据寄存器(GPADAT)

表 10.17　GPIO 端口 A 数据寄存器(GPADAT)字段描述

位	字　段	值	描　述
31～0	GPIO31～GPIO0		每位对应一个 GPIO 端口 A 引脚(GPIO0～GPIO31)：
		0	无论引脚配置为何种模式，读出 0 表示引脚当前状态为低；如果在合适的 GPAMUX1/2 和 GPADIR 寄存器中将引脚配置为 GPIO 输出，写 0 将使其强制输出为 0，否则，该值将被锁存，但不用于驱动引脚
		1	无论引脚配置为何种模式，写 1 表示引脚当前状态为高；如果在合适的 GPAMUX1/2 和 GPADIR 寄存器中将引脚配置为 GPIO 输出，写 1 将使其强制输出为 1，否则，该值将被锁存，但不用于驱动引脚

模拟 I/O 数据寄存器如图 10.16 所示，其字段描述见表 10.18。

15	14	13	12	11	10	9～8
保留	AIO14	保留	AIO12	保留	AIO10	保留
R-0	R/W-x	R-0	R/W-x	R-0	R/W-x	R-0
7	6	5	4	3	2	1～0
保留	AIO6	保留	AIO4	保留	AIO2	保留
R-0	R/W-x	R-0	R/W-x	R-0	R/W-x	R-0

图 10.16　模拟 I/O 数据寄存器(AIODAT)

表 10.18 模拟 I/O 数据寄存器(AIODAT)字段描述

位	字 段	值	描 述
31～15	保留		
14～0	AIOn		每个位对应一个 AIO 端口引脚：
		0	无论引脚配置为何种模式，读出 0 表示引脚当前状态为低；如果在合适的寄存器中将引脚配置为 AIO 输出，写 0 将使其强制输出为 0，否则，该值将被锁存，但不用于驱动引脚
		1	无论引脚配置为何种模式，写 1 表示引脚当前状态为高；如果在合适的寄存器中将引脚配置为 AIO 输出，写 1 将使其强制输出为 1，否则，该值将被锁存，但不用于驱动引脚

GPIO 端口 A 设置、清除和反转寄存器如图 10.17 所示，其字段描述见表 10.19～表 10.21。

31	30	29	28	27	26	25	24
GPIO31	GPIO30	GPIO29	GPIO28	GPIO27	GPIO26	GPIO25	GPIO24
R/W-0	R/W-0	R/W-0	R/W-0	R/W-0	R/W-0	R/W-0	R/W-0
23	22	21	20	19	18	17	16
GPIO23	GPIO22	GPIO21	GPIO20	GPIO19	GPIO18	GPIO17	GPIO16
R/W-0	R/W-0	R/W-0	R/W-0	R/W-0	R/W-0	R/W-0	R/W-0
15	14	13	12	11	10	9	8
GPIO15	GPIO14	GPIO13	GPIO12	GPIO11	GPIO10	GPIO9	GPIO8
R/W-0	R/W-0	R/W-0	R/W-0	R/W-0	R/W-0	R/W-0	R/W-0
7	6	5	4	3	2	1	0
GPIO7	GPIO6	GPIO5	GPIO4	GPIO3	GPIO2	GPIO1	GPIO0
R/W-0	R/W-0	R/W-0	R/W-0	R/W-0	R/W-0	R/W-0	R/W-0

图 10.17 GPIO 端口 A 设置、清除和反转寄存器(GPASET、GPACLEAR、GPATOGGLE)

表 10.19 GPIO 端口 A 设置寄存器(GPASET)字段描述

位	字 段	值	描 述
31～0	GPIO31～GPIO0		每个 GPIO 端口 A 引脚(GPIO0－GPIO31)对应寄存器中的一位：
		0	忽略 0 的写入，该寄存器始终读回 0
		1	写 1 将相应的输出数据锁存拉高，如果引脚配置为 GPIO 输出，将使其拉高。如果引脚未配置成 GPIO 输出，锁存器会被设置为高，但不会驱动引脚

表 10.20 GPIO 端口 A 清除寄存器(GPACLEAR)字段描述

位	字 段	值	描 述
31～0	GPIO31～GPIO0	0 1	每个 GPIO 端口 A 引脚(GPIO0～GPIO31)对应寄存器中的一位: 忽略 0 的写入,该寄存器始终读回 0 写 1 将相应的输出数据锁存器强制拉低,如果引脚配置为 GPIO 输出,将其驱动为低电平。如果引脚未配置成 GPIO 输出,锁存器被清零,但不会驱动引脚

表 10.21 GPIO 端口 A 的反转寄存器(GPATOGGLE)字段描述

位	字 段	值	描 述
31～0	GPIO31～GPIO0	0 1	每个 GPIO 端口 A 引脚(GPIO0－GPIO31)对应寄存器中的一位: 忽略 0 的写入,该寄存器始终读回 0 写 1 将相应的输出数据锁存器从当前的状态反转,如果该引脚被配置为 GPIO 输出,将在其当前状态的相反方向驱动。如果引脚未配置成 GPIO 输出,锁存器被反转,但不会驱动引脚

模拟 I/O 反转寄存器如图 10.18 所示,其字段描述见表 10.22～表 10.24。

31～16						
保留						
R-0						
15	14	13	12	11	10	9～8
保留	AIO14	保留	AIO12	保留	AIO10	保留
R-0	R/W-x	R-0	R/W-x	R-0	R/W-x	R-0
7	6	5	4	3	2	1～0
保留	AIO6	保留	AIO4	保留	AIO2	保留
R-0	R/W-x	R-0	R/W-x	R-0	R/W-x	R-0

图 10.18 模拟 I/O 反转寄存器(AIOSET、AIOCLEAR、AIOTOGGLE)

表 10.22 模拟 I/O 设置寄存器(AIOSET)字段描述

位	字 段	值	描 述
31～15	保留		
14～0	AIOn	0 1	每个 AIO 引脚对应寄存器中的一位: 忽略 0 的写入,该寄存器始终读回 0 写 1 将相应的输出数据锁存器强制拉高。如果引脚被配置成一个 AIO 输出,将其驱动为高。如果引脚未配置成一个 AIO 输出,则锁存器被置位,但不会驱动引脚

表 10.23 模拟 I/O 清除寄存器(AIOCLEAR)字段描述

位	字 段	值	描 述
31～15	保留		
14～0	AIOn	0 1	每个 AIO 引脚对应寄存器中的一位： 忽略 0 的写入，该寄存器始终读回 0 写 1 将相应的输出数据锁存器强制拉低。如果引脚被配置成一个 AIO 输出，将其拉低。如果引脚未配置成一个 AIO 输出，则锁存器被清零，但不会驱动引脚

表 10.24 模拟量 I/O 反转寄存器(AIOTOGGLE)字段描述

位	字 段	值	描 述
31～15	保留		
14～0	AIOn	0 1	每个 AIO 引脚对应寄存器中的一位： 忽略 0 的写入，该寄存器始终读回 0 写 1 将相应的输出数据锁存器从当前的状态反转。如果该引脚被配成作为一个 AIO 输出，将在其当前状态的相反方向驱动。如果引脚未配置成一个 AIO 输出，则锁存器被清零，但不会驱动引脚

GPIO 外部中断选择寄存器见图 10.19，其字段描述见表 10.25。XINT1/XINT2/XINT3 中断的选择和配置寄存器见表 10.26。

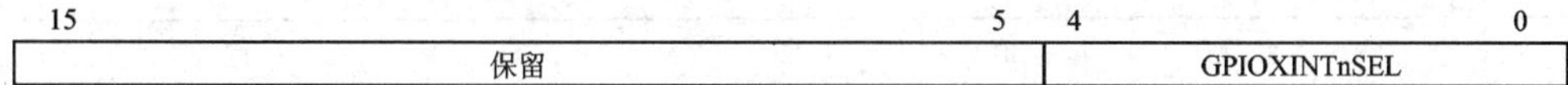

图 10.19 GPIO 外部中断选择寄存器(GPIOXINTnSEL)

表 10.25 GPIO 外部中断选择寄存器(GPIOXINTnSEL)[1] 字段描述

位	字 段	值	描 述[2]
15～5	保留		保留
4～0	GPIOXINTnSEL	 00000 00001 11110 11111	选择端口 AGPIO 信号(GPIO0～GPIO31)作为 XINT1、XINT2，或 XINT3 中断源。此外，用户还可以在的 XINT1CR、XINT2CR，或 XINT3CR 寄存器中配置中断。 用 XINT2 作为 ADC 的开始转换信号，使其在 ADCSOCxCTL 寄存器中使能。 选择 GPIO0 引脚的 XINTn 中断源(默认) 选择 GPIO1 引脚为的 XINTn 中断源 …… 选择 GPIO30 引脚为的 XINTn 中断源 选择 GPIO31 引脚为的 XINTn 中断源

[1] n=1 或 2

[2] 这个寄存器受 EALLOW 保护

表 10.26　XINT1/XINT2/XINT3 中断的选择和配置寄存器

n	中断源	中断选择寄存器	配置寄存器
1	XINT1	GPIOXINT1SEL	XINT1CR
2	XINT2	GPIOXINT2SEL	XINT2CR
3	XINT3	GPIOXINT3SEL	XINT3CR

GPIO 低功率模式唤醒选择寄存器如图 10.20 所示，其字段描述见表 10.27。

31	30	29	28	27	26	25	24
GPIO31	GPIO30	GPIO29	GPIO28	GPIO27	GPIO26	GPIO25	GPIO24
R/W-0	R/W-0	R/W-0	R/W-0	R/W-0	R/W-0	R/W-0	R/W-0
23	22	21	20	19	18	17	16
GPIO23	GPIO22	GPIO21	GPIO20	GPIO19	GPIO18	GPIO17	GPIO16
R/W-0	R/W-0	R/W-0	R/W-0	R/W-0	R/W-0	R/W-0	R/W-0
15	14	13	12	11	10	9	8
GPIO15	GPIO14	GPIO13	GPIO12	GPIO11	GPIO10	GPIO9	GPIO8
R/W-0	R/W-0	R/W-0	R/W-0	R/W-0	R/W-0	R/W-0	R/W-0
7	6	5	4	3	2	1	0
GPIO7	GPIO6	GPIO5	GPIO4	GPIO3	GPIO2	GPIO1	GPIO0
R/W-0	R/W-0	R/W-0	R/W-0	R/W-0	R/W-0	R/W-0	R/W-0

图 10.20　GPIO 低功率模式唤醒选择寄存器(GPIOLPMSEL)

表 10.27　GPIO 低功率模式唤醒选择寄存器(GPIOLPMSEL)字段描述

位	字　段	值	描　述[1]
31～0	GPIO31～GPIO0		低功率模式唤醒选择。GPIO 端口 A 引脚(GPIO0 — GPIO31)对应寄存器中的一个位：
		0	如果该位被清除，相应引脚上的信号对停机(HALT)和待机(STANDBY)低功率模式无影响
		1	如果相应的位被设置为 1，这些引脚上的信号可将器件从停机和待机低功率模式中唤醒

[1] 该寄存器受 EALLOW 保护

10.2　GPIO 固件库

10.2.1　数据结构文档

GPIO 固件库的数据结构文档见表 10.28。

表 10.28　_GPIO_Obj_

<table>
<tr><td>定义</td><td><pre>typedef struct
{
    uint32_t GPACTRL;
    uint32_t GPAQSEL1;
    uint32_t GPAQSEL2;
    uint32_t GPAMUX1;
    uint32_t GPAMUX2;
    uint32_t GPADIR;
    uint32_t GPAPUD;
    uint16_t rsvd_1[2];
    uint32_t GPBCTRL;
    uint32_t GPBQSEL1;
    uint16_t rsvd_2[2];
    uint32_t GPBMUX1;
    uint16_t rsvd_3[2];
    uint32_t GPBDIR;
    uint32_t GPBPUD;
    uint16_t rsvd_4[24];
    uint32_t AIOMUX1;
    uint16_t rsvd_5[2];
    uint32_t AIODIR;
    uint16_t rsvd_6[4];
    uint32_t GPADAT;
    uint32_t GPASET;
    uint32_t GPACLEAR;
    uint32_t GPATOGGLE;
    uint32_t GPBDAT;
    uint32_t GPBSET;
    uint32_t GPBCLEAR;
    uint32_t GPBTOGGLE;
    uint16_t rsvd_7[8];
    uint32_t AIODAT;
    uint32_t AIOSET;
    uint32_t AIOCLEAR;
    uint32_t AIOTOGGLE;
    uint16_t GPIOXINTnSEL[3];
    uint16_t rsvd_8[5];
    uint32_t GPIOLPMSEL;
}_GPIO_Obj_</pre></td></tr>
</table>

续表 10.28

功能	定义的通用 I / O 口(GPIO)对象
成员	GPACTRL:GPIO A 控制寄存器 GPAQSEL1:GPIO A 限定选择寄存器 1 GPAQSEL2:GPIO A 限定选择寄存器 2 GPAMUX1:GPIO A MUX1 寄存器 GPAMUX2:GPIO A MUX2 寄存器 GPADIR:GPIO A 方向寄存器 GPAPUD:GPIO 上拉禁用寄存器 rsvd_1:保留 GPBCTRL:GPIO B 控制寄存器 GPBQSEL1:GPIO B 限定选择寄存器 1 rsvd_2:保留 GPBMUX1:GPIO B MUX 寄存器 1 rsvd_3:保留 GPBDIR:GPIO B 方向寄存器 GPBPUD:GPIO B 上拉禁用寄存器 rsvd_4:保留 AIOMUX1:模拟 I / O MUX 寄存器 1 rsvd_5:保留 AIODIR:模拟 I / O 方向寄存器 rsvd_6:保留 GPADAT:GPIO A 数据寄存器 GPASET:GPIO A 置位寄存器 GPACLEAR:GPIO A 清除寄存器 GPATOGGLE:GPIO A 反转寄存器 GPBDAT:GPIO B 数据寄存器 GPBSET:GPIO B 置位寄存器 GPBCLEAR:GPIO B 清除寄存器 GPBTOGGLE:GPIO B 反转寄存器 rsvd_7:保留 AIODAT:模拟 I/O 数据寄存器 AIOSET:模拟 I/O 置位寄存器 AIOCLEAR:模拟 I/O 清除寄存器 AIOTOGGLE:模拟量 I/O 反转寄存器 GPIOXINTnSEL:XINT1～3 中断源选择寄存器 rsvd_8:保留 GPIOLPMSEL:GPIO 低功耗模式唤醒选择寄存器

10.2.2　定义文档

GPIO 固件库定义文档如表 10.29 所列。

表 10.29　定义文档

定　义	描　述
GPIO_BASE_ADDR	定义通用 I / O(GPIO)寄存器的基地址
GPIO_GPMUX_CONFIG_BITS	定义 GPMUX 寄存器中的 CONFIG 位

10.2.3　类型定义文档

GPIO 固件库类型定义文档如表 10.30 所列。

表 10.30　类型定义文档

类型定义	描　述
typedef　struct GPIO_Obj　* GPIO_Handle	定义的通用 I / O(GPIO)句柄
typedef　struct _GPIO_Obj_ GPIO_Obj	定义的通用 I / O(GPIO)对象

10.2.4　枚举文档

GPIO 固件库枚举文档如表 10.31～表 10.36 所列。

表 10.31　GPIO_Direction_e

描述	用枚举定义通用 I / O(GPIO)的方向
枚举成员	描述
GPIO_Direction_Input	表示输入
GPIO_Direction_Output	表示输出

表 10.32　GPIO_Mode_e

描述	用枚举定义通用 I / O(GPIO)口的引脚模式
枚举成员	描述
GPIO_0_Mode_GeneralPurpose	表示通用 I / O 功能
GPIO_0_Mode_EPWM1A	表示 EPWM1A 功能
GPIO_0_Mode_Rsvd_2	保留
GPIO_0_Mode_Rsvd_3	保留
GPIO_1_Mode_GeneralPurpose	表示通用 I / O 功能
GPIO_1_Mode_EPWM1B	表示 EPWM1B 功能
GPIO_1_Mode_Rsvd_2	保留
GPIO_1_Mode_COMP1OUT	表示 COMP1OUT 功能

续表 10.32

枚举成员	描述
GPIO_2_Mode_GeneralPurpose	表示通用 I / O 功能
GPIO_2_Mode_EPWM2	表示 EPWM2A 功能
GPIO_2_Mode_Rsvd_2	保留
GPIO_2_Mode_Rsvd_3	保留
GPIO_3_Mode_GeneralPurpose	表示通用 I / O 功能
GPIO_3_Mode_EPWM2B	表示 EPWM2B 功能
GPIO_3_Mode_Rsvd_2	保留
GPIO_3_Mode_COMP2OUT	表示 COMP2OUT 功能
GPIO_4_Mode_GeneralPurpose	表示通用 I / O 功能
GPIO_4_Mode_EPWM3A	表示 EPWM3A 功能
GPIO_4_Mode_Rsvd_2	保留
GPIO_4_Mode_Rsvd_3	保留
GPIO_5_Mode_GeneralPurpose	表示通用 I / O 功能
GPIO_5_Mode_EPWM3B	表示 EPWM3B 功能
GPIO_5_Mode_Rsvd_2	保留
GPIO_5_Mode_ECAP1	表示 eCAP1 功能
GPIO_6_Mode_GeneralPurpose	表示通用 I / O 功能
GPIO_6_Mode_EPWM4A	表示 EPWM4A 功能
GPIO_6_Mode_EPWMSYNCI	表示 EPWMSYNCI 功能
GPIO_6_Mode_EPWMSYNCO	表示 EPWMSYNCO 功能
GPIO_7_Mode_GeneralPurpose	表示通用 I / O 功能
GPIO_7_Mode_EPWM4B	表示 EPWM4B 功能
GPIO_7_Mode_SCIRXD	表示 SCIRXDA 功能
GPIO_7_Mode_Rsvd_3	保留
GPIO_12_Mode_GeneralPurpose	表示通用 I / O 功能
GPIO_12_Mode_TZ1_NOT	表示 TZ1_NOT 功能
GPIO_12_Mode_SCITXDA	表示 SCITXDA 功能
GPIO_12_Mode_Rsvd_3	保留
GPIO_16_Mode_GeneralPurpose	表示通用 I / O 功能
GPIO_16_Mode_SPISIMOA	表示 SPISIMOA 功能
GPIO_16_Mode_Rsvd_2	保留
GPIO_16_Mode_TZ2_NOT	表示 TZ2_NOT 功能
GPIO_17_Mode_GeneralPurpose	表示通用 I / O 功能
GPIO_17_Mode_SPISOMIA	表示 SPISOMIA 功能
GPIO_17_Mode_Rsvd_2	保留
GPIO_17_Mode_TZ3_NOT	表示 TZ3_NOT 功能
GPIO_18_Mode_GeneralPurpose	表示通用 I / O 功能
GPIO_18_Mode_SPICLKA	表示 SPICLKA 功能
GPIO_18_Mode_SCITXDA	表示 SCITXDA 功能

续表 10.32

枚举成员	描述
GPIO_18_Mode_XCLKOUT	表示 XCLKOUT 功能
GPIO_19_Mode_GeneralPurpose	表示通用 I / O 功能
GPIO_19_Mode_SPISTEA_NOT	表示 SPISTEA_NOT 功能
GPIO_19_Mode_SCIRXDA	表示 SCIRXDA 功能
GPIO_19_Mode_ECAP1	表示 eCAP1 功能
GPIO_28_Mode_GeneralPurpose	表示通用 I / O 功能
GPIO_28_Mode_SCIRXDA	表示 SCIRXDA 功能
GPIO_28_Mode_SDDA	表示 SDDA 功能
GPIO_28_Mode_TZ2_NOT	表示 TZ2_NOT 功能
GPIO_29_Mode_GeneralPurpose	表示通用 I / O 功能
GPIO_29_Mode_SCITXDA	表示 SCITXDA 的功能
GPIO_29_Mode_SCLA	表示 SCLA 功能
GPIO_29_Mode_TZ3_NOT	表示 TZ2_NOT 功能
GPIO_32_Mode_GeneralPurpose	表示通用 I / O 功能
GPIO_32_Mode_SDAA	表示 SDDA 功能
GPIO_32_Mode_EPWMSYNCI	表示 EPWMSYNCI 功能
GPIO_32_Mode_ADCSOCAO_NOT	表示 ADCSOCAO_NOT 功能
GPIO_33_Mode_GeneralPurpose	表示通用 I / O 功能
GPIO_33_Mode_SCLA	表示 SCLA 功能
GPIO_33_Mode_EPWMSYNCO	表示 EPWMSYNCO 功能
GPIO_33_Mode_ADCSOCBO_NOT	表示 ADCSOCBO_NOT 功能
GPIO_34_Mode_GeneralPurpose	表示通用 I / O 功能
GPIO_34_Mode_COMP2OUT	表示 COMP2OUT 功能
GPIO_34_Mode_Rsvd_2	保留
GPIO_34_Mode_Rsvd_3	保留
GPIO_35_Mode_JTAG_TDI	表示 JTAG 的 TDI 功能
GPIO_35_Mode_Rsvd_1	保留
GPIO_35_Mode_Rsvd_2	保留
GPIO_35_Mode_Rsvd_3	保留
GPIO_36_Mode_JTAG_TMS	表示 JTAG 的 TMS 功能
GPIO_36_Mode_Rsvd_1	保留
GPIO_36_Mode_Rsvd_2	保留
GPIO_36_Mode_Rsvd_3	保留
GPIO_37_Mode_JTAG_TDO	表示 JTAG 的 TDO 功能
GPIO_37_Mode_Rsvd_1	保留
GPIO_37_Mode_Rsvd_2	保留
GPIO_37_Mode_Rsvd_3	保留
GPIO_38_Mode_JTAG_TCK	表示 JTAG 的 TCK 功能
GPIO_38_Mode_Rsvd_1	保留
GPIO_38_Mode_Rsvd_2	保留
GPIO_38_Mode_Rsvd_3	保留

表 10.33　GPIO_Number_e

描述	用枚举定义通用 I / O(GPIO)号
枚举成员	描述
GPIO_Number_0	表示 GPIO0
GPIO_Number_1	表示 GPIO1
GPIO_Number_2	表示 GPIO2
GPIO_Number_3	表示 GPIO3
GPIO_Number_4	表示 GPIO4
GPIO_Number_5	表示 GPIO5
GPIO_Number_6	表示 GPIO6
GPIO_Number_7	表示 GPIO7
GPIO_Rsvd_8	保留
GPIO_Rsvd_9	保留
GPIO_Rsvd_10	保留
GPIO_Rsvd_11	保留
GPIO_Number_12	表示 GPIO12
GPIO_Rsvd_13	保留
GPIO_Rsvd_14	保留
GPIO_Rsvd_15	保留
GPIO_Number_16	表示 GPIO16
GPIO_Number_17	表示 GPIO17
GPIO_Number_18	表示 GPIO18
GPIO_Number_19	表示 GPIO19
GPIO_Rsvd_20	保留
GPIO_Rsvd_21	保留
GPIO_Rsvd_22	保留
GPIO_Rsvd_23	保留
GPIO_Rsvd_24	保留
GPIO_Rsvd_25	保留
GPIO_Rsvd_26	保留
GPIO_Rsvd_27	保留
GPIO_Number_28	表示 GPIO28
GPIO_Number_29	表示 GPIO29
GPIO_Rsvd_30	保留
GPIO_Rsvd_31	保留
GPIO_Number_32	表示 GPIO32
GPIO_Number_33	表示 GPIO33
GPIO_Number_34	表示 GPIO34
GPIO_Number_35	表示 GPIO35
GPIO_Number_36	表示 GPIO36
GPIO_Number_37	表示 GPIO37
GPIO_Number_38	表示 GPIO38

表 10.34　GPIO_Port_e

描述	用枚举定义通用 I / O(GPIO)端口
枚举成员	描述
GPIO_Port_A GPIO_Port_B	GPIO A GPIO B

表 10.35　GPIO_PullUp_e

描述	用枚举定义通用 I / O(GPIO)上拉电阻
枚举成员	描述
GPIO_PullUp_Enable GPIO_PullUp_Disable	使能上拉电阻 禁止上拉电阻

表 10.36　GPIO_Qual_e

描述	用枚举定义通用 I / O(GPIO)的限定
枚举成员	描述
GPIO_Qual_Sync GPIO_Qual_Sample_3 GPIO_Qual_Sample_6 GPIO_Qual_ASync	表示输入与 SYSCLK 同步 表示输入使用 3 次采样限定 表示输入使用 6 次采样限定 表示输入是异步的

10.2.5　函数文档

GPIO 固件函数文档如表 10.37～表 10.49 所列。

表 10.37　GPIO_getData

功　能	返回一个引脚上存在的数据值(输入或输出)
函数原型	uint16_t GPIO_getData(GPIO_Handle gpioHandle, const GPIO_Number_e gpioNumber)
参数	描述
gpioHandle gpioNumber	通用 I/ O(GPIO)对象句柄 GPIO 号
返回参数	引脚的 boolen 状态(高/低)

表 10.38 GPIO_getPortData

功 能	返回一个 GPIO 端口上的数值
函数原型	uint16_t GPIO_getPortData (GPIO_Handle gpioHandle, const GPIO_Port_e gpioPort)
参数	描述
gpioHandle gpioPorte	通用 I/ O(GPIO)对象处理 GPIO 端口
返回参数	在指定的端口的数据值

表 10.39 GPIO_init

功 能	初始化通用 I / O(GPIO)对象句柄。
函数原型	GPIO_Handle GPIO_init (void _ pMemory, const size_t numBytes)
参数	描述
pMemory numBytes	GPIO 寄存器基地址的指针 为 GPIO 对象分配的字节数,字节
返回参数	通用 I/ O(GPIO)对象句柄

表 10.40 GPIO_lpmSelect

功 能	选择 GPIO 引脚使设备从待机和停机低功耗模式中唤醒
函数原型	void GPIO_lpmSelect (GPIO_Handle gpioHandle, const GPIO_Number_e gpioNumber)
参数	描述
gpioHandle gpioNumber	通用 I/ O(GPIO)对象句柄 GPIO 号
返回参数	无

表 10.41 GPIO_setDirection

功 能	设置通用 I/ O(GPIO)信号方向
函数原型	void GPIO_setDirection (GPIO_Handle gpioHandle, const GPIO_Number_e gpioNumber, const GPIO_Direction_e direction)
参数	描述
gpioHandle gpioNumbe rdirection	通用 I/ O(GPIO)对象句柄 GPIO 号 信号方向
返回参数	无

表 10.42　GPIO_setExtInt

功　能	设置通用 I/ O(GPIO)外部中断号
函数原型	void GPIO_setExtInt (GPIO_Handle gpioHandle, const GPIO_Number_e gpioNumber, const CPU_ExtIntNumber_e intNumber)
参数	描述
gpioHandle gpioNumbe intNumber	通用 I/ O(GPIO)对象句柄 GPIO 号 中断号
返回参数	无

表 10.43　GPIO_setHigh

功　能	设置指定的通用 I/ O(GPIO)信号为高电平
函数原型	void GPIO_setHigh (GPIO_Handle gpioHandle, const GPIO_Number_e gpioNumber)
参数	描述
gpioHandle gpioNumbe	通用 I/ O(GPIO)对象句柄 GPIO 号
返回参数	无

表 10.44　GPIO_setLow

功　能	设置指定的通用 I/ O(GPIO)信号为低电平
函数原型	void GPIO_setLow (GPIO_Handle gpioHandle, const GPIO_Number_e gpioNumber)
参数	描述
gpioHandle gpioNumbe	通用 I/ O(GPIO)对象处理 GPIO 号
返回参数	无

表 10.45　void GPIO_setMode

功　能	为指定的通用 I / O(GPIO)信号设置模式
函数原型	void GPIO_setMode
参数	描述

续表 10.45

参数	描述
gpioHandle gpioNumbe mode	通用 I/ O(GPIO)对象处理 GPIO 数 模式
返回参数	无

表 10.46　void GPIO_setPullUp

功　能	设置通用 I/ O(GPIO)信号上拉
函数原型	void GPIO_setPullUp
参数	描述
gpioHandle gpioNumbe pullUp	通用 I/ O(GPIO)对象处理 GPIO 数 上拉启用或禁用
返回参数	无

表 10.47　void GPIO_setQualification

功　能	设置指定的通用 I / O(GPIO 资格)
函数原型	void GPIO_setQualification
参数	描述
gpioHandle gpioNumbe qualification	通用 I/ O(GPIO)对象处理 GPIO 数 所需的输入资格
返回参数	无

表 10.48　void GPIO_setQualificationPeriod

功　能	为指定的通用 I / O 块(每块 8 个 I/ O)设置资格期限
函数原型	void GPIO_setQualificationPeriod
参数	描述
gpioHandle gpioNumbe period	通用 I/ O(GPIO)对象处理 GPIO 数 所需的输入资格期限
返回参数	无

表 10.49　void GPIO_toggle

功　能	切换指定的通用 I / O(GPIO)信号
函数原型	void GPIO_toggle
参数	描述
gpioHandle gpioNumbe	通用 I/ O(GPIO)对象处理 GPIO 数
返回参数	无

10.3　GPIO 固件库例程

配置 GPIO 是学习 Piccolo DSP 的起点与基础，需多花点时间来学习本章的内容和看懂 TI 提供的有关 GPIO 如何配置的例程。

例程 1：F2802x 器件的 GPIO 配置

```
###########################################################
//  文件名：  f2802x_examples_ccsv4/gpio_setup/Example_F2802xGpioSetup.c
//  工程名： F2802x Device GPIO Setup
//!    此例程详细介绍了如何完成两种不同的 2802x GPIO 配置。
//!    在实际应用中，可将这些代码进行整合，以缩短代码的长度和提高效率。
//!    此例程仅介绍 GPIO 的配置，不对其中的引脚做进一步操作。
//!
//!    例程说明：
//!      - 所有的上拉电阻都是使能的，EPwms 除外..
//!      - 通信端口(ECAN,SPI,SCI,I2C)的输入限定是异步的。
//!      - 错误触发区(TZ)引脚的输入限定是异步的。
//!      - ECAP 的输入限定与 SYSCLKOUT 同步
//!      - 一些 I / O 和中断的输入限定可能有采样窗口
//###########################################################
#include "DSP28x_Project.h"      //设备头文件与例程包含文件
#include "f2802x_common/include/clk.h"
#include "f2802x_common/include/flash.h"
#include "f2802x_common/include/gpio.h"
#include "f2802x_common/include/pie.h"
#include "f2802x_common/include/pll.h"
#include "f2802x_common/include/wdog.h"
//编译选择：例子 1 应设置为 1，例子 2 设置为 0。
#define EXAMPLE1 1  // 基本的引脚输出配置例程
#define EXAMPLE2 0  // 通信引脚输出例程
//函数原型声明
void Gpio_setup1(void);
```

```
void Gpio_setup2(void);
CLK_Handle myClk;
FLASH_Handle myFlash;
GPIO_Handle myGpio;
PIE_Handle myPie;
void main(void)
{
    CPU_Handle myCpu;
    PLL_Handle myPll;
    WDOG_Handle myWDog;
//初始化工程中所需的所有句柄
myClk = CLK_init((void  * )CLK_BASE_ADDR, sizeof(CLK_Obj));
    myCpu = CPU_init((void  * )NULL, sizeof(CPU_Obj));
    myFlash = FLASH_init((void  * )FLASH_BASE_ADDR, sizeof(FLASH_Obj));
    myGpio = GPIO_init((void  * )GPIO_BASE_ADDR, sizeof(GPIO_Obj));
    myPie = PIE_init((void  * )PIE_BASE_ADDR, sizeof(PIE_Obj));
    myPll = PLL_init((void  * )PLL_BASE_ADDR, sizeof(PLL_Obj));
    myWDog = WDOG_init((void  * )WDOG_BASE_ADDR, sizeof(WDOG_Obj));
    //系统初始化
    WDOG_disable(myWDog);
    CLK_enableAdcClock(myClk);
    ( * Device_cal)();
    CLK_disableAdcClock(myClk);
//选择内部振荡器1作为时钟源
CLK_setOscSrc(myClk, CLK_OscSrc_Internal);
//配置PLL为x12/2使60 MHz = 10MHz x 12/2
PLL_setup(myPll, PLL_Multiplier_12, PLL_DivideSelect_ClkIn_by_2);
//禁止PIE和所有中断
    PIE_disable(myPie);
    PIE_disableAllInts(myPie);
    CPU_disableGlobalInts(myCpu);
    CPU_clearIntFlags(myCpu);
    //如果从闪存运行,需将程序搬移(复制)到RAM中运行
#ifdef  _FLASH
    memcpy(&RamfuncsRunStart, &RamfuncsLoadStart, (size_t)&RamfuncsLoadSize);
#endif
    // 配置调试向量表与使能PIE
    PIE_setDebugIntVectorTable(myPie);
    PIE_enable(myPie);
#if EXAMPLE1
//  基本引脚输出
Gpio_setup1();
```

```
#endif  // - EXAMPLE1
#if EXAMPLE2
    // 通信引脚输出
    Gpio_setup2();
#endif  // - EXAMPLE2
}
void Gpio_setup1(void)
{
    // Example 1:
    // 基本引脚输出
    // 基本引脚输出包括:
    // PWM1 - 3、TZ1 - TZ4、SPI - A、EQEP1、SCI - A、I2C 和 I/O 引脚
    //这些可整合成单一配置以提高代码效率。
    // 将 GPIO0~GPIO5 配置成 PWM1~3
    GPIO_setPullUp(myGpio, GPIO_Number_0, GPIO_PullUp_Enable);
    GPIO_setPullUp(myGpio, GPIO_Number_1, GPIO_PullUp_Enable);
    GPIO_setPullUp(myGpio, GPIO_Number_2, GPIO_PullUp_Enable);
    GPIO_setPullUp(myGpio, GPIO_Number_3, GPIO_PullUp_Enable);
    GPIO_setPullUp(myGpio, GPIO_Number_4, GPIO_PullUp_Enable);
    GPIO_setPullUp(myGpio, GPIO_Number_5, GPIO_PullUp_Enable);
    GPIO_setMode(myGpio, GPIO_Number_0, GPIO_0_Mode_EPWM1A);
    GPIO_setMode(myGpio, GPIO_Number_1, GPIO_1_Mode_EPWM1B);
    GPIO_setMode(myGpio, GPIO_Number_2, GPIO_2_Mode_EPWM2A);
    GPIO_setMode(myGpio, GPIO_Number_3, GPIO_3_Mode_EPWM2B);
    GPIO_setMode(myGpio, GPIO_Number_4, GPIO_4_Mode_EPWM3A);
    GPIO_setMode(myGpio, GPIO_Number_5, GPIO_5_Mode_EPWM3B);
    // 将 GPIO6&7GPIO  配置成输出并使其为高电平
    GPIO_setPullUp(myGpio, GPIO_Number_6, GPIO_PullUp_Enable);
    GPIO_setHigh(myGpio, GPIO_Number_6);
    GPIO_setMode(myGpio, GPIO_Number_6, GPIO_6_Mode_GeneralPurpose);
    GPIO_setDirection(myGpio, GPIO_Number_6, GPIO_Direction_Output);
    GPIO_setPullUp(myGpio, GPIO_Number_7, GPIO_PullUp_Enable);
    GPIO_setHigh(myGpio, GPIO_Number_7);
    GPIO_setMode(myGpio, GPIO_Number_7, GPIO_7_Mode_GeneralPurpose);
    GPIO_setDirection(myGpio, GPIO_Number_7, GPIO_Direction_Output);
    // 将 GPIO12 配置成触发区输入
    GPIO_setPullUp(myGpio, GPIO_Number_12, GPIO_PullUp_Enable);
    GPIO_setQualification(myGpio, GPIO_Number_12, GPIO_Qual_ASync);
    GPIO_setMode(myGpio, GPIO_Number_12, GPIO_12_Mode_TZ1_NOT);
    // 将 GPIO16~GPIO19 配置成 SPI - A
    GPIO_setPullUp(myGpio, GPIO_Number_16, GPIO_PullUp_Enable);
    GPIO_setPullUp(myGpio, GPIO_Number_17, GPIO_PullUp_Enable);
```

```
    GPIO_setPullUp(myGpio, GPIO_Number_18, GPIO_PullUp_Enable);
    GPIO_setPullUp(myGpio, GPIO_Number_19, GPIO_PullUp_Enable);
    GPIO_setQualification(myGpio, GPIO_Number_16, GPIO_Qual_ASync);
    GPIO_setQualification(myGpio, GPIO_Number_17, GPIO_Qual_ASync);
    GPIO_setQualification(myGpio, GPIO_Number_18, GPIO_Qual_ASync);
    GPIO_setQualification(myGpio, GPIO_Number_19, GPIO_Qual_ASync);
    GPIO_setMode(myGpio, GPIO_Number_16, GPIO_16_Mode_SPISIMOA);
    GPIO_setMode(myGpio, GPIO_Number_17, GPIO_17_Mode_SPISOMIA);
    GPIO_setMode(myGpio, GPIO_Number_18, GPIO_18_Mode_SPICLKA);
    GPIO_setMode(myGpio, GPIO_Number_19, GPIO_19_Mode_SPISTEA_NOT);
    //将 GPIO28～GPIO29 配置成 SPI - A
  - GPIO_setPullUp(myGpio, GPIO_Number_28, GPIO_PullUp_Enable);
    GPIO_setQualification(myGpio, GPIO_Number_28, GPIO_Qual_ASync);
    GPIO_setMode(myGpio, GPIO_Number_28, GPIO_28_Mode_SCIRXDA);
    GPIO_setPullUp(myGpio, GPIO_Number_29, GPIO_PullUp_Enable);
    GPIO_setMode(myGpio, GPIO_Number_29, GPIO_29_Mode_SCITXDA);
    // 将 GPIO34 配置成输入
    GPIO_setPullUp(myGpio, GPIO_Number_34, GPIO_PullUp_Enable);
    GPIO_setMode(myGpio, GPIO_Number_34, GPIO_34_Mode_GeneralPurpose);
    GPIO_setDirection(myGpio, GPIO_Number_34, GPIO_Direction_Input);
}
void Gpio_setup2(void)
{
    // Example 2:
    // 通信输出引脚
    // 基本的通信引脚包括:
    // PWM1 - 3、SPI - A、SCI - A 和 I/O 引脚
// 将 GPIO0 - GPIO5 配置成 PWM1 - 3
    GPIO_setPullUp(myGpio, GPIO_Number_0, GPIO_PullUp_Enable);
    GPIO_setPullUp(myGpio, GPIO_Number_0, GPIO_PullUp_Enable);
    GPIO_setPullUp(myGpio, GPIO_Number_0, GPIO_PullUp_Enable);
    GPIO_setPullUp(myGpio, GPIO_Number_0, GPIO_PullUp_Enable);
    GPIO_setPullUp(myGpio, GPIO_Number_0, GPIO_PullUp_Enable);
    GPIO_setPullUp(myGpio, GPIO_Number_0, GPIO_PullUp_Enable);
    GPIO_setMode(myGpio, GPIO_Number_0, GPIO_0_Mode_EPWM1A);
    GPIO_setMode(myGpio, GPIO_Number_1, GPIO_1_Mode_EPWM1B);
    GPIO_setMode(myGpio, GPIO_Number_2, GPIO_2_Mode_EPWM2A);
    GPIO_setMode(myGpio, GPIO_Number_3, GPIO_3_Mode_EPWM2B);
    GPIO_setMode(myGpio, GPIO_Number_4, GPIO_4_Mode_EPWM3A);
    GPIO_setMode(myGpio, GPIO_Number_5, GPIO_5_Mode_EPWM3B);
    // 将 GPIO6&7GPIO 配置成输出并使其为高电平
    GPIO_setPullUp(myGpio, GPIO_Number_6, GPIO_PullUp_Enable);
```

```
    GPIO_setHigh(myGpio, GPIO_Number_6);
    GPIO_setMode(myGpio, GPIO_Number_6, GPIO_6_Mode_GeneralPurpose);
    GPIO_setDirection(myGpio, GPIO_Number_6, GPIO_Direction_Output);
    GPIO_setPullUp(myGpio, GPIO_Number_7, GPIO_PullUp_Enable);
    GPIO_setHigh(myGpio, GPIO_Number_7);
    GPIO_setMode(myGpio, GPIO_Number_7, GPIO_7_Mode_GeneralPurpose);
    GPIO_setDirection(myGpio, GPIO_Number_7, GPIO_Direction_Output);
    //将 GPIO16～GPIO19 配置成 SPI - A
    GPIO_setPullUp(myGpio, GPIO_Number_16, GPIO_PullUp_Enable);
    GPIO_setPullUp(myGpio, GPIO_Number_17, GPIO_PullUp_Enable);
    GPIO_setPullUp(myGpio, GPIO_Number_18, GPIO_PullUp_Enable);
    GPIO_setPullUp(myGpio, GPIO_Number_19, GPIO_PullUp_Enable);
    GPIO_setQualification(myGpio, GPIO_Number_16, GPIO_Qual_ASync);
    GPIO_setQualification(myGpio, GPIO_Number_17, GPIO_Qual_ASync);
    GPIO_setQualification(myGpio, GPIO_Number_18, GPIO_Qual_ASync);
    GPIO_setQualification(myGpio, GPIO_Number_19, GPIO_Qual_ASync);
    GPIO_setMode(myGpio, GPIO_Number_16, GPIO_16_Mode_SPISIMOA);
    GPIO_setMode(myGpio, GPIO_Number_17, GPIO_17_Mode_SPISOMIA);
    GPIO_setMode(myGpio, GPIO_Number_18, GPIO_18_Mode_SPICLKA);
    GPIO_setMode(myGpio, GPIO_Number_19, GPIO_19_Mode_SPISTEA_NOT);
    //将 GPIO28～GPIO29 配置成 SPI - A
    GPIO_setPullUp(myGpio, GPIO_Number_28, GPIO_PullUp_Enable);
    GPIO_setQualification(myGpio, GPIO_Number_28, GPIO_Qual_ASync);
    GPIO_setMode(myGpio, GPIO_Number_28, GPIO_28_Mode_SCIRXDA);
    GPIO_setPullUp(myGpio, GPIO_Number_29, GPIO_PullUp_Enable);
    GPIO_setMode(myGpio, GPIO_Number_29, GPIO_29_Mode_SCITXDA);
    // 将 GPIO34 配置成输入
    GPIO_setPullUp(myGpio, GPIO_Number_34, GPIO_PullUp_Enable);
    GPIO_setMode(myGpio, GPIO_Number_34, GPIO_34_Mode_GeneralPurpose);
    GPIO_setDirection(myGpio, GPIO_Number_34, GPIO_Direction_Input);
}
//==========================================================
// 结束
//==========================================================
```

例程 2:流水灯实验

(1) 流水灯程序 Example_2802xGpioSetup.c 的编写如下:

```
//##############################################################
//  题目:流水灯实验
//  来源:根据 TI 的例程修改而来。
//  实验方法:(1)在 LaunchPad 中仅观察 4 只 LED 的实验,优点是不需要添加任何硬件;
//            (2)可用面包板或洞洞板外接 8 只发光二极管,观察流水灯是否正确;
```

```
//              (3)LaunchPad + Proteus 虚拟硬件平台测试流水灯程序。
//###########################################################
#include "DSP28x_Project.h"      //设备头文件与例程包含文件
#include "f2802x_common/include/clk.h"
#include "f2802x_common/include/flash.h"
#include "f2802x_common/include/gpio.h"
#include "f2802x_common/include/pie.h"
#include "f2802x_common/include/pll.h"
#include "f2802x_common/include/wdog.h"
CLK_Handle myClk;
FLASH_Handle myFlash;
GPIO_Handle myGpio;
PIE_Handle myPie;
void main(void)
{
    CPU_Handle myCpu;
    PLL_Handle myPll;
    WDOG_Handle myWDog;
    // 初始化工程中所需的所有句柄
    myClk = CLK_init((void  *)CLK_BASE_ADDR, sizeof(CLK_Obj));
    myCpu = CPU_init((void  *)NULL, sizeof(CPU_Obj));
    myFlash = FLASH_init((void  *)FLASH_BASE_ADDR, sizeof(FLASH_Obj));
    myGpio = GPIO_init((void  *)GPIO_BASE_ADDR, sizeof(GPIO_Obj));
    myPie = PIE_init((void  *)PIE_BASE_ADDR, sizeof(PIE_Obj));
    myPll = PLL_init((void  *)PLL_BASE_ADDR, sizeof(PLL_Obj));
    myWDog = WDOG_init((void  *)WDOG_BASE_ADDR, sizeof(WDOG_Obj));
    //系统初始化
    WDOG_disable(myWDog);
    CLK_enableAdcClock(myClk);
    (*Device_cal)();
    CLK_disableAdcClock(myClk);
    //选择内部振荡器 1 作为时钟源
    CLK_setOscSrc(myClk, CLK_OscSrc_Internal);
    //配置 PLL 为 x12/2 使 60 MHz = 10 MHz x 12/2
    PLL_setup(myPll, PLL_Multiplier_12, PLL_DivideSelect_ClkIn_by_2);
    //禁止 PIE 和所有中断
    PIE_disable(myPie);
    PIE_disableAllInts(myPie);
    CPU_disableGlobalInts(myCpu);
    CPU_clearIntFlags(myCpu);
    //如果从闪存运行,需将程序搬移(复制)到 RAM 中运行
#ifdef  _FLASH
```

```
    memcpy(&RamfuncsRunStart, &RamfuncsLoadStart,
(size_t)&RamfuncsLoadSize);
#endif
    //配置调试向量表与使能 PIE
    PIE_setDebugIntVectorTable(myPie);
    PIE_enable(myPie);
    // 将 GPIO 0~7 配置为通用 I/O 口
        GPIO_setMode(myGpio, GPIO_Number_0, GPIO_0_Mode_GeneralPurpose);
        GPIO_setMode(myGpio, GPIO_Number_1, GPIO_1_Mode_GeneralPurpose);
        GPIO_setMode(myGpio, GPIO_Number_2, GPIO_2_Mode_GeneralPurpose);
        GPIO_setMode(myGpio, GPIO_Number_3, GPIO_3_Mode_GeneralPurpose);
       GPIO_setMode(myGpio, GPIO_Number_4, GPIO_4_Mode_GeneralPurpose);
        GPIO_setMode(myGpio, GPIO_Number_5, GPIO_5_Mode_GeneralPurpose);
        GPIO_setMode(myGpio, GPIO_Number_6, GPIO_6_Mode_GeneralPurpose);
        GPIO_setMode(myGpio, GPIO_Number_7, GPIO_7_Mode_GeneralPurpose);
    // 把 GPIO 0~7 配置为输出口
        GPIO_setDirection(myGpio, GPIO_Number_0, GPIO_Direction_Output);
        GPIO_setDirection(myGpio, GPIO_Number_1, GPIO_Direction_Output);
        GPIO_setDirection(myGpio, GPIO_Number_2, GPIO_Direction_Output);
        GPIO_setDirection(myGpio, GPIO_Number_3, GPIO_Direction_Output);
     GPIO_setDirection(myGpio, GPIO_Number_4, GPIO_Direction_Output);
        GPIO_setDirection(myGpio, GPIO_Number_5, GPIO_Direction_Output);
        GPIO_setDirection(myGpio, GPIO_Number_6, GPIO_Direction_Output);
        GPIO_setDirection(myGpio, GPIO_Number_7, GPIO_Direction_Output);
// 配置 S3(GPIO12)为通用 I/O 输出口
        GPIO_setMode(myGpio, GPIO_Number_12, GPIO_12_Mode_GeneralPurpose);
        GPIO_setDirection(myGpio, GPIO_Number_12, GPIO_Direction_Input);
        GPIO_setPullUp(myGpio, GPIO_Number_12, GPIO_PullUp_Disable);
// 当按下 S3(GPIO12)时,流水灯熄灭。
    while(GPIO_getData(myGpio, GPIO_Number_12) ! = 1)
    {
            // 点亮 GPIO0
            GPIO_setLow(myGpio, GPIO_Number_0);
            GPIO_setHigh(myGpio, GPIO_Number_1);
            GPIO_setHigh(myGpio, GPIO_Number_2);
            GPIO_setHigh(myGpio, GPIO_Number_3);
            GPIO_setHigh(myGpio, GPIO_Number_4);
            GPIO_setHigh(myGpio, GPIO_Number_5);
            GPIO_setHigh(myGpio, GPIO_Number_6);
            GPIO_setHigh(myGpio, GPIO_Number_7);
            DELAY_US(3000); // LauchPad = 600000
            // 点亮 GPIO1
```

```
    GPIO_setHigh(myGpio, GPIO_Number_0);
    GPIO_setLow(myGpio, GPIO_Number_1);
    GPIO_setHigh(myGpio, GPIO_Number_2);
    GPIO_setHigh(myGpio, GPIO_Number_3);
    GPIO_setHigh(myGpio, GPIO_Number_4);
    GPIO_setHigh(myGpio, GPIO_Number_5);
    GPIO_setHigh(myGpio, GPIO_Number_6);
    GPIO_setHigh(myGpio, GPIO_Number_7);
    DELAY_US(3000); // LauchPad = 600000
  // 点亮 GPIO2
    GPIO_setHigh(myGpio, GPIO_Number_0);
    GPIO_setHigh(myGpio, GPIO_Number_1);
    GPIO_setLow(myGpio, GPIO_Number_2);
    GPIO_setHigh(myGpio, GPIO_Number_3);
    GPIO_setHigh(myGpio, GPIO_Number_4);
    GPIO_setHigh(myGpio, GPIO_Number_5);
    GPIO_setHigh(myGpio, GPIO_Number_6);
    GPIO_setHigh(myGpio, GPIO_Number_7);
    DELAY_US(3000); // LauchPad = 600000
// 点亮 GPIO3
    GPIO_setHigh(myGpio, GPIO_Number_0);
    GPIO_setHigh(myGpio, GPIO_Number_1);
    GPIO_setHigh(myGpio, GPIO_Number_2);
    GPIO_setLow(myGpio, GPIO_Number_3);
    GPIO_setHigh(myGpio, GPIO_Number_4);
    GPIO_setHigh(myGpio, GPIO_Number_5);
    GPIO_setHigh(myGpio, GPIO_Number_6);
    GPIO_setHigh(myGpio, GPIO_Number_7);
    DELAY_US(3000); // LauchPad = 600000
    // 点亮 GPIO4
    GPIO_setHigh(myGpio, GPIO_Number_0);
    GPIO_setHigh(myGpio, GPIO_Number_1);
    GPIO_setHigh(myGpio, GPIO_Number_2);
    GPIO_setHigh(myGpio, GPIO_Number_3);
    GPIO_setLow(myGpio, GPIO_Number_4);
    GPIO_setHigh(myGpio, GPIO_Number_5);
    GPIO_setHigh(myGpio, GPIO_Number_6);
    GPIO_setHigh(myGpio, GPIO_Number_7);
    DELAY_US(3000); // LauchPad = 600000
    // 点亮 GPIO5
    GPIO_setHigh(myGpio, GPIO_Number_0);
    GPIO_setHigh(myGpio, GPIO_Number_1);
```

```
        GPIO_setHigh(myGpio, GPIO_Number_2);
        GPIO_setHigh(myGpio, GPIO_Number_3);
        GPIO_setHigh(myGpio, GPIO_Number_4);
        GPIO_setLow(myGpio, GPIO_Number_5);
        GPIO_setHigh(myGpio, GPIO_Number_6);
        GPIO_setHigh(myGpio, GPIO_Number_7);
       DELAY_US(3000); // LauchPad = 600000
        // 点亮 GPIO6
        GPIO_setHigh(myGpio, GPIO_Number_0);
        GPIO_setHigh(myGpio, GPIO_Number_1);
        GPIO_setHigh(myGpio, GPIO_Number_2);
        GPIO_setHigh(myGpio, GPIO_Number_3);
        GPIO_setHigh(myGpio, GPIO_Number_4);
        GPIO_setHigh(myGpio, GPIO_Number_5);
        GPIO_setLow(myGpio, GPIO_Number_6);
        GPIO_setHigh(myGpio, GPIO_Number_7);
        DELAY_US(3000);
        // 点亮 GPIO7
        GPIO_setHigh(myGpio, GPIO_Number_0);
        GPIO_setHigh(myGpio, GPIO_Number_1);
        GPIO_setHigh(myGpio, GPIO_Number_2);
        GPIO_setHigh(myGpio, GPIO_Number_3);
        GPIO_setHigh(myGpio, GPIO_Number_4);
        GPIO_setHigh(myGpio, GPIO_Number_5);
        GPIO_setHigh(myGpio, GPIO_Number_6);
        GPIO_setLow(myGpio, GPIO_Number_7);
        DELAY_US(3000); // LauchPad = 600000
    }

}
```

(2) 创建 Example_F2802xGPIOLEDs 工程的过程如下：

● 从菜单栏的“Project”菜单中选择“NEW CCS Project”选项创建 Example_F2802xGPIOLEDs 工程，如图 10.21 所示。

● 将 Example_F2802xGPIOLEDs.c 源文件复制到工程中，然后添加库文件(.lib)、命令行文件(.cmd)与包含文件的搜索路径，如图 10.22 和图 10.23 所示。

● 在 Example_F2802xGPIOLEDs 工程中，删除创建工程时自动生成的.cmd 文件，然后添加 F2802x_Headers_nonBIOS.cmd 文件。

(3) 编译 Example_F2802xGPIOLEDs 工程生成.out 文件，然后将其导入 LaunchPad 中，如图 10.24 所示。

New CCS Project

CCS Project

Create a new CCS Project.

Project name: Example_F2802xGPIOLEDs

Output type: Executable

Use default location

Location: C:\Users\liuyu\workspace_v5_3\Example_F2802 Browse...

Device

Family: C2000

Variant: 2802x Piccolo TMS320F28027

Connection:

Advanced settings

Project templates and examples

type filter text

Empty Projects

Empty Project

Empty Project (with main.c

Empty Assembly-only Proj

Creates an empty project fully initialized for the selected device. The project will contain an empty 'main.c' source-file.

图 10.21 创建 Example_F2802xGPIOLEDs 工程

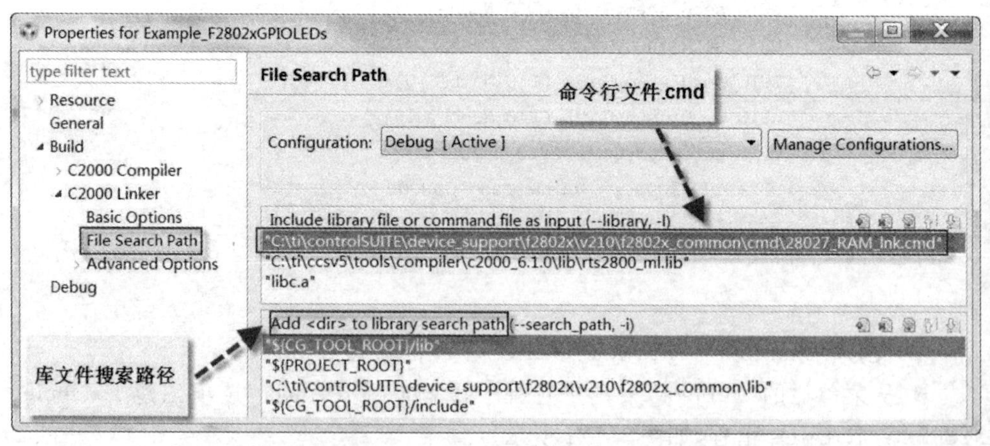

图 10.22 添加.cmd与库文件搜索路径

(4) 按工具栏中的图标,启动程序在 LaunchPad 运行,其测试结果如图 10.25 所示。

从图 10.10 的测试结果看有明显的流水灯效果,即使这里仅有 4 只 LED 发光管,验证了流水灯程序的正确性。

(5) 在 Proteus 7.10/8.0 中测试流水灯实验。

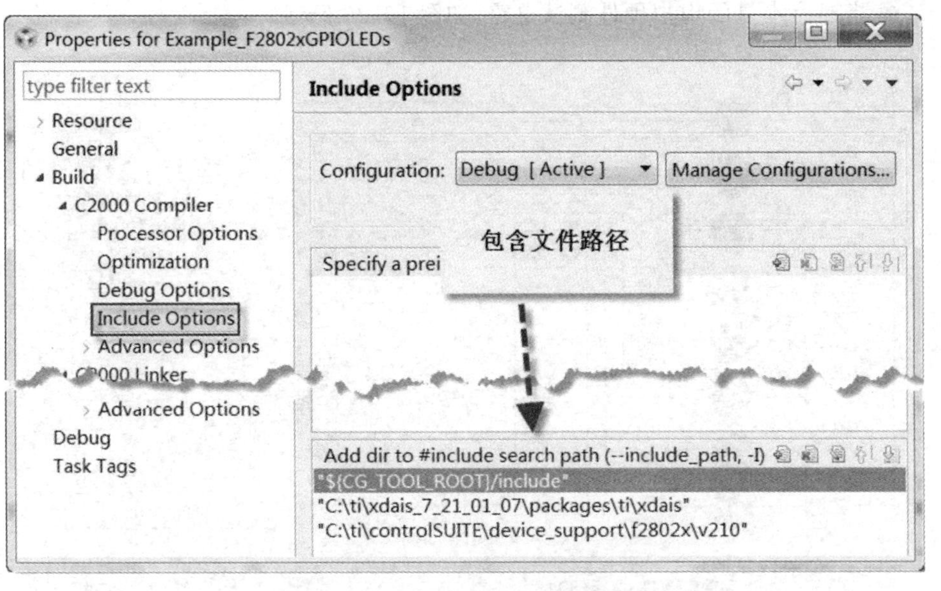

图 10.23　添加包含文件搜索路径

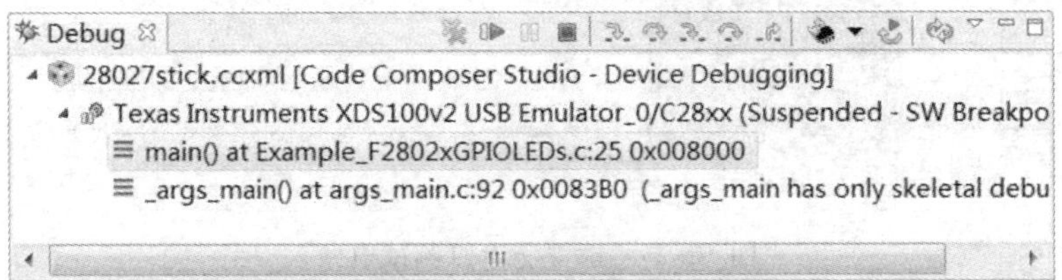

图 10.24　将.out 文件导入到 LaunchPad 中

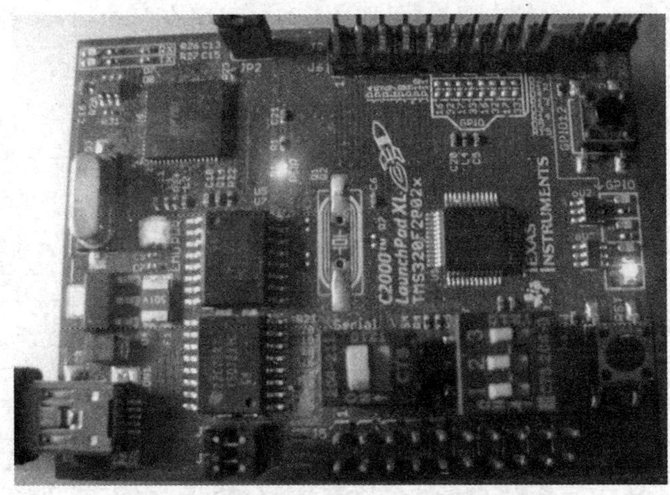

图 10.25　在 LaunchPad 中流水灯的测试结果

● 搭建流水灯的虚拟硬件测试电路，如图10.26所示。

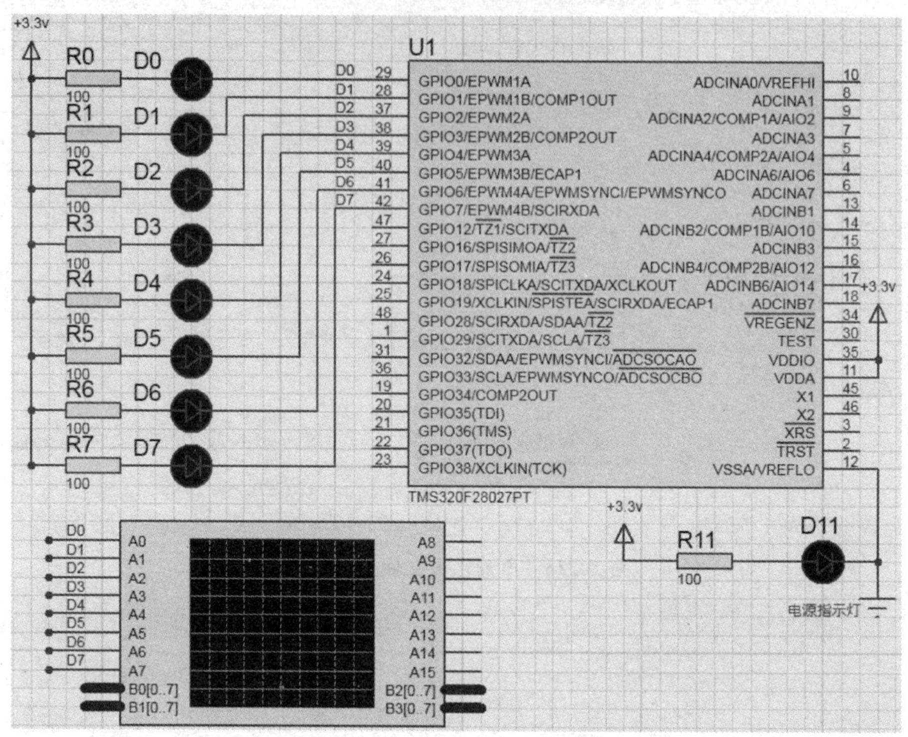

图10.26　虚拟流水灯测试电路

● 单击播放栏中的▶图标，启动Proteus仿真，然后单击虚拟逻辑分析仪中的捕获按钮，获取流水灯的状态逻辑(见图10.27)，程序在Proteus中的测试结果如图11.28所示。

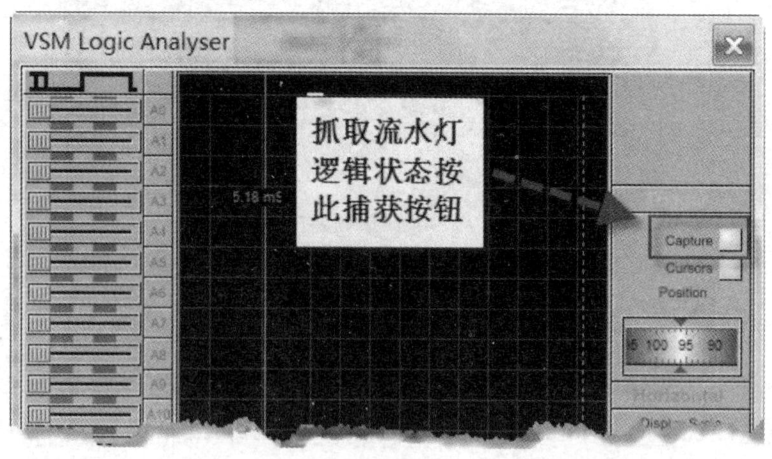

图10.27　按捕获按钮启动逻辑分析仪抓取流水灯的逻辑信息

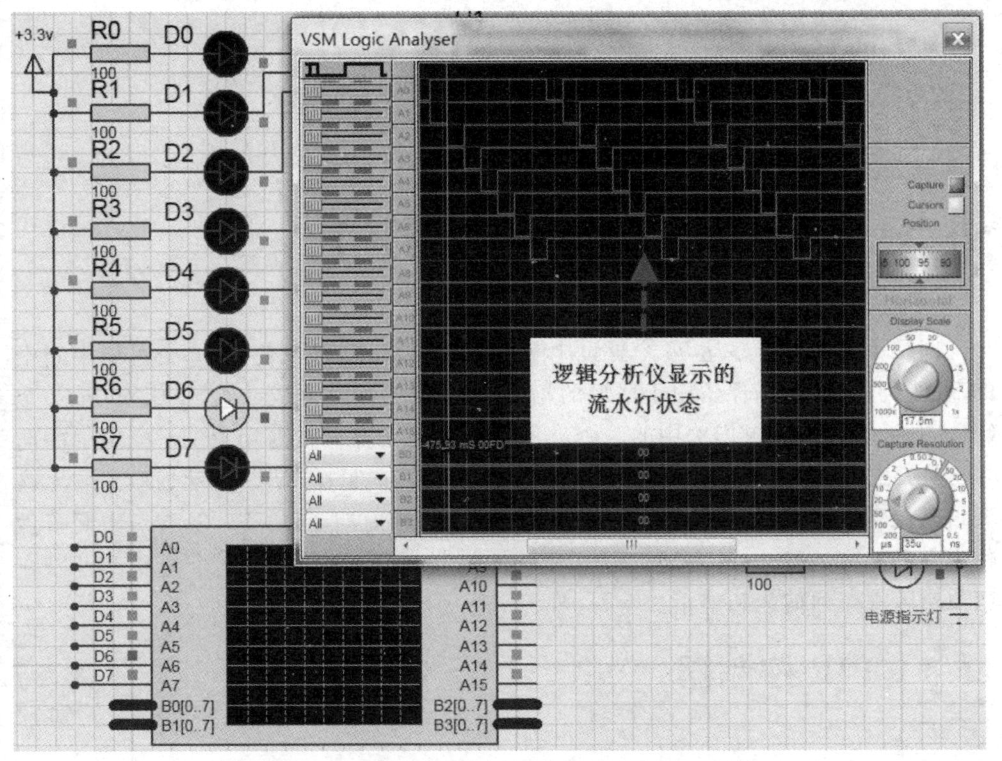

图 10.28　流水灯程序在 Proteus 的测试结果

从图 10.29 的测试来看，无论是 LED 的运行表现，还是从逻辑分析仪中的波形都表明了上述流水灯程序的设计是正确的。

第 11 章

外设中断扩展单元(PIE)

PIE 单元可支持多达 96 个外设中断,在 F2802x 中,外设使用 96 个可能中断中的 33 个,其余的中断保留用于以后的拓展。96 个中断被分成 8 组,每组对应 12 个 CPU 中断(INT1~INT12)中的一个。每个中断由其存储在专用 RAM 模块中的向量支持,用户可以变更该中断单元。在处理中断时,向量由 CPU 自动抽取。取出该向量与保存关键 CPU 寄存器将花费 9 个 CPU 时钟周期。且 CPU 具有对中断事件作出立即响应的能力,并可通过硬件和软件控制中断的优先级,每个中断都可以在 PIE 块内被单独使能和禁止。

11.1 PIE 控制器

28x 系列 CUP 支持一个不可屏蔽中断(NMI)和 16 个可屏蔽中断(INT1~INT14, RTOSINT 和 DLOGINT)。28x 系列支持多种外设,每个外设都能产生一个或多个外设级的中断,这些中断对应于多个事件。由于 CPU 无法处理所有 CUP 级的中断请求,这就需要用外设中断扩展控制器(PIE)来管理这些来自不同中断源的中断请求。PIE 向量表用于存储系统内每一个中断服务例程(ISR)的地址(向量),所有多路复用和非多路复用的每个中断源均有一个中断向量。在设备初始化时,用户需填充中断向量表,且可在操作过程中更新。PIE 中断复用结构框图如图 11.1 所示。

11.1.1 中断操作顺序

1. 外设级中断

当外设中的中断事件发生时,寄存器中设置响应的中断标志位(IF)被置位,该中断标志位对应于特定设备中的事件,如果相应的中断使能位(IE)也已经被置位,则外设将向 PIE 控制器发出一个中断请求;如果外设级中断被屏蔽,则中断标志位 IF 会一直保持置位状态,直到用软件将其清零;如果在中断事件发生之后才使能了中断,中断标志位 IF 仍然会被置位,中断请求可以送达 PIE 控制器。需要注意的是,外设寄存器必须由用户手动清除。

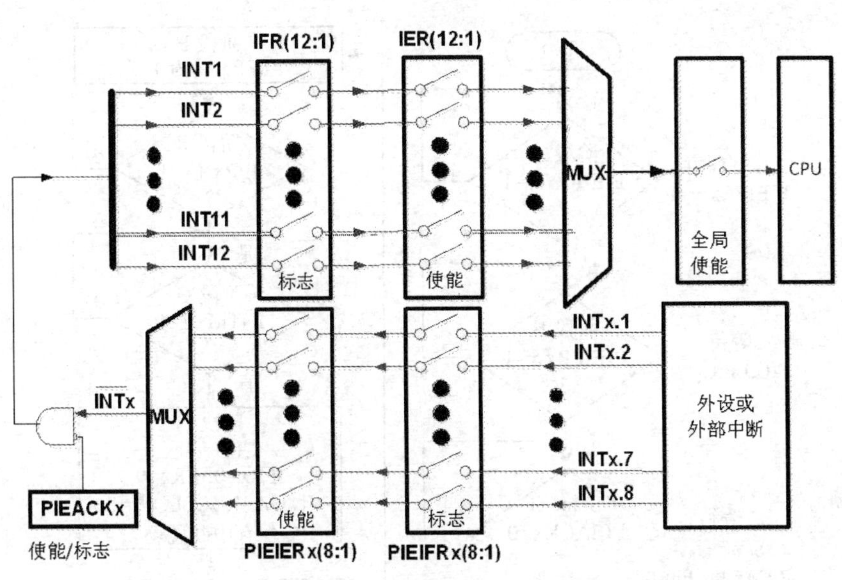

图 11.1　PIE 中断复用结构框图

2. PIE 级中断

PIE 模块将 8 个外设与外部引脚中断复用为一组 CPU 中断，这些中断共分为 12 组：PIE 组 1～PIE 组 12。同一组的中断复用一个 CPU 中断，例如：PIE 组 1 复用 CPU 级中断 1(INT1)，PIE 组 12 复用 CPU 级中断 12(INT12)。其他的中断源直接连接到 CPU，且不能复用。

对于不能复用的中断，PIE 模块直接将其送至 CPU；对于可复用的中断源，PIE 模块中的每一组中断都有一个对应的标志寄存器(PIEIFRx)和使能寄存器(PIEIERx)。其中 x 表示 PIE 组的组号，x 组中的某一位 y 对应于 PIE 组中 8 个中断中的其中一个。通过这些寄存器，可以控制中断如何向 CPU 申请中断。另外，每组 PIE 中断都有一个应答位(PIEACK)。只要 PIE 控制器有中断产生，相关的 PIE 中断标志位(PIEIFRx. y)被置位。如果 PIE 中断使能位(PIEIERx. y)也被置位，则 PIE 会检查相应的确认位(PIEACKx)，确认 CPU 中断是否就绪。如果应答位(PIEACKx)被清零，则 PIE 会将中断请求送至 CPU；如果应答位(PIEACKx)被置位，则 PIE 不会响应中断请求，直到用户用软件将该位清零后才向 INTx 发送中断请求。图 11.2 显示了 PIE/CPU 中断的响应流程。

3. CPU 级中断

一旦中断请求被送往 CPU，与 INTx 相关的 CPU 级中断标志位(IFR)会被置位。当标志位 IFR 寄存器锁存后，相关中断并不能被立即接受，只有当 CPU 中断使能寄存器(IER)或调试中断使能寄存器(DBGIER)和全局中断屏蔽位(INTM)被使能时，CPU 才会响应中断申请。

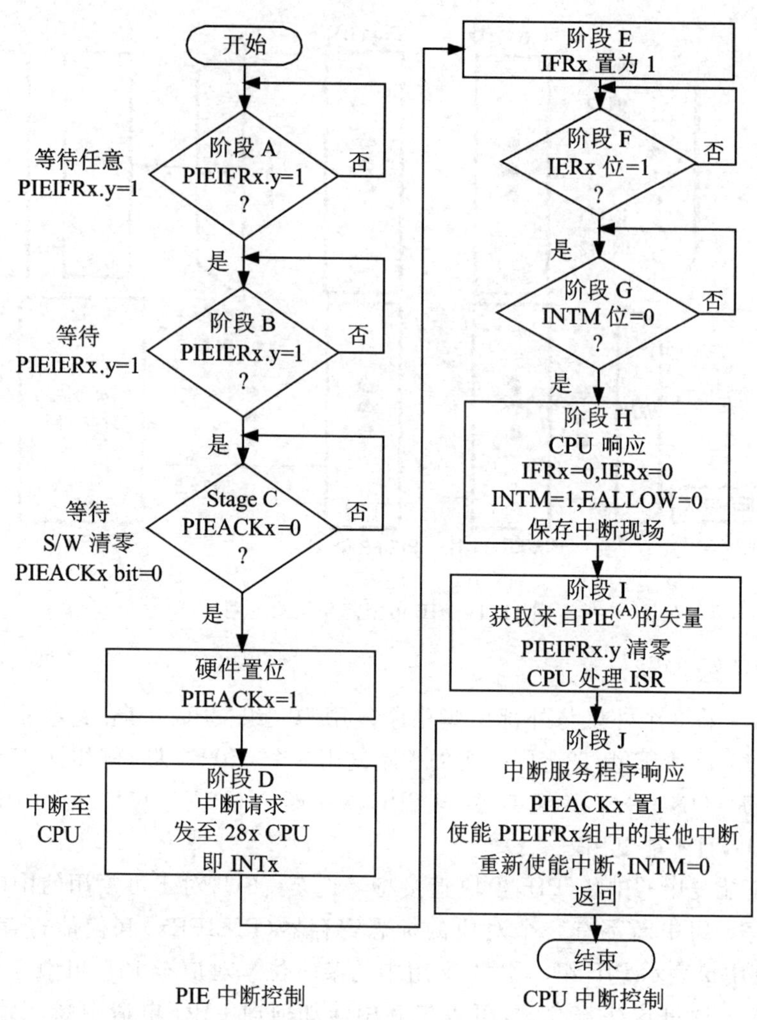

图 11.2　典型 PIE/CPU 中断响应－INTx. y

11.1.2　中断向量映射表

在 C28x 中，中断向量表可映射到 4 个不同的存储区间。而在实际应用中，F28xx 仅在 PIE 中断向量表中映射。向量表由以下模式位/信号决定：

◇ VMAP：VMAP 位于状态寄存器 STI 的第 3 位，复位后值为 1。该位的状态可通过写 STI1 寄存器或 SETC/CLRC VMAP 指令来配置。正常操作时该位置 1。

◇ M0M1MAP：M0M1MAP 位于状态寄存器 STI1 的第 11 位，复位后值为 1。该位的状态可通过写 STI1 寄存器或 SETC/CLRC M0M1MAP 指令来配置。正常操作时，28xx 系列器件的该位置 1，M0M1MAP ＝ 0 仅用于 TI 的测试。

◇ ENPIE：ENPIE 位于 PIE 控制寄存器 PIECTRL 的第 0 位，复位后值为 0（PIE 屏蔽）。该位的状态可通过写 PIECTRL 寄存器来配置。

使用这些位和信号可能的中断向量映射表，如表 11.1 所列。

表 11.1　中断向量映射表

中断映射	从那里提取向量	地址范围	VMAP	M0M1MAP	ENPIE
M1 向量[(1)]	M1 SARAM 模块	0x000000 －0x00003F	0	0	X
M0 向量[(1)]	M0 SARAM 模块	0x000000 －0x00003F	0	1	X
BROM 向量	Boot ROM 模块	0x3FFFC0 －0x3FFFFF	1	X	0
PIE 向量	PIE 模块	0x000D00 －0x000DFF	1	X	1

[(1)] 向量映射 M0 和 M1 矢量仅是一个保留模式，在 28x 器件上可被用作 SARAM。

M1 和 M0 向量表映射保留仅适用于 TI 的测试。使用其他向量映射时，M0 和 M1 的存储器模块被视为 SARAM 模块，可不受任何限制的自由使用。

器件复位操作后，向量表映射如表 11.2 所列。

表 11.2　复位操作后中断向量映射表

向量映射	从哪里提取向量	地址范围	VMAP [(1)]	M0M1MAP[(1)]	ENPIE[(1)]
BROM Vector [(2)]	Boot ROM Block	0x3FFFC0 －0x3FFFFF	1	1	0

[(1)] 在 28x 器件上，VMAP 和 M0M1MAP 模式的设置为 1 上电复位。ENPIE 模式被强制为 0，上电复位。

[(2)] 复位向量始终从引导 ROM。

复位和引导完成后，应调用用户代码初始化 PIE 中断向量表。然后，在应用程序中使能 PIE 中断向量表。再从 PIE 中断向量表中读取向量。

注：复位发生时，复位向量总是从向量表 11.2 所列的中断向量表中读取，复位后 PIE 中断向量表总是被禁用。向量表的映射选择如图 11.3 所示。

11.1.3　中断源

1. 复用中断的处理流程

PIE 模块将 8 个外设及外部引脚中断分为一组，并复用为一个 CPU 中断，这样，96 个 PIE 中断共可分为 12 组：PIE1～PIE12，每组都有与之对应的 PIEIER 和 PIEIFR 寄存器，共同控制 PIE 向 CPU 申请中断的流程。另外，PIEIER 和 PIEIFR 还可为 CPU 分析具体需要执行哪个中断服务程序。

在配置 PIEIER 和 PIEIFR 寄存器时，用户需注意以下 3 条规则。

1）规则 1：不使用软件清零 PIEIFR 位。

如果对 PIEIFR 寄存器进行写操作时恰好有中断产生，该中断就很可能会丢失。在清零 PIEIFR 位之前，要确保待处理的中断已经得到妥善处理。如果用户需要在执行中断服务程序之前就清零 PIEIFR 位，需按照如下步骤：

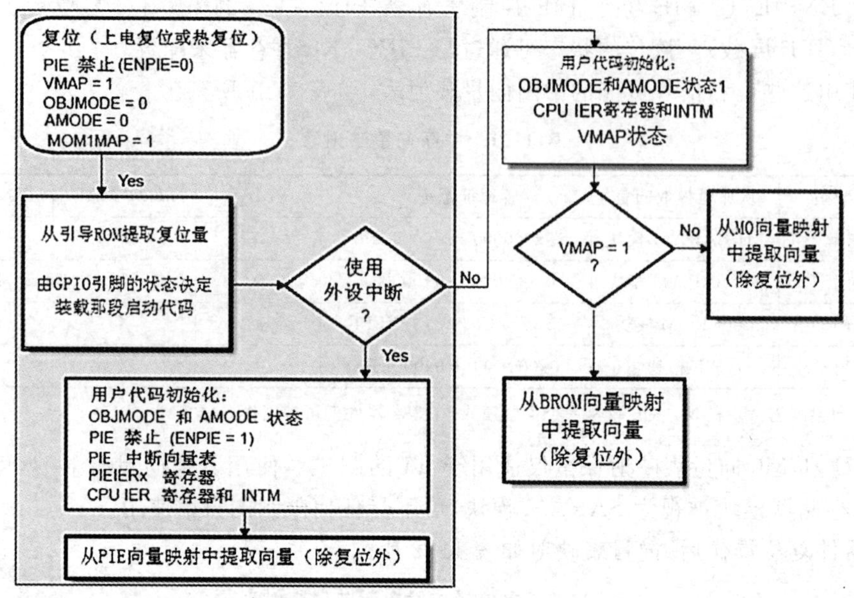

图 11.3　复位流程图

(1) 将 EALLOW 位置 1,允许修改 PIE 向量表。

(2) 修改 PIE 向量表,将外设的 ISR(中断服务程序)向量指向一个临时 ISR,该临时 ISR 只执行返回操作。

(3) 使能中断。

(4) 临时 ISR 执行后,清零 PIEIFR 位。

(5) 修改 PIE 向量表,将外设的 ISR 向量重新指向原先的 ISR。

(6) 清零 EALLOW 位。

2) 规则 2:处理软件优先中断。

使用 C280x C/C++ Header Files and Peripheral Examples in C 中介绍的方法。

(1) 将 CPU IER 作为全局优先级寄存器,PIEIFR 作为组优先级寄存器。在此条件下,当 PIEACK 阻止了其他从 CPU 返回的中断时,该修改操作才执行。

(2) 当执行中断服务程序时,不要禁用与之不在同一组的 PIEIER 寄存器。

3) 规则 3:通过 PIEIER 寄存器禁用中断。

PIE 中断源和外部中断,如图 11.4 所示。

方法 1:用 PIEIERx 寄存器禁用中断,并保护相关的 PIEIFRx 标志位。步骤如下:

(1) 禁用全局中断(INTM = 1)。

(2) 通过清除 PIEIERx. y 位禁用给定的外设中断,该操作可针对同一组中的一个或多个外设中断。

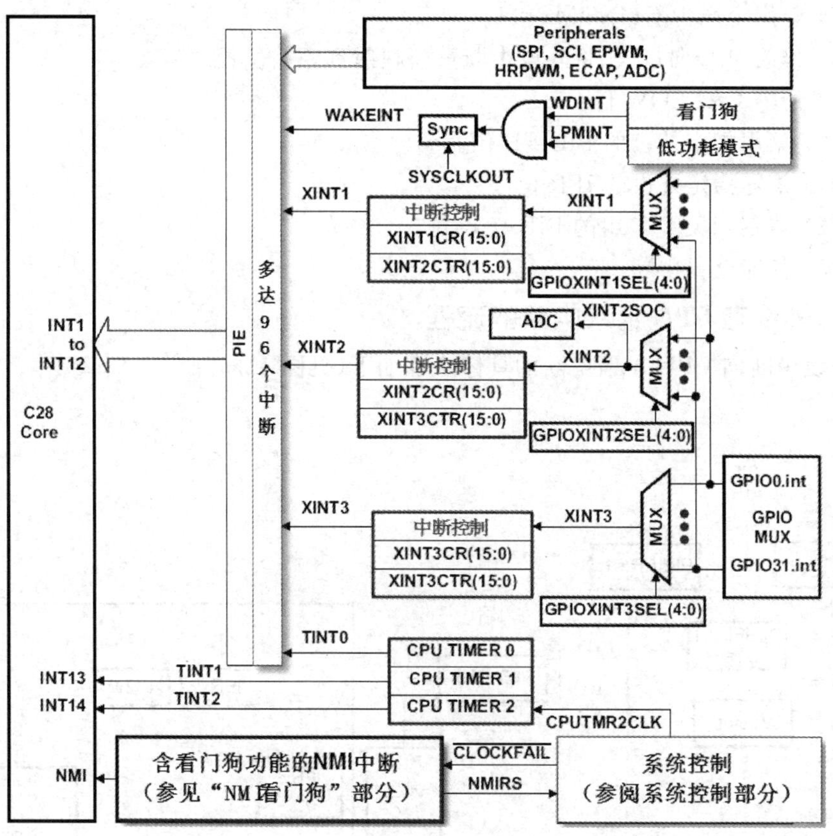

图 11.4 PIE 中断源和外部中断

(3) 等待 5 个周期。等待一段时间可以确保后来给 CPU 的中断,在 CPU IFR 寄存器中已经进行了标记。

(4) 清除外设中断组的 CPU IFRx 位。

(5) 清除外设中断组的 PIEACKx 位。

(6) 使能全局中断。

方法 2:用 PIEIERx 寄存器禁用中断,并清零相关的 PIEIFRx 标志位。步骤如下:

(1) 禁用全局中断(INTM = 1)。

(2) 将 EALLOW 位置 1。

(3) 修改 PIE 向量表,将外设中断暂时映射到一个空的 ISR。空 ISR 仅执行返回指令。

(4) 在外设寄存器中禁用外设中断

(5) 使能全局中断(INTM = 0)。

(6) 等待待处理的外设中断调用空 ISR。

(7) 禁用全局中断(INTM = 1)。

(8) 修改 PIE 向量表,将外设中断重新映射到原始位置。

(9) 清零 EALLOW 位。

(10) 禁用指定外设的 PIEIER 位。

(11) 清零指定外设的 IFR 位。

(12) 清零相关 PIE 组的 PIEACK 位。

(13) 使能全局中断。

2. 外设向 CPU 请求中断的流程

外设中断向 CPU 申请中断的具体步骤如下(见图 11.5)。

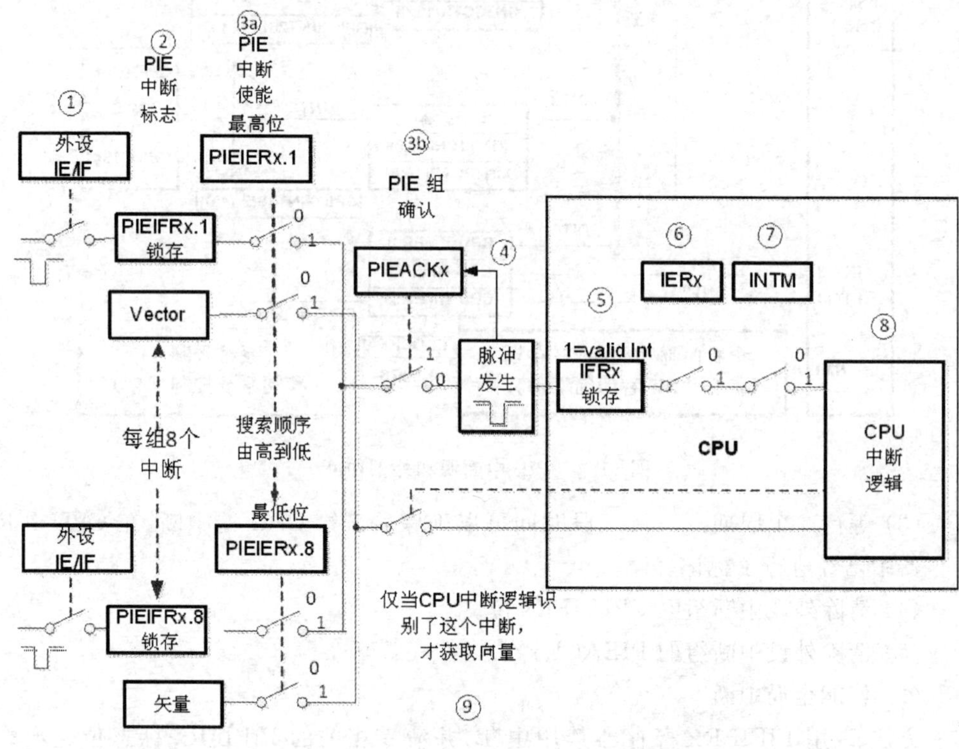

图 11.5　外设中断向 CPU 请求中断的流程

(1) 如果外设或外部中断被使能,并且有中断事件产生,则会向 PIE 模块发送中断请求。

(2) PIE 模块识别出中断源 y 位于 PIE 的第 x 组(INTx.y),相应的 PIE 中断标志位被置 1,例如 PIEIFRx.y=1。

(3) 只有满足以下两个条件,PIE 模块才能将中断请求送往 CPU。

◇ 与中断源对应的中断使能位置位(PIEIERx.y = 1)。

◇ 中断所属组的 PIEACKx 位清零。

(4) 如果步骤3中的两个条件同时满足，则该中断请求会被送往CPU，且相应的应答位置1(PIEACKx=1)。

(5) CPU中断标志位置1(CPU IFRx = 1)，表明序号为x的CPU级中断正在等待处理。

(6) 如果CPU级中断x被使能(CPU IERx=1或DBGIERx=1)，且全局中断屏蔽位清零(INTM=0)，CPU会处理相应中断x的ISR。

(7) CPU识别中断，保护中断现场，清零IER位，置位INTM，清零EALLOW。

(8) CPU在PIE向量表中查找相应的中断向量。

(9) 对于复用中断，PIE模块借助PIEIERx和PIEIFRx中的值来确定中断向量的地址。

3. PIE中断向量表

中断向量表由256×16位的SARRAM模块构成，如果PIE模块未使用，则还可用作RAM(仅限于用作数据空间)。在复位后，PIE中断向量表处于未定义状态。CPU中断优先级由高至低依次为：INT1～INT12，而PIE控制每组内8个中断的优先级。例如：如果中断INT1.1和INT8.1同时发生，PIE模块将中断请求送往CPU，CPU会优先处理INT1.1；如果中断INT1.1和INT1.8同时发生，PIE模块将优先将中断请求INT1.1送往CPU。

当PIE被使能后，指令"TRAP＃1到TRAP＃12"或"INTR INT1～INTR INT12"从每组PIE中断的起始点获取中断向量。例如：TRAP＃1可获取到INT1.1的中断向量；TRAP＃2可获取到INT2.1的中断向量。类似的，当各自的中断标志置位后，指令OR IFR，＃16-bit可以从中断INTR1.1～INTR12.1获取中断向量。所有的TRAP，INTR，OR IFR，＃16-bit指令都是通过向量表获取中断向量的，所有的向量表都受EALLOW保护。

表11.3列出了外设和外部中断的分组和与PIE模块的连接，每行的8个中断复用为一个CPU级中断。表11.4列出了完整的PIE中断向量表，包括复用与非复用中断。表11.5列出了PIE模块的配置和控制寄存器。

表11.3　PIE多路复用的外设中断向量表[1]

	INTx.8	INTx.7	INTx.6	INTx.5	INTx.4	INTx.3	INTx.2	INTx.1
INT1.y	WAKEINT (LPM/WD) 0xD4E	TINT0 (定时器0) 0xD4C	ADCINT9 (ADC) 0xD4A	XINT2 外部内部 20xD48	XINT1 外部内部1 0xD46	被保留 — 0xD44	ADCINT2 (ADC) 0xD42	ADCINT1 (ADC) 0xD40
INT2.y	被保留 — 0xD5E	被保留 — 0xD5C	被保留 — 0xD5A	被保留 — 0xD58	EPWM4_ TZINT (ePWM4) 0xD56	EPWM3_ TZINT (ePWM3) 0xD54	EPWM2_ TZINT (ePWM2) 0xD52	EPWM1_ TZINT (ePWM1) 0xD50

续表 11.3

	INTx.8	INTx.7	INTx.6	INTx.5	INTx.4	INTx.3	INTx.2	INTx.1
INT3.y	被保留 — 0xD6E	被保留 — 0xD6C	被保留 — 0xD6A	被保留 — 0xD68	EPWM4_ INT (ePWM4) 0xD66	EPWM3_ INT (ePWM3) 0xD64	EPWM2_ INT (ePWM2) 0xD62	EPWM1_ INT (ePWM1) 0xD60
INT4.y	被保留 — 0xD7E	被保留 — 0xD7C	被保留 — 0xD7A	被保留 — 0xD78	被保留 — 0xD76	被保留 — 0xD74	被保留 — 0xD72	ECAP1_ INT (eCAP1) 0xD70
INT5.y	被保留 — 0xD8E	被保留 — 0xD8C	被保留 — 0xD8A	被保留 — 0xD88	被保留 — 0xD86	被保留 — 0xD84	被保留 — 0xD82	被保留 — 0xD80
INT6.y	被保留 — 0xD9E	被保留 — 0xD9C	被保留 — 0xD9A	被保留 — 0xD98	被保留 — 0xD96	被保留 — 0xD94	SPITXINTA (SPI—A) 0xD92	SPIRXINTA (SPI—A) 0xD90
INT7.y	被保留 — 0xDAE	被保留 — 0xDAC	被保留 — 0xDAA	被保留 — 0xDA8	被保留 — 0xDA6	被保留 — 0xDA4	被保留 — 0xDA2	被保留 — 0xDA0
INT8.y	被保留— 0xDBE	被保留— 0xDBC	被保留— 0xDBA	被保留— 0xDB8	被保留— 0xDB6	被保留 — 0xDB4	I2CINT2A (I2C—A) 0xDB2	I2CINT1A (I2C—A) 0xDB0
INT9.y	被保留 — 0xDCE	被保留 — 0xDCC	被保留 — 0xDCA	被保留 — 0xDC8	被保留 — 0xDC6	被保留 — 0xDC4	SCITXINTA (SCI—A) 0xDC2	SCIRXINTA (SCI—A) 0xDC0
INT10.y	ADCINT8 (ADC) 0xDDE	ADCINT7 (ADC) 0xDDC	ADCINT6 (ADC) 0xDDA	ADCINT5 (ADC) 0xDD8	ADCINT4 (ADC) 0xDD6	ADCINT3 (ADC) 0xDD4	ADCINT2 (ADC) 0xDD2	ADCINT1 (ADC) 0xDD0
INT11.y	被保留 — 0xDEE	被保留 — 0xDEC	被保留 — 0xDEA	被保留 — 0xDE8	被保留 — 0xDE6	被保留 — 0xDE4	被保留 — 0xDE2	被保留 — 0xDE0
INT12.y	被保留 — 0xDFE	被保留 — 0xDFC	被保留 — 0xDFA	被保留 — 0xDF8	被保留 — 0xDF6	被保留 — 0xDF4	被保留 — 0xDF2	XINT3 外部内部 3 0xDF0

(1) 在 96 个可能的中断中，有一些是不使用的。这些中断是为以后的器件所保留的。如果它们在 PIEIFRx 级被启用并且这个组中的中断没有一个被外设使用，这些中断可被用作软件中断。否则，在意外地清除它们的标志同时修改 PIEIFR 的情况下，来自外设的中断也许会丢失。总的来说，在两个安全情况下，被保留的

中断可被用作软件中断：

- 组内没有外设使中断有效。
- 没有外设中断被分配给组(例如，PIE 组 5,7,或者 11)。

表 11.4 PIE 中断向量表

名称	向量ID	地址	占用地址	描述	CPU优先级	PIE组内优先级
Reset	0	0x0000 0D00	2	复位时从引导 ROM 的 0x3F FFC0 地址获取中断向量	1	—
INT1	1	0x0000 0D02	2	用户不使用	5	—
INT2	2	0x0000 0D04	2	用户不使用	6	—
INT3	3	0x0000 0D06	2	用户不使用	7	—
INT4	4	0x0000 0D08	2	用户不使用	8	—
INT5	5	0x0000 0D0A	2	用户不使用	9	—
INT6	6	0x0000 0D0C	2	用户不使用	10	—
INT7	7	0x0000 0D0E	2	用户不使用	11	—
INT8	8	0x0000 0D10	2	用户不使用	12	—
INT9	9	0x0000 0D12	2	用户不使用	13	—
INT10	10	0x0000 0D14	2	用户不使用	14	—
INT11	11	0x0000 0D16	2	用户不使用	15	—
INT12	12	0x0000 0D18	2	用户不使用	16	—
INT13	13	0x0000 0D1A	2	外部中断 13(XINT13) 或 CPU 定时器 1	17	—
INT14	14	0x0000 0D1C	2	CPU 定时器 2	18	—
DATALOG	15	0x0000 0D1E	2	CPU 数据记录中断	19	—
RTOSINT	16	0x0000 0D20	2	CPU 实时操作系统中断	4	—
EMUINT	17	0x0000 0D22	2	CPU 仿真中断	3	—
NMI	18	0x0000 0D24	2	外部不可屏蔽中断	2	—
ILLEGAL	19	0x0000 0D26	2	非法操作	—	—
USER1	20	0x0000 0D28	2	用户自定义软件陷阱中断	—	—
USER2	21	0x0000 0D2A	2	用户自定义软件陷阱中断	—	—
USER3	22	0x0000 0D2C	2	用户自定义软件陷阱中断	—	—
USER4	23	0x0000 0D2E	2	用户自定义软件陷阱中断	—	—
USER5	24	0x0000 0D30	2	用户自定义软件陷阱中断	—	—
USER6	25	0x0000 0D32	2	用户自定义软件陷阱中断	—	—
USER7	26	0x0000 0D34	2	用户自定义软件陷阱中断	—	—

续表 11.4

名称	向量 ID	地址	占用地址	描述	CPU 优先级	PIE 组内优先级
USER8	27	0x0000 0D36	2	用户自定义软件陷阱中断	—	—
USER9	28	0x0000 0D38	2	用户自定义软件陷阱中断	—	—
USER10	29	0x0000 0D3A	2	用户自定义软件陷阱中断	—	—
USER11	30	0x0000 0D3C	2	用户自定义软件陷阱中断	—	—
USER12	31	0x0000 0D3E	2	用户自定义软件陷阱中断	—	—
INT1.1	32	0x0000 0D40	2	SEQ1INT（ADC）	5	1
INT1.2	33	0x0000 0D42	2	SEQ2INT（ADC）	5	2
INT1.3	34	0x0000 0D44	2	保留	5	3
INT1.4	35	0x0000 0D46	2	XINT1(外部中断 1)	5	4
INT1.5	36	0x0000 0D48	2	XINT2(外部中断 2)	5	5
INT1.6	37	0x0000 0D4A	2	ADCINT(AD 转换完成中断)	5	6
INT1.7	38	0x0000 0D4C	2	TINT0(CPU 定时器 0 中断)	5	7
INT1.8	39	0x0000 0D4E	2	WAKEN(看门狗/低功耗唤醒中断)	5	8
INT2.1	40	0x0000 0D50	2	EPWM1_TZINT(EPWM1)	6	1
INT2.2	41	0x0000 0D52	2	EPWM2_TZINT(EPWM2)	6	2
INT2.3	42	0x0000 0D54	2	EPWM3_TZINT(EPWM3)	6	3
INT2.4	43	0x0000 0D56	2	EPWM4_TZINT(EPWM4)	6	4
INT2.5	44	0x0000 0D58	2	EPWM5_TZINT(EPWM5)	6	5
INT2.6	45	0x0000 0D5A	2	EPWM6_TZINT(EPWM6)	6	6
INT2.7	46	0x0000 0D5C	2	保留	6	7
INT2.8	47	0x0000 0D5E	2	保留	6	8
INT3.1	48	0x0000 0D60	2	EPWM1_INT(EPWM1)	7	1
INT3.2	49	0x0000 0D62	2	EPWM2_INT(EPWM2)	7	2
INT3.3	50	0x0000 0D64	2	EPWM3_INT(EPWM3)	7	3
INT3.4	51	0x0000 0D66	2	EPWM4_INT(EPWM4)	7	4
INT3.5	52	0x0000 0D68	2	EPWM5_INT(EPWM5)	7	5
INT3.6	53	0x0000 0D6A	2	EPWM6_INT(EPWM6)	7	6
INT3.7	54	0x0000 0D6C	2	保留	7	7
INT3.8	55	0x0000 0D6E	2	保留	7	8
INT4.1	56	0x0000 0D70	2	ECAP1_INT(ECAP1)	8	1
INT4.2	57	0x0000 0D72	2	ECAP2_INT(ECAP2)	8	2

续表 11.4

名称	向量 ID	地址	占用地址	描述	CPU 优先级	PIE 组内优先级
INT4.3	58	0x0000 0D74	2	ECAP3_INT(ECAP3)	8	3
INT4.4	59	0x0000 0D76	2	ECAP4_INT(ECAP4)	8	4
INT4.5	60	0x0000 0D78	2	ECAP5_INT(ECAP5)	8	5
INT4.6	61	0x0000 0D7A	2	ECAP6_INT(ECAP6)	8	6
INT4.7	62	0x0000 0D7C	2	保留	8	7
INT4.8	63	0x0000 0D7E	2	保留	8	8
INT5.1	64	0x0000 0D80	2	EQWP1_INT(EQEP1)	9	1
INT5.2	65	0x0000 0D82	2	EQWP2_INT(EQEP2)	9	2
INT5.3	66	0x0000 0D84	2	保留	9	3
INT5.4	67	0x0000 0D86	2	保留	9	4
INT5.5	68	0x0000 0D88	2	保留	9	5
INT5.6	69	0x0000 0D8A	2	保留	9	6
INT5.7	70	0x0000 0D8C	2	保留	9	7
INT5.8	71	0x0000 0D8E	2	保留	9	8
INT6.1	72	0x0000 0D90	2	SPIRXINTA(SPI－A)	10	1
INT6.2	73	0x0000 0D92	2	SPITXINTA(SPI－A)	10	2
INT6.3	74	0x0000 0D94	2	MRINTB(McBSP－B)	10	3
INT6.4	75	0x0000 0D96	2	MXINTB(McBSP－B)(SPI－B)	10	4
INT6.5	76	0x0000 0D98	2	MRINTA(McBSP－A)	10	5
INT6.6	77	0x0000 0D9A	2	MXINTA(McBSP－A)	10	6
INT6.7	78	0x0000 0D9C	2	保留	10	7
INT6.8	79	0x0000 0D9E	2	保留	10	8
INT7.1	80	0x0000 0DA0	2	DINTCH1(DMA channel 1)	11	1
INT7.2	81	0x0000 0DA2	2	DINTCH2(DMA channel 2)	11	2
INT7.3	82	0x0000 0DA4	2	DINTCH3(DMA channel 3)	11	3
INT7.4	83	0x0000 0DA6	2	DINTCH4(DMA channel 4)	11	4
INT7.5	84	0x0000 0DA8	2	DINTCH5(DMA channel 5)	11	5
INT7.6	85	0x0000 0DAA	2	DINTCH6(DMA channel 6)	11	6
INT7.7	86	0x0000 0DAC	2	保留	11	7
INT7.8	87	0x0000 0DAE	2	保留	11	8
INT8.1	88	0x0000 0DB0	2	I2CINT1A(I2C－A)	12	1
INT8.2	89	0x0000 0DB2	2	I2CINT2A(I2C－A)	12	2

续表 11.4

名称	向量 ID	地址	占用地址	描述	CPU 优先级	PIE 组内优先级
INT8.3	90	0x0000 0DB4	2	保留	12	3
INT8.4	91	0x0000 0DB6	2	保留	12	4
INT8.5	92	0x0000 0DB8	2	SCIRXINTC(SCI－C)	12	5
INT8.6	93	0x0000 0DBA	2	SCITXINTC(SCI－C)	12	6
INT8.7	94	0x0000 0DBC	2	保留	12	7
INT8.8	95	0x0000 0DBE	2	保留	12	8
INT9.1	96	0x0000 0DC0	2	SCIRXINTA(SCI－A)	13	1
INT9.2	97	0x0000 0DC2	2	SCITXINTA(SCI－A)	13	2
INT9.3	98	0x0000 0DC4	2	SCIRXINTB(SCI－B)	13	3
INT9.4	99	0x0000 0DC6	2	SCITXINTB(SCI－B)	13	4
INT9.5	100	0x0000 0DC8	2	ECAN0INTA(eCAN－A)	13	5
INT9.6	101	0x0000 0DCA	2	ECAN1INTA(eCAN－A)	13	6
INT9.7	102	0x0000 0DCC	2	ECAN0INTB(eCAN－B)	13	7
INT9.8	103	0x0000 0DCE	2	ECAN1INTB(eCAN－B)	13	8
INT10.1	104	0x0000 0DD0	2	保留	14	1
INT10.2	105	0x0000 0DD2	2	保留	14	2
INT10.3	106	0x0000 0DD4	2	保留	14	3
INT10.4	107	0x0000 0DD6	2	保留	14	4
INT10.5	108	0x0000 0DD8	2	保留	14	5
INT10.6	109	0x0000 0DDA	2	保留	14	6
INT10.7	110	0x0000 0DDC	2	保留	14	7
INT10.8	111	0x0000 0DDE	2	保留	14	8
INT11.1	112	0x0000 0DE0	2	保留	15	1
INT11.2	113	0x0000 0DE2	2	保留	15	2
INT11.3	114	0x0000 0DE4	2	保留	15	3
INT11.4	115	0x0000 0DE6	2	保留	15	4
INT11.5	116	0x0000 0DE8	2	保留	15	5
INT11.6	117	0x0000 0DEA	2	保留	15	6
INT11.7	118	0x0000 0DEC	2	保留	15	7
INT11.8	119	0x0000 0DEE	2	保留	15	8
INT12.1	120	0x0000 0DF0	2	XINT3	16	1
INT12.2	121	0x0000 0DF2	2	XINT4	16	2

续表 11.4

名称	向量ID	地址	占用地址	描述	CPU优先级	PIE组内优先级
INT12.3	122	0x0000 0DF4	2	XINT5	16	3
INT12.4	123	0x0000 0DF6	2	XINT6	16	4
INT12.5	124	0x0000 0DF8	2	XINT7	16	5
INT12.6	125	0x0000 0DFA	2	保留	16	6
INT12.7	126	0x0000 0DFC		LVF(FPU)	16	7
INT12.8	127	0x0000 0DFE		LUF(FPU)	16	8

11.1.4 PIE 配置寄存器

PIE 模块的配置和控制寄存器如表 11.5 所列。

表 11.5　PIE 模块的配置和控制寄存器

名　称	地　址	占用地址	描　述
PIECTRL	0x0000 0CE0	1	PIE 控制寄存器
PIEACK	0x0000 0CE1	1	PIE 确认寄存器
PIEIER1	0x0000 0CE2	1	PIE,INT1 组使能寄存器
PIEIFR1	0x0000 0CE3	1	PIE,INT1 组标志寄存器
PIEIER2	0x0000 0CE4	1	PIE,INT2 组使能寄存器
PIEIFR2	0x0000 0CE5	1	PIE,INT2 组标志寄存器
PIEIER3	0x0000 0CE6	1	PIE,INT3 组使能寄存器
PIEIFR3	0x0000 0CE7	1	PIE,INT3 组标志寄存器
PIEIER4	0x0000 0CE8	1	PIE,INT4 组使能寄存器
PIEIFR4	0x0000 0CE0	1	PIE,INT4 组标志寄存器
PIEIER5	0x0000 0CE0	1	PIE,INT5 组使能寄存器
PIEIFR5	0x0000 0CE0	1	PIE,INT5 组标志寄存器
PIEIER6	0x0000 0CE0	1	PIE,INT6 组使能寄存器
PIEIFR6	0x0000 0CE0	1	PIE,INT6 组标志寄存器
PIEIER7	0x0000 0CE0	1	PIE,INT7 组使能寄存器
PIEIFR7	0x0000 0CE0	1	PIE,INT7 组标志寄存器
PIEIER8	0x0000 0CF0	1	PIE,INT8 组使能寄存器
PIEIFR8	0x0000 0CF1	1	PIE,INT8 组标志寄存器
PIEIER9	0x0000 0CF2	1	PIE,INT9 组使能寄存器
PIEIFR9	0x0000 0CF3	1	PIE,INT9 组标志寄存器

续表 11.5

名 称	地 址	占用地址	描 述
PIEIER10	0x0000 0CF4	1	PIE,INT10 组使能寄存器
PIEIFR10	0x0000 0CF5	1	PIE,INT10 组标志寄存器
PIEIER11	0x0000 0CF6	1	PIE,INT11 组使能寄存器
PIEIFR11	0x0000 0CF7	1	PIE,INT11 组标志寄存器
PIEIER12	0x0000 0CF8	1	PIE,INT12 组使能寄存器
PIEIFR12	0x0000 0CF9	1	PIE,INT12 组标志寄存器

11.2 PIE 固件库

11.2.1 数据结构文档

PIE 固件库的数据结构文档如表 11.6 和表 11.7 所列。

表 11.6 _PIE_IERIFR_t

<table>
<tr><td>定义</td><td>typedef struct
{
uint16_t IER;
uint16_t IFR;
}_PIE_IERIFR_t_FLASH_Obj_</td></tr>
<tr><td>功能</td><td>定义 PIE_IERIFR_t 的数据类型</td></tr>
<tr><td>成员</td><td>IER:中断使能寄存器
IFR:中断标志寄存器</td></tr>
</table>

表 11.7 _PIE_Obj_

<table>
<tr><td>定义</td><td>typedef struct
{
uint16_t PIECTRL;
uint16_t PIEACK;
PIE_IERIFR_t PIEIER_PIEIFR[12];
uint16_t rsvd_1[6];
intVec_t Reset;
intVec_t INT1;
intVec_t INT2;
intVec_t INT3;
intVec_t INT4;
intVec_t INT5;</td></tr>
</table>

续表 11.7

定义	intVec_t INT6; intVec_t INT7; intVec_t INT8; intVec_t INT9; intVec_t INT10; intVec_t INT11; intVec_t INT12; intVec_t TINT1; intVec_t TINT2; intVec_t DATALOG; intVec_t RTOSINT; intVec_t EMUINT; intVec_t NMI; intVec_t ILLEGAL; intVec_t USER1; intVec_t USER2; intVec_t USER3; intVec_t USER4; intVec_t USER5; intVec_t USER6; intVec_t USER7; intVec_t USER8; intVec_t USER9; intVec_t USER10; intVec_t USER11; intVec_t USER12; intVec_t rsvd1_1; intVec_t rsvd1_2; intVec_t rsvd1_3; intVec_t XINT1; intVec_t XINT2; intVec_t ADCINT9; intVec_t TINT0; intVec_t WAKEINT; intVec_t EPWM1_TZINT; intVec_t EPWM2_TZINT; intVec_t EPWM3_TZINT; intVec_t EPWM4_TZINT; intVec_t rsvd2_5; intVec_t rsvd2_6;

续表 11.7

定义	intVec_t　rsvd2_7; intVec_t　rsvd2_8; intVec_t　EPWM1_INT; intVec_t　EPWM2_INT; intVec_t　EPWM3_INT; intVec_t　EPWM4_INT; intVec_t　rsvd3_5; intVec_t　rsvd3_6; intVec_t　rsvd3_7; intVec_t　rsvd3_8; intVec_t　ECAP1_INT; intVec_t　rsvd4_2; intVec_t　rsvd4_3; intVec_t　rsvd4_4; intVec_t　rsvd4_5; intVec_t　rsvd4_6; intVec_t　rsvd4_7; intVec_t　rsvd4_8; intVec_t　rsvd5_1; intVec_t　rsvd5_2; intVec_t　rsvd5_3; intVec_t　rsvd5_4; intVec_t　rsvd5_5; intVec_t　rsvd5_6; intVec_t　rsvd5_7; intVec_t　rsvd5_8; intVec_t　SPIRXINTA; intVec_t　SPITXINTA; intVec_t　rsvd6_3; intVec_t　rsvd6_4; intVec_t　rsvd6_5; intVec_t　rsvd6_6; intVec_t　rsvd6_7; intVec_t　rsvd6_8; intVec_t　rsvd7_1; intVec_t　rsvd7_2; intVec_t　rsvd7_3; intVec_t　rsvd7_4; intVec_t　rsvd7_5; intVec_t　rsvd7_6; intVec_t　rsvd7_7;

续表 11.7

定义	intVec_t rsvd7_8; intVec_t I2CINT1A; intVec_t I2CINT2A; intVec_t rsvd8_3; intVec_t rsvd8_4; intVec_t rsvd8_5; intVec_t rsvd8_6; intVec_t rsvd8_7; intVec_t rsvd8_8; intVec_t SCIRXINTA; intVec_t SCITXINTA; intVec_t rsvd9_3; intVec_t rsvd9_4; intVec_t rsvd9_5; intVec_t rsvd9_6; intVec_t rsvd9_7; intVec_t rsvd9_8; intVec_t ADCINT1; intVec_t ADCINT2; intVec_t ADCINT3; intVec_t ADCINT4; intVec_t ADCINT5; intVec_t ADCINT6; intVec_t ADCINT7; intVec_t ADCINT8; intVec_t rsvd11_1; intVec_t rsvd11_2; intVec_t rsvd11_3; intVec_t rsvd11_4; intVec_t rsvd11_5; intVec_t rsvd11_6; intVec_t rsvd11_7; intVec_t rsvd11_8; intVec_t XINT3; intVec_t rsvd12_2; intVec_t rsvd12_3; intVec_t rsvd12_4; intVec_t rsvd12_5; intVec_t rsvd12_6; intVec_t rsvd12_7;

续表 11.7

定义	intVec_t rsvd12_8; uint16_t rsvd13[25200]; uint16_t XINTnCR[3]; uint16_t rsvd14[5]; uint16_t XINTnCTR[3]; }_PIE_Obj_
功能	定义外设中断扩展(PIE)的对象
成员	PIECTRL:PIE 控制寄存器 PIEACK:PIE 应答寄存器 PIEIER_PIEIFR:PIE 中断使能与中断标志寄存器 rsvd_1:保留 Reset:复位中断向量 INT1:INT1 中断向量 INT2:INT2 中断向量 INT3:INT3 中断向量 INT4:INT4 中断向量 INT5:INT5 中断向量 INT6:INT6 中断向量 INT7:INT7 中断向量 INT8:INT8 中断向量 INT9:INT9 中断向量 INT10:INT10 中断向量 INT11:INT11 中断向量 INT12:INT12 中断向量 TINT1:INT13 中断向量 TINT2:INT14 中断向量 DATALOG:DATALOG 中断向量 RTOSINT:RTOSINT 中断向量 EMUINT:仿真中断(EMUINT)向量 NMI:不可屏蔽(NMI)中断向量 ILLEGAL:ILLEGAL 中断向量 USER1:USER1 中断向量 USER2:USER2 中断向量 USER3:USER3 中断向量 USER4:USER4 中断向量 USER5:USER5 中断向量 USER6:USER6 中断向量 USER7:USER7 中断向量 USER8:USER8 中断向量 USER9:USER9 中断向量

续表 11.7

成员	USER10:USER10 中断向量 USER11:USER11 中断向量 USER12:USER12 中断向量 rsvd1_1:保留(注意：在第 10 组使用 ADCINT_1) rsvd1_2:保留(注意：在第 10 组使用 ADCINT_2) rsvd1_3:保留 XINT1:XINT1 中断向量 XINT2:XINT2 中断向量 ADCINT9:ADCINT9 中断向量 TINT0:TINT0 中断向量 WAKEINT:WAKEINT 中断向量 EPWM1_TZINT:EPWM1_TZINT 中断向量 EPWM2_TZINT:EPWM2_TZINT 中断向量 EPWM3_TZINT:EPWM3_TZINT 中断向量 EPWM4_TZINT:EPWM4_TZINT 中断向量 rsvd2_5:保留 rsvd2_6:保留 rsvd2_7:保留 rsvd2_8:保留 EPWM1_INT:EPWM1 中断向量 EPWM2_INT:EPWM2 中断向量 EPWM3_INT:EPWM3 中断向量 EPWM4_INT:EPWM4 中断向量 rsvd3_5:保留 rsvd3_6:保留 rsvd3_7:保留 rsvd3_8:保留 ECAP1_INT:ECAP1_INT 中断向量 rsvd4_2:保留 rsvd4_3:保留 rsvd4_4:保留 rsvd4_5:保留 rsvd4_6:保留 rsvd4_7:保留 rsvd4_8:保留 rsvd5_1:保留 rsvd5_2:保留 rsvd5_3:保留 rsvd5_4:保留 rsvd5_5:保留 rsvd5_6:保留

续表 11.7

成员	rsvd5_7:保留 rsvd5_8:保留 SPIRXINTA：SPIRXINTA 中断向量 SPITXINTA:SPITXINTA 中断向量 rsvd6_3:保留 rsvd6_4:保留 rsvd6_5:保留 rsvd6_6:保留 rsvd6_7:保留 rsvd6_8:保留 rsvd7_1:保留 rsvd7_2:保留 rsvd7_3:保留 rsvd7_4:保留 rsvd7_5:保留 rsvd7_6:保留 rsvd7_7:保留 rsvd7_8:保留 I2CINT1A:I2CINT1A 中断向量 I2CINT2A:I2CINT2A 中断向量 rsvd8_3:保留 rsvd8_4:保留 rsvd8_5:保留 rsvd8_6:保留 rsvd8_7:保留 rsvd8_8:保留 SCIRXINTA:SCIRXINTA 中断向量 SCITXINTA:SCITXINTA 中断向量 rsvd9_3:保留 rsvd9_4:保留 rsvd9_5:保留 rsvd9_6:保留 rsvd9_7:保留 rsvd9_8:保留 ADCINT1:ADCINT1 中断向量 ADCINT2:ADCINT2 中断向量 ADCINT3:ADCINT3 中断向量 ADCINT4:ADCINT4 中断向量 ADCINT5:ADCINT5 中断向量 ADCINT6:ADCINT6 中断向量 ADCINT7:ADCINT7 中断向量

续表 11.7

成员	ADCINT8:ADCINT8 中断向量 rsvd11_1:保留 rsvd11_2:保留 rsvd11_3:保留 rsvd11_4:保留 rsvd11_5:保留 rsvd11_6:保留 rsvd11_7:保留 rsvd11_8:保留 XINT3:XINT3 中断向量 rsvd12_2:保留 rsvd12_3:保留 rsvd12_4:保留 rsvd12_5:保留 rsvd12_6:保留 rsvd12_7:保留 rsvd12_8:保留 rsvd13:保留 XINTnCR:外部中断 n 控制寄存器 rsvd14:保留 XINTnCTR:外部中断 n 计数寄存器

11.2.2　定义文档

DIF 固件库的定义文档如表 11.8 所列。

表 11.8　定义文档

定　义	描　述
PIE_BASE_ADDR	定义 PIE 的基地址寄存器。
PIE_DBGIER_DLOGINT_BITS	定义 PIE_DBGIER 寄存器中的 DLOGINT 位
PIE_DBGIER_INT10_BITS	定义 PIE_DBGIER 寄存器中的 INT10 位
PIE_DBGIER_INT11_BITS	定义 PIE_DBGIER 寄存器中的 INT11 位
PIE_DBGIER_INT12_BITS	定义 PIE_DBGIER 寄存器中的 INT12 位
PIE_DBGIER_INT13_BITS	定义 PIE_DBGIER 寄存器中的 INT13 位
PIE_DBGIER_INT14_BITS	定义 PIE_DBGIER 寄存器中的 INT14 位
PIE_DBGIER_INT1_BITS	定义 PIE_DBGIER 寄存器中的 INT1 位
PIE_DBGIER_INT2_BITS	定义 PIE_DBGIER 寄存器中的 INT2 位
PIE_DBGIER_INT3_BITS	定义 PIE_DBGIER 寄存器中的 INT3 位

续表 11.8

定　义	描　述
PIE_DBGIER_INT4_BITS	定义 PIE_DBGIER 寄存器中的 INT4 位
PIE_DBGIER_INT5_BITS	定义 PIE_DBGIER 寄存器中的 INT5 位
PIE_DBGIER_INT6_BITS	定义 PIE_DBGIER 寄存器中的 INT6 位
PIE_DBGIER_INT7_BITS	定义 PIE_DBGIER 寄存器中的 INT7 位
PIE_DBGIER_INT8_BITS	定义 PIE_DBGIER 寄存器中的 INT8 位
PIE_DBGIER_INT9_BITS	定义 PIE_DBGIER 寄存器中的 INT9 位
PIE_DBGIER_RTOSINT_BITS	定义 PIE_DBGIER 寄存器中的 RTOSINT 位
PIE_IER_DLOGINT_BITS	定义 PIE_IER 寄存器中的 DLOGINT 位
PIE_IER_INT10_BITS	定义 PIE_IER 寄存器中的 INT10 位
PIE_IER_INT11_BITS	定义 PIE_IER 寄存器中的 INT11 位
PIE_IER_INT12_BITS	定义 PIE_IER 寄存器中的 INT12 位
PIE_IER_INT13_BITS	定义 PIE_IER 寄存器中的 INT13 位
PIE_IER_INT14_BITS	定义 PIE_IER 寄存器中的 INT14 位
PIE_IER_INT1_BITS	定义 PIE_IER 寄存器中的 INT1 位
PIE_IER_INT2_BITS	定义 PIE_IER 寄存器中的 INT2 位
PIE_IER_INT3_BITS	定义 PIE_IER 寄存器中的 INT3 位
PIE_IER_INT4_BITS	定义 PIE_IER 寄存器中的 INT4 位
PIE_IER_INT5_BITS	定义 PIE_IER 寄存器中的 INT5 位
PIE_IER_INT6_BITS	定义 PIE_IER 寄存器中的 INT6 位
PIE_IER_INT7_BITS	定义 PIE_IER 寄存器中的 INT7 位
PIE_IER_INT8_BITS	定义 PIE_IER 寄存器中的 INT8 位
PIE_IER_INT9_BITS	定义 PIE_IER 寄存器中的 INT9 位
PIE_IER_RTOSINT_BITS	定义 PIE_IER 寄存器中的 RTOSINT 位
PIE_IERx_INTx1_BITS	定义 PIE_IERx 寄存器中的 INTx1 位
PIE_IERx_INTx2_BITS	定义 PIE_IERx 寄存器中的 INTx2 位
PIE_IERx_INTx3_BITS	定义 PIE_IERx 寄存器中的 INTx3 位
PIE_IERx_INTx4_BITS	定义 PIE_IERx 寄存器中的 INTx4 位
PIE_IERx_INTx5_BITS	定义 PIE_IERx 寄存器中的 INTx5 位
PIE_IERx_INTx6_BITS	定义 PIE_IERx 寄存器中的 INTx6 位
PIE_IERx_INTx7_BITS	定义 PIE_IERx 寄存器中的 INTx7 位
PIE_IERx_INTx8_BITS	定义 PIE_IERx 寄存器中的 INTx8 位
PIE_IFR_DLOGINT_BITS	定义 PIE_IFR 寄存器中的 DLOGINT 位
PIE_IFR_INT10_BITS	定义 PIE_IFR 寄存器中的 INT10 位

续表 11.8

定　义	描　述
PIE_IFR_INT11_BITS	定义 PIE_IFR 寄存器中的 INT11 位
PIE_IFR_INT12_BITS	定义 PIE_IFR 寄存器中的 INT12 位
PIE_IFR_INT13_BITS	定义 PIE_IFR 寄存器中的 INT13 位
PIE_IFR_INT14_BITS	定义 PIE_IFR 寄存器中的 INT14 位
PIE_IFR_INT1_BITS	定义 PIE_IFR 寄存器中的 INT1 位
PIE_IFR_INT2_BITS	定义 PIE_IFR 寄存器中的 INT2 位
PIE_IFR_INT3_BITS	定义 PIE_IFR 寄存器中的 INT3 位
PIE_IFR_INT4_BITS	定义 PIE_IFR 寄存器中的 INT4 位
PIE_IFR_INT5_BITS	定义 PIE_IFR 寄存器中的 INT5 位
PIE_IFR_INT6_BITS	定义 PIE_IFR 寄存器中的 INT6 位
PIE_IFR_INT7_BITS	定义 PIE_IFR 寄存器中的 INT7 位
PIE_IFR_INT8_BITS	定义 PIE_IFR 寄存器中的 INT8 位
PIE_IFR_INT9_BITS	定义 PIE_IFR 寄存器中的 INT9 位
PIE_IFR_RTOSINT_BITS	定义 PIE_IFR 寄存器中的 RTOSINT 位
PIE_IFRx_INTx1_BITS	定义 PIE_IFRx 寄存器中的 INTx1 位
PIE_IFRx_INTx2_BITS	定义 PIE_IFRx 寄存器中的 INTx2 位
PIE_IFRx_INTx3_BITS	定义 PIE_IFRx 寄存器中的 INTx3 位
PIE_IFRx_INTx4_BITS	定义 PIE_IFRx 寄存器中的 INTx4 位
PIE_IFRx_INTx5_BITS	定义 PIE_IFRx 寄存器中的 INTx5 位
PIE_IFRx_INTx6_BITS	定义 PIE_IFRx 寄存器中的 INTx6 位
PIE_IFRx_INTx7_BITS	定义 PIE_IFRx 寄存器中的 INTx7 位
PIE_IFRx_INTx8_BITS	定义 PIE_IFRx 寄存器中的 INTx8 位
PIE_PIEACK_GROUP10_BITS	定义 PIE_PIEACK 寄存器中的 GROUP10 位
PIE_PIEACK_GROUP11_BITS	定义 PIE_PIEACK 寄存器中的 GROUP11 位
PIE_PIEACK_GROUP12_BITS	定义 PIE_PIEACK 寄存器中的 GROUP12 位
PIE_PIEACK_GROUP1_BITS	定义 PIE_PIEACK 寄存器中的 GROUP1 位
PIE_PIEACK_GROUP2_BITS	定义 PIE_PIEACK 寄存器中的 GROUP2 位
PIE_PIEACK_GROUP3_BITS	定义 PIE_PIEACK 寄存器中的 GROUP3 位
PIE_PIEACK_GROUP4_BITS	定义 PIE_PIEACK 寄存器中的 GROUP4 位
PIE_PIEACK_GROUP5_BITS	定义 PIE_PIEACK 寄存器中的 GROUP5 位
PIE_PIEACK_GROUP6_BITS	定义 PIE_PIEACK 寄存器中的 GROUP6 位
PIE_PIEACK_GROUP7_BITS	定义 PIE_PIEACK 寄存器中的 GROUP7 位
PIE_PIEACK_GROUP8_BITS	定义 PIE_PIEACK 寄存器中的 GROUP8 位

续表 11.8

定　义	描　述
PIE_PIEACK_GROUP9_BITS	定义 PIE_PIEACK 寄存器中的 GROUP9 位
PIE_PIECTRL_ENPIE_BITS	定义 PIE_PIECTRL 寄存器中的 ENPIE 位
PIE_PIECTRL_PIEVECT_BITS	定义 PIE_PIECTRL 寄存器中的 PIEVECT 位

11.2.3　类型定义文档

PIE 固件库的类型定义文档如表 11.9 所列。

表 11.9　类型定义文档

类型定义	描　述
typedef interrupt void(*) intVec_t (void)	定义中断向量的类型
typedef struct PIE_Obj * PIE_Handle	定义外设中断扩展(GPIO)的句柄
typedef struct _PIE_IERIFR_t PIE_IERIFR_t	定义 PIE_IERIFR_t 的数据类型
typedef struct _PIE_Obj_ PIE_Obj	定义外设中断扩展(GPIO)的对象

11.2.4　枚举文档

PIE 固件库的枚举文档如表 11.10～表 11.14 所列。

表 11.10　PIE_ExtIntPolarity_e

功能	用枚举定义外部中断的极性
枚举成员	描述
PIE_ExtIntPolarity_FallingEdge	表示在下降沿产生中断
PIE_ExtIntPolarity_RisingEdge	表示在上升沿产生中断
PIE_ExtIntPolarity_RisingAndFallingEdge	表示在上升沿和下降沿产生中断

表 11.11　PIE_GroupNumber_e

功　能	枚举来定义的外设中断扩展(PIE)组号
枚举成员	描述
PIE_GroupNumber_1	表示第 1 组 PIE
PIE_GroupNumber_2	表示第 2 组 PIE
PIE_GroupNumber_3	表示第 3 组 PIE
PIE_GroupNumber_4	表示第 4 组 PIE
PIE_GroupNumber_5	表示第 5 组 PIE

续表 11.11

枚举成员	描述
PIE_GroupNumber_6	表示第 6 组 PIE
PIE_GroupNumber_7	表示第 7 组 PIE
PIE_GroupNumber_8	表示第 8 组 PIE
PIE_GroupNumber_9	表示第 9 组 PIE
PIE_GroupNumber_10	表示第 10 组 PIE
PIE_GroupNumber_11	表示第 11 组 PIE
PIE_GroupNumber_12	表示第 12 组 PIE

表 11.12 PIE_InterruptSource_e

功 能	用枚举来定义 PIE 各中断源
枚举成员	描述
PIE_InterruptSource_ADCINT_1_1	第 1 组 ADC 中断 1
PIE_InterruptSource_ADCINT_1_2	第 1 组 ADC 中断 2
PIE_InterruptSource_XINT_1	外部中断 1
PIE_InterruptSource_XINT_2	外部中断 2
PIE_InterruptSource_ADCINT_9	ADC 中断 9
PIE_InterruptSource_TIMER_0	定时器中断 0
PIE_InterruptSource_WAKE	唤醒中断
PIE_InterruptSource_TZ1	EPWM TZ1 中断
PIE_InterruptSource_TZ2	EPWM TZ2 中断
PIE_InterruptSource_TZ3	EPWM TZ3 中断
PIE_InterruptSource_TZ4	EPWM TZ4 中断
PIE_InterruptSource_EPWM1	EPWM1 中断
PIE_InterruptSource_EPWM2	EPWM2 中断
PIE_InterruptSource_EPWM3	EPWM3 中断
PIE_InterruptSource_EPWM4	EPWM4 中断
PIE_InterruptSource_ECAP1	ECAP1 中断
PIE_InterruptSource_SPIARX	SPI A RX 中断
PIE_InterruptSource_SPIATX	SPI A TX 中断
PIE_InterruptSource_I2CA1	I2C A 中断 1
PIE_InterruptSource_I2CA2	I2C A 中断 2
PIE_InterruptSource_SCIARX	SCI A RX 中断
PIE_InterruptSource_SCIATX	SCI A TX 中断

续表 11.12

枚举成员	描述
PIE_InterruptSource_ADCINT_10_1	10 组 ADC 中断 1
PIE_InterruptSource_ADCINT_10_2	10 组 ADC 中断 2
PIE_InterruptSource_ADCINT_3	ADC 中断 3
PIE_InterruptSource_ADCINT_4	ADC 中断 4
PIE_InterruptSource_ADCINT_5	ADC 中断 5
PIE_InterruptSource_ADCINT_6	ADC 中断 6
PIE_InterruptSource_ADCINT_7	ADC 中断 7
PIE_InterruptSource_ADCINT_8	ADC 中断 8
PIE_InterruptSource_XINT_3	外部中断 3

表 11.13　PIE_SubGroupNumber_e

功　能	用枚举定义 PIE 子组编号
PIE_SubGroupNumber_1	表示 PIE 子组 1
PIE_SubGroupNumber_2	表示 PIE 子组 2
PIE_SubGroupNumber_3	表示 PIE 子组 3
PIE_SubGroupNumber_4	表示 PIE 子组 4
PIE_SubGroupNumber_5	表示 PIE 子组 5
PIE_SubGroupNumber_6	表示 PIE 子组 6
PIE_SubGroupNumber_7	表示 PIE 子组 7
PIE_SubGroupNumber_8	表示 PIE 子组 8

表 11.14　PIE_SystemInterrupts_e

功　能	用枚举定义系统中断
枚举成员	描述
PIE_SystemInterrupts_Reset	复位中断向量
PIE_SystemInterrupts_INT1	INT1 中断向量
PIE_SystemInterrupts_INT2	INT2 中断向量
PIE_SystemInterrupts_INT3	INT3 中断向量
PIE_SystemInterrupts_INT4	INT4 中断向量
PIE_SystemInterrupts_INT5	INT5 中断向量
PIE_SystemInterrupts_INT6	INT6 中断向量
PIE_SystemInterrupts_INT7	INT7 中断向量

续表 11.14

枚举成员	描述
PIE_SystemInterrupts_INT8	INT8 中断向量
PIE_SystemInterrupts_INT9	INT9 中断向量
PIE_SystemInterrupts_INT10	INT10 中断向量
PIE_SystemInterrupts_INT11	INT11 中断向量
PIE_SystemInterrupts_INT12	INT12 中断向量
PIE_SystemInterrupts_TINT1	INT13 中断向量
PIE_SystemInterrupts_TINT2	INT14 中断向量
PIE_SystemInterrupts_DATALOG	DATALOG 中断向量
PIE_SystemInterrupts_RTOSINT	RTOSINT 中断向量
PIE_SystemInterrupts_EMUINT	EMUINT 中断向量
PIE_SystemInterrupts_NMI	NMI 中断向量
PIE_SystemInterrupts_ILLEGAL	非法的中断向量
PIE_SystemInterrupts_USER1	USER1 的中断向量
PIE_SystemInterrupts_USER2	USER2 的中断向量
PIE_SystemInterrupts_USER3	USER3 的中断向量
PIE_SystemInterrupts_USER4	USER4 的中断向量
PIE_SystemInterrupts_USER5	USER5 的中断向量
PIE_SystemInterrupts_USER6	USER6 的中断向量
PIE_SystemInterrupts_USER7	USER7 的中断向量
PIE_SystemInterrupts_USER8	USER8 的中断向量
PIE_SystemInterrupts_USER9	USER9 的中断向量
PIE_SystemInterrupts_USER10	USER10 的中断向量
PIE_SystemInterrupts_USER11	USER11 的中断向量
PIE_SystemInterrupts_USER12	USER12 的中断向量

11.2.5　函数文档

PIE 固件库的函数文档如表 11.5～表 11.40 所列。

表 11.15　PIE_clearAllFlags

功能	清除所有的中断标志
函数原型	void　PIE_clearAllFlags(PIE_Handle pieHandle)
输入参数	描述
pieHandle	外设中断扩展(PIE)对象的句柄

续表 11.15

返回参数	描述
无	无

表 11.16 PIE_clearAllInts ( )

功能	清除所有的中断
函数原型	void PIE_clearAllInts (PIE_Handle pieHandle)
输入参数	描述
pieHandle	外设中断扩展(PIE)对象的句柄
返回参数	描述
无	无

表 11.17 PIE_clearInt( )

功能	清除中断定义的组号
函数原型	void PIE _ clearInt (PIE _ Handle pieHandle, const PIE _ GroupNumber _ e groupNumber) [inline]
输入参数	描述
pieHandle groupNumber	外设中断扩展(PIE)对象的句柄 组号
返回参数	描述
无	无

表 11.18 PIE_disable( )

功能	禁用外设中断扩展(PIE)
函数原型	void PIE_disable (PIE_Handle pieHandle)
输入参数	描述
pieHandle	外设中断扩展(PIE)对象的句柄
返回参数	描述
无	无

表 11.19 PIE_disableAllInts( )

功能	禁用所有的中断
函数原型	void PIE_disableAllInts (PIE_Handle pieHandle)

续表 11.19

输入参数	描述
pieHandle	外设中断扩展(PIE)对象的句柄
返回参数	描述
无	无

表 11.20　PIE_disableCaptureInt()

功能	禁止捕获中断
函数原型	void PIE_disableCaptureInt (PIE_Handle pieHandle)
输入参数	描述
pieHandle	外设中断扩展(PIE)对象的句柄
返回参数	描述
无	无

表 11.21　PIE_disableInt()

功能	禁用特定的 PIE 中断
函数原型	void PIE_disableInt (PIE_Handle pieHandle, const PIE_GroupNumber_e group,const PIE_InterruptSource_e intSource)
输入参数	描述
pieHandle Group intSource	外设中断扩展(PIE)对象的句柄 中断所在 PIE 组 禁止特定的中断源
返回参数	描述
无	无

表 11.22　PIE_enable()

功能	允许外设中断扩展(PIE)
函数原型	void PIE_enable (PIE_Handle pieHandle)
输入参数	描述
pieHandle	外设中断扩展(PIE)对象的句柄
返回参数	描述
无	无

表 11.23　PIE_enableAdcInt( )

功能	允许指定的 ADC 中断
函数原型	void PIE_enableAdcInt (PIE_Handle pieHandle, const ADC_IntNumber_e intNumber)
输入参数	描述
pieHandle intNumber	外设中断扩展(PIE)对象的句柄 中断号
返回参数	描述
无	无

表 11.24　PIE_enableCaptureInt( )

功能	使能捕获中断
函数原型	void PIE_enableCaptureInt (PIE_Handle pieHandle)
输入参数	描述
pieHandle	外设中断扩展(PIE)对象的句柄
返回参数	描述
无	无

表 11.25　PIE_enableExtInt( )

功能	允许指定的外部中断
函数原型	void PIE_enableExtInt (PIE_Handle pieHandle, const CPU_ExtIntNumber_e intNumber)
输入参数	描述
pieHandle ntNumber	外设中断扩展(PIE)处理 中断号
返回参数	描述
无	无

表 11.26　PIE_enableInt( )

功能	使能特定的 PIE 中断
函数原型	void PIE_enableAdcInt (PIE_Handle pieHandle, const ADC_IntNumber_e intNumber)

续表 11.26

输入参数	描述
pieHandle Group intSource	外设中断扩展(PIE)对象的句柄 所在的 PIE 中断组 使能特定中断源
返回参数	描述
无	无

表 11.27　PIE_enablePwmInt()

功能	允许 PWM 中断
函数原型	void PIE_enablePwmInt (PIE_Handle pieHandle, const PWM_Number_e pwmNumber)
输入参数	描述
pieHandle pwmNumber	外设中断扩展(PIE)处理 PWM 号
返回参数	描述
无	无

表 11.28　PIE_enablePwmTzInt()

功能	使能 PWM 触发区中断
函数原型	void PIE_enablePwmTzInt (PIE_Handle pieHandle, const PWM_Number_e pwmNumber)
输入参数	描述
pieHandle pwmNumber	外设中断扩展(PIE)处理 PWM 号
返回参数	描述
无	无

表 11.29　PIE_enableTimer0Int()

功能	使 CPU 定时器 0 中断
函数原型	void PIE_enableTimer0Int (PIE_Handle pieHandle)
输入参数	描述
pieHandle	外设中断扩展(PIE)处理
返回参数	描述
无	无

表 11.30　PIE_forceInt( )

功能	强制特定的 PIE 中断。
函数原型	Void PIE_forceInt (PIE_Handle pieHandle, const PIE_GroupNumber_e group, const PIE_InterruptSource_e intSource)
输入参数	描述
pieHandle Group intSource	外设中断扩展(PIE)对象的句柄 所在 PIE 中断组 强制特定的中断源
返回参数	描述
无	无

表 11.31　PIE_getExtIntCount( )

功能	获取外部中断计数值
函数原型	uint16_t PIE_getExtIntCount (PIE_Handle pieHandle, const CPU_ExtIntNumber_e intNumber)
输入参数	描述
pieHandle ntNumber	外设中断扩展(PIE)对象的句柄 外部中断号
返回参数	描述
无	计数值

表 11.32　PIE_getIntEnables( )

功能	获取 PIE 中断使能值
函数原型	uint16_t PIE_getIntEnables (PIE_Handle pieHandle, const PIE_GroupNumber_e group)
输入参数	描述
pieHandle group	外设中断扩展(PIE)对象的句柄 PIE 所在组的标志
返回参数	描述
无	无

表 11.33　PIE_getIntFlags( )

功能	获取 PIE 中断标志值
函数原型	uint16_t PIE_getIntFlags (PIE_Handle pieHandle, const PIE_GroupNumber_e group)
输入参数	描述
pieHandle group	外设中断扩展(PIE)对象的句柄 所在 PIE 组的标志
返回参数	描述
无	无

表 11.34　PIE_init( )

功能	初始化对象外设中断扩展(PIE)的句柄
函数原型	PIE_Handle PIE_init (void _ pMemory, const size_t numBytes)
输入参数	描述
pMemory numBytes	为 PIE 对象分配存储器 为 PIE 对象分配的字节数,字节
返回参数	描述
无	外设中断扩展(PIE)对象的句柄

表 11.35　PIE_registerPieIntHandler( )

功能	寄存器的 PIE 中断处理程序
函数原型	void PIE_registerPieIntHandler (PIE_Handle pieHandle, const PIE_GroupNumber_e groupNumber, const PIE_SubGroupNumber_e subGroupNumber, const intVec_t vector)
输入参数	描述
pieHandle groupNumber subGroupNumber vector	外设中断扩展(PIE)对象的句柄 所在的特定 PIE 中断组 所在的 PIE 中断子组 特定的中断处理程序
返回参数	描述
无	无

表 11.36　PIE_registerSystemIntHandler()

功能	寄存器的 PIE 中断处理程序
函数原型	void PIE_registerSystemIntHandler (PIE_Handle pieHandle, const PIE_SystemInterrupts_e systemInt, const intVec_t vector)
输入参数	描述
pieHandle systemInt vector	外设中断扩展(PIE)对象的句柄 寄存器系统中断处理程序 特定的中断处理程序
返回参数	描述
无	无

表 11.37　PIE_setDefaultIntVectorTable()

功能	初始化非法 ISR 处理程序的向量表
函数原型	void PIE_setDefaultIntVectorTable (PIE_Handle pieHandle)
输入参数	描述
pieHandle	外设中断扩展(PIE)对象的句柄
返回参数	描述
无	无

表 11.38　PIE_setExtIntPolarity()

功能	设置外部中断的极性
函数原型	void PIE_setExtIntPolarity (PIE_Handle pieHandle, const CPU_ExtIntNumber_e intNumber, const PIE_ExtIntPolarity_e polarity)
输入参数	描述
pieHandle intNumber polarity	外设中断扩展(PIE)句柄 外部中断号 信号的极性
返回参数	描述
无	无

表 11.39　函数 PIE_unregisterPieIntHandler( )

功能	注销的 PIE 中断处理程序
函数原型	void PIE_unregisterPieIntHandler (PIE_Handle pieHandle, const PIE_GroupNumber_e groupNumber, const PIE_SubGroupNumber_e subGroupNumber)
输入参数	描述
PieHandle groupNumber subGroupNumber	外设中断扩展(PIE)对象的句柄 所在的 PIE 中断组 所在的 PIE 中断子组
返回参数	描述
无	无

表 11.40　PIE_unregisterSystemIntHandler( )

功能	注销的 PIE 中断处理程序
函数原型	void PIE_unregisterSystemIntHandler (PIE_Handle pieHandle, const PIE_SystemInterrupts_e systemInt)
输入参数	描述
pieHandle systemInt	外设中断扩展(PIE)对象的句柄 注销系统中断
返回参数	描述
无	无

函数:interrupt void PIE_illegalIsr (void)

定义一个非法的中断服务程序。如果程序指针引用这个函数,会导致在 PIE 中断向量表出现错误的映射。

11.3　PIE 固件例程

(1) 本小节将以 TI 公司提供的例程为范本,并对源程序进行修改,去掉其中模拟产生外部中断信号,并变更为在 Proteus 中添加,下降沿/上升沿,介绍基于 PIE 编程的基本方法。

```
//###########################################################################
//!    该程序把 GPIO0,GPIO1 分别配置为外部中断 1(XINT1)和外部中断 2(XINT2)。
//!    如果在 LaunchPad 中运行,需将 GPIO28 和 GPIO29 输出的模拟外部中断分别
//!    送到 GPIO 和 GPIO1 端口,且需通过杜邦线这些端口。
```

```
//!    XINT1：输入与 SYSCLKOUT 同步。
//!    XINT2:6 个采样(510 * SYSCLKOUT)的输入限定。
//!    在 Proteus 中测试:未发生外部中断时 GPIO34 为高;发生外部中断 GPIO34 被将
//!    拉低，可用虚拟示波器查看该引脚的跳变。不过,由于 DSP 运行速度太快,这时
//!    的 Proteus 虚拟示波器已显疲态,可能存在错误的观测结果,其结论仅做参考
//!    并需对程序的功能进行分析,方可作出结论。在 LaunchPad 中测试:建议将 GPIO34
//!   变更为 GPIO2 以便观察该引脚的反转(板中外接 LED)。
//!    每个中断顺序固定:先 XINT1,后 XINT2。
//!    ###########################################################
//!    # 在 LaunchPad 开发板运行添加以下变量到观察窗口:
//!    # - Xint1Count  :通过 XINT1 中断的次数
//!    # - Xint2Count  :通过 XINT2 中断的次数
//!    # - LoopCount   :通过空闲循环的次数
//   ###########################################################
#include "DSP28x_Project.h"      //设备头文件与例程包含文件
#include "f2802x_common/include/clk.h"
#include "f2802x_common/include/flash.h"
#include "f2802x_common/include/gpio.h"
#include "f2802x_common/include/pie.h"
#include "f2802x_common/include/pll.h"
#include "f2802x_common/include/pwr.h"
#include "f2802x_common/include/wdog.h"
//函数原型声明
interrupt void xint1_isr(void);
interrupt void xint2_isr(void);
CLK_Handle myClk;
FLASH_Handle myFlash;
GPIO_Handle myGpio;
PIE_Handle myPie;
//定义全局变量
volatile uint32_t Xint1Count;
volatile uint32_t Xint2Count;
uint32_t LoopCount;
//###########################################################
//在 Proteus 中运行注释掉该行代码
//#define DELAY (CPU_RATE/1000 * 6 * 510)   //Qual period at 6 samples
//###########################################################
void main(void)
{
    CPU_Handle myCpu;
    PLL_Handle myPll;
    PWR_Handle myPwr;
```

```
    WDOG_Handle myWDog;
//####################################################################
    //在 Proteus 中运行注释掉这两行代码
/* uint32_t TempX1Count;
    uint32_t TempX2Count;
 */
//####################################################################
    //初始化工程中所需的所有句柄
    myClk = CLK_init((void  *)CLK_BASE_ADDR, sizeof(CLK_Obj));
    myCpu = CPU_init((void  *)NULL, sizeof(CPU_Obj));
    myFlash = FLASH_init((void  *)FLASH_BASE_ADDR, sizeof(FLASH_Obj));
    myGpio = GPIO_init((void  *)GPIO_BASE_ADDR, sizeof(GPIO_Obj));
    myPie = PIE_init((void  *)PIE_BASE_ADDR, sizeof(PIE_Obj));
    myPll = PLL_init((void  *)PLL_BASE_ADDR, sizeof(PLL_Obj));
    myPwr = PWR_init((void  *)PWR_BASE_ADDR, sizeof(PWR_Obj));
    myWDog = WDOG_init((void  *)WDOG_BASE_ADDR, sizeof(WDOG_Obj));
    //系统初始化
    WDOG_disable(myWDog);
    CLK_enableAdcClock(myClk);
    (*Device_cal)();
    //选择内部振荡器 1 作为时钟源
    CLK_setOscSrc(myClk, CLK_OscSrc_Internal);
    // 配置 PLL 为 x12/2 使 60Mhz = 10MHz x 12/2
    PLL_setup(myPll, PLL_Multiplier_12, PLL_DivideSelect_ClkIn_by_2);
    // 禁止 PIE 和所有中断
    PIE_disable(myPie);
    PIE_disableAllInts(myPie);
    CPU_disableGlobalInts(myCpu);
    CPU_clearIntFlags(myCpu);
    //如果从闪存运行,需将程序搬移(复制)到 RAM 中运行
#ifdef  _FLASH
    memcpy(&RamfuncsRunStart, &RamfuncsLoadStart, (size_t)&RamfuncsLoadSize);
#endif
    //配置调试向量表与使能 PIE
    PIE_setDebugIntVectorTable(myPie);
    PIE_enable(myPie);
// PIE 向量表中的寄存器中断服务程序
PIE_registerPieIntHandler(myPie, PIE_GroupNumber_1, PIE_SubGroupNumber_4, (intVec_
t)&xint1_isr);
PIE_registerPieIntHandler(myPie, PIE_GroupNumber_1, PIE_SubGroupNumber_5, (intVec_
t)&xint2_isr);
// 清除计数器
```

```
// Xint1Count = 0; //计数 XINT1 中断
// Xint2Count = 0; //计数 XINT2 中断
// LoopCount = 0; //计数空闲循环
// 使能 XINT1 和 XINT2 在 PIE:第 1 组中断 4&5
// 使能连接到 WAKEINT 的 INT1
PIE_enableInt(myPie, PIE_GroupNumber_1, PIE_InterruptSource_XINT_1);
PIE_enableInt(myPie, PIE_GroupNumber_1, PIE_InterruptSource_XINT_2);
CPU_enableInt(myCpu, CPU_IntNumber_1);
// 使能全局中断
CPU_enableGlobalInts(myCpu);
//###########################################################
//  注释掉以下这段模拟上下沿的程序改为在 Proteus 中添加外部触发中断源
//###########################################################
/*
    // GPIO28 & GPIO29 are outputs, start GPIO28 high and GPIO29 low
    GPIO_setHigh(myGpio, GPIO_Number_28);
    GPIO_setMode(myGpio, GPIO_Number_28, GPIO_28_Mode_GeneralPurpose);
    GPIO_setDirection(myGpio, GPIO_Number_28, GPIO_Direction_Output);
    GPIO_setLow(myGpio, GPIO_Number_29);
    GPIO_setMode(myGpio, GPIO_Number_29, GPIO_29_Mode_GeneralPurpose);
    GPIO_setDirection(myGpio, GPIO_Number_29, GPIO_Direction_Output);
 */
//###########################################################
    // 把 GPIO0 和 GPIO1 配置为输入
    GPIO_setMode(myGpio, GPIO_Number_0, GPIO_0_Mode_GeneralPurpose);
    GPIO_setDirection(myGpio, GPIO_Number_0, GPIO_Direction_Input);
    GPIO_setQualification(myGpio, GPIO_Number_0, GPIO_Qual_Sync);
    GPIO_setMode(myGpio, GPIO_Number_1, GPIO_1_Mode_GeneralPurpose);
    GPIO_setDirection(myGpio, GPIO_Number_1, GPIO_Direction_Input);
    GPIO_setQualification(myGpio, GPIO_Number_1, GPIO_Qual_Sample_6);
    GPIO_setQualificationPeriod(myGpio, GPIO_Number_1, 0xFF);
    // 把 GPIO0,GPIO1 分别配置成 XINT1 和 XINT2
    GPIO_setExtInt(myGpio, GPIO_Number_0, CPU_ExtIntNumber_1);
    GPIO_setExtInt(myGpio, GPIO_Number_1, CPU_ExtIntNumber_2);
    // 配置 XINT1
    PIE_setExtIntPolarity(myPie, CPU_ExtIntNumber_1, PIE_ExtIntPolarity_Fall-
ingEdge);
    PIE_setExtIntPolarity(myPie, CPU_ExtIntNumber_2, PIE_ExtIntPolarity_Ris-
ingEdge);
    // 使能 XINT1 和 XINT2
    PIE_enableExtInt(myPie, CPU_ExtIntNumber_1);
    PIE_enableExtInt(myPie, CPU_ExtIntNumber_2);
```

```
  // 在 Proteus 虚拟硬件环境中运行
// 发生外部中断时 GPIO34 将被拉低. 可用 Proteus 中的虚拟示波器查看
    GPIO_setMode(myGpio, GPIO_Number_34, GPIO_34_Mode_GeneralPurpose);
    GPIO_setDirection(myGpio, GPIO_Number_34, GPIO_Direction_Output);
// 在 LaunchPad 开发板中运行,建议将 GPIO34 变更为 GPIO3 以便观察外部中断
// 发生外部中断时 GPIO3 将被拉低. 可用示波器查看
/*
GPIO_setMode(myGpio, GPIO_Number_3, GPIO_3_Mode_GeneralPurpose);
    GPIO_setDirection(myGpio, GPIO_Number_3, GPIO_Direction_Output);
*/
//##############################################################
//   注释掉以下这段模拟上下沿的程序改为在Proteus 中添加外部触发中断源
//##############################################################
/*
    for(;;) {
        TempX1Count = Xint1Count;
        TempX2Count = Xint2Count;
          // Trigger both XINT1
        GPIO_setHigh(myGpio, GPIO_Number_34);
        GPIO_setLow(myGpio, GPIO_Number_28);
        while(Xint1Count == TempX1Count) {}
      // Trigger both XINT2
        GPIO_setHigh(myGpio, GPIO_Number_34);
        DELAY_US(DELAY);                              // 等待输入限定周期
        GPIO_setHigh(myGpio, GPIO_Number_29); // 上升沿 GPIO29, 触发 XINT2
        while(Xint2Count == TempX2Count) {
        }
        // Check that the counts were incremented properly and get ready
        // to start over.
        if(Xint1Count == TempX1Count + 1 && Xint2Count == TempX2Count + 1) {
            LoopCount++;
            GPIO_setHigh(myGpio, GPIO_Number_28);
            GPIO_setLow(myGpio, GPIO_Number_29);
        }
        else {
            ESTOP0; // stop here
        }
    }
  */
//##############################################################
}
interrupt void xint1_isr(void)
```

```
{
    GPIO_setLow(myGpio, GPIO_Number_34); //在 Proteus 中运行
// GPIO_setLow(myGpio, GPIO_Number_3);  //在 LaunchPad 中运行
    Xint1Count + + ;
//应答此中断,以从第 1 组中断中获得更多
PIE_clearInt(myPie, PIE_GroupNumber_1);
}
interrupt void xint2_isr(void)
{
    GPIO_setLow(myGpio, GPIO_Number_34); //在 Proteus 中运行
// GPIO_setLow(myGpio, GPIO_Number_3);  //在 LaunchPad 中运行
    Xint2Count + + ;
//应答此中断,以从第 1 组中断中获得更多
PIE_clearInt(myPie, PIE_GroupNumber_1);
}
//=====================================================================
// 结束
//=====================================================================
```

(2) 在 C:\ti\controlSUITE\device_support\f2802x\v210\f2802x_examples 中导入 external_interrupt 工程,如图 11.6 所示。

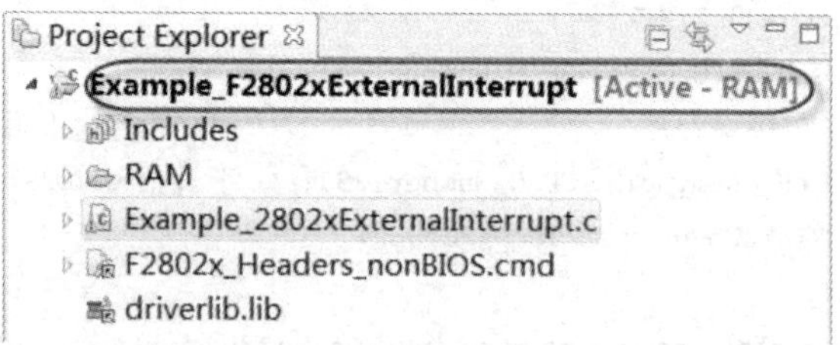

图 11.6　导入 external_interrupt 工程

(3) 按(1)中的介绍修改主程序 Example_2802xExternalInterrupt. c

(4) 将编译后的可执行文件格式从 . out 变更为. cof,如图 11.7 所示。

(5) 编译 Example_2802xExternalInterrupt 工程生成. cof 文件。

(6) 搭建外部中断的虚拟测试电路,如图 11.8 所示。

(7) 将. cof 文件导入 Proteus 中,在未发生外部中断时的测试结果,如图 11.9 所示。

(8) 将. cof 文件导入 Proteus 中,在发生外部中断时的程序测试结果,如图 11.10 所示。

(9) 在 LauchPad 开发板中运行的建议连接如图 11.11 所示,这部分由读者自行完成。

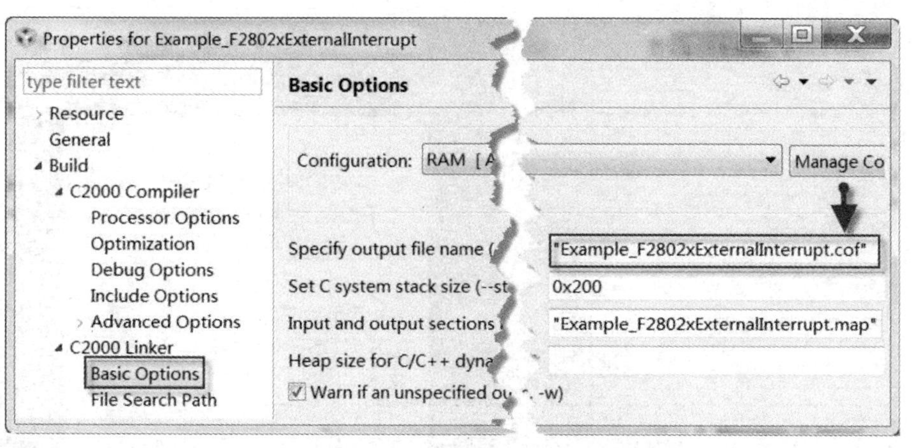

图 11.7　将可执行文件格式从 .out 变更为 .cof

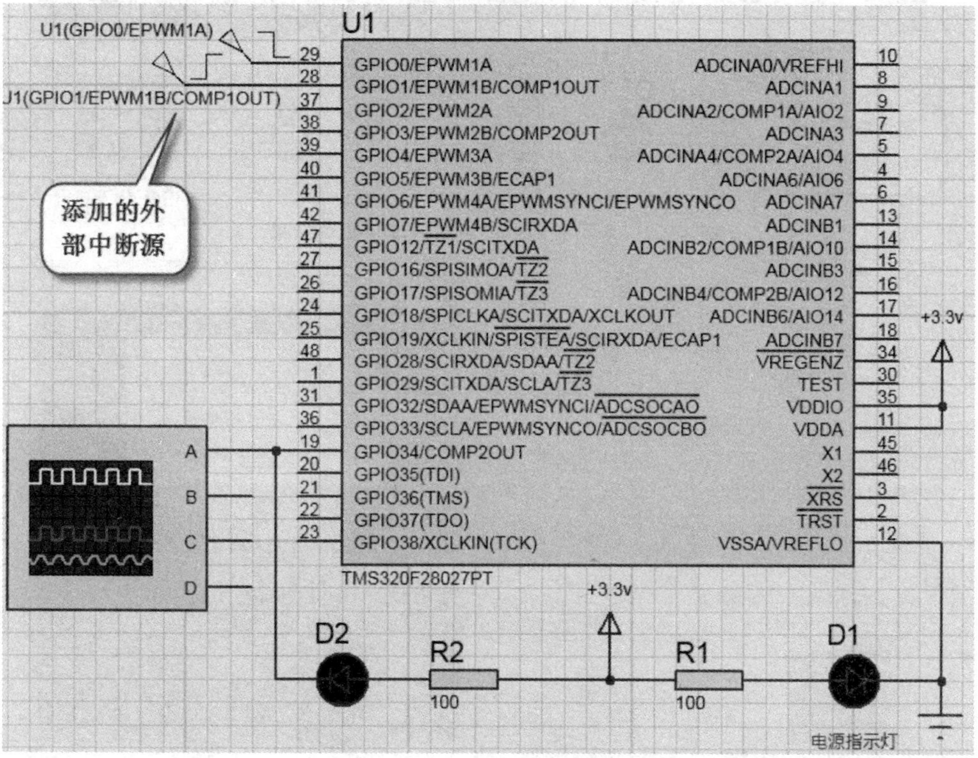

图 11.8　添加的外部中断源

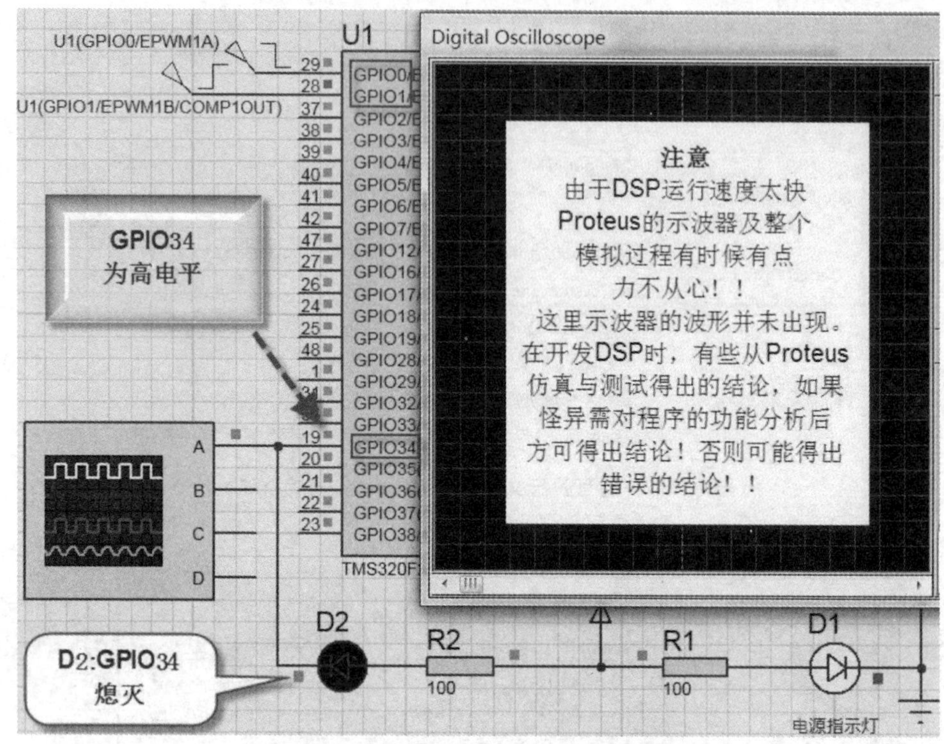

图 11.9　未发生外部中断时的虚拟测试结果

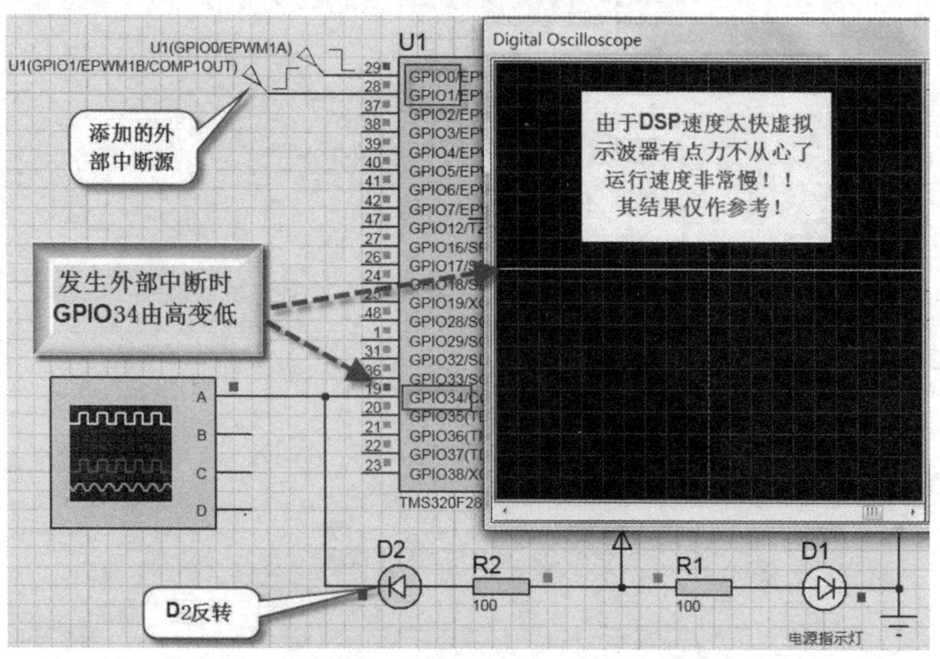

图 11.10　发生外部中断时程序的虚拟测试结果

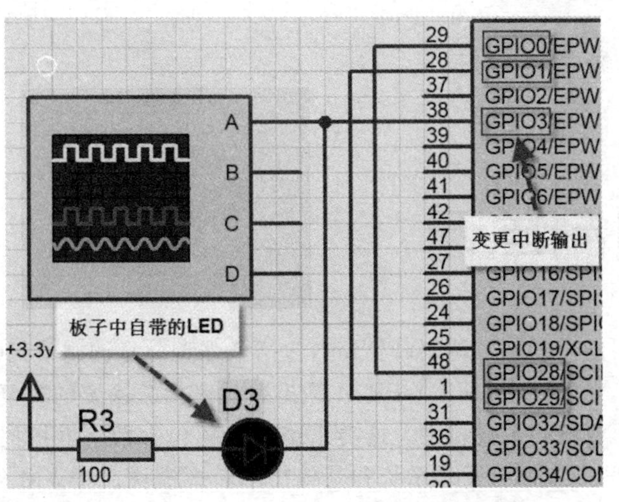

图 11.11　建议在 LaunchPad 开发板中的电路连接

第 12 章

脉宽调制单元

本章将介绍信号的脉宽调制(PWM),包括增强型脉宽调制单元(ePWM)和高分辨率脉宽调制单元(HRPWM)。ePWM 是控制功率相关系统的重要组成部分,广泛应用于工业和商业的相关设备中。这类系统一般还包含数字电机控制系统、开关电源控制系统、不间断电源(UPS)系统和其他功率转换模块。ePWM 外设执行数模转换功能,其占空比相当于一个 DAC 模拟值,有时它也作为功率数模转换器。为了满足一些应用需要高分辨率的 PWM(时间粒度)波形,本章也对 HRPWM 做了介绍,更详细的信息请参考文献 spruge8e。

脉冲宽度调制(PWM)API 提供的函数用于 Piccolo 设备 PWM 外设的配置和更新。该驱动库位于 f2802x_common/source/pwm.c 文件中,f2802x_common/include/pwm.h 头文件包含其 API 的函数定义。

本章的主要内容:

◇ ePWM 概述;

◇ PWM 固件库;

◇ ePWM 固件库例程。

12.1 ePWM 概述

一个有效的 PWM 外设必须能够在最小的 CPU 开销下生成复杂的脉宽波形,需要具有高可编程性,高灵活性且易于理解和使用,而 ePWM 单元中的每一个 PWM 通道都能满足上述这些要求。ePWM 模块由多个单通道模块组成,不采用交叉耦合或资源共享,而是具有各自独立的资源,并且能够根据系统需求联合工作。这种模块化处理可以实现正交结构并提供一种更为清晰的外围结构,有利于用户快速理解与应用。

在后面的介绍中,信号或模块名中的字母 x 表示设备中的通用 ePWM。例如,输出信号 EPWMxA 和 EPWMxB 表示 ePWMx 的输出信号。

12.1.1 ePWM 子模块简介

ePWM 模块是由两路 PWM 输出组成的一个完整 PWM 通道,两路 PWM 输出分别为 EPWMxA 和 EPWMxB。图 12.1 为一个多 ePWM 模块的实例，每个 ePWM 都与其他的相同。每个 ePWM 模块都有一个数字表示（起始值为 1），例如 ePWM1 是系统中的第一个实例，ePWM3 是系统中的第三个实例。部分实例中含有硬件拓展，以便能更精确的控制 PWM 输出。

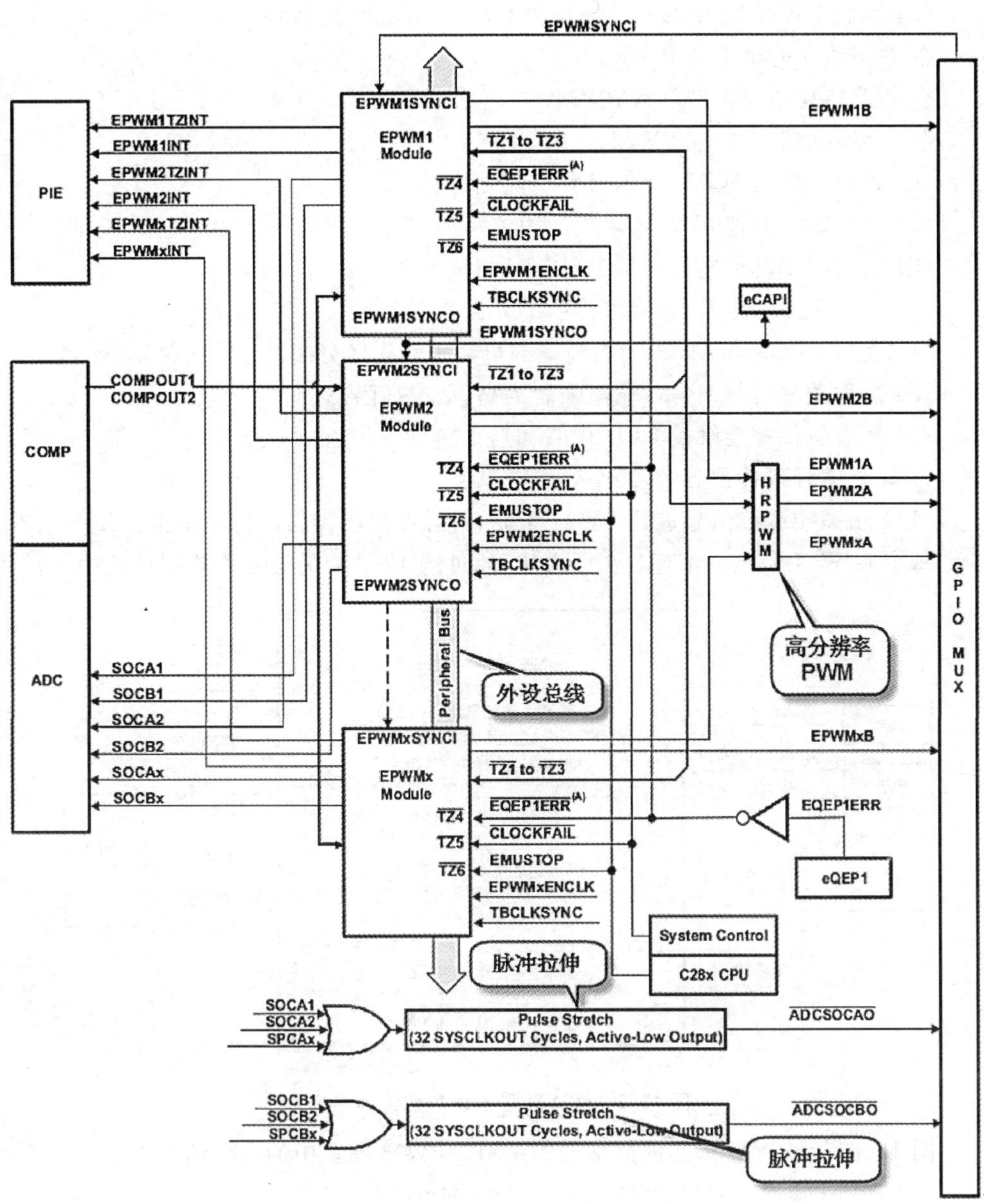

图 12.1 多 ePWM 模块结构框图

多个 ePWM 模块通过时钟同步体系链接在一起，以便其实现一个完整系统的要求，模块的数量是由应用所需的设备决定的。另外，该同步体系还可拓展到 eCAP。

ePWM 模块的特点如下：

(1) 具有周期与频率控制功能的 16 位专用 TB(time—base)计数器

(2) 两路 PWM 输出(EPWMxA 和 EPWMxB)，可用做：

◇ 两路独立的单边沿 PWM；

◇ 两路独立的双边沿对称 PWM；

◇ 一路双边沿不对称 PWM。

(3) 通过软件实现 PWM 信号异步优先控制。

(4) 对相对于其他 ePWM 模块的相位延迟/超前具有可编程相位控制功能。

(5) 每个周期基准的硬件锁定(同步)相位关系。

(6) 具有独立的上升/下降沿控制的死区生成。

(7) 支持 CBC 模式和 OSHT 模式的可编程错误区分配。

(8) 触发条件可将 PWM 输出强制为高，低或高阻态。

(9) 所有事件都能触发 CPU 中断和启动 ADC 转换。

(10) 可编程事件预分频，最小化 CPU 的中断开销。

(11) 由高频载波信号进行 PWM 斩波，对脉冲变压器门设备很有用。

每个 ePWM 模块包含有 8 个子模块，通过图 12.2 中的信号连接到系统中。

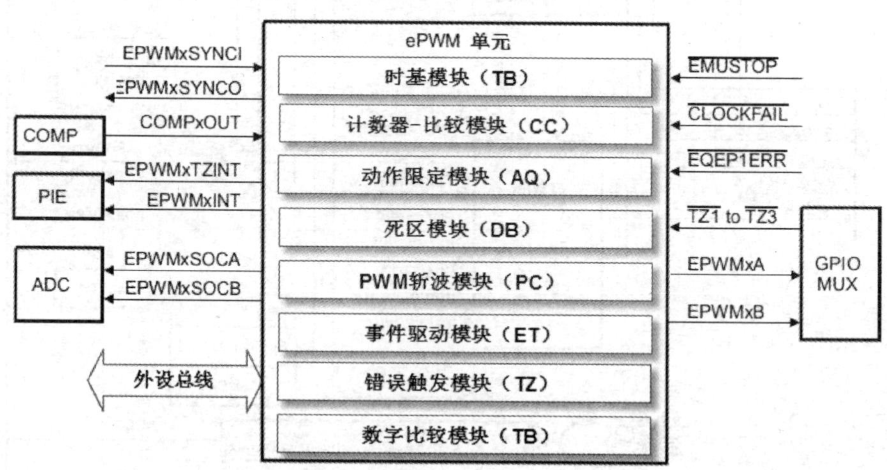

图 12.2　ePWM 子模块与系统的连接

图 12.3 为 ePWM 单元内部信号的细节，ePWM 模块中的主要信号如下：

(1) PWM 输出信号(EPWMxA 和 EPWMxB)；

(2) 错误触发区信号(TZ1 到 TZ6)；

(3) TB 同步输入(EPWMxSYNCI)和输出(EPWMxSYNCO)信号；

（4）ADC开始转换信号（EPWMxSOCA和EPWMxSOCB）；

（5）比较器输出信号（COMPxOUT）；

（6）外设总线。

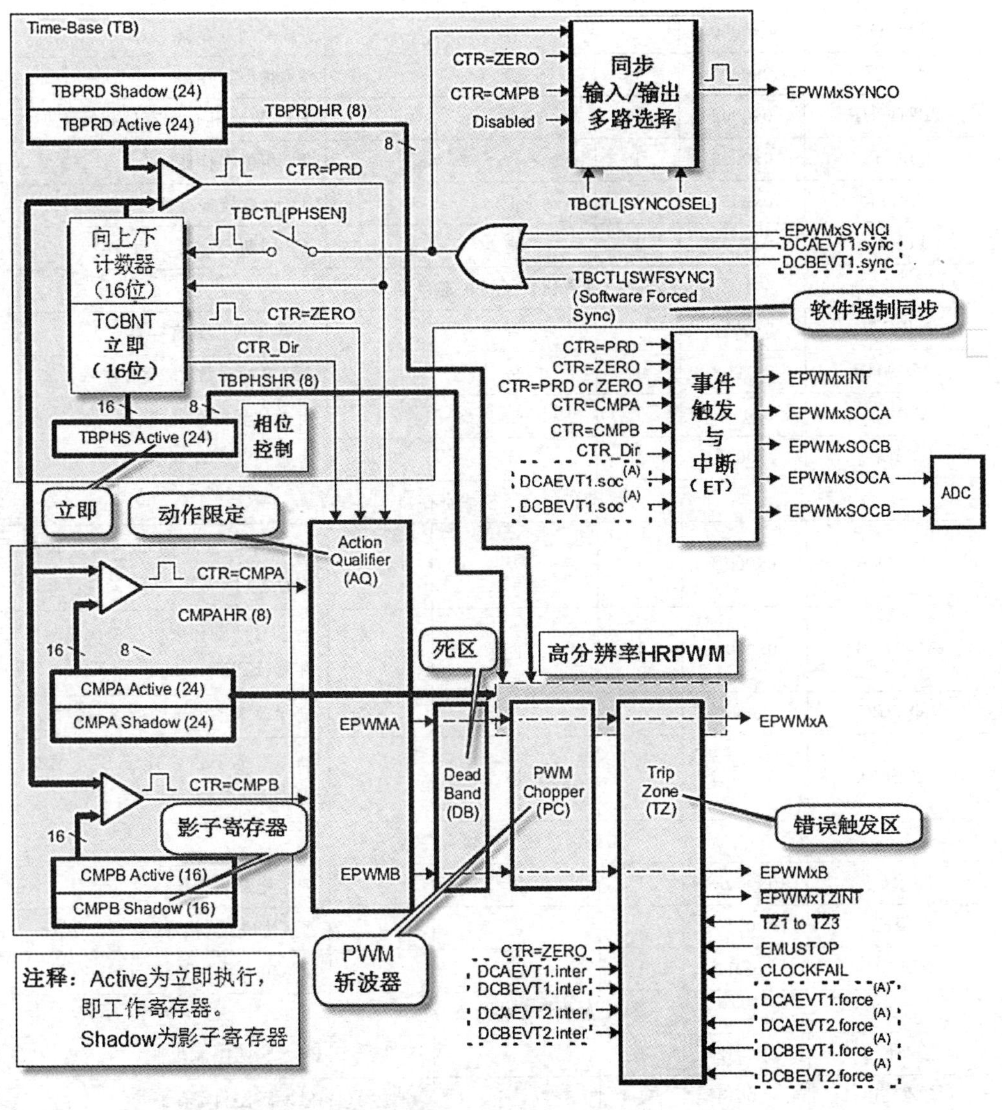

图12.3 ePWM单元的内部结构

12.1.2 寄存器映射

ePWM模块的控制与状态寄存器如表12.1所列。

表 12.1 ePWM 控制与状态寄存器

名称	偏移量[1]	字节数	影子寄存器	EALLOW	描述
时基(TB)子模块寄存器					
TBCTL	0x0000	1	否		TB 控制寄存器
TBSTS	0x0001	1	否		TB 状态寄存器
TBPHSHR	0x0002	1	否		HRPWM 相位寄存器拓展
TBPHS	0x0003	1	否		TB 相位寄存器
TBCTR	0x0004	1	否		TB 计数器寄存器
TBPRD	0x0005	1	是		TB 周期寄存器
计数比较子模块寄存器					
CMPCTL	0x0007	1	否		计数比较控制寄存器
CMPAHR	0x0008	1	是		HRPWM 计数比较寄存器 A 拓展
CMPA	0x0009	1	是		计数比较寄存器 A
CMPB	0x000A	1	是		计数比较寄存器 B
动作限定子模块寄存器					
AQCTLA	0x000B	1	否		输出 A 的动作限定子模块控制寄存器(EPWMxA)
AQCTLB	0x000C	1	否		输出 B 的动作限定子模块控制寄存器(EPWMxB)
AQSFRC	0x000D	1	否		动作限定子模块软件强制寄存器
AQCSFRC	0x000E	1	是		动作限定子模块连续 S/W 强制寄存器组
死区生成子模块寄存器					
DBCTL	0x000F	1	否		死区生成寄存器
DBRED	0x0010	1	否		死区生成上升沿延迟计数寄存器
DBFED	0x0011	1	否		死区生成下降沿延迟计数寄存器
触发区子模块寄存器					
TZSEL	0x0012	1		是	触发区选择寄存器
TZCTL	0x0014	1		是	触发区控制寄存器
TZEINT	0x0015	1		是	触发区中断使能寄存器
TZFLG	0x0016	1			触发区标志寄存器
TZCLR	0x0017	1		是	触发区清零寄存器
TZFRC	0x0018	1		是	触发区强制寄存器

续表 12.1

名称	偏移量[1]	字节数	影子寄存器	EALLOW	描述
事件触发子模块寄存器					
ETSEL	0x0019	1			事件触发选择寄存器
ETPS	0x001A	1			事件触发预分频寄存器
ETFLG	0x001B	1			事件触发标志寄存器
ETCLR	0x001C	1			事件触发清零寄存器
ETFRC	0x001D	1			事件触发强制寄存器
PWM 斩波子模块寄存器					
PCCTL	0x001E	1			PWM 斩波控制寄存器
高分辨率脉宽调制(HRPWM)模块拓展寄存器					
HRCNFG	0x0020	1		是	HRPWM 配置寄存器
HRPWR	0x0021	1		是	HRPWM 功率寄存器
HRMSTEP	0x0026	1		是	HRPWM MEP 步进寄存器 r
HRPCTL	0x0028	1		是	高分辨率周期控制寄存器
TBPRDHRM	0x002A	1	写		时基周期高分辨率镜像寄存器
TBPRDM	0x002B	1	写		时基周期镜像寄存器
CMPAHRM	0x002C	1	写		比较 A 高分辨率镜像寄存器
CMPAM	0x002D	1	写		比较 A 镜像寄存器
数字比较事件寄存器					
DCTRIPSEL	0x0030	1		是	数字比较触发选择寄存器
DCACTL	0x0031	1		是	数字比较 A 控制寄存器
DCBCTL	0x0032	1		是	数字比较 B 控制寄存器
DCFCTL	0x0033	1		是	数字比较滤波控制寄存器
DCCAPCTL	0x0034	1		是	数字比较捕获控制寄存器
DCFOFFSET	0x0035	1	写		数字比较滤波偏移量寄存器
DCFOFFSETCNT	0x0036	1			数字比较滤波偏移量计数器寄存器
DCFWINDOW	0x0037	1			数字比较滤波窗寄存器
DCFWINDOWCNT	0x0038	1			数字比较滤波窗计数器寄存器
DCCAP	0x0039	1		是	数字比较计数器捕获寄存器

[1] 未显示的位置为保留。

12.1.3 ePWM 子模块

ePWM 外设中包括 8 个子模块，其中每个都能由软件配置，进而完成相应的功能。表 12.2 列出了这些子模块的主要配置参数或操作。

表 12.2 子模块配置参数

模块	配置参数或操作
时基(TB)	◇根据系统时钟对TB时钟进行缩放 ◇配置PWM的TB计数器频率或周期 ◇设置TB计数器模式 ◇配置TB相位(相对于其他ePWM模块) ◇通过软件/硬件方式同步模块间的TB计数器 ◇在同步事件后配置TB计数器的计数方向 ◇配置在仿真暂停时TB计数器的工作状态 ◇为ePWM模块同步输出指定源
计数器－比较(CC)	◇指定EPWMxA和/或EPWMXB输出的PWM占空比 ◇在EPWMxA或EPWMxB输出时,指定何时产生跳变事件
动作限定器(AQ)	◇指定当TB或计数器－比较子模块事件出现时采取何种动作 ◇通过软件强制PWM的输出状态 ◇通过软件控制,配置PWM死区
死区(DB)	◇控制高低跳变间的传统死区补偿关系 ◇指定输出的上升沿延迟 ◇指定输出的下降沿延迟 ◇跳过死区模块
PWM斩波(PC)	◇生成斩波(载波)频率 ◇斩波脉冲中的首个脉冲宽度 ◇后续脉冲的宽度 ◇跳过PWM斩波模块
错误触发区(TZ)	◇配置ePWM模块,使其对一个或全部触发区引脚做出响应 ◇指定出现错误时的触发动作 ◇配置ePWM对每个触发区引脚的响应方式:单次/逐周期 ◇使能触发区模块生成中断 ◇跳过触发区模块
事件触发(ET)	◇使能ePWM事件(可触发中断) ◇使能ePWM事件(可触发ADC启动转换) ◇指定事件触发的频率:每次发生或每第二/第三次发生 ◇访问,置位或清零标志位
数字比较(DC)	◇使能比较器(COMP)模块的输出和触发器区信号创建和过滤事件 ◇指定事件过滤选项,以捕捉TBCTR计数器或产生消隐窗口

12.1.4 时基(TB)子模块

每个 ePWM 模块都有其各自的时基(TB)子模块用于事件计时，而内部同步逻辑可以使多个 ePWM 模块的 TB 子模块像一个单一系统般工作，图 12.4 为 ePWM 内部的 TB 子模块框图。

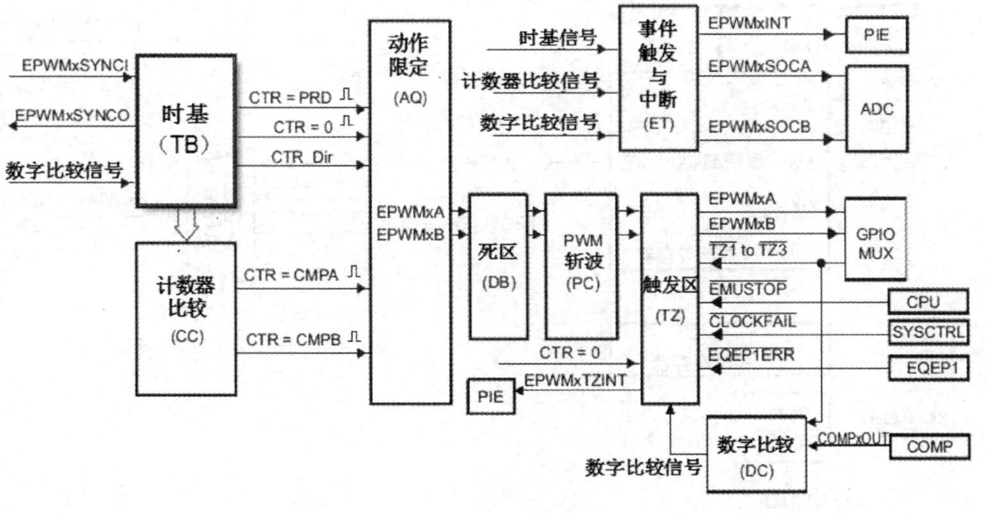

图 12.4 TB 子模块框图

1. TB 子模块的用途

TB 子模块可配置为如下用途：

(1) 指定 ePWM 的 TB 计数器(TBCTR)频率或周期，用来控制事件出现的频率。

(2) 与其他 ePWM 模块的 TB 同步。

(3) 保持与其他 ePWM 模块的相位关系。

(4) 将 TB 计数器设置为向上，向下，向上－向下计数模式。

(5) 生成如下事件：

◇ CTR = PRD：TB 计数器等于指定的周期(TBCTR = TBPRD)

◇ CTR = Zero：TB 计数器等于 0(TBCTR = 0x0000)

(6) 配置 TB 时钟频率(由系统时钟预分频得到)。

2. TB 子模块的监控

表 12.3 和图 12.5 中列出了 TB 子模块的框图及主要的时基信号。

注释：A. 这些信号是由数字比较(DC)子模块产生。

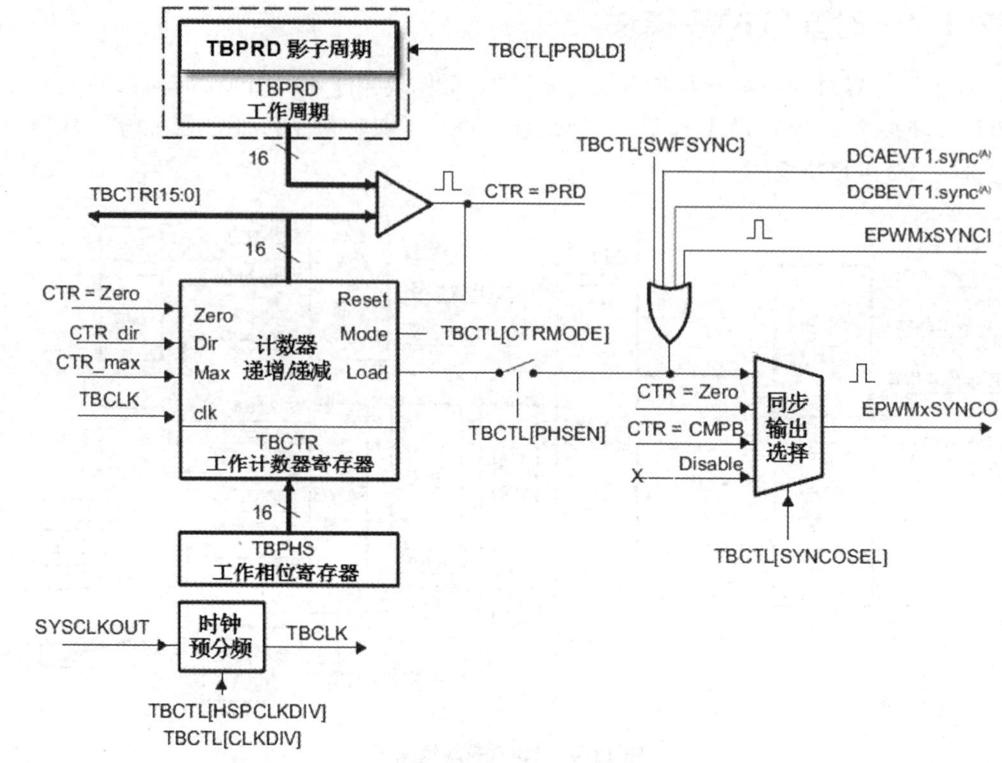

图 12.5 TB 子模块的信号和寄存器

表 12.3 主要时基信号

信号	描述
EPWMxSYNCI	TB 同步输入
EPWMxSYNCO	TB 同步输出
CTR = PRD	TB 计数器等于指定的周期
CTR = Zero	TB 计数器等于 0
CTR = CMPB	TB 计数器等于工作比较计数器 B 寄存器
CTR_dir	TB 计数方向
CTR_max	TB 计数器最大值
TBCLK	TB 时钟

3. PWM 周期与频率的计算

PWM 的频率是由 TB 周期寄存器(TBPRD)和 TB 计数器模式共同控制的。图 12.6 为当周期设置为 4 时，向上、向下，向上一向下计数模式的周期(T_{pwm})与频率(F_{pwm})关系。每个计数步长的时间是由 TB 时钟(TBCLK)决定的，而 TB 时钟是由

系统时钟(SYSCLKOUT)经预分频得出。

通过 TB 控制寄存器(TBCTL)可将 TB 模块配置为如下 3 种计数模式:

(1) 增－减计数模式:在增－减(上－下)计数模式中,TB 计数器从 0 开始向上计数,当达到周期(TBPRD)值后 TB 计数器开始向下计数,直至计数到 0 为止,此后将重复这一过程。

(2) 增(向上)计数模式:在增计数模式中,TB 计数器从 0 开始向上计数,当达到周期(TBPRD)值后 TB 计数器复位为 0,此后将重复这一过程。

(3) 减(向下)计数模式:在减计数模式中,TB 计数器开始从周期(TBPRD)值向下计数,当计数到 0 时 TB 计数器将复位为周期值,此后将重复这一过程。

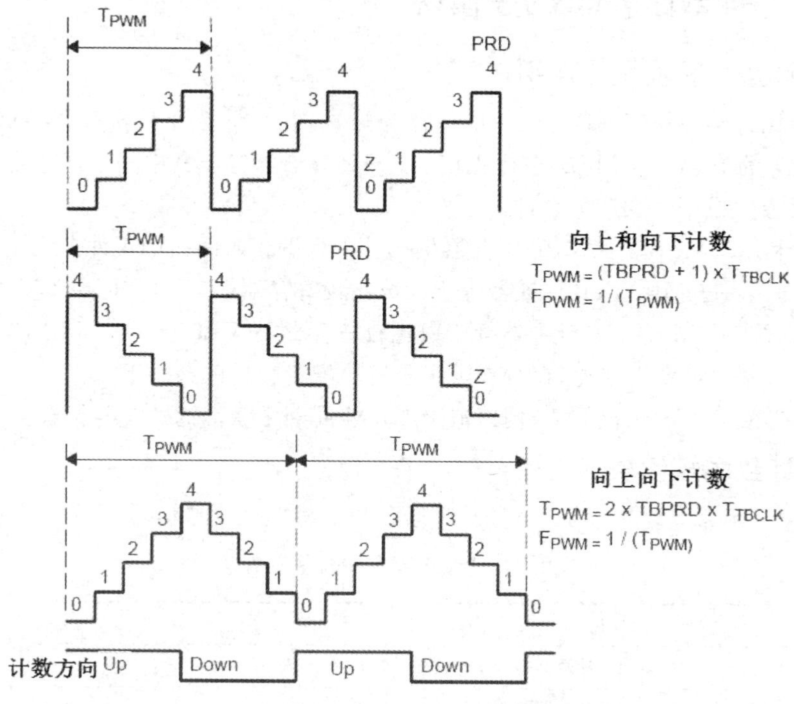

图 12.6　时基频率和周期

4. 多 ePWM 模块时的相位锁定 TB 时钟

TBCLKSYNC 位可用于同步设备上所有被使能的 ePWM 模块的 TB 时钟,该位位于是 DSP 时钟使能寄存器。当 TBCLKSYNC = 0 时,所有 ePWM 模块的 TB 时钟停止(默认);当 TBCLKSYNC = 1 时,所有 ePWM 模块的 TB 时钟启动。为达到同步 TBCLK 的目的,所有 ePWM 模块的 TBCTL 寄存器中的预分频值应当一致。使能 ePWM 时钟的过程如下:

(1) 分别使能每个 ePWM 模块的时钟。

(2) 设置 TBCLKSYNC = 0,停止使能 ePWM 模块的 TB 时钟。

(3) 配置预分频系数和 ePWM 模式。

(4) 设置 TBCLKSYNC = 1。

5. TB 计数模式与时序波形

TB 计数器可工作在如下 4 种模式下：

(1) 增(向上)计数模式(非对称)。

(2) 减(向下)计数模式(非对称)。

(3) 增－减(向上－向下)计数模式(对称)。

(4) 冻结(TB 计数器保持当前值)。

12.1.5 计数比较(CC)子模块

1. 计数比较模块的作用

计数比较子模块将 TB 计数器的值作为输入，并与计数比较寄存器 A(CMPA)和计数比较寄存器 B(CMPB)进行比较。当 TB 计数器等于其中一个寄存器时，计数比较单元会生成一个相应的事件。

(1) 利用 CMPA 和 CMPB 寄存器生成基于可编程时间戳的事件。

◇ CTR = CMPA：TB 计数器等于计数比较寄存器 A(TBCTR = CMPA)。

◇ CTR =CMPB：TB 计数器等于数比较寄存器 B(TBCTR = CMPB)。

(2) 控制 PWM 占空比(在行动限定子模块配置合适的条件下)。

(3) 形成新的影子比较值，用以消除 PWM 周期中激活的冲突与错误。

2. 计数比较模块的监控

图 12.7 和表 12.4 列出了计数比较子模块的框图及主要信号。

表 12.4 计数比较子模块主要信号

信号	描述
CTR = CMPA	TB 计数器等于工作比较计数器 A 的值
CTR = CMPB	TB 计数器等于工作比较计数器 B 的值
CTR = PRD	TB 计数器等于工作周期
CTR = ZERO	TB 计数器等于 0

3. 计数比较子模块的操作重点

计数比较子模块可用来生成两路独立的基于两个比较寄存器的比较事件：

(1) CTR = CMPA：TB 计数器等于计数比较寄存器 A(TBCTR = CMPA)。

(2) CTR = CMPB：TB 计数器等于计数比较寄存器 B(TBCTR = CMPB)。

在向上或向下模式中，一个周期内每个事件仅发生一次，在向上－向下模式中，如果比较值在 0x0000～TBPRD 之间，则一个周期内每个事件发生两次，如果比较值

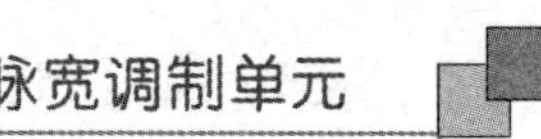

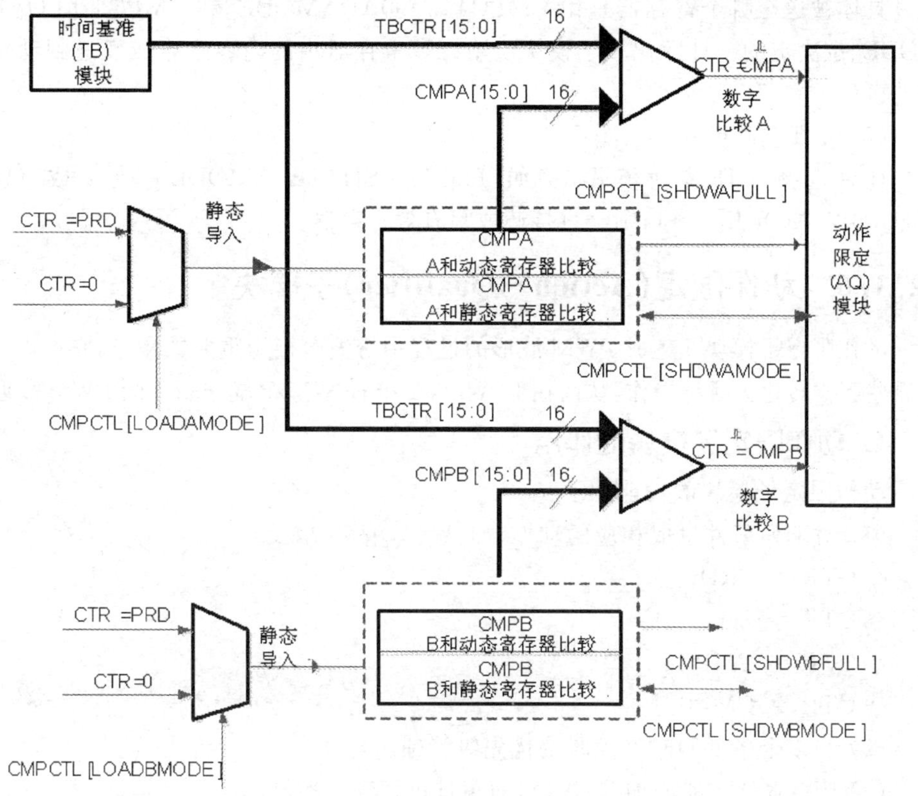

图 12.7　计数器比较子模块框图

等于 0x0000 或 TBPRD，则一个周期内每个事件仅发生一次。产生的事件随后被送至动作限定子模块。

技术比较寄存器 CMPA 和 CMPB 各自拥有一个相关的影子寄存器。影子模式提供了一种与硬件同步的寄存器更新方式。当使用影子模式时，有效寄存器的更新仅出现在关键点处，这可以有效避免软件异步更改寄存器时的误操作。有效寄存器的存储地址和影子寄存器是相同的。寄存器的读或写是由 CMPCTL[SHDWAMODE]和 CMPCTL[SHDWBMODE]位决定的，这些位可分别使能和禁用 CMPA 和 CMPB 的影子寄存器。两种装载模式的行为描述如下：

(1) 影子模式

通过清零 CMPCTL[SHDWAMODE]位可使能 CMPA 的影子模式，通过清零 CMPCTL[SHDWBMODE]位可使能 CMPB 的影子模式。如果影子寄存器被使能，则在下列事件发生时，影子寄存器中存储的内容将被送至有效寄存器。

◇ CTR = PRD：TB 计数器等于周期（TBCTR = TBPRD）。

◇ CTR = Zero：TB 计数器等于 0（TBCTR = 0x0000）。

◇ CTR = PRD 且 CTR = Zero。

具体被送至哪个寄存器是由 CMPCTL[LOADAMODE]和 CMPCT [LOADB-MODE]位决定的。计数比较子模块仅用有效寄存器中的内容来生成发送到动作限定的事件。

(2) 立即装载模式

如果选择立即装载模式，例如 TBCTL[SHADWAMODE] = 1 或 TBCT [SHADWBMODE] = 1，则会直接读或写有效寄存器。

12.1.6 动作限定(Action - Qualifier)子模块

动作限定子模块在生成 PWM 波形的过程中扮演着极为重要的角色，它可以决定将哪些事件转化为哪种操作，从而在 EPWMxA 和 EPWMxB 输出所需的 PWM 波形。

1. 动作限定子模块的作用

动作限定子模块的功能如下：

(1) 对下列事件生成相应的动作(如：置位，清零，取反)。

◇ CTR = PRD；

◇ CTR = Zero；

◇ CTR = CMPA；

◇ CTR = CMPB。

(2) 当多个事件同时发生时的优先级管理。

(3) 当 TB 计数器增加/减少时，对事件进行独立控制。

2. 动作限定子模块的监控

表 12.5 中列出了动作限定子模块可能的输入事件，图 12.8 列出动作限定子模块的输入与输出信号。

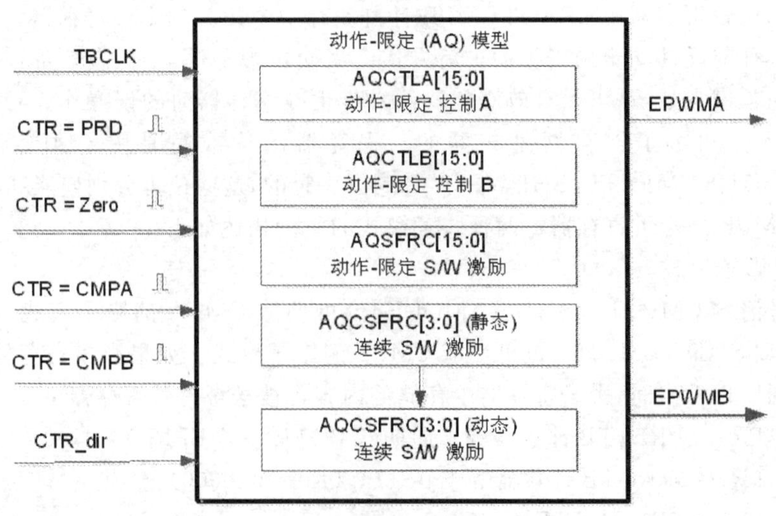

图 12.8 动作限定子模块的输入与输出信号

表 12.5　动作限定子模块可能的输入事件

信号	描述
CTR = PRD	TB 计数器等于周期值
CTR = Zero	TB 计数器等于 0
CTR = CMPA	TB 计数器等于计数比较寄存器 A
CTR = CMPB	TB 计数器等于计数比较寄存器 B
软件强制事件	软件异步事件

软件强制动作是一种有效的异步事件，由寄存器 AQSFRC 和 AQCSFRC 控制。

动作限定子模块可控制特定事件发生时 EPWMxA 和 EPWMxB 的动作。计数方向会进一步限定输入动作限定子模块的事件。EPWMxA 和 EPWMxB 可能的动作如下：

(1) 置位：将 EPWMxA 或 EPWMxB 设为高电平。

(2) 清零：将 EPWMxA 或 EPWMxB 设为低电平。

(3) 反转：如果 EPWMxA 或 EPWMxB 当前为高，则将其拉低，反之则拉高。

(4) 无动作：即将 EPWMxA 和 EPWMxB 输出都设置为当前值。

输出(如 EPWMxA 和 EPWMxB)的动作是分别指定的。所有/任意事件均能通过配置输出相应的动作，例如：CTR = CMPA 和 CTR = CMPB 都能操作 EPWMxA 输出。

在图 12.9 中，每个符号代表一个作为事件标记的动作。使用“无动作”(复位后的默认选择)可关闭或禁用动作。

3. 动作限定子模块事件优先级

ePWM 的动作限定子模块经常会在同一时间接收到多个事件，如果出现这种情况，事件会交由硬件处理优先级问题。大致的规则为：新发生的事件有较高的优先级；软件强制事件有最高优先级。表 12.6 列出了向上一向下模式的事件优先级，1 为最高优先级，6 为最低。TBCTR 方向对部分优先级会有影响。

表 12.6　动作限定子模块向上一向下模式的事件优先级

优先级	TBCTR 增加时的事件	TBCTR 减少时的事件
1(最高)	软件强制事件	软件强制事件
2	计数器等于 CMPB(向上计数时)	计数器等于 CMPB(向下计数时)
3	计数器等于 CMPA(向上计数时)	计数器等于 CMPA(向下计数时)
4	计数器等于 0	计数器等于周期
5	计数器等于 CMPB(向下计数时)	计数器等于 CMPB(向上计数时)
6(最低)	计数器等于 CMPA(向下计数时)	计数器等于 CMPA(向上计数时)

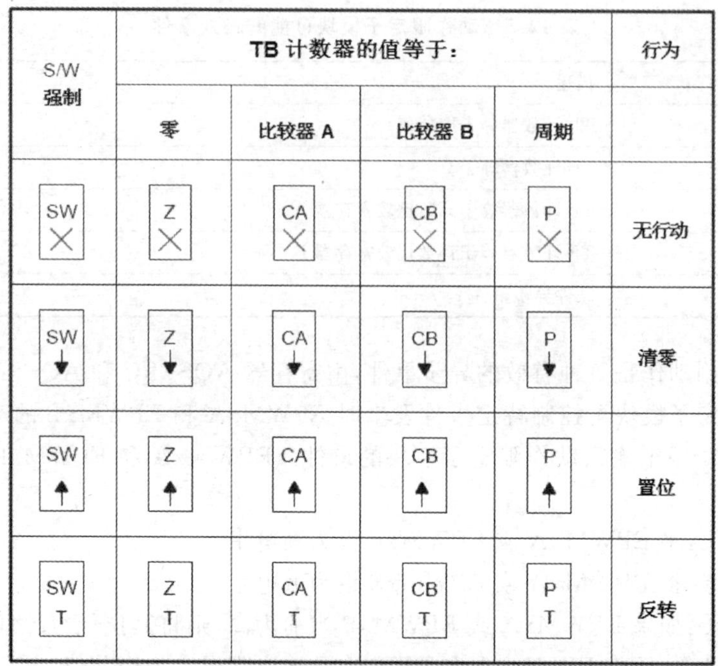

图 12.9　EPWMxA & EPWMxB 可能的动作限定行为

表 12.7 列出了向上模式的事件优先级，此模式下计数方向一直为向上。

表 12.7　动作限定子模块向上模式的事件优先级

优先级	事件
1(最高)	软件强制
2	计数器等于周期(TBPRD)
3	计数器等于 CMPB(向上计数时)
4	计数器等于 CMPA(向上计数时)
5(最低)	计数器等于 0

表 12.8 列出了向下模式的事件优先级，此模式下计数方向一直为向下。

表 12.8　动作限定子模块向下模式的事件优先级

优先级	事件
1(最高)	软件强制
2	计数器等于 0
3	计数器等于 CMPB(向下计数时)
4	计数器等于 CMPA(向下计数时)
5(最低)	计数器等于周期(TBPRD)

表12.9列出了当比较值大于周期值时会采取的动作。

表12.9 CMPA/CMPB大于周期值时的动作

计数模式	向上计数事件时比较	向下计数事件时比较
向上	如果CMPA/CMPB＜＝TBPRD，则事件在比较匹配时发生（TBCTR＝CMPA或CMPB） 如果CMPA/CMPB＞TBPRD，则不会发生事件	不发生事件
向下	不发生事件	如果CMPA/CMPB＜TBPRD，则事件在比较匹配时发生（TBCTR＝CMPA或CMPB） 如果CMPA/CMPB＞＝TBPRD，则事件周期匹配时发生（TBCTR＝TBPRD）
向上一向下	如果CMPA/CMPB＜TBPRD，且计数器在增加，则事件在比较匹配时发生（TBCTR＝CMPA或CMPB） 如果CMPA/CMPB＞＝TBPRD，则事件周期匹配时发生（TBCTR＝TBPRD）	如果CMPA/CMPB＜TBPRD，且计数器在减少，则事件在比较匹配时发生（TBCTR＝CMPA或CMPB） 如果CMPA/CMPB＞＝TBPRD，则事件周期匹配时发生（TBCTR＝TBPRD）

4. 一般配置下的波形

图12.10为向上一向下计数模式下生成的PWM波形，在此模式下，通过相同的向上与向下比较匹配生成0%～100%的DC调制波形。其中CMPA作为比较值，当

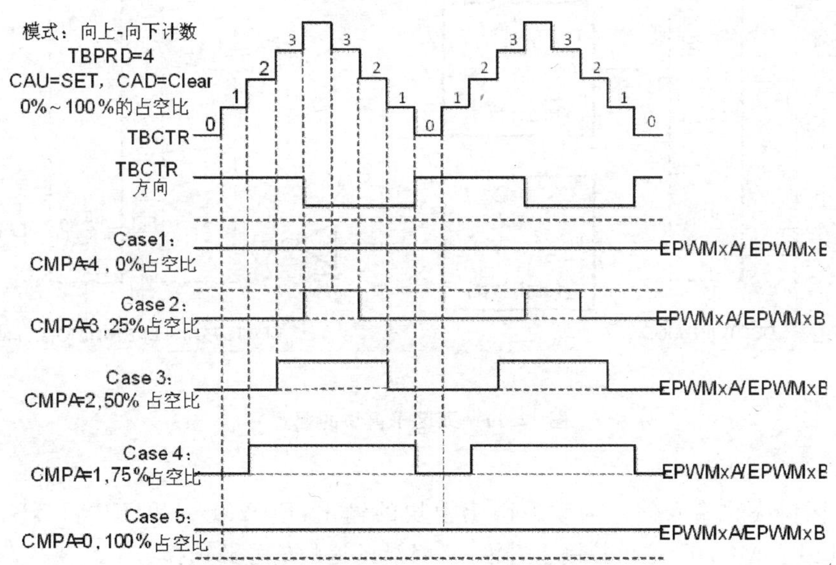

图12.10 增一减模式的对称PWM波形

计数器的值大于等于比较值时，CMPA 将 PWM 输出拉高；当计数器的值小于比较值时，CMPA 将 PWM 输出拉低。当 CMPA = 0 时，PWM 一直保持低电平，占空比为 0%。当 CMPA = TBPRD 时，PWM 一直保持高电平，占空比为 100%。

12.1.7 死区生成(DB)子模块

1. 死区子模块的作用

死区模块可用于经典的基于边沿延迟的死区极性控制，其主要功能如下：

(1) 由输入信号 EPWMxA 生成具有死区关系的信号对(EPWMxA 和 EPWMxB)。

(2) 可编程信号对：

◇ 高电平有效(AH)；

◇ 低电平有效(AL)；

◇ 高电平互补有效(AHC)；

◇ 低电平互补有效(ALC)。

(3) 为上升沿添加可编程的延迟(RED)。

(4) 为下降沿添加可编程的延迟(FED)。

(5) 信号可直接绕过该子模块。

2. 死区子模块的操作重点

死区子模块有两组独立的操作选择(图 12.11)，下面是死区子模块的操作重点。

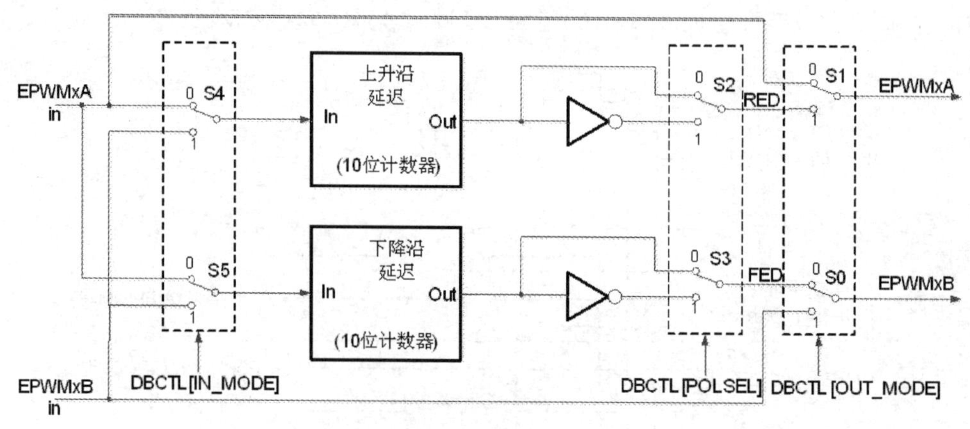

图 12.11 死区子模块的配置

(1) 输入源选择：

死区模块的输入信号为动作限定模块的输出：EPWMxA 和 EPWMxB。通过 DBCTL[IN_MODE)位可控制上升沿，下降沿延迟的信号源选择：

◇ EPWMxA 作为上升沿与下降沿延迟的源；

◇ EPWMxA 作为下降沿延迟的源，EPWMxB 作为上升沿延迟的源；

◇ EPWMxA 作为上升沿延迟的源，EPWMxB 作为下降沿延迟的源；

◇ EPWMxB 作为作为上升沿与下降沿延迟的源。

(2) 输出模式控制：

输出模式是由 DBCTL[OUT_MODE]位配置的，此位可控制将上升沿延迟还是下降沿延迟 应用于输入信号，或者同时将其应用于输入信号，又或者都不应用。

(3) 极性控制：

极性控制位(DBCTL[POLSEL])配置上升沿延迟和/或下降沿延迟信号输出前是否需要反转。

对于图中 S0～S6 的任意一种组合，死区模块都是支持的，但并非每种组合都是可用的模式。表 12.10 罗列了典型的几种死区配置。这些模式均假定：DBCT [IN_MODE]位配置将 EPWMxA 作为上升沿与下降沿延迟的源。表中所列模式可归为如下几类：

(1) 模式 1：跳过上升沿与下降沿延迟(即在生成 PWM 信号时禁用死区模块)。

(2) 模式 2～5：典型的死区工作模式(典型设置下的波形如图 12.12 所示)。

(3) 模式 6：跳过上升沿延迟。

(4) 模式 7：跳过下降沿延迟。

表 12.10 几种典型的死区工作模式

模式	模式描述	DBCTL[POLSEL]		DBCTL[OUT_MODE]	
		S3	S2	S1	S0
1	EPWMxA 和 EPWMxB 直通(无延迟)	X	X	0	0
2	高电平互补有效(AHC)	1	0	1	1
3	低电平互补有效(ALC)	0	1	1	1
4	高电平有效(AH)	0	0	1	1
5	低电平有效(AL)	1	1	1	1
6	EPWMxA 输出＝EPWMxA 输入(无延迟) EPWMxB 输出＝有下降沿延迟的 EPWMxA 输入	0 或 1	0 或 1	0	1
7	EPWMxA 输出＝有上升沿延迟的 EPWMxB 输入 EPWMxB 输出＝ EPWMxB 输入(无延迟)	0 或 1	0 或 1	1	0

图中：
$$\text{FED(下降沿)} = \text{DBFED} \times T_{\text{TBCLK}}$$
$$\text{RED(上升沿)} = \text{DBFED} \times T_{\text{TBCLK}}$$

这里 T_{TBCLK} 是 TBCLKT 的周期，由系统时钟 SYSCLKOUT 分频得到。

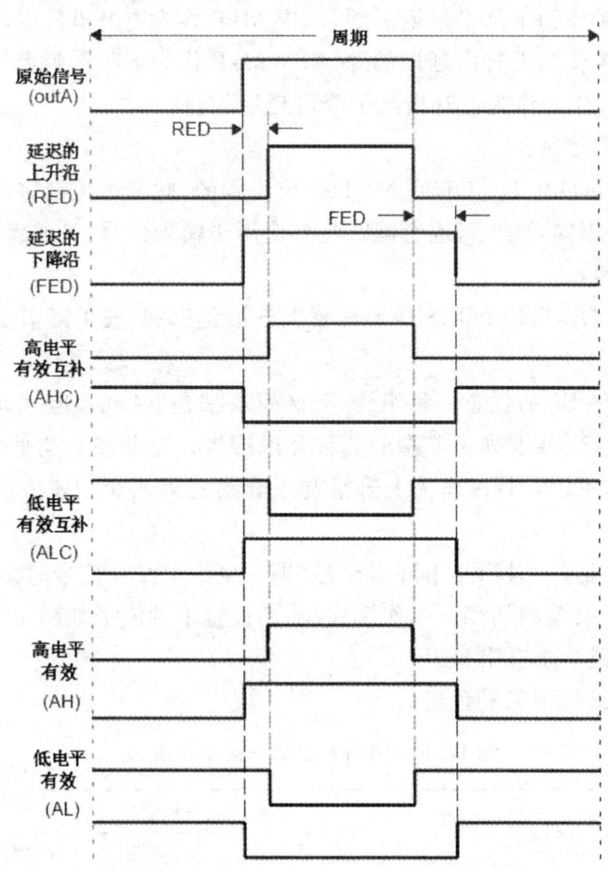

图 12.12　典型设置的死区子单元波形(0%＜占空比＜100%)

12.1.8　PWM 斩波(PC)子模块

PWM 斩波子模块可对由动作限定子模块和死区子模块生成的 PWM 波做高频载波调制。这一功能在需要用基于脉冲变压的栅极驱动控制功率开关元件时很有效。

1. PWM 斩波子模块的作用

PWM 斩波子模块的主要作用如下：

(1) 可编程的载波频率；

(2) 首个脉冲宽度可编程；

(3) 后续脉冲占空比可编程；

(4) 可绕过该模块。

2. PWM 斩波子模块的操作重点

图 12.13 为 PWM 斩波子模块的模块框图和主要信号。载波时钟源为 SY-

SCLKOUT,频率与占空比由 PCCTL 寄存器中的 CHPFREQ 和 CHPDUTY 位控制。“单次”(OSHT)模块产生高能量的首脉冲,以保证快速功率开关打开。通过 OSHTWTH 位可控制“单次”脉冲的宽度,CHPEN 位可完全禁用 PWM 斩波子模块。

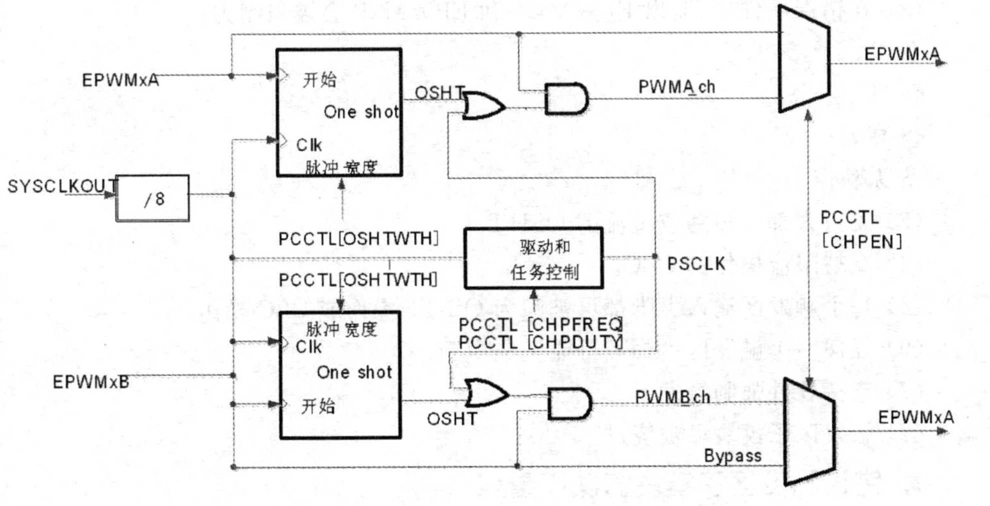

图 12.13 PWM 斩波子模块的模块框图

3. 波形

斩波波形的简单示意图如图 12.14 所示。

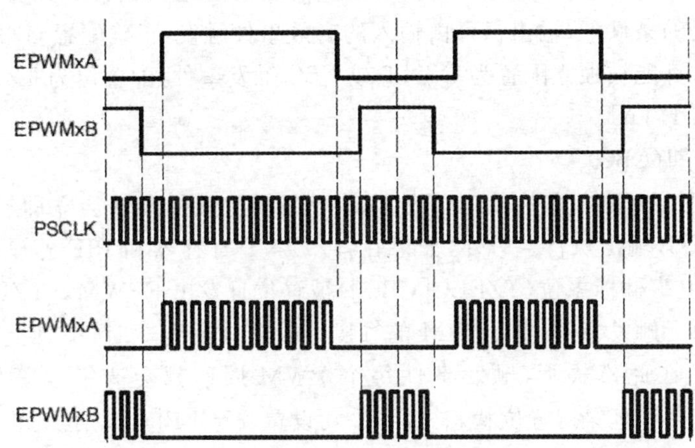

图 12.14 斩波波性的简单示意图

12.1.9 错误触发区(TZ)子模块

每个 ePWM 模块都与 6 路$\overline{TZn}$信号($\overline{TZ1}$到$\overline{TZ6}$)相连接。这些信号用于判断是

否存在外部错误或错误触发条件，ePWM 输出是可编程的，用以做出相应的响应。

1. 错误触发区子模块的作用

错误触发区子模块的主要功能如下：

(1) 触发输入可灵活的映射到任意 ePWM 模块。

(2) 在错误条件下，输出 EPWMxA 和 EPWMxB 会被强制为：

◇ 高；

◇ 低；

◇ 高阻；

◇ 无动作。

(3) 支持大部分短路或过流的 OSHT。

(4) 支持限流操作的 CBC。

(5) 每个触发区输入引脚都可被归为 OSHT 操作或 CBC 操作。

(6) 任何一个触发区引脚都可能生成中断。

(7) 支持软件强制触发。

(8) 触发区子模块可被绕过。

2. 错误触发区子模块的操作重点

错误触发区信号引脚的输入信号为低有效。当其中任意一个引脚为低电平时，说明发生了触发事件。每个 ePWM 模块都可独立配置为使用或不使用触发区引脚。触发区引脚具体被应用到哪个 ePWM 模块是由 TZSEL 寄存器决定的。输入最少一个 SYSCLKOUT 低脉冲就足以触发 ePWM 模块中的错误条件。异步触发可以保证在时钟丢失的条件下，输出仍可由输入的有效事件触发，正确配置 GPIO。

每个输入都能被独立配置为 OSHT 或 CBC 触发事件，配置位为 TZSEL[CBCn] 和 TZSEL[OSHTn]。

(1) 逐周期(CBC)

当逐周期触发事件发生时，由 TZCTL 寄存器配置的事件会立即被 EPWMxA 和/或 EPWMxB 输出执行。另外，如果在 TZEINT 寄存器和 PIE 外设中使能了中断，逐周期触发事件标志位(TZFLG[CBC])被置位且发出 EPWMx_TZINT 中断。

如果当前无触发事件，则 ePWM 的 TB 计数器计数到 0 时，引脚上的指定条件会自动清零。在此模式下，触发事件每个 PWM 周期都会清零或复位。TZFLG[CBC]标志位会一直保持置位状态，直到手动设置 TZCLR[CBC]位为止。

(2) 单次 (OSHT)

当 OSHT 事件出现时，由 TZCTL 寄存器配置的事件会立即被 EPWMxA 和/或 EPWMxB 输出执行。另外，如果在 TZEINT 寄存器和 PIE 外设中使能了中断，OSHT 触发事件标志位(TZFLG[OST])被置位且发出 EPWMx_TZINT 中断。OSHT 触发条件必须通过写 TZCLR[OST]的方式手动清零。

3. 生成错误触发事件中断

图 12.15 和图 12.16 分别显示了触发区子模块的控制与中断逻辑。

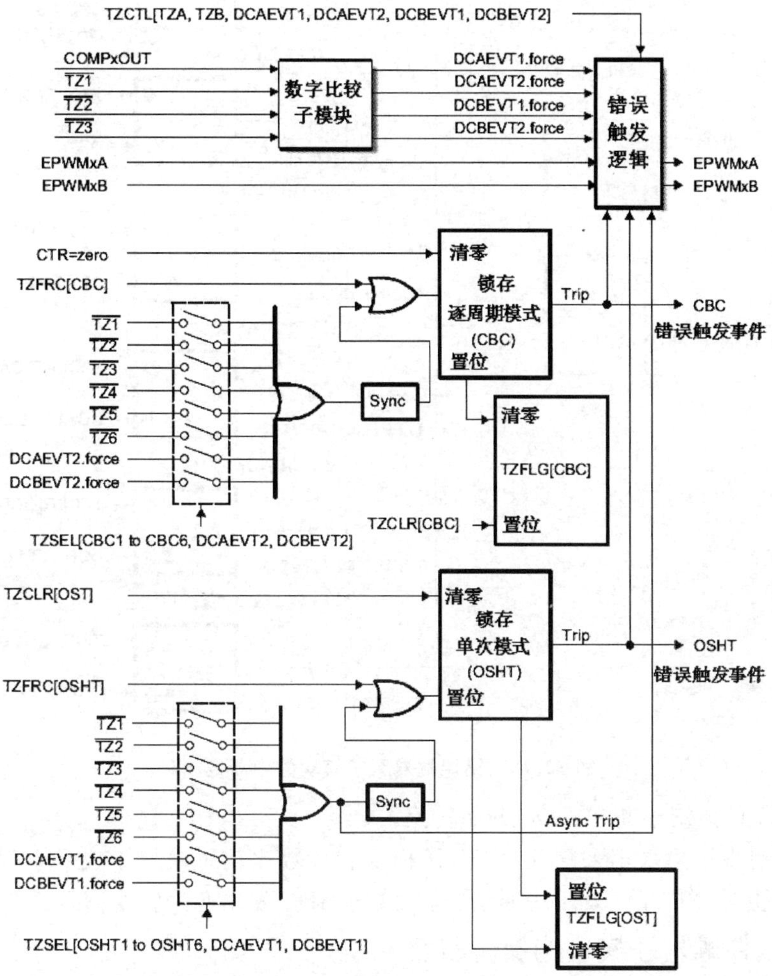

图 12.15　错误触发区子模块的控制

12.1.10　事件触发(ET)子模块

1. 事件触发子模块的作用

事件触发子模块的主要功能为:

(1) 接收由 TB 与计数比较模块生成的事件输入。

(2) 利用 TB 方向信息为向上/向下事件资格。

(3) 利用预分频逻辑发出中断请求和 ADC 开始转换。

(4) 通过事件计数器和标志位实现事件生成的高可见性。

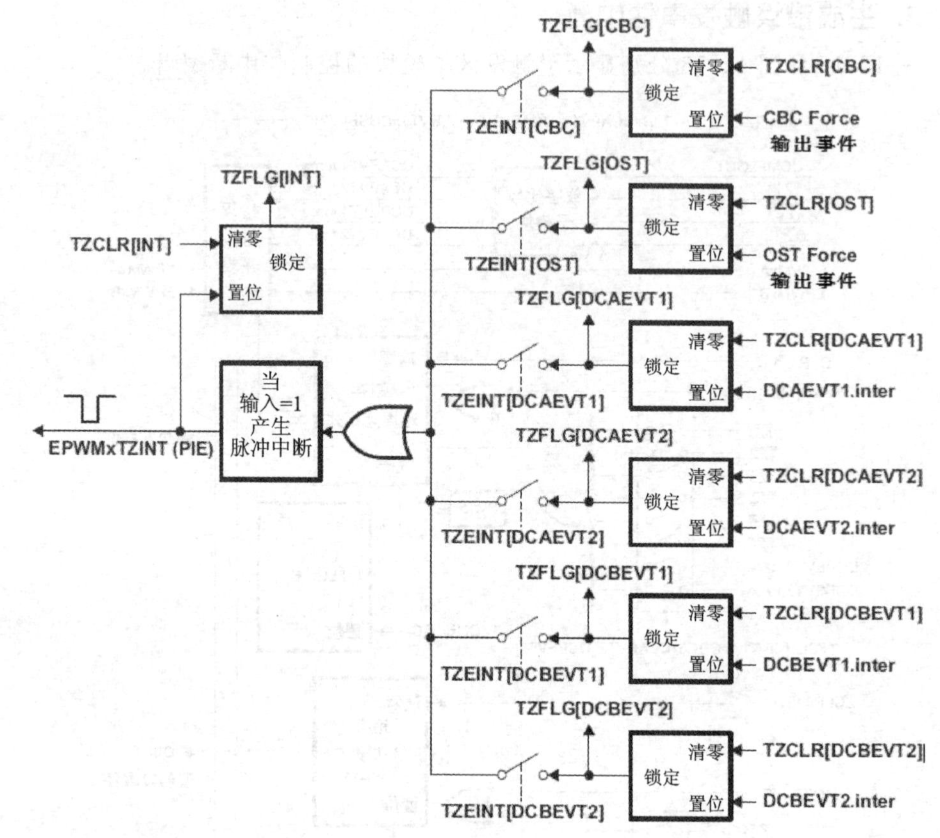

图 12.16　错误触发区子模块的中断逻辑

(5) 软件强制中断和 ADC 开始转换。

事件触发子模块用来管理由 TB 子模块和计数比较子模块生成的事件，并在指定事件发生时，向 CPU 发出中断请求和/或向 ADC 发出开始转换信号。

2. 事件触发子模块的操作重点

每个 ePWM 模块都有一条连接到 PIE 的中断请求线路和两路连接到 ADC 模块的开始转换信号(每个排序器一路信号)。ePWM 的 ADC 开始转换信号为相或的关系，这样多个模块均可开始 ADC 转换。如果同一条开始转换线路上发生两个请求，ADC 仅能识别其中之一，如图 12.17 所示。

事件触发子模块监控各种事件条件(图 12.18 中左侧事件触发子模块的输入)，并可在发送中断请求或 ADC 开始转换前对事件进行预分频。事件触发预分频逻辑可以发出中断请求和在下列方式中开始 ADC 转换：

(1) 每个事件；

(2) 每第二个事件；

(3) 每第三个事件。

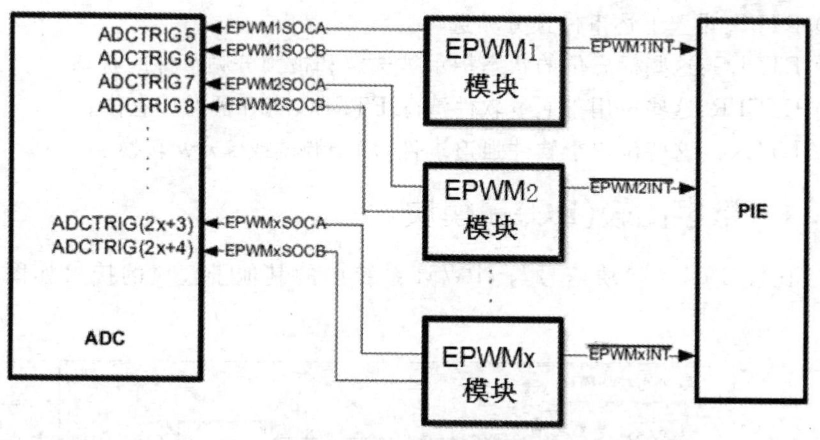

图 12.17 事件触发子模块的数模转换的 SOC 内部连接

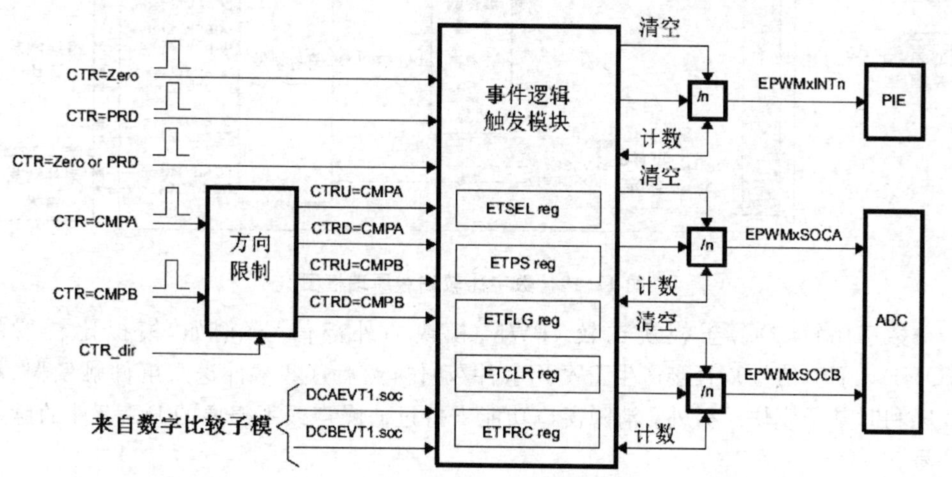

图 12.18 事件触发子模块监控

表 12.11 中罗列了用于配置事件触发器子模块的关键寄存器：

表 12.11 事件触发的子模块寄存器

寄存器名称	地址偏移量	影子寄存器	描 述
ETSEL	0x0019	否	事件触发器选择寄存器
ETPS	0x001A	否	事件触发器预分频寄存器 r
ETFLG	0x001B	否	事件触发器标志寄存器
ETCLR	0x001C	否	事件触发器清零寄存器
ETFRC	0x001D	否	事件触发器强制寄存器

(1) ETSEL:选择的可能事件将触发一个中断或启动 ADC 转换。

(2) ETPS：设置上述事件预分频选项。

(3) ETFLG：这些标志位的状态指示被选定和被预分频事件的状态

(4) ETCLR：这些位用于通过软件清除 ETFLG 寄存器的标志位。

(5) ETFRC：这些位用于软件强迫事件，用于调试或 s / w 转换。

12.1.11 数字比较(DC)子模块

数字比较(DC)子模块信号与 ePWM 系统中的其他子模块的接口如图 12.19 所示。

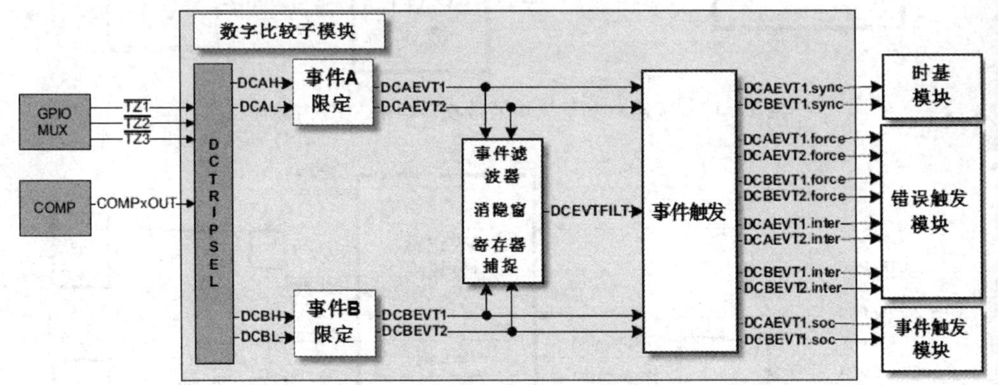

图 12.19 数字比较高级原理框图

数字比较(DC)子模块比较 ePWM 模块的外部信号(例如，模拟比较器的 COMPxOUT 信号)，直接产生 PWM 事件/动作，然后这些事件送入事件触发器、触发区和时基子模块。另外，消隐窗口功能支持过滤噪声或不想要的 DC 事件的脉冲信号。

1. 数字比较子模块的作用

数字比较子模块的主要功能如下：

(1) 模拟比较器(COMP)模块输出和 TZ1，TZ2，TZ3 输入生成数字比较 A 的最高/最低(DCAH DCAL)和数字比较 B 的高/低(DCBH，DCBL)信号。

(2) 发生 DCAH/L 和 DCBH/ L 信号的触发事件之后，接下来是过滤或直接送入到错误触发区、事件触发，和时基的子模块及以下动作：

◇ 产生一个错误触发区中断；

◇ 触发开始 ADC 转换；

◇ 强制事件；

◇ 为同步 ePWM 模块 TBCTR 产生一个同步的的事件。

(3) 滤波事件(消隐窗逻辑)可以有选择性地消除输入信号以滤除噪声。

2. 控制和监视的数字比较子模块

数字比较子模块通过表 12.12 所列的寄存器进行控制和监视操作。

表 12.12　数字比较子模块寄存器

寄存器名称	地址偏移量	影子寄存器	描　述
TZDCSEL[1] [2]	0x13	否	触发区数字比较选择寄存器
DCTRIPSEL[1]	0x30	否	数字比较触发选择寄存器
DCACTL[1]	0x31	否	数字比较 A 控制寄存器
DCBCTL[1]	0x32	否	数字比较 B 控制寄存器
DCFCTL[1]	0x33	否	数字比较滤波控制寄存器
DCCAPCTL[1]	0x34	否	数字比较捕获控制寄存器
DCFOFFSET	0x35	写	数字比较滤波偏移量寄存器
DCFOFFSETCNT	0x36	否	数字比较滤波偏移量计数器寄存器
DCFWINDOW	0x37	否	数字比较滤波窗寄存器
DCFWINDOWCNT	0x38	否	数字比较滤波窗计数器寄存器
DCCAP	0x39	是	数字比较计数器捕获寄存器

[1] 这些寄存器受 EALLOW 保护。

[2] TZDCSEL 寄存器是错误触发区子模块的一部分，其对数字比较子模块比较重要。

3. 数字比较子模块的操作要点

以下各小节描述的是数字比较子模块的工作要点和配置选项。

1) 数字比较事件

如图 12.19 所示，触发区输入信号(TZ1、TZ2 和 TZ3) 和模拟比较器(COMP)模块的 COMPxOUT 信号可以通过 DCTRIPSEL 位选择产生数字比较 A 高和低信号(DCAH/L)和数字比较 B 高和低信号(DCBH/L)。TZDCSEL 寄存器的配置限制所选的 DCAH/L 和 DCBH/L 信号上的动作，并产生 DCAEVT1/2 和 DCBEVT1/2 事件(事件限定 A 和 B)。然后，DCAEVT1/2 事件和 DCBEVT1/2 事件将被过滤，提供一个被过滤事件信号(DCEVTFILT)或者旁路滤波。DCAEVT1/2 事件信号和 DCBEVT1/2 事件信号、或被过滤的 DCEVTFILT 事件信号将向触发区模块产生一个强制信号/TZ 中断/ADC SOC/PWM 同步信号。

(1) 强制信号

由 DCAEVT1/2. force 信号强制产生触发区条件，该条件要么直接影响 EPWMxA 引脚的输出(通过配置 TZCTL 的[DCAEVT1 或 DCAEVT2])，要么，如果 DCAEVT1/2 信号被作为单次触发或者逐周期触发源(通过 TZSEL 寄存器)，该信号将通过配置 TZCTL[TZA]来影响触发动作。由于 DCBEVT1/2. force 信号情况与 DCAEVT1/2. force 类似，这里不再介绍。

TZCTL 寄存器上的动作冲突的优先级如下(最高优先级覆盖较低的优先级)：

输出 EPWMxA：TZA (最高)→DCAEVT1→DCAEVT2 (最低)

输出 EPWMxB：TZB（最高）→DCBEVT1→DCBEVT2（最低）

（2）中断信号

DCAEVT1/2. interrupt 信号可向 PIE 发出触发区中断请求。为了使能中断，用户必须将 TZEINT 寄存器中的位 DCAEVT1/DCAEVT2/DCBEVT1/DCBEVT2 置 1。一旦发生这些事件中的一个，EPWMxTZINT 中断将被触发，如果清除中断，TZCLR 寄存器中的相应位必须被置 1。

（3）SOC 信号

DCAEVT1. soc 信号的输出与事件-触发器子模块连接，并可通过 ETSEL[SOCASEL]位选一个“ADC 开始转换 A(SOCA)”的脉冲事件。同理，DCBEVT1. soc 信号也可作为“ADC 开始转换 B(SOCB)”脉冲的事件。

（4）同步信号

DCAEVT1. sync 和 DCBEVT1. sync 事件与 EPWMxSYNCI 输入信号进行或运算，以产生一个时基计数器的同步脉冲。

DCAEVT1/2 事件触发如图 12.20 所示。

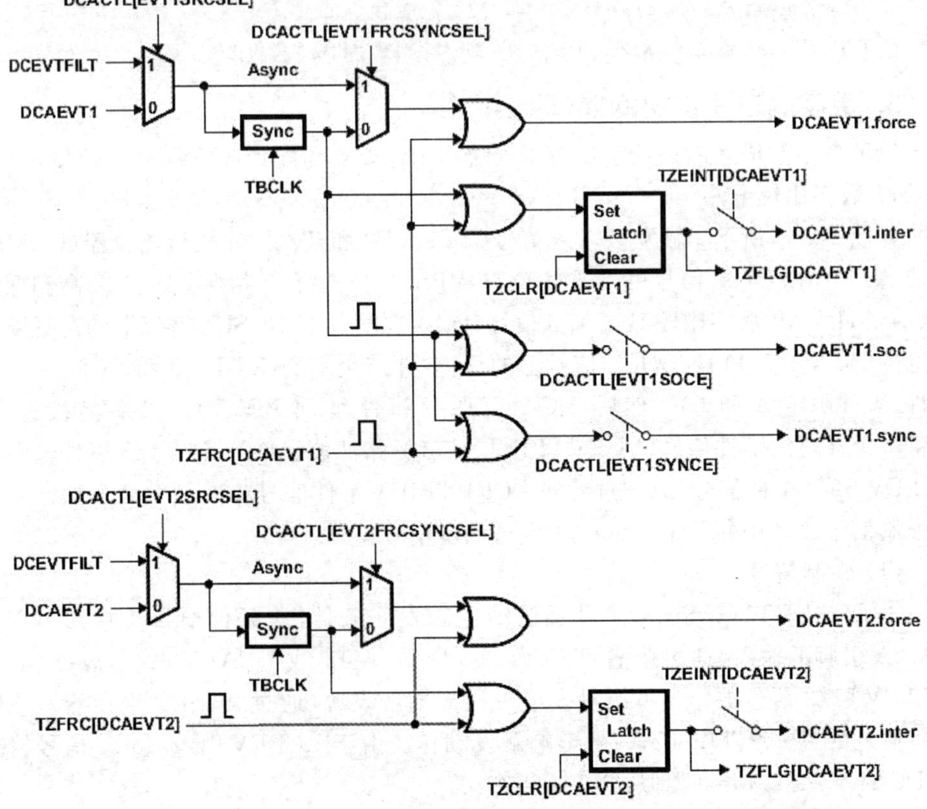

图 12.20　DCAEVT1/2 事件触发

2）事件滤波

DCAEVT1/2 和 DCBEVT1/2 事件可以通过事件滤波逻辑，在一段时间内可选择地消隐事件来去除噪声。可用于作为触发 DCAEVT1/2 事件和 DCBEVT1/2 事件的模拟比较器输出，而且消隐逻辑还可用于滤除触发 PWM 输出或产生一个中断或 ADC 开始转换前的信号的潜在噪声。事件滤波逻辑也可以捕获触发事件的 TBCTR 值，如图 12.21 所示。

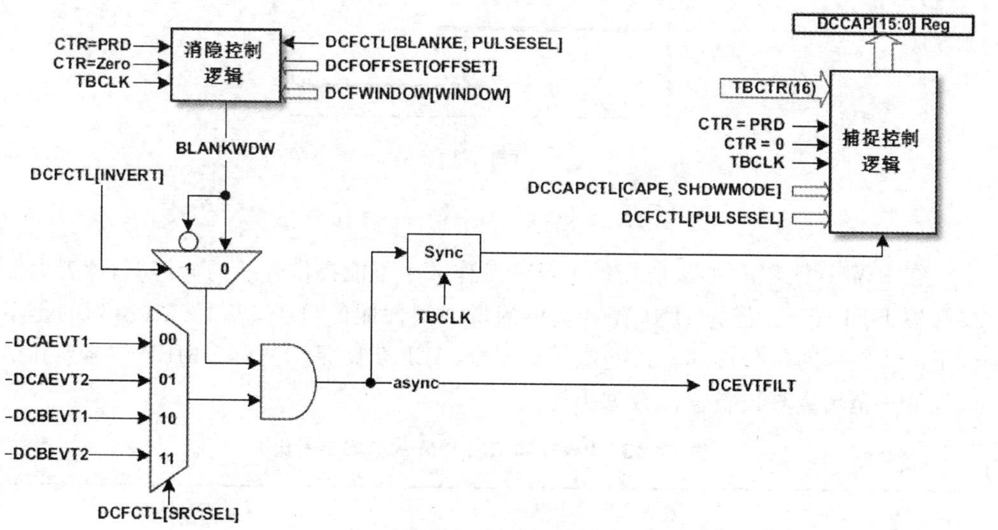

图 12.21　事件滤波

12.2　高分辨率脉宽调制器(HRPWM)简介

HRPWM 模块继承了传统派生的数字脉宽调制器（PWM）的时间分辨能力。HRPWM 的典型应用是 PWM 分辨率低于 9～10 位。HRPWM 的主要特性是：

◇ 扩展时间分辨能力；

◇ 用于占空比和相移调节方法；

◇ 优良的时间间隔控制或者边沿定位应用比较 A 和相位寄存器的扩展；

◇ 应用 PWM 的 A 信号通路，即在 EPWMxA 输出上；

◇ 自检测诊断软件模式检测微边沿定位器（MEP）逻辑是否最佳运转；

◇ 通过交换 PWM A 和 B 通道通路使能 PWM 的 B 信号通路上的高分辨率输出；

◇ 通过 A 信号输出的倒相使能 B 信号输出上的高分辨率输出；

◇ 使能器件的类型 1，ePWM 模块上的 ePWMxA 输出的高分辨率周期控制。

1. 介绍

外设 ePWM 在数学上相当于数模转换器(DAC)的功能。如图 12.22 所示,传统产生的 PWM 的有效分辨率是 PWM 频率(或周期)和系统时钟频率的函数。

$PWM_{分辨率}(\%) = F_{PWM}/F_{SYSCLKOUT} \times 100\%$

$PWM_{分辨率}(位) = \text{Log}_2(T_{PWM}/T_{SYSCLKOUT})$

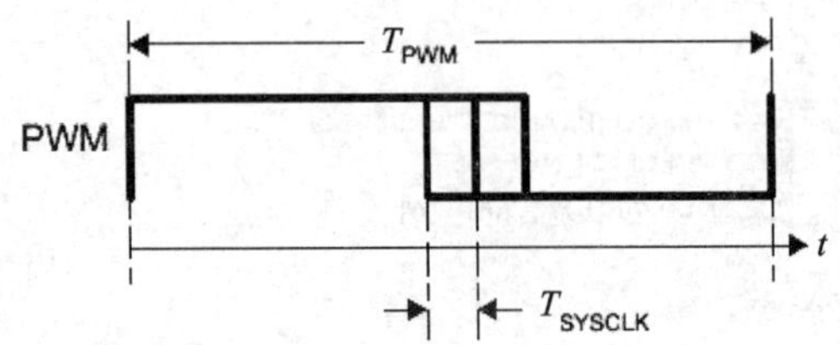

图 12.22 常规 PWM 的分辨率计算

在 PWM 模式下,如果所需的 PWM 工作频率不能提供合适的分辨率,读者可能要考虑 HRPWM。作为 HRPWM 提供的增强型性能的例子,表 12.13 所列的是不同 PWM 频率的位分辨率。这些值假定一个 MEP 步距是 180 ps。MEP 的典型和最大性能规范请查看设备器件数据手册。

表 12.13 PWM 和 HRPWM 的分辨率对比

PWMFreq (kHz)	普通分辨率(PWM)				高分辨率 (HRPWM)	
	60MHz SYSCLKOUT		40MHz SYSCLKOUT			
	位	%	位	%	位	%
20	11.6	0.0	11.3	0	18.1	0.000
50	10.2	0.1	10	0.1	16.8	0.001
100	9.2	0.2	9	0.2	15.8	0.002
150	8.6	0.3	8.4	0.3	15.2	0.003
200	8.2	0.3	8	0.4	14.8	0.004
250	7.9	0.4	7.6	0.5	14.4	0.005
500	6.9	0.8	6.6	1	13.4	0.009
1000	5.9	1.7	5.6	2	12.4	0.018
1500	5.3	2.5	5.1	3	11.9	0.027
2000	4.9	3.3	4.6	4	11.4	0.036

虽然每种应用可能不同,但是典型的低频率 PWM 操作(低于 250 kHz)可能不需要 HRPWM。HRPWM 的功能对于高频 PWM 要求的功率转换拓扑最起作用,例如:

◇ 单相 buck、boost 和 flyback;

◇ 多相 buck、boost 和 flyback；

◇ 相移全桥；

◇ 直接调制的 D 类功率放大器。

2. HRPWM 的操作描述

HRPWM 基于微沿定位器技术(MEP)，MEP 逻辑能够把传统 PWM 生成器产生的一个粗系统时钟分成非常精细地边沿定位。时间步进精度近似为 150 ps。一个特定器件的典型 MEP 步距参见特定器件的数据手册。HRPWM 还有一个自检测软件诊断模式以检测 MEP 逻辑在所有操作条件下是否处于最佳运行状态。图 12.23 描述了一个粗系统时钟和按照 MEP 步为单位的边沿定位之间的关系，MEP 步是通过比较 A 扩展寄存器(CMPAHR)中的 8 位字段进行控制的。

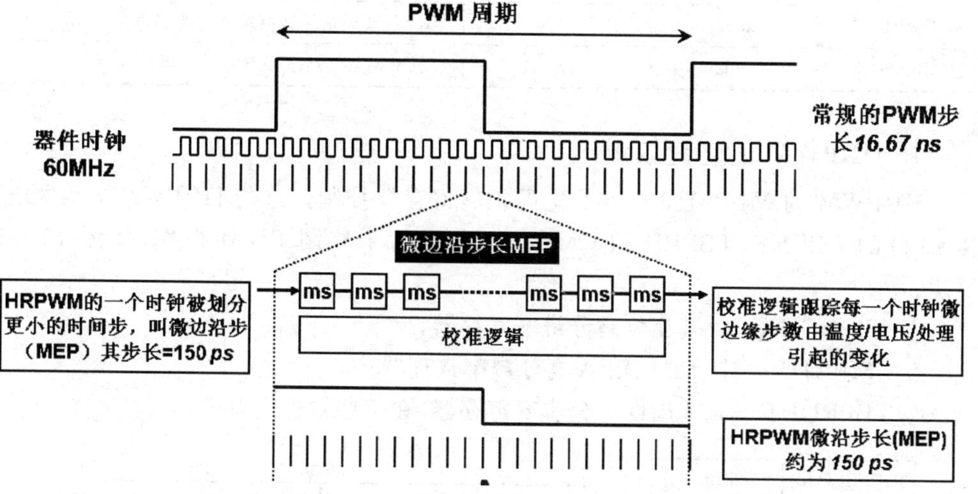

图 12.23　使用 MEP 的操作逻辑

注意：

(1) 显著提高传统派生数字 PWM 的分辨率。

(2) 使用 8 位扩展的比较寄存器(CMPxHR)、周期寄存器(TBPRDHR)和相位寄存器(TBPHSHR)进行边沿定位控制。

(3) 典型应用是 PWM 频率大于 120 kHz(60 MHz 系统时钟)且分辨率低于 9～10 位。

(4) 不是所有的 ePWM 输出支持 HRPWM 特性(参见器件数据手册)。

产生一个 HRPWM 波形，可以像生成一个给定频率和极性的传统 PWM 那样配置 TBM、CCM 和 AQM 寄存器。HRPWM 与 TBM、CCM 和 AQM 寄存器共同工作以扩展边沿分辨率和相应配置。虽然可能有多种编程组合，但只有少部分是所需且可用的。

3. HRPWM 的控制和监测

可通过表 12.14 所列的寄存器操作来控制与监测 HRPWM。

表 12.14　HRPWM 寄存器

助记符	地址偏移量	影子寄存器	描　述
TBPHSHR	0x0002	否	HRPWM 相位扩展寄存器(8 位)
TBPRDHR	0x0006	是	HRPWM 周期扩展寄存器(8 位)
CMPAHR	0x0008	是	HRPWM 占空比扩展寄存器(8 位)
HRCNFG	0x0020	否	HRPWM 配置寄存器
HRPWR	0x0021	否	HRPWM 功率寄存器
HRMSTEP	0x0026	否	HRPWM MEP 步进寄存器
TBPRDHRM	0x002A	是	HRPWM 周期扩展镜像寄存器(8 位)
CMPAHRM	0x002C	是	HRPWM 占空比扩展镜像寄存器(8 位)

4. HRPWM 的功能控制

HRPWM 的 MEP 受 3 个 8 位宽的扩展寄存器控制。这些 HRPWM 寄存器连接 16 位的 TBPHS，TBPRD 和 CMPA 寄存器用于控制 PWM 操作，如图 12.24 所示。

◇ TBPHSHR—时基相位高分辨率寄存器；

◇ CMPAHR—计数器比较 A 高分辨率寄存器；

◇ TBPRDHR—时基周期高分辨率寄存器(在某些器件上有效)。

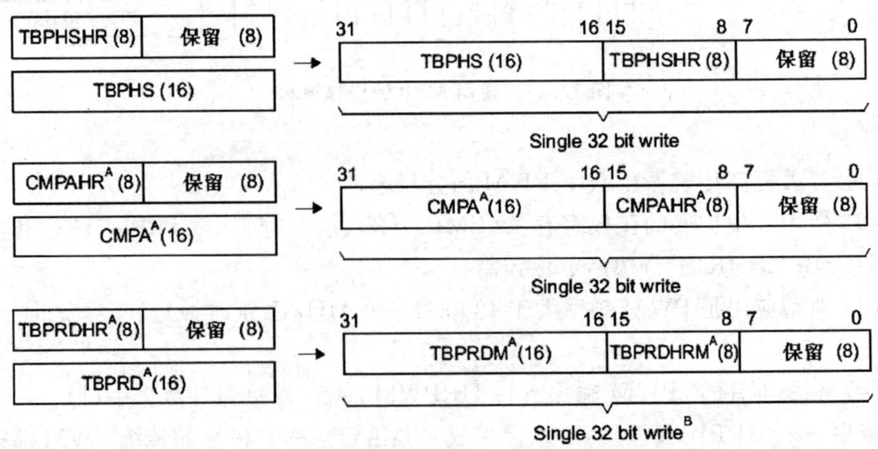

图 12.24　HRPWM 扩展寄存器和内存配置

A 这些寄存器是镜像可以被写入到在两个不同的存储器单元(镜像寄存器有一个“M”后缀，即 CMPA mirror ＝ CMPAM)，读取高分辨率镜像寄存器将会出现一个不确定的值。

B TBPRDHR 和 TBPRD 只有在镜像地址才能作为 32 位值写入。不是所有器件都有 TBPRD 和 TBPRDHR 寄存器

使用通道 A PWM 信号路径来控制 HRPWM 的性能。可正确配置 HRCNFG 寄存器使通道 B 信号路径上的 HRPWM 得到支持，如图 12.25 所示。

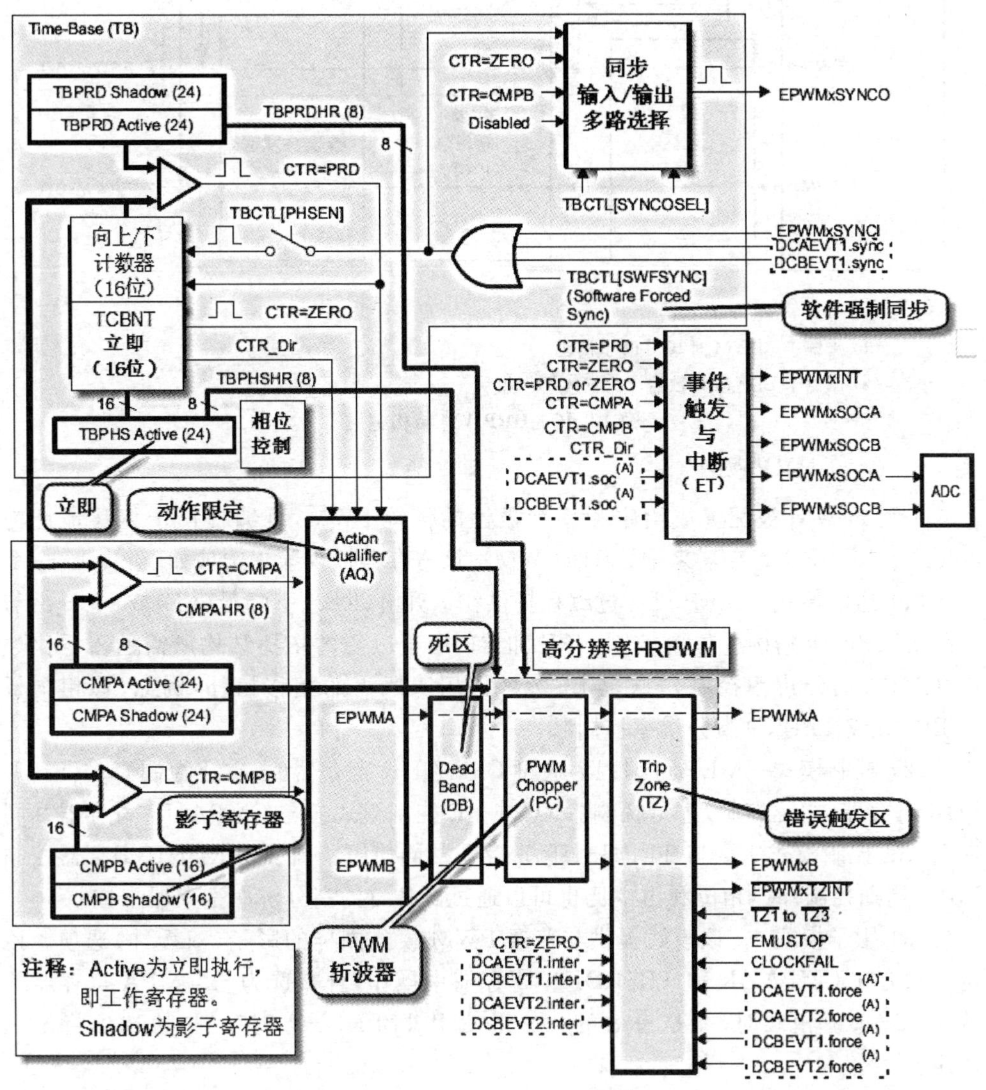

图 12.25　HRPWM 系统接口

A 这些事件由基于 COMPxOUT 和 TZ 信号电平的类型 1 ePWM 数字比较(DC)子模块产生。

HRPWM 的结构框图如图 12.26 所示。

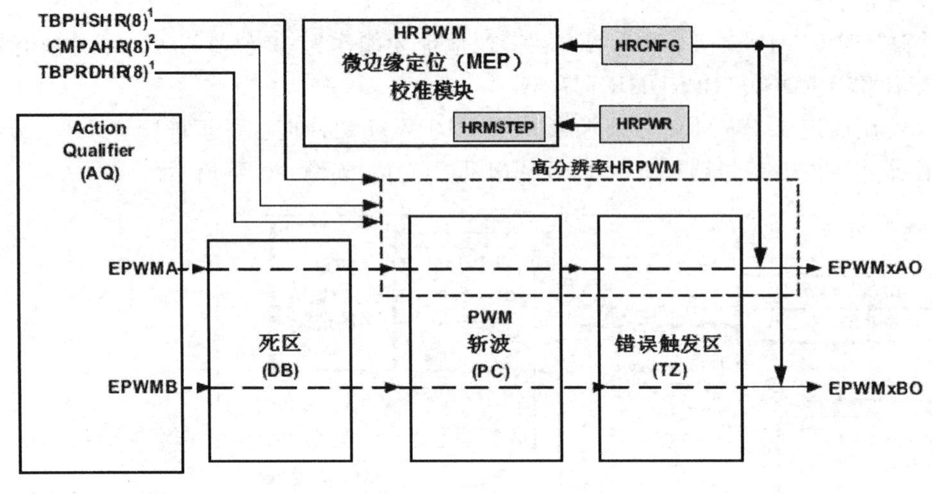

注：

(1) 来源于 EPWM 时基(TB)子模块。

(2) 来源于 EPWM 计数器－比较(CC)子模块。

图 12.26　HRPWM 结构框图

5. 配置 HRPWM

一旦 ePWM 被配置成给定频率和极性的传统 PWM，可编程位于偏移地址为 20h 的 HRCNFG 寄存器来配置 HRPWM。该寄存器提供配置选项如下：

(1) 边沿模式—MEP 可通过编程提供在上升沿(RE)、下降沿(FE)或"上升沿与下降沿"(BE)上精确的位置控制。FE 和 RE 用于电源的拓扑结构所需的占空比控制(CMPA 高分辨率控制)，这里 BE(双沿)用于所需的相移拓扑，例如，移相全桥(TBPHS 或 TBPRD 高分辨率控制)。

(2) 控制模式—MEP 可编程为通过 CMPAHR 寄存器(占空比控制)或 TBPHSHR 寄存器(相位控制)进行控制。RE 或 FE 控制模式应与 CMPAHR 寄存器共同使用，BE 控制模式应该与 TBPHSHR 寄存器共同使用。当 TBPRDHR 寄存器控制 MEP(周期控制)时，相位和占空比也可以通过其各自的高分辨率寄存器来控制。

(3) 影子模式 — 该模式提供与普通 PWM 模式同样的影子(双缓冲)选项。该选项只有在 CMPAHR 和 TBPRDHR 寄存器中操作，且被选为与 CMPA 寄存器的普通加载选项相同时，才是有效的。如果使用 TBPHSHR 寄存器，该选项将不起作用。

(4) 高分辨率 B 信号控制 ——一个 ePWM 通道中的 B 信号路径可以通过交换 A 和 B 的输出(这里高分辨率信号出现在 ePWMxB 上，而不是 ePWMxA)，或者在 ePWMxB 引脚上输出倒相的高分辨率 ePWMxA 信号来产生一个高分辨率输出。

(5) 自动转换模式—该模式只能与比例因子(scale factor)优化软件结合使用。如果使能自动转换，对于类型 1 HRPWM 单元，CMPAHR ＝ fraction(PWMduty×

PWMperiod)<<8。比例因子优化软件利用后台代码计算 MEP 比例因子,并根据每粗步计算出的 MEP 步数自动更新 HRMSTEP 寄存器。之后,MEP 校准单元将利用 HRMSTEP 和 CMPAHR 寄存器中的值来自动计算由小数占空比所代表的 MEP 步数,据此移动对应的高分辨率 ePWM 信号边沿。如果禁止自动转换,CMPAHR 寄存器将变成类型 0 的 HRPWM 单元操作,此时 CMPAHR = (fraction (PWMduty×PWMperiod) ×MEP Scale Factor +0.5)<<8)。在这种模式中,所有这些计算将由用户代码来完成,且 HRMSTEP 寄存器将被忽略。高分辨率周期的自动转换过程与高分辨率占空比的自动转换过程类似。进行高分辨率周期模式必须始终使能自动转换功能。

6. 比例因子优化软件(SFO)

微边缘定位器(MEP)逻辑能够以 255 个离散时间步之一放置边缘。正如前面所提到的,这些步骤的大小为 150 ps。MEP 步长根据最坏情况下的处理参数、工作温度和电压的变化而改变。MEP 步长随着电压的降低和温度的升高而增加,并随电压和温度的降低而减小。使用 HRPWM 的应用程序应该使用 TI 提供的 MEP 尺度因子的优化软件函数(SFO)。在 HRPWM 操作时,SFO 函数有助于动态确定每个 SYSCLKOUT 周期的 MEP 步数。在 Q15 占空比(或周期)到[CMPA:CMPAHR]或[TBPRD(M):TBPRDHR(M)]的映射函数期间有效的使用 MEP 功能,而 MEP 比例因子(MEP_ScaleFactor)的正确值需由软件决定。要做到这一点,HRPWM 单元内置了自检和诊断功能,可在任何操作条件下,确定最佳的 MEP_ScaleFactor 值。TI 提供了一个 C 语言调用库,其中包含一个 SFO 函数,并可利用这个硬件确定最佳的 MEP_ScaleFactor。因此,MEP 控制和诊断寄存器被保留给 TI 使用。

SFO library-SFO_TI_Build_V6. lib 软件的详细描述请参考文献 spruge8e 中的附录。

7. 寄存器描述

表 12.15　寄存器描述

名　称	偏移量	大小(x16)/影子寄存器	描　述
时基寄存器			
TBCTL	0x0000	1/0	时基控制寄存器
TBSTS	0x0001	1/0	时基状态寄存器
TBPHSHR	0x0002	1/0	时基相位高分辨率寄存器
TBPHS	0x0003	1/0	时基相位寄存器
TBCNT	0x0004	1/0	时基计数器寄存器
TBPRD	0x0005	1/1	时基周期寄存器设置
TBPRDHR	0x0006	1/1	时基周期高分辨率寄存器设置

续表 12.15

名 称	偏移量	大小(x16)/影子寄存器	描 述
比较寄存器			
CMPCTL	0x0007	1/0	计数器比较控制寄存器
CMPAHR	0x0008	1/1	计数器比较 A 高分辨率寄存器设置
CMPA	0x0009	1/1	计数器比较 A 寄存器设置
CMPB	0x000A	1/1	计数器比较 B 寄存器设置
HRPWM 寄存器			
HRCNFG	0x0020	1/0	HRPWM 配置寄存器
HRPWR	0x0021	1/0	HRPWM 功率寄存器
HRMSTEP	0x0026	1/0	HRPWM MEP 步寄存器
高分辨率周期 & 镜像寄存器			
HRPCTL	0x0028	1/0	高分辨率周期控制寄存器
TBPRDHRM	0x002A	1/1	时基周期高分辨率镜像寄存器设置
TBPRDM	0x002B	1/1	时基周期镜像寄存器设置
CMPAHRM	0x002C	1/1	计数器比较 A 高精度镜像寄存器设置
CMPAM	0x002D	1/1	计数器比较 A 镜像寄存器设置

12.3 PWM 固件库

12.3.1 数据结构文档

PWM 固件库的数据结构文档如表 12.16 所列。

表 12.16 _PWM_Obj_

定义	typedef struct { uint16_t TBCTL; uint16_t TBSTS; uint16_t TBPHSHR; uint16_t TBPHS; uint16_t TBCTR; uint16_t TBPRD; uint16_t TBPRDHR; uint16_t CMPCTL; uint16_t CMPAHR;

续表 12.16

定义	uint16_t CMPA; uint16_t CMPB; uint16_t AQCTLA; uint16_t AQCTLB; uint16_t AQSFRC; uint16_t AQCSFRC; uint16_t DBCTL; uint16_t DBRED; uint16_t DBFED; uint16_t TZSEL; uint16_t TZDCSEL; uint16_t TZCTL; uint16_t TZEINT; uint16_t TZFLG; uint16_t TZCLR; uint16_t TZFRC; uint16_t ETSEL; uint16_t ETPS; uint16_t ETFLG; uint16_t ETCLR; uint16_t ETFRC; uint16_t PCCTL; uint16_t rsvd_1; uint16_t HRCNFG; uint16_t HRPWR; uint16_t rsvd_2[4]; uint16_t HRMSTEP; uint16_t rsvd_3; uint16_t HRPCTL; uint16_t rsvd_4; uint16_t TBPRDHRM; uint16_t TBPRDM; uint16_t CMPAHRM; uint16_t CMPAM; uint16_t rsvd_5[2]; uint16_t DCTRIPSEL; uint16_t DCACTL; uint16_t DCBCTL; uint16_t DCFCTL; uint16_t DCCAPCTL; uint16_t DCFOFFSET;

续表 12.16

<table>
<tr><td>定义</td><td>uint16_t DCFOFFSETCNT;
uint16_t DCFWINDOW;
uint16_t DCFWINDOWCNT;
uint16_t DCCAP;
}_PWM_Obj_</td></tr>
<tr><td>功能</td><td>定义脉冲宽度调制(PWM)对象</td></tr>
<tr><td>成员</td><td>TBCTL:时基控制寄存器
TBSTS:时基状态寄存器
TBPHSHR:扩展 HRPWM 相位寄存器
TBPHS:时基相位寄存器
TBCTR:时基计数器
TBPRD:时基周期寄存器组
TBPRDHR:时基周期高分辨率寄存器
CMPCTL:计数器比较控制寄存器
CMPAHR:HRPWM 计数器比较 A 寄存器的扩展
CMPA:计数器比较 A 寄存器
CMPB:计数器比较 B 寄存器
AQCTLA:输出 A 的动作限定控制寄存器 (EPWMxA)
AQCTLB:输出 B 的动作限定控制寄存器 (EPWMxB)
AQSFRC:动作限定的软件强制
AQCSFRC:动作限定的连续软件强制
DBCTL:死区控制
DBRED:死区上升沿延时
DBFED:死区下降沿延时
TZSEL:触发区选择
TZDCSEL:触发区数字比较器选择
TZCTL:触发区控制
TZEINT:触发区中断使能
TZFLG:触发区中断标志
TZCLR:清除触发区
TZFRC:触发区强制中断
ETSEL:事件触发器选择
ETPS:事件触发器预分频
ETFLG:事件触发器标志
ETCLR:清除事件触发器
ETFRC:强制事件触发器
PCCTL:PWM 斩波器控制
rsvd_1:保留
HRCNFG:HRPWM 配置寄存器</td></tr>
</table>

续表 12.16

成员	HRPWR:HRPWM 功率寄存器 rsvd_2:保留 HRMSTEP:HRPWM MEP 步进寄存器 rsvd_3:保留 HRPCTL:高分辨率周期控制 rsvd_4:保留 TBPRDHRM:时基周期高分辨率寄存器映射 TBPRDM:时间周期寄存器映射 CMPAHRM:比较 A 高分辨率寄存器映射 CMPAM:比较 A 寄存器映射 rsvd_5:保留 DCTRIPSEL:数字比较触发选择 DCACTL:数字比较 A 控制 DCBCTL:数字比较 B 控制 DCFCTL:数字比较滤波器控制 DCCAPCTL:数字比较捕获控制 DCFOFFSET:数字比较滤波偏移 DCFOFFSETCNT:数字比较器偏移计数器 DCFWINDOW:数字比较滤波窗 DCFWINDOWCNT:数字比较滤波窗计数器 DCCAP:数字比较滤波计数捕获。

12.3.2　定义文档

PUM 固件库的定义文档如表 12.17 所列。

表 12.17　定义文档

定　义	描　述
PWM_AQCTL_CAD_BITS	定义 AQCTL 寄存器中的 CAD 位
PWM_AQCTL_CAU_BITS	定义 AQCTL 寄存器中的 CAU 位
PWM_AQCTL_CBD_BITS	定义 AQCTL 寄存器中的 CBD 位
PWM_AQCTL_CBU_BITS	定义 AQCTL 寄存器中的 CBU 位
PWM_AQCTL_PRD_BITS	定义 AQCTL 寄存器中的 PRD 位
PWM_AQCTL_ZRO_BITS	定义 AQCTL 寄存器中的 ZRO 位
PWM_CMPCTL_LOADAMODE_BITS	定义 CMPCTL 寄存器中的 LOADAMODE 位
PWM_CMPCTL_LOADBMODE_BITS	定义 CMPCTL 寄存器中的 LOADBMODE 位
PWM_CMPCTL_SHDWAFULL_BITS	定义 CMPCTL 寄存器中的 SHDWAFULL 位

续表 12.17

定　义	描　述
PWM_CMPCTL_SHDWAMODE_BITS	定义 CMPCTL 寄存器中的 SHDWAMODE 位
PWM_CMPCTL_SHDWBFULL_BITS	定义 CMPCTL 寄存器中的 SHDWBFULL 位
PWM_CMPCTL_SHDWBMODE_BITS	定义 CMPCTL 寄存器中的 SHDWBMODE 位
PWM_DBCTL_HALFCYCLE_BITS	定义 DBCTL 寄存器中的 HALFCYCLE 位
PWM_DBCTL_INMODE_BITS	定义 DBCTL 寄存器中的 INMODE 位
PWM_DBCTL_OUTMODE_BITS	定义 DBCTL 寄存器中的 OUTMODE 位
PWM_DBCTL_POLSEL_BITS	定义 DBCTL 寄存器中的 POLSEL 位
PWM_DCFCTL_BLANKE_BITS	定义 DCFCTL 寄存器中的 BLANKE 位
PWM_DCFCTL_BLANKINV_BITS	定义 DCFCTL 寄存器中的 BLANKINV 位
PWM_DCFCTL_PULSESEL_BITS	定义 DCFCTL 寄存器中的 PULSESEL 位
PWM_DCFCTL_SRCSEL_BITS	定义 DCFCTL 寄存器中的 SRCSEL 位
PWM_DCTRIPSEL_DCAHCOMPSEL_BITS	定义 DCTRIPSEL 寄存器中的 DCAHCOMPSEL 位
PWM_DCTRIPSEL_DCALCOMPSEL_BITS	定义 DCTRIPSEL 寄存器中的 DCALCOMPSEL 位
PWM_DCTRIPSEL_DCBHCOMPSEL_BITS	定义 DCTRIPSEL 寄存器中的 DCBHCOMPSEL 位
PWM_DCTRIPSEL_DCBLCOMPSEL_BITS	定义 DCTRIPSEL 寄存器中的 DCBLCOMPSEL 位
PWM_ePWM1_BASE_ADDR	定义脉冲宽度调制(PWM)1 寄存器的基地址
PWM_ePWM2_BASE_ADDR	定义脉冲宽度调制(PWM)2 寄存器的基地址
PWM_ePWM3_BASE_ADDR	定义脉冲宽度调制(PWM)3 寄存器的基地址
PWM_ePWM4_BASE_ADDR	定义脉冲宽度调制(PWM)4 寄存器的基地址
PWM_ETCLR_INT_BITS	定义 ETCLR 寄存器中的 INT 位
PWM_ETCLR_SOCA_BITS	定义 ETCLR 寄存器中的 SOCA 位
PWM_ETCLR_SOCB_BITS	定义 ETCLR 寄存器中的 SOCB 位
PWM_ETPS_INTCNT_BITS	定义 ETPS 寄存器中的 INTCNT 位
PWM_ETPS_INTPRD_BITS	定义 ETPS 寄存器中的 INTPRD 位
PWM_ETPS_SOCACNT_BITS	定义 ETPS 寄存器中的 SOCACNT 位
PWM_ETPS_SOCAPRD_BITS	定义 ETPS 寄存器中的 SOCAPRD 位
PWM_ETPS_SOCBCNT_BITS	定义 ETPS 寄存器中的 SOCBCNT 位
PWM_ETPS_SOCBPRD_BITS	定义 ETPS 寄存器中的 SOCBPRD 位
PWM_ETSEL_INTEN_BITS	定义 ETSEL 寄存器中的 INTEN 位
PWM_ETSEL_INTSEL_BITS	定义 ETSEL 寄存器中的 INTSEL 位
PWM_ETSEL_SOCAEN_BITS	定义 ETSEL 寄存器中的 SOCAEN 位
PWM_ETSEL_SOCASEL_BITS	定义 ETSEL 寄存器中的 SOCASEL 位
PWM_ETSEL_SOCBEN_BITS	定义 ETSEL 寄存器中的 SOCBEN 位

续表 12.17

定　义	描　述
PWM_ETSEL_SOCBSEL_BITS	定义 ETSEL 寄存器中的 SOCBSEL 位
PWM_HRCNFG_AUTOCONV_BITS	定义 HRCNFG 寄存器中的 AUTOCONV 位
PWM_HRCNFG_CTLMODE_BITS	定义 HRCNFG 寄存器中的 CTLMODE 位
PWM_HRCNFG_EDGMODE_BITS	定义 HRCNFG 寄存器中的 EDGMODE 位
PWM_HRCNFG_HRLOAD_BITS	定义 HRCNFG 寄存器中的 HRLOAD 位
PWM_HRCNFG_SELOUTB_BITS	定义 HRCNFG 寄存器中的 SELOUTB 位
PWM_HRCNFG_SWAPAB_BITS	定义 HRCNFG 寄存器中的 SWAPAB 位
PWM_HRPCTL_HRPE_BITS	定义 HRPCTL 寄存器中的 HRPE 位
PWM_HRPCTL_PWMSYNCSEL_BITS	定义 HRPCTL 寄存器中的 PWMSYNCSEL 位
PWM_HRPCTL_TBPHSHRLOADE_BITS	定义 HRPCTL 寄存器中的 TBPHSHRLOADE 位
PWM_PCCTL_CHPDUTY_BITS	定义 PCCTL 寄存器中的 CHPDUTY 位
PWM_PCCTL_CHPEN_BITS	定义 PCCTL 寄存器中的 CHPEN 位
PWM_PCCTL_CHPFREQ_BITS	定义 PCCTL 寄存器中的 CHPFREQ 位
PWM_PCCTL_OSHTWTH_BITS	定义 PCCTL 寄存器中的 OSHTWTH 位
PWM_TBCTL_CLKDIV_BITS	定义 TBCTL 寄存器中的 CLKDIV 位
PWM_TBCTL_CTRMODE_BITS	定义 TBCTL 寄存器中的 CTRMODE 位
PWM_TBCTL_FREESOFT_BITS	定义 TBCTL 寄存器中的 FREESOFT 位
PWM_TBCTL_HSPCLKDIV_BITS	定义 TBCTL 寄存器中的 HSPCLKDIV 位
PWM_TBCTL_PHSDIR_BITS	定义 TBCTL 寄存器中的 PHSDIR 位
PWM_TBCTL_PHSEN_BITS	定义 TBCTL 寄存器中的 PHSEN 位
PWM_TBCTL_PRDLD_BITS	定义 TBCTL 寄存器中的 PRDLD 位
PWM_TBCTL_SWFSYNC_BITS	定义 TBCTL 寄存器中的 SWFSYNC 位
PWM_TBCTL_SYNCOSEL_BITS	定义 TBCTL 寄存器中的 SYNCOSEL 位
PWM_TZCLR_CBC_BITS	定义 TZCLR 寄存器中的 CBC 位
PWM_TZCLR_DCAEVT1_BITS	定义 TZCLR 寄存器中的 DCAEVT1 位
PWM_TZCLR_DCAEVT2_BITS	定义 TZCLR 寄存器中的 DCAEVT2 位
PWM_TZCLR_DCBEVT1_BITS	定义 TZCLR 寄存器中的 DCBEVT1 位
PWM_TZCLR_DCBEVT2_BITS	定义 TZCLR 寄存器中的 DCBEVT2 位
PWM_TZCLR_INT_BITS	定义 TZCLR 寄存器中的 INT 位
PWM_TZCLR_OST_BITS	定义 TZCLR 寄存器中的 OST 位
PWM_TZCTL_DCAEVT1_BITS	定义 TZCTL 寄存器中的 DCAEVT1 位
PWM_TZCTL_DCAEVT2_BITS	定义 TZCTL 寄存器中的 DCAEVT2 位
PWM_TZCTL_DCBEVT1_BITS	定义 TZCTL 寄存器中的 DCBEVT1 位

续表 12.17

定 义	描 述
PWM_TZCTL_DCBEVT2_BITS	定义 TZCTL 寄存器中的 DCBEVT2 位
PWM_TZCTL_TZA_BITS	定义 TZCTL 寄存器中的 TZA 位
PWM_TZCTL_TZB_BITS	定义 TZCTL 寄存器中的 TZB 位
PWM_TZDCSEL_DCAEVT1_BITS	定义 TZDCSEL 寄存器中的 DCAEVT1 位
PWM_TZDCSEL_DCAEVT2_BITS	定义 TZDCSEL 寄存器中的 DCAEVT2 位
PWM_TZDCSEL_DCBEVT1_BITS	定义 TZDCSEL 寄存器中的 DCBEVT1 位
PWM_TZDCSEL_DCBEVT2_BITS	定义 TZDCSEL 寄存器中的 DCBEVT2 位
PWM_TZFRC_CBC_BITS	定义 TZFRC 寄存器中的 CBC 位
PWM_TZFRC_DCAEVT1_BITS	定义 TZFRC 寄存器中的 DCAEVT1 位
PWM_TZFRC_DCAEVT2_BITS	定义 TZFRC 寄存器中的 DCAEVT2 位
PWM_TZFRC_DCBEVT1_BITS	定义 TZFRC 寄存器中的 DCBEVT1 位
PWM_TZFRC_DCBEVT2_BITS	定义 TZFRC 寄存器中的 DCBEVT2 位
PWM_TZFRC_OST_BITS	定义 TZFRC 寄存器中的 OST 位

12.3.3 类型定义文档

PWM 固件库的类型定义文档如表 12.18 所列。

表 12.18 类型定义文档

类型定义	描 述
PWM_Handle typedef struct PWM_Obj *PWM_Handle	定义脉宽调制(PWM)句柄
PWM_Obj typedef struct _PWM_Obj_ PWM_Obj	定义脉宽调制(PWM)对象

13.3.4 枚举文档

PWM 固件库的枚举文档如表 12.19～表 12.51 所列。

表 12.19 PWM_ActionQual_e

功能	用枚举定义脉冲宽度调制(PWM)的动作限定

表 12.20 PWM_ChoppingClkFreq_e

功能	用枚举定义脉冲宽度调制(PWM)的斩波时钟频率

表 12.21　PWM_ChoppingDutyCycle_e

功能	用枚举定义脉冲宽度调制(PWM)的斩波时钟占空比

表 12.22　PWM_ChoppingPulseWidth_e

功能	用枚举定义脉冲宽度调制(PWM)的斩波时钟脉冲宽度

表 12.23　PWM_ClkDiv_e

功能	用枚举定义脉冲宽度调制(PWM)的时钟分频器

表 12.24　PWM_CounterMode_e

功能	用枚举定义脉冲宽度调制(PWM)的计数器模式

表 12.25　PWM_DeadBandInputMode_e

功能	用枚举定义脉冲宽度调制(PWM)的死区选项

表 12.26　PWM_DeadBandOutputMode_e

功能	用枚举定义脉冲宽度调制(PWM)的死区输出模式

表 12.27　PWM_DeadBandPolarity_e

功能	用枚举定义脉冲宽度调制(PWM)的死区极性

表 12.28　PWM_DigitalCompare_FilterSrc_e

功能	用枚举定义脉冲宽度调制(PWM)的数字比较滤波器源

表 12.29　PWM_DigitalCompare_Input_e

功能	用枚举定义脉冲宽度调制(PWM)的数字比较输入

表 12.30　PWM_DigitalCompare_InputSel_e

功能	用枚举定义脉冲宽度调制(PWM)的数字比较输入选择

表 12.31　PWM_DigitalCompare_PulseSel_e

功能	用枚举定义脉冲宽度调制(PWM)的数字比较消隐脉冲选择

表 12.32 PWM_HrControlMode_e

功能	用枚举定义脉冲宽度调制(PWM)的高分辨率控制模式选项

表 12.33 PWM_HrEdgeMode_e

功能	用枚举定义脉冲宽度调制(PWM)的高分辨率边沿模式选项

表 12.34 PWM_HrShadowMode_e

功能	用枚举定义脉冲宽度调制(PWM)的高分辨率影子加载模式选项

表 12.35 PWM_HspClkDiv_e

功能	用枚举定义脉冲宽度调制(PWM)的高速时钟分频选项

表 12.36 PWM_IntMode_e

功能	用枚举定义脉冲宽度调制(PWM)的中断生成模式

表 12.37 PWM_IntPeriod_e

功能	用枚举定义脉冲宽度调制(PWM)的中断周期选项

表 12.38 PWM_LoadMode_e

功能	用枚举定义脉冲宽度调制(PWM)的加载模式

表 12.39 PWM_Number_e

功能	用枚举定义脉冲宽度调制(PWM)编号

表 12.40 PWM_PeriodLoad_e

功能	用枚举定义脉冲宽度调制(PWM)的周期加载选项

表 12.41 PWM_PhaseDir_e

功能	用枚举定义脉冲宽度调制(PWM)的相位方向模式

表 12.42 PWM_RunMode_e

功能	用枚举定义脉冲宽度调制(PWM)的运行模式

表 12.43　PWM_ShadowMode_e

功能	用枚举定义脉冲宽度调制(PWM)的影子模式

表 12.44　PWM_ShadowStatus_e

功能	用枚举定义脉冲宽度调制(PWM)的影子状态选项

表 12.45　PWM_SocPeriod_e

功能	用枚举定义脉冲宽度调制(PWM)的开始转换(SOC)周期选项

表 12.46　PWM_SocPulseSrc_e

功能	用枚举定义脉冲宽度调制(PWM)的开始转换(SOC)源

表 12.47　PWM_SyncMode_e

功能	用枚举定义脉冲宽度调制(PWM)的同步模式

表 12.48　PWM_TripZoneDCEventSel_e

功　能	枚举定义脉冲宽度调制(PWM)触发区事件选择
枚举成员	描述
PWM_TripZoneDCEventSel_Disabled	事件禁能
PWM_TripZoneDCEventSel_DCxHL_DCxLX	比较 H = 低电平，比较 L = ×
PWM_TripZoneDCEventSel_DCxHH_DCxLX	比较 H = 高电平，比较 L = ×
PWM_TripZoneDCEventSel_DCxHx_DCxLL	比较 H = ×，比较 L = 低电平
PWM_TripZoneDCEventSel_DCxHx_DCxLH	比较 H = ×，比较 L = 高电平
PWM_TripZoneDCEventSel_DCxHL_DCxLH	比较 H = 低电平，比较 L = 高电平

表 12.49　PWM_TripZoneFlag_e

功　能	用枚举定义脉冲宽度调制(PWM)的触发区状态
枚举成员	描述
PWM_TripZoneFlag_Global	全局触发区标志
PWM_TripZoneFlag_CBC	逐周期触发区标志
PWM_TripZoneFlag_OST	单次触发区标志
PWM_TripZoneFlag_DCAEVT1	数字比较 A 事件 1 触发区标志
PWM_TripZoneFlag_DCAEVT2	数字比较 A 事件 2 触发区标志
PWM_TripZoneFlag_DCBEVT1	数字比较 B 事件 1 触发区标志
PWM_TripZoneFlag_DCBEVT2	数字比较 B 事件 2 触发区标志

表 12.50　PWM_TripZoneSrc_e

功能	用枚举定义脉冲宽度调制(PWM)的触发源

表 12.51　PWM_TripZoneState_e

功能	用枚举定义脉冲宽度调制(PWM)的触发区状态

12.3.5　函数文档

PWM 固件库的函数文档如表 12.52～表 12.168 所列。

表 12.52　函数 PWM_clearIntFlag( )[inline]

功　能	清除脉冲宽度调制(PWM)的中断标志
函数原型	void PWM_clearIntFlag (PWM_Handle pwmHandle)
输入参数	描述
pwmHandle	脉冲宽度调制(PWM)对象句柄
返回参数	描述
无	无

表 12.53　函数 PWM_clearOneShotTrip( )[inline]

功　能	清除脉冲宽度调制(PWM)的单次触发
函数原型	void PWM_clearOneShotTrip (PWM_Handle pwmHandle)
输入参数	描述
pwmHandle	脉冲宽度调制(PWM)对象句柄
返回参数	描述
无	无

表 12.54　函数 PWM_clearSocAFlag( )[inline]

功　能	清除脉冲宽度调制(PWM)转换 A 开始(SOC)标志
函数原型	void PWM_clearSocAFlag (PWM_Handle pwmHandle)
输入参数	描述
pwmHandle	脉冲宽度调制(PWM)对象句柄
返回参数	描述
无	无

表 12.55　函数 PWM_clearSocBFlag( ) [inline]

功　能	清除脉冲宽度调制(PWM)转换 B 开始(SOC)标志
函数原型	void PWM_clearSocBFlag (PWM_Handle pwmHandle)
输入参数	描述
pwmHandle	脉冲宽度调制(PWM)对象句柄
返回参数	描述
无	无

表 12.56　函数 PWM_clearTripZone( )

功　能	清除指定的触发区(TZ)标志
函数原型	void PWM_clearTripZone (PWM_Handle pwmHandle, const PWM_TripZoneFlag_e tripZoneFlag)
输入参数	描述
pwmHandle tripZoneFlag	脉冲宽度调制(PWM)对象句柄 清除的触发区标志
返回参数	描述
无	无

表 12.57　函数 PWM_decrementDeadBandFallingEdgeDelay( )

功　能	减小死区下降沿延迟
函数原型	void PWM_decrementDeadBandFallingEdgeDelay (PWM_Handle pwmHandle)
输入参数	描述
pwmHandle	脉冲宽度调制(PWM)对象句柄
返回参数	描述
无	无

表 12.58　函数 PWM_decrementDeadBandRisingEdgeDelay( )

功　能	减少死区上升沿延时
函数原型	void PWM_decrementDeadBandRisingEdgeDelay (PWM_Handle pwmHandle)
输入参数	描述
pwmHandle	脉冲宽度调制(PWM)对象句柄
返回参数	描述
无	无

表 12.59 函数 PWM_disableAutoConvert( )

功　能	禁止自动转换的延迟线(Line)值
函数原型	void PWM_disableAutoConvert (PWM_Handle pwmHandle)
输入参数	描述
pwmHandle	脉冲宽度调制(PWM)对象句柄
返回参数	描述
无	无

表 12.60 函数 PWM_disableChopping( )

功　能	禁止脉冲宽度调制(PWM)斩波
函数原型	void PWM_disableChopping (PWM_Handle pwmHandle)
输入参数	描述
pwmHandle	脉冲宽度调制(PWM)对象句柄
返回参数	描述
无	无

表 12.61 函数 PWM_disableCounterLoad( )

功　能	禁止从相位寄存器加载脉冲宽度调制(PWM)的计数器
函数原型	void PWM_disableCounterLoad (PWM_Handle pwmHandle)
输入参数	描述
pwmHandle	脉冲宽度调制(PWM)对象句柄
返回参数	描述
无	无

表 12.62 函数 PWM_disableDeadBand( )

功　能	禁止脉冲宽度调制(PWM)死区
函数原型	void PWM_disableDeadBand (PWM_Handle pwmHandle)
输入参数	描述
pwmHandle	脉冲宽度调制(PWM)对象句柄
返回参数	描述
无	无

表 12.63　函数 PWM_disableDeadBandHalfCycle( )

功　能	禁止脉冲宽度调制(PWM)的半时钟周期死区
函数原型	void PWM_disableDeadBandHalfCycle (PWM_Handle pwmHandle)
输入参数	描述
pwmHandle	脉冲宽度调制(PWM)对象句柄
返回参数	描述
无	无

表 12.64　函数 PWM_disableDigitalCompareBlankingWindow( )

功　能	禁止脉冲宽度调制(PWM)的数字比较消隐窗口
函数原型	void PWM_disableDigitalCompareBlankingWindow (PWM_Handle pwmHandle)
输入参数	描述
pwmHandle	脉冲宽度调制(PWM)对象句柄
返回参数	描述
无	无

表 12.65　函数 PWM_disableDigitalCompareBlankingWindowInversion( )

功　能	禁止脉冲宽度调制(PWM)的数字比较消隐窗口反转
函数原型	void PWM_disableDigitalCompareBlankingWindowInversion (PWM_Handle pwmHandle)
输入参数	描述
pwmHandle	脉冲宽度调制(PWM)对象句柄
返回参数	描述
无	无

表 12.66　函数 PWM_disableHrPeriod( )

功　能	禁止高分辨率周期控制
函数原型	void PWM_disableHrPeriod (PWM_Handle pwmHandle)
输入参数	描述
pwmHandle	脉冲宽度调制(PWM)对象句柄
返回参数	描述
无	无

表 12.67 函数 PWM_disableHrPhaseSync( )

功　能	禁止高分辨相位同步
函数原型	void PWM_disableHrPhaseSync (PWM_Handle pwmHandle)
输入参数	描述
pwmHandle	脉冲宽度调制(PWM)对象句柄
返回参数	描述
无	无

表 12.68 函数 PWM_disableInt( )

功　能	禁止脉冲宽度调制(PWM)中断
函数原型	void PWM_disableInt (PWM_Handle pwmHandle)
输入参数	描述
pwmHandle	脉冲宽度调制(PWM)对象句柄
返回参数	描述
无	无

表 12.69 函数 PWM_disableSocAPulse( )

功　能	禁止脉冲宽度调制(PWM)开始转换 A 脉冲生成
函数原型	void PWM_disableSocAPulse (PWM_Handle pwmHandle)
输入参数	描述
pwmHandle	脉冲宽度调制(PWM)对象句柄
返回参数	描述
无	无

表 12.70 函数 PWM_disableSocBPulse( )

功　能	禁止脉冲宽度调制(PWM)开始转换 B 脉冲生成
函数原型	void PWM_disableSocBPulse (PWM_Handle pwmHandle)
输入参数	描述
pwmHandle	脉冲宽度调制(PWM)对象句柄
返回参数	描述
无	无

表 12.71　函数 PWM_disableTripZoneInt( )

功　能	禁止脉冲宽度调制(PWM)触发区中断
函数原型	void PWM_disableTripZoneInt (PWM_Handle pwmHandle, const PWM_TripZoneFlag_e interruptSource)
输入参数	描述
pwmHandle nterrupt	脉冲宽度调制(PWM)对象句柄 使能的中断源
返回参数	描述
无	无

表 12.72　函数 PWM_disableTripZones( )

功　能	禁止脉冲宽度调制(PWM)触发区
函数原型	void PWM_disableTripZones (PWM_Handle pwmHandle)
输入参数	描述
pwmHandle	脉冲宽度调制(PWM)对象句柄
返回参数	描述
无	无

表 12.73　函数 PWM_disableTripZoneSrc( )

功　能	禁止脉冲宽度调制(PWM)触发区源
函数原型	void PWM_disableTripZoneSrc (PWM_Handle pwmHandle, const PWM_TripZoneSrc_e src)
输入参数	描述
pwmHandle src	脉冲宽度调制(PWM)对象句柄 脉冲宽度调制(PWM)触发区源
返回参数	描述
无	无

表 12.74　函数 PWM_enableAutoConvert( )

功　能	使能自动转换的延时线值
函数原型	void PWM_enableAutoConvert (PWM_Handle pwmHandle)
输入参数	描述
pwmHandle	脉冲宽度调制(PWM)对象句柄
返回参数	描述
无	无

表 12.75　函数 PWM_enableChopping( )

功　能	使能脉冲宽度调制(PWM)斩波
函数原型	void PWM_enableChopping (PWM_Handle pwmHandle)
输入参数	描述
pwmHandle	脉冲宽度调制(PWM)对象句柄
返回参数	描述
无	无

表 12.76　函数 PWM_enableCounterLoad( )

功　能	使能脉冲宽度调制(PWM)相位寄存器的计数器加载
函数原型	void PWM_enableCounterLoad (PWM_Handle pwmHandle)
输入参数	描述
pwmHandle	脉冲宽度调制(PWM)对象句柄
返回参数	描述
无	无

表 12.77　函数 PWM_enableDeadBandHalfCycle( )

功　能	使能脉冲宽度调制(PWM)半时钟周期死区
函数原型	void PWM_enableDeadBandHalfCycle (PWM_Handle pwmHandle)
输入参数	描述
pwmHandle	脉冲宽度调制(PWM)对象句柄
返回参数	描述
无	无

表 12.78　函数 PWM_enableDigitalCompareBlankingWindow( )

功　能	使能脉冲宽度调制(PWM)的数字比较消隐窗口
函数原型	void PWM_enableDigitalCompareBlankingWindow (PWM_Handle pwmHandle)
输入参数	描述
pwmHandle	脉冲宽度调制(PWM)对象句柄
返回参数	描述
无	无

表 12.79　函数 PWM_enableDigitalCompareBlankingWindowInversion( )

功　能	使能脉冲宽度调制(PWM)数字比较消隐窗口反转
函数原型	void PWM_enableDigitalCompareBlankingWindowInversion (PWM_Handle pwmHandle)
输入参数	描述
pwmHandle	脉冲宽度调制(PWM)对象句柄
返回参数	描述
无	无

表 12.80　函数 PWM_enableHrPeriod( )

功　能	使能高分辨率周期控制
函数原型	void PWM_enableHrPeriod (PWM_Handle pwmHandle)
输入参数	描述
pwmHandle	脉冲宽度调制(PWM)对象句柄
返回参数	描述
无	无

表 12.81　函数 PWM_enableHrPhaseSync( )

功　能	使能高分辨率相位同步
函数原型	void PWM_enableHrPhaseSync (PWM_Handle pwmHandle)
输入参数	描述
pwmHandle	脉冲宽度调制(PWM)对象句柄
返回参数	描述
无	无

表 12.82　函数 PWM_enableInt( )

功　能	使能脉冲宽度调制(PWM)中断
函数原型	void PWM_enableInt (PWM_Handle pwmHandle)
输入参数	描述
pwmHandle	脉冲宽度调制(PWM)对象句柄
返回参数	描述
无	无

表 12.83 函数 PWM_enableSocAPulse( )

功　能	使能脉冲宽度调制(PWM)开始转换 A 脉冲产生
函数原型	void PWM_enableSocAPulse (PWM_Handle pwmHandle)
输入参数	描述
pwmHandle	脉冲宽度调制(PWM)对象句柄
返回参数	描述
无	无

表 12.84 函数 PWM_enableSocBPulse( )

功　能	使能脉冲宽度调制(PWM)转换 B 开始脉冲产生
函数原型	void PWM_enableSocBPulse (PWM_Handle pwmHandle)
输入参数	描述
pwmHandle	脉冲宽度调制(PWM)对象句柄
返回参数	描述
无	无

表 12.85 函数 PWM_enableTripZoneInt( )

功　能	使能脉冲宽度调制(PWM)触发区中断
函数原型	void PWM_enableTripZoneInt (PWM_Handle pwmHandle, const PWM_TripZoneFlag_e interruptSource)
输入参数	描述
pwmHandle interrupt	脉冲宽度调制(PWM)对象句柄 使能的中断源
返回参数	描述
无	无

表 12.86 函数 PWM_enableTripZoneSrc( )

功　能	使能脉冲宽度调制(PWM)触发区源
函数原型	void PWM_enableTripZoneSrc (PWM_Handle pwmHandle, const PWM_TripZoneSrc_e src)
输入参数	描述
pwmHandle src	脉冲宽度调制(PWM)对象句柄 脉冲宽度调制(PWM)触发区源
返回参数	描述
无	无

表 12.87　函数 PWM_forceSync( ) [inline]

功　能	强制同步
函数原型	void PWM_forceSync (PWM_Handle pwmHandle) [inline]
输入参数	描述
pwmHandle	脉冲宽度调制(PWM)对象句柄
返回参数	描述
无	无

表 12.88　函数 PWM_getCmpA( ) [inline]

功　能	从计数器比较 A 硬件获得脉冲宽度调制(PWM)数据
函数原型	uint16_t PWM_getCmpA (PWM_Handle pwmHandle) [inline]
输入参数	描述
pwmHandle	脉冲宽度调制(PWM)对象句柄
返回参数	描述
无	无

表 12.89　函数 PWM_getCmpAHr( ) [inline]

功　能	从计数器－比较器 A 硬件获得高分辨率脉冲宽度调制(PWM)数据
函数原型	uint16_t PWM_getCmpAHr (PWM_Handle pwmHandle) [inline]
输入参数	描述
pwmHandle	脉冲宽度调制(PWM)对象句柄
返回参数	描述
有	PWM 比较高分辨率数据值

表 12.90　函数 PWM_getCmpB( ) [inline]

功　能	从计数器－比较器 B 硬件获得脉冲宽度调制(PWM)数值
函数原型	uint16_t PWM_getCmpB (PWM_Handle pwmHandle) [inline]
输入参数	描述
pwmHandle	脉冲宽度调制(PWM)对象句柄
返回参数	描述
有	PWM 比较数据值

表 12.91 函数 PWM_getDeadBandFallingEdgeDelay( )

功 能	获得脉冲宽度调制(PWM)死区下降沿延时
函数原型	uint16_t PWM_getDeadBandFallingEdgeDelay (PWM_Handle pwmHandle)
输入参数	描述
pwmHandle	脉冲宽度调制(PWM)对象句柄
返回参数	描述
有	延迟

表 12.92 函数 PWM_getDeadBandRisingEdgeDelay( )

功 能	获得脉冲宽度调制(PWM)的死区上升沿延迟
函数原型	uint16_t PWM_getDeadBandRisingEdgeDelay (PWM_Handle pwmHandle)
输入参数	描述
pwmHandle	脉冲宽度调制(PWM)对象句柄
返回参数	描述
有	延迟

表 12.93 函数 PWM_getIntCount( )

功 能	获得脉冲宽度调制(PWM)中断事件计数
函数原型	uint16_t PWM_getIntCount (PWM_Handle pwmHandle)
输入参数	描述
pwmHandle	脉冲宽度调制(PWM)对象句柄
返回参数	描述
有	中断事件计数

表 12.94 函数 PWM_getPeriod( ) [inline]

功 能	获得脉冲宽度调制(PWM)周期值
函数原型	uint16_t PWM_getPeriod (PWM_Handle pwmHandle) [inline]
输入参数	描述
pwmHandle	脉冲宽度调制(PWM)对象句柄
返回参数	描述
有	PWM 周期值

表 12.95　函数 PWM_getSocACount( )

功　能	获得脉冲宽度调制(PWM)转换 A 开始(SOC)值
函数原型	uint16_t PWM_getSocACount (PWM_Handle pwmHandle)
输入参数	描述
pwmHandle	脉冲宽度调制(PWM)对象句柄
返回参数	描述
有	The SOC A count

表 12.96　函数 PWM_getSocBCount( )

功　能	获得脉冲宽度调制(PWM)转换 B 开始(SOC)值
函数原型	uint16_t PWM_getSocBCount (PWM_Handle pwmHandle)
输入参数	描述
pwmHandle	脉冲宽度调制(PWM)对象句柄
返回参数	描述
有	The SOC B count

表 12.97　函数 PWM_incrementDeadBandFallingEdgeDelay( )

功　能	增加死区下降沿延时
函数原型	void PWM_incrementDeadBandFallingEdgeDelay (PWM_Handle pwmHandle)
输入参数	描述
pwmHandle	脉冲宽度调制(PWM)对象句柄
返回参数	描述
无	无

表 12.98　函数 PWM_incrementDeadBandRisingEdgeDelay( )

功　能	增加死区上升沿延迟
函数原型	void PWM_incrementDeadBandRisingEdgeDelay (PWM_Handle pwmHandle)
输入参数	描述
pwmHandle	脉冲宽度调制(PWM)对象句柄
返回参数	描述
无	无

表 12.99 函数 PWM_init( )

功 能	初始化脉冲宽度调制(PWM)的对象句柄
函数原型	PWM_Handle PWM_init (void pMemory, const size_t numBytes)
输入参数	描述
pMemory numBytes	PWM 寄存器基地址的指针 为 PWM 对象分配的字节数
返回参数	描述
有	脉冲宽度调制(PWM)的对象句柄

表 12.100 函数 PWM_setActionQual_CntDown_CmpA_PwmA( )

功 能	当计数器的值等于 CMPA 且处于递减时,为 PWM A 设置 PWM 的对象动作
函数原型	void PWM_setActionQual_CntDown_CmpA_PwmA (PWM_Handle pwmHandle,const PWM_ActionQual_e actionQual)
输入参数	描述
pwmHandle actionQual	脉冲宽度调制(PWM)对象句柄 动作限定器
返回参数	描述
无	无

表 12.101 函数 PWM_setActionQual_CntDown_CmpA_PwmB( )

功 能	当计数器值等于 CMPA 且处于递减时,为 PWM B 设置 PWM 的对象动作
函数原型	void PWM_setActionQual_CntDown_CmpA_PwmB (PWM_Handle pwmHandle,const PWM_ActionQual_e actionQual)
输入参数	描述
pwmHandle actionQual	脉冲宽度调制(PWM)对象句柄 动作限定器
返回参数	描述
无	无

表 12.102 函数 PWM_setActionQual_CntDown_CmpB_PwmA( )

功 能	当计数器值等于 CMPB 且处于递减时,为 PWM A 设置 PWM 的对象动作
函数原型	void PWM_setActionQual_CntDown_CmpB_PwmA (PWM_Handle pwmHandle, const PWM_ActionQual_e actionQual)

续表 12.102

输入参数	描述
pwmHandle actionQual	脉冲宽度调制(PWM)对象句柄 动作限定器
返回参数	描述
无	无

表 12.103　函数 PWM_setActionQual_CntDown_CmpB_PwmB( )

功　能	当计数器值等于 CMPB 且处于递减时，为 PWM B 设置 PWM 的对象动作
函数原型	void PWM_setActionQual_CntDown_CmpB_PwmB (PWM_Handle pwmHandle, const PWM_ActionQual_e actionQual)
输入参数	描述
pwmHandle actionQual	脉冲宽度调制(PWM)对象句柄 动作限定器
返回参数	描述
无	无

表 12.104　函数 PWM_setActionQual_CntUp_CmpA_PwmA( )

功　能	当计数器值等于 CMPA 且处于递增时，为 PWM A 设置 PWM 的对象动作
函数原型	void PWM_setActionQual_CntUp_CmpA_PwmA (PWM_Handle pwmHandle, const PWM_ActionQual_e actionQual)
输入参数	描述
pwmHandle actionQual	脉冲宽度调制(PWM)对象句柄 动作限定器
返回参数	描述
无	无

表 12.105　函数 PWM_setActionQual_CntUp_CmpA_PwmB( )

功　能	当计数器值等于 CMPA 且处于递增时，为 PWM B 设置 PWM 的对象动作
函数原型	void PWM_setActionQual_CntUp_CmpA_PwmB (PWM_Handle pwmHandle, const PWM_ActionQual_e actionQual)
输入参数	描述
pwmHandle actionQual	脉冲宽度调制(PWM)对象句柄 动作限定器

续表 12.105

返回参数	描述
无	无

表 12.106　函数 PWM_setActionQual_CntUp_CmpB_PwmA( )

功　能	当计数器值等于 CMPB 且处于递增时，为 PWM A 设置 PWM 的对象动作
函数原型	void PWM_setActionQual_CntUp_CmpB_PwmA (PWM_Handle pwmHandle, const PWM_ActionQual_e actionQual)
输入参数	描述
pwmHandle actionQual	脉冲宽度调制(PWM)对象句柄 动作限定器
返回参数	描述
无	无

表 12.107　函数 PWM_setActionQual_CntUp_CmpB_PwmB( )

功　能	当计数器值等于 CMPB 且处于增加时，为 PWM B 设置脉冲宽度调制(PWM)对象行为
函数原型	void PWM_setActionQual_CntUp_CmpB_PwmB (PWM_Handle pwmHandle, const PWM_ActionQual_e actionQual)
输入参数	描述
pwmHandle actionQual	脉冲宽度调制(PWM)对象句柄 行为限定器
返回参数	描述
无	无

表 12.108　函数 PWM_setActionQual_Period_PwmA( )

功　能	当计数器值等于周期时，为 PWM A 设置脉冲宽度调制(PWM)的对象动作
函数原型	void PWM_setActionQual_Period_PwmA (PWM_Handle pwmHandle, const PWM_ActionQual_e actionQual)
输入参数	描述
pwmHandle actionQual	脉冲宽度调制(PWM)对象句柄 动作限定器
返回参数	描述
无	无

表 12.109　函数 PWM_setActionQual_Period_PwmB( )

功　能	当计数器值等于周期时，为 PWM B 设置脉冲宽度调制(PWM)的对象动作
函数原型	void PWM_setActionQual_Period_PwmB (PWM_Handle pwmHandle, const PWM_ActionQual_e actionQual)
输入参数	描述
pwmHandle actionQual	脉冲宽度调制(PWM)对象句柄 动作限定器
返回参数	描述
无	无

表 12.110　函数 PWM_setActionQual_Zero_PwmA( )

功　能	当计数器值等于零时，为 PWM A 设置脉冲宽度调制(PWM)的对象动作
函数原型	void PWM_setActionQual_Zero_PwmA (PWM_Handle pwmHandle, const PWM_ActionQual_e actionQual)
输入参数	描述
pwmHandle actionQual	脉冲宽度调制(PWM)对象句柄 动作限定器
返回参数	描述
无	无

表 12.111　函数 PWM_setActionQual_Zero_PwmB( )

功　能	当计数器值等于零时，为 PWM B 设置脉冲宽度调制(PWM)对象动作
函数原型	void PWM_setActionQual_Zero_PwmB (PWM_Handle pwmHandle, const PWM_ActionQual_e actionQual)
输入参数	描述
pwmHandle actionQual	脉冲宽度调制(PWM)对象句柄 动作限定器
返回参数	描述
无	无

表 12.112　函数 PWM_setChoppingClkFreq( )

功　能	设置脉冲宽度调制(PWM)的斩波时钟频率
函数原型	void PWM_setChoppingClkFreq (PWM_Handle pwmHandle, const PWM_ChoppingClkFreq_e clkFreq)

续表 12.112

输入参数	描述
pwmHandle clkFreq	脉冲宽度调制(PWM)对象句柄 时钟频率
返回参数	描述
无	无

表 12.113　函数 PWM_setChoppingDutyCycle( )

功　能	设置脉冲宽度调制(PWM)斩波时钟占空比
函数原型	void PWM_setChoppingDutyCycle (PWM_Handle pwmHandle, const PWM_ChoppingDutyCycle_e dutyCycle)
输入参数	描述
pwmHandle dutyCycle	脉冲宽度调制(PWM)对象句柄 占空比
返回参数	描述
无	无

表 12.114　函数 PWM_setChoppingPulseWidth( )

功　能	设置脉冲宽度调制(PWM)时钟脉冲宽度
函数原型	void PWM_setChoppingPulseWidth (PWM_Handle pwmHandle, const PWM_ChoppingPulseWidth_e pulseWidth)
输入参数	描述
pwmHandle pulseWidth	脉冲宽度调制(PWM)对象句柄 脉冲宽度
返回参数	描述
无	无

表 12.115　函数 PWM_setClkDiv( )

功　能	设置脉冲宽度调制(PWM)的时钟因子
函数原型	void PWM_setClkDiv (PWM_Handle pwmHandle, const PWM_ClkDiv_e clkDiv)
输入参数	描述
pwmHandle clkDiv	脉冲宽度调制(PWM)对象句柄 时钟因子
返回参数	描述
无	无

表 12.116　函数 PWM_setCmpA( ) [inline]

功　能	向计数器比较器 A 硬件写入脉冲宽度调制(PWM)数据值器
函数原型	void PWM_setCmpA (PWM_Handle pwmHandle, const uint16_t pwmData) [inline]
输入参数	描述
pwmHandle pwmData	脉冲宽度调制(PWM)对象句柄 PWM 数据值
返回参数	描述
无	无

表 12.117　函数 PWM_setCmpAHr( ) [inline]

功　能	向计数器比较器 A 高分率硬件写入脉冲宽度调制(PWM)数据值
函数原型	void PWM_setCmpAHr (PWM_Handle pwmHandle, const uint16_t pwmData) [inline]
输入参数	描述
pwmHandle pwmData	脉冲宽度调制(PWM)对象句柄 PWM 高分辨率数据值
返回参数	描述
无	无

表 12.118　函数 PWM_setCmpB( ) [inline]

功　能	向计数器比较器 B 硬件写入脉冲宽度调制(PWM)数据值
函数原型	void PWM_setCmpB (PWM_Handle pwmHandle, const uint16_t pwmData) [inline]
输入参数	描述
pwmHandle pwmData	脉冲宽度调制(PWM)对象句柄 PWM 数据值
返回参数	描述
无	无

表 12.119　函数 PWM_setCount( )

功　能	设置脉冲宽度调制(PWM)计数
函数原型	void PWM_setCount (PWM_Handle pwmHandle, const uint16_t count)
输入参数	描述
pwmHandle count	脉冲宽度调制(PWM)对象句柄 计数值
返回参数	描述
无	无

表 12.120　函数 PWM_setCounterMode( )

功　能	设置脉冲宽度调制(PWM)计数器模式
函数原型	void PWM_setCounterMode (PWM_Handle pwmHandle, const PWM_CounterMode_e counterMode)
输入参数	描述
pwmHandle counterMode	脉冲宽度调制(PWM)对象句柄 计数模式
返回参数	描述
无	无

表 12.121　函数 PWM_setDeadBandFallingEdgeDelay( )

功　能	设置脉冲宽度调制(PWM)死区下降沿延迟
函数原型	void PWM_setDeadBandFallingEdgeDelay (PWM_Handle pwmHandle, const uint16_t delay)
输入参数	描述
pwmHandle Delay	脉冲宽度调制(PWM)对象句柄 延迟
返回参数	描述
无	无

表 12.122　函数 PWM_setDeadBandInputMode( )

功　能	设置脉冲宽度调制(PWM)的死区输入模式
函数原型	void PWM_setDeadBandInputMode (PWM_Handle pwmHandle, const PWM_DeadBandInputMode_e inputMode)
输入参数	描述
pwmHandle inputMode	脉冲宽度调制(PWM)对象句柄 输入模式
返回参数	描述
无	无

表 12.123　函数 PWM_setDeadBandOutputMode( )

功　能	设置脉冲宽度调制(PWM)的死区输出模式
函数原型	void PWM_setDeadBandOutputMode (PWM_Handle pwmHandle, const PWM_DeadBandOutputMode_e outputMode)

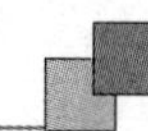

续表 12.123

输入参数	描述
pwmHandle outputMode	脉冲宽度调制(PWM)对象句柄 输出模式
返回参数	描述
无	无

表 12.124　函数 PWM_setDeadBandPolarity( )

功　能	设置脉冲宽度调制(PWM)死区极性
函数原型	void PWM_setDeadBandPolarity (PWM_Handle pwmHandle, const PWM_DeadBandPolarity_e polarity)
输入参数	描述
pwmHandle polarity	脉冲宽度调制(PWM)对象句柄 极性
返回参数	描述
无	无

表 12.125　函数 PWM_setDeadBandRisingEdgeDelay( )

功　能	设置脉冲宽度调制(PWM)的死区上升沿延迟
函数原型	void PWM_setDeadBandRisingEdgeDelay (PWM_Handle pwmHandle, const uint16_t delay)
输入参数	描述
pwmHandle delay	脉冲宽度调制(PWM)对象句柄 延迟
返回参数	描述
无	无

表 12.126　函数 PWM_setDigitalCompareAEvent1( )

功　能	设置脉冲宽度调制(PWM)数字比较 A 事件 1 源参数
函数原型	void PWM_setDigitalCompareAEvent1 (PWM_Handle pwmHandle, const bool_t selectFilter, const bool_t disableSync, const bool_t enableSoc, const bool_t generateSync)

续表 12.126

输入参数	描述
pwmHandle selectFilter disableSync enableSoc generateSync	脉冲宽度调制(PWM)对象句柄 为真时,选择滤波器输出 为真时,异步 为真时,使能 SOC 生成 为真时,产生 SYNC
返回参数	描述
无	无

表 12.127　函数 PWM_setDigitalCompareAEvent2( )

功　能	设置脉冲宽度调制(PWM)数字比较 A 事件 2 源参数
函数原型	void PWM_setDigitalCompareAEvent2 (PWM_Handle pwmHandle, const bool_t selectFilter, const bool_t disableSync)
输入参数	描述
pwmHandle selectFilter disableSync	脉冲宽度调制(PWM)对象句柄 为真时,选择滤波器输出 为真时,异步
返回参数	描述
无	无

表 12.128　函数 PWM_setDigitalCompareBEvent1( )

功　能	设置脉冲宽度调制(PWM)数字比较 B 事件 1 源参数
函数原型	void PWM_setDigitalCompareBEvent1 (PWM_Handle pwmHandle, const bool_t selectFilter, const bool_t disableSync, const bool_t enableSoc, const bool_t generateSync)
输入参数	描述
pwmHandle selectFilter disableSync enableSoc generateSync	脉冲宽度调制(PWM)对象句柄 为真时,选择滤波器输出 为真时,异步 为真时,使能 SOC 生成 为真时,产生 SYNC
返回参数	描述
无	无

表 12.129　函数 PWM_setDigitalCompareBEvent2( )

功　能	设置脉冲宽度调制(PWM)数字比较 B 事件 2 源参数
函数原型	void PWM_setDigitalCompareBEvent2 (PWM_Handle pwmHandle, const bool_t selectFilter, const bool_t disableSync)
输入参数	描述
pwmHandle selectFilter disableSync	脉冲宽度调制(PWM)对象句柄 为真时,选择滤波器输出 为真时,异步
返回参数	描述
无	无

表 12.130　函数 PWM_setDigitalCompareBlankingPulse( )

功　能	设置脉冲宽度调制(PWM)数字比较消隐脉冲
函数原型	void PWM_setDigitalCompareBlankingPulse (PWM_Handle pwmHandle, const PWM_DigitalCompare_PulseSel_e pulseSelect)
输入参数	描述
pwmHandle input	脉冲宽度调制(PWM)对象句柄 脉冲选择
返回参数	描述
无	无

表 12.131　函数 PWM_setDigitalCompareFilterOffset( )

功　能	设置脉冲宽度调制(PWM)的数字比较滤波器偏移量
函数原型	void PWM_setDigitalCompareFilterOffset (PWM_Handle pwmHandle, const uint16_t offset)
输入参数	描述
pwmHandle offset	脉冲宽度调制(PWM)对象句柄 偏移量
返回参数	描述
无	无

表 12.132　函数 PWM_setDigitalCompareFilterSource( )

功　能	设置脉冲宽度调制(PWM)数字比较滤波器源
函数原型	void PWM_setDigitalCompareFilterSource (PWM_Handle pwmHandle, const PWM_DigitalCompare_FilterSrc_e input)
输入参数	描述
pwmHandle input	脉冲宽度调制(PWM)对象句柄 滤波器源
返回参数	描述
无	无

表 12.133　函数 PWM_setDigitalCompareFilterWindow( )

功　能	设置脉冲宽度调制(PWM)的数字比较滤波器偏移量
函数原型	void PWM_setDigitalCompareFilterWindow (PWM_Handle pwmHandle, const uint16_t window)
输入参数	描述
pwmHandle window	脉冲宽度调制(PWM)对象句柄 窗口
返回参数	描述
无	无

表 12.134　函数 PWM_setDigitalCompareInput( )

功　能	设置脉冲宽度调制(PWM)的数字比较输入
函数原型	void PWM_setDigitalCompareInput (PWM_Handle pwmHandle, const PWM_DigitalCompare_Input_e input, const PWM_DigitalCompare_InputSel_e inputSel)
输入参数	描述
pwmHandle input inputSel	脉冲宽度调制(PWM)对象句柄 改变的比较器输入 特定输入的输入选择
返回参数	描述
无	无

表 12.135 函数 PWM_setHighSpeedClkDiv( )

功　能	设置脉冲宽度调制(PWM)高速周期因子
函数原型	void PWM_setHighSpeedClkDiv (PWM_Handle pwmHandle, const PWM_HspClkDiv_e clkDiv)
输入参数	描述
pwmHandle clkDiv	脉冲宽度调制(PWM)对象句柄 周期因子
返回参数	描述
无	无

表 12.136 函数 PWM_setHrControlMode( )

功　能	设置高分辨率控制模式
函数原型	void PWM_setHrControlMode (PWM_Handle pwmHandle, const PWM_HrControlMode_e controlMode)
输入参数	描述
pwmHandle edgeMode	脉冲宽度调制(PWM)对象句柄 HRPWM 可以使用的控制模式
返回参数	描述
无	无

表 12.137 函数 PWM_setHrEdgeMode( )

功　能	设置高分辨率边沿模式
函数原型	void PWM_setHrEdgeMode (PWM_Handle pwmHandle, const PWM_HrEdgeMode_e edgeMode)
输入参数	描述
pwmHandle edgeMode	脉冲宽度调制(PWM)对象句柄 HRPWM 可以使用的边沿模式
返回参数	描述
无	无

表 12.138 函数 PWM_setHrShadowMode( )

功　能	设置高分辨率影子加载模式
函数原型	void PWM_setHrShadowMode (PWM_Handle pwmHandle, const PWM_HrShadowMode_e shadowMode)

续表 12.138

输入参数	描述
pwmHandle edgeMode	脉冲宽度调制(PWM)对象句柄 HRPWM 可以使用的影子加载模式
返回参数	描述
无	无

表 12.139　函数 PWM_setIntMode( )

功　能	设置脉冲宽度调制(PWM)的中断模式
函数原型	void PWM_setIntMode (PWM_Handle pwmHandle, const PWM_IntMode_e intMode)
输入参数	描述
pwmHandle intMode	脉冲宽度调制(PWM)对象句柄 中断模式
返回参数	描述
无	无

表 12.140　函数 PWM_setIntPeriod( )

功　能	设置脉冲宽度调制(PWM)的中断周期
函数原型	void PWM_setIntPeriod (PWM_Handle pwmHandle, const PWM_IntPeriod_e intPeriod)
输入参数	描述
pwmHandle intPeriod	脉冲宽度调制(PWM)对象句柄 中断周期
返回参数	描述
无	无

表 12.141　函数 PWM_setLoadMode_CmpA( )

功　能	为 CMPA 设置脉冲宽度调制(PWM)加载模式
函数原型	void PWM_setLoadMode_CmpA (PWM_Handle pwmHandle, const PWM_LoadMode_e loadMode)
输入参数	描述
pwmHandle loadMode	脉冲宽度调制(PWM)对象句柄 加载模式

续表 12.141

返回参数	描述
无	无

表 12.142 函数 PWM_setLoadMode_CmpB( )

功 能	为 CMPB 设置脉冲宽度调制(PWM)加载模式
函数原型	void PWM_setLoadMode_CmpB (PWM_Handle pwmHandle, const PWM_LoadMode_e loadMode)
输入参数	描述
pwmHandle loadMode	脉冲宽度调制(PWM)对象句柄 加载模式
返回参数	描述
无	无

表 12.143 函数 PWM_setOneShotTrip( ) [inline]

功 能	设置脉冲宽度调制(PWM)的单次触发
函数原型	void PWM_setOneShotTrip (PWM_Handle pwmHandle) [inline]
输入参数	描述
pwmHandle	脉冲宽度调制(PWM)对象句柄
返回参数	描述
无	无

表 12.144 函数 PWM_setPeriod( )

功 能	设置脉冲宽度调制(PWM)周期
函数原型	void PWM_setPeriod (PWM_Handle pwmHandle, const uint16_t period)
输入参数	描述
pwmHandle period	脉冲宽度调制(PWM)对象句柄 周期
返回参数	描述
无	无

表 12.145 函数 PWM_setPeriodHr( )

功 能	设置脉冲宽度调制(PWM)高分辨率周期
函数原型	void PWM_setPeriodHr (PWM_Handle pwmHandle, const uint16_t period)

续表 12.145

输入参数	描述
pwmHandle period	脉冲宽度调制(PWM)对象句柄 周期
返回参数	描述
无	无

表 12.146 函数 PWM_setPeriodLoad( )

功　能	设置脉冲宽度调制(PWM)的周期加载模式
函数原型	void PWM_setPeriodLoad (PWM_Handle pwmHandle, const PWM_PeriodLoad_e periodLoad)
输入参数	描述
pwmHandle periodLoad	脉冲宽度调制(PWM)对象句柄 周期加载模式
返回参数	描述
无	无

表 12.147 函数 PWM_setPhase( )

功　能	设置脉冲宽度调制(PWM)相位
函数原型	void PWM_setPhase (PWM_Handle pwmHandle, const uint16_t phase)
输入参数	描述
pwmHandle phase	脉冲宽度调制(PWM)对象句柄 相位
返回参数	描述
无	无

表 12.148 函数 PWM_setPhaseDir( )

功　能	设置脉冲宽度调制(PWM)相位方向
函数原型	void PWM_setPhaseDir (PWM_Handle pwmHandle, const PWM_PhaseDir_e phaseDir)
输入参数	描述
pwmHandle phaseDir	脉冲宽度调制(PWM)对象句柄 相位方向
返回参数	描述
无	无

表 12.149　函数 PWM_setRunMode( )

功　能	设置脉冲宽度调制(PWM)的运行模式
函数原型	void PWM_setRunMode (PWM_Handle pwmHandle, const PWM_RunMode_e runMode)
输入参数	描述
pwmHandle runMode	脉冲宽度调制(PWM)对象句柄 运行模式
返回参数	描述
无	无

表 12.150　函数 PWM_setShadowMode_CmpA( )

功　能	为 CMPA 设置脉冲宽度调制(PWM)影子模式
函数原型	void PWM_setShadowMode_CmpA (PWM_Handle pwmHandle, const PWM_ShadowMode_e shadowMode)
输入参数	描述
pwmHandle shadowMode	脉冲宽度调制(PWM)对象句柄 影子模式
返回参数	描述
无	无

表 12.151　函数 PWM_setShadowMode_CmpB( )

功　能	为 CMPB 设置脉冲宽度调制(PWM)的影子模式
函数原型	void PWM_setShadowMode_CmpB (PWM_Handle pwmHandle, const PWM_ShadowMode_e shadowMode)
输入参数	描述
PWM Handle shadowMode	脉冲宽度调制(PWM)对象句柄 影子模式
返回参数	描述
无	无

表 12.152　函数 PWM_setSocAPeriod( )

功　能	设置脉冲宽度调制(PWM)转换 A 开始(SOC)中断周期
函数原型	void PWM_setSocAPeriod (PWM_Handle pwmHandle, const PWM_SocPeriod_e intPeriod)

续表 12.152

输入参数	描述
pwmHandle intPeriod	脉冲宽度调制(PWM)对象句柄 中断周期
返回参数	描述
无	无

表 12.153　函数 PWM_setSocAPulseSrc( )

功　能	设置脉冲宽度调制(PWM)开始转换 A (SOC)的中断脉冲源
函数原型	void PWM_setSocAPulseSrc (PWM_Handle pwmHandle, const PWM_SocPulseSrc_e pulseSrc)
输入参数	描述
pwmHandle pulseSrc	脉冲宽度调制(PWM)对象句柄 中断脉冲源
返回参数	描述
无	无

表 12.154　函数 PWM_setSocBPeriod( )

功　能	设置脉冲宽度调制(PWM)开始转换 B (SOC)的中断周期
函数原型	void PWM_setSocBPeriod (PWM_Handle pwmHandle, const PWM_SocPeriod_e intPeriod)
输入参数	描述
pwmHandle intPeriod	脉冲宽度调制(PWM)对象句柄 中断周期
返回参数	描述
无	无

表 12.155　函数 PWM_setSocBPulseSrc( )

功　能	设置脉冲宽度调制(PWM)开始转换 A (SOC)的中断脉冲源
函数原型	void PWM_setSocBPulseSrc (PWM_Handle pwmHandle, const PWM_SocPulseSrc_e pulseSrc)
输入参数	描述
pwmHandle pulseSrc	脉冲宽度调制(PWM)对象句柄 中断脉冲源

续表 12.155

返回参数	描述
无	无

表 12.156　函数 PWM_setSwSync( )

功　能	设置脉冲宽度调制(PWM)的软件同步
函数原型	void PWM_setSwSync (PWM_Handle pwmHandle)
输入参数	描述
pwmHandle	脉冲宽度调制(PWM)对象句柄
返回参数	描述
无	无

表 12.157　函数 PWM_setSyncMode( )

功　能	设置脉冲宽度调制(PWM)的同步模式
函数原型	void PWM_setSyncMode (PWM_Handle pwmHandle, const PWM_SyncMode_e syncMode)
输入参数	描述
pwmHandle syncMode	脉冲宽度调制(PWM)对象句柄 同步模式
返回参数	描述
无	无

表 12.158　函数 PWM_setTripZoneDCEventSelect_DCAEVT1( )

功　能	设置脉冲宽度调制(PWM)数字比较输出 A 事件 1(DCAEVT1)的触发区数字比较事件选择
函数原型	void PWM_setTripZoneDCEventSelect_DCAEVT1 (PWM_Handle pwmHandle, const PWM_TripZoneDCEventSel_e tripZoneEvent)
输入参数	描述
pwmHandle tripZoneEvent	脉冲宽度调制(PWM)对象句柄 触发区数字比较事件
返回参数	描述
无	无

表 12.159 函数 PWM_setTripZoneDCEventSelect_DCAEVT2( )

功　能	为数字比较输出 A 事件 2(DCAEVT2),设置脉冲宽度调制(PWM 的)触发区数字比较事件选择
函数原型	void PWM_setTripZoneDCEventSelect_DCAEVT2 (PWM_Handle pwmHandle, const PWM_TripZoneDCEventSel_e tripZoneEvent)
输入参数	描述
pwmHandle tripZoneEvent	脉冲宽度调制(PWM)对象句柄 触发区数字比较事件
返回参数	描述
无	无

表 12.160 函数 void PWM_setTripZoneDCEventSelect_DCBEVT2( )

功　能	为数字比较输出 B 事件 2(DCAEVT2),设置脉冲宽度调制(PWM)的触发区数字比较事件选择
函数原型	void PWM_setTripZoneDCEventSelect_DCBEVT2 (PWM_Handle pwmHandle, const PWM_TripZoneDCEventSel_e tripZoneEvent)
输入参数	描述
pwmHandle tripZoneEvent	脉冲宽度调制(PWM)对象句柄 触发区数字比较事件
返回参数	描述
无	无

表 12.161 函数 PWM_setTripZoneState_DCAEVT1( )

功　能	为数字比较输出 A 事件 1(DCAEVT1),设置脉冲宽度调制(PWM)触发区状态
函数原型	void PWM_ setTripZoneState_ DCAEVT1 (PWM_ Handle pwmHandle, const PWM_TripZoneState_e tripZoneState)
输入参数	描述
pwmHandle tripZoneState	脉冲宽度调制(PWM)对象句柄 触发区状态
返回参数	描述
无	无

表 12.162 函数 PWM_setTripZoneState_DCAEVT2( )

功　能	为数字比较输出 A 事件 2(DCAEVT2),设置脉冲宽度调制(PWM)触发区状态
函数原型	void PWM_setTripZoneState_DCAEVT2 (PWM_Handle pwmHandle, const PWM_TripZoneState_e tripZoneState)
输入参数	描述
pwmHandle tripZoneState	脉冲宽度调制(PWM)对象句柄 触发区状态
返回参数	描述
无	无

表 12.163 函数 PWM_setTripZoneState_DCBEVT1( )

功　能	为数字比较输出 B 事件 1(DCAEVT1),设置脉冲宽度调制(PWM)的触发区状态
函数原型	void PWM_setTripZoneState_DCBEVT1 (PWM_Handle pwmHandle, const PWM_TripZoneState_e tripZoneState)
输入参数	描述
pwmHandle tripZoneState	脉冲宽度调制(PWM)对象句柄 触发区状态
返回参数	描述
无	无

表 12.164 函数 PWM_setTripZoneState_DCBEVT2( )

功　能	为数字比较输出 B 事件 2(DCAEVT2)设置脉冲宽度调制(PWM)触发区状态
函数原型	void PWM_setTripZoneState_DCBEVT2 (PWM_Handle pwmHandle, const PWM_TripZoneState_e tripZoneState)
输入参数	描述
pwmHandle tripZoneState	脉冲宽度调制(PWM)对象句柄 触发区状态
返回参数	描述
无	无

表 12.165　函数 PWM_setTripZoneState_TZA( )

功　能	为输出 A(TZA)设置脉冲宽度调制(PWM)的触发区状态
函数原型	void PWM_setTripZoneState_TZA (PWM_Handle pwmHandle, const PWM_TripZoneState_e tripZoneState)
输入参数	描述
pwmHandle tripZoneState	脉冲宽度调制(PWM)对象句柄 触发区状态
返回参数	描述
无	无

表 12.166　函数 PWM_setTripZoneState_TZB( )

功　能	为输出 B(TZB)设置脉冲宽度调制(PWM)的触发区状态
函数原型	void PWM_setTripZoneState_TZB (PWM_Handle pwmHandle, const PWM_TripZoneState_e tripZoneState)
输入参数	描述
pwmHandle tripZoneState	脉冲宽度调制(PWM)对象句柄 触发区状态
返回参数	描述
无	无

表 12.167　函数 PWM_write_CmpA( ) [inline]

功　能	向计数器比较 A 硬件写入脉冲宽度调制(PWM)数据值
函数原型	void PWM_write_CmpA (PWM_Handle pwmHandle, const int16_t pwmData) [inline]
输入参数	描述
pwmHandle pwmData	脉冲宽度调制(PWM)对象句柄 PWM 数据值
返回参数	描述
无	无

表 12.168　函数 PWM_write_CmpB( ) [inline]

功　能	向计数器比较 B 硬件写入脉冲宽度调制(PWM)数据值
函数原型	void PWM_write_CmpB (PWM_Handle pwmHandle, const int16_t pwmData) [inline]

续表 12.168

输入参数	描述
pwmHandle	脉冲宽度调制(PWM)对象句柄
pwmData	PWM 数据值
返回参数	描述
无	无

12.4 ePWM 固件库例程

本小节将以 TI 公司提供的例程为范本,介绍基于 ePWM 编程的基本方法。

(1) F2802x ePWM 实时中断例程的功能说明。

```
//##################################################################
// F2802x ePWM 实时中断例程
// 在 LauchPad 和 Proteus 7.10/8.0 中测试
//##################################################################
#include "DSP28x_Project.h"      //设备头文件与例程包含文件
#include "f2802x_common/include/clk.h"
#include "f2802x_common/include/flash.h"
#include "f2802x_common/include/gpio.h"
#include "f2802x_common/include/pie.h"
#include "f2802x_common/include/pll.h"
#include "f2802x_common/include/pwm.h"
#include "f2802x_common/include/wdog.h"
//使能与配置 EPwm 定时器中断:
// 1:使能,  0:禁止
#define PWM1_INT_ENABLE  1
//配置定时器的周期
#define PWM1_TIMER_TBPRD    0x1FFF
//函数原型声明
interrupt void epwm1_timer_isr(void);
void InitEPwmTimer(void);
//定义全局变量
uint32_t  EPwm1TimerIntCount;          //counts entries into PWM1 Interrupt
uint16_t    LEDcount;          //为 D5 的反转创建延迟
CLK_Handle myClk;
FLASH_Handle myFlash;
GPIO_Handle myGpio;
PIE_Handle myPie;
```

```
PWM_Handle myPwm1, myPwm2, myPwm3;
void main(void)
{
    int i;
    CPU_Handle myCpu;
    PLL_Handle myPll;
    WDOG_Handle myWDog;
    //初始化工程中所需的所有句柄
    myClk = CLK_init((void  *)CLK_BASE_ADDR, sizeof(CLK_Obj));
    myCpu = CPU_init((void  *)NULL, sizeof(CPU_Obj));
    myFlash = FLASH_init((void  *)FLASH_BASE_ADDR, sizeof(FLASH_Obj));
    myGpio = GPIO_init((void  *)GPIO_BASE_ADDR, sizeof(GPIO_Obj));
    myPie = PIE_init((void  *)PIE_BASE_ADDR, sizeof(PIE_Obj));
    myPll = PLL_init((void  *)PLL_BASE_ADDR, sizeof(PLL_Obj));
    myPwm1 = PWM_init((void  *)PWM_ePWM1_BASE_ADDR, sizeof(PWM_Obj));
    myPwm2 = PWM_init((void  *)PWM_ePWM2_BASE_ADDR, sizeof(PWM_Obj));
    myPwm3 = PWM_init((void  *)PWM_ePWM3_BASE_ADDR, sizeof(PWM_Obj));
    myWDog = WDOG_init((void  *)WDOG_BASE_ADDR, sizeof(WDOG_Obj));
    //系统初始化
    WDOG_disable(myWDog);
    CLK_enableAdcClock(myClk);
    (*Device_cal)();
    CLK_disableAdcClock(myClk);
//选择内部振荡器1作为时钟源
CLK_setOscSrc(myClk, CLK_OscSrc_Internal);
// 配置PLL为x12/2使60Mhz = 10MHz x 12/2
PLL_setup(myPll, PLL_Multiplier_12, PLL_DivideSelect_ClkIn_by_2);
    //禁止PIE和所有中断
    PIE_disable(myPie);
    PIE_disableAllInts(myPie);
    CPU_disableGlobalInts(myCpu);
    CPU_clearIntFlags(myCpu);
// 如果从闪存中运行,需将程序搬移(复制)到ARM中运行
#ifdef _FLASH
    memcpy(&RamfuncsRunStart, &RamfuncsLoadStart, (size_t)&RamfuncsLoadSize);
#endif
    // 初始化 GPIO
    GPIO_setPullUp(myGpio, GPIO_Number_0, GPIO_PullUp_Disable);
    GPIO_setPullUp(myGpio, GPIO_Number_1, GPIO_PullUp_Disable);
    GPIO_setMode(myGpio, GPIO_Number_0, GPIO_0_Mode_EPWM1A);
    GPIO_setMode(myGpio, GPIO_Number_1, GPIO_1_Mode_EPWM1B);
    GPIO_setDirection(myGpio, GPIO_Number_2, GPIO_Direction_Output);
```

```
    GPIO_setDirection(myGpio, GPIO_Number_3, GPIO_Direction_Output);
    GPIO_setMode(myGpio, GPIO_Number_2, GPIO_2_Mode_GeneralPurpose);
    GPIO_setMode(myGpio, GPIO_Number_3, GPIO_3_Mode_GeneralPurpose);
    GPIO_setLow(myGpio, GPIO_Number_2);
    GPIO_setHigh(myGpio, GPIO_Number_3);
    //配置调试向量表与使能 PIE
    PIE_setDebugIntVectorTable(myPie);
    PIE_enable(myPie);
    // PIE 向量表中的寄存器中断服务程序
    PIE_registerPieIntHandler(myPie, PIE_GroupNumber_3, PIE_SubGroupNumber_1, (in-
tVec_t)&epwm1_timer_isr);
    InitEPwmTimer();
    //初始化 EPwm 定时器
    EPwm1TimerIntCount = 0;
    LEDcount = 0;
    //使能连接到 EPWM1?? - 6 中断的 CPU INT3
    CPU_enableInt(myCpu, CPU_IntNumber_3);
    //使能 PIE 中的 EPwm INTn:第 3 组中断 1 - 6
    PIE_enablePwmInt(myPie, PWM_Number_1);
    //最初禁用时间关键中断
    setDBGIER(0x0000);    // 指定 PIE 组的时间关键
    //使能全局中断和高优先级的实时调试事件
    CPU_enableGlobalInts(myCpu);
    CPU_enableDebugInt(myCpu);
    for(;;) {
        asm(" NOP");
        for(i = 1;i< = 100;i + + ) {
            //反转 LAUNCHXL - F28027 板上的 D3(主回路)
            GPIO_toggle(myGpio, GPIO_Number_2);
        }
    }
}
void InitEPwmTimer()
{
    //停止所有时基时钟
    CLK_disableTbClockSync(myClk);
    // 使能 PWM
    CLK_enablePwmClock(myClk, PWM_Number_1);
    // 禁止 Sync
    PWM_setSyncMode(myPwm1, PWM_SyncMode_CounterEqualZero);
    // 初始禁止 Free/Soft 位
    PWM_setRunMode(myPwm1, PWM_RunMode_SoftStopAfterIncr);
```

```
    PWM_setPeriod(myPwm1, PWM1_TIMER_TBPRD);        // 配置 PWM1 周期
    PWM_setCounterMode(myPwm1, PWM_CounterMode_Up);    //递计数模式
    PWM_setIntMode(myPwm1, PWM_IntMode_CounterEqualZero);// 0 事件中断
    PWM_enableInt(myPwm1);                             // 能使中断
    PWM_setIntPeriod(myPwm1, PWM_IntPeriod_FirstEvent);  // 产生第一个事件中断
    PWM_setCmpA(myPwm1, PWM1_TIMER_TBPRD/2);            //清零定时器计数器
  PWM_setActionQual_Period_PwmA(myPwm1, PWM_ActionQual_Clear);  /* 在半周期发生比较
A 事件 */
  PWM_setActionQual_CntUp_CmpA_PwmA(myPwm1, PWM_ActionQual_Set);  /* 动作限定器、配
置 CMPA 与清除 PRD */
  //启动所有的定时器同步
  CLK_enableTbClockSync(myClk);
  }
  // 中断服务程序:
  interrupt void epwm1_timer_isr(void)
  {
    EPwm1TimerIntCount++;
    LEDcount++;
    // 清除定时器的中断标志
    PWM_clearIntFlag(myPwm1);
    if (LEDcount == 500) {
      //开/关 LAUNCHXL-F28027 板上的发光管 D5(ePWM1 中断)
      GPIO_toggle(myGpio, GPIO_Number_3);
      LEDcount = 0;
    }
    //应答此中断从第 3 组中接收更多的中断
    PIE_clearInt(myPie, PIE_GroupNumber_3);
  }
  //=====================================================
  //结束
  //=====================================================
```

(2) 从 root\controlSUITE\device_support\f2802x\v210\f2802x_examples 中加载的 epwm_real－time_interrupts 工程,如图 12.27 所示。

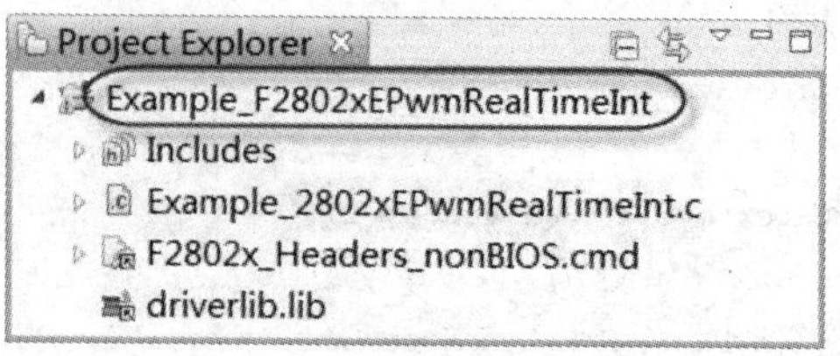

图 12.27 导入 epwm_real－time_interrupts 工程

(3) 编译工程生成 .out 文件，然后将.out 加载文件到 LaunchPad 板中，如图13.28 所示。

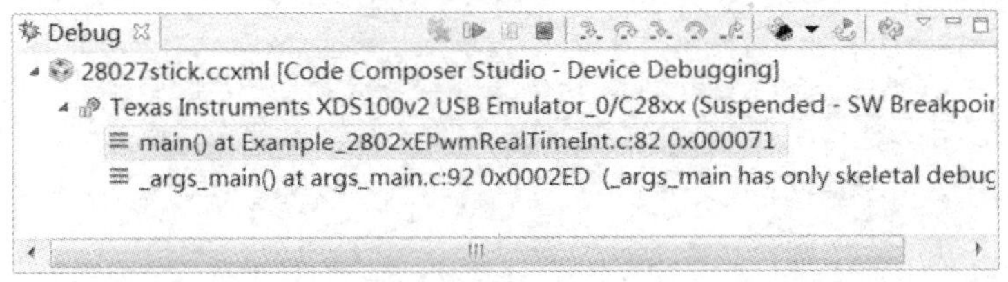

图 12.28　加载.out 文件到 LaunchPad 评估板中

注意：.out 文件的加载过程请参考前面章节。

(4) 添加变量到观察窗口，如图 12.29 所示。

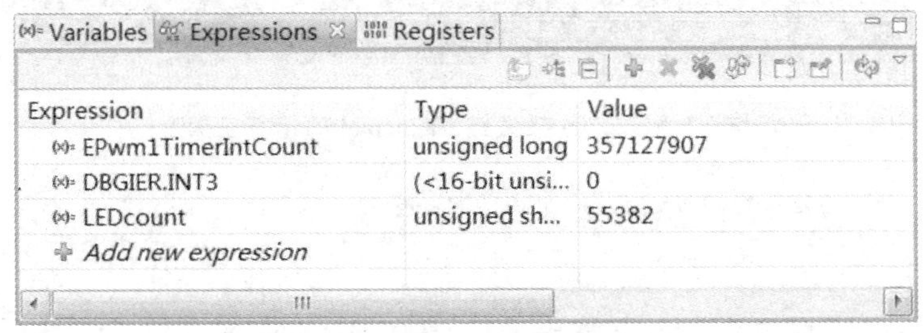

图 12.29　添加的观察变量

(5) 选中实时与连续运行模式，如图 12.30 所示。

(6) 单击图 12.30 中箭头所指的图标启动程序，在 LaunchPad 评估板中运行，测试结果如图 12.31 所示。

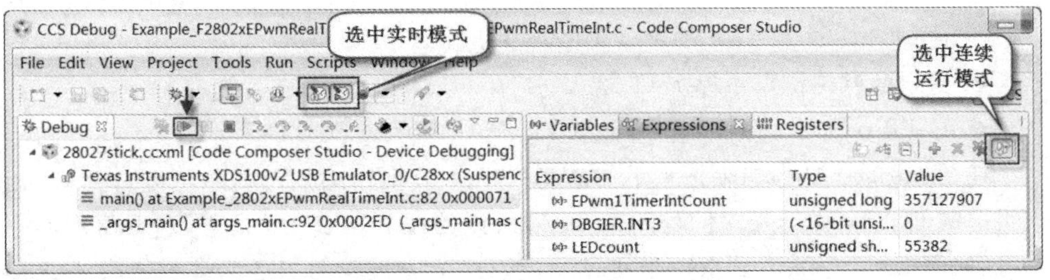

图 12.30　选中实时运行模式

从图 12.32 中可以看到，计数值在设定的范围内连续的变化（正确）。不过，图 12.31中 4 只 LED 的测试结果无法体现程序的设计思想。这是因为，GPIO0～GPIO2 这 3 只 LED 长明，仅 GPIO3 闪烁，这与 GPIO2 反转和 GPIO0、GPIO1 为 ePWM 输出不符。为了探究到底是何原因导致这些 LED 没有闪烁，将可执行文件从.out 改为.cof，重新编译工程，然后在 Proteus 进行测试。

图 12.31　.out 文件在 Launcpad 的运行结果

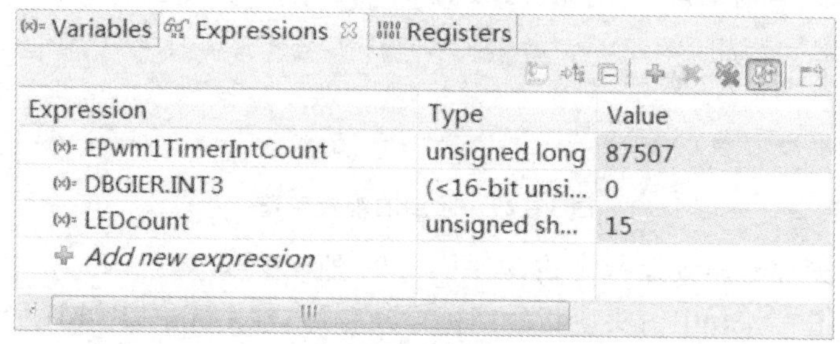

Expression	Type	Value
EPwm1TimerIntCount	unsigned long	87507
DBGIER.INT3	(<16-bit unsi...	0
LEDcount	unsigned sh...	15
Add new expression		

图 12.32　观察变量的运行结果

(7) 在 Proteus 对实时 ePWM 中断程序进行测试。

- 搭建的虚拟测试电路如图 12.33 所示。
- 在 Proteus 中的测试结果，如图 12.34(a)和图 12.34(b)所示。

在图 12.34(a)中，如果把水平扫描衰减旋钮打到最小位置，偶尔可以看到 D5 出现很短的低电平(由于长时间处于高电平，所以始终看不到 D5 发光，这明显和实事不符。)，而 D4 几乎看不到有高电平的情况，D2 为方波信号，D3 频率较高波形未能展开。测试结果如图 12.34(a)为 3 只 LED 亮，不过，D2 和 D3 是快速闪烁的。为了更清晰的观察 D3 的波形，把示波器的水平扫描时间拉大，如图 12.34(b)所示。

从图 12.34(b)中可以清晰的看到 D3 也是方波信号，这和程序设计的思想吻合，很好的解释了在真实硬件测试时无法观察到的现象。从这里可以想到在 LaunchPad 中观察不到 D2、D3 闪烁是由于其频率太高，超过了人眼的分辨率。但在这里又出现了另外一个问题，作者观察了几乎一个下午也没有看到 D5 闪烁，而在真实硬件中却只有这只 LED 闪烁。这也告诉用户一件事情，Proteus 软件只是模拟真实硬件的运行，在某些情况下还无法胜任工作，甚至得出错误的结论。

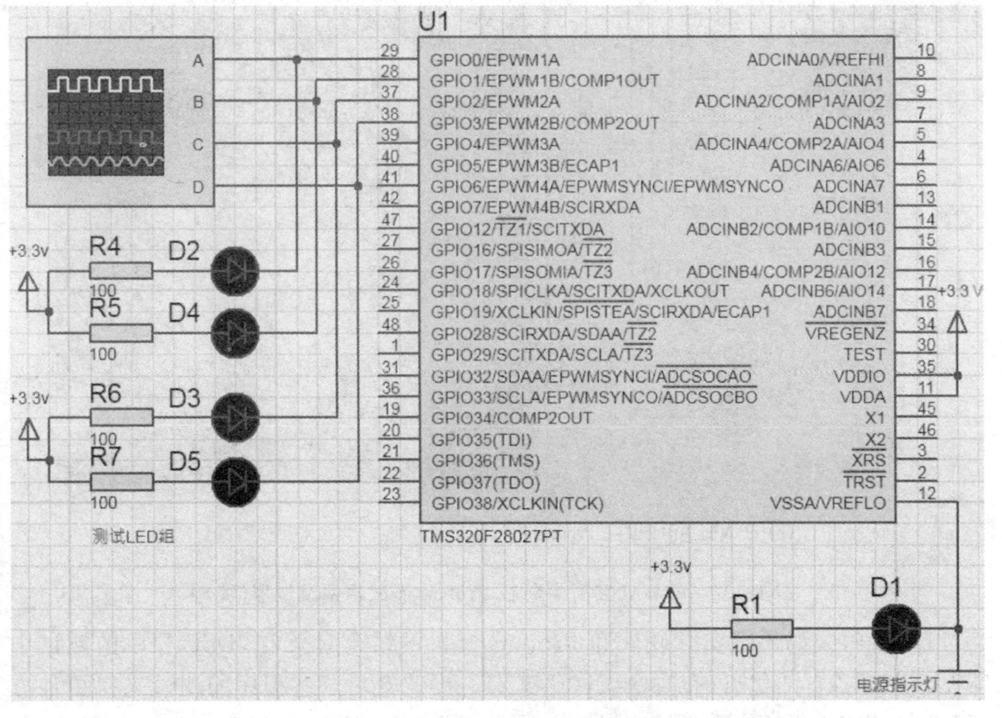

图 12.33　实时 ePWM 中断程序的虚拟测试电路

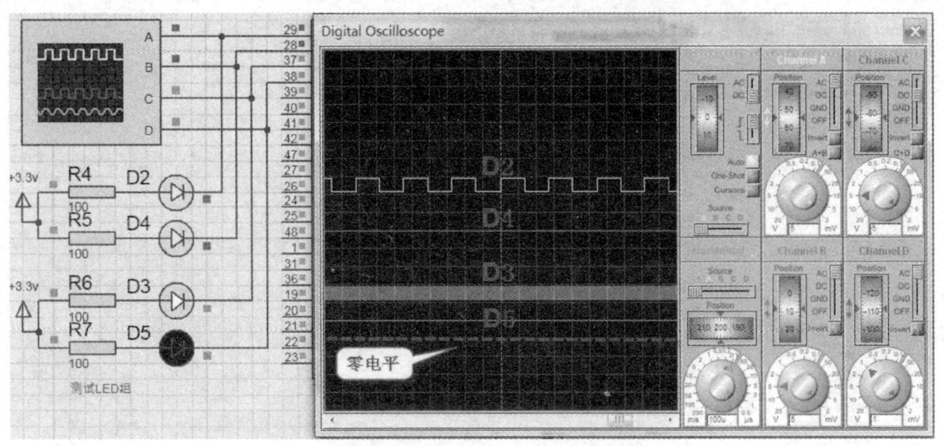

(a) ePWM实时中断在Proteus测试结果及波形

图 12.34　ePWM 实时中断在 Proteus 测试结构及波形

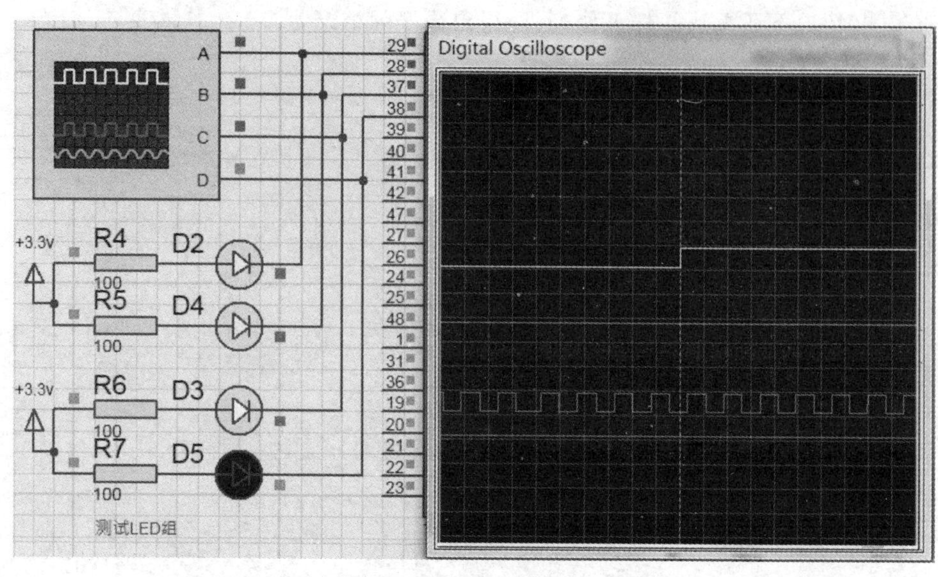

(b) ePWM实时中断在Proteus测试结果及波形(拉大水平扫描时间)

图 12.34　ePWM 实时中断在 Proteus 测试结构及波形(续)

总而言之,如果把实际硬件和 Proteus 有机的结合起来,在 DSP 程序的测试中能充分发挥各自的优点,有时候或许比真实的示波器对这些程序的测试来得更加方便和易于实现,并且信号源的选择也比较易于得到。不过,不能简单的迷信 Proteus 得出的结论,对于一些明显与实际不符的结论(比如,加一相信号,三相电机就开始旋转等)需充分论证,以免得出错误结论。

第13章

串行外设接口(SPI)

SPI是一个高速同步串行I/O口,它能以设定的比特传送率向设备读入或读出可变长度的串行比特流。在通常情况下,SPI用于DSC控制器与外设或其他处理器之间的通信。典型应用包括外部I/O或设备外部扩展外设,如移位寄存器,显示驱动器和ADC。SPI主/从机操作支持多设备通信。

13.1 增强型SPI单元概述

SPI与CPU接口框图如图13.1所示。

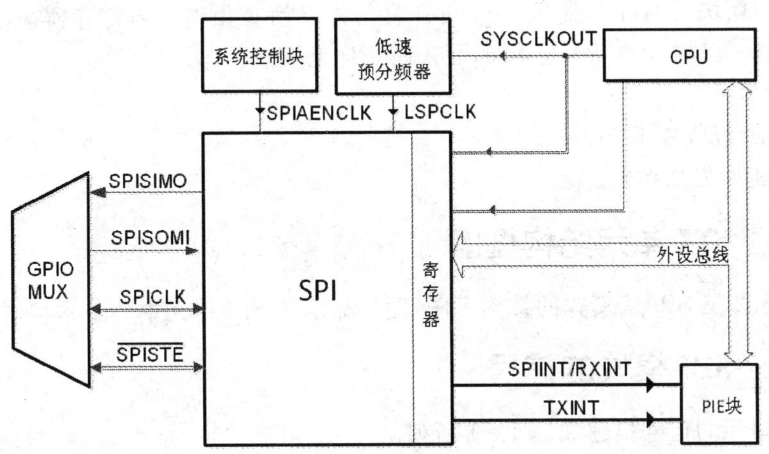

图13.1 SPI CPU接口框图

13.1.1 SPI模块主要特性

(1) 4个外部引脚

◇ SPISOMI:对从设备为数据输出,对于主设备为数据输入。

◇ SPISOMO:对从设备为数据输入,对于主设备为数据输出。

◇ SPISTE:SPI从设备使能引脚。

◇ SPICLK:SPI串行时钟引脚。

注意：当 SPI 没有被使用时 4 个引脚都可以用作 GPIO。

(2) 两种工作模式：主/从工作模式。

(3) 波特率：125 种可编程通信波特率，最大波特率受 SPI 引脚上使用的 I/O 缓冲器的最大速率限制

◇ 当 SPIBRR = 3～127 时，波特率＝LSPCLK/(SPIBRR +1)。

◇ 当 SPIBRR = 0,1,2 时，波特率＝LSPCLK/4。

(4) 数据字长：1～16 位之间可变。

(5) 支持 4 种时钟方案(通过时钟极性位和时钟相位位控制)：

◇ 无相位延迟下降沿：下降沿发送，上升沿接收。

◇ 有相位延迟下降沿：下降沿前的半个周期发送数据，下降沿接收。

◇ 无相位延迟上降沿：上升沿发送，下降沿接收。

◇ 位延迟下降沿：上升沿前的半个周期发送数据，上升沿接收。

(6) 支持同步收发模式，即双全工模式。

(7) 可通过 8 个中断或查询方式实现发送和接收操作。

(8) 支持 16 级接收和发送 FIFO，能控制发射延迟时间。

12 个 SPI 模块控制寄存器，位于地址从 7040h 开始的控制寄存器中。

注意：模块中的寄存器都是 16 位并且与外设帧 2 相连。当寄存器被使用时，数据存在低 8 位(7～0)，高 8 位为 0，写入高 8 位无效。

增强功能：

(1) 16 级收发 FIFO。

(2) 延时发送控制。

13.1.2 SPI 单元结构框图

图 13.2 是 SPI 从模式的结构框图，图中显示了 SPI 单元中的基本控制模块。

13.1.3 SPI 模块的信号

SPI 单元的信号描述如表 13.1 所列。

表 13.1 SPI 单元的信号描述

信号名称	描　述
	外部信号：
SPICLK	SPI 时钟
SPISIMO	从模式输入，主模式输出
SPISIMI	从模式输出，主模式输入
SPISTE	从模式发送使能(可选)

续表 13.1

控制信号:	
SPI Clock rate	时钟信号为低速外设时钟信号:LSPCLK
中断信号:	
SPIRXINT	非 FIFO 模式的发送和接收中断,FIFO 模式的接收中断
SPITXINT	FIFO 模式的发送中断

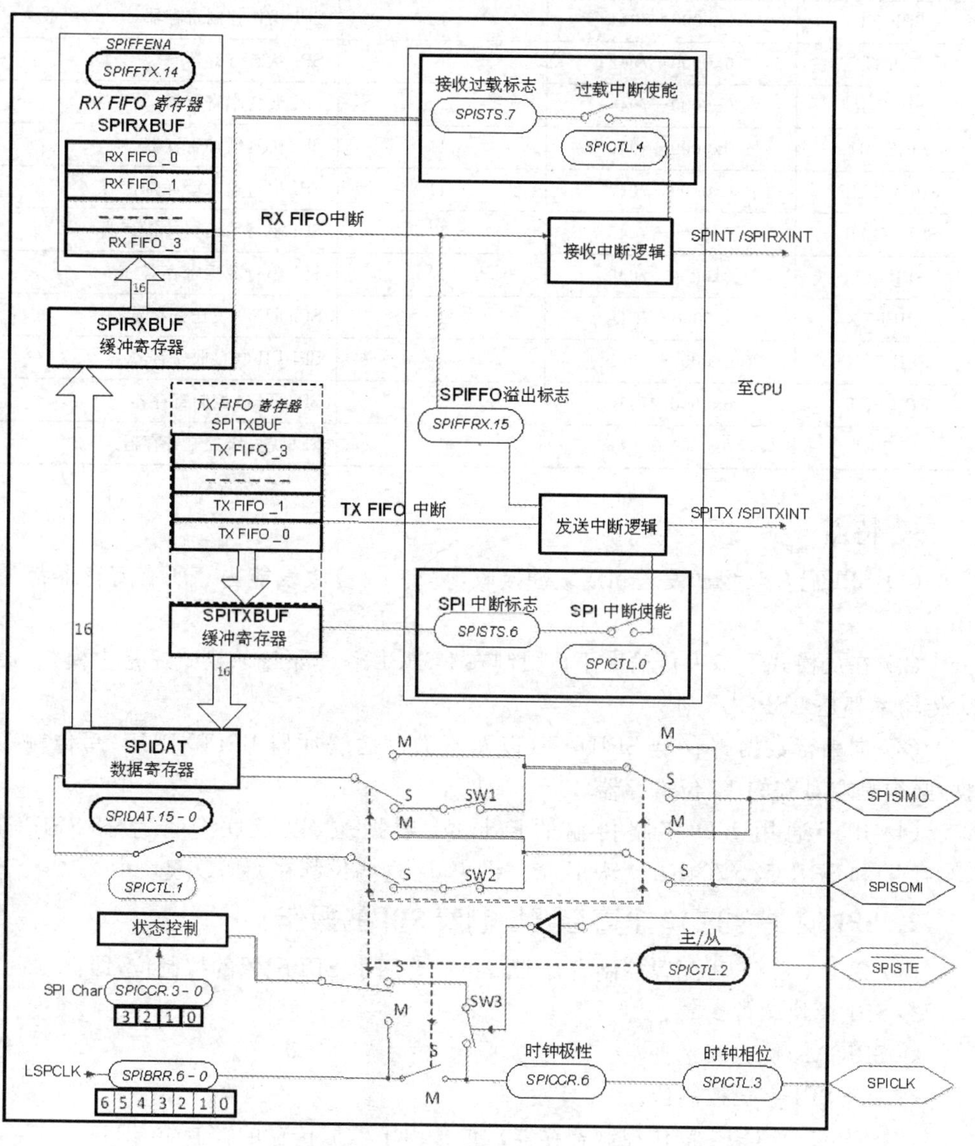

图 13.2　SPI 从模式结构框图

13.1.4　SPI 模块寄存器浏览

SPI 端口操作通过表 13.2 中所列的寄存器进行配置和控制。

表 13.2　SPI 模块寄存器

名　字	寄存器范围	位数(×16)	说　明
SPICCR	0x0000－7040	1	SPI 配置控制寄存器
SPICTL	0x0000－7041	1	SPI 操作控制寄存器
SPIST	0x0000－7042	1	SPI 状态寄存器
SPIBRR	0x0000－7044	1	SPI 波特率寄存器
SPIEMU	0x0000－7046	1	SPI 仿真缓冲寄存器
SPIRXBUF	0x0000－7047	1	SPI 串行输入缓冲寄存器
SPITXBUF	0x0000－7048	1	SPI 串行输出缓冲寄存器
SPIDAT	0x0000－7049	1	SPI 串行数据寄存器
SPIFFTX	0x0000－704A	1	SPI FIFO 发送寄存器
SPIFFRX	0x0000－704B	1	SPI FIFO 接收寄存器
SPIFFCT	0x0000－704C	1	SPI FIFO 控制寄存器
SPIPRI	0x0000－704F	1	SPI 优先级控制寄存器

1. 特点

(1) SPI 配有双缓冲发送和双缓冲接收,具有 16 位收发能力。所有寄存器都为 16 位。

(2) 在从模式下最大传输率不再限制在 LSPCLK/8,不论从模式还是主模式,最大传输率都是 LSPCLK/4。

(3) 向串行数据寄存器 SPIDAT(以及新的发送缓冲器 SPITXBUF)写传输数据,必须是左对齐的 16 位寄存器。

(4) 用于通用 I/O 多路传输的控制位、数据位,以及联合寄存器 SPIPC1 (704Dh)和 SPIPC2 (704Eh)都从这个外设去除,这些位都在 GPIO 模块中。

2. SPI 模块内的 12 个寄存器控制着 SPI 的操作

(1) SPICCR (SPI 配置控制寄存器),包含着用于 SPI 配置的控制位,即:

◇ SPI 模块软件重置;

◇ SPICLK 优先级选择;

◇ 4 个 SPI 字长控制位。

(2) SPICTL (SPI 操作控制寄存器),包含用于数据传输的控制位,即:

◇ 两个 SPI 中断使能位;

◇ SPICLK 段选择;

◇ 操作模式(主/从)；

◇ 数据传输使能。

(3) SPISTS (SPI 状态寄存器)，包含有两个接收缓冲器状态位和一个发送缓冲器状态位，即：

◇ 接收溢出；

◇ SPI 中断标志；

◇ 放送缓冲器满标记。

(4) SPIBRR (SPI 波特率寄存器)，包含用于决定位传送率的 7 位控制位。

(5) SPIRXEMU (SPI 接收仿真缓冲寄存器)，用于存储接收数据。这个寄存器只能用于仿真目的，正常操作则使用 SPIRXBUF。

(6) SPIRXBUF (SPI 接收缓冲，串行接收缓冲寄存器)，用于存储接收到的数据。

(7) SPITXBUF (SPI 发送缓冲，串行发送缓冲寄存器)，用于存储下一个将被发送的字符。

(8) SPIDAT (SPI 数据寄存器)，作为收发转移寄存器，用于存储被 SPI 发送的数据，在下级 SPICLK 循环中写入 SPIDAT 的数据被移出 。每从 SPI 移出一位，就有接收的位流中的一位移入移动寄存器的末端。

(9) SPIPRI (SPI 优先级寄存器)，包含决定中断优先级位，并且在程序暂停时决定 SPI 在 XDS™ 仿真器上的操作。

13.1.5 SPI 操作

本节将介绍 SPI 的操作，包括操作模式的说明、中断、数据格式、时钟源和初始化，以及典型的数据传输时序图。

1. SPI 操作简介

图 13.3 展示了用于主控制器和从控制器之间通信的 SPI 的典型连接。

主模式通过发送 SPICLK 信号开启数据传输，无论主模式还是从模式，数据都是在 SPICLK 边沿时移出移位寄存器，并且在相反的 SPICLK 边沿处锁入移位寄存器。如果时钟段位(SPICTL. 3)是高电平，数据在 SPICLK 发送之前都是接收或发送半周，因此，两个处理器收发数据是同步的。应用软件决定数据是有用的还是虚拟的，数据有 3 种可能的传输方式：

◇ 主模式发送数据，从模式发送虚拟数据。

◇ 主从模式都发送数据。

◇ 主模式发送虚拟数据，从模式发送数据。

主模式可以在任何时间开启数据传输，因为它控制着 SPICLK 信号。尽管如此，也是由软件决定主模式如何探测从模式已经准备好传输数据。

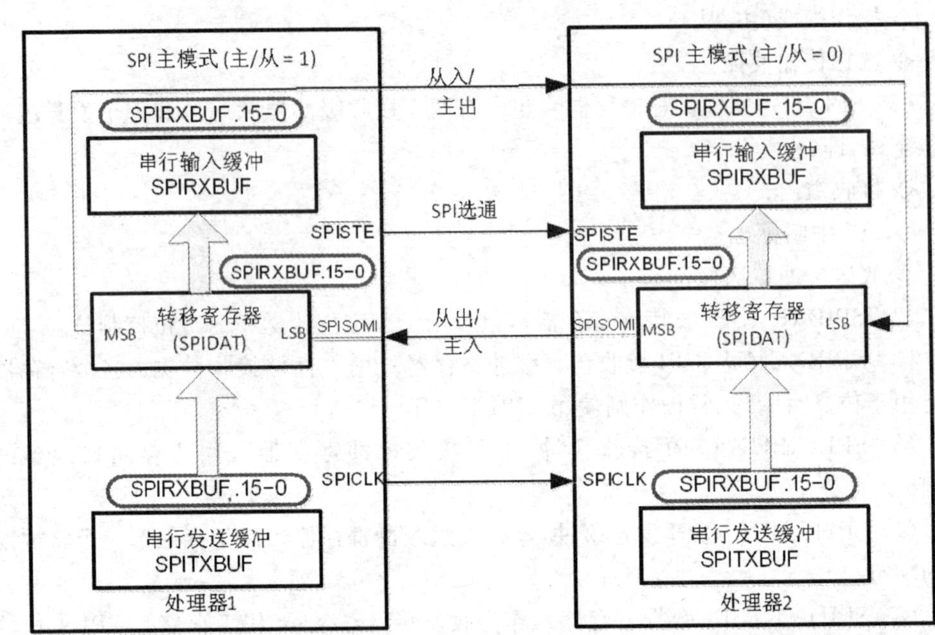

图 13.3　主控制器和从控制器之间 SPI 通信

2. SPI 单元的从主操作模式

SPI 可工作在主模式或从模式下，利用 MASTER / SLAVE 位(SPICTL. 2)来选择操作模式，以及 SPICLK 信号的来源。

(1) 主模式

在主模式下(MASTER/SLAVE ＝ 1)，SPI 在 SPICLK 引脚上为整个数据的传输提供串行时钟。数据从 SPISIMO 引脚上输出并锁存从 SPISOMI 引脚输入的数据。

SPIBRR 寄存器决定了网络上数据的传输与接收速率，SPIBRR 可以选择 126 种不同的传输速率。

写入 SPIDAT 或 SPITXBUF 的数据会启动 SPISIMO 引脚的数据传输，并从最高位(MSB)开始发送，同时接收到的数据通过 SPISOMI 引脚移位到 SPIDAT 的最低位(LSB)。当发送完选择的数据位时，接收到的数据将被转移到 SPIRXBUF(接收缓冲)中为 CPU 读取。数据将以右对齐的方式存储在 SPIRXBUF 中。

当确定的数据位已经被转换到 SPIDAT，接下来将会发生的事情：

◇ SPIDAT 中的数据被转移到 SPIRXBUF 中；
◇ SPI 的中断标志位(SPISTS. 6)被置 1；
◇ 如果在发送缓冲器(SPITXBUF)中存在有效数据，将会被 SPISTS 寄存器中的 TXBUF FULL 位指明。这些数据被传送到 SPIDAT 寄存器中，然后发送出去，否则，在所有数据位都移出 SPIDAT 寄存器后，SPICLK 将停止工作；

◇ 如果 SPI INT ENA(中断使能)位(SPICTL.0)被置 1,将确认中断发出中断请求。

在传统的应用中,SPISTE 引脚作为 SPI 引脚的从片选服务。这个引脚在数据传输之前是低电平,在数据传输完成后就变成高电平了。

(2) 从模式

在从模式下(MASTER/SLAVE = 0),数据从 SPISOMI 引脚移出并从 SPISIMO 引脚移入。SPICLK 引脚被用作串行移位时钟的输入,由外部网络的主控器提供这个时钟,并由该时钟决定从模式的传送速率。SPICLK 输入的频率通常不会高于 LSPCLK 频率的 1/4。

网络主控器 SPICLK 为合适的边缘信号时,写入 SPIDAT 或者 SPITXBUF 的数据被传送到网络上。当字符所有的位被移出 SPIDAT 后,写入 SPITXBUF 寄存器中的数据将会被传输到 SPIDAT 寄存器中。写 SPITXBUF 寄存器时,如果当前没有要发送的字符,则数据将会立即传送到 SPIDAT 寄存器中。在接收数据时,SPI 将等待网络主控器发送的 SPICLK 信号,然后把 SPISIMO 引脚上的数据转移到 SPIDAT 寄存器中。如果从控制器同时也发送数据,在这之前 SPITXBUF 没有加载数据,数据必须在 SPICLK 信号开始之前写入到 SPITXBUF 或者 SPIDAT 寄存器中。

当 TALK 位(SPICTL.1)被清 0 时,数据传输将被禁止,输出线(SPISOMI)处于高阻状态。如果发生这种情况时传输已经开始,即使 SPISOMI 被置成了高阻状态,当前需传送的字符也将继续传输,直到完成,以确保 SPI 能正确地接收传入的数据。TALK 位允许从设备连接到同一个网络上,但在同一时刻只允许一个从设备驱动 SPISOMI 引脚。

SPISTE 引脚用于从控制器的选通引脚,当 SPISTE 引脚为低电压信号时允许 SPI 从控制器向串行数据线发送数据;当 SPISTE 引脚为高电压信号时,SPI 从控制器停止工作,串行输出引脚也将被置成高阻态。

13.1.6　SPI 中断

本节将进行控制位、初始化中断、数据格式、时钟、初始化和数据传输等的介绍。

1. 中断控制位

(1) SPI 中断使能位 SPI INT ENA(SPICTL.0):

◇ 置 0 时禁止中断。

◇ 置 1 时使能中断。

(2) SPI 中断状态标志位 SPI INT FLAG(SPISTS.6):

当 SPIDAT 整个字符移入或移出,SPI 中断标志位(SPISTS.6)置 1 时,若中断使能位(SPICTL.0)置 1,则发出一个中断请求。中断标志位不变直到用以下方式清除:

◇ 中断被确认。

◇ CPU 读 SPIRXBUF(读 SPIRXEMU 不能清除中断标志位)。

◇ 设备通过 IDLE 指令进入 IDLE2 或 HALT 模式。

◇ 软件向 SPI SW RESET 位(SPICCR.7)写 0。

◇ 系统复位。

当中断标志位置 1 时,一个字符已经存入 SPIRXBUF,供 CPU 读取。若接收到下一个字符时 CPU 没有及时读取该字符,则新字符写入 SPIRXBUF,同时接收器溢出标志位(SPISTS.7)置 1。

(3) 溢出中断使能位 OVERRUN INT ENA(SPICTL.4):

◇ 置 0 时禁止接收器溢出中断。

◇ 置 1 时使能接收器溢出中断。

(4) 接收器溢出标志位 RECEIVER OVERRUN FLAG(SPISTS.7):

在上一个字符从 SPIRXBUF 读出之前,又接收到新字符并存入 SPIRXBUF,接收器溢出标志位置 1。接收器溢出标志位必须用软件来清除。

2. 数据格式

字符长度为 1～16 位,字长受(SPICCR.3～0)这 4 位控制,这信息使状态控制逻辑通过计数发送或接收的位数来判断什么时候处理了一个整字符。下面几种方式用于字符少于 16 位的情况:

(1) 写入 SPIDAT 和 SPITXBUF 的数据必须是左对齐。

(2) 从 SPIRXBUF 读取的数据是右对齐。

(3) SPIRXBUF 储存着最近接收的字符,右对齐,并加上前面接收的字符左移后保留下来的所有位,例如:

条件:

◇ 传送字符长度 1 位(通过 SPICCR.3～0 来设定)

◇ SPIDAT 当前值为:76B9h

SPIDAT(传送之前)

0	1	1	1	0	1	1	0	1	0	1	1	1	0	0	1

SPIDAT(传送之后)

1	1	1	0	1	1	0	1	0	1	1	1	0	0	1	X

SPIRXBUF(传送之后)

1	1	1	0	1	1	0	1	0	1	1	1	0	0	1	X

如果 SPISOMI 为 1,X=1　　　SPISOMI 为 0,X=0

3. 波特率和时钟方案

SPI 模块支持 125 种不同波特率和 4 种时钟方案。SPICLK 引脚可以接收外部

SPI 时钟信号或提供 SPI 时钟信号，这取决于 SPI 时钟是主模式还是从模式。在从模式下，SPICLK 引脚从外部资源接收 SPI 时钟，但不能超过 LSPCLK 频率的 1/4；在主模式下，SPI 生成 SPI 时钟并输出到 SPICLK 引脚，同样不能超过 LSPCLK 频率的 1/4。

(1) 波特率设置：

◇ 当 SPIBRR ＝ 3～127 时，波特率＝LSPCLK/(SPIBRR ＋1)。

◇ 当 SPIBRR ＝ 0,1,2 时，波特率＝LSPCLK/4。

(2) SPI 时钟

通过时钟极性位(SPICCR.6)和时钟相位位(SPICTL.3)控制 4 种时钟方案，时钟极性位选择适当的边沿，上升沿或下降沿；时钟相位位选择时钟的半周期延迟。共有以下 4 种方案，如图 13.4 所示。

◇ 无相位延迟下降沿：下降沿发送，上升沿接收。

◇ 有相位延迟下降沿：下降沿前的半个周期发送数据，下降沿接收。

◇ 无相位延迟上降沿：上升沿发送，下降沿接收。

◇ 有相位延迟下降沿：上升沿前的半个周期发送数据，上升沿接收。

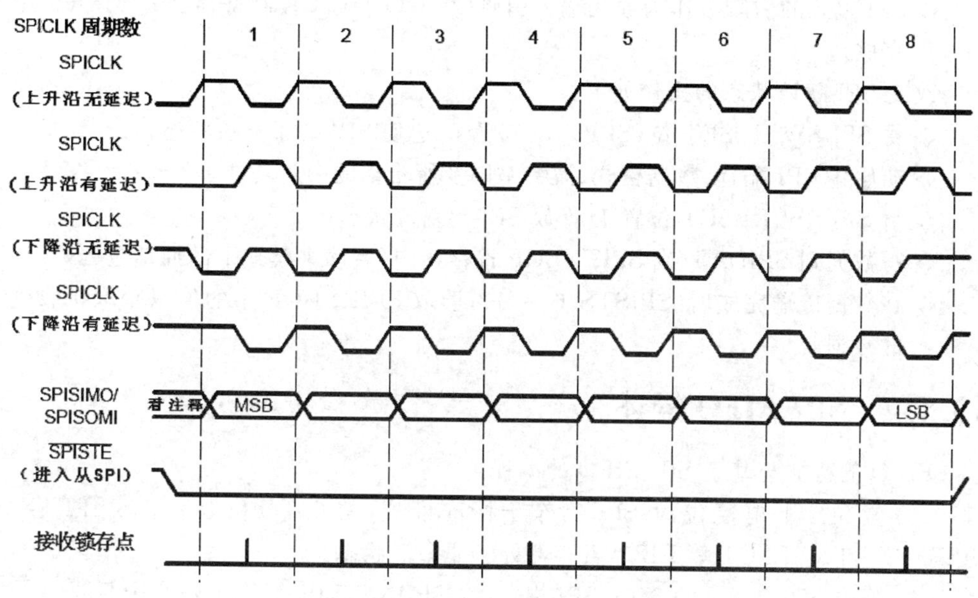

图 13.4　SPICLK 信号选项

注意：先前的数据位对于 SPI，SPICLK 只有当(SPIBRR＋1) 的值为偶数时才是对称的。当(SPIBRR ＋ 1)的值为奇数和 SPIBRR 的值大于 3 时，SPICLK 将变为非对称的。当时钟极性位(CLOCK POLARITY) 被清 0 时，SPICLK 的低脉冲比它的高脉冲多一个 CLKOUT 脉冲。当时钟极性位(CLOCK POLARITY)置位时，SPICLK 的高脉冲比它的低脉冲多一个 CLKOUT 脉冲，如图 13.5 所示。

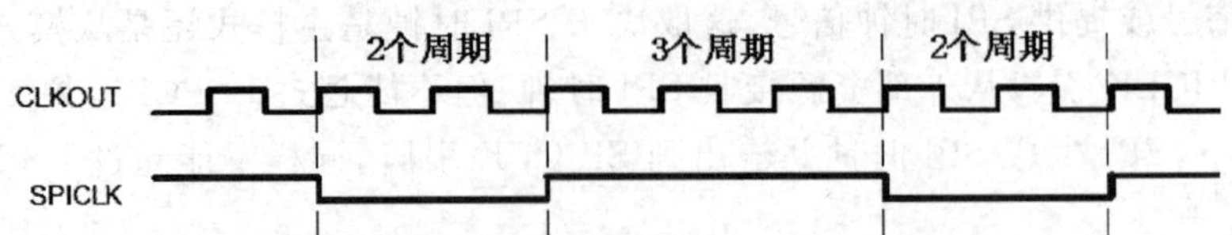

图 13.5　当 SPICLK－CLKOUT(BRR＋ 1)为奇数且 BRR＞3，CLOCK POLARITY ＝1 时的特性

4. 初始化复位

系统复位迫使 SPI 模型进入以下默认状态：

◇ 单元被配置为从模式(MASTER/SLAVE ＝ 0)；

◇ 禁止传输数据(TALK ＝ 0)；

◇ 数据在 SPICLK 信号的下降沿时被锁存；

◇ 字符长度被假定为一个位；

◇ 禁止 SPI 中断；

◇ SPIDAT 中的数据被设置为 0x0000；

◇ SPI 单元的引脚被作为通用输入引脚(在 I/O MUX 控制寄存器 B[MCRB]中完成)。

改变 SPI 默认状态的操作如下：

◇ 将 SPI SW RESET 位(SPICCR.7)清 0，迫使 SPI 处于复位状态；

◇ 初始化 SPI 配置、数据格式、波特率以及所希望的引脚功能；

◇ 将 SPI SW RESET 位置 1，释放 SPI 的复位状态；

◇ 写数据到 SPIDAT 或 SPITXBUF 寄存器中(启动主模式下的通信过程)；

◇ 在数据传输完成后(SPISTS.6 ＝ 1)，读取 SPIRXBUF 中的值以获取接收到的数据。

13.1.7　SPI FIFO 描述

FIFO 的特征与基于 SPI FIFO 的编程：

(1) 复位。上电复位时 SPI 工作于标准模式，禁止 FIFO 功能。SPIFFTX、SPIFFRX 和 SPIFFCT 等 FIFO 寄存器处于非激活状态。

(2) 标准 SPI。标准的 240x SPI 模式，将 SPIINT/SPIRXINT 作为中断源。

(3) 模式改变。置位 SPIFFTX 寄存器中的 SPIFFEN 位来使能 FIFO 模式。SPIRST 可在其操作的任何阶段复位 FIFO 模式。

(4) 激活寄存器。激活所有的 SPI 寄存器和 SPI FIFO 寄存器(包括 SPIFFTX、SPIFFRX 和 SPIFFCT 寄存器)。

(5) 中断。FIFO 模式有两个中断：一个用于发送 FIFO 的中断(SPITXINT)；另一个用于接收 FIFO 的中断(SPIINT/SPIRXINT)。当 FIFO 接收数据时，如果发

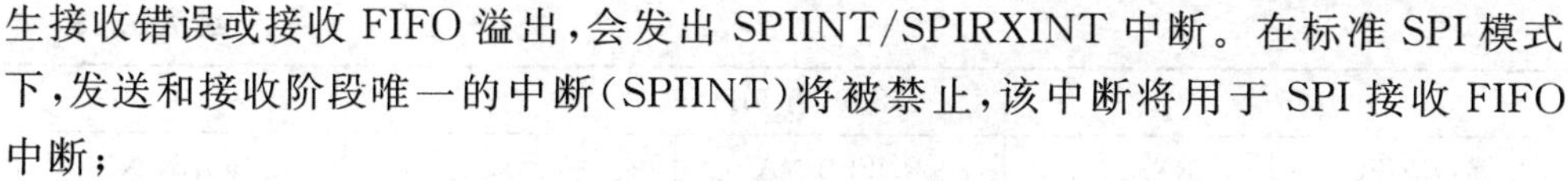

生接收错误或接收 FIFO 溢出，会发出 SPIINT/SPIRXINT 中断。在标准 SPI 模式下，发送和接收阶段唯一的中断(SPIINT)将被禁止，该中断将用于 SPI 接收 FIFO 中断；

(6) 缓冲器。发送和接收缓冲器包含两个 FIFO。标准 SPI 的一个字发送缓冲寄存器用作发送 FIFO 和移位寄存器之间的转换寄存器。当且仅当移位寄存器中的最后一位被移出后，才能从发送 FIFO 中加载一个字发送缓冲寄存器。

(7) 延迟传输。FIFO 把字送到发送移位寄存器的速率是可编程的。SPIFFCT 寄存器中的位(7～0)(即位 FFTXDLY7～ FFTXDLY0)决定两个字之间的传输延迟。该延迟定义了 SPI 串行时钟周期的个数。8 位寄存器可以定义的最小延迟为 0 个串行时钟周期，最大延迟为 255 个串行时钟周期。对于 0 延迟，SPI 模块可让 FIFO 连续的发送数据，把字一位接一位(背靠背)的移出。而 255 个时钟延迟是 SPI 模块发送数据的最大延迟模式，FIFO 字移出时每个字之间的延迟时间为 255 SPI 时钟。可编程的延迟有利于无缝连接到各种慢速 SPI 外设，如 EEPROM、ADC、DAC 等。

(8) FIFO 状态位。发送和接收 FIFO 都有状态位 TXFFST 或 RX FAST(12～0 位)，用于定义任何时刻从 FIFO 寄存器中可获得的字数。当发送 FIFO 的复位位 TXFIFO 和接收 FIFO 的复位位 RXFIFO 都置 1 时，将使 FIFO 指针归零。一旦这两位被清零，FIFO 将重新开始运行。

(9) 可编程的中断优先级。发送和接收 FIFO 都可以产生 CPU 中断。无论何时，当发送 FIFO 状态位 TXFFST(位 12～8)与中断触发等级位 TXFFIL(位 4～0)相匹配(小于或等于)，就会产生中断触发。这给 SPI 发送和接收部分提供了一个可编程的中断触发器。默认的接收与发送 FIFO 触发等级位分别为 0x11111 和 0x00000。

13.1.8 SPI 中断

SPI 的中断框图如图 13.6 所示。

图 13.6 中的 SPI 中断标志模式如表 13.3 所列。

表 13.3 SPI 中断标志模式

SPI 中断	中断	中断	FIFO 使能	中断
源	标志	使能	SPIFFENA	行
SPI (无 FIFO)				
接收溢出	RXOVRN	OVRNINTENA	0	SPIRXINT
数据接收	SPIINT	SPIINTENA	0	SPIRXINT
发送空	SPIINT	SPIINTENA	0	SPIRXINT

续表 13.3

SPI（有 FIFO）				
接收 FIFO	RXFFIL	RXFFIENA	1	SPIRXINT
发送空	TXFFIL	TXFFIENA	1	SPITXINT

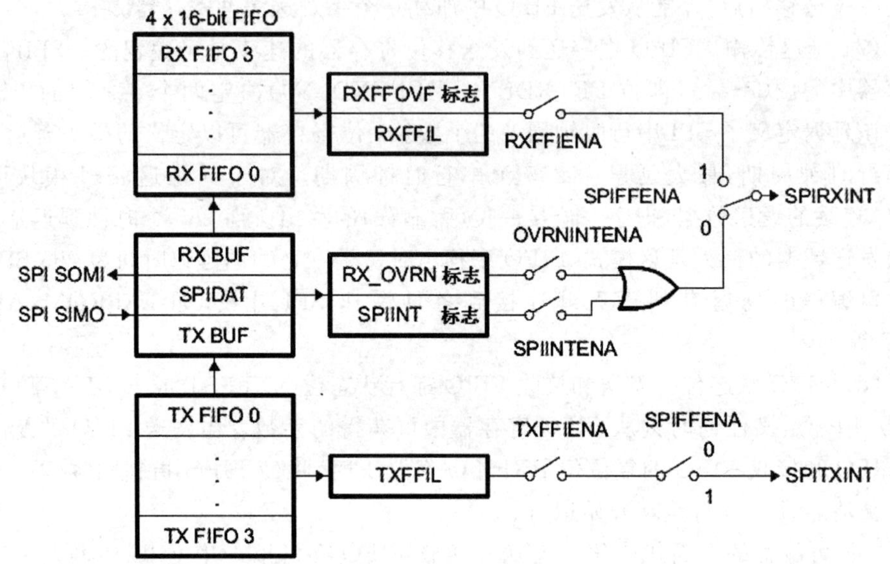

图 13.6　SPI FIFO 中断标志和使能逻辑生成

13.2　SPI 固件库

13.2.1　定义文档

SPI 固件库的定义文档如表 13.4 所列。

表 13.4　定义文档

定　义	描　述
SPI_SPICCR_CHAR_LENGTH_BITS	定义 SPICCR 寄存器中的 SPICHAR3－0 位
SPI_SPICCR_CLKPOL_BITS	定义 SPICCR 寄存器中的 CLOCK POLARITY 位
SPI_SPICCR_RESET_BITS	定义 SPICCR 寄存器中的 SPI SW 复位位
SPI_SPICCR_SPILBK_BITS	定义 SPICCR 寄存器中的 SPILBK 位
SPI_SPICTL_CLK_PHASE_BITS	定义 SPICTL 寄存器中的 CLOCK PHASE 位
SPI_SPICTL_INT_ENA_BITS	定义 SPICTL 寄存器中的 SPI INT ENA 位

续表 13.4

定　义	描　述
SPI_SPICTL_MODE_BITS	定义 SPICTL 寄存器中的 MASTER/SLAVE 位
SPI_SPICTL_OVRRUN_INT_ENA_BITS	定义 SPICTL 寄存器中的 OVERRUN INT ENA 位
SPI_SPICTL_TALK_BITS	定义 SPICTL 寄存器中的 TALK 位
SPI_SPIFFRX_FIFO_OVF_BITS	定义 SPIFFRX 寄存器中的 RXFFOVF 位
SPI_SPIFFRX_FIFO_OVFCLR_BITS	定义 SPIFFRX 寄存器中的 RXFFOVF CLR 位
SPI_SPIFFRX_FIFO_RESET_BITS	定义 SPIFFRX 寄存器中的 RXFIFO 复位位
SPI_SPIFFRX_FIFO_ST_BITS	定义 SPIFFRX 寄存器中的 RXFFST4－0 位
SPI_SPIFFRX_IENA_BITS	定义 SPIFFRX 寄存器中的 RXFFIENA 位
SPI_SPIFFRX_IL_BITS	定义 SPIFFRX 寄存器中的 RXFFIL4－0 位
SPI_SPIFFRX_INT_BITS	定义 SPIFFRX 寄存器中的 RXFFINT CLR 位
SPI_SPIFFRX_INTCLR_BITS	定义 SPIFFRX 寄存器中中的 RXFFINT CLR 位
SPI_SPIFFTX_CHAN_RESET_BITS	定义 SPIFFTX 寄存器中的 SPIRST 位
SPI_SPIFFTX_FIFO_ENA_BITS	定义 SPIFFTX 寄存器中的 SPIFFENA 位
SPI_SPIFFTX_FIFO_RESET_BITS	定义 SPIFFTX 寄存器中的 TXFIFO 复位位
SPI_SPIFFTX_IENA_BITS	定义 SPIFFTX 寄存器中的 TXFFIENA 位
SPI_SPIFFTX_IL_BITS	定义 SPIFFTX 寄存器中的 TXFFIL4－0 位
SPI_SPIFFTX_INT_BITS	定义 SPIFFTX 寄存器中的 TXFFINT 位
SPI_SPIFFTX_INTCLR_BITS	定义 SPIFFTX 寄存器中的 TXFFINT CLR 位
SPIA_BASE_ADDR	定义串行外设接口(SPI)A 寄存器中的基地址

13.2.2　类型定义文档

SPI 固件库的类型定义文档如表 13.5 所列。

表 13.5　类型定义文档

类型定义	描述
typedef struct SPI_Obj ＊SPI_Handle	定义串行外设接口(SPI)的句柄

14.2.3　枚举文档

SPI 固件库的枚举文档如表 13.6～表 13.15 所列。

表 13.6　SPI_BaudRate_e

功能	用枚举来定义 SPI 的波特率(假设 LSCLK 为 12.5MHz)

续表 13.6

枚举成员	描述
SPI_BaudRate_500_KBaud	表示波特率为 500 KBaud
SPI_BaudRate_1_MBaud	表示波特率为 1 MBaud

表 13.7　SPI_CharLength_e

功能	用枚举来定义串行外设接口(SPI)的字符长度
枚举成员	描述
SPI_CharLength_1_Bit	表示一个字符长度为 1 位
SPI_CharLength_2_Bit	表示一个字符长度为 2 位
SPI_CharLength_3_Bit	表示一个字符长度为 3 位
SPI_CharLength_4_Bit	表示一个字符长度为 4 位
SPI_CharLength_5_Bit	表示一个字符长度为 5 位
SPI_CharLength_6_Bit	表示一个字符长度为 6 位
SPI_CharLength_7_Bit	表示一个字符长度为 7 位
SPI_CharLength_8_Bit	表示一个字符长度为 8 位
SPI_CharLength_9_Bit	表示一个字符长度为 9 位
SPI_CharLength_10_Bit	表示一个字符长度为 10 位
SPI_CharLength_11_Bit	表示一个字符长度为 11 位
SPI_CharLength_12_Bit	表示一个字符长度为 12 位
SPI_CharLength_13_Bit	表示一个字符长度为 13 位
SPI_CharLength_14_Bit	表示一个字符长度为 14 位
SPI_CharLength_15_Bit	表示一个字符长度为 15 位
SPI_CharLength_16_Bit	表示一个字符长度为 16 位

表 13.8　SPI_ClkPhase_e

功能	用枚举来定义串行外设接口(SPI)的时钟相位
枚举成员	描述
SPI_ClkPhase_Normal	表示正常的时钟方案
SPI_ClkPhase_Delayed SPICLK	表示被延迟了一个半周期

表 13.9　SPI_ClkPolarity_e

功能	用枚举来定义 SPI 的输入和输出时钟的极性数据
枚举成员	描述
SPI_ClkPolarity_OutputRisingEdge_InputFallingEdge	表示发送数据在上升沿输出，接收数据在下降沿锁存
SPI_ClkPolarity_OutputFallingEdge_InputRisingEdge	表示发送数据在下降沿输出，接收数据在上升沿锁存

表 13.10　SPI_FifoLevel_e

功能	用枚举来定义串行外设接口(SPI)FIFO 深度
枚举成员	描述
枚举成员	描述
SPI_FifoLevel_Empty	表示 FIFO 为空
SPI_FifoLevel_1_Word	表示 FIFO 包含 1 个字
SPI_FifoLevel_2_Word	表示 FIFO 包含 2 个字
SPI_FifoLevel_3_Word	表示 FIFO 包含 3 个字
SPI_FifoLevel_4_Word	表示 FIFO 包含 4 个字

表 13.11　SPI_FifoStatus_e

功能	用枚举来定义的串行外设接口(SPI)FIFO 状态
枚举成员	描述
SPI_FifoStatus_Empty	表示 FIFO 为空
SPI_FifoStatus_1_Word	表示 FIFO 包含 1 个字
SPI_FifoStatus_2_Word	表示 FIFO 包含 2 个字
SPI_FifoStatus_3_Word	表示 FIFO 包含 3 个字
SPI_FifoStatus_4_Word	表示 FIFO 包含 4 个字

表 13.12　SPI_Mode_e

功能	用枚举来定义的串行外设接口(SPI)网络模式控制
枚举成员	描述
SPI_Mode_Slave	表示从机模式
SPI_Mode_Master	表示主机模式

表 13.13　SPI_Priority_e

功能	用枚举来定义的串行外设接口(SPI)网络模式控制
枚举成员	描述
SPI_Priority_Immediate	在 EMU 停止后立即停止
SPI_Priority_FreeRun	在 EMU 停止后不停止
SPI_Priority_AfterRxRxSeq	在 EMU 停止和下一个 RX / RX 序列后停止

表 13.14　SPI_SteInv_e

功能	用枚举来定激活 STE 引脚的电平状态
枚举成员	描述
SPI_SteInv_ActiveLow SPI_SteInv_ActiveHigh	表示低电平激活 STE 引脚 表示高电平激活 STE 引脚

表 13.15　SPI_TriWire_e

功能	用枚举来定义 SPI 模式是几线制
枚举成员	描述
SPI_TriWire_NormalFourWire SPI_TriWire_ThreeWire	表示 4 线 SPI 模式 表示 3 线 SPI 模式

13.2.4　函数文档

SPI 固件库的函数文档如表 13.16～表 13.61 所列。

表 13.16　SPI_clearRxFifoInt

功能	清除 RX FIFO 中断标志
函数原型	Void　SPI_clearRxFifoInt(SPI_Handle spiHandle)
输入参数	描述
spiHandle	串行外设接口(SPI)对象的句柄
返回参数	无

表 13.17　SPI_clearRxFifoOvf

功能	清除 RX FIFO 溢出标志
函数原型	void SPI_clearRxFifoOvf (SPI_Handle spiHandle)
输入参数	描述
spiHandle	串行外设接口(SPI)对象的句柄
返回参数	无

表 13.18　SPI_clearTxFifoInt

功能	清除 TX FIFO 中断标志
函数原型	void SPI_clearTxFifoInt (SPI_Handle spiHandle)

续表 13.18

输入参数	描述
spiHandle	串行外设接口(SPI)对象的句柄
返回参数	无

表 13.19　SPI_disable

功能	禁用串行外设接口(SPI)
函数原型	void SPI_disable (SPI_Handle spiHandle)
输入参数	描述
spiHandle	串行外设接口(SPI)对象的句柄
返回参数	无

表 13.20　SPI_disableChannels

功能	禁用串行外设接口(SPI)的发送和接收通道
函数原型	void SPI_disableChannels (SPI_Handle spiHandle)
输入参数	描述
spiHandle	串行外设接口(SPI)对象的句柄
返回参数	无

表 13.21　SPI_disableInt

功能	禁用串行外设接口(SPI)中断
函数原型	void SPI_disableInt (SPI_Handle spiHandle)
输入参数	描述
spiHandle	串行外设接口(SPI)对象的句柄
返回参数	无

表 13.22　SPI_disableLoopBack

功能	禁用串行外设接口(SPI)环回模式
函数原型	void SPI_disableLoopBack (SPI_Handle spiHandle)
输入参数	描述
spiHandle	串行外设接口(SPI)对象的句柄
返回参数	无

表 13.23　SPI_disableOverRunInt

功能	禁用串行外设接口(SPI)的溢出中断
函数原型	voidSPI_disableOverRunInt (SPI_Handle spiHandle)
输入参数	描述
spiHandle	串行外设接口(SPI)对象的句柄
返回参数	无

表 13.24　SPI_disableRxFifo

功能	禁用串行外设接口(SPI)接收 FIFO
函数原型	void SPI_disableRxFifo (SPI_Handle spiHandle)
输入参数	描述
spiHandle	串行外设接口(SPI)对象的句柄
返回参数	无

表 13.25　SPI_disableRxFifoInt

功能	禁用串行外设接口(SPI)接收 FIFO 中断
函数原型	void SPI_disableRxFifoInt (SPI_Handle spiHandle)
输入参数	描述
spiHandle	串行外设接口(SPI)对象的句柄
返回参数	无

表 13.26　SPI_disableTx

功能	禁用主/从串行外设接口(SPI)传输模式
函数原型	void SPI_disableTx (SPI_Handle spiHandle)
输入参数	描述
spiHandle	串行外设接口(SPI)对象的句柄
返回参数	无

表 13.27　SPI_disableTxFifo

功能	禁用串行外设接口(SPI)发送 FIFO
函数原型	void SPI_disableTxFifo (SPI_Handle spiHandle)
输入参数	描述
spiHandle	串行外设接口(SPI)对象的句柄
返回参数	无

表 13.28 SPI_disableTxFifoEnh

功能	禁用串行外设接口(SPI)发送 FIFO 增强
函数原型	void SPI_disableTxFifoEnh (SPI_Handle spiHandle)
输入参数	描述
spiHandle	串行外设接口(SPI)对象的句柄
返回参数	无

表 13.29 SPI_disableTxFifoInt

功能	禁用串行外设接口(SPI)发送 FIFO 中断
函数原型	void SPI_disableTxFifoInt (SPI_Handle spiHandle)
输入参数	描述
spiHandle	串行外设接口(SPI)对象的句柄
返回参数	无

表 13.30 SPI_enable

功能	使能串行外设接口(SPI)
函数原型	void SPI_enable (SPI_Handle spiHandle)
输入参数	描述
spiHandle	串行外设接口(SPI)对象的句柄
返回参数	无

表 13.31 SPI_enableChannels

功能	使能串行外设接口(SPI)的发送和接收通道
函数原型	void SPI_enableChannels (SPI_Handle spiHandle)
输入参数	描述
spiHandle	串行外设接口(SPI)对象的句柄
返回参数	无

表 13.32 SPI_enableFifoEnh

功能	使能串行外设接口(SPI)发送 FIFO 增强
函数原型	void SPI_enableFifoEnh (SPI_Handle spiHandle)
输入参数	描述
spiHandle	串行外设接口(SPI)对象的句柄
返回参数	无

表 13.33　SPI_enableInt

功能	使能串行外设接口(SPI)中断
函数原型	void SPI_enableInt (SPI_Handle spiHandle)
输入参数	描述
spiHandle	串行外设接口(SPI)对象的句柄
返回参数	无

表 13.34　SPI_enableLoopBack

功能	使能串行外设接口(SPI)环回模式
函数原型	void SPI_enableLoopBack (SPI_Handle spiHandle)
输入参数	描述
spiHandle	串行外设接口(SPI)对象的句柄
返回参数	无

表 13.35　SPI_enableOverRunInt

功能	使能串行外设接口(SPI)溢出中断
函数原型	void SPI_enableOverRunInt (SPI_Handle spiHandle)
输入参数	描述
spiHandle	串行外设接口(SPI)对象的句柄
返回参数	无

表 13.36　SPI_enableRxFifo

功能	使能接收 FIFO 的串行外设接口(SPI)
函数原型	void SPI_enableRxFifo (SPI_Handle spiHandle)
输入参数	描述
spiHandle	串行外设接口(SPI)对象的句柄
返回参数	无

表 13.37　SPI_enableRxFifoInt

功能	使能串行外设接口(SPI)的接收 FIFO 中断
函数原型	void SPI_enableRxFifoInt (SPI_Handle spiHandle)
输入参数	描述
spiHandle	串行外设接口(SPI)对象的句柄
返回参数	无

表 13.38　SPI_enableTx

功能	使能串行外设接口(SPI)主机/从机发送模式
函数原型	void SPI_enableTx (SPI_Handle spiHandle)
输入参数	描述
spiHandle	串行外设接口(SPI)对象的句柄
返回参数	无

表 13.39　SPI_enableTxFifo

功能	使能串行外设接口(SPI)发送 FIFO
函数原型	void SPI_enableTxFifo (SPI_Handle spiHandle)
输入参数	描述
spiHandle	串行外设接口(SPI)对象的句柄
返回参数	无

表 13.40　SPI_enableTxFifoInt

功能	允许串行外设接口(SPI)发送 FIFO 中断
函数原型	void SPI_enableTxFifoInt (SPI_Handle spiHandle)
输入参数	描述
spiHandle	串行外设接口(SPI)对象的句柄
返回参数	无

表 13.41　SPI_getRxFifoStatus

功能	获取串行外设接口(SPI)接收 FIFO 的状态
函数原型	SPI_FifoStatus_e　SPI_getRxFifoStatus(SPI_Handle spiHandle)
输入参数	描述
spiHandle	串行外设接口(SPI)对象的句柄
返回参数	收到 FIFO 状态

表 13.42　SPI_getTxFifoStatus

功能	获取的串行外设接口(SPI)发送 FIFO 状态
函数原型	SPI_FifoStatus_eSPI_getTxFifoStatus(SPI_Handle spiHandle)
输入参数	描述
spiHandle	串行外设接口(SPI)对象的句柄
返回参数	发送 FIFO 状态

表 13.43 SPI_init

功能	初始化串行外设接口(SPI)对象的句柄
函数原型	SPI_Handle SPI_init (void * pMemory, const size_t numBytes)
输入参数	描述
pMemoryA numBytesThe	SPI 寄存器基地址的指针分配给 SPI 对象,字节的字节数
返回参数	串行外设接口(SPI)对象的句柄

表 13.44 SPI_read

功能	读取串行外设接口(SPI)的数据
函数原型	uint16_t SPI_read (SPI_Handle spiHandle) [inline]
输入参数	描述
spiHandle	串行外设接口(SPI)对象的句柄
返回参数	所接收的数据值

表 13.45 SPI_reset

功能	复位串行外设接口(SPI)
函数原型	void SPI_reset (SPI_Handle spiHandle)
输入参数	描述
spiHandle	串行外设接口(SPI)对象的句柄
返回参数	无

表 13.46 SPI_resetChannels

功能	复位串行外设接口(SPI)的发送和接收通道
函数原型	void SPI_resetChannels (SPI_Handle spiHandle)
输入参数	描述
spiHandle	串行外设接口(SPI)对象的句柄
返回参数	无

表 13.47 SPI_resetRxFifo

功能	复位串行外设接口(SPI)的接收 FIFO
函数原型	void SPI_resetRxFifo (SPI_Handle spiHandle)

续表 13.47

输入参数	描述
spiHandle	串行外设接口(SPI)对象的句柄
返回参数	无

表 13.48 SPI_resetTxFifo

功能	复位串行外设接口(SPI)的发送 FIFO
函数原型	void SPI_resetTxFifo (SPI_Handle spiHandle)
输入参数	描述
spiHandle	串行外设接口(SPI)对象的句柄
返回参数	无

表 13.49 SPI_setBaudRate

功能	设置串行外设接口(SPI)的波特率
函数原型	void SPI_setBaudRate(SPI_Handle spiHandle, const SPI_BaudRate_e baudRate)
输入参数	描述
spiHandle baudRate	串行外设接口(SPI)对象的句柄 波特率
返回参数	无

表 13.50 SPI_setCharLength

功能	设置串行外设接口(SPI)的字符长度
函数原型	void SPI_setCharLength(SPI_Handle spiHandle, const SPI_CharLength_e length)
输入参数	描述
spiHandle length	串行外设接口(SPI)对象的句柄长度 字符长度
返回参数	无

表 13.51 SPI_setClkPhase

功能	设置串行外设接口(SPI)的时钟相位
函数原型	void SPI_setClkPhase(SPI_Handle spiHandle, const SPI_ClkPhase_e clkPhase)

续表 13.51

输入参数	描述
spiHandle clkPhase	串行外设接口(SPI)对象的句柄 时钟相位
返回参数	无

表 13.52 SPI_setClkPolarity

功能	设置串行外设接口(SPI)的时钟极性
函数原型	void SPI_setClkPolarity(SPI_Handle spiHandle, const SPI_ClkPolarity_e polarity)
输入参数	描述
spiHandle polarity	串行外设接口(SPI)对象的句柄 时钟极性
返回参数	无

表 13.53 SPI_setMode

功能	设置串行外设接口(SPI)的网络模式
函数原型	void SPI_setMode (SPI_Handle spiHandle, const SPI_Mode_emode)
输入参数	描述
spiHandle mode	串行外设接口(SPI)对象的句柄 网络模式
返回参数	无

表 13.54 SPI_setPriority

功能	设置 SPI 的端口的优先级
函数原型	void SPI_setPriority(SPI_Handle spiHandle, const SPI_Priority_e priority)
输入参数	描述
spiHandle priority	串行外设接口(SPI)对象的句柄 vis－a－vis 仿真(EMU) 的 SPI 端口优先级
返回参数	无

表 13.55 SPI_setRxFifoIntLevel

功能	设置用于产生中断的串行外设接口(SPI)的接收 FIFO 深度
函数原型	void SPI_setRxFifoIntLevel (SPI_Handle spiHandle, const SPI_FifoLevel_e fifoLevel)
输入参数	描述
spiHandle fifoLevel	串行外设接口(SPI)对象的句柄 FIFO 深度
返回参数	无

表 13.56 SPI_setSteInv

功能	控制 STE 引脚反转
函数原型	void SPI_setSteInv (SPI_HandlespiHandle, const SPI_SteInv_e steinv)
输入参数	描述
spiHandle steinv	串行外设接口(SPI)对象的句柄 STE 引脚极性
返回参数	无

表 13.57 SPI_setTriWire

功能	设置 SPI 端口的操作模式
函数原型	void SPI_setSteInv (SPI_Handle spiHandle, const SPI_TriWire_e triwire)
输入参数	描述
spiHandle triwire	串行外设接口(SPI)对象的句柄 3 线或 4 线模式
返回参数	无

表 13.58 SPI_setTxDelay

功能	设置串行外设接口(SPI)的传输延迟
函数原型	void SPI_setTxDelay (SPI_HandlespiHandle, const uint8_t delay)
输入参数	描述
spiHandle delay	串行外设接口(SPI)对象的句柄 延迟量
返回参数	无

表 13.59　SPI_setTxFifoIntLevel

功能	为产生中断设置串行外设接口(SPI)的发送 FIFO 深度
函数原型	void SPI_setTxFifoIntLevel (SPI_HandlespiHandle, const SPI_FifoLevel_efifoLevel)
输入参数	描述
spiHandle fifoLevel	串行外设接口(SPI)对象的句柄 FIFO 深度
返回参数	无

表 13.60　SPI_write

功能	写数据到串行外设接口(SPI)
函数原型	void SPI_write (SPI_Handle spiHandle, const uint16_t data) [inline]
输入参数	描述
spiHandle data	串行外设接口(SPI)对象的句柄 数据值
返回参数	无

表 13.61　SPI_write8

功能	写入一个字节的数据到串行外设接口(SPI)
函数原型	void SPI_write8 (SPI_HandlespiHandle, const uint16_t data) [inline]
输入参数	描述
spiHandle data	串行外设接口(SPI)对象的句柄 数据值
返回参数	无

13.3　SPI 固件库例程

本小节将以 TI 公司提供的例程为范本,介绍 SPI 编程的基本方法。

(1) Example_F2802xSpi_FFDLB_int.c—spi_loopback_interrupts 工程的主函数说明。

```
//###########################################################################
//!    此程序是外设 SPI-A 使用内部环回的例程,将用到中断和 SPIFIFO。
//!    在程序中设置断点对比发送与接收数据流的异同,在 Proteus 中的测试
//!    循环发送的数据流格式如下:
```

```
//!     0000 0001 \n
//!     0001 0002 \n
//!     0002 0003 \n
//!     ....      \n
//!     FFFE FFFF \n
//!     FFFF 0000 \n
//!      等等。
//!     Watch Variables:
//!       - sdata[2] - 发送的数据
//!       - rdata[2] - 接收的数据
//!       - rdata_point - 用于接收流错误检查的最后位置跟踪。
#include "DSP28x_Project.h" //设备头文件与例程包含文件
#include "f2802x_common/include/adc.h"
#include "f2802x_common/include/clk.h"
#include "f2802x_common/include/flash.h"
#include "f2802x_common/include/gpio.h"
#include "f2802x_common/include/pie.h"
#include "f2802x_common/include/pll.h"
#include "f2802x_common/include/spi.h"
#include "f2802x_common/include/wdog.h"
//函数原型声明
// interrupt void ISRTimer2(void);
interrupt void spiTxFifoIsr(void);
interrupt void spiRxFifoIsr(void);
void delay_loop(void);
void spi_init(void);
void spi_fifo_init(void);
void error();
uint16_t sdata[2];        //发送数据缓冲区
uint16_t rdata[2];        //接收数据缓冲区
uint16_t rdata_point;     //接收数据流检查的数据跟踪
ADC_Handle myAdc;
CLK_Handle myClk;
FLASH_Handle myFlash;
GPIO_Handle myGpio;
PIE_Handle myPie;
SPI_Handle mySpi;
void main(void)
{
    uint16_t i;
    CPU_Handle myCpu;
    PLL_Handle myPll;
```

```
    WDOG_Handle myWDog;
    //初始化工程中所需的所有句柄
    myAdc = ADC_init((void *)ADC_BASE_ADDR, sizeof(ADC_Obj));
    myClk = CLK_init((void *)CLK_BASE_ADDR, sizeof(CLK_Obj));
    myCpu = CPU_init((void *)NULL, sizeof(CPU_Obj));
    myFlash = FLASH_init((void *)FLASH_BASE_ADDR, sizeof(FLASH_Obj));
    myGpio = GPIO_init((void *)GPIO_BASE_ADDR, sizeof(GPIO_Obj));
    myPie = PIE_init((void *)PIE_BASE_ADDR, sizeof(PIE_Obj));
    myPll = PLL_init((void *)PLL_BASE_ADDR, sizeof(PLL_Obj));
    mySpi = SPI_init((void *)SPIA_BASE_ADDR, sizeof(SPI_Obj));
    myWDog = WDOG_init((void *)WDOG_BASE_ADDR, sizeof(WDOG_Obj));
    //系统初始化
    WDOG_disable(myWDog);
    CLK_enableAdcClock(myClk);
    (*Device_cal)();
    //使能 SPI-A 时钟
    CLK_enableSpiaClock(myClk);
    //选择内部振荡器1作为时钟源
    CLK_setOscSrc(myClk, CLK_OscSrc_Internal);
//配置 PLL 为 x12/2 使 60 MHz = 10 MHz x 12/2
PLL_setup(myPll, PLL_Multiplier_12, PLL_DivideSelect_ClkIn_by_2);
    //禁止 PIE 和所有中断
    PIE_disable(myPie);
    PIE_disableAllInts(myPie);
    CPU_disableGlobalInts(myCpu);
    CPU_clearIntFlags(myCpu);
    // 如果从闪存运行,需将程序搬移(复制)到 RAM 中运行
#ifdef _FLASH
    memcpy(&RamfuncsRunStart, &RamfuncsLoadStart, (size_t)&RamfuncsLoadSize);
#endif
    // 初始化 GPIO
    GPIO_setPullUp(myGpio, GPIO_Number_16, GPIO_PullUp_Enable);
    GPIO_setPullUp(myGpio, GPIO_Number_17, GPIO_PullUp_Enable);
    GPIO_setPullUp(myGpio, GPIO_Number_18, GPIO_PullUp_Enable);
    GPIO_setPullUp(myGpio, GPIO_Number_19, GPIO_PullUp_Enable);
    GPIO_setQualification(myGpio, GPIO_Number_16, GPIO_Qual_ASync);
    GPIO_setQualification(myGpio, GPIO_Number_17, GPIO_Qual_ASync);
    GPIO_setQualification(myGpio, GPIO_Number_18, GPIO_Qual_ASync);
    GPIO_setQualification(myGpio, GPIO_Number_19, GPIO_Qual_ASync);
    GPIO_setMode(myGpio, GPIO_Number_16, GPIO_16_Mode_SPISIMOA);
    GPIO_setMode(myGpio, GPIO_Number_17, GPIO_17_Mode_SPISOMIA);
    GPIO_setMode(myGpio, GPIO_Number_18, GPIO_18_Mode_SPICLKA);
```

```
    GPIO_setMode(myGpio, GPIO_Number_19, GPIO_19_Mode_SPISTEA_NOT);
    // 配置调试向量表与使能 PIE
    PIE_setDebugIntVectorTable(myPie);
    PIE_enable(myPie);
// PIE 向量表中的寄存器中断服务程序
    PIE_registerPieIntHandler(myPie, PIE_GroupNumber_6, PIE_SubGroupNumber_1, (in-
tVec_t)&spiRxFifoIsr);
    PIE_registerPieIntHandler(myPie, PIE_GroupNumber_6, PIE_SubGroupNumber_2, (in-
tVec_t)&spiTxFifoIsr);
//仅初始化 SPI
spi_init();
    //初始化发送数据缓冲区
    for(i = 0; i<2; i + + )
    {
      sdata[i] = i;
    }
    rdata_point = 0;
//使能所需的中断
PIE_enableInt(myPie, PIE_GroupNumber_6, PIE_InterruptSource_SPIARX);
    PIE_enableInt(myPie, PIE_GroupNumber_6, PIE_InterruptSource_SPIATX);
    CPU_enableInt(myCpu, CPU_IntNumber_6);
    CPU_enableGlobalInts(myCpu);
    for(;;) {
        asm(" NOP");
    }
}
// 函数定义
void delay_loop()
{
    long      i;
    for (i = 0; i < 1000000; i + + ) {
    }
    return;
}
void error(void)
{
    asm("     ESTOP0");      //测试失败停止!
    for (;;){
        asm(" NOP");
    }
}
void spi_init()
```

```
{
    SPI_reset(mySpi);
    SPI_enable(mySpi);
//复位、上升沿、16 位 char
SPI_setCharLength(mySpi, SPI_CharLength_16_Bits);
    SPI_enableLoopBack(mySpi);
    //使能主模式,正常相位、禁止 SPI 中断。
    SPI_setMode(mySpi, SPI_Mode_Master);
    SPI_enableTx(mySpi);
    SPI_enableOverRunInt(mySpi);
    SPI_enableInt(mySpi);
    SPI_setBaudRate(mySpi, (SPI_BaudRate_e)0x63);
//初始化 SPI FIFO 寄存器
    SPI_enableFifoEnh(mySpi);
    SPI_enableChannels(mySpi);
    SPI_resetTxFifo(mySpi);
    SPI_clearTxFifoInt(mySpi);
    SPI_setTxFifoIntLevel(mySpi, SPI_FifoLevel_2_Words);
    SPI_enableTxFifoInt(mySpi);
    SPI_resetRxFifo(mySpi);
    SPI_setRxFifoIntLevel(mySpi, SPI_FifoLevel_2_Words);
    SPI_enableRxFifoInt(mySpi);
    SPI_clearRxFifoInt(mySpi);
    SPI_setTxDelay(mySpi, 0);
//设置不打断发送的断点
SPI_setPriority(mySpi, SPI_Priority_FreeRun);
    SPI_enable(mySpi);
    SPI_enableTxFifo(mySpi);
    SPI_enableRxFifo(mySpi);
}
interrupt void spiTxFifoIsr(void)
{
    uint16_t i;
    for(i = 0;i<2;i + + ) {
        //发送数据
        SPI_write(mySpi, sdata[i]);
    }
    for(i = 0;i<2;i + + ) {
        //为下一个周期的增量数据
        sdata[i] + + ;
    }
//清除中断标志
```

```
SPI_clearTxFifoInt(mySpi);
//发出 PIE 应答
PIE_clearInt(myPie, PIE_GroupNumber_6);
    return;
}
interrupt void spiRxFifoIsr(void)
{
    uint16_t i;
    for(i = 0;i<2;i + + ) {
        // 读数据
        rdata[i] = SPI_read(mySpi);
    }
    for(i = 0;i<2;i + + ) {
        // 检查接收数据
        if(rdata[i] ! = rdata_point + i) {
            error();
        }
    }
    rdata_point + + ;
    // 清除溢出标志
    SPI_clearRxFifoOvf(mySpi);
    // 清除中断标志
    SPI_clearRxFifoInt(mySpi);
    //发出 PIE 应答
    PIE_clearInt(myPie, PIE_GroupNumber_6);
    return;
}
//===========================================================
// 结束
//===========================================================
```

(2) 从 C:\ti\controlSUITE\device_support\f2802x\v210\f2802x_examples 中导入 spi_loopback_interrupts 工程。

(3) 编译 spi_loopback_interrupts 工程,如图 13.7 所示。

(4) 将.out 文件导入 LaunchPad 开发板中,如图 13.8 所示。

(5) 添加变量到观察窗口中,如图 13.9 所示。

(6) 选择实时与连续运行模式,如图 13.10 所示。

(7) 单击图 13.10 中箭头所指图标,启动.out 文件在 LaunchPad 运行,如图 13.11 所示。

从图 13.11 的右侧可以看到,发送数据(sdata)的值并不等于接收数据(rdata)的值。下面将设置断点以检查发送数据是否等于接收到的数据,如图 13.12 所示。

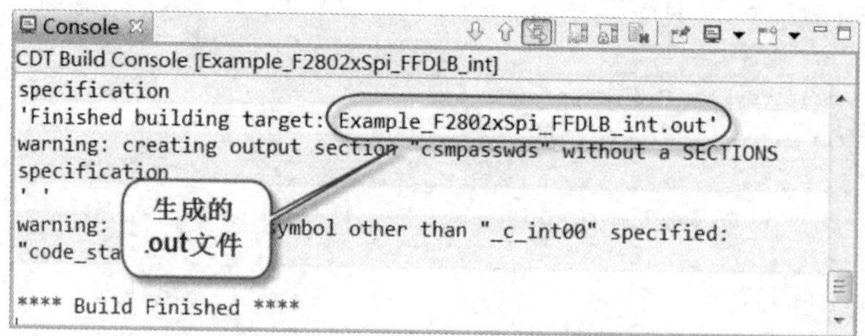

图 13.7 编译工程生成.out 文件

图 13.8 将.out 文件导入 LaunchPad 开发板中

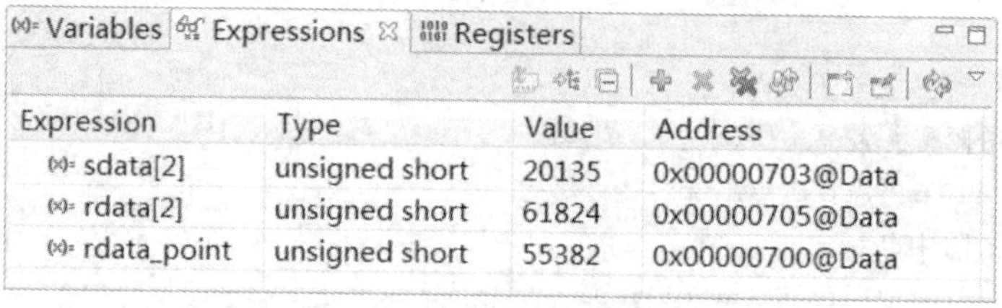

Variables | Expressions | Registers

Expression	Type	Value	Address
sdata[2]	unsigned short	20135	0x00000703@Data
rdata[2]	unsigned short	61824	0x00000705@Data
rdata_point	unsigned short	55382	0x00000700@Data

图 13.9 添加变量到观察窗口中

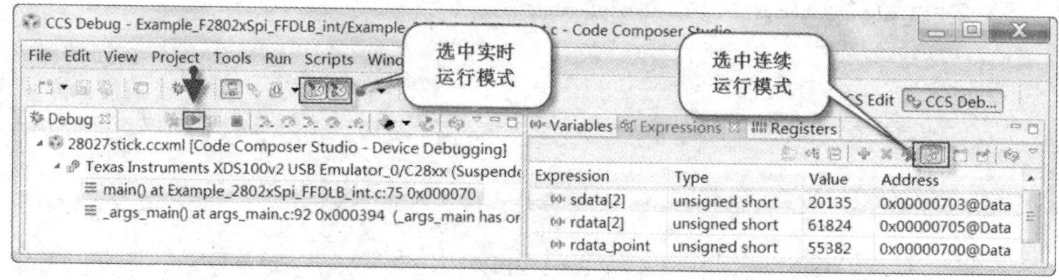

图 13.10 选择实时与连续运行模式

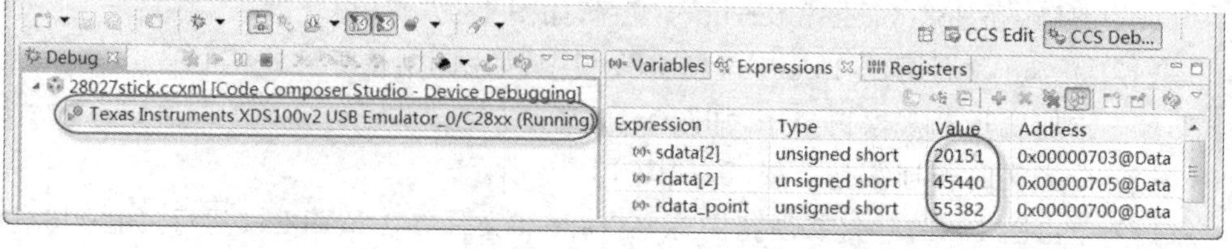

图 13.11 .out 文件在 LaunchPad 中运行的结果

(8).out 文件在 LaunchPad 开发板中的测试相片,如图 13.13 所示。

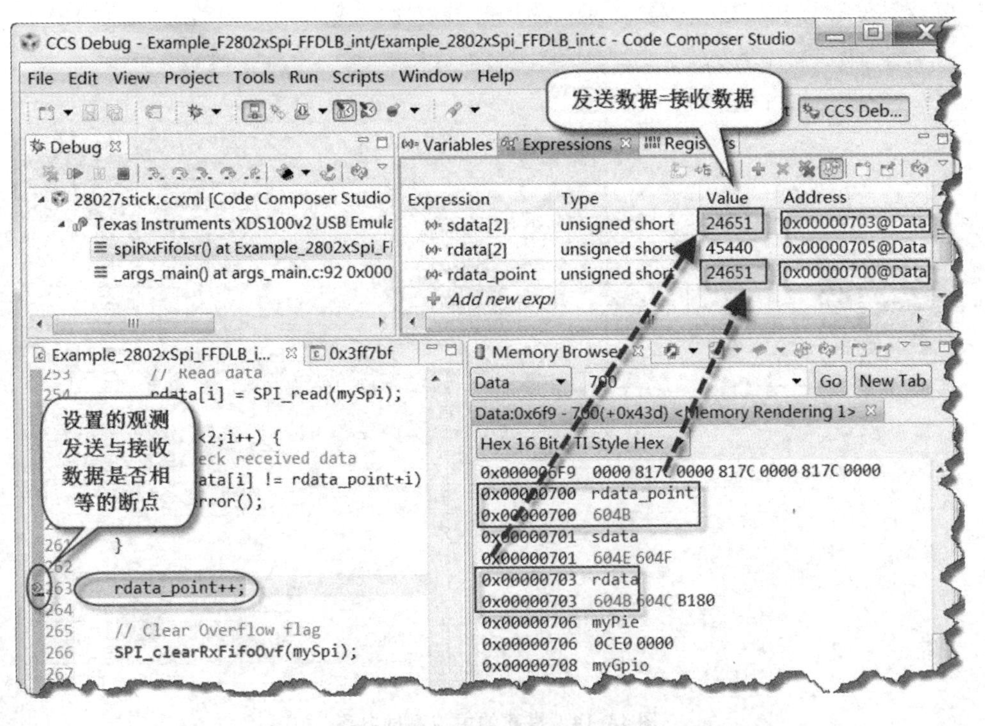

图 13.12　设置断点观测发送的数据是否等于接收数据

图 13.13　spi_loopback_interrupts 工程在 LaunchPad 中的测试

(9) 在 Proteus 中观察用于 SPI 一些信号的关系。

● 搭建观察这些信号的虚拟测试电路，如图 13.14 所示。

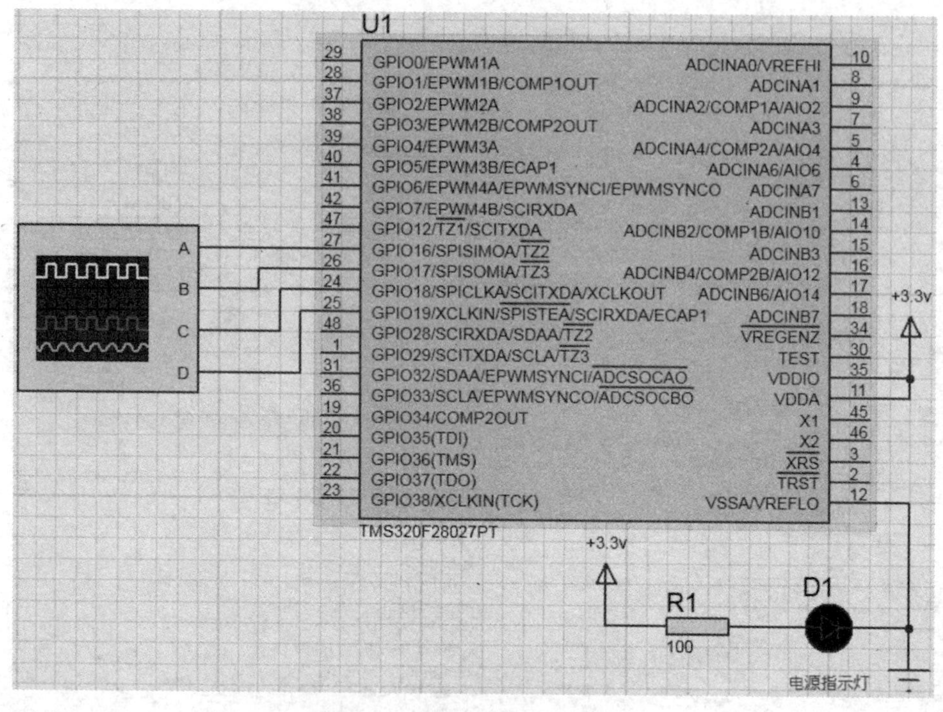

图 13.14 搭建的虚拟测试电路

● 观察 SPI 中输入、输出、$\overline{\text{SPISTEA}}$信号与时钟信号的关系，如图 13.15 所示。

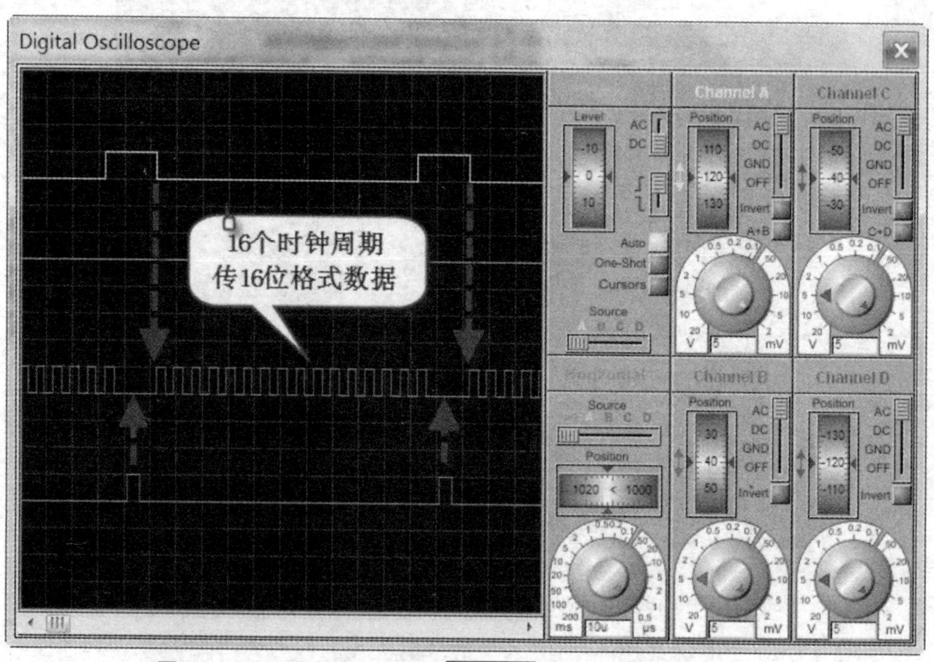

图 13.15 SPI 中输入、输出、$\overline{\text{SPISTEA}}$信号与时钟信号的关系

第 14 章

串行通信接口(SCI)

串行通信接口单元(serial communications interface,SCI)是两线制的异步串行端口,通常称之为通用异步收发器,一般习惯称之为 UART。串行通信接口模块在以不归零格式为标准的 CPU 和其他异步的外围设备之间支持数字通信。串行通信接口接收器和发送器每一个都有一个 4 级深度的 FIFO 来减少 CPU 的开销,并且都具有独立的使能和中断位,可以在半双工或全双工方式下工作。为了保证数据的完整性,接收器会对数据进行间断监测,超时,帧错误及奇偶校验。此外,还可以通过对 16 位的波特率选择寄存器编程来选择不同的比特率。

串行通信接口(SCI)API 提供了一套函数用于配置和使用 Piccolo 设备上的 SCI 外设,该驱动库位于 f2802x_common/source/sci. c 文件中,以及相关 API 函数的定义文件 f2802x_common/include/sci. h。

本章主要内容:

◇ SCI 单元介绍;

◇ SCI 固件库介绍;

◇ SCI 固件库例程。

14.1 增强型 SCI 单元概述

SCI 接口结构框图如图 14.1 所示。

1. SCI 模块的特点

(1) 两个外部引脚

◇ SCITXD:SCI 异步串行数据发送脚;

◇ SCIRXD:SCI 异步串行数据接收脚。

(2) 可通过编程方式达到 64K 种不同的波特率。

(3) 数据字格式:

◇ 一个起始位;

◇ 可编程为 1~8 个数据位;

◇ 可选择奇/偶或无校验;

◇ 1~2 个停止位。

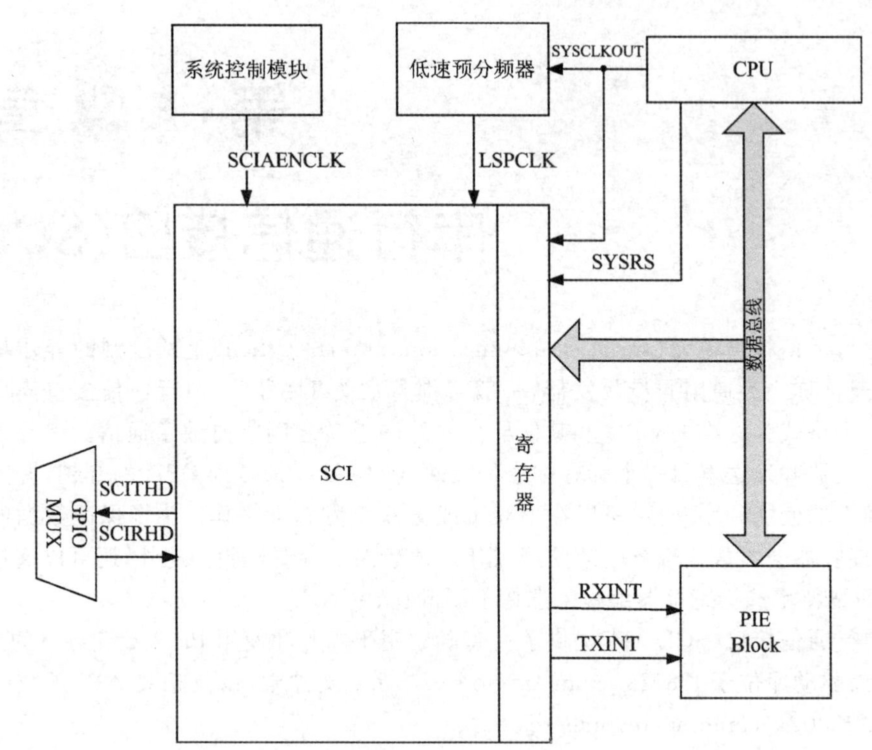

图 14.1　SCI 接口结构框图

(4) 4 个错误检测标志位:奇偶校验错误、超时错误、帧错误,间断监测。

(5) 两种多处理器唤醒模式:空闲线或地址位唤醒。

(6) 半/全双工工作模式与使用不归零信号。

(7) 接收器和发送器具有双缓冲结构。

(8) 接收器和发送器可采用中断或查询状态标志位两种方式。

(9) 独立的接收器和发送器使能位。

(10) 13 个 SCI 控制寄存器。

2. 增强属性

(1) 自动通信速率检测。

(2) 4 级深度发送/接收 FIFO。

串行通信接口的操作主要通过对控制和状态寄存器的配置来实现的(见表 14.1、表 14.2),SCI 单元的结构框图如图 14.2 所示。

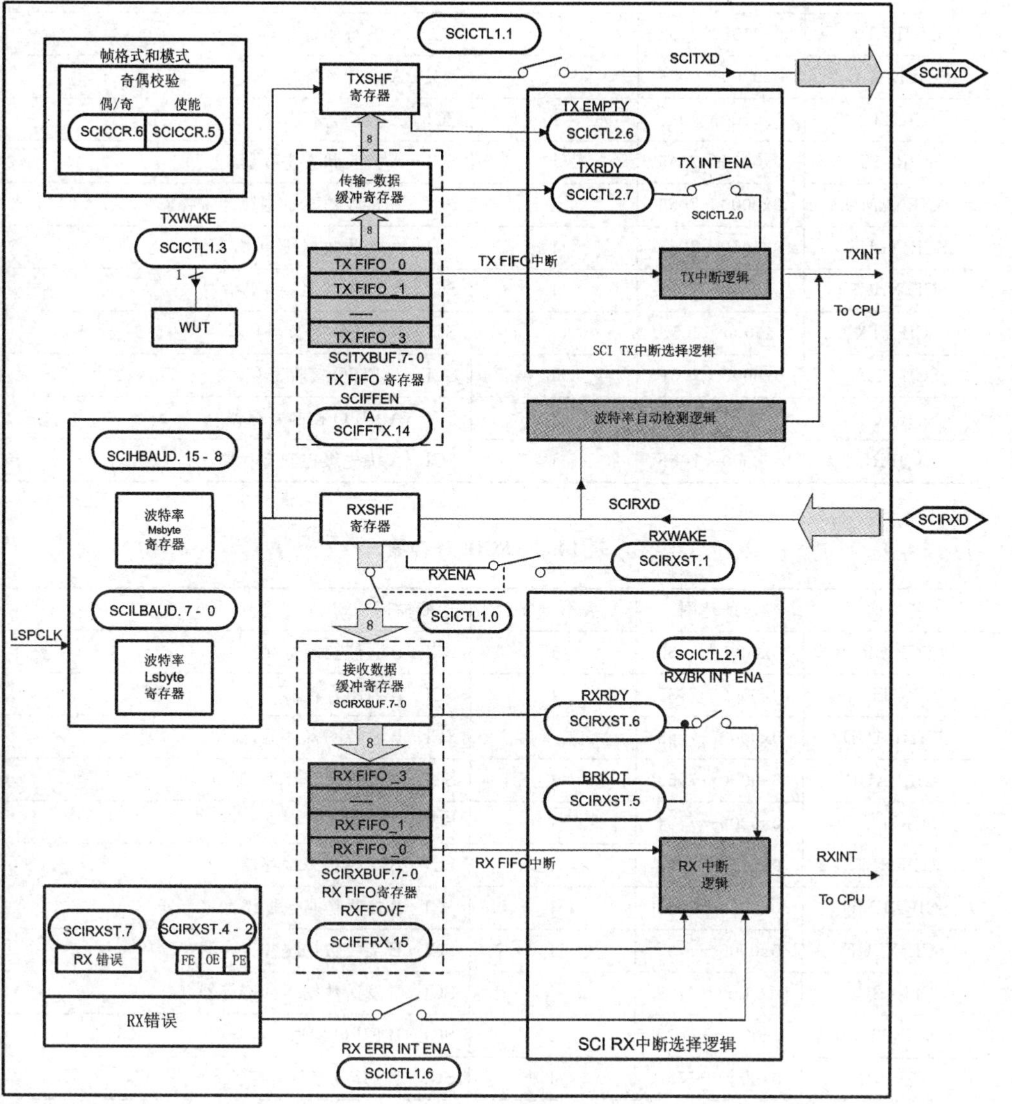

图 14.2　SCI 单元的结构框图

表 14.1 SCIA 寄存器

名　称	地址范围	大小(x16)	功能描述
SCICCR	0x0000－7050	1	SCI－A 通信控制寄存器
SCICTL1	0x0000－7051	1	SCI－A 控制寄存器 1
SCIHBAUD	0x0000－7052	1	SCI－A 波特率寄存器，高位
SCILBAUD	0x0000－7053	1	SCI－A 波特率寄存器，低位
SCICTL2	0x0000－7054	1	SCI－A 控制寄存器 2
SCIRXST	0x0000－7055	1	SCI－A 接收状态寄存器
SCIRXEMU	0x0000－7056	1	SCI－A 接收仿真数据缓冲寄存器
SCIRXBUF	0x0000－7057	1	SCI－A 接收数据缓冲寄存器
SCITXBUF	0x0000－7059	1	SCI－A 发送数据缓冲寄存器
SCIFFTX	0x0000－705A	1	SCI－A FIFO 发送寄存器
SCIFFRX	0x0000－705B	1	SCI－A FIFO 接收寄存器
SCIFFCT	0x0000－705C	1	SCI－A FIFO 控制寄存器
SCIPRI	0x0000－705F	1	SCI－A 优先级控制寄存器

表 14.2 SCIB 寄存器

名　称	地址范围	大小(x16)	功能描述(1)(2)
SCICCR	0x0000－7750	1	SCI－B 通信控制寄存器
SCICTL1	0x0000－7751	1	SCI－B 控制寄存器 1
SCIHBAUD	0x0000－7752	1	SCI－B 波特率寄存器，高位
SCILBAUD	0x0000－7753	1	SCI－B 波特率寄存器，低位
SCICTL2	0x0000－7754	1	SCI－B 控制寄存器 2
SCIRXST	0x0000－7755	1	SCI－B 接收状态寄存器
SCIRXEMU	0x0000－7756	1	SCI－B 接收仿真数据缓冲寄存器
SCIRXBUF	0x0000－7757	1	SCI－B 接收数据缓冲寄存器
SCITXBUF	0x0000－7759	1	SCI－B 发送数据缓冲寄存器
SCIFFTX	0x0000－775A	1	SCI－B FIFO 发送寄存器
SCIFFRX	0x0000－775B	1	SCI－B FIFO 接收寄存器
SCIFFCT	0x0000－775C	1	SCI－B FIFO 控制寄存器
SCIPRI	0x0000－775F	1	SCI－B 优先级控制寄存器

(1) 寄存器被映射到外设帧 2，这种帧只允许 16 位访问。使用 32 位访问将导致未定义的结果。

(2) SCIB 是一个可选择的外围设备，在一些设备中可能没有该外设。

SCI 在全双工操作模式下的结构框图如图 14.2 所示，包括：

(1) 发送器 TX 及其相关寄存器:

◇ SCITXBUF:发送数据缓冲寄存器,储存将要发送的数据(由 CPU 装载)。

◇ TXSHF:发送移位寄存器,接收 SCITXBUF 中的数据,并逐位送至 SCITXD 引脚。

(2) 接收器 RX 及其相关寄存器:

◇ RXSHF:接收移位寄存器,从 SCITXD 引脚将数据逐位移入。

◇ SCIRXBUF:接收数据寄存器,储存 CPU 将要读取的数据。来自远程处理器的数据会装载到 RXSHF 寄存器,然后装入 SCIRXBUF 和 SCIRXEMU 寄存器。

(3) 可编程波特率发生器。

(4) 数据存储器映射控制和状态寄存器。

SCI 接收器和发送器可以单独也可以同时运行。

1. SCI 单元信号汇总

SCI 单元信号汇总如表 14.3 所列。

表 14.3 SCI 单元信号汇总

信号名称	描述
	外部信号
SCIRXD	SCI 异步连续端口接收 dat 格式
SCITXD	SCI 异步连续端口传输数据
	控制
Baud clock	LSPCLK 预分频计时器
	中断信号
TXINT	发送中断
RXINT	接收中断

2. 多处理器与异步通信模式

SCI 单元有两种多处理器协议,可以有效提高多处理器间数据传递的效率,它们分别为:空闲线多处理器模式和地址位多处理器模式。

SCI 单元为其他常用外设提供了通用异步接收/发送通信接口(UART)。异步工作方式需要双线才能与其他采用 RS-232-C 标准的外设(例如打印机等)连接,其数据传输特点如下:

◇ 1 个起始位;

◇ 1～8 个数据位;

◇ 一位奇/偶或无校验位;

◇ 1～2 位停止位。

3. SCI 模块的可编程数据格式

SCI 的接收/发送皆使用不归零信号(NRZ),这种非归零信号包括如下几部分:

◇ 1 个起始位;

◇ 1～8 个数据位;

◇ 一位奇/偶或无校验位;

◇ 1～2 位停止位;

◇ 1 位附加地址位,用以区分数据和地址(只限于地址一位模式)。

基础单元被称作一个字符并且是 1～8 个比特长度。数据的每一个长度被格式为一个起始位,一或两个停止位、选择奇偶校验和地址位。一个数据字符的格式信息被称为一个帧,如图 14.3 所示。

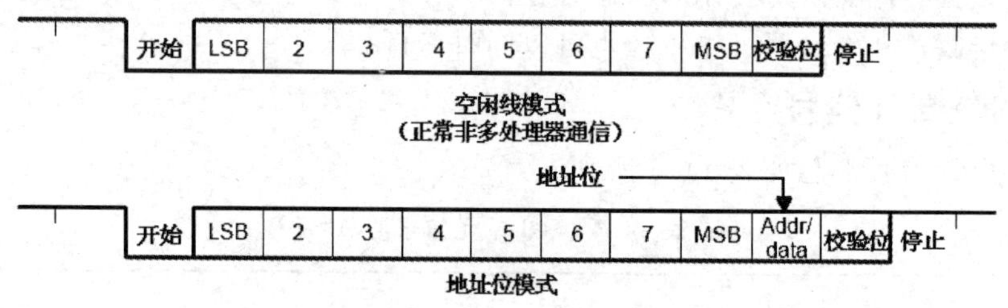

图 14.3　典型的 SCI 数据帧格式

对于编程数据格式,可用 SCICCR 寄存器设置。用做编程的数据格式如表 14.4 所列。

表 14.4　使用 SCICCR 的编程数据格式

位	位　名	位名称	功　能
2～0	SCI CHAR2～0	SCICCR. 2:0	选择字符(数据)长度(1～8 位)
5	PARITY ENABLE	SCICCR. 5	第 5 位=1,使能奇偶校验功能 第 5 位=0,禁止奇偶校验功能
6	EVEN/ODD PARITY	SCICCR. 6	第 6 位=1,选择奇校验 第 6 位=0,选择偶校验
7	STOP BITS	SCICCR. 7	第 7 位=0,一位停止位 第 7 位=1,两位停止位

4. SCI 多处理器通信

多处理器通信允许处于同一个串行线路上的一个主处理器向多个处理器发送数据。但是在同一个串行线路上,同一时刻只能有一个节点发送数据,也就是说其他节点只能处于接收状态。

(1) 地址字节(Address Byte):发送节点所发送信息的第一个字节是地址字节,

所有的接收节点都会读取该地址字节。但是只有地址吻合的接收节点才会被后续的数据字节触发中断，地址不吻合的接收节点则会等待接收下一个地址字节。

(2) 休眠位(Sleep Bit)：处于同一个串行线路上的处理器都需要将休眠位(SCICTL1 寄存器的第 2 位)置位，这样，处理器便只会在收到吻合的地址字节后才会被中断。当处理器接收到的数据地址字节与用户在软件中设置的 CPU 地址吻合时，用户需要清零休眠位，以使能 SCI 模块在每收到一个数据字节时会产生中断。

注意：虽然当接收器的休眠位置位后接收器仍能工作，但却不能将 RXRDY 和 RXINT 以及接收器的其他错误标志位置位。只有当 SCI 模块检测到地址字节或接收帧中的地址位为 1 时，才有可能将这些位置位。SCI 模块并不能操作休眠位，仅能由用户用软件进行修改。

(1) 识别地址字节

处理器识别地址字节的方式有多种，由具体的多处理器模式决定的：

◇ 空闲线模式：该模式下，地址字节前会预留一段空间，用来标识帧的地址字节，这种方式在发送 10 个字节以上数据时会比地址位模式更为高效。空闲线模式通常用于双机通信。

◇ 地址位模式：该模式下，每个字节前会添加额外的地址位用来区分地址和数据。由于在数据块之间无需等待，这种通信模式在信息为小数据块时更为有效。但是当通信速率较高时，由于程序运行速度较慢，数据流中会产生 10 比特的闲置空间。

(2) SCI TX 和 RXd 的控制特点

多处理器模式由用户通过软件设置 ADDR/MODE 位(SCICR 寄存器的第 3 位)实现。多处理器模式中的空闲线和地址位方式都是通过 TXWAKE 标志位(SCICTL1 寄存器的第 3 位)，RXWAKE 标志位(SCIRXST 寄存器的第 1 位)和休眠位(SCICTL1 寄存器的第 2 位)来控制 SCI 发送/接收器的功能。

(3) 接收顺序

在两种多处理器模式下，数据接收的顺序为：

◇ 接收到一个地址块后，SCI 端口被唤醒，发出中断请求，然后读取第一帧数据(含有目标地址)。

◇ 中断服务程序检查接收地址是否与存储器中的设备地址一致。

◇ 如果上述地址一致，CPU 清零休眠位并读取数据块的后续部分；若不一致，则退出中断服务程序，休眠位保持置位状态，并且不再发出新的中断，直到接收到下一个地址块为止。

5. 空闲线多处理器模式

空闲线多处理器协议(ADDR/IDLE MODE 位=0)要求数据块间的事件间隔大于任一数据块中各帧间的间隔。每一帧后的 10 个或更多比特的高电平标志着下一个数据块即将开始，每个比特的持续时间可直接由波特率得出。空闲线多处理器通信模式如图 14.4 所示。

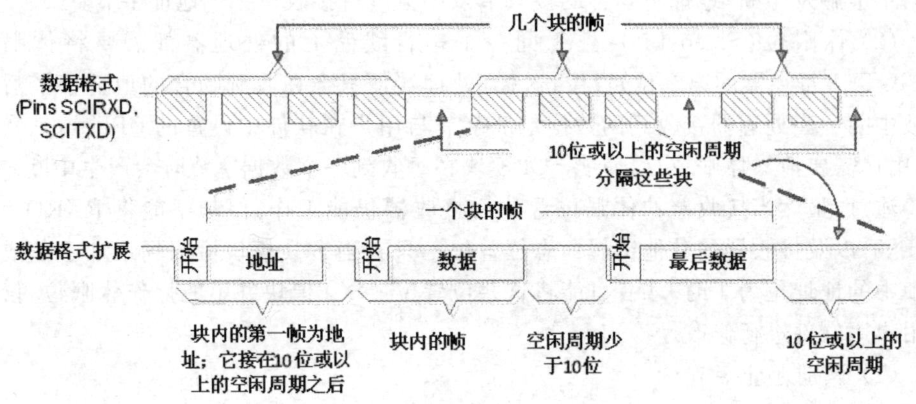

图 14.4　空闲线多处理器通信模式

1) 空闲线模式操作步骤

(1) SCI 接收到块起始信号后被唤醒。

(2) 处理器识别下一个 SCI 中断。

(3) 中断服务程序比较接收的地址是否与自身的地址吻合。

(4) 如果地址相符,则中断服务程序清零休眠位,并接收数据块的后续部分。

(5) 如果地址不相符,则休眠位保持置位状态。此时 CPU 仍然会执行主程序,不会响应中断,直到检测到下一个数据块为止。

2) 块起始信号

有两种方法可以得到块起始信号:

(1) 在前一个块的最后一帧和下一个块的地址帧之间人为地加入 10 个或更多比特的延迟。

(2) 在写 SCITXBUF 寄存器之前,SCI 端口先将 TXWAKE 位(SCICTL1 寄存器的第 3 位)置位,这样可以确保 11 比特的延迟时间。

3) 暂时唤醒标志(WUT)

WUT 是一个内部标志,与 TXWAKE 位相对应,并且同 TXWAKE 一起构成双缓存。SCIBUF 缓存中的值装载到 TXSHF 后,WUT 会装载 TXWAKE 并且 TXWAKE 位将被清零,如图 14.5 所示。

通常采用如下步骤发送块起始信号:

(1) 向 TXWAKE 位写 1。

(2) 向 SCITXBUF 寄存器写一个数据字(可为任意内容),可以发送一个块起始信号。当发送移位寄存器 TXSHF 空闲时,SCITXBUF 寄存器中的内容将被移位到 TXSHF 中,TXWAKE 的值会被装载到 WUT,并且清零 TXWAKE 。由于 TXWAKE 被设置为 1,开始、数据和奇偶校验位会被前一帧停止位后长度为 11 比特

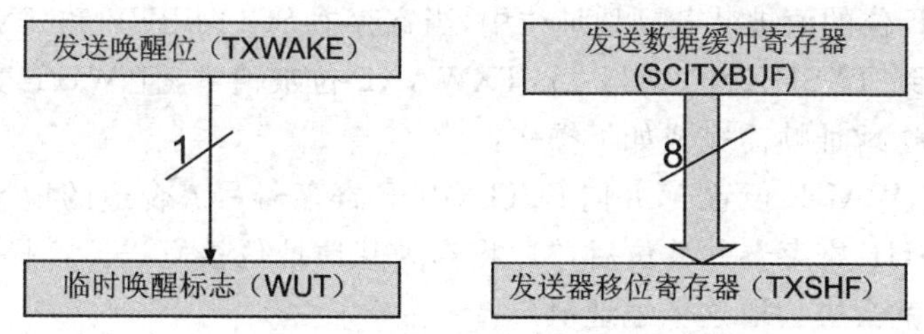

图 14.5　双缓冲 WUT、TXSHF

的空闲周期取代。

(3) 向 SCITXBUF 寄存器中写入一个新的地址值。首先向 SCITXBUF 寄存器写入一个随机的数据,这样 TXWAKE 位的值才会移位到 WUT。由于 TXSHF 和 SCITXBUF 都是双缓冲寄存器,因此只有当该随机数据字移位到 TXSHF 寄存器后,SCITXBUF 才能再次写入数据。

4) 接收器操作

接收器的操作与休眠位无关,但是接收器不能置位 RXRDY,状态标志位,并且在未接受到地址帧之前不会产生接受中断请求。

6. 地址位多处理器模式

在地址位协议中(ADDR/IDLE MODE 位=1),每一帧后面有一个紧跟在数据位后面的附加位,被称为地址位。数据块的第一帧中,地址位设置为 1,其他帧的地址位设置为 0。该模式对空闲周期无特殊要求,如图 14.6 所示。

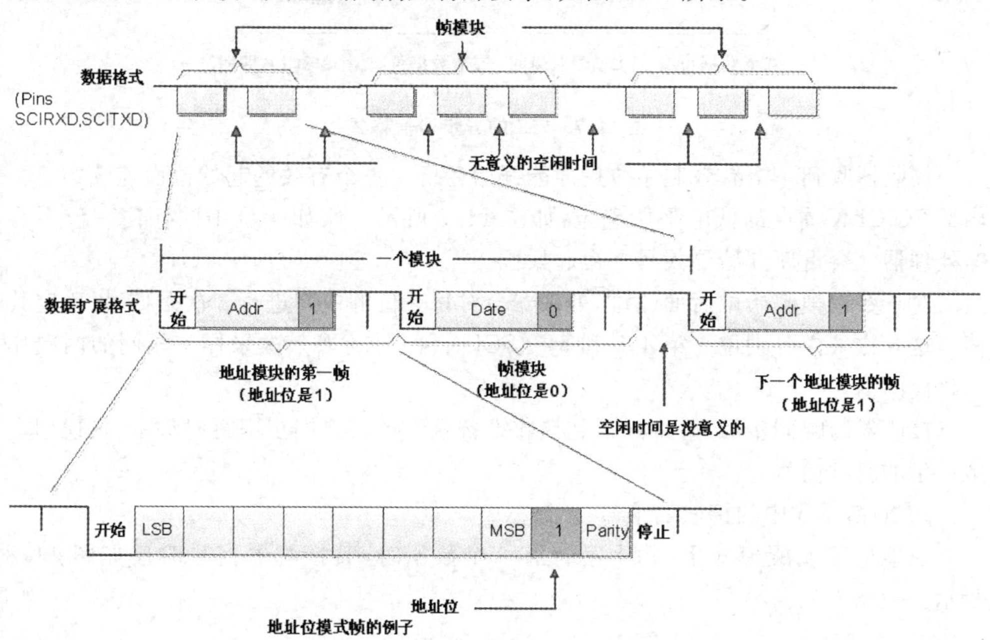

图 14.6　地址位多处理器通信格式

TXWAKE 位的值被装载到地址位中，当寄存器 SCITXBUF 和 TXWAKE 中的值被分别装载到 TXSHF 和 WUT 后，TXWAKE 位被清零，且 WUT 变为当前帧地址位的值。发送地址帧需完成如下操作：

(1) 将 TXWAKE 位置 1，并向 SCITXBUF 寄存器写入合适的地址值。当地址值发送到 TXSHF 寄存器并移位后，"1"将作为其地址位被发送。这样，串行总线上的其他处理器就会去读取这个地址值。

(2) 当 TXSHF 和 WUT 装载后，写 SCITXBUF 和 TXWAKE 寄存器。

(3) 保持 TXWAKE 位为 0，发送数据块中的各个非地址帧。

注意：作为一般规则，地址字符格式通常用在少于 11 个字节的数据帧传输。该格式在所有传输的数据字节中添加了一个位值。(1 表示地址帧，0 表示数据帧)。空闲线格式通常用在多于 12 字节的数据传输中。

7. SCI 通信格式

SCI 异步通信既可使用单线(半双工)也可使用双线(全双工)。每个帧由一个起始位、1～8 个数据位、一个可选的奇偶校验位，以及 1～2 个停止位构成，每一个数据占用 8 个 SCICLK 周期，如图 14.7 所示。

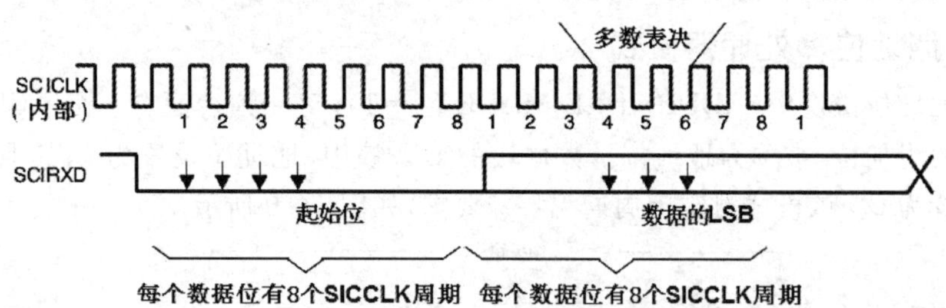

图 14.7　SCI 的异步通信格式

接收器收到一个有效起始位后才能开始运行。一个有效的起始位由连续的 4 个内部 SCICLK 周期的低电平所确定，如图 14.7 所示。假如 4 位中的任何一位不为 0，处理器就会重新开始寻找另一个起始位。

对于数据帧起始位后面的位，处理器会对每一位的中间进行 3 次采样，以确定其值。这 3 次采样分别位于第 4,5 和 6 个 SCI 时钟周期，取 3 次采样中相同的两次作为该位的值。

接收器与帧同步后，外部通信和接收设备就不再需要同步串行时钟了，可使用本地产生的时钟信号。

1) 通信模式中的接收器信号

在地址位唤醒模式下，每个字符有 6 个数据时，其接收器信号时序如图 14.8 所示。

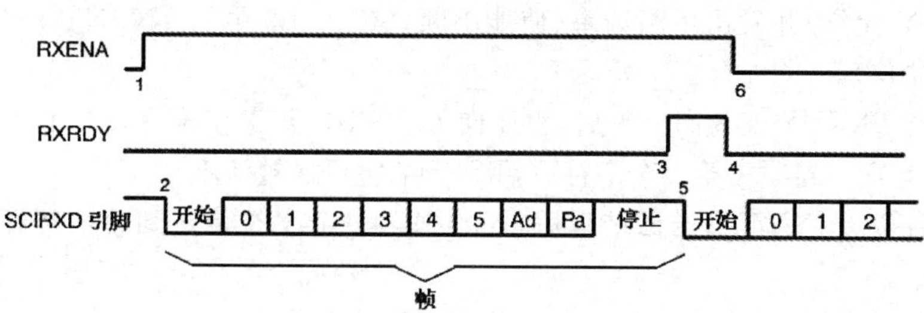

图 14.8 通信模式时 SCI 的 RX 信号

注意：

(1) 置位标志位“RXENA”(SCICTL1 的第 0 位)使能接收器。

(2) 数据到达 SCIRXD 引脚时，检测到起始位。

(3) 数据从 RXSHF 转移到接收器缓冲寄存器(SCIRXBUF)中，并发出中断请求。标志位“RXRDY”(SCIRXST 的第 6 位)变为高电平，表明已收到一个新字符。

(4) 程序读取 SCI 接收缓冲寄存器(SCIRXBUF)，标志位“RXRDY”被自动清零。

(5) 下一字节的数据被送达 SCIRXD 引脚；SCI 检测到起始位，然后清零。

(6) RXENA 位＝0 禁用接收器。数据被继续转载到 RXSHF 寄存器，但不会被传送到接收缓冲寄存器。

2) 通信过程中的发送器信号

在地址位唤醒模式下，每个字符有 3 个数据时，其发送器信号时序如图 14.9 所示。

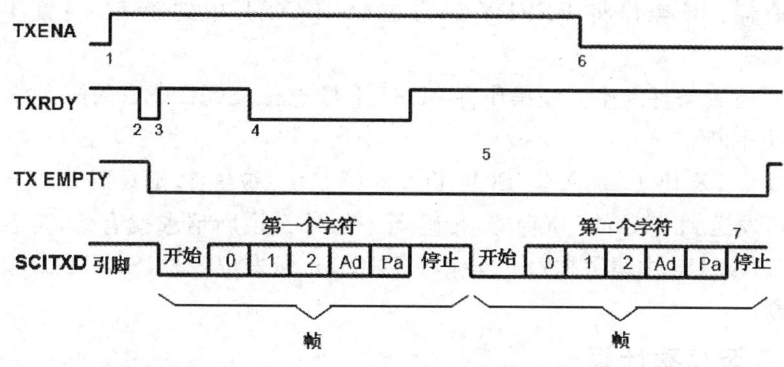

图 14.9 通信模式时 SCI 的 TX 信号

注意：

(1) 置位 TXENA 标志位(SCICTL1 的第 1 位)，使能发送器发送数据。

(2) 向 SCITXBUF 寄存器写数据，使发送器不再为空，TXRDY 变为低电平。

(3) SCI 将数据发送到移位寄存器(TXSHF)后，发送器做好准备接收下一个字符(TXRDY 置位)并发出中断请求(使能中断,SCICTL2 中的 TX INT ENA 位,即位 0 必须置位)。

(4) 当 TXRDY 变为高电平后,程序向 SCITXBUF 寄存器写第二个字符(当向 SCITXBUF 寄存器写完第二个字符后,TXRDY 将再次被清零)。

(5) 当第一个字符发送已结束后,开始把第二个字符传送到移位寄存器(TX-SHF)中。

(6) TXENA 位=0 禁用发送器,SCI 完成当前字符传送。

(7) 第二个字符发送完毕后,发送器为空,准备发送下一个字符。

8. SCI 端口中断

SCI 的发送/接收器可通过中断来控制。SCICTL2 寄存器中的标志位(TXRDY)用来指示有效的中断条件,SCIRXST 寄存器有两个中断标志位(RXRDY 和 BRKDT),以及一个由 FE、OE、BRKDT 和 PE 条件进行逻辑或运算得出的 RX 错误中断标志。发送/接收器具有独立的中断使能位。即使中断功能被禁止,它们的状态标志位仍然有效,以显示发送与接收的状态。

SCI 的发送/接收器具有独立的外设中断向量,且外设中断请求可设置为高优先级或低优先级。中断优先级由 PIE 中的优先级位指示。如果 RX 和 TX 中断请求设置为相同的优先级,则接收器总是会比发送器的优先级高,这种处理可有效减少接收器溢出(overrun)。更详细的外设的中断操作请参考 TI 的文献 SPRUFN3。

(1) 当 RX/BK INT ENA(SCICTL2 中的第 1 位)被置 1,且有下列情况之一发生时,会产生接收器中断请求。

◇ SCI 接收到一个完整的帧,并把 RXSHF 寄存器中的数据发送到 SCIRXBUF 寄存器。该操作将 RXRDY 标志位(SCIRXST 中的第 6 位)置 1 并产生中断。

◇ 间隔检测条件发生。该操作将 BRKDT 标志位(SCIRXST 的第 5 位)置 1 并产生中断。

(2) 如果 TX INT ENA 位(SCICTL2 的第 0 位)被置 1,则只要 SCITXBUF 寄存器中的值发送到 TXSHF 寄存器,传输器中的外设中断请求就有效,且表示 CPU 可以向 SCITXBUF 中写数据;;此操作将 TXRDY 标志位置位(SCICTL2,第 7 位),并产生中断。

9. SCI 波特率计算

SCI 内部生成的串行时钟是由低速外设时钟 LSPCLK 和波特率选择寄存器共同决定的。通过配置 16 位的波特率选择寄存器可实现 64 K 个不同的串行时钟频率。

表 14.5 列出了波特率选择寄存器的部分设定值和对应的波特率间的对应关系。

表 14.5 波特率选择寄存器的部分设定值和对应的波特率间的对应关系

理想波特率	LSPCLK＝15 MHz		
	BRR 设定值	实际波特率	误差(%)
2 400	780(30Ch)	2 401	0.03
4 800	390(186h)	4 795	－0.10
9 600	194(C2h)	9 615	0.16
19 200	97(61h)	19 133	－0.35
38 400	48(30h)	38 265	－0.35

10. SCI 的增强功能

28x SCI 突出了自动波特检测和发送/接收 FIFO。下面介绍 FIFO 操作。

1) SCI 的 FIFO 描述

下面介绍 FIFO 功能特点及使用 FIFO 的方法：

(1) 复位。SCI 上电复位后，FIFO 功能处于禁用状态。FIFO 寄存器 SCIFFTX，SCIFFRX 和 SCIFFCT 为无效状态。

(2) 标准 SCI。标准 F24x SCI 工作模式使用 TXINT/RXINT 中断作为 SCI 的中断源。

(3) FIFO 使能。FIFO 模式通过 SCIFFTX 寄存器中的 SCIFFEN 位使能。SCIRST 能在任意操作阶段复位 FIFO 模式。

(4) 有效寄存器。所有的 SCI 寄存器和 SCI FIFO 寄存器(SCIFFTX，SCIFFRX 和 SCIFFCT) 均有效。

(5) 中断。FIFO 模式有两个中断，一个是发送 FIFO 中断 TXINT，一个是接收 FIFO 中断 RXINT。RXINT 中断由 SCI FIFO 接收，接收错误和接收 FIFO 溢出公用。标准 SCI 的 TXINT 处于禁用状态，此时该中断仅用于 SCI 发送 FIFO 中断。

(6) 缓冲器。发送/接收缓冲器增加了两个 16 级 FIFO，发送 FIFO 寄存器为 8 位，接收 FIFO 寄存器为 10 位。发送 FIFO 和移位寄存器间的发送缓冲器是由标准 SCI 的单字节发送缓冲器实现。当移位寄存器中的最后一比特移出后，单字节发送缓冲器才会从发送 FIFO 中装载数据。使能 FIFO 后，经过一个可选的延迟(SCIFFCT)，TXSHF 被直接装载而不使用 SCITXBUF。

(7) 延迟传送。FIFO 中数据发送到发送移位寄存器中的速率是可编程的。SCIFFCT 寄存器的 7～0 位(FFTXDLY7 - FFTXDLY0)可用来设置相邻两个数据间的延迟。8 位的寄存器可设置范围为 0～256 的波特率时钟周期。设置为 0 时钟延迟时，SCI 模块可以连续发送数据，FIFO 中的数据移出时无间隔；设置为 256 时钟延迟时，SCI 模块工作在最大延迟模式，FIFO 移出的每个数据之间有 256 个时钟周期。在与慢速 SCI/UART 通信时，可编程延迟能有效减少 CPU 开销。

(8) FIFO 状态位。发送/接收 FIFO 都有状态位:TXFFST 和 RXFFST。状态位决定了当前 FIFO 中的有效字长。当发送 FIFO 复位位 TXFIFO 和接收 FIFO 复位位 RXFIFO 被清零时，FIFO 指针将指向 0。而一旦这些位被置 1,FIFO 将立即开始运行。

(9) 可编程中断级。发送/接收 FIFO 都能产生 CPU 中断。当发送 FIFO 的状态标志位 TXFFST 与中断触发级位 TXFFIL 相匹配时,就能出发一个中断。这一特性为 SCI 的发送/接收提供了一个可编程的中断触发。接收 FIFO 触发级的默认值为 0x11111,发送 FIFO 触发级的默认值为 0x00000。

图 14.10 和表 14.6 分别显示了在使能/禁止 FIFO 模式下的工作流程与配置。

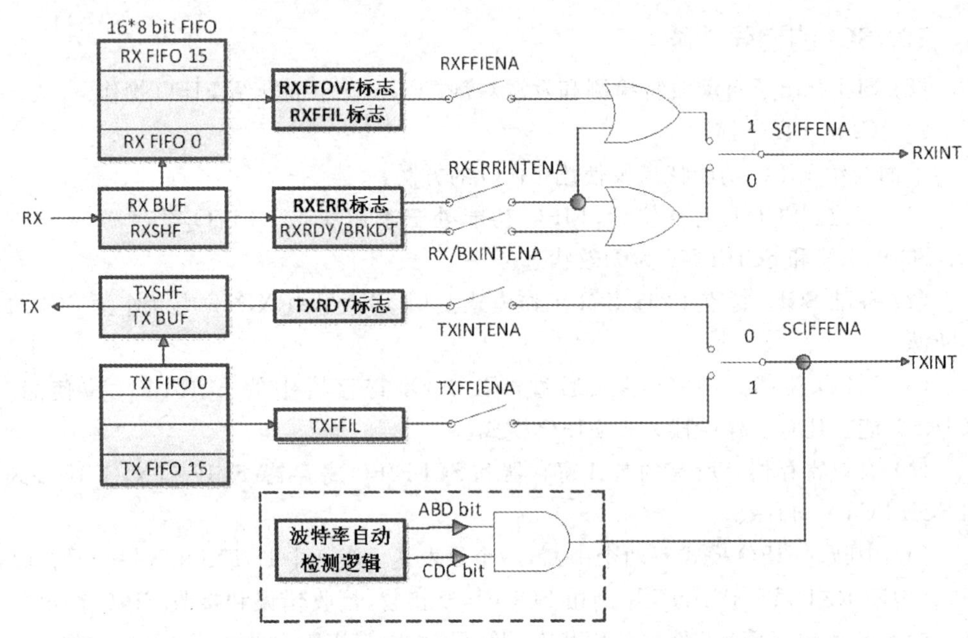

图 14.10　禁用/启用 FIFO 模式下的工作流程

表 14.6　SCI 中断标志位

FIFO 选项	SCI 中断源	中断标志	中断使能	FIFO 使能位	中断线
SCI 不使用 FIFO	接收错误	RXERR	RXERRINTENA	0	RXINT
	接收间断	BRKDT	RX/BKINTENA	0	RXINT
	数据接收	RXRDY	RX/BKINTENA	0	RXINT
	发送空	TXRDY	TXINTENA	0	TXINT

续表 14.6

FIFO 选项	SCI 中断源	中断标志	中断使能	FIFO 使能位	中断线
SCI 使用 FIFO	接收错误及接收中断	RXERR	RXERRINTENA	1	RXINT
	FIFO 接收	RXFFIL	RXFFIENA	1	RXINT
	发送空	TXFFIL	TXFFIENA	1	TXINT
自动波特率	自动波特率检测	ABD	无关	X	TXINT

2) SCI 自动波特率

SCI 模块一般不具有支持自动波特率检测的硬件结构。这种 SCI 模块多被集成在以 PLL 复位值作为时钟基准的嵌入式控制器中。但嵌入式控制器的时钟会经常随设计的变化而改变，这就需要支持自动波特率检测的 SCI。

自动波特率检测单位过程如下：

(1) 通过配置 SCIFFCT 寄存器的第 13 位 CDC，使能自动波特率检测模式。向 ABDCLR 寄存器的第 14 位写 1 以清零 ABD 位。

(2) 初始化波特率寄存器，将其设置为 1～500 kbps。

(3) 允许 SCI 从主机以期望的速率接收"A"或"a"。如果第一个字符为"A"或"a"，自动波特率检测硬件会检测接收到的波特率并设置 ABD 位。

(4) 自动检测硬件会以等价的 16 进制波特率值更新波特率寄存器，同时会向 CPU 发出中断请求。

(5) 通过向 SCIFFCT 寄存器的第 14 位 ADB 写 1 清零 ADB 位，并通过清零 CDC 位禁用深度自动波特率锁定，以此作为对中断的响应。

(6) 读取接收缓冲器中的字符"A"或"a"，缓冲器状态变为空。

(7) 当 CDC 的值为 1 时 ABD 被置位，这意味着自动波特率校准，SCI 发送 FIFO 中断(TXINT)将会产生。在中断复位程序执行后，必须通过软件方法清零 CDC 位。

注意：在较高波特率中，传入数据比特的回转率能被收发器和连接器的性能影响。当正常连续的通信工作良好，这个回转率在较高的波特率中也许会限制可信赖的自动波特检测(尤其是超过 100 K 的波特)，并且引起自动波特堵塞的特征不能实现。

◇ 在主机和 28x SCI 启动装载机，完成一个波特堵塞会用到较低的波特率。

◇ 接着主机可能会和装载完毕的 28x 握手，申请设置 SCI 波特率寄存器到所期望的较高波特率。

14.2　SCI 固件库

14.2.1　数据结构文档

SCI 固件库的数据结构文档如表 14.7 所列。

表 14.7　_FLASH_Obj_

定义	typedef struct { uint16_t FOPT; uint16_t rsvd_1; uint16_t FPWR; uint16_t FSTATUS; uint16_t FSTDBYWAIT; uint16_t FACTIVEWAIT; uint16_t FBANKWAIT; uint16_t FOTPWAIT; }_FLASH_Obj_
功能	定义的闪存(FLASH)对象
成员	FOPT:闪存选项寄存器 rsvd_1:保留 FPWR:闪存电源模式寄存器 FSTATUS:状态寄存器 FSTDBYWAIT:闪存睡眠～待机模式等待寄存器 FACTIVEWAIT:闪存待机～唤醒等待寄存器 FBANKWAIT:闪存读等待状态寄存器 FOTPWAIT:OTP 读等待状态寄存器

14.2.2　定义文档

SCI 固件库的定义文档如表 14.8 所列。

表 14.8　定义文档

定　义	描　述
SCI_SCICCR_CHAR_LENGTH_BITS	定义 SCICCR 寄存器中的 SCICHAR2～0 位
SCI_SCICCR_LB_ENA_BITS	定义 SCICCR 寄存器中的 LOOP BACK ENA 位
SCI_SCICCR_MODE_BITS	定义 SCICCR 寄存器中的 ADDR/IDLE MODE 位
SCI_SCICCR_PARITY_BITS	定义 SCICCR 寄存器中的 EVEN/ODD PARITY 位

续表 14.8

定 义	描 述
SCI_SCICCR_PARITY_ENA_BITS	定义 SCICCR 寄存器中的 PARITY ENABLE 位
SCI_SCICCR_STOP_BITS	定义 SCICCR 寄存器中的 STOP 位
SCI_SCICTL1_RESET_BITS	定义 SCICTL1 寄存器中的 SW RESET 位
SCI_SCICTL1_RX_ERR_INT_ENA_BITS	定义 SCICTL1 寄存器中的 RX ERR INT ENA 位
SCI_SCICTL1_RXENA_BITS	定义 SCICTL1 寄存器中的 RXENA 位
SCI_SCICTL1_SLEEP_BITS	定义 SCICTL1 寄存器中的 SLEEP 位
SCI_SCICTL1_TXENA_BITS	定义 TXENA 二进制数字在 SCICTL1 寄存器中的位置
SCI_SCICTL1_TXWAKE_BITS	定义 SCICTL1 寄存器中的 TXWAKE 位
SCI_SCICTL2_RX_INT_ENA_BITS	定义 SCICTL2 寄存器中的 RX/BK INT ENA 位
SCI_SCICTL2_TX_INT_ENA_BITS	定义 SCICTL2 寄存器中的 TX INT ENA 位
SCI_SCICTL2_TXEMPTY_BITS	定义 SCICTL2 寄存器中的 TX EMPTY 位
SCI_SCICTL2_TXRDY_BITS	定义 SCICTL2 寄存器中的 TXRDY 位
SCI_SCIFFCT_ABD_BITS	定义 SCIFFCT 寄存器中的 ABD 位
SCI_SCIFFCT_ABDCLR_BITS	定义 SCIFFCT 寄存器中的 ABD CLR 位
SCI_SCIFFCT_CDC_BITS	定义 SCIFFCT 寄存器中的 CDC 位
SCI_SCIFFCT_DELAY_BITS	定义 SCIFFCT 寄存器中的 FFTXDLY7～0 位
SCI_SCIFFRX_FIFO_OVF_BITS	定义 SCIFFRX 寄存器中的 RXFFOVF 位
SCI_SCIFFRX_FIFO_OVFCLR_BITS	定义 SCIFFRX 寄存器中的 RXFFOVF CLR 位
SCI_SCIFFRX_FIFO_RESET_BITS	定义 SCIFFRX 寄存器中的 RXFIFO Reset 位
SCI_SCIFFRX_FIFO_ST_BITS	定义 SCIFFRX 寄存器中的 RXFFST4～0 位
SCI_SCIFFRX_IENA_BITS	定义 SCIFFRX 寄存器中的 RXFFIENA 位
SCI_SCIFFRX_IL_BITS	定义 SCIFFRX 寄存器中的 RXFFIL4～0 位
SCI_SCIFFRX_INT_BITS	定义 SCIFFRX 寄存器中的 RXFFINT 位
SCI_SCIFFRX_INTCLR_BITS	定义 SCIFFRX 寄存器中的 RXFFINT CLR 位
SCI_SCIFFTX_CHAN_RESET_BITS	定义 SCIFFTX 寄存器中的 SCIRST 位
SCI_SCIFFTX_FIFO_ENA_BITS	定义 SCIFFTX 寄存器中的 SCIFFENA 位
SCI_SCIFFTX_FIFO_RESET_BITS	定义 SCIFFTX 寄存器中的 TXFIFO Reset 位
SCI_SCIFFTX_FIFO_ST_BITS	定义 SCIFFTX 寄存器中的 TXFFST4～0 位
SCI_SCIFFTX_IENA_BITS	定义 SCIFFTX 寄存器中的 TXFFIENA 位
SCI_SCIFFTX_IL_BITS	定义 SCIFFTX 寄存器中的 TXFFIL4～0 位
SCI_SCIFFTX_INT_BITS	定义 SCIFFTX 寄存器中的 TXFFINT flag 位
SCI_SCIFFTX_INTCLR_BITS	定义 SCIFFTX 寄存器中的 TXFFINT CLR 位
SCI_SCIRXST_BRKDT_BITS	定义 SCIRXST 寄存器中的 BRKDT 位

续表 14.8

定　义	描　述
SCI_SCIRXST_FE_BITS	定义 SCIRXST 寄存器中的 FE 位
SCI_SCIRXST_OE_BITS	定义 SCIRXST 寄存器中的 OE 位
SCI_SCIRXST_PE_BITS	定义 SCIRXST 寄存器中的 PE 位
SCI_SCIRXST_RXERROR_BITS	定义 SCIRXST 寄存器中的 RX ERROR 位
SCI_SCIRXST_RXRDY_BITS	定义 SCIRXST 寄存器中的 RXRDY 位
SCI_SCIRXST_RXWAKE_BITS	定义 SCIRXST 寄存器中的 RXWAKE 位
SCIA_BASE_ADDR	定义 SCIA 寄存器的基本地址

14.2.3　类型定义文档

SCI 固件库的类型定义文档如表 14.9 所列。

表 14.9　类型定义文档

类型定义	描　述
Typedef struct SCI_Obj ＊SCI_Handle	定义串行通信接口(SCI)的句柄
typedef struct _SCI_Obj_ SCI_Obj	定义串行通信接口(SCI)的对象

14.2.4　枚举文档

SCI 固件库的枚举文档如表 14.10～表 14.17 所列。

表 14.10　SCI_BaudRate_e

功能	用枚举来定义 SCI 的波特率。假定设备的时钟为 60 MHz,低速外设时钟(LSPCLK)为 15 MHz
枚举成员	描述
SCI_BaudRate_9_6_kBaud SCI_BaudRate_19_2_kBaud SCI_BaudRate_57_6_kBaud SCI_BaudRate_115_2_kBaud	表示波特率为 9.6k 表示波特率为 19.2k 表示波特率为 57.6k 表示波特率为 115.2k

表 14.11　SCI_CharLength_e

功能	用枚举来定义 SCI 的长度字符

续表 14.11

枚举成员	描述
SCI_CharLength_1_Bit	表示字符的长度为 1 位
SCI_CharLength_2_Bits	表示字符的长度为 2 位
SCI_CharLength_3_Bits	表示字符的长度为 3 位
SCI_CharLength_4_Bits	表示字符的长度为 4 位
SCI_CharLength_5_Bits	表示字符的长度为 5 位
SCI_CharLength_6_Bits	表示字符的长度为 6 位
SCI_CharLength_7_Bits	表示字符的长度为 7 位
SCI_CharLength_8_Bits	表示字符的长度为 8 位

表 14.12　SCI_FifoLevel_e

功能	用枚举来定义 SCI FIFO 深度
枚举成员	描述
SCI_FifoLevel_Empty	表示 fifo 为空
SCI_FifoLevel_1_Word	表示 fifo 包含 1 个字
SCI_FifoLevel_2_Words	表示 fifo 包含 2 个字
SCI_FifoLevel_3_Words	表示 fifo 包含 3 个字
SCI_FifoLevel_4_Words	表示 fifo 包含 4 个字

表 14.13　SCI_FifoStatus_e

功能	用枚举来定义 SCI FIFO 状态
枚举成员	描述
SCI_FifoStatus_Empty	表示 fifo 为空
SCI_FifoStatus_1_Word	表示 fifo 包含 1 个字
SCI_FifoStatus_2_Words	表示 fifo 包含 2 个字
SCI_FifoStatus_3_Words	表示 fifo 包含 3 个字
SCI_FifoStatus_4_Words	表示 fifo 包含 4 个字

表 14.14　SCI_Mode_e

功能	用枚举来定义 SCI 多处理器协议模式
枚举成员	描述
SCI_Mode_IdleLine	表示闲置线路模式协议
SCI_Mode_AddressBit	表示地址位模式协议

表 14.15 SCI_NumStopBits_e

功能	用枚举来定义 SCI 停止位个数
枚举成员	描述
SCI_NumStopBits_One SCI_NumStopBits_Two	表示 1 个停止位 表示 2 个停止位

表 14.16 SCI_Parity_e

功能	用枚举来定义 SCI 的奇偶校验位
枚举成员	描述
SCI_Parity_Odd SCI_Parity_Even	表示奇校验 表示偶校验

表 14.17 SCI_Priority_e

功能	用枚举来定义 SCI 仿真挂起优先级
枚举成员	描述
SCI_Priority_Immediate SCI_Priority_FreeRun SCI_Priority_AfterRxRxSeq	表示立即停止 表示自由运行 表示当前接收/发送数据完成后停止

14.2.5 函数文档

SCI 固件库的函数文档如表 14.18～表 14.72 所列。

表 14.18 SCI_clearAutoBaudDetect

功 能	清除自动波特率检测模式
函数原型	void SCI_clearAutoBaudDetect(SCI_Handle sciHandle)
参数	描述
sciHandle	串行通信接口(SCI)的对象句柄
返回参数	无

表 14.19 SCI_clearRxFifoInt

功 能	清除 Rx FIFO 中断标志
函数原型	void SCI_clearRxFifoInt (SCI_Handle sciHandle)

续表 14.19

参数	描述
sciHandle	串行通信接口(SCI)的对象句柄
返回参数	无

表 14.20　SCI_clearRxFifoOvf

功　能	清除 Rx FIFO 溢出标志
函数原型	void SCI_clearRxFifoOvf (SCI_Handle sciHandle)
参数	描述
sciHandle	串行通信接口(SCI)的对象句柄
返回参数	无

表 14.21　SCI_clearTxFifoInt

功　能	清除 Tx FIFO 中断标志
函数原型	void SCI_clearTxFifoInt (SCI_Handle sciHandle)
参数	描述
sciHandle	串行通信接口(SCI)的对象句柄
返回参数	无

表 14.22　SCI_disable

功　能	禁止串行通信接口(SCI)的中断
函数原型	void SCI_disable (SCI_Handle sciHandle)
参数	描述
	串行通信接口(SCI)的对象句柄
返回参数	无

表 14.23　SCI_disableAutoBaudAlign

功　能	禁止串行通信接口(SCI)的自动波特对齐
函数原型	void SCI_disableAutoBaudAlign (SCI_Handle sciHandle)
参数	描述
Sci Handle	串行通信接口(SCI)的对象句柄
返回参数	无

表 14.24　SCI_disableFifoEnh

功　能	禁止 SCI FIFO 增强
函数原型	void SCI_disableFifoEnh (SCI_Handle sciHandle)
参数	描述
sciHandle	串行通信接口(SCI)的对象句柄
返回参数	无

表 14.25　SCI_disableLoopBack

功　能	禁止串行通信接口(SCI)的回环模式
函数原型	void SCI_disableLoopBack (SCI_Handle sciHandle)
参数	描述
	串行通信接口(SCI)的对象句柄
返回参数	无

表 14.26　SCI_disableParity

功　能	禁止奇偶校验
函数原型	void SCI_disableParity (SCI_Handle sciHandle)
参数	描述
sciHandle	串行通信接口(SCI)的对象句柄
返回参数	无

表 14.27　SCI_disableRx

功　能	禁止串行通信接口(SCI)的主/从接收模式
函数原型	void SCI_disableRx (SCI_Handle sciHandle)
参数	描述
sciHandle	串行通信接口(SCI)的对象句柄
返回参数	无

表 14.28　SCI_disableRxErrorInt

功　能	禁止串行通信接口(SCI)的接收错误中断
函数原型	void SCI_disableRxErrorInt (SCI_Handle sciHandle)
参数	描述
sciHandle	串行通信接口(SCI)的对象句柄
返回参数	无

表 14.29　SCI_disableRxFifoInt

功　能	禁止串行通信接口(SCI)的接收 FIFO 中断
函数原型	void SCI_disableRxFifoInt (SCI_Handle sciHandle)
参数	描述
sciHandle	串行通信接口(SCI)的对象句柄
返回参数	无

表 14.30　SCI_disableRxInt

功　能	禁止 SCI 接收中断
函数原型	void SCI_disableRxInt (SCI_Handle sciHandle)
参数	描述
sciHandle	串行通信接口(SCI)的对象句柄
返回参数	无

表 14.31　SCI_disableSleep

功　能	禁止串行通信接口(SCI)的睡眠模式
函数原型	void SCI_disableSleep (SCI_Handle sciHandle)
参数	描述
sciHandle	串行通信接口(SCI)的对象句柄
返回参数	无

表 14.32　SCI_disableTx

功　能	禁止串行通信接口(SCI)的主/从传输模式
函数原型	void SCI_disableTx (SCI_Handle sciHandle)
参数	描述
sciHandle	串行通信接口(SCI)的对象句柄
返回参数	无

表 14.33　SCI_disableTxFifoInt

功　能	禁止串行通信接口(SCI)的发送 FIFO 中断
函数原型	void SCI_disableTxFifoInt (SCI_Handle sciHandle)
参数	描述
sciHandle	串行通信接口(SCI)的对象句柄
返回参数	无

表 14.34　SCI_disableTxInt

功　能	禁止串行通信接口(SCI)的发送中断
函数原型	void SCI_disableTxInt (SCI_Handle sciHandle)
参数	描述
sciHandle	串行通信接口(SCI)的对象句柄
返回参数	无

表 14.35　SCI_disableTxWake

功　能	禁止串行通信接口(SCI)的发送唤醒方式
函数原型	void SCI_disableTxWake (SCI_Handle sciHandle)
参数	描述
sciHandle	串行通信接口(SCI)的对象句柄
返回参数	无

表 14.36　SCI_enable

功　能	使能串行通信接口(SCI)的功能
函数原型	void SCI_enable (SCI_Handle sciHandle)
参数	描述
sciHandle	串行通信接口(SCI)的对象句柄
返回参数	无

表 14.37　SCI_enableAutoBaudAlign

功　能	使能串行通信接口(SCI)的自动波特对齐
函数原型	void SCI_enableAutoBaudAlign (SCI_Handle sciHandle)
参数	描述
sciHandle	串行通信接口(SCI)的对象句柄
返回参数	无

表 14.38　SCI_enableFifoEnh

功　能	使能 SCIFIFO 增强功能
函数原型	void SCI_enableFifoEnh (SCI_Handle sciHandle)
参数	描述
sciHandle	串行通信接口(SCI)的对象句柄
返回参数	无

表 14.39 SCI_enableLoopBack

功　能	使能串行通信接口(SCI)的回环模式
函数原型	void SCI_enableLoopBack (SCI_Handle sciHandle)
参数	描述
	串行通信接口(SCI)的对象句柄
返回参数	无

表 14.40 SCI_enableParity

功　能	使能 SCI 奇偶校验
函数原型	void SCI_enableParity (SCI_Handle sciHandle)
参数	描述
sciHandle	串行通信接口(SCI)的对象句柄
返回参数	无

表 14.41 SCI_enableRx

功　能	使能串行通信接口(SCI)的接收
函数原型	void SCI_enableRx (SCI_Handle sciHandle)
参数	描述
sciHandle	串行通信接口(SCI)的对象句柄
返回参数	无

表 14.42 SCI_enableRxErrorInt

功　能	使能串行通信接口(SCI)的接收错误中断
函数原型	void SCI_enableRxErrorInt (SCI_Handle sciHandle)
参数	描述
sciHandle	串行通信接口(SCI)的对象句柄
返回参数	无

表 14.43 SCI_enableRxFifoInt

功　能	使能串行通信接口(SCI)的接收 FIFO 中断
函数原型	void SCI_enableRxFifoInt (SCI_Handle sciHandle)
参数	描述
sciHandle	串行通信接口(SCI)的对象句柄
返回参数	无

表 14.44 SCI_enableRxInt

功 能	使能串行通信接口(SCI)的接收中断
函数原型	void SCI_enableRxInt (SCI_Handle sciHandle)
参数	描述
sciHandle	串行通信接口(SCI)的对象句柄
返回参数	无

表 14.45 SCI_enableSleep

功 能	使能串行通信接口(SCI)的睡眠模式
函数原型	void SCI_enableSleep (SCI_Handle sciHandle)
参数	描述
sciHandle	串行通信接口(SCI)的对象句柄
返回参数	无

表 14.46 SCI_enableTx

功 能	使能串行通信接口(SCI)的主/从传输模式
函数原型	void SCI_enableTx (SCI_Handle sciHandle)
参数	描述
sciHandle	串行通信接口(SCI)的对象句柄
返回参数	无

表 14.47 SCI_enableTxFifoInt

功 能	使能串行通信接口(SCI)的发送 FIFO 中断
函数原型	void SCI_enableTxFifoInt (SCI_Handle sciHandle)
参数	描述
sciHandle	串行通信接口(SCI)的对象句柄
返回参数	无

表 14.48 SCI_enableTxInt

功 能	使能串行通信接口(SCI)的发送中断
函数原型	void SCI_enableTxInt (SCI_Handle sciHandle)
参数	描述
sciHandle	串行通信接口(SCI)的对象句柄
返回参数	无

表 14.49　SCI_enableTxWake

功　能	使能串行通信接口(SCI)的发送唤醒方式
函数原型	void SCI_enableTxWake (SCI_Handle sciHandle)
参数	描述
sciHandle	串行通信接口(SCI)的对象句柄
返回参数	无

表 14.50　SCI_getData

功　能	从串行通信接口(SCI)读出数据
函数原型	uint16_t SCI_getData (SCI_Handle sciHandle) [inline]
参数	描述
sciHandle	串行通信接口(SCI)的对象句柄
返回参数	接收到的数据值

表 14.51　SCI_getDataBlocking

功　能	从串行通信接口获取数据(阻塞)
函数原型	uint16_t SCI_getDataBlocking (SCI_Handle sciHandle)
参数	描述
sciHandle	串行通信接口(SCI)的对象句柄
返回参数	来自串行外设的数据

表 14.52　SCI_getDataNonBlocking

功　能	从串行通信接口读取数据(非阻塞)
函数原型	uint16_t SCI_getDataNonBlocking (SCI_Handle sciHandle, uint16_t * success)
参数	描述
sciHandle success	串行通信接口(SCI)的对象句柄 是否读取成功的变量指针
返回参数	成功返回数据;失败返回为空

表 14.53　SCI_getTxFifoStatus

功　能	获取串行通信接口(SCI)发送 FIFO 状态
函数原型	SCI_FifoStatus_e SCI_getTxFifoStatus (SCI_Handle sciHandle)

续表 14.53

参数	描述
sciHandle	串行通信接口(SCI)的对象句柄
返回参数	发送 FIFO 状态

表 14.54　SCI_init

功　能	初始化串行通信接口(SCI)的对象句柄
函数原型	SCI_Handle SCI_init (void _ pMemory, const size_t numBytes)
参数	描述
pMemory numBytes	SCI 寄存器基础地址的指针 分配给 SCI 对象、字节的字节数
返回参数	串行通信接口(SCI)的对象句柄

表 14.55　SCI_isRxDataReady

功　能	确定串行通信接口(SCI)是否有准备好接收数据
函数原型	bool_t SCI_isRxDataReady (SCI_Handle sciHandle) [inline]
参数	描述
sciHandle	串行通信接口(SCI)的对象句柄
返回参数	接收数据的状态

表 14.56　SCI_isTxReady

功　能	确定串行通信接口(SCI)是否已准备好发送
函数原型	bool_t SCI_isTxReady (SCI_Handle sciHandle) [inline]
参数	描述
sciHandle	串行通信接口(SCI)的对象句柄
返回参数	发送数据的状态

表 14.57　SCI_putData

功　能	向串行通信接口(SCI)写数据
函数原型	void SCI_putData (SCI_Handle sciHandle, const uint16_t data) [inline]
参数	描述
sciHandle data	串行通信接口(SCI)的对象句柄 数据值
返回参数	无

表 14.58　SCI_putDataBlocking

功　能	将数据写入串行通信接口(阻塞)
函数原型	void SCI_putDataBlocking (SCI_Handle sciHandle，uint16_t data)
参数	描述
sciHandle data	串行通信接口(SCI)的对象句柄 数据值
返回参数	无

表 14.59　SCI_putDataNonBlocking

功　能	将数据写入串行通信接口(非阻塞)
函数原型	uint16_t SCI_putDataNonBlocking (SCI_Handle sciHandle，uint16_t data)
参数	描述
sciHandle data	串行通信接口(SCI)的对象句柄 数据值
返回参数	返回"真"：写成功；返回"假"：在发送缓冲区中没有可用空间将返回假

表 14.60　SCI_reset

功　能	复位串行通信接口(SCI)
函数原型	void SCI_reset (SCI_Handle sciHandle)
参数	描述
sciHandle	串行通信接口(SCI)的对象句柄
返回参数	无

表 14.61　SCI_resetChannels

功　能	复位串行通信接口(SCI)发送和接收通道
函数原型	void SCI_resetChannels (SCI_Handle sciHandle)
参数	描述
sciHandle	串行通信接口(SCI)的对象句柄
返回参数	无

表 14.62　SCI_resetRxFifo

功　能	复位串行通信接口(SCI)接收 FIFO
函数原型	void SCI_resetRxFifo (SCI_Handle sciHandle)

续表 14.62

参数	描述
sciHandle	串行通信接口(SCI)的对象句柄
返回参数	无

表 14.63　SCI_resetTxFifo (SCI_Handle sciHandle)

功　能	复位串行通信接口(SCI)发送 FIFO
函数原型	void SCI_resetTxFifo (SCI_Handle sciHandle)
参数	描述
sciHandle	串行通信接口(SCI)的对象句柄
返回参数	无

表 14.64　SCI_setBaudRate

功　能	设置串行通信接口(SCI)的波特率
函数原型	void SCI_setBaudRate (SCI_Handle sciHandle, const SCI_BaudRate_e baudRate)
参数	描述
sciHandle baudRate	串行通信接口(SCI)的对象句柄 波特率
返回参数	无

表 14.65　SCI_setCharLength

功　能	设置串行通信接口(SCI)的字符长度
函数原型	void SCI_setCharLength (SCI_Handle sciHandle, const SCI_CharLength_e charLength)
参数	描述
sciHandle charLength	串行通信接口(SCI)的对象句柄 字符长度
返回参数	无

表 14.66　SCI_setMode

功　能	设置串行通信接口(SCI)多处理器模式
函数原型	void SCI_setMode (SCI_Handle sciHandle, const SCI_Mode_e mode)

续表 14.66

参数	描述
sciHandle mode	串行通信接口(SCI)的对象句柄 多处理器模式
返回参数	无

表 14.67　SCI_setNumStopBits

功　能	设置串行通信接口(SCI)停止位的个数
函数原型	void SCI_setNumStopBits (SCI_Handle sciHandle，const SCI_NumStopBits_e numBits)
参数	描述
sciHandle numBits	串行通信接口(SCI)的对象句柄 停止数个数
返回参数	无

表 14.68　SCI_setParity

功　能	设置串行通信接口(SCI)奇偶校验
函数原型	void SCI_setParity (SCI_Handle sciHandle，const SCI_Parity_e parity)
参数	描述
sciHandle parity	串行通信接口(SCI)的对象句柄 奇偶校验
返回参数	无

表 14.69　SCI_setPriority

功　能	设置串行通信接口(SCI)的优先级
函数原型	void SCI_setPriority (SCI_Handle sciHandle，const SCI_Priority_e priority)
参数	描述
sciHandle priority	串行通信接口(SCI)的对象句柄 优先级
返回参数	无

表 14.70 SCI_setRxFifoIntLevel

功　能	设置串行通信接口(SCI)中断的接收 FIFO 深度
函数原型	void SCI_setRxFifoIntLevel (SCI_Handle sciHandle, const SCI_FifoLevel_e fifoLevel)
参数	描述
sciHandle fifoLevel	串行通信接口(SCI)的对象句柄 FIFO 深度
返回参数	无

表 14.71 SCI_setTxDelay

功　能	设置串行通信接口(SCI)发送延迟
函数原型	void SCI_setTxDelay (SCI_Handle sciHandle, const uint8_t delay)
参数	描述
sciHandle delay	串行通信接口(SCI)的对象句柄 传输延迟
返回参数	无

表 14.72 SCI_setTxFifoIntLevel

功　能	设置串行通信接口(SCI)中断的发送 FIFO 深度
函数原型	void SCI_setTxFifoIntLevel (SCI_Handle sciHandle, const SCI_FifoLevel_e fifoLevel)
参数	描述
sciHandle fifoLevel	串行通信接口(SCI)的对象句柄 FIFO 深度
返回参数	无

14.3 SCI 固件库例程

本小节将以 TI 公司提供的 Example_F2802xLaunchPadDemo 例程为范本，介绍基于 SCI 编程的基本方法。本例程包括 SCI、ADC、GPIO、PIE、Flash、画图、puTTY、labview 辅助 DSP 测试等内容，可以说是对基于固件的 DSP 程序设计的一个阶段性小节。

(1) Example_F2802x0controlPadDemo.c 的说明

```
//##########################################################################
// Example_F2802x0controlPadDemo.c
//##########################################################################
#include <stdio.h>
#include <file.h>
#include "DSP28x_Project.h"      // DSP28x 头文件
#include "ti_ascii.h"
#include "f2802x_common/include/adc.h"
#include "f2802x_common/include/clk.h"
#include "f2802x_common/include/flash.h"
#include "f2802x_common/include/gpio.h"
#include "f2802x_common/include/pie.h"
#include "f2802x_common/include/pll.h"
#include "f2802x_common/include/sci.h"
#include "f2802x_common/include/sci_io.h"
#include "f2802x_common/include/wdog.h"
#define CONV_WAIT 1L //等待 ADC 转换(微秒)
extern void DSP28x_usDelay(Uint32 Count);
//定义画 TI 标志的参数
static unsigned short indexX = 0;
static unsigned short indexY = 0;
const unsigned char escRed[] = {0x1B, 0x5B, '3','1', 'm'};
const unsigned char escWhite[] = {0x1B, 0x5B, '3','7', 'm'};
const unsigned char escLeft[] = {0x1B, 0x5B, '3','7', 'm'};
const unsigned char pucTempString[] = "Current Temperature:";
int16_t referenceTemp;
int16_t currentTemp;
ADC_Handle myAdc;
CLK_Handle myClk;
FLASH_Handle myFlash;
GPIO_Handle myGpio;
PIE_Handle myPie;
SCI_Handle mySci;
int16_t sampleTemperature(void)
{
    //在 SOC0 和 SOC1 中开始强制转换
    ADC_forceConversion(myAdc, ADC_SocNumber_0);
    ADC_forceConversion(myAdc, ADC_SocNumber_1);
    //等待转换结束
    while(ADC_getIntStatus(myAdc, ADC_IntNumber_1) == 0) {
    }
    // 清零 ADCINT1
    ADC_clearIntFlag(myAdc, ADC_IntNumber_1);
    // 从 SOC1 中获得温度传感器的采样结果
    return (ADC_readResult(myAdc, ADC_ResultNumber_1));
```

```
}
void drawTILogo(void)    //画 TI 的 Logo
{
    unsigned char ucChar, lastChar;
    putchar('\r');
    while(indexY<45)
    {
        if(indexY<45){
            if(indexX<77){
                ucChar = ti_ascii[indexY][indexX + + ];
                //画 TI 标志中的红色部分
                if(ucChar ! = '7' && lastChar = ='7'){
                    putchar(escRed[0]);
                    putchar(escRed[1]);
                    putchar(escRed[2]);
                    putchar(escRed[3]);
                    putchar(escRed[4]);
                }
                //画 TI 标志中的红色部分
                if(ucChar = = '7' && lastChar! ='7'){
                    putchar(escWhite[0]);
                    putchar(escWhite[1]);
                    putchar(escWhite[2]);
                    putchar(escWhite[3]);
                    putchar(escWhite[4]);
                }
                putchar(ucChar);
                lastChar = ucChar;
            }else{
                ucChar = 10;
                putchar(ucChar);
                ucChar = 13;
                putchar(ucChar);
                indexX = 0;
                indexY + + ;
            }
        }
    }
}
void clearTextBox(void)
{
    putchar(0x08);
//向回移动 24 列
putchar(0x1B);
    putchar('[');
```

```
    putchar('2');
    putchar('6');
    putchar('D');
    //向上移动 3 行
    putchar(0x1B);
    putchar('[');
    putchar('3');
    putchar('A');
    //更改为红色文本
    putchar(escRed[0]);
    putchar(escRed[1]);
    putchar(escRed[2]);
    putchar(escRed[3]);
    putchar(escRed[4]);
    printf((char *)pucTempString);
// 向下移动 1 行
putchar(0x1B);
    putchar('[');
    putchar('1');
    putchar('B');
    //向后移动 20 列
    putchar(0x1B);
    putchar('[');
    putchar('2');
    putchar('0');
    putchar('D');
    //保存光标位置
    putchar(0x1B);
    putchar('[');
    putchar('s');
}
void updateTemperature(void)
{
    //恢复光标位置
    putchar(0x1B);
    putchar('[');
    putchar('u');
    printf(" %d Celcius = Ref + %d ", currentTemp, (currentTemp - referenceTemp));
}
// 配置 SCIA 参数
void scia_init()
{
    CLK_enableSciaClock(myClk);
    // 1 个停止位、无校验位、8 位字符 、异步模式、空闲线协议、无 loopback
    SCI_disableParity(mySci);
```

```
    SCI_setNumStopBits(mySci, SCI_NumStopBits_One);
    SCI_setCharLength(mySci, SCI_CharLength_8_Bits);
    SCI_enableTx(mySci);
    SCI_enableRx(mySci);
    SCI_enableTxInt(mySci);
    SCI_enableRxInt(mySci);
    // SCI 波特率计算公式 BRR = LSPCLK/(SCI BAUDx8) - 1
    // 波特率配置为 115 200
#if (CPU_FRQ_60MHZ)
    SCI_setBaudRate(mySci, SCI_BaudRate_115_2_kBaud);
#elif (CPU_FRQ_50MHZ)
    SCI_setBaudRate(mySci, (SCI_BaudRate_e)13);
#elif (CPU_FRQ_40MHZ)
    SCI_setBaudRate(mySci, (SCI_BaudRate_e)10);
#endif
    SCI_enableFifoEnh(mySci);
    SCI_resetTxFifo(mySci);
    SCI_clearTxFifoInt(mySci);
    SCI_resetChannels(mySci);
    SCI_setTxFifoIntLevel(mySci, SCI_FifoLevel_Empty);
    SCI_resetRxFifo(mySci);
    SCI_clearRxFifoInt(mySci);
    SCI_setRxFifoIntLevel(mySci, SCI_FifoLevel_4_Words);
    SCI_setPriority(mySci, SCI_Priority_FreeRun);
    SCI_enable(mySci);
    return;
}
//###########################################################
// 主函数从此开始
//###########################################################
void main()
{
    volatile int status = 0;
    volatile FILE *fid;
    CPU_Handle myCpu;
    PLL_Handle myPll;
    WDOG_Handle myWDog;
    //初始化工程中所需的所有句柄
    myAdc = ADC_init((void *)ADC_BASE_ADDR, sizeof(ADC_Obj));
    myClk = CLK_init((void *)CLK_BASE_ADDR, sizeof(CLK_Obj));
    myCpu = CPU_init((void *)NULL, sizeof(CPU_Obj));
    myFlash = FLASH_init((void *)FLASH_BASE_ADDR, sizeof(FLASH_Obj));
    myGpio = GPIO_init((void *)GPIO_BASE_ADDR, sizeof(GPIO_Obj));
    myPie = PIE_init((void *)PIE_BASE_ADDR, sizeof(PIE_Obj));
    myPll = PLL_init((void *)PLL_BASE_ADDR, sizeof(PLL_Obj));
```

```
    mySci = SCI_init((void *)SCIA_BASE_ADDR, sizeof(SCI_Obj));
    myWDog = WDOG_init((void *)WDOG_BASE_ADDR, sizeof(WDOG_Obj));
    //系统初始化
    WDOG_disable(myWDog);
    CLK_enableAdcClock(myClk);
    (*Device_cal)();
    //选择内部振荡器 1 作为时钟源
    CLK_setOscSrc(myClk, CLK_OscSrc_Internal);
    //配置 PLL 为 x12/2 使 60 MHz = 10MHz x 12/2
    PLL_setup(myPll, PLL_Multiplier_12, PLL_DivideSelect_ClkIn_by_2);
    //禁止 PIE 和所有中断
    PIE_disable(myPie);
    PIE_disableAllInts(myPie);
    CPU_disableGlobalInts(myCpu);
    CPU_clearIntFlags(myCpu);
    //若从闪存中运行,需将其中的程序搬移(复制)到 RAM 中运行
#ifdef _FLASH
    memcpy(&RamfuncsRunStart, &RamfuncsLoadStart, (size_t)&RamfuncsLoadSize);
#endif
    // 初始化 GPIO
    //使能 XCLOCKOUT 允许监测振荡器 1
    GPIO_setMode(myGpio, GPIO_Number_18, GPIO_18_Mode_XCLKOUT);
    CLK_setClkOutPreScaler(myClk, CLK_ClkOutPreScaler_SysClkOut_by_1);
    //配置调试向量表与使能 PIE
    PIE_setDebugIntVectorTable(myPie);
    PIE_enable(myPie);
    // 初始化 SCIA
    scia_init();
    // 初始化 ADC
    ADC_enableBandGap(myAdc);
    ADC_enableRefBuffers(myAdc);
    ADC_powerUp(myAdc);
    ADC_enable(myAdc);
    ADC_setVoltRefSrc(myAdc, ADC_VoltageRefSrc_Int);
ADC_enableTempSensor(myAdc); //连接通道 A5 到内部温度传感器
ADC_setSocChanNumber (myAdc, ADC_SocNumber_0, ADC_SocChanNumber_A5);
//设置 SOC0,使用 ADCINA5 通道
ADC_setSocChanNumber (myAdc, ADC_SocNumber_1, ADC_SocChanNumber_A5);
//设置 SOC1,使用 ADCINA5 通道
ADC_setSocSampleWindow(myAdc,ADC_SocNumber_0,
  ADC_SocSampleWindow_7_cycles);   //设置 SOC0 的数据采集周期为 7 个 ADCCLK
    ADC_setSocSampleWindow(myAdc, ADC_SocNumber_1,
  ADC_SocSampleWindow_7_cycles);   //设置 SOC1 的数据采集周期为 7 个 ADCCLK
    ADC_setIntSrc(myAdc, ADC_IntNumber_1, ADC_IntSrc_EOC1); // 使 ADCINT1 与 EOC1 相连
   ADC_enableInt(myAdc, ADC_IntNumber_1);  //使能 ADCINT1
```

```
    //设置闪存OTP的最小等待状态
    FLASH_setup(myFlash);
        //初始化GPIO
        GPIO_setPullUp(myGpio, GPIO_Number_28, GPIO_PullUp_Enable);
        GPIO_setPullUp(myGpio, GPIO_Number_29, GPIO_PullUp_Disable);
        GPIO_setQualification(myGpio, GPIO_Number_28, GPIO_Qual_ASync);
        GPIO_setMode(myGpio, GPIO_Number_28, GPIO_28_Mode_SCIRXDA);
        GPIO_setMode(myGpio, GPIO_Number_29, GPIO_29_Mode_SCITXDA);
        //配置GPIO 0~3为输出口
        GPIO_setMode(myGpio, GPIO_Number_0, GPIO_0_Mode_GeneralPurpose);
        GPIO_setMode(myGpio, GPIO_Number_1, GPIO_0_Mode_GeneralPurpose);
        GPIO_setMode(myGpio, GPIO_Number_2, GPIO_0_Mode_GeneralPurpose);
        GPIO_setMode(myGpio, GPIO_Number_3, GPIO_0_Mode_GeneralPurpose);
        GPIO_setDirection(myGpio, GPIO_Number_0, GPIO_Direction_Output);
        GPIO_setDirection(myGpio, GPIO_Number_1, GPIO_Direction_Output);
        GPIO_setDirection(myGpio, GPIO_Number_2, GPIO_Direction_Output);
        GPIO_setDirection(myGpio, GPIO_Number_3, GPIO_Direction_Output);
        GPIO_setMode(myGpio, GPIO_Number_12, GPIO_12_Mode_GeneralPurpose);
        GPIO_setDirection(myGpio, GPIO_Number_12, GPIO_Direction_Input);
        GPIO_setPullUp(myGpio, GPIO_Number_12, GPIO_PullUp_Disable);
        //STDOUT重定向到SCI
        status = add_device("scia", _SSA, SCI_open, SCI_close, SCI_read, SCI_write, SCI
_lseek, SCI_unlink, SCI_rename);
        fid = fopen("scia","w");
        freopen("scia:", "w", stdout);
        setvbuf(stdout, NULL, _IONBF, 0);
    //在STDOUT中打印TI标志
    drawTILogo();
    //在按下按钮(GPIO12)前扫描LED
    while(GPIO_getData(myGpio, GPIO_Number_12) ! = 1)
        {
            GPIO_setHigh(myGpio, GPIO_Number_0);
            GPIO_setHigh(myGpio, GPIO_Number_1);
            GPIO_setHigh(myGpio, GPIO_Number_2);
            GPIO_setLow(myGpio, GPIO_Number_3);
            DELAY_US(50000);
            GPIO_setHigh(myGpio, GPIO_Number_0);
            GPIO_setHigh(myGpio, GPIO_Number_1);
            GPIO_setLow(myGpio, GPIO_Number_2);
            GPIO_setHigh(myGpio, GPIO_Number_3);
            DELAY_US(50000);
            GPIO_setHigh(myGpio, GPIO_Number_0);
            GPIO_setLow(myGpio, GPIO_Number_1);
            GPIO_setHigh(myGpio, GPIO_Number_2);
            GPIO_setHigh(myGpio, GPIO_Number_3);
```

```
        DELAY_US(50000);
        GPIO_setLow(myGpio, GPIO_Number_0);
        GPIO_setHigh(myGpio, GPIO_Number_1);
        GPIO_setHigh(myGpio, GPIO_Number_2);
        GPIO_setHigh(myGpio, GPIO_Number_3);
        DELAY_US(500000);
    }
    //清除出下一个文本框,以便可向其中写入更多的信息
    clearTextBox();
    // 采样参考温度
    referenceTemp = ADC_getTemperatureC(myAdc, sampleTemperature());
//点亮二进制显示的中间值(0X08)
GPIO_setPortData(myGpio, GPIO_Port_A, (~0x08) & 0x0F);
//主程序循环:连续采集 CPU 内部温度值
for(;;) {
        //将原始温度传感器拾取的数据变成温度值
        currentTemp = ADC_getTemperatureC(myAdc, sampleTemperature());
        updateTemperature();
        GPIO_setPortData(myGpio, GPIO_Port_A, (~(0x08 + (currentTemp - referen-
ceTemp))) & 0x0F);
        DELAY_US(1000000);
        if(GPIO_getData(myGpio, GPIO_Number_12) = = 1) {
            referenceTemp = ADC_getTemperatureC(myAdc, sampleTemperature());
        }
    }
}
```

(2) 在 controlsUITE 中导入 Example_F2802xLaunchPadDemo 工程,其过程请参考第 1 章内容。

(3) 添加观察变量,如图 14.11 所示。

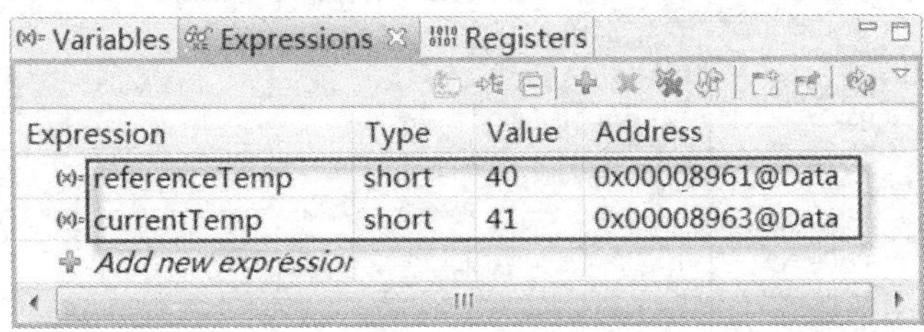

Expression	Type	Value	Address
referenceTemp	short	40	0x00008961@Data
currentTemp	short	41	0x00008963@Data
Add new expressior			

图 14.11　添加观察变量

(4) 选中实时与连续运行模式,将编译生成的.out 文件烧录到闪存中,如图 14.12 所示。

(5) 单击工具栏上的 ,在实时与连续运行模式下,观察 CPU 内部温度的变化,此时 CPU 的内部温度为 40℃,如图 14.13 所示。

图 14.12　选中实时与连续运行模式

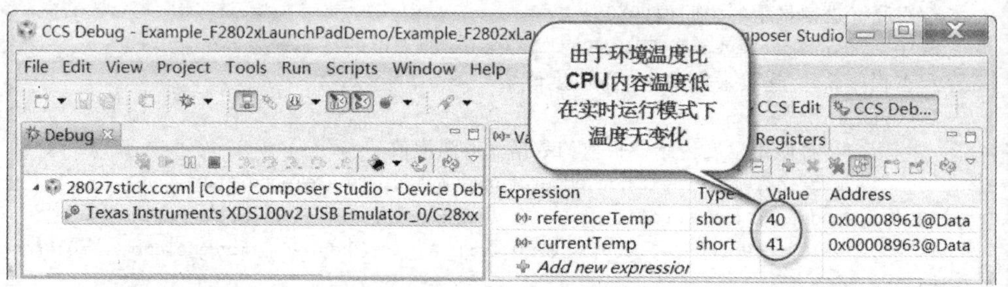

图 14.13　CPU 内部温度在实时运行模式下无变化(因大于环境温度)

(6) 通过串行通信口 SCI 将 DSP 采集到的 CPU 的内部温度数据传到计算机的 COM 口上，通过 puTTY 与 labview 两种方式来读取。

● 通过 puTTY 读取：通过 SCI 将 CPU 内部温度数据传送到串口助手 puTTY 显示。对 puTTY 进行如图 14.14 所示的配置，测试结果如图 14.15 所示。

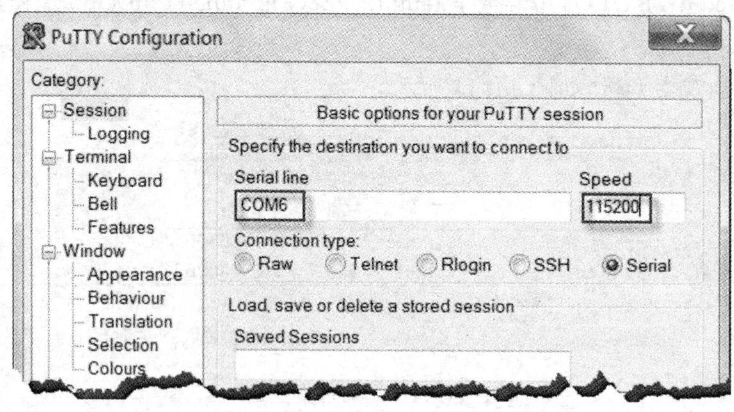

图 14.14　配置 puTTY

说明：更详细的过程请参考第 1 章。

● Labview 辅助 DSP 调试与测试。

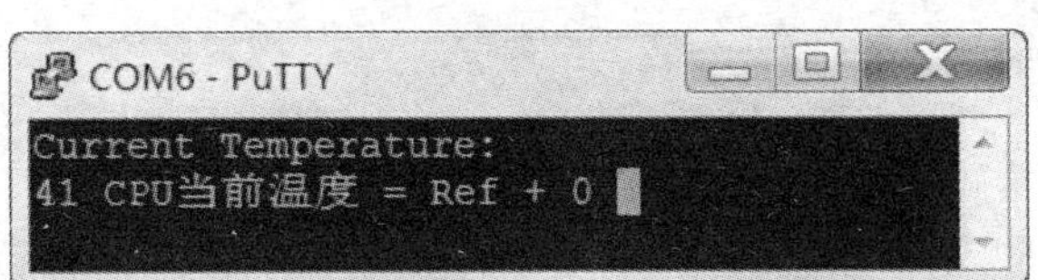

图 14.15　CPU 内部温度在 puTTY 中的显示结果

搭建基于 Labview 的 DSP 辅助调试与测试的前面板，如图 14.16 所示。

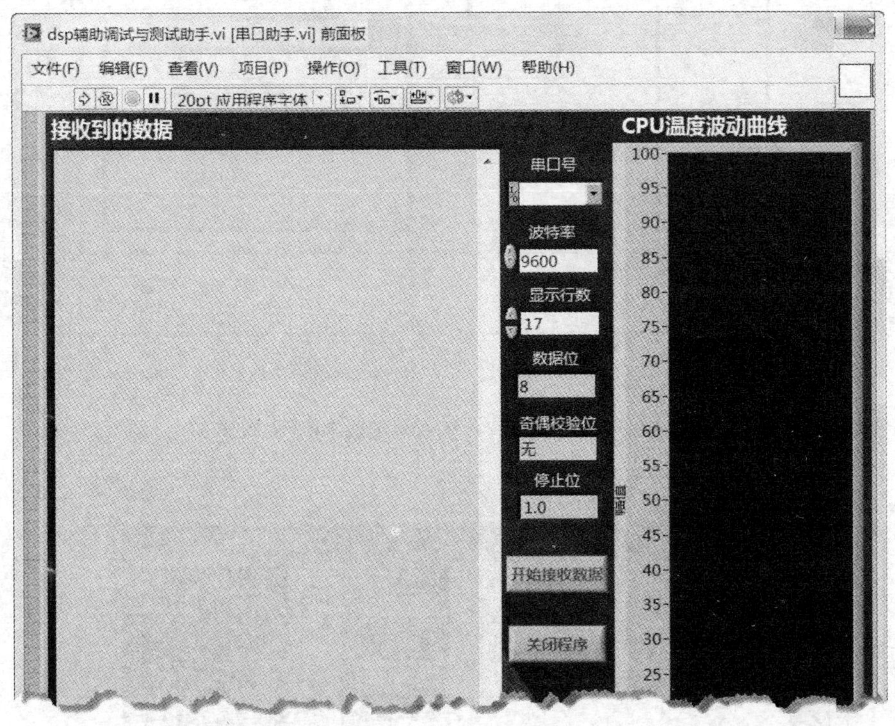

图 14.16　Labview 的 DSP 辅助调试与测试的前面板

创建基于 Labview 的 DSP 辅助调试与测试的 labview 程序，如图 14.17 所示。

将调试助手的波特率、串口号和数据显示行数按图 14.18 所示进行设置。

LauchPad 开发板 CPU 内部温度在 Labview 的 DSP 辅助调试与测试的测试结果，如图 14.19 所示。

在调试助手中显示简单图像(TI　LOGO)，按 LauchPad 中的 S3(GPIO12)按钮，将 TI　LOGO 传送到串口上，测试结果如图 14.20 所示。

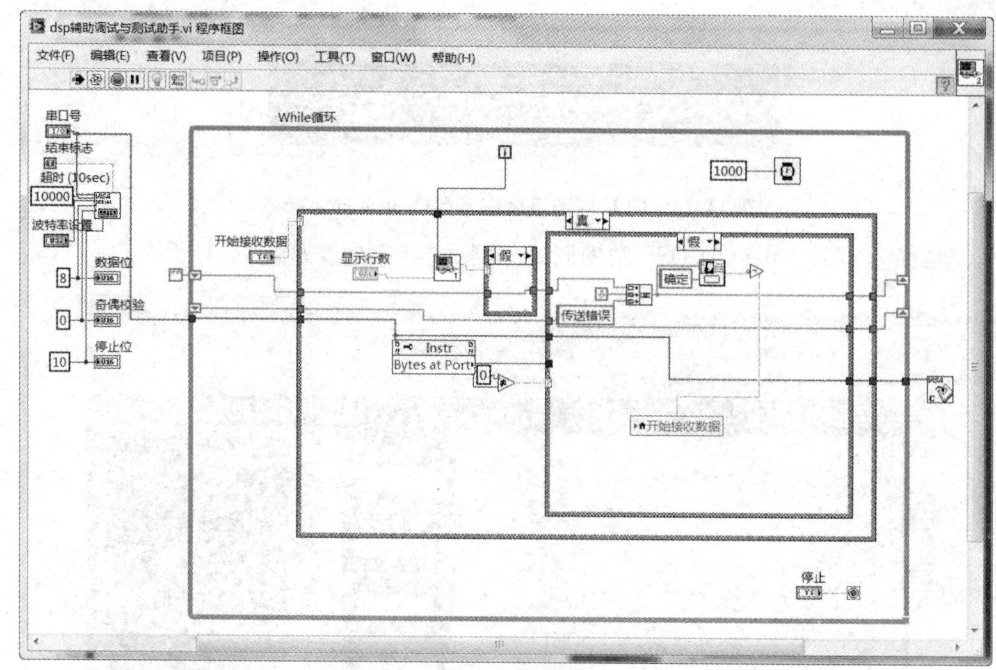

图 14.17　DSP 辅助调试与测试的 labview 程序

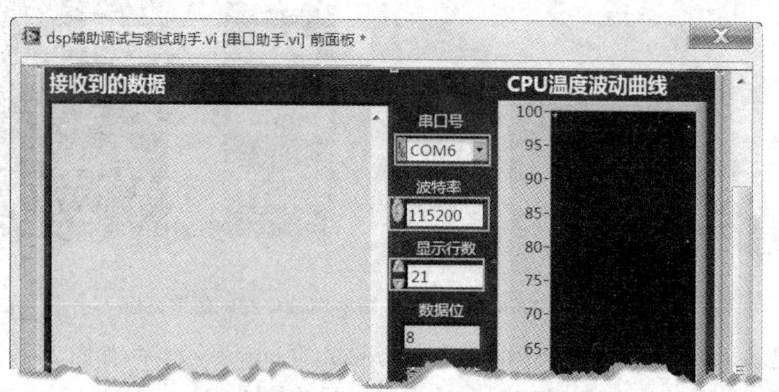

图 14.18　调试助手根据实际硬件的配置

图 14.19　CPU 内部温度在 Labview 调试助手中的测试结果

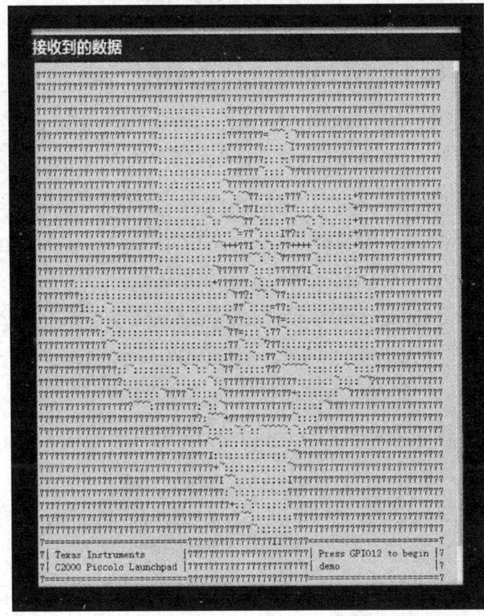

图 14.20　在 Labview 调试助手中显示的 TI LOGO 图像

参考文献

[1] TMS320F28027, TMS320F28026, TMS320F28023, TMS320F28022, TMS320F28021, TMS320F28020, TMS320F280200 Piccolo Datasheet(中文版). Texas Instruments Incorporated,2008.

[2] TMS320F2802x/TMS320F2802xx Piccolo System Control and Interrupts Reference Guide. Texas Instruments Incorporated,2009.

[3] TMS320C28x CPU and Instruction Set Reference Guide. Texas Instruments Incorporated,2009 修订.

[4] TMS320C28x Optimizing C/C++ Compiler v6.1 User's Guide. Texas Instruments Incorporated,2012.

[5] TMS320x2802x, 2803x Piccolo Serial Communications Interface (SCI) Reference Guide. Texas Instruments Incorporated,2008.

[6] TMS320x2802x, 2803x Piccolo Enhanced Pulse Width Modulator (ePWM) Module Reference Guide. Texas Instruments Incorporated,2008.

[7] TMS320x2802x, 2803x Piccolo High Resolution Pulse Width Modulator (HRPWM) Reference Guide. Texas Instruments Incorporated,2009.

[8] TMS320x2802x, 2803x Piccolo Analog-to-Digital Converter (ADC) and ComparatorReference Guide. Texas Instruments Incorporated,2008.

[9] TMS320x2802x, 2803x Piccolo Serial Peripheral Interface (SPI) Reference Guide. Texas Instruments Incorporated,2009.

[10] TMS320F2802x, 2803x Piccolo Enhanced Capture (eCAP) Module Reference Guide. Texas Instruments Incorporated, Texas Instruments Incorporated,2009.

[11] LAUNCHXL-F28027 C2000 Piccolo LaunchPad User's Guide. Texas Instruments Incorporated,2012.

[12] 刘和平等. 数字信号控制器原理及应用. 北京:北京航空航天大学出版社,2011.

[13] 周立功. TMS320F2802x Piccolo 系列 DSC 原理及应用指南. 广州周立功单片机发展有限公司,2009.

[14] 刘杰. 基于模型的设计－MSP430/F28027/28335 篇. 北京:国防工业出版社,2011.